数据分析从入门到进阶

陈红波　刘顺祥　等编著

机械工业出版社

本书由资深数据分析师精心编写，通过大量案例介绍了数据分析工作中常用的数据分析方法与工具。本书包括 5 章内容，分别是数据分析入门、数据分析——从玩转 Excel 开始、海量数据管理——拿 MySQL 说事儿、数据可视化——Tableau 的使用、数据分析进阶——Python 数据分析。本书通俗易懂、通过大量贴近企业真实场景的案例，帮助读者在提高数据处理技能的同时加深对数据分析思维的理解。

本书适合有志于从事数据分析工作或已从事初级数据分析工作的人士自学，也可作为产品经理、运营人员、市场人员、对数据分析感兴趣的企业高管以及创业者的参考用书。

图书在版编目（CIP）数据

数据分析从入门到进阶 / 陈红波等编著. —北京：机械工业出版社，2019.6（2024.4 重印）

ISBN 978-7-111-62882-8

Ⅰ. ①数…　Ⅱ. ①陈…　Ⅲ. ①数据处理　Ⅳ.①TP274

中国版本图书馆 CIP 数据核字（2019）第 105979 号

机械工业出版社（北京市百万庄大街 22 号　邮政编码　100037）

策划编辑：王　斌　　责任编辑：王　斌

责任校对：张艳霞　　责任印制：李　昂

河北宝昌佳彩印刷有限公司印刷

2024 年 4 月第 1 版第 14 次印刷

184mm×260mm・24.25 印张・4 插页・602 千字

标准书号：ISBN 978-7-111-62882-8

定价：79.90 元

电话服务

客服电话：010-88361066

010-88379833

010-68326294

网络服务

机　工　官　网：www.cmpbook.com

机　工　官　博：weibo.com/cmp1952

金　　书　　网：www.golden-book.com

机工教育服务网：www.cmpedu.com

前言

随着大数据技术的快速发展，人们对数据的价值越来越重视，数据采集、存储、安全技术也变得日益重要，数据分析和数据挖掘技术得到了日益广泛的应用。利用数据分析技术从海量数据中提取的信息具有极高的价值，例如，支持企业高层进行业务决策、发现新的销售和市场机会、提升组织的社交媒体营销能力、提高用户忠诚度以及复购率、降低用户流失率、提前预测风险并进行防范等。

对于数据的重视以及数据分析技术的发展与应用，带动了企业对数据分析人才需求的快速增长。在未来一段时间内，数据分析人才缺口会很大。从事数据分析工作需要专门的技能，一名优秀的数据分析师既要熟练掌握数据分析之“道”——数据分析的策略、方法（也可以将其理解为做数据分析的思路），也要熟练掌握数据分析之“术”——数据分析工具的使用。此外，数据分析师还需要熟悉行业知识、公司业务及流程，了解企业产品和运营活动的设计思路，才能根据数据分析的结论驱动业务增长落地，使得数据分析工作的价值和自身的价值得以实现。

本书结合数据分析工作的实际情况，通过大量案例介绍了数据分析的方法和工具，内容涵盖了 Excel、SQL、Tableau 以及 Python 这几个常用的数据分析工具的使用，融会贯通地介绍了数据分析的道与术。通过本书，读者可以由浅入深、循序渐进地学习数据分析，为日常工作中数据的处理与分析打下坚实的基础。

本书内容

第 1 章数据分析入门。主要内容包括什么是数据分析、数据分析的职业发展及分类，以及数据分析之“道”（数据分析需要掌握的理论知识）与数据分析之“术”（各类软件工具的运用）。

第 2 章数据分析——从玩转 Excel 开始。主要内容包括 Excel 概述、高效处理数据的 Excel 函数家族、十分有用的 Excel 数据分析技巧、酷炫的 Excel 图表可视化、让你的 Excel 报表动起来（VBA）。

第 3 章海量数据管理——拿 MySQL 说事儿。主要内容包括 MySQL 数据库的安装、将数据写入到数据库中、重要的单表查询、复杂的多表查询、通过索引提高数据的查询速度、数据库的增删改操作。

第 4 章数据可视化——Tableau 的使用。主要内容包括数据可视化概述、Tableau 概述、数据可视化图表、仪表板的制作与发布。

第 5 章数据分析进阶——Python 数据分析。主要内容包括数据分析的利器——Python、Jupyter 的使用技巧、数据读取——从 pandas 开始、常见的数据处理技术、探索性数据分析、线性回归模型的应用。

本书特点

- 由浅入深，循序渐进：本书在简要概述了数据分析的基本概念之后，首先讲解了数据分析入门工具 Excel 的操作技巧，然后结合案例讲解了 VBA 的知识点，帮助读者快速掌握表格处理技术；结合 MySQL 数据库对 SQL 语言的讲解可以让读者轻松地处理海量数据；Tableau 是用来进行数据可视化分析的重要工具；Python 作为本书的进阶部分内容，可以帮助读者高效处理数据和通过建模进行数据分析。书中讲解的知识点环环相扣、逐层深入，比较符合初学者学习数据分析的认知规律。
- 案例丰富，轻松易学：本书在介绍各类数据分析工具时结合了大量的实际案例，能够让读者快速理解并掌握各个知识点，简单易学、轻松上手。
- 内容全面，讲解详细：本书定位在数据分析的入门与进阶，从数据分析理论到数据处理、从可视化分析到建模分析，知识点覆盖得很全面。全书最后附有彩插，将书中对应效果图直观呈现，方便读者参考。
- 配套资源丰富，免费提供：本书中的案例涉及的数据集、代码等资源都免费提供给读者学习使用，可通过扫描封底二维码 IT 有得聊，并输入本书书号中的五位数字获取。

适用对象

本书适合有志于从事数据分析工作或已从事初级数据分析工作的人士自学，也适合产品经理、运营人员、市场人员、对数据分析感兴趣的企业高管以及创业人员等参考。

本书作者

本书由陈红波、刘顺祥等编著，参与本书编写的人员还有孙宗鹏、朱烨、陶颖。此外，还要对帮助本书出版的所有朋友致以衷心的感谢！由于作者水平有限，书中难免出现错误和不足之处，敬请广大读者批评指正。

希望本书能够成为您数据分析入门的领航者。

陈红波　刘顺祥

2019 年 1 月 11 日

目录

第 1 章 数据分析入门

大数据技术的发展使得数据采集、存储、安全技术变得越来越成熟，并且当前人们对于采集到的各种数据的价值越来越重视，从而带动了数据分析技术的发展。数据分析初学者首先得了解什么是数据分析，然后明确自身的职业发展方向，逐步掌握数据分析理论及数据分析工具的使用，夯实数据分析相关技能，再结合企业实际业务进行数据分析挖掘，从而实现业务流程优化，提高工作效率，并能辅助企业基于数据对市场变化进行快速判断，以便采取有效的行动。

通过本章内容的学习，读者将会掌握如下几个方面的知识点：

- 数据分析的概念及操作步骤。
- 数据分析的应用场景及发展趋势。
- 数据分析的职业发展及分类。
- 数据分析常用的策略及方法。
- 数据分析常用工具及介绍。

1.1 什么是数据分析

1.1.1 数据分析的含义

数据分析是指使用适当的统计分析方法对收集的大量数据进行分析，将隐没在一大批看似杂乱无章的数据中的有价值的信息进行整合并提炼出来，找出所研究对象的内在规律。

一般情况下，初期收集的原始数据都是相对比较粗糙的，需要通过一定的技术手段进行加工，最后提炼出方便用户理解的知识。如图 1-1 所示，底层的粗

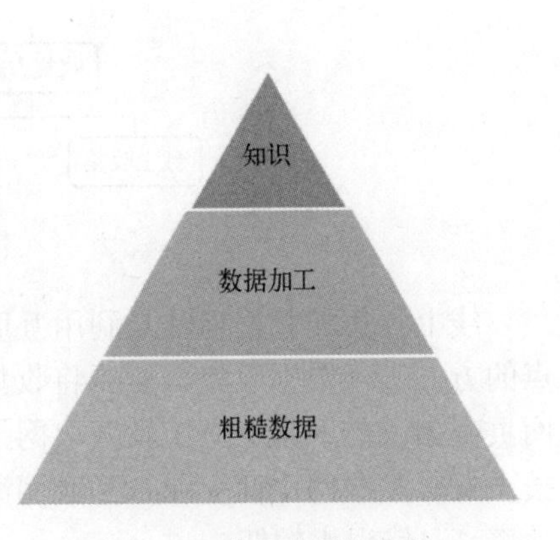

图 1-1　数据分析的含义

糙数据经过一系列的加工处理，然后将处理产生的相关信息与实际业务相结合，进行规律性总结，生成知识（解决方案或商业预测）。

实践证明，数据分析是非常有价值的，它与现实生活是密切相关的。例如，信用卡的审批额度、电商网站对消费者的产品推荐、游戏活动的奖品设置、超市的捆绑式促销、病人疾病的诊断预测等，数据分析可以渗透到这些业务环节中，帮助实现业务流程优化，提高工作效率，并能辅助用户进行快速判断，以便采取有效的行动。

1.1.2　数据分析的操作步骤

数据分析有一套比较规范的操作步骤，作为数据分析人员必须掌握好它，才能减少工作失误，提高工作效率。数据分析的操作步骤如图 1-2 所示。

1．明确目的

数据分析的第一步就是要明确分析目的。和大家在生活中处理某件事情一样，先确定目标，然后再去动手实施。例如，某电商 APP 上线后，前期导入了大量新用户但是用户质量不是很好（包括登录、付费等表现），需要通过数据分析查明原因。作为数据分析师，需要明确此次分析的目的是找出大量注册用户登录时间不长、付费金额低的原因，可以首先从注册用户本身的属性着手展开分析。

图 1-2　数据分析的操作步骤

2．数据收集

数据是进行数据分析的前提，“巧妇难为无米之炊”说的就是这个道理。因此，数据的收集显得尤为重要。按收集方式的不同，数据收集可以分为线上收集和线下收集；按收集渠道的不同，又可以分为内部收集和外部收集。数据收集的两种不同分类如图 1-3 所示。

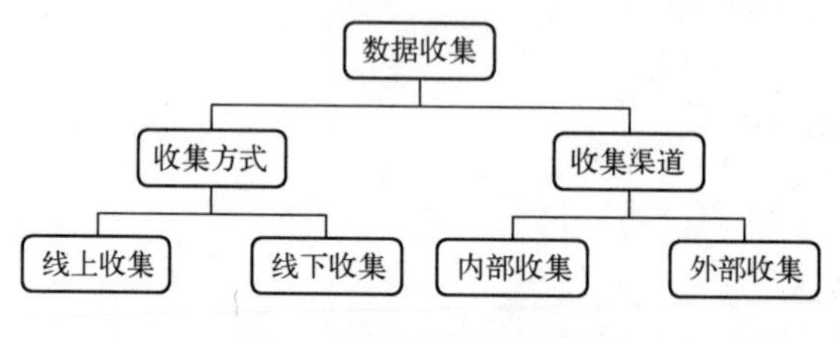

图 1-3　数据收集的分类

线上收集的数据指的是利用互联网技术自动采集的数据。例如，企业内部通过数据埋点的方式进行数据收集，然后将收集来的数据存储到数据库中。此外，利用爬虫技术获取网页数据或借助第三方工具获取网上数据等都属于线上收集方式。一般情况下，互联网科技企业、互联网电商企业、互联网游戏企业等都采用此种方式收集用户行为数据，因为其效率高且错误率较低。

线下收集的数据相对比较传统，对技术要求不高。例如，通过传统的市场调查问卷获取数据即为线下收集。此外，通过手工录入获取数据、出版物收集的权威数据以及通过其他人提供的电子表格获取数据等都属于线下收集方式。这种收集数据的方式效率低且容易出现偏差。一般情况下，传统制造型企业、线下零售企业、市场调研咨询类企业等都采用此种方式收集数据。

内部收集的数据指的是获取的数据都来源于企业内部数据库、日常财务数据、销售业务数据、客户投诉数据、运营活动数据等。此类数据的获取相对较为方便，数据分析人员可以根据实际业务需求对内部收集的数据进行处理分析。

外部收集的数据指的是数据不是企业内部产生的，而是通过其他手段从外部获取的。例如，利用爬虫技术获取的网页数据，从公开出版物收集的权威数据，市场调研获取的数据以及第三方平台提供的数据等。外部数据的收集不像内部收集那么容易，且大部分都是碎片化、零散的数据。因此，数据分析人员需要对这些数据进行清洗和整合，然后再去进行分析。

总之，不管以何种方式收集过来的数据，都是企业宝贵的财富。数据分析人员需要多和这些数据打交道，多去研究数据背后隐藏的规律，为业务决策提供支持。

3．数据处理

一般通过不同途径收集过来的原始数据都是相对比较粗糙且无序的。此时，需要利用数据处理软件进行一系列的加工处理，降低原始数据的复杂程度，最终汇总成用户可以解读的业务指标。数据处理包括前期的脏数据清洗、缺失值填充、数据分组转换、数据排序筛选等，后期的业务指标计算、报表模板填充等。常用的数据处理工具包括 Excel 之类的电子表格软件、各类数据库软件、Python、R、SAS、SPSS 等，这些工具都包含数据处理模块，方便用户对数据进行快速清洗，然后进行分析。

4．数据分析与数据挖掘

基于处理好的数据，数据分析人员才可以对其进行分析和挖掘，结合实际业务得出相关结论，提供给管理层进行决策。因此，数据分析人员需要掌握数据分析和数据挖掘的常用方法，才能为后期的数据报告的制作打下坚实的基础。

数据分析的侧重点在于对业务的熟练掌握，一个优秀的数据分析人员往往对公司业务了如指掌。例如，产品日常活动的前期设计、中期上线跟踪、后期效果评估以及最终的建议与反馈等，数据分析人员都要非常熟悉。当然，除了熟练掌握业务之外，数据分析人员对数据分析常用的分析策略和分析方法也必须掌握。一般情况下，数据分析策略分为描述性统计分析、探索性统计分析、推断性统计分析，如图 1-4 所示。

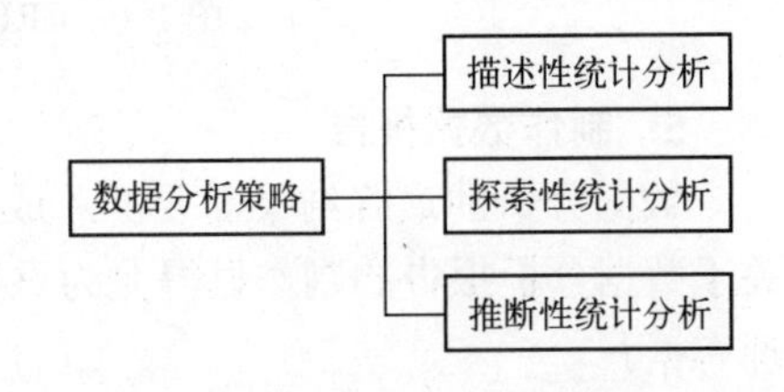

图 1-4　数据分析常用的分析策略

常用数据分析方法包括对比分析法、分组分析法、预测分析法、漏斗分析法、A/B 测试分析法，如图 1-5 所示。通过这些数据分析方法，可以挖掘出数据隐藏的价值，从而降低企业成本，提高营业利润等。

数据挖掘的侧重点在于对模型和算法的理解，一个优秀的数据分析人员必须拥有扎实的数学基础和熟练的编码能力。数据的复杂性、多样性、动态性等特点会使得数据挖掘变得很困难。因此，在数据挖掘过程中，应该要清楚每一步需要做什么，达到什么样的效果，有问题及时调整方案策略，从而确保整个数据挖掘项目的最终成功。

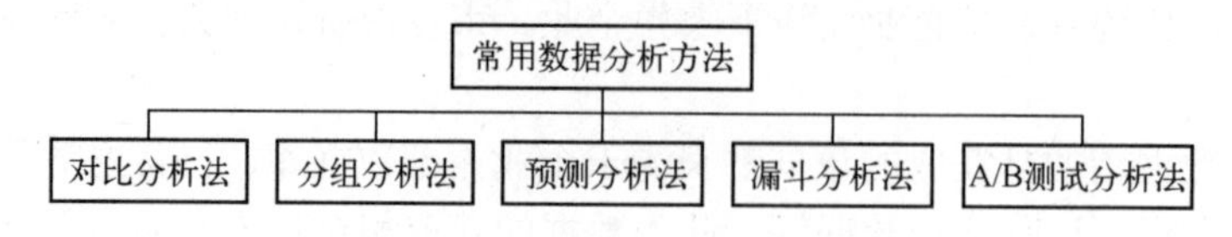

图 1-5　数据分析常用的分析方法

数据挖掘的规范化步骤可以采用 SIG 组织在 2000 年推出的 CRISP-DM 模型，如图 1-6 所示。该模型将数据挖掘项目的生存周期定义为六个阶段。六个阶段分为商业理解（Business Understanding）、数据理解（Data Understanding）、数据准备（Data Preparation）、建立模型（Modeling）、模型评估（Evaluation）、结果部署（Deployment）。数据挖掘的流程并非要完全参照这个顺序执行，数据分析人员可以根据实际业务场景进行调整，通过不断地测试和验证，才能做好一个完整的数据挖掘项目。此外，数据挖掘具有循环特性，并不是一次部署完就结束挖掘过程，需要通过不断的迭代优化，获得最优结果。

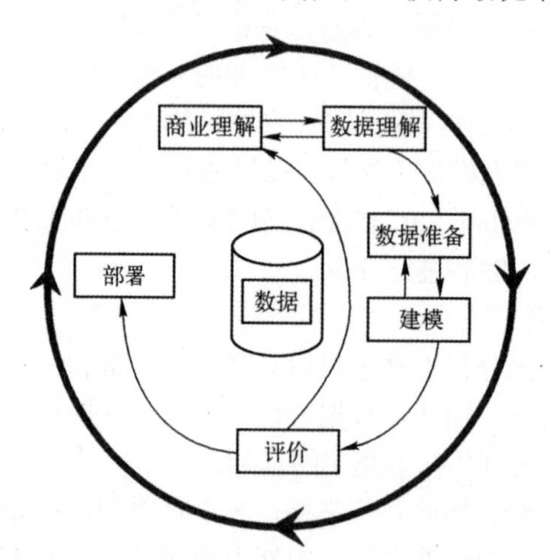

图 1-6　CRISP-DM 模型流程图（来源网络）

5．制作数据报告

数据分析的最终结果需要汇总成一份数据报告，最常见的是 PPT 格式的报告。因此，关于数据分析报告的制作显得尤为重要。数据分析报告的制作要求目的明确、结构清晰、有理有据。

报告开始部分一般为目录和前言，简单扼要地列出本次汇报需要陈述的章节；中间部分为正文，主要是对目录的各章节点展开叙述；结尾部分进行报告总结并提出相关建议和解决措施。数据分析报告的结构如图 1-7 所示。

开始部分的目录是数据分析报告的整体纲要，要求简洁扼要、结构清晰、逻辑有序，让阅读者能快速了解整个汇报的内容。目录切记要归纳总结，不要分太多章节，大致包含分析目的、分析要点、结论与建议。前言是对分析报告的目的、背景、思路、方法、结论等内容的基本概括，然后引出分析报告的正文内容。

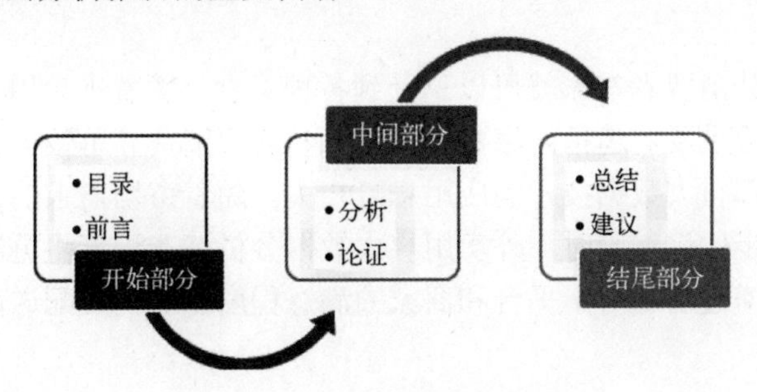

图 1-7　数据分析报告结构图

正文部分的分析和论证是数据分析报告的核心部分，按目录的章节排序分别进行阐述，详解分析思路并进行论证。分析和论证要求条理清晰、层层剖析、有理有据。

结尾部分的结论和建议是依据前面的分析结果得出的相关结论。结论要求准确、干练、有价值，切不可冗余拖沓。在准确的结论基础之上，提出自己的见解和建议，为管理者进行决策时提供参考依据。

最后，数据分析报告的风格要前后一致，内容也可以加入一些动态展示效果，让阅读者赏心悦目，心情舒畅。当然，数据分析报告的核心还是分析、结论与建议，过分重视分析报告的美观程度而忽视分析报告的本质是不可取的。数据分析人员应抱着科学严谨的态度，将对业务的理解与分析挖掘技术相结合，得出可靠且令人信服的分析报告，提供给管理层进行业务决策。

1.1.3　数据分析的应用场景

随着大数据分析技术的发展，日常生活、政府及企业对数据分析的应用需求越来越多，利用大数据分析技术可以为人们的日常生活带来便利，促进社会变革和科技发展。日常生活方面，人们的衣食住行都离不开数据的支撑，大数据分析技术的发展正在逐渐改变人们的生活方式。政府方面，国家出台了一系列政策，明确提出实施国家大数据战略，建设数据强国的目标。政府在交通、天气、农牧业、医疗卫生、教育等众多领域出台了一系列的大数据应用政策，支持其发展。企业方面，公司都在积极架构大数据分析部门，支持其他业务部门的发展，旨在降低企业运营成本、提高企业运作效率、创造更多利润。下面介绍数据分析众多的应用场景，可以看到数据分析与人们的日常生活结合得有多么紧密。

1. 日常生活应用场景

（1）电商购物

电商平台的崛起让用户不需要出门就能购买到自己需求的商品，提高了用户购买日常生活物品的便利性。移动互联网技术的发展让用户可以随时随地购物，但这一切的发展都离不开大数据技术的支撑。随着数据量的日益增长，包括大数据存储、大数据处理、大数据分析在内的各类大数据技术也在不断发展。利用大数据分析技术，电商企业可以对用户的偏好进行分析，然后进行商品推荐，从而提高用户的购买效率；电商企业对用户反馈的评论进行收集并分析，可以用来对产品进行优化，从而提高用户对产品的体验。

（2）外卖订购

外卖平台的发展让消费者在家就可以享受到各种美食，随着平台用户规模的增加，大数据技术的支撑显得尤为重要，包括商家数据的接入、客户消费订单数据、定位信息数据以及实时外卖路线规划等都与大数据技术的应用息息相关。随着市场需求的升级，餐饮外卖行业的发展环境迎来进一步优化，同时，外卖用户大数据分析渗透程度将更深。例如，提升平台和商家的经营效率，增进用户对于平台和商家的满意程度以及扩展配送商品品类等，都要基于大数据分析。

（3）物流配送

物流的配送效率直接体现在用户从下单到收到商品之间的间隔时间上，高效的物流配送也是建立在大数据分析基础之上。通过大数据分析可以对物流资源配置进行优化，合理规划物流路线，从而降低物流成本，提升物流配送效率。物流网点的选址、交通网络规划、辐射区域规划，都可以通过大数据分析进行辅助决策。此外，对车队的能耗数据、路线跟踪、调配信息等数据进行整合并分析，进行数字化管理，可以有效控制车队的运营成本。

（4）交通出行

大数据分析技术在交通出行方面的应用也很广泛。例如，利用大数据分析技术可以实时监控车辆通行密度，合理规划行驶路线；实现即时的信号灯调度，提高已有线路运行能力。此外，近几年来发展迅猛的打车平台和共享单车也是利用大数据分析技术快速匹配司乘信息，从而提高用户乘车便利性，降低能源损耗，提高出行效率。

（5）游戏产业

游戏厂商可以基于用户数据根据用户的偏好行为进行分析，可以主动推荐符合其偏好的游戏产品，减少用户搜索感兴趣游戏的时间。此外，对用户在游戏平台内产生的大量行为数据进行分析挖掘，可以迅速定位产品存在的问题并进行优化改进，提高用户忠诚度，降低用户流失率。市场推广渠道的数据分析可以帮助渠道进行优化，从而降低获取客户的成本并实现优质客户的新增导入。

2．基于行业的应用场景

（1）天气预报

基于历史海量数据的预测分析结合气象知识，天气预报的准确性和实效性将会大大提高，预报的及时性将会大大提升。此外，对于重大自然灾害，例如台风、龙卷风等，大数据分析技术可以更加精确地判断其运动轨迹和危害的等级，有利于帮助人们提高应对自然灾害的能力，减少损失。天气预报准确度的提升和预测周期的延长将会有利于农业生产的安排。

（2）农牧业

借助于大数据技术收集农牧产品的产地、产量、品种、流向、销售等各种信息，在大量数据分析基础上得到农牧产品的指导信息、流通信息等。通过不同的应用场景，可以使得农牧业从业者获取农牧产品的市场行情、相关技术等信息，从而做好预判。此外，企业基于大数据分析可以获得农牧产品的流通数据、市场消费需求、市场布局情况等专业的分析报告。政府可以通过大数据的整合分析，为农牧业生产提供合理建议，引导市场供需平衡，避免产能过剩，造成不必要的资源和社会财富浪费。

（3）医疗卫生

根据医院病人的就诊信息，通过大数据分析得出涉及食品安全的信息，及时进行监督检查，降低已有不安全食品的危害；基于用户在互联网的搜索信息，掌握流行疾病在某些区域和季节的爆发趋势，及时进行干预，降低其危害；基于覆盖区域的居民健康档案和电子病历数据库，快速检测传染病，进行全面的疫情监测，并通过集成疾病监测和响应程序，快速进行响应。

（4）教育行业

大数据分析技术可以被政府教育部门运用到教学改革实践中。通过对学生成绩、行为表现、心里活动等数据的分析，可以让教育工作者理解学生在个性化层面是怎样学习的，从而制定相关策略来提高学生的成绩。此外，基于大数据分析可以将学习兴趣相同的学生进行分组，从而提高共同学习效率，还可以为每位学生创建适合自己的学习环境和个性化的学习方案和学习路径。

（5）金融行业

银行基于客户资料的大数据分析，对申请贷款的客户进行信用评分，从而确定是否给客户发放贷款以及发放贷款的额度。此外，银行可以对客户数据进行细分研究，通过聚类分析发现不同类型客户的特征，挖掘不同客户的特点，从而为客户提供优质的服务。

利用大数据挖掘技术对投资的理财产品进行组合策略分析，从而降低投资风险，提高资金使用效率。此外，对已有的投资产品的组合模型进行优化分析，为投资者提供更为精准的数据分析。

保险业可以通过大数据技术对客户数据进行挖掘，研究欺诈客户的行为特征，进行实时监控与预警，降低企业风险。

（6）零售行业

客户群体的细分以及精细化运营同样适用于零售行业，根据客户的消费喜好和趋势，进行商品的精准营销，降低营销成本。

利用大数据分析技术缩短产品生产时间，根据顾客反馈意见，快速进行决策并迅速修正产品缺陷，给用户更好的体验，从而提高产品的服务质量。

建立用户预测趋势的模型，对消费者购买方式和地点进行预测，从而能够调整库存量，提高产品周转效率，满足消费者的需求。

（7）制造业

对制造业企业的销售业绩、利润率、成本等数据的分析，有助于了解企业销售状况，从而制定相应的销售策略，扩大生产利润。

对采购及库存数据的分析，有助于全面掌握企业采购及库存状态，为优化采购流程、降低库存积压提供决策依据。

针对产品故障数据进行预警分析，了解产品的故障状态，对于发生概率较高的故障问题、排名靠前的故障产品型号，可以改进生产工艺流程，降低产品故障率。

1.1.4 数据分析的发展趋势

1．技术发展趋势

大数据技术的发展使得数据采集、存储、安全等技术变得越来越成熟。人们对于采集并存储的数据的价值越来越重视，从而带动了数据分析和数据挖掘技术的发展。利用大数据分析技术从海量数据中提取的信息具有极高的价值，例如，支持企业高层进行业务决策、识别新的销售和市场机会、提升组织的社交媒体营销能力、提高用户忠诚度以及复购率、降低用户流失率、提前预测风险并进行防范等。未来大数据分析技术的发展方向大致可以分为以下两点：一是对海量的结构化和半结构化数据进行深度分析，挖掘数据背后隐藏的知识；二是对非结构化数据进行深度挖掘，将文本、图形、声音、影视、超媒体等类型中蕴藏的丰富信息转化为有用的知识。

2．产业发展趋势

大数据技术的发展带动了包括数据软件和硬件相结合的高科技服务行业，提供专业大数据解决方案的咨询服务业，从事数据采集、处理、加工及分析为一体的数据服务产业的产生和发展。此外，2016 年以来国家政策持续推动大数据产业发展，“十三五规划”中明确提出实施大数据战略，把大数据作为基础性战略资源，全面实施促进大数据发展行动，加快推动数据资源共享开放和开发应用，助力产业转型升级和社会治理创新。国家众多部门相继出台政策推动大数据产业的发展，随着政策的逐步落地，大数据产业的发展速度也将越来越快。

3．人才发展趋势

大数据技术的发展带动了企业对于大数据分析人才需求的快速增长，由于当前国内大数据人才培养的滞后，导致大数据分析人才的缺口很大，因此未来一段时间内大数据分析人才依然炙手可热。目前国内主流招聘网站上发布的数据分析相关岗位的数量呈现持续快速增长，可以看出企业对于大数据分析人才的需求量很大。从数据分析师的职位分布区域来看，主要分布在北京、上海、广州、深圳、杭州等经济发达的大城市。从数据分析师的职位分布行业来看，主要集中在互联网、金融、游戏、生物医疗、房地产、制造业等行业。互联网、金融行业的数据分析师职位数占比很高，因为这些行业在日常运营工作中积累了大量业务数据，而且数据依然在快速增长。

1.2 数据分析的职业发展及分类

数据分析的职业发展分为技术路线和管理路线。技术路线分为数据分析助理、数据分析专员、初级数据分析师、中级数据分析师、高级数据分析师、资深数据分析师、数据科学家等；管理路线分为数据分析主管、数据分析经理、数据分析总监、首席数据官等。

从工作内容上划分，数据分析的职位主要分为两大类：业务数据分析和数据挖掘算法研发，如图 1-8 所示。下面分别对这两类职位的基本要求和职能进行详细介绍。

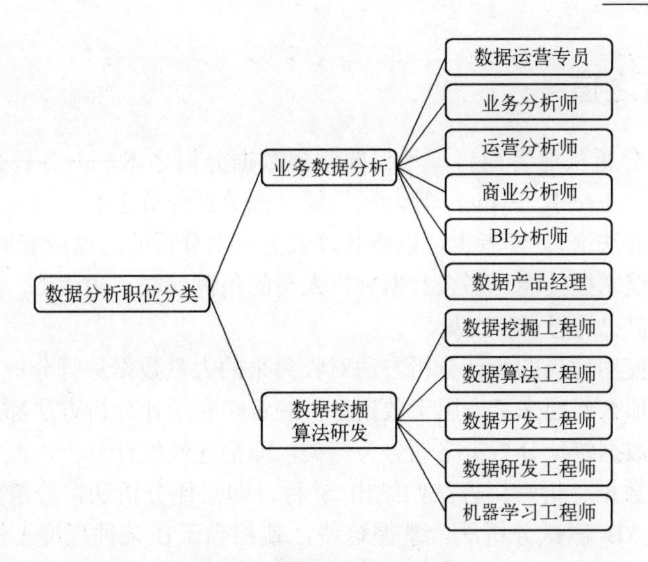

图 1-8　数据分析职位分类

1．业务数据分析

- 熟悉行业知识、公司业务及流程，有自己独到的见解，能够根据分析结论驱动业务决策。
- 熟练的沟通技巧，需要和运营、产品、市场、技术、客服等部门打交道。
- 掌握数据分析思路、分析理论以及数据分析方法，并能灵活运用到实际工作中。
- 熟练掌握数据分析相应工具，包括 Excel、SQL、SPSS、R、Python、SAS、Tableau、PowerBI 等软件；熟悉常见的算法，了解产品和运营的分析思路，能拿出业务优化方案并促进落地等。
- 职位主要细分为数据运营专员、业务分析师、运营分析师、商业分析师、BI 分析师、数据产品经理等。

2．数据挖掘算法研发

- 熟悉公司业务及流程，推动数据挖掘理论在不同场景的落地，解决产品线、企业经营等方面的实际问题。
- 扎实的统计学、数据挖掘、机器学习理论基础，能够利用高等数学知识推演高维数学模型。熟悉聚类、分类、回归、图模型等机器学习算法，对常见的核心算法理解透彻，有实际建模经验。
- 具备扎实的计算机操作系统、数据结构等理论基础，熟练掌握大数据依赖的计算机技术，包括：操作系统（Linux、shell 等）、实时流计算（Spark、Storm）、海量数据处理（Hadoop、Hbase、Hive）、开发语言（C、C++、Java、Scala 等）、数据分析与机器学习框架（R、Python、TensorFlow、Mahout 等）。
- 职位细分主要为数据挖掘工程师、数据算法工程师、数据开发工程师、数据研发工程师、机器学习工程师等。

1.3 数据分析之道

对于一个数据分析从业者而言，不仅要掌握数据分析之术——各种数据分析工具的使用，如数据库 SQL、Excel、Python 等，还需要掌握数据分析之道。这里的“道”指的是数据分析的策略（或方法论），读者也可以将其理解为数据分析的思路或套路。“道”是灵魂，工具是技能，如果仅掌握技能，那么数据分析人员的角色就成了搬运工，无法体现价值。做数据分析必须要有自己的思想和主见。

数据分析是指使用适当的统计分析方法对收集来的大量数据进行分析，并从中提取有用信息并形成结论。那么问题来了，用于数据分析的策略和统计分析方法都有哪些呢？从宏观角度出发，作者将数据统计分析策略划分为三类，即描述性统计分析、探索性统计分析和推断性统计分析，将数据分析常用方法归纳出 5 种，即对比分析法，分组分析法，预测分析法，漏斗分析法，AB 测试分析法。掌握这些，就相当于在某种程度上悟得数据分析之道了。接下来，重点介绍一下这些数据统计分析策略和方法的相关知识点。

1.3.1 三类统计分析策略

描述性统计分析、探索性统计分析和推断性统计分析三类策略是一种循序渐进、由浅入深的分析步骤，从事数据分析需要掌握这三类源自统计学领域的统计分析策略。

1．描述性统计分析

描述性统计分析侧重于对数据的描述，这种描述就相当于在阐述所看见的一幅图画。对数据的描述性统计，其实就是描述数据的特征，如数据的平均水平、数据的可行范围、数据的波动分散程度等。通过描述性统计分析，可以使数据分析人员更好地掌握和理解数据，做到心中有“数”。描述性统计分析在数据分析过程中，既是基础环节也是重要环节，基础是因为它的操作非常简单，重要是因为它是进行下一步数据分析工作的前提。

下面是一个描述性统计分析的例子。

老板可能会问：小王，帮我查一下 9 月份网站流量的基本数据。

那么问题来了，这个基本数据都会包含哪些内容呢？首先查看 9 月份的流量数据。如图 1-9 所示，其中 PV 和 UV 分别代表页面访问量和用户访问量，即网站的访问人次和访问人数。如果你了解描述性统计分析，就可以将网站流量的基本数据展现在表格中。

如表 1-1 所示，即为常用的基本统计指标，以 PV 为例，简单解释这 7 个指标的含义：9 月份网站的日均访问人次为 41,072.87 次，标准差为 5,685.52，最少的一次访问量为 30,471 次，该月中有四分之一天数的每天访问人次在 36791.5 次以下，该月中有一半天数的每天访问人次在 42,529 次以下，该月中有四分之三天数的每天访问人次在 44,643.25 次以下，全月中最多的一次访问量为 49,847 次。需要注意的是，表格中的下四分位数即统计学意义的 25%分位点，上四分位则为统计学意义的 75%分位点。

该案例就是一个典型的描述性统计分析，其实就是针对数据的统计结果做简单的描述，表达出数据的统计特征。除此之外，还可以通过图形的方式描述数据的内在规律。例如，需要统计某电商平台在近一个月各支付渠道的支付比例，或者分析用户年交易额的分布特征。通过饼图和直方图就可以很好地描述这两个问题。

	A	B	C
1	date	PV	UV
2	2018/9/1	38814	23772
3	2018/9/2	47327	29949
4	2018/9/3	31758	25668
5	2018/9/4	42301	22091
6	2018/9/5	31832	25540
7	2018/9/6	47692	28165

图1-9 待描述的网站流量数据

表1-1 统计描述的汇总结果

基 本 指 标	PV	UV
平均值	41,072.87	25,213.3
标准差	5,685.52	3,014.61
最小值	30,471	20,675
下四分位数	36,791.5	22,432.25
中位数	42,529	25,604
上四分位数	44,643.25	28,281.25
最大值	49,847	29,964

如图1-10所示，电商的快捷支付占比最大，达到42%，占比第二的是微信支付，达到28%，两者相差14%，货到付款的比例最小，只有7.3%，该支付方式与其他支付方式的比例非常接近。

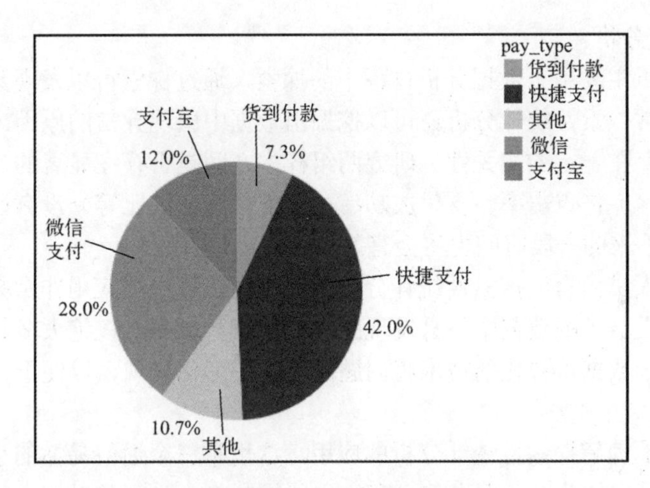

图1-10 各支付方式的占比

如图1-11所示，用户的总交易金额存在严重的不平衡，交易额在2000元以内的用户最多，且占到绝对优势；几乎所有用户的交易额都在10000元以内，超过10000元的用户只有零星点点；从数据的分布形态来看，存在严重的右偏特征（即长尾分布在右侧）。图中还绘制了两条曲线，分别是实际分布曲线（即核密度曲线）和理论分布曲线（即正态密度曲线），通过两条曲线的对比，发现它们的吻合度并不是很高，故进一步断定该数据的分布并非正态分布。

因此，描述性统计分析包括数据的频数分析、数据的集中趋势分析（如均值、中位数、众数等）、数据离散程度分析（如标准差、极差、变异系数等）、数据的分布（如偏度值，峰度值等）以及一些基本的统计图形（如饼图、直方图、箱线图等）。在日常的学习或工作中，数据分析人员需要掌握这些基本的统计描述方法，进而可以很好地融入业务中，并了解业务的数据环境。

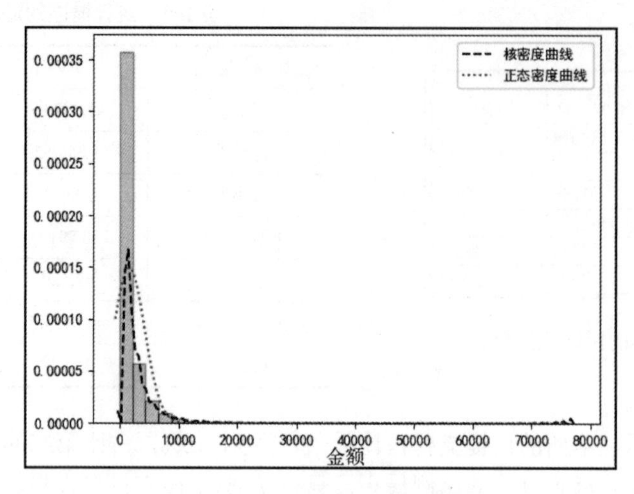

图 1-11　用户交易金额的直方图

2．探索性统计分析

探索性统计分析主要用于数据分析过程中的探索，通过探索可以发现数据背后隐藏的内在规律和联系，通常探索性统计分析还可以挖掘出数据中出现异常的原因。例如，需要研究某些变量之间是否存在一定的相关性，研究两组样本之间是否存在显著的差异，探索企业内某指标（如曝光量、广告点击率、支付成功率、某支付渠道占比等）没有达标的原因，探索企业内某指标在接下来的一段时间内将会有怎样的变化趋势等。

对于数据分析人员而言，探索性统计分析的策略在工作中的应用非常频繁，因为通过该策略可以帮助分析人员了解数据中不易发现的内在价值和联系。在绝大多数情况下，探索性统计分析都是借助于数据可视化的技术将问题的答案图形化呈现，以便于直观地发现数据中有意思的信息。

为使读者更好地理解探索性统计分析的应用，这里举三个通俗易懂的小例子：探索汽车的速度与刹车距离之间的关系；探索某电商的交易量在 PC 端和移动端之间的比例变化；探索泰坦尼克号男女乘客在一等舱内的票价是否存在差异。

对于探索两变量之间的关系，最常用的方法就是绘制它们的散点图，通过散点图可以直观地发现两者之间的某种内在关系（如线性关系、非线性关系或无相关关系）。所以，在探索汽车的速度与刹车距离之间的关系时，不妨绘制散点图来观察两者之间的关系，如图 1-12 所示。

图 1-12 中，横轴表示汽车的行驶速度，纵轴表示汽车的刹车距离。从图中可知，随着行驶速度的增加，刹车距离也在增加。所以，可以明确地得出，它们之间存在正相关的线性关系。那么，这种线性关系可否通过某个具体的数学函数来表达呢？答案是肯定的，这部分

内容将涉及后文所介绍的推断性统计分析。

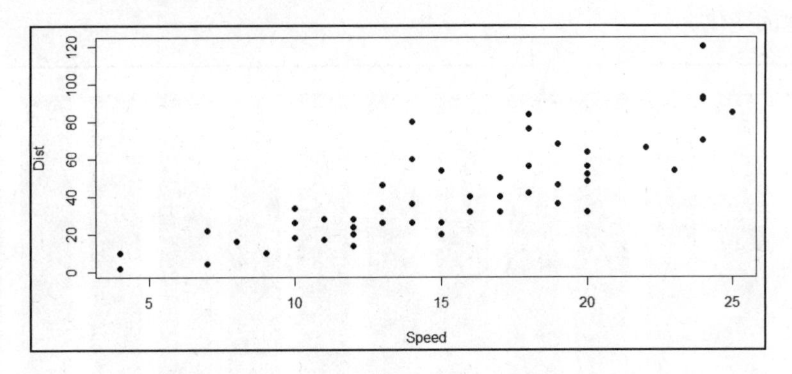

图 1-12　汽车速度与刹车距离的散点图

通常在对比两组或多组样本之间的差异时，可以选择统计学中的箱形图（也称为盒须图，关于该图形的具体介绍可以查看 2.4.2 节的内容），该图形有两大作用：一是可以方便地实现数据的对比；二是可以识别出数据中的异常样本点。所以，在探索泰坦尼克号男女乘客在一等舱内的票价是否存在差异时，不妨选择箱线图来描述，如图 1-13 所示。

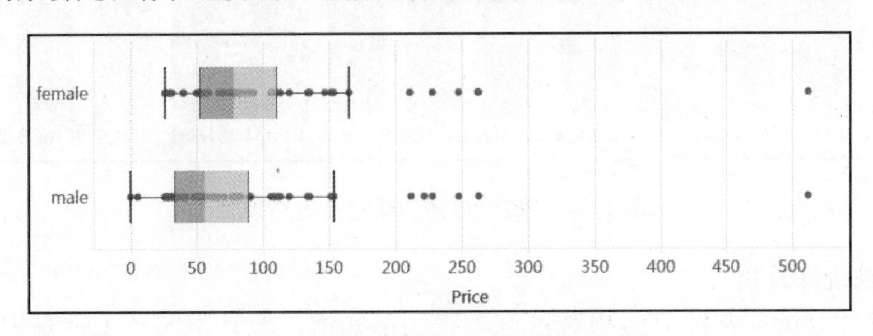

图 1-13　男女乘客的票价箱线图

图 1-13 中横轴表示乘客的票价，纵轴表示男女性别，在两个箱线图的中间箱体部位都有一个明显的分界线，它是中位数（一种用于描述数据的中心化指标，即理解为整体水平）。从图中可知，两个箱线图的中位数并没有近似垂直对齐，说明男女乘客的票价存在显著差异。而且从图的最右侧，也发现了一些样本点，它们就是利用箱线图技术识别出的异常点。很显然，这是通过图形的对比，得出两者存在差异，那么有没有定量的方式验证男女性别在票价上存在显著差异呢？答案仍然是肯定的，可以通过推断性统计分析实现。

对于探索某电商的交易量在 PC 端和移动端之间的比例变化，可以选择百分比堆叠条形图，该图形最大的特色是将所有的条形高度标准化到 100%（即所有条形高度都是一样的），然后可以对比内部比例的变化趋势。如图 1-14 所示，即为交易量在 PC 端和移动端在不同时间段上的比例差异。

图 1-14 中横轴代表 2014—2016 年的各个季度，纵轴代表占比，图形的上半部分代表移动端，下半部分代表 PC 端。借助于百分比堆叠条形图，可以非常直观地发现移动端的交易量在迅速扩张（即随着移动互联网的发展，用户越来越青睐于选择移动端完成网上的交

易），由 2014 年第一季度的 11.7%，发展到 2016 年第四季度的 85.5%，短短的三年时间，发生了翻天覆地的变化。

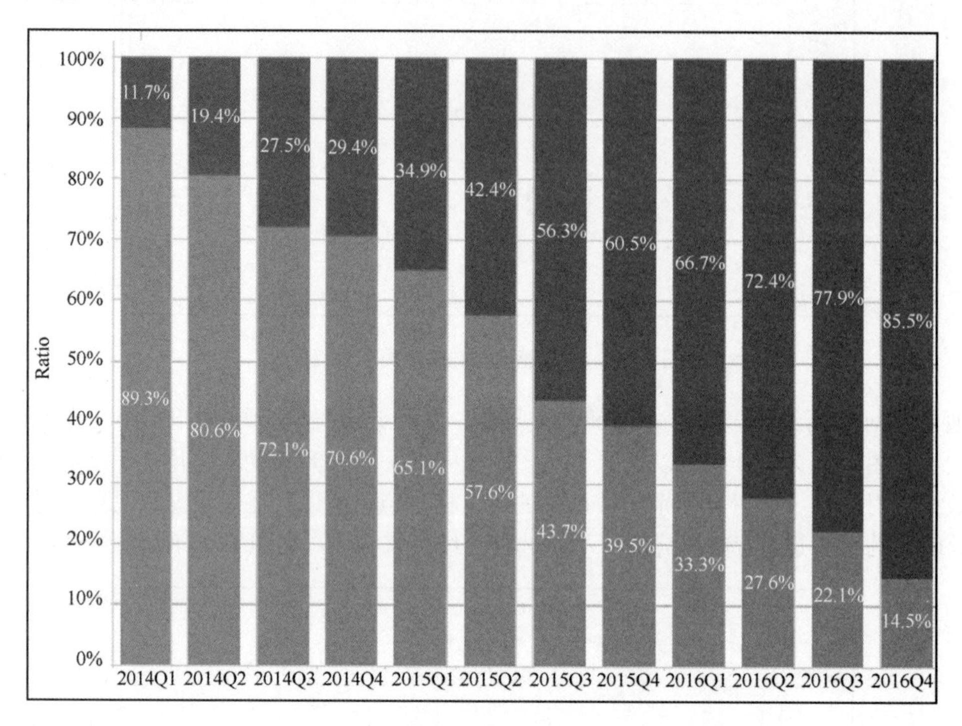

图 1-14　PC 端与移动端的占比趋势

3．推断性统计分析

推断性统计分析非常经典但相对较难。我们都知道，统计学实质上就是根据样本的特征来推断总体的情况。例如，借助于随机抽样的方法，从总体中抽出部分样本，并根据样本推断出总体的平均水平（解决问题的方法是统计推断中的均值检验）；根据样本的两个属性（即两个变量），判断属性间是否存在相关性（需利用统计推断中的相关系数检验或卡方检验）；根据样本的分布，判断其总体是否服从正态分布（该问题的解决可以使用数据的正态性检验技术）。

相比于探索性统计分析，推断性统计分析更加侧重于寻找定量的答案，通常是计算统计量和对应的概率 P 值。如果概率 P 值小于 0.05（默认的对比值），则需要拒绝原假设（原假设即假设事件成立的情况，如样本均值等于某个值，两属性之间不相关，样本服从正态分布），反之需要接受原假设。

为使读者掌握推断性统计分析的方法，接下来通过几个小的例子加以说明：通过 t 检验推断两样本之间的均值是否存在差异；通过卡方检验与 Pearson 相关性检验推断样本的两个属性是否不相关；通过 Shapiro 正态性检验推断样本是否服从正态性分布。

（1）t 检验

t 检验也称为均值检验，即通过该检验方法可以验证样本的均值是否满足某个常数或者两样本之间的均值是否存在差异。假设如表 1-2 所示的数据为某品牌充电宝电容量的抽样数据，为检验该品牌充电宝是否满足其宣传的 5000 毫安容量的说法，需要借助于 t 检验的工具（基于 Python）：

表 1-2　充电宝电容量数据

4988	5006	5021	4923	4947	4896
5104	4992	5070	5009	4892	4997

1）提出原假设与备择假设。

- H_0：样本均值为 5000 毫安（原假设）。
- H_1：样本均值不为 5000 毫安（备择假设）。

2）计算统计量。

```
# 导入第三方包
from scipy import stats

# 读入充电宝容量数据
volumns = [4988,5006,5021,4923,4947,4896,5104,4992,5070,5009,4892,4997]
# t 检验
stats.ttest_1samp(a = volumns, popmean = 5000)
out:
statistic=-0.6941390148304715
```

结果显示，t 检验的所得的统计量为-0.694。如果单从该统计量的值，并不能直接得出样本是否满足均值为 5000 毫安的说法，所以需要进一步比较概率 P 值。

3）对比概率 P 值，下结论。

```
pvalue=0.5019915686890506
```

结果显示，概率 P 值为 0.502，大于 0.05 的阈值，说明不能拒绝原假设，即认为样本均值为 5000 毫安的说法是正确的，也就是说该品牌的充电宝符合其宣传的电容量 5000 毫安的说法。

（2）卡方检验与 Pearson 相关性检验

卡方检验用于验证两个离散型变量之间的独立性，而 Pearson 相关性检验则用于验证两个数值型变量之间的独立性。图中为两组数据（部分）：一组是关于高三某班级学生的性别与其是否被录取的数据（如图 1-15 所示）；另一组是关于汽车速度与刹车距离的数据（如图 1-16 所示）。

首先通过卡方检验对学生性别与其是否被录取进行相关性分析。步骤如下（仍然基于 Python）：

1）提出原假设与备择假设。

- H_0：学生的性别与其是否被录取相互独立。
- H_1：学生的性别与其是否被录取不相互独立。

	A	B
1	Gender	Offer
2	男	是
3	女	否
4	女	否
5	女	否
6	女	否
7	女	否

图 1-15　学生录取表

	A	B
1	speed	dist
2	4	2
3	4	10
4	7	4
5	7	22
6	8	16
7	9	10

图 1-16　汽车信息表

2）计算统计量。

```
# 导入第三方包
import pandas as pd

# 读入高三学生的数据
students = pd.read_excel(r'C:\Users\Administrator\Desktop\卡方检验与 Persion 检验.xlsx')
# 构造两个离散型变量之间的频次统计表（或列联表）
crosstable = pd.crosstab(students.Gender, students.Offer)
# 卡方检验
stats.chi2_contingency(crosstable)
out:
statistic=4.859047996302897
```

结果显示，卡方检验的统计量为 4.86，可以进一步借助于概率 P 值得到明确的判断结果。

3）对比概率 P 值，下结论。

```
pvalue=0.02750150730030855
```

结果显示，概率 P 值为 0.028，小于 0.05 的阈值，说明应该拒绝原假设，即认为学生的性别与其是否被录取是相关的。

接下来通过 Pearson 相关性检验分析汽车速度与刹车距离的相关性。具体步骤如下：

1）提出原假设与备择假设。

- H_0：汽车速度与刹车距离不相关。
- H_1：汽车速度与刹车距离相关。

2）计算统计量。

```
# 读入汽车速度与刹车距离的数据
cars = pd.read_excel(r'C:\Users\Administrator\Desktop\卡方检验与 Persion 检验.xlsx', sheet_name=1)
stats.pearsonr(cars.speed, cars.dist)
out:
statistic=0.8068949006892105
```

结果显示，汽车速度与刹车距离之间的 Pearson 相关系数为 0.807，说明两者之间存在很强的相关性，为进一步验证这个结论，可以计算概率 P 值。

3）对比概率 P 值，下结论。

```
pvalue=1.4898364962950702e-12
```

结果显示，概率 P 值远小于 0.05，说明需要拒绝原假设，即认为汽车速度与刹车距离之间强相关性是正确的。

（3）Shapiro 正态性检验

对于样本的正态性检验，可以使用 Shapiro 检验方法（通常要求样本数量在 5000 以内，如果样本量在 5000 以上，可以使用 KS 检验方法）。不妨以 Titanic 乘客的年龄数据为例，验证其是否服从正态性分布。

1）提出原假设与备择假设。

- H_0：乘客的年龄数据服从正态性分布。
- H_1：乘客的年龄数据不服从正态性分布。

2）计算统计量。

```
# 读取 Titanic 乘客数据
titanic = pd.read_csv(r'C:\Users\Administrator\Desktop\Titanic.csv')
# 剔除年龄中的缺失值，再作 Shapiro 检验
stats.shapiro(titanic.Age[～titanic.Age.isnull()])
out:
statistic=0.9814548492431641
```

结果显示，Shapiro 检验的统计量为 0.981，但看该值，无法直接得出检验的结论，故仍然需要结合概率 P 值才能够明确地下结论。

3）对比概率 P 值，下结论。

```
pvalue= 7.322165629375377e-08
```

结果显示，概率 P 值远小于 0.05，故需要拒绝原假设，即 Titanic 乘客的年龄并不服从正态性分布。

所以，在数据分析过程中，通常要对数据做如上的探索和研究，一方面通过探索方法，让分析人员能够对数据做到心中有“数”，了解数据呈现的特征和规律；另一方面通过深入研究，让隐藏在数据背后的价值淋漓尽致地展现在数据分析人员的面前，进而基于数据分析的结果，为下一步的决策提供有力依据。

1.3.2 数据分析的常用方法

上面介绍的三类统计分析方法属于概括性的方向指引，即读者在进行数据分析过程中，需要借助于这三类统计分析方法的策略去描述或思考数据反映的现象和问题。本节将从细化的角度，分享一些具体的常用数据分析方法（考虑到篇幅的限制，这里仅分享部分重要的方法），这些方法在平时的学习或工作中得到广泛的应用。

1．对比分析法

该方法又称为比较分析法，通过指标的对比来反映事物数量上的差异和变化，属于统计

分析中最常用的方法。在实际应用中，读者可能听过纵向对比和横向对比的说法，纵向对比指的是同一事物在时间维度上的对比，这种对比方法主要包含环比（如日活用户数 DAU 在本月与上月之间的对比）、同比（如销售额在本年度 3 月份与上一年 3 月份之间的对比）和定基比（如 2～6 月份的点击量均与 1 月份的点击量做对比）。而横向对比则是不同事物在固定时间上的对比（如不同用户等级在客单价之间的差异；不同品类之间的利润率高低；新用户在不同渠道的支付转化率）。应用对比分析法，得到的结果可以是相对值（如百分数、倍数、系数等），也可以是相差的绝对数和相关的百分点（一个百分点即指 1%），即把对比的指标做减法运算。所以，通过对比分析法就可以对规模大小、水平高低、速度快慢等做出判断和评价。

2．分组分析法

分组分析法与对比分析法很相似，所不同的是分组分析法可以按照多个维度将数据拆分为各种组合，并比较各组合之间的差异。为使读者能够理解分组分析法和对比分析法之间的差异，这里各举一个简单的例子加以说明。

假设新书上市做营销时，会考虑多个销售渠道，例如新华书店、当当、京东、天猫和中国图书网。如果要对比各销售渠道在 10 月份的销量，就应采用对比分析法，如表 1-3 所示；如果要对比各销售渠道在 9 月、10 月和 11 月的销量，就应采用分组分析法，如表 1-4 所示。

表 1-3　10 月份各销售渠道的销量对比分析

销售渠道	10 月份销量	占比	销售渠道	10 月份销量	占比
当当	1325	34.30%	新华书店	341	8.83%
天猫	1109	28.71%	中国图书网	225	5.82%
京东	863	22.34%	合计	3863	100%

表 1-3 中运用对比分析法可以发现，新书在 10 月份的销售总量为 3863 册，其中当当网的销售量最高，占到总销售的 34.3%；相比于中国图书网的销售渠道，当当网的销售量是它的近 6 倍。当当、天猫和京东为销售量前三名的渠道，它们的销售量在总销售量中超过 85%。

表 1-4　各销售渠道在时间维度上的对比

月份	当当	天猫	京东	新华书店	中国图书网
9	1108(25.37%)	1311(30.01%)	1137(26.03%)	351(8.04%)	461(10.55%)
10	1325(34.30%)	1109(28.71%)	863(22.34%)	341(8.83%)	225(5.82%)
11	1563(40.27%)	1201(30.95%)	582(15.00%)	348(8.97%)	187(4.82%)

如表 1-4 所示，销售渠道基础上又添加了时间因素（即综合了横向对比和纵向对比），所以通常称这样的数据为横截面数据。表中的数据（比例为行百分比）是为了对比各渠道销售量在当月的销售占比。从数据中可以发现，当当的销售占比在呈现逐月上涨趋势，而京东和中国图书网则呈现逐月下降趋势，天猫和新华书店的销售占比则非常稳定。为了使数据展现得更加

直观，不妨使用前文介绍的百分比堆叠条形图展现数据的变动趋势，如图 1-17 所示。

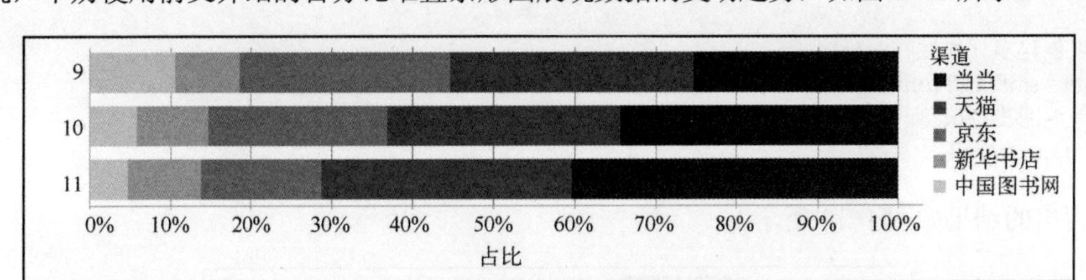

图 1-17　各销售渠道在时间维度上的对比

依据此图，可以非常容易得出这样的结论，即京东和中国图书网的销售占比在逐步下降，而当当则呈现上涨趋势，其余两种渠道的销售占比并没有大的起伏。

3．预测分析法

预测分析法主要用于未知数据的判断和预测，这个方法在大数据时代显得尤为突出和重要，例如依据过往三年的历史销售数据，预测未来六个月的销售额；根据患者各项体检指标的检查，预测其患某种疾病的可能性；利用消费者在互联网留下的日志数据，向消费者推送可能购买的商品等。预测分析法大致可以划分为两种：一种是基于时间序列的预测，即根据指标值的变化与时间依存关系进行预测（具体的预测方法有移动平均法、指数平滑法、ARIMA 法等）；另一种是回归类预测，即根据指标之间相互影响的因果关系进行预测（具体的预测方法有线性回归、KNN 算法、决策树模型等）。

下面通过一个简单的案例来阐述预测分析法的应用。假设影响某商品销售利润（Profit）的因素包含研发成本（RD_Sperd）、管理成本（Administration）和市场营销成本（Marketing_Spend），数据如图 1-18 所示，为部分数据。那么，如何基于这三个因素来预测商品的销售利润？

	A	B	C	D
1	RD_Spend	Administration	Marketing_Spend	Profit
2	165349.2	136897.8	471784.1	192261.83
3	162597.7	151377.59	443898.53	191792.06
4	153441.51	101145.55	407934.54	191050.39
5	144372.41	118671.85	383199.62	182901.99
6	142107.34	91391.77	366168.42	166187.94
7	131876.9	99814.71	362861.36	156991.12

图 1-18　产品各项成本与利润数据

下面利用预测分析法中的线性回归模型（有关该模型的具体用法，读者可以参考本书第 5 章的内容），对数据进行建模，并基于模型实现商品销售利润的预测：

```
# 导入第三方模块
import pandas as pd
import statsmodels.formula.api as smf

# 读入商品利润数据
```

```
profit = pd.read_csv(r'C:\Users\Administrator\Desktop\Profit.csv')

# 创建多元线性回归模型
lm = smf.ols('Profit ~ RD_Spend + Administration + Marketing_Spend', data = profit).fit()
# 返回模型概览
lm.summary()
```

得出的结果如图 1-19 所示。

	coef	std err	t	P>|t|	[0.025	0.975]
Intercept	5.012e+04	6572.353	7.626	0.000	3.69e+04	6.34e+04
RD_Spend	0.8057	0.045	17.846	0.000	0.715	0.897
Administration	-0.0268	0.051	-0.526	0.602	-0.130	0.076
Marketing_Spend	0.0272	0.016	1.655	0.105	-0.006	0.060

图 1-19　模型的概览信息

从上图结果可知多元线性回归模型的系数（图中方框内所示）。假设不考虑模型的显著性和回归系数的显著性，那么得到的回归模型可以表示为：

$$Profit = 50120+0.81RD\_Spend - 0.03Administration+0.03Marketing\_Spend$$

所以，当已知三个因素的具体值时，就可以将它们的值导入到线性回归模型的方程式中，求得可能的商品利润。

4．漏斗分析法

漏斗分析法通常也称为流程分析法，其目的是关注某事件在重要环节上的转化率，该方法在互联网行业的使用尤为普遍。以 B2C 的电商为例，用户从浏览页面到完成购买通常会有 4 个重要的环节，即用户通过主页或搜索的方式进入商品列表页，再到点入具体的商品进入商品详情页，接着将心仪的商品加入到购物车，最后将购物车内的商品结账完成交易。直观判断可知，经过这 4 个重要环节的用户数量肯定越来越少，进而形成锥形的漏斗效果。

在实际的应用中，数据分析人员可借助于漏斗分析法对网站运营过程中各个重要环节的转化率、运营效果和过程进行监控及管理，对于转化率特别低的环节，或者波动发生异常的环节加以有针对性的修正，进而保证转化率的提升，从而提升整体运营效果。为了使读者有一个直观的理解，这里不妨以电商平台的用户消费行为为例（假设电商平台为推广某个产品做了相应的营销活动，用户购买该产品的 4 个环节转化率如图 1-20 所示），分析几个重要环节的漏斗效应。

从上图可知，漏斗图中涉及 4 个核心的环节，首先从商品详情页开始，其转换率为 43.7%，即在本次营销活动中，被触达的用户有 43.7%的比例会进入到商品详情页；然后是购物车页，该环节的转化率为 62.3%，即进入商品详情页的用户中，有 62.3%的用户会将商品加入到购物车；接下来是收银台页（即进入到支付页），其转化率为 88.4%，表示将商品加入到购物车的用户中，会有 88.4%的比例进入到支付环节；最后为支付成功页，转化率为 93.8%，说明在选择支付的用户中，有 93.8%的比例最后完成了支付，剩下的 6.2%的用户可能是改变主意了，或卡里余额不足等。

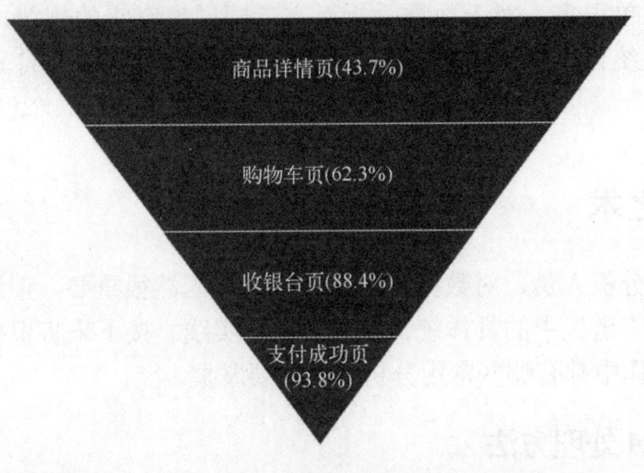

图 1-20　用户购买产品 4 个环节的转化率漏斗图

因此，借助于上述的漏斗分析，对比各环节之间的转化率，当发现某些环节的转化率发生陡崖式下降时，就可以认为产品的某些流程或者营销活动的某些步骤出了问题，然后再针对这些问题寻找改善方案，最终提高整体的转化率。

5. AB 测试分析法

AB 测试分析法也是一种对比分析法，该方法侧重于对比 AB 两组结构相似的样本（如用户属性和行为相似、产品特征相似等），并基于两组样本的指标值挖掘各自的差异。例如某 APP 的同一个功能页面，设计了两种不同风格的页面布局，然后将两种风格的页面随机分配给测试用户（这些用户的结构都比较相似），最后根据用户在该页面的浏览转化率来评价不同页面布局的优劣。

这里举一个具体的例子加以说明，某公司的 APP 在收银台界面（即付款界面）呈现的支付方式顺序为微信、支付宝、快捷支付（即银行卡支付）和货到付款。为了提高快捷支付的占比，预期对支付方式的顺序做微调，即微信、快捷、支付宝和货到付款。但是这样的顺序真的能够提高快捷支付的占比吗？为了验证这个问题，技术人员对两批相似的样本用户做了测试，得到的结果如图 1-21 所示。

从结果可知支付方式顺序的调整，对快捷支付占比的影响还是存在的，经过顺序调整后，快捷支付占比得到了近两个百分点的提升。所以，经过 AB 测试后，可以认为支付方式顺序的调整是有必要的。

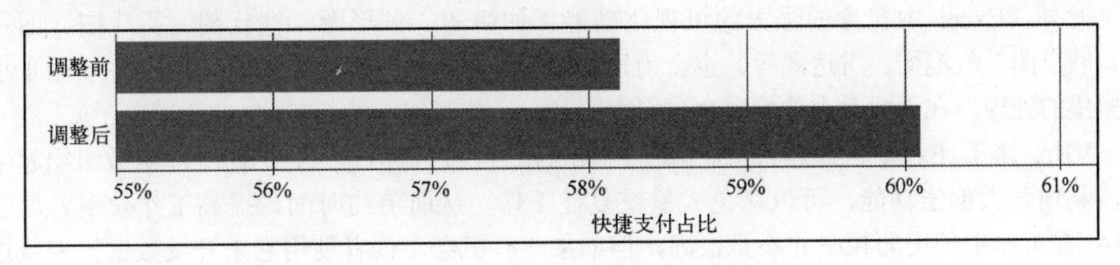

图 1-21　快捷支付的 AB 测试图

在作者看来，解决任何事情都有其一定的规律（或步骤），因此只要理解并掌握了这些规律，问题就会简单很多。对于数据分析而言，同样也有它的规律，故请读者一定要掌握前文所介绍的三类统计分析策略和五种常用的数据分析方法，并将其应用到数据分析的工作中。

1.4 数据分析之术

一个合格的数据分析人员，对数据分析之道的掌握固然很重要，但还需要灵活使用一些常用的分析工具，将“道”中的具体统计方法应用于实践。接下来将根据作者的工作经验，谈一谈在数据分析工作中都有哪些常用分析工具需要掌握。

1.4.1 必备的 Excel 处理方法

对于一个数据分析师来说，日常中的大部分工作内容是可以结合 Excel 和 SQL 完成的。Excel 用于数据的加工以及处理分析，SQL 用于数据的查询。作者也曾咨询过很多圈内的朋友，他们在工作中具有相似的模式，即 Excel 和 SQL。庆幸的是，这两款工具学习起来相对较为容易。在作者看来，困难的是如何灵活地应用 Excel 技巧和梳理好 SQL 的取数逻辑来提高工作效率。

Excel 非常重要，它不仅仅是一个存储数据的容器，用户还可以借助其强大的函数、透视表、可视化、VBA 等功能帮助其完成大量的数据分析工作。这里不妨罗列一些常用的 Excel 函数。例如，统计函数（COUNT、COUNTA、COUNTBLANK、COUNTIFS、SUM、SUMIFS、AVERAGE、AVERAGEIFS、MAX、DMAX、MIN、DMIN、MEDIAN、SUMPRODUCT、VAR.S、SKEW、NORM.DIST 等）、字符串函数（LEN、LENB、LEFT、RIGHT、MID、UPPER、LOWER、FIND、SEARCH、SUBSTITUTE、REPLACE、CONCATENATE、EXACT、TRIM 等）、数值函数（RAND、RANDBETWEEN、ABS、MOD、POWER、PRODUCT、CEILING、FLOOR、ROUND、ROUNDUP、ROUNDDOWN 等）、逻辑函数（AND、OR、NOT、IF、IFERROR、ISTEXT、ISNUMBER 等）、日期和时间函数（TODAY、NOW、YEAR、MONTH、DAY、HOUR、MINUTE、SECOND、DATE、TIME、DATEDIF 等）、匹配查找函数（CHOOSE、VLOOKUP、HLOOKUP、LOOKUP、MATCH、INDEX、OFFSET、INDIRECT 等）。读者如果能够灵活地使用这些 Excel 函数，那么日常工作中的数据处理将会变得既简单又轻松。

此外，Excel 中包含的强大的可视化功能（如饼图、条形图、柱状图、折线图、面积图、散点图、气泡图、雷达图等）也会为日常的数据分析助一臂之力（但 Excel 主要用于小数据集的处理，在于面对大数据时会显得力不从心，此时便无法与 Tableau 相媲美了）。

VBA 属于 Excel 的编程部分，属于一种宏语言，它是由一系列的命令和函数组织起来的，利用强大的宏功能，可以避免大量重复性工作，从而节约时间，提高工作效率。尽管 VBA 在工作中使用的频率并不是很高，但如果一有机会，读者使用它来开发数据报表或进行表计算，会大大提高工作效率和成就感。有关 Excel 中的函数介绍、透视表应用、数据可视化和宏语言的编写，读者可以查阅本书第 2 章的内容。Excel 宏脚本的操作界面如图 1-22 所示。

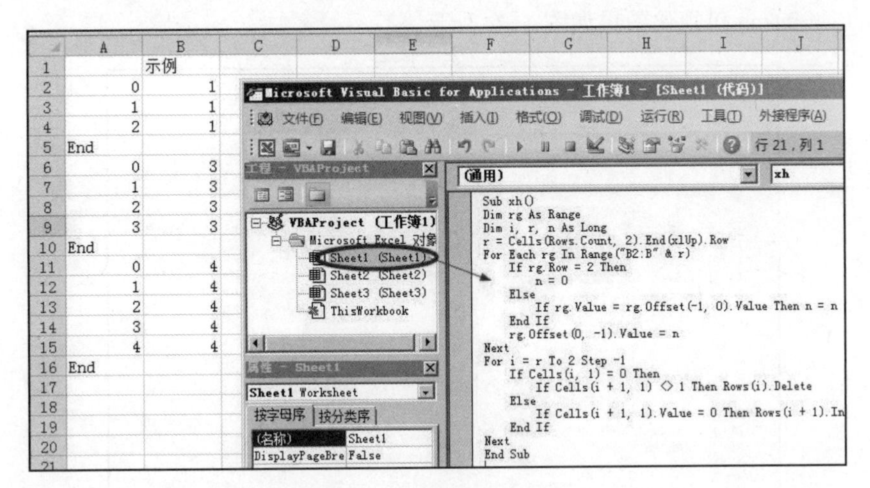

图 1-22　VBA 的操作界面

1.4.2　高超的数据库查询技巧

数据库查询技能对于数据分析人员来讲是一项必备技能。首先，如果不具备这项技能，找工作时就会困难重重，因为在面试的时候，企业都会出一些数据库相关的考点；其次，如果工作中需要处理大量数据时也会显得非常被动，使工作进展不顺利，进而降低工作效率。数据库之所以重要，主要是因为工作中需要分析的数据基本都是来自于数据库，如果你不能掌握如何从数据库中查询数据，那对于数据的处理将会变得很困难，也会导致下一步的分析工作无法开展。

尽管数据库在目前的市面上有很多种，如 Oracle、SQL Server、MySQL、Hive 等，但并不意味着都要学个遍，因为它们都采用的是结构化的查询语言，各种数据库的语法都非常相似，只要掌握好 SQL 即可，可以说是一通百通。对于零基础的读者而言，建议去 MySQL 官方网站下载社区版本的数据库（https://dev.mysql.com/downloads/mysql/），然后学习数据库中的查询、修改、删除、插入、存储过程等相关知识点。在本书的第 3 章讲解了有关 MySQL 数据库的具体使用，读者可以前往该章学习数据库的知识点。在 MySQL 中进行数据查询的语法，如图 1-23 所示。

1.4.3　纯熟的数据可视化技能

熟练掌握数据可视化的技能，也是对数据分析人员的必备要求，因为数据可视化对于制作生动、醒目、直观的数据报表非常重要。目前越来越多的企业开始重视可视化的数据报表，使用各类可视化工具也日益广泛，例如 Excel、Tableau、PowerBI、Echarts 和 D3.js 等。

Excel、Tableau 和 PowerBI 等类似的工具使用相对简单，仅需通过拖拉拽的方式就可以绘制炫酷的可视化图形。本书的第 2 章和第 4 章，分别介绍了有关 Excel 和 Tableau 的可视化操作。读者可以前往 Tableau 中文官网（https://www.tableau.com/zh-cn）下载并使用该软件，然后参考第 4 章的内容，学习如何使用 Tableau 绘制常用的统计图形，让枯燥的数据变得更加生动。Tableau 可视化效果如图 1-24 所示。

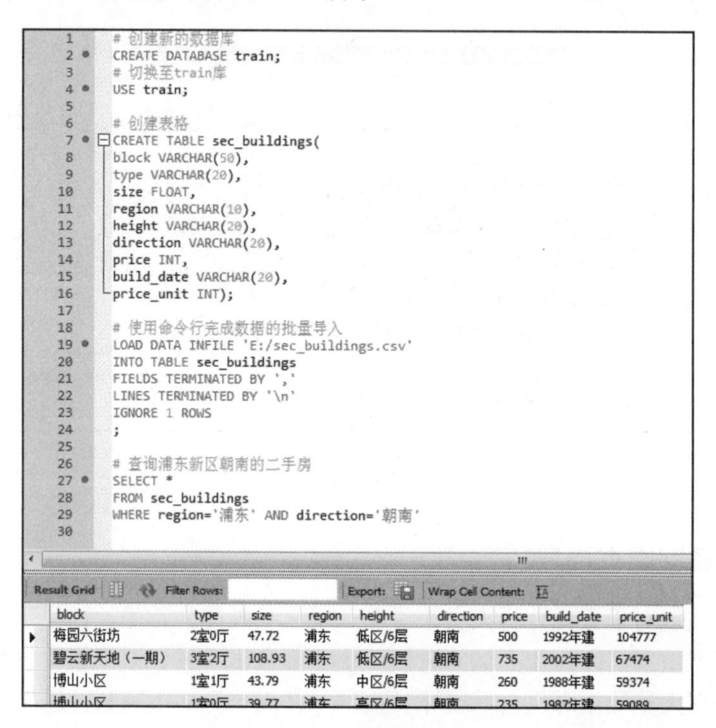

图 1-23　MySQL 的操作界面

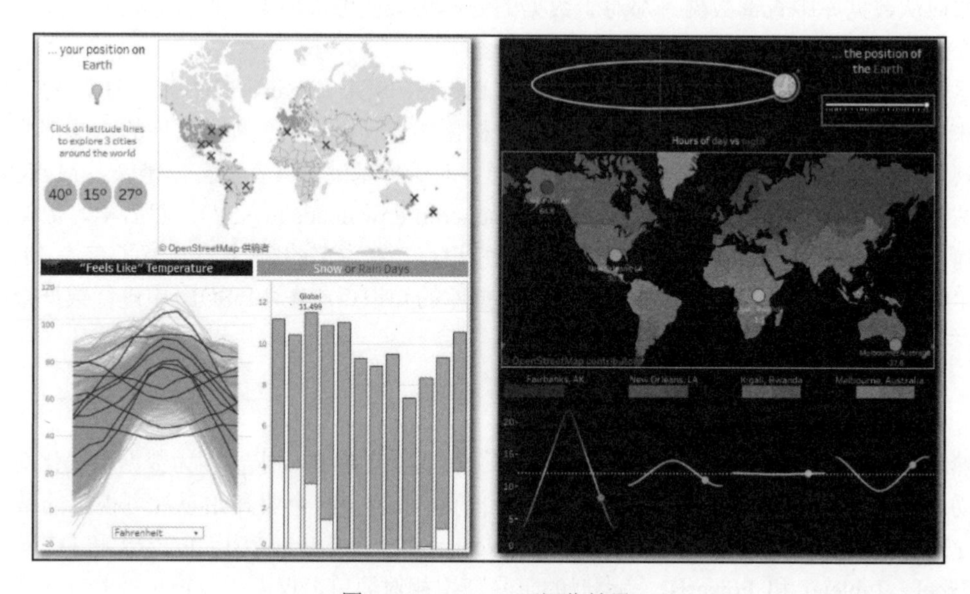

图 1-24　Tableau 可视化效果

PowerBI 是由微软出品的商业智能分析软件，是一款专业的报表制作及数据可视化分析工具，可用作项目组、部门或整个企业背后的分析和决策引擎。该软件功能与 Tableau 相似，支持不同数据源的连接、数据的整合与处理、交互式报表、图形可视化分析、仪表盘的制作与发布等，读者可以前往 PowerBI 中文官网（https://powerbi.microsoft.com/zh-cn/）下载并使用该软件。PowerBI 可视化效果如图 1-25 所示。

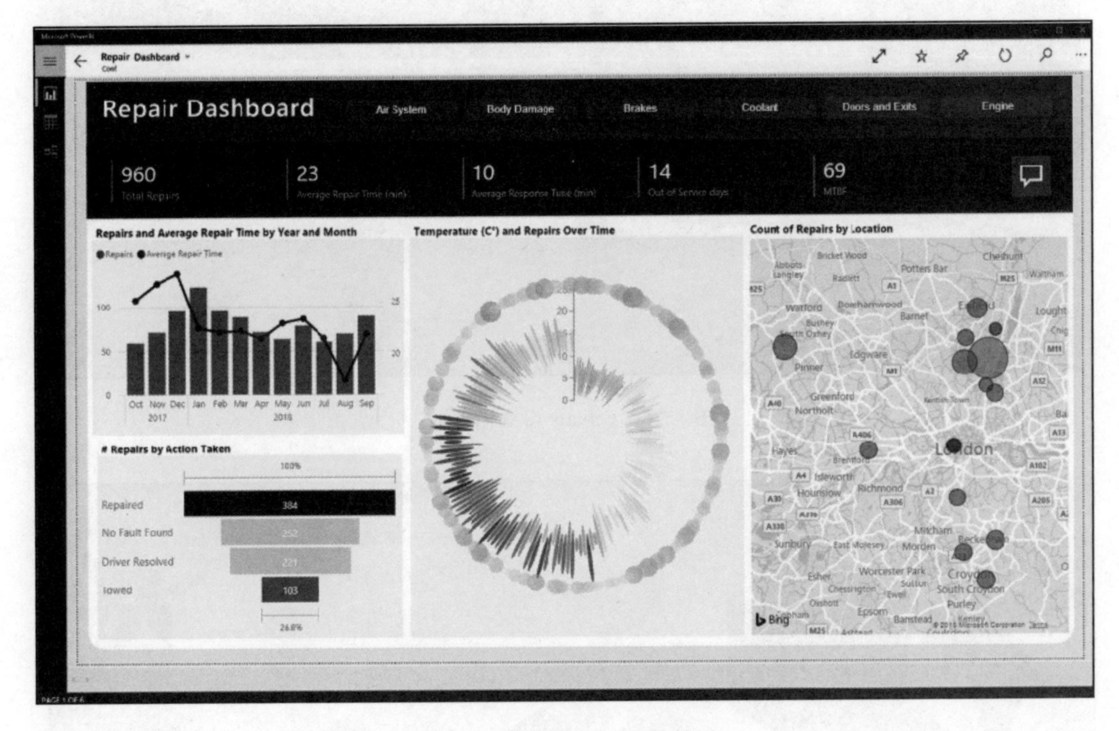

图 1-25　PowerBI 可视化效果

对于 Echarts 和 D3.js 等类似工具而言，需要读者掌握一定的 Java Script 语言，其学习成本会相对高一些。Echarts（Enterprise Charts），商业级数据图表，是由百度前端团队为了解决公司自身的业务需求而研发的，通过开源使得它得以进一步发展，其颠覆性的功能设计和技术特征得到了业界高度关注和好评，迅速成为国内数据可视化领域的“后起之秀”，目前已被国内数百家企业应用在新闻传媒、证券金融、电子商务、旅游酒店、天气地理、游戏、电力等众多领域。读者可以前往 Echarts 官网（http://echarts.baidu. com/）了解更多相关知识。Echarts 可视化效果如图 1-26 所示。

D3 全称是 Data-Driven Documents，它是 JavaScript 的函数库，主要是用来实现数据的可视化。由于 JavaScript 文件的后缀名通常为.js，所以 D3 也被称为 D3.js。数据可视化方面，D3 仅通过几个简单的函数就可实现数据的复杂可视化，生成绚丽的图形，D3 的可视化效果如图 1-27 所示。读者可以前往 D3 官网（https://d3js.org/）了解更多相关知识。

图 1-26　Echarts 可视化效果

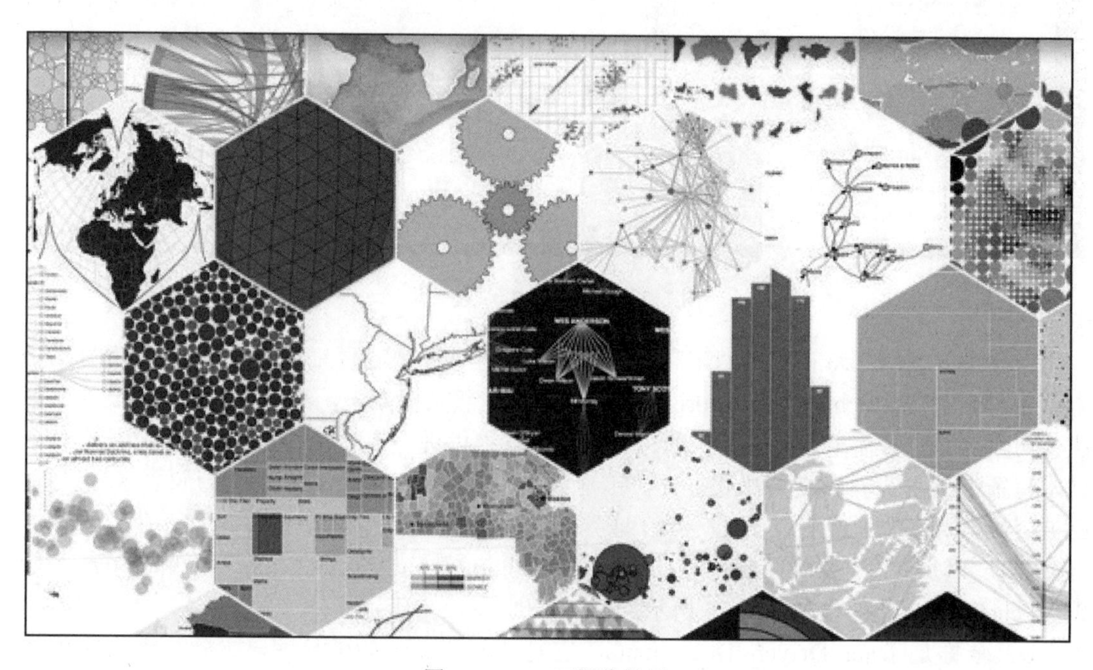

图 1-27　D3 可视化效果

1.4.4　高大上的统计编程技术

不知道读者有没有发现一个问题，那就是当你寻找数据分析相关的工作岗位时，基本上都会看见企业的任职要求中提到统计建模或数据挖掘方面的技能，同时也会附上应聘者应该掌握的某些统计软件（如 SPSS、SAS、Python、R 等）。上述所提到的 4 款软件，除了 SPSS 属于“傻瓜式”统计工具（即菜单式统计工具，无须编程），其余的三种都属于编程类统计工具。对于读者而言，是否掌握其中某个或某些工具的使用，以及对这些工具的使用熟练度是否满足企业的要求在求职过程和后续的工作中是非常重要的。

在日常工作中，比较常用的统计模型（或方法）包括数据的点估计、区间估计、方差分析、各种假设检验（如卡方检验、t 检验、F 检验、正态性检验等）、数据降维（如主成分分析、因子分析等）；常用的数据挖掘模型包括预测类算法（如多元线性回归模型、决策树模型、随机森林模型、K 近邻算法、支持向量机 SVM 模型等）、分类算法（如 Logistic 回归模型、贝叶斯算法、提升树 GBDT 算法等）以及聚类算法（如 K 均值聚类、层次聚类、密度聚类等）。在本书的第 5 章，将重点讲解 Python 的使用，包括数据的读取、清洗、整理以及统计模型的使用和线性回归模型的实战。利用 Python 构建模型的代码截图如图 1-28 所示。

```
# 多元线性回归模型的构建和预测
# 导入模块
from sklearn import model_selection
# 导入数据
Profit = pd.read_excel(r'C:\Users\Administrator\Desktop\Predict to Profit.xlsx')
# 将数据集拆分为训练集和测试集
train, test = model_selection.train_test_split(Profit, test_size = 0.2, random_state=1234)
# 根据train数据集建模
model = sm.formula.ols('Profit ~ RD_Spend + Administration + Marketing_Spend + C(State)', data = train).fit()
print('模型的偏回归系数分别为：\n', model.params)
# 删除test数据集中的Profit变量，用剩下的自变量进行预测
test_X = test.drop(labels = 'Profit', axis = 1)
pred = model.predict(exog = test_X)
print('对比预测值和实际值的差异：\n',pd.DataFrame({'Prediction':pred,'Real':test.Profit}))
```

```
模型的偏回归系数分别为：
 Intercept                58581.516503
C(State)[T.Florida]         927.394424
C(State)[T.New York]       -513.468310
RD_Spend                      0.803487
Administration               -0.057792
Marketing_Spend               0.013779
dtype: float64
对比预测值和实际值的差异：
      Prediction       Real
8   150621.345802  152211.77
48   55513.218079   35673.41
14  150369.022458  132602.65
42   74057.015562   71498.49
29  103413.378282  101004.64
44   67844.850378   65200.33
4   173454.059692  166187.94
31   99580.888894   97483.56
13  128147.138397  134307.35
18  130693.433835  124266.90
```

图 1-28　Python 的操作界面

第2章 数据分析——从玩转 Excel 开始

Excel 作为 Microsoft Office 办公软件的组成部分，是日常工作当中使用最为广泛的电子表格软件之一。Excel 在数据分析工作中起着至关重要的作用，是数据分析从业者使用频次最高的数据处理软件之一，数值的处理与计算、图表制作、简单数据分析以及企业日常业务报表的开发，这些都可以通过 Excel 轻松实现。因此，Excel 既是数据分析的入门软件又是必备工具，必须要熟练掌握并运用。本章内容所使用的 Excel 基于 Office 2016 版本。

通过本章内容的学习，读者将会掌握如下几个方面的知识点：

- Excel 基本功能与用途。
- Excel 函数使用技巧与方法。
- Excel 数据分析理论与操作。
- Excel 图表可视化展示。
- Excel 自动化数据处理技能。

Excel 是一款非常优秀的电子表格处理工具，通过其开发的菜单命令、函数、透视表以及宏等，用户可以很方便地处理数据、制作图表以及分析数据等。本章将通过实际案例讲解 Excel 的常用技巧，虽然这仅是 Excel 众多功能的冰山一角，但只要掌握并能够熟练运用，对于初步上手数据分析工作来说也会大有帮助。

2.1 Excel 概述

2.1.1 强大的数据处理技能

Excel 可以帮助用户轻松地获取数据，获取数据的方式有多种，包括手工记录、编写 SQL 查询、从文件夹合并等。获取的数据可以存储在 Excel 的工作表中，然后通过菜单命令、函数等方法对数据进行处理。下面对 Excel 中与数据处理直接相关的几个基本操作工具栏进行简要介绍。

工具栏的“开始”选项卡下的功能栏包括剪贴板、字体、对齐方式、数字、样式、单元格、编辑，如图 2-1 所示。“开始”选项卡下的“设置单元格格式”功能可以对数字、字体、边框、填充等格式进行设置，“条件格式”功能可以对符合条件的单元格进行格式设置。

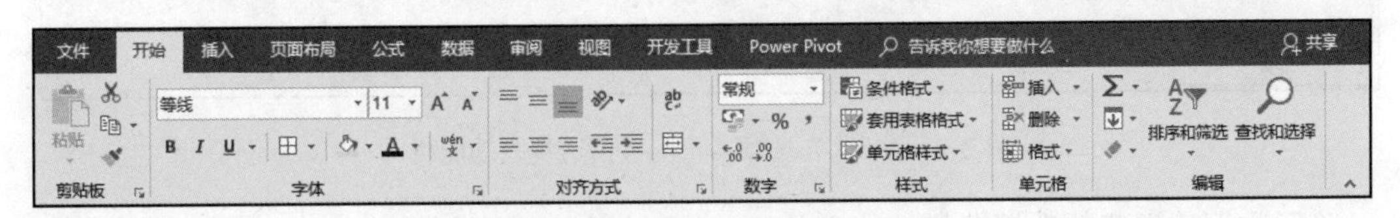

图 2-1　“开始”选项卡

“数据”选项卡下的功能栏包括获取和转换、连接、排序和筛选、数据工具、预测、分析，如图 2-2 所示。“数据”选项卡下的“新建查询”“全部刷新”“排序”“筛选”“分列”“分级显示”“数据分析”等命令可以方便用户处理数据。

图 2-2　“数据”选项卡

“公式”选项卡下的功能栏包括函数库、定义的名称、公式审核、计算，如图 2-3 所示。强大的函数公式库可以方便用户进行数据处理，涵盖了数据统计、文本处理、数值运算、日期计算、逻辑判断以及匹配查找等方面的功能。

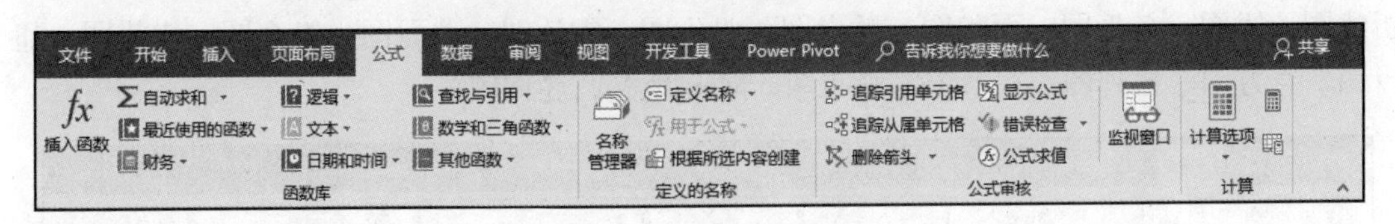

图 2-3　“公式”选项卡

2.1.2　实用的数据分析技巧

Excel 除了具有强大的数据处理能力，其数据分析的能力也是不容小觑的，其数据分析方面的功能虽然比不上专业的数据分析工具（例如，Python、R、SAS、SPSS 等），但仅做简单统计分析时，Excel 仍然是数据分析的首选工具。

数据透视表是 Excel 中最为灵活方便的统计分析功能。在数据透视表中，用户通过拖拽的方式实现不同维度下度量值的统计分析，相比函数的统计分析功能，数据透视表更为灵活方便。

数据透视表功能栏位于“插入”选项卡下，如图 2-4 所示。数据透视表包括筛选、行、列、值 4 个部分，行区域和列区域放置的是分析维度的字段，值区域放置的是汇总聚合的字段，筛选区域放置的是需要筛选的字段。

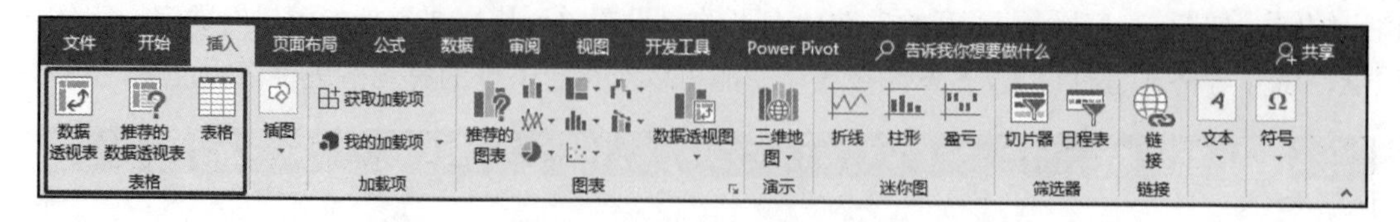

图 2-4 “插入”选项卡下的数据透视表功能栏

除了数据透视表的数据分析功能之外，Excel 中还嵌入了简单数据分析的功能，包括描述性统计、相关系数、协方差、回归、移动平均、抽样、t 检验、F 检验、方差分析等。此功能通过添加加载项后会出现在“数据”选项卡下，如图 2-5 所示。加载方法如下：

1）单击“开发工具|加载项|Excel 加载项”，弹出“加载项”对话框。

2）勾选“分析工具库”“分析工具库-VBA”选项，然后单击“确定”按钮，完成加载。

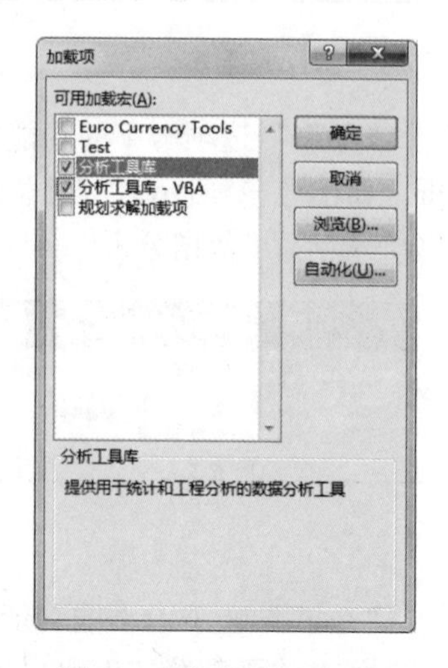

图 2-5 “加载项”对话框

2.1.3 丰富的数据可视化图表

Excel 中内置了丰富的可视化图表，方便用户基于数据快速绘制图表进行分析。“插入”选项卡下的图表绘制功能栏，如图 2-6 所示。Excel 可绘制的可视化图表类型包括柱形图、折线图、饼图、条形图、面积图、散点图、股价图、雷达图、曲面图、组合图、树状图、旭日图、直方图、排列图、箱型图、瀑布图、Map 地图、迷你图等。

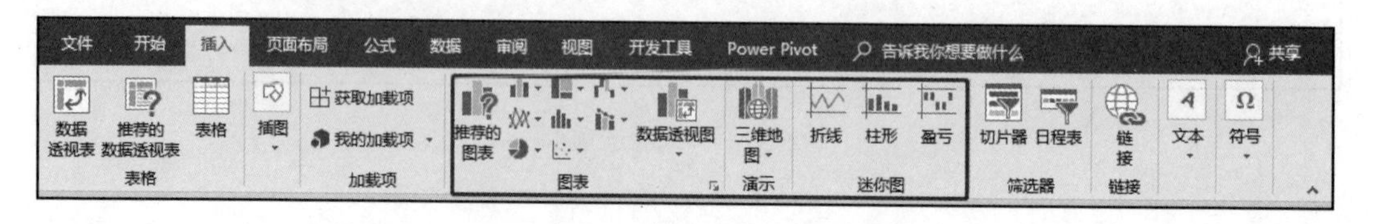

图 2-6 “插入”选项卡下的可视化图表

在 Excel 表中选中绘图数据，然后单击“插入|图表”命令栏下展示的不同图表类型命令，可以帮助用户快速绘制图表。当然，用户也可以选择“推荐的图表”命令打开“插入图表”对话框，直接生成图表，如果对绘制图表的展示效果不满意，可以选择“插入图表”对话框中“所有图表”选项下的其他图表类型进行绘制，如图 2-7 所示。

2.1.4 便捷的自动化数据处理

实际工作中固定的重复操作可能让用户耗费大量的时间。例如，新建工作簿、删除工作簿、复制粘贴、合并工作簿、拆解工作簿、获取数据等。此时，用户可以在 Excel 中使用

VBA 开发工具（位于“开发工具”选项卡下，如图 2-8 所示）编写脚本处理这些烦琐的重复性工作，实现表格数据的自动化处理，从而提高工作效率。

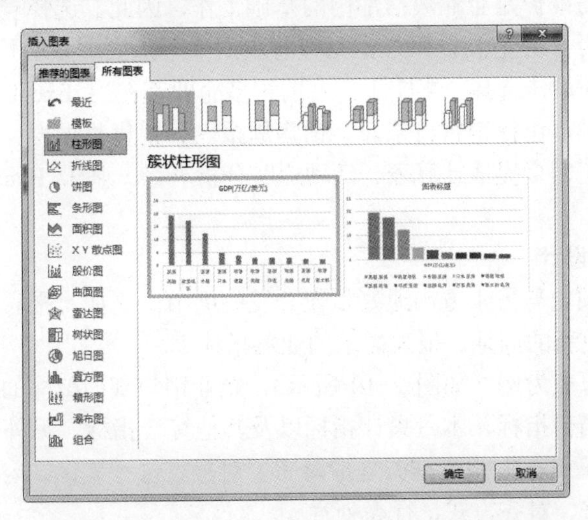

图 2-7 “插入图表”对话框中的“所有图表”选项

图 2-8 “开发工具”选项卡

单击“开发工具|代码|Visual Basic”命令或者按〈Alt+F11〉组合键打开“Microsoft Visual Basic for Applications”对话框，出现 VBA 编辑器窗口，其中包含菜单栏、工具栏、代码栏、工程资源管理器（左边）、属性栏、立即窗口、本地窗口，如图 2-9 所示。用户可以在代码栏里编写宏脚本实现自动化处理。

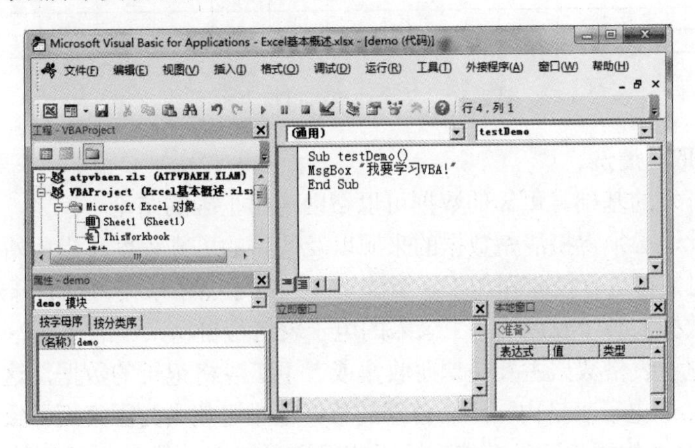

图 2-9 “Microsoft Visual Basic for Applications”对话框

2.1.5 快速实现业务报表开发

业务报表的开发与维护是企业数据部门的基础工作，因此，选择一款便捷且性价比较高的软件来开发报表显得尤为重要。如果企业当前数据量不是很大且增长速度不快，Excel 可以作为业务报表开发的最佳选择。事实上，目前很多企业都在用 Excel 开发业务报表。业务报表的类型也分很多种，包括销售日报表、销售周报表、销售月报表、产品销售报表、员工 KPI 考核明细表、员工佣金提成计算表、活动追踪分析表等。基于 Excel 快速实现业务报表开发的流程如下。

1．数据报表框架设计

报表开发之前必须先与需求方沟通好报表开发的细节。例如，报表开发的目的、报表展示的时间区间、报表更新的周期、报表需求的业务指标等。

以某企业销售日报表为例（如图 2-10 所示），企业销售部门架构的门店作为报表的行维度，列维度主要包括当日指标、本月累计指标以及其他综合指标。另外，报表数据更新的周期以日为单位。搭建好 Excel 报表框架之后，需要对报表进行美化，内容包括表格的边框、字体、底色的格式调整、对齐方式、行高列宽等。

	A	B	C	D	E	F	G	H	I	J	K	L	M	N	O	P	Q
1	销售日报表																
2	截止日期：	2018/8/8				本月工作日：	23			已过工作日：		11		时间进度：		48%	
3	门店	成立日期	门店等级	人力	当日情况(DAILY)				本月累计(MTD)				综合指标				
4					指标1	指标2	指标3	指标4	指标1	指标2	指标3	指标4	指标1	指标2	指标3	指标4	指标5
5	区域合计																
6	MD-A1																
7	MD-A2																
8	MD-A3																
9	MD-A4																
10	MD-A5																
11	MD-A6																
12	区域一																
13	MD-B1																
14	MD-B2																
15	MD-B3																
16	MD-B4																
17	MD-B5																
18	MD-B6																
19	区域二																

图 2-10 某企业销售日报表示例

2．数据的获取与清洗

数据是报表开发的基础，可靠的数据可以帮助得出正确的结论。反之，可能会导致意想不到的错误。因此，必须得搞清楚数据的来源以及数据的可靠程度。当原始数据比较粗糙且有错误时，需要对数据进行校验和加工，清洗干净之后才能用来作为报表开发的数据源。

报表开发的数据来源一般包括手工录入的电子表格与自动采集的数据库表。

手工录入的电子表格数据主要是调研收集或者手工表格记录的数据，这种方式收集的数据一般存储在 Excel 电子表格内。手工整理的数据很难避免人为因素而导致的错误，但是可以通过 Excel 中的“数据验证”功能实现手工录入的文本、数值、日期等约束来降低错误率。另外，需制定统一录入的框架模板，让用户根据规定的格式来录入数据，为后期提高报表开发效率做好准备。

自动采集的数据库表主要是通过程序员编写的埋点代码或者其他数据采集工具来收集的，此类数据一般会采集并存储到数据库中。Excel 2016 中集成的“Power Query”功能可以实现和数据库的连接，根据编写好的 SQL 语法查询出结果并导入到 Excel 中作为报表开发的数据源。Excel 建立好与数据库的连接之后，在“数据|连接|连接”命令下就会生成“工作簿连接”信息，用户仅需单击“数据|连接|全部刷新”命令就可以实现报表数据源的刷新（该功能会在本章的 2.5.7 小节详细阐述）。

3．报表主体内容填充

Excel 报表中的主体内容主要是基于数据源汇总统计的业务指标。一般指标计算的实现方法包括纯函数公式、透视表结合函数公式这两种。常用的函数公式包括 SUMIFS、COUNTIFS、AVERAGEIFS、VLOOKUP、IF、IFERROR、DATEDIF、AND、OR 等。报表制作过程中可以通过添加辅助行、辅助列提高主体内容的填充效率，然后将辅助行、辅助列进行隐藏。

报表设计的指导原则是尽量修改较少的数据来实现报表主体内容的刷新。因此，编写大量函数公式用来实现报表主体内容的填充显得尤为常见。另外，一旦报表模板设计以及函数公式编写完成之后，尽量不要去修改报表模板。如需改动报表模板结构（例如，增删指标），需重新检查函数公式以及主体内容填充的准确性。

4．数据安全保护措施

数据安全对于企业非常重要。用户可以从两方面加强数据安全保护措施：一方面需对数据做备份策略，防止数据出现丢失情况；一方面需加强数据的权限控制，对不同级别的用户群体设置不同的查看权限，规范报表的使用权限。Excel 中数据安全保护措施如下。

（1）加密工作簿文档

加密工作簿文档的目的是为了限制未经许可的用户访问工作簿文件。

单击“文件|信息|保护工作簿|用密码进行加密”命令，弹出“加密文档”对话框，输入密码，单击“确定”按钮，在“确认密码”对话框中重新输入密码后，再次单击“确定”按钮，完成对工作簿的加密。

（2）保护当前工作表

保护当前工作表的目的是为了限制其他用户对单元格区域进行操作（包括插入行列、删除行列、修改单元格内容等）。一般分为两种情况：一是保护当前工作表的所有单元格；一是保护当前工作表的部分单元格。

1）保护当前工作表的所有单元格。

单击“审阅|保护|保护工作表”命令，在“保护工作表”对话框中输入密码，单击“确定”按钮，在“确认密码”对话框中重新输入密码后，再次单击“确定”按钮，完成对当前工作表的所有单元格的保护。

2）保护当前工作表的部分单元格。

● 选中当前工作表的所有单元格，右击选择“设置单元格格式”选项，在“设置单元格格式”对话框中单击“保护”选项卡，去掉“锁定”复选框的勾选，单击“确定”按钮。

- 选中当前工作表中需要保护的单元格区域，右击选择“设置单元格格式”选项，在“设置单元格格式”对话框中单击“保护”选项卡，勾选“锁定”复选框，单击“确定”按钮。
- 单击“审阅|保护|保护工作表”命令，在“保护工作表”对话框中输入密码，单击“确定”按钮，在“确认密码”对话框中重新输入密码后，再次单击“确定”按钮，完成对当前工作表的部分单元格的保护。

（3）保护工作簿结构

保护工作簿结构的目的是为了限制其他用户对工作表进行操作（包括增加、删除、移动、复制工作表等）。

单击“审阅|保护|保护工作簿”命令，在“保护结构和窗口”对话框中输入密码，单击“确定”按钮，在“确认密码”对话框中重新输入密码后，再次单击“确定”按钮，完成对工作簿结构的保护。

2.2 高效处理数据的 Excel 函数家族

函数作为 Excel 的重要组成部分，功能十分强大。可以帮助用户实现数据的快速处理，包括统计分析、数据清洗、匹配查找等。在单元格中编写 Excel 函数公式时，需要先输入等号（=），代表单元格中输入的是公式，而不是文本。

此外，在单元格中编写完 Excel 函数公式并对公式进行复制时，需要对单元格进行引用。因此，必须掌握单元格的几种引用方式。单元格的引用方式包含如下三种类型。

- **相对引用：**当把函数公式复制到其他单元格中时，行或列的引用会发生变化。例如，在单元格 D1 内输入公式“=A1”，然后向下拖拽复制公式，此时单元格 D2 内公式为“=A2”，如果向右拖拽复制公式，此时单元格 E1 内的公式为“=B1”。
- **绝对引用：**当把函数公式复制到其他单元格中时，行、列的引用不会发生变化。绝对引用使用美元符号（$）出现在行号或列字母前面。例如，在单元格 D1 内输入公式“=$A$1”，然后向下拖拽复制公式，此时单元格 D2 内公式为“=$A$1”，如果向右拖拽复制公式，此时单元格 E1 内的公式也为“=$A$1”。
- **混合引用：**当把函数公式复制到其他单元格中时，行或列的引用一个会发生变化，另外一个不会发生变化。行或列中一个是相对引用，另一个是绝对引用。例如，在单元格 D1 内输入公式“=A$1”，然后向下拖拽复制公式，此时单元格 D2 内公式为“=A$1”，如果向右拖拽复制公式，此时单元格 E1 内的公式为“=B$1”。还有一种情况是，在单元格 D1 内输入公式“=$A1”，然后向下拖拽复制公式，此时单元格 D2 内公式为“=$A2”，如果向右拖拽复制公式，此时单元格 E1 内的公式为“=$A1”。

下面通过实例对 Excel 函数家族的重要成员分别进行详细阐述，包括统计分析函数、文本处理函数、数值运算函数、逻辑判断函数、日期计算函数、匹配查找函数。

2.2.1　常用的统计分析函数

统计分析函数是数据分析中最常见的函数，常见的统计分析函数包括 COUNT、COUNTA、COUNTBLANK、COUNTIF、COUNTIFS、SUM、SUMIF、SUMIFS、AVERAGE、AVERAGEIF、AVERAGEIFS、MAX、DMAX、MIN、DMIN、LARGE、SMALL、RANK、SUMPRODUCT 等。统计分析函数可以用来实现某一组数据最常见的几个统计指标计算，包括最大值、最小值、求和、平均值、计数、数值计数等。此外，还可以实现单个或者多个条件筛选下的统计，包括条件求最大值、条件求最小值、条件求和、条件求平均值、条件计数等。下面以某企业的客户投资表为例对这些统计分析函数的使用分别进行说明，数据如表 2-1 所示，字段包括客户姓名、城市、性别、年龄、投资时间、投资产品、投资金额（备注：数据范围位于 A1:G9）。

表 2-1　客户投资表

客户姓名	城市	性别	年龄	投资时间	投资产品	投资金额（元）
张霞	上海	F	22	2018/1/1	A	3000
李敏	广州	M	25	2018/1/16	B	1000
王飞	深圳	F	28	2018/1/28	A	6000
李丽	广州	F	23	2018/2/15	C	2000
李崇盛	上海	M	24	2018/3/2	A	3000
刘川	上海	F	35	2018/3/17	B	7000
陈生	北京	M		2018/4/1	A	4000
张志豪	广州	F	31	2018/4/16	C	5000

1．COUNT 函数

功能说明：计算区域中包含数字的单元格的个数。

语法：COUNT(value1, [value2], …)

参数：

- value1 必需。要计算其中数字的个数的第一项、单元格引用或区域。
- value2,…可选。要计算其中数字的个数的其他项、单元格引用或区域。

示例：统计表 2-1 所示的客户投资表中所有客户的累计投资次数。

公式与步骤：单元格 I2 内输入公式“=COUNT(G2:G9)”，结果如图 2-11 所示。

提示：利用 COUNT 函数对区域 G2:G9 内的数字进行计数。

2．COUNTA 函数

功能说明：计算区域中非空单元格的个数。

语法：COUNTA(value1, [value2], …)

参数：

- value1 必需。要计算其中数字的个数的第一项、单元格引用或区域。
- value2, … 可选。要计算其中数字的个数的其他项、单元格引用或区域。

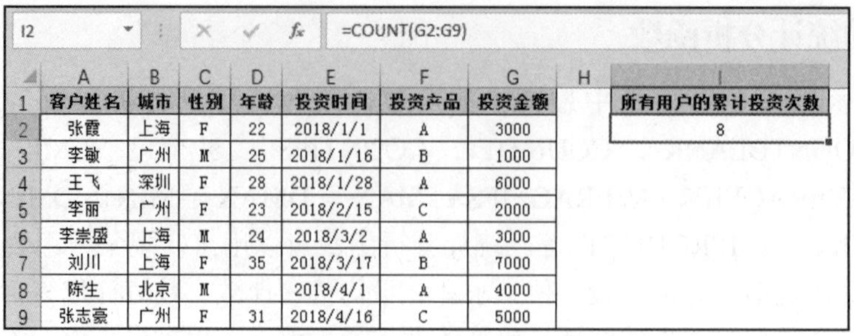

I2 =COUNT(G2:G9)

	A	B	C	D	E	F	G	H	I
1	客户姓名	城市	性别	年龄	投资时间	投资产品	投资金额		所有用户的累计投资次数
2	张霞	上海	F	22	2018/1/1	A	3000		8
3	李敏	广州	M	25	2018/1/16	B	1000		
4	王飞	深圳	F	28	2018/1/28	A	6000		
5	李丽	广州	F	23	2018/2/15	C	2000		
6	李崇盛	上海	M	24	2018/3/2	A	3000		
7	刘川	上海	F	35	2018/3/17	B	7000		
8	陈生	北京	M		2018/4/1	A	4000		
9	张志豪	广州	F	31	2018/4/16	C	5000		

图 2-11　所有客户累计投资次数

示例： 统计表 2-1 所示的客户投资表中年龄非空的客户数。

公式与步骤： 单元格 I2 内输入公式“=COUNTA(D2:D9)”，结果如图 2-12 所示。

I2 =COUNTA(D2:D9)

	A	B	C	D	E	F	G	H	I
1	客户姓名	城市	性别	年龄	投资时间	投资产品	投资金额		年龄非空的用户数
2	张霞	上海	F	22	2018/1/1	A	3000		7
3	李敏	广州	M	25	2018/1/16	B	1000		
4	王飞	深圳	F	28	2018/1/28	A	6000		
5	李丽	广州	F	23	2018/2/15	C	2000		
6	李崇盛	上海	M	24	2018/3/2	A	3000		
7	刘川	上海	F	35	2018/3/17	B	7000		
8	陈生	北京	M		2018/4/1	A	4000		
9	张志豪	广州	F	31	2018/4/16	C	5000		

图 2-12　年龄非空的客户数

提示： 利用 COUNTA 函数对区域 D2:D9 内的非空单元格进行计数。

3．COUNTBLANK 函数

功能说明： 计算某个区域中空单元格的数目。

语法： COUNTBLANK(range)

参数： range 必需。要计算其中空白单元格个数的区域。

示例： 统计表 2-1 所示的客户投资表中年龄为空的客户数。

公式与步骤： 单元格 I2 内输入公式“=COUNTBLANK(D2:D9)”，结果如图 2-13 所示。

I2 =COUNTBLANK(D2:D9)

	A	B	C	D	E	F	G	H	I
1	客户姓名	城市	性别	年龄	投资时间	投资产品	投资金额		年龄空值的用户数
2	张霞	上海	F	22	2018/1/1	A	3000		1
3	李敏	广州	M	25	2018/1/16	B	1000		
4	王飞	深圳	F	28	2018/1/28	A	6000		
5	李丽	广州	F	23	2018/2/15	C	2000		
6	李崇盛	上海	M	24	2018/3/2	A	3000		
7	刘川	上海	F	35	2018/3/17	B	7000		
8	陈生	北京	M		2018/4/1	A	4000		
9	张志豪	广州	F	31	2018/4/16	C	5000		

图 2-13　年龄空值的客户数

提示：利用 COUNTBLANK 函数对区域 D2:D9 内的空值单元格进行计数。

4．COUNTIF 函数

功能说明：统计满足某个条件的单元格的数量。

语法：COUNTIF(range,criteria)

参数：

- range 必需。在其中计算关联条件的唯一区域。
- criteria 必需。条件的形式为数字、表达式、单元格引用或文本。

示例：统计表 2-1 所示的客户投资表中不同性别的客户数。

公式与步骤：单元格 J2 内输入公式“=COUNTIF(C:C,I2)”，然后向下拖拽复制公式，结果如图 2-14 所示。

J2　=COUNTIF(C:C,I2)

	A	B	C	D	E	F	G	H	I	J
1	客户姓名	城市	性别	年龄	投资时间	投资产品	投资金额		性别	人数
2	张霞	上海	F	22	2018/1/1	A	3000		F	5
3	李敏	广州	M	25	2018/1/16	B	1000		M	3
4	王飞	深圳	F	28	2018/1/28	A	6000			
5	李丽	广州	F	23	2018/2/15	C	2000			
6	李崇盛	上海	M	24	2018/3/2	A	3000			
7	刘川	上海	F	35	2018/3/17	B	7000			
8	陈生	北京	M		2018/4/1	A	4000			
9	张志豪	广州	F	31	2018/4/16	C	5000			

图 2-14　不同性别的客户数

提示：这里可以用 COUNTIF 函数来统计，因为是单条件计数。

5．COUNTIFS 函数

功能说明：将条件应用于跨多个区域的单元格，然后统计满足所有条件的单元格的数量。

语法：COUNTIFS(criteria_range1,criteria1, criteria_range2,criteria2, …)

参数：

- criteria_range1 必需。在其中计算关联条件的第一个区域。
- criteria1 必需。条件的形式为数字、表达式、单元格引用或文本。例如，条件可以表示为 30、">38"、B4、"上海"或 "A"。
- criteria_range2, criteria2, … 可选。附加的区域及其关联条件。

示例：统计表 2-1 所示的客户投资表中城市为“上海”且性别为“F”的客户人数。

公式与步骤：单元格 I2 内输入公式“=COUNTIFS(B:B,"上海",C:C,"F")”，结果如图 2-15 所示。

提示：这里不能用 COUNTIF 函数，需要用 COUNTIFS 函数来统计，因为是多条件计数。

6．SUM 函数

功能说明：计算单元格区域中所有数值的和。

I2 =COUNTIFS(B:B,"上海",C:C,"F")

	A	B	C	D	E	F	G	H	I
1	客户姓名	城市	性别	年龄	投资时间	投资产品	投资金额		上海女性用户数
2	张霞	上海	F	22	2018/1/1	A	3000		2
3	李敏	广州	M	25	2018/1/16	B	1000		
4	王飞	深圳	F	28	2018/1/28	A	6000		
5	李丽	广州	F	23	2018/2/15	C	2000		
6	李崇盛	上海	M	24	2018/3/2	A	3000		
7	刘川	上海	F	35	2018/3/17	B	7000		
8	陈生	北京	M		2018/4/1	A	4000		
9	张志豪	广州	F	31	2018/4/16	C	5000		

图 2-15　上海的女性客户数

语法：SUM(number1,[number2], …)

参数：

- number1 必需。要相加的第一个数字或范围。
- number2, …可选。要相加的其他数字或单元格区域。

示例：统计表 2-1 所示的客户投资表中所有客户的累计投资金额。

公式与步骤：单元格 I2 内输入公式“=SUM(G2:G9)”，结果如图 2-16 所示。

I2 =SUM(G2:G9)

	A	B	C	D	E	F	G	H	I
1	客户姓名	城市	性别	年龄	投资时间	投资产品	投资金额		所有用户的累计投资金额
2	张霞	上海	F	22	2018/1/1	A	3000		31000
3	李敏	广州	M	25	2018/1/16	B	1000		
4	王飞	深圳	F	28	2018/1/28	A	6000		
5	李丽	广州	F	23	2018/2/15	C	2000		
6	李崇盛	上海	M	24	2018/3/2	A	3000		
7	刘川	上海	F	35	2018/3/17	B	7000		
8	陈生	北京	M		2018/4/1	A	4000		
9	张志豪	广州	F	31	2018/4/16	C	5000		

图 2-16　所有客户的累计投资金额

提示：当区域 G2:G9 出现#N/A、#VALUE!、#REF!、#DIV/0!、#NUM!、#NAME?、#NULL!这些错误类型，不能用直接 SUM 函数来进行求和，可以用 SUMIF 或者 SUMIFS 来计算。例如，当区域 G2:G9 出现#N/A 错误时，统计累计投资金额的公式为“=SUMIF (G2:G9, "<9e307")”或数组公式“{=SUM(IFERROR(G2:G9,0)*1)}”。

7．SUMIF 函数

功能说明：对满足条件的单元格求和（单条件求和）。

语法：SUMIF(range,criteria,[sum_range])

参数：

- range 必需。根据条件进行计算的单元格的区域。每个区域中的单元格必须是数字或名称、数组或包含数字的引用。
- criteria 必需。用于确定对哪些单元格求和的条件，其形式可以为数字、表达式、单元格引用、文本或函数。
- sum_range 可选。要求和的单元格区域。

示例：统计表 2-1 所示的客户投资表中性别字段为“M”的客户投资金额之和。

公式与步骤：单元格 I2 内输入公式“=SUMIF(C:C,"M",G:G)”，结果如图 2-17 所示。

I2　=SUMIF(C:C,"M",G:G)

	A	B	C	D	E	F	G	H	I
1	客户姓名	城市	性别	年龄	投资时间	投资产品	投资金额		男性用户的投资金额之和
2	张霞	上海	F	22	2018/1/1	A	3000		8000
3	李敏	广州	M	25	2018/1/16	B	1000		
4	王飞	深圳	F	28	2018/1/28	A	6000		
5	李丽	广州	F	23	2018/2/15	C	2000		
6	李崇盛	上海	M	24	2018/3/2	A	3000		
7	刘川	上海	F	35	2018/3/17	B	7000		
8	陈生	北京	M		2018/4/1	A	4000		
9	张志豪	广州	F	31	2018/4/16	C	5000		

图 2-17　男性客户的投资金额之和

提示：这里可以用 SUMIF 函数来统计，因为是单条件求和。

8．SUMIFS 函数

功能说明：对一组给定条件指定的单元格求和（多条件求和）。

语法：SUMIFS(sum_range,criteria_range1,criteria1,[criteria_range2],[criteria2], …)

参数：

- sum_range 可选。要求和的单元格区域。
- criteria_range1 必需。根据条件进行计算的单元格的区域 1。
- criteria1 必需。用于确定对哪些单元格求和的条件 1。
- criteria_range2, criteria2, …可选。附加的区域及其关联条件。

示例：统计表 2-1 所示的客户投资表中城市为“广州”且性别为“F”的客户投资金额之和。

公式与步骤：单元格 I2 内输入公式“=SUMIFS(G:G,B:B,"广州",C:C,"F")”，结果如图 2-18 所示。

I2　=SUMIFS(G:G,B:B,"广州",C:C,"F")

	A	B	C	D	E	F	G	H	I
1	客户姓名	城市	性别	年龄	投资时间	投资产品	投资金额		广州女性的投资金额之和
2	张霞	上海	F	22	2018/1/1	A	3000		7000
3	李敏	广州	M	25	2018/1/16	B	1000		
4	王飞	深圳	F	28	2018/1/28	A	6000		
5	李丽	广州	F	23	2018/2/15	C	2000		
6	李崇盛	上海	M	24	2018/3/2	A	3000		
7	刘川	上海	F	35	2018/3/17	B	7000		
8	陈生	北京	M		2018/4/1	A	4000		
9	张志豪	广州	F	31	2018/4/16	C	5000		

图 2-18　广州女性客户的投资金额之和

提示：这里只能用 SUMIFS 函数来统计，因为是多条件求和。

9．AVERAGE 函数

功能说明：返回一组值中的平均值。

语法：AVERAGE(number1,[number2], …)

参数：

- number1 必需。要计算平均值的第一个数字、单元格引用或单元格区域。
- number2, …可选。要计算平均值的其他数字、单元格引用或单元格区域。

示例：统计表 2-1 所示的客户投资表中所有客户的平均投资金额。

公式与步骤：单元格 I2 内输入公式“=AVERAGE(G2:G9)”，结果如图 2-19 所示。

I2 =AVERAGE(G2:G9)

	A	B	C	D	E	F	G	H	I
1	客户姓名	城市	性别	年龄	投资时间	投资产品	投资金额		所有用户的平均投资金额
2	张霞	上海	F	22	2018/1/1	A	3000		3875
3	李敏	广州	M	25	2018/1/16	B	1000		
4	王飞	深圳	F	28	2018/1/28	A	6000		
5	李丽	广州	F	23	2018/2/15	C	2000		
6	李崇盛	上海	M	24	2018/3/2	A	3000		
7	刘川	上海	F	35	2018/3/17	B	7000		
8	陈生	北京	M		2018/4/1	A	4000		
9	张志豪	广州	F	31	2018/4/16	C	5000		

图 2-19　所有客户的平均投资金额

10．AVERAGEIF 函数

功能说明：返回满足单个条件的所有单元格的平均值（算术平均值）。

语法：AVERAGEIF(range,criteria,[average_range])

参数：

- range 必需。根据条件进行计算的单元格的区域。每个区域中的单元格必须是数字或名称、数组或包含数字的引用。
- criteria 必需。用于确定对哪些单元格求平均的条件，其形式可以为数字、表达式、单元格引用、文本或函数。
- average_range 可选。要求平均的单元格区域。

示例：统计表 2-1 所示的客户投资表中性别字段为“F”的用户平均投资金额。

公式与步骤：单元格 I2 内输入公式“=AVERAGEIF(C:C,"F",G:G)”，结果如图 2-20 所示。

I2 =AVERAGEIF(C:C,"F",G:G)

	A	B	C	D	E	F	G	H	I
1	客户姓名	城市	性别	年龄	投资时间	投资产品	投资金额		女性用户的平均投资金额
2	张霞	上海	F	22	2018/1/1	A	3000		4600
3	李敏	广州	M	25	2018/1/16	B	1000		
4	王飞	深圳	F	28	2018/1/28	A	6000		
5	李丽	广州	F	23	2018/2/15	C	2000		
6	李崇盛	上海	M	24	2018/3/2	A	3000		
7	刘川	上海	F	35	2018/3/17	B	7000		
8	陈生	北京	M		2018/4/1	A	4000		
9	张志豪	广州	F	31	2018/4/16	C	5000		

图 2-20　女性用户的平均投资金额

提示：这里可以用 AVERAGEIF 函数来统计，因为是单条件求平均值。

11．AVERAGEIFS 函数

功能说明：返回满足多个条件的所有单元格的平均值（算术平均值）。

语法：AVERAGEIFS(average_range,criteria_range,criteria, …)

参数：

- average _range 可选。要求平均的单元格区域。
- criteria_range1 必需。根据条件进行计算的单元格的区域 1。
- criteria1 必需。用于确定对哪些单元格求平均的条件 1。
- criteria_range2, criteria2, …可选。附加的区域及其关联条件。

示例：统计表 2-1 所示的客户投资表中城市为“上海”且性别为“M”的用户平均投资金额。

公式与步骤：单元格 I2 内输入公式“=AVERAGEIFS(G:G,B:B,"上海",C:C,"M")”，结果如图 2-21 所示。

I2 　fx　=AVERAGEIFS(G:G,B:B,"上海",C:C,"M")

	A	B	C	D	E	F	G	H	I
1	客户姓名	城市	性别	年龄	投资时间	投资产品	投资金额		上海男性的平均投资金额
2	张霞	上海	F	22	2018/1/1	A	3000		3000
3	李敏	广州	M	25	2018/1/16	B	1000		
4	王飞	深圳	F	28	2018/1/28	A	6000		
5	李丽	广州	F	23	2018/2/15	C	2000		
6	李崇盛	上海	M	24	2018/3/2	A	3000		
7	刘川	上海	F	35	2018/3/17	B	7000		
8	陈生	北京	M		2018/4/1	A	4000		
9	张志豪	广州	F	31	2018/4/16	C	5000		

图 2-21　上海男性客户的平均投资金额

提示：这里只能用 AVERAGEIFS 函数来统计，因为是多条件求平均值。

12．MAX 函数

功能说明：返回一组值中的最大值。

语法：MAX(number1,[number2], …)

参数：

- number1 必需。求最大值的第一个数字或范围。
- number2, …可选。求最大值的其他数字或单元格区域。

示例：统计表 2-1 所示的客户投资表中所有客户的最大投资金额。

公式与步骤：单元格 I2 内输入公式“=MAX(G2:G9)”，结果如图 2-22 所示。

13．DMAX 函数

功能说明：返回列表或数据库中满足指定条件的记录字段（列）中的最大数字。

语法：DMAX(database,field,criteria)

参数：

- database 必需。构成列表或数据库的单元格区域。
- field 必需。指定函数所使用的列，输入两端带双引号的列标签。

I2 =MAX(G2:G9)

	A	B	C	D	E	F	G	H	I
1	客户姓名	城市	性别	年龄	投资时间	投资产品	投资金额		所有用户的最大投资金额
2	张霞	上海	F	22	2018/1/1	A	3000		7000
3	李敏	广州	M	25	2018/1/16	B	1000		
4	王飞	深圳	F	28	2018/1/28	A	6000		
5	李丽	广州	F	23	2018/2/15	C	2000		
6	李崇盛	上海	M	24	2018/3/2	A	3000		
7	刘川	上海	F	35	2018/3/17	B	7000		
8	陈生	北京	M		2018/4/1	A	4000		
9	张志豪	广州	F	31	2018/4/16	C	5000		

图 2-22　所有客户的最大投资金额

- criteria 可选。包含所指定条件的单元格区域。可以为参数 criteria 指定任意区域，只要此区域包含至少一个列标签，并且列标签下至少有一个在其中为列指定条件的单元格。

示例：统计表 2-1 所示的客户投资表中城市为“上海”且性别为“F”的女性客户最大投资金额。

公式与步骤：单元格 K2 内输入公式“=DMAX($A$1:$G$9,$G$1,I1:J2)”，结果如图 2-23 所示。

K2 =DMAX($A$1:$G$9,$G$1,I1:J2)

	A	B	C	D	E	F	G	H	I	J	K
1	客户姓名	城市	性别	年龄	投资时间	投资产品	投资金额		城市	性别	最大投资金额
2	张霞	上海	F	22	2018/1/1	A	3000		上海	F	7000
3	李敏	广州	M	25	2018/1/16	B	1000				
4	王飞	深圳	F	28	2018/1/28	A	6000				
5	李丽	广州	F	23	2018/2/15	C	2000				
6	李崇盛	上海	M	24	2018/3/2	A	3000				
7	刘川	上海	F	35	2018/3/17	B	7000				
8	陈生	北京	M		2018/4/1	A	4000				
9	张志豪	广州	F	31	2018/4/16	C	5000				

图 2-23　上海女性客户的最大投资金额

14．MIN 函数

功能说明：返回一组值中的最小值。

语法：MIN(number1,[number2], …)

参数：

- number1 必需。求最小值的第一个数字或范围。
- number2, … 可选。求最小值的其他数字或单元格区域。

示例：统计表 2-1 所示的客户投资表中所有客户的最小投资金额。

公式与步骤：单元格 I2 内输入公式“=MIN(G2:G9)”，结果如图 2-24 所示。

15．DMIN 函数

功能说明：返回列表或数据库中满足指定条件的记录字段（列）中的最小数字。

语法：DMIN(database,field,criteria)

I2 =MIN(G2:G9)

	A	B	C	D	E	F	G	H	I
1	客户姓名	城市	性别	年龄	投资时间	投资产品	投资金额		所有用户的最小投资金额
2	张霞	上海	F	22	2018/1/1	A	3000		1000
3	李敏	广州	M	25	2018/1/16	B	1000		
4	王飞	深圳	F	28	2018/1/28	A	6000		
5	李丽	广州	F	23	2018/2/15	C	2000		
6	李崇盛	上海	M	24	2018/3/2	A	3000		
7	刘川	上海	F	35	2018/3/17	B	7000		
8	陈生	北京	M		2018/4/1	A	4000		
9	张志豪	广州	F	31	2018/4/16	C	5000		

图 2-24　所有客户的最小投资金额

参数：

- database 必需。构成列表或数据库的单元格区域。
- field 必需。指定函数所使用的列，输入两端带双引号的列标签。
- criteria 可选。包含所指定条件的单元格区域。可以为参数 criteria 指定任意区域，只要此区域包含至少一个列标签，并且列标签下至少有一个在其中为列指定条件的单元格。

示例：统计表 2-1 所示的客户投资表中城市为“上海”且性别为“F”的女性客户的最小投资金额。

公式与步骤：单元格 K2 内输入公式“=DMIN($A$1:$G$9,$G$1,I1:J2)”，结果如图 2-25 所示。

K2 =DMIN($A$1:$G$9,$G$1,I1:J2)

	A	B	C	D	E	F	G	H	I	J	K
1	客户姓名	城市	性别	年龄	投资时间	投资产品	投资金额		城市	性别	最小投资金额
2	张霞	上海	F	22	2018/1/1	A	3000		上海	F	3000
3	李敏	广州	M	25	2018/1/16	B	1000				
4	王飞	深圳	F	28	2018/1/28	A	6000				
5	李丽	广州	F	23	2018/2/15	C	2000				
6	李崇盛	上海	M	24	2018/3/2	A	3000				
7	刘川	上海	F	35	2018/3/17	B	7000				
8	陈生	北京	M		2018/4/1	A	4000				
9	张志豪	广州	F	31	2018/4/16	C	5000				

图 2-25　上海女性客户的最小投资金额

16．LARGE 函数

功能说明：返回数据集中第 k 个最大值。

语法：LARGE(array,k)

参数：

- array 必需。需要确定第 k 个最大值的数组或数据区域。
- k 必需。返回值在数组或数据单元格区域中的位置（从大到小）。

示例：统计表 2-1 所示的客户投资表中单次投资排名第二的投资金额。

公式与步骤：单元格 I2 内输入公式“=LARGE(G2:G9,2)”，结果如图 2-26 所示。

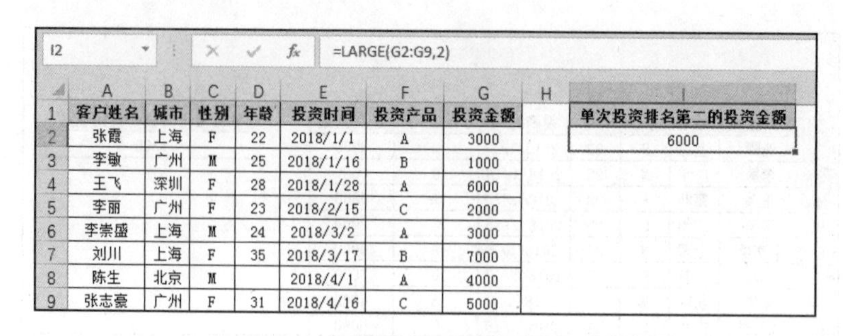

I2 =LARGE(G2:G9,2)

	A	B	C	D	E	F	G	H	I
1	客户姓名	城市	性别	年龄	投资时间	投资产品	投资金额		单次投资排名第二的投资金额
2	张霞	上海	F	22	2018/1/1	A	3000		6000
3	李敏	广州	M	25	2018/1/16	B	1000		
4	王飞	深圳	F	28	2018/1/28	A	6000		
5	李丽	广州	F	23	2018/2/15	C	2000		
6	李崇盛	上海	M	24	2018/3/2	A	3000		
7	刘川	上海	F	35	2018/3/17	B	7000		
8	陈生	北京	M		2018/4/1	A	4000		
9	张志豪	广州	F	31	2018/4/16	C	5000		

图 2-26　单次投资排名第二的投资金额

17．SMALL 函数

功能说明：返回数据集中第 k 个最小值。

语法：SMALL(array,k)

参数：

- array 必需。需要确定第 k 个最小值的数组或数据区域。
- k 必需。返回值在数组或数据单元格区域中的位置（从小到大）。

示例：统计表 2-1 所示的客户投资表中单次投资排名倒数第二的投资金额。

公式与步骤：单元格 I2 内输入公式“=SMALL(G2:G9,2)”，结果如图 2-27 所示。

I2 =SMALL(G2:G9,2)

	A	B	C	D	E	F	G	H	I
1	客户姓名	城市	性别	年龄	投资时间	投资产品	投资金额		单次投资排名倒数第二的投资金额
2	张霞	上海	F	22	2018/1/1	A	3000		2000
3	李敏	广州	M	25	2018/1/16	B	1000		
4	王飞	深圳	F	28	2018/1/28	A	6000		
5	李丽	广州	F	23	2018/2/15	C	2000		
6	李崇盛	上海	M	24	2018/3/2	A	3000		
7	刘川	上海	F	35	2018/3/17	B	7000		
8	陈生	北京	M		2018/4/1	A	4000		
9	张志豪	广州	F	31	2018/4/16	C	5000		

图 2-27　单次投资排名倒数第二的投资金额

18．RANK 函数

功能说明：返回一组数字中的某个数字的排序位置。

语法：RANK(number,ref,[order])

参数：

- number 必需。要找到其排序位置的数字。
- ref 必需。数字列表的数组，对数字列表的引用。
- order 可选。指定数字排序位置方式的数字。如果 order 为 0 或省略，默认按照降序排列。

示例：统计表 2-1 所示的客户投资表中投资金额的降序排名和升序排名。

公式与步骤：

单元格 H2 内输入公式“=RANK(G2,$G$2:$G$9,0)”。

单元格 I2 内输入公式“=RANK(G2,$G$2:$G$9,1)”，结果如图 2-28 所示。

H2　=RANK(G2,$G$2:$G$9,0)

	A	B	C	D	E	F	G	H	I
1	客户姓名	城市	性别	年龄	投资时间	投资产品	投资金额	投资金额降序	投资金额升序
2	张霞	上海	F	22	2018/1/1	A	3000	5	3
3	李敏	广州	M	25	2018/1/16	B	1000	8	1
4	王飞	深圳	F	28	2018/1/28	A	6000	2	7
5	李丽	广州	F	23	2018/2/15	C	2000	7	2
6	李崇盛	上海	M	24	2018/3/2	A	3000	5	3
7	刘川	上海	F	35	2018/3/17	B	7000	1	8
8	陈生	北京	M		2018/4/1	A	4000	4	5
9	张志豪	广州	F	31	2018/4/16	C	5000	3	6

图 2-28　投资金额的降序排名和升序排名

19．SUMPRODUCT 函数

功能说明：在给定的几组数组中，将数组间对应的元素相乘，并返回乘积之和。

语法：SUMPRODUCT(array1,[array2],[array3], …)

参数：

- array1　必需。其相应元素需要进行相乘并求和的第一个数组参数。
- array2,array3, …　可选。2 到 255 个数组参数，其相应元素需要进行相乘并求和。

示例：以某超市的产品销售表为例，统计产品销量总额，数据如表 2-2 所示。

表 2-2　某超市的产品销售表

门　店	产 品 名 称	产品销量（个）	产品价格（元）
A	电视机	4	3400
A	冰箱	4	3100
A	空调	5	2200
A	微波炉	4	200
B	电视机	5	3400
B	冰箱	8	3100
B	空调	5	2200

公式与步骤：单元格 F2 内输入公式“=SUMPRODUCT(C2:C8,D2:D8)”，结果如图 2-29 所示。

F2　=SUMPRODUCT(C2:C8,D2:D8)

	A	B	C	D	E	F
1	门店	产品名称	产品销量	产品价格		产品销量总额
2	A	电视机	4	3400		90600
3	A	冰箱	4	3100		
4	A	空调	5	2200		
5	A	微波炉	4	200		
6	B	电视机	5	3400		
7	B	冰箱	8	3100		
8	B	空调	5	2200		

图 2-29　某超市的产品销量总额

以上是对统计分析函数的介绍，并通过示例对函数进行了功能讲解，下面的统计分析函数案例一～案例五是统计分析函数的应用扩展。对于同一个案例，采用了多种方法来解决。

20．统计分析函数案例一

仍然以表 2-1 为例，统计城市为“上海”且性别为“M”的数据行数。

公式与步骤：

- **方法一**：单元格 J2 内输入公式“=COUNTIFS(B:B,"上海",C:C,"M")”。
- **方法二**：单元格 J3 内输入公式“=SUMPRODUCT((B2:B9="上海")*(C2:C9="M"))”。
- **方法三**：单元格 J4 内输入公式“=SUMPRODUCT((B2:B9="上海")+0,(C2:C9="M")+0)”。
- **方法四**：单元格 J5 内输入数组公式“{=SUM((B2:B9="上海")*(C2:C9="M"))}”，结果如图 2-30 所示。

J2 =COUNTIFS(B:B,"上海",C:C,"M")

	A	B	C	D	E	F	G
1	客户姓名	城市	性别	年龄	投资时间	投资产品	投资金额
2	张霞	上海	F	22	2018/1/1	A	3000
3	李敏	广州	M	25	2018/1/16	B	1000
4	王飞	深圳	F	28	2018/1/28	A	6000
5	李丽	广州	F	23	2018/2/15	C	2000
6	李荣盛	上海	M	24	2018/3/2	A	3000
7	刘川	上海	F	35	2018/3/17	B	7000
8	陈生	北京	M		2018/4/1	A	4000
9	张志豪	广州	F	31	2018/4/16	C	5000

I	J
	上海男性投资人数
方法一	1
方法二	1
方法三	1
方法四	1

图 2-30　上海男性客户的投资人数

提示：

- 方法一是用 COUNTIFS 函数在 B 列筛选“上海”，C 列筛选“M”，然后对筛选后的数据统计行数。
- 方法二和方法三是将区域 B2:B9 的数据与字符“上海”判断是否相等，相等返回 TRUE，不相等返回 FALSE，从而生成布尔值数组，然后将数组加 0 或乘以 1 转换成数值类型的数组。同理，区域 C2:C9 通过判断转换也会生成一个数值类型的数组，最后用 SUMPRODUCT 函数对这两个数组进行交叉乘积求和。
- 方法四与方法二相似，二组数据进行交叉乘积后用 SUM 数组公式求和。SUM 数组公式两端的花括号{}是在公式输入完毕之后一起按〈Ctrl+Shift+Enter〉组合键创建的，手动输入无效。

21．统计分析函数案例二

以表 2-1 为例，统计性别字段为“M”的客户投资金额之和。

公式与步骤：

- **方法一**：单元格 J2 内输入公式“=SUMIF(C:C,"M",G:G)”。
- **方法二**：单元格 J3 内输入公式“=SUMIFS(G:G,C:C,"M")”。
- **方法三**：单元格 J4 内输入公式“=SUMPRODUCT((C2:C9="M")*(G2:G9))”。
- **方法四**：单元格 J5 内输入公式“=SUMPRODUCT((C2:C9="M")+0,(G2:G9))”。

- **方法五**：单元格 J6 内输入数组公式“{=SUM((C2:C9="M")*(G2:G9))}”，结果如图 2-31 所示。

J2 =SUMIF(C:C,"M",G:G)

	A	B	C	D	E	F	G	H	I	J
1	客户姓名	城市	性别	年龄	投资时间	投资产品	投资金额			男性用户的投资金额
2	张霞	上海	F	22	2018/1/1	A	3000		方法一	8000
3	李敏	广州	M	25	2018/1/16	B	1000		方法二	8000
4	王飞	深圳	F	28	2018/1/28	A	6000		方法三	8000
5	李丽	广州	F	23	2018/2/15	C	2000		方法四	8000
6	李崇盛	上海	M	24	2018/3/2	A	3000		方法五	8000
7	刘川	上海	F	35	2018/3/17	B	7000			
8	陈生	北京	M		2018/4/1	A	4000			
9	张志豪	广州	F	31	2018/4/16	C	5000			

图 2-31　男性客户的投资金额

提示：

- 本案例是满足单条件进行求和，因此方法一的 SUMIF 函数和方法二的 SUMIFS 函数都可以使用。不过需要注意的是 SUMIF 函数的第三个参数是 sum_range，而 SUMIFS 函数的第一个参数是 sum_range。另外，SUMIF 函数中 criteria_range 与 sum_range 如果相同，则 sum_range 参数可以省略。
- 方法三、方法四与方法五是将区域 C2:C9 的数据与字符"M"判断是否相等，相等返回 TRUE，不相等返回 FALSE，从而生成布尔值数组，然后用 SUM 数组公式或 SUMPRODUCT 函数公式对布尔值数组与投资金额数组进行交叉乘积求和。
- SUMIF 和 SUMIFS 函数中，criteria_range 参数与 sum_range 参数必须包含相同的行数和列数。

22．统计分析函数案例三

以表 2-1 为例，统计客户王飞和陈生的投资金额之和。

公式与步骤：

- **方法一**：单元格 J2 内输入公式“=SUMIFS(G2:G9,A2:A9,"王飞")+SUMIFS(G2:G9,A2:A9,"陈生")”。
- **方法二**：单元格 J3 内输入公式“=SUM(SUMIFS(G2:G9,A2:A9,{"王飞","陈生"}))”，结果如图 2-32 所示。

J2 =SUMIFS(G2:G9,A2:A9,"王飞")+SUMIFS(G2:G9,A2:A9,"陈生")

	A	B	C	D	E	F	G	H	I	J
1	客户姓名	城市	性别	年龄	投资时间	投资产品	投资金额			王飞和陈生的投资金额之和
2	张霞	上海	F	22	2018/1/1	A	3000		方法一	10000
3	李敏	广州	M	25	2018/1/16	B	1000		方法二	10000
4	王飞	深圳	F	28	2018/1/28	A	6000			
5	李丽	广州	F	23	2018/2/15	C	2000			
6	李崇盛	上海	M	24	2018/3/2	A	3000			
7	刘川	上海	F	35	2018/3/17	B	7000			
8	陈生	北京	M		2018/4/1	A	4000			
9	张志豪	广州	F	31	2018/4/16	C	5000			

图 2-32　王飞和陈生的投资金额之和

提示：

- 方法一分别对王飞和陈生进行条件求和，相当于根据名字匹配查找其他字段数值，最后将查找出来的数值进行求和。
- 方法二将客户王飞和陈生组成一个数组{"王飞","陈生"}，然后将此数组作为 SUMIFS 函数的 criteria 参数来分别进行条件求和，最后用 SUM 函数进行求和。

23．统计分析函数案例四

以表 2-1 为例，统计投资金额前两名的客户的投资金额之和。

公式与步骤：

- **方法一：**单元格 J2 内输入公式“=SUM(LARGE(G2:G9,{1,2}))”。
- **方法二：**单元格 J3 内输入公式“=SUM(SUMIF(G2:G9,LARGE(G2:G9,{1,2})))”。
- **方法三：**单元格 J4 内输入公式“=SUMPRODUCT((G2:G9>LARGE(G2:G9,3))*(G2:G9))”，结果如图 2-33 所示。

	A	B	C	D	E	F	G	H	I	J
1	客户姓名	城市	性别	年龄	投资时间	投资产品	投资金额			投资前两名的投资金额总和
2	张霞	上海	F	22	2018/1/1	A	3000		方法一	13000
3	李敏	广州	M	25	2018/1/16	B	1000		方法二	13000
4	王飞	深圳	F	28	2018/1/28	A	6000		方法三	13000
5	李丽	广州	F	23	2018/2/15	C	2000			
6	李崇盛	上海	M	24	2018/3/2	A	3000			
7	刘川	上海	F	35	2018/3/17	B	7000			
8	陈生	北京	M		2018/4/1	A	4000			
9	张志豪	广州	F	31	2018/4/16	C	5000			

图 2-33　投资金额前两名的客户投资金额总和

提示：

- 方法一是在 LARGE 函数外层嵌套 SUM 函数进行求和计算。LARGE 函数的第二个参数 k 对应的值是数组{1,2}，可以分别将 G2:G9 范围内第一大值和第二大值分别取出来，最后用 SUM 函数进行求和。
- 方法二是用 LARGE 函数将 G2:G9 范围内的第一大值和第二大值分别取出来，然后用 SUMIF 函数在 G2:G9 范围内对这两个数值进行求和。由于求和范围 G2:G9 和条件范围 G2:G9 是一致的，因此 SUMIF 函数的第三个参数 sum_range 可以省略。
- 方法三是用 LARGE 函数取出投资第三名的客户，然后判断区域 G2:G9 内哪些是大于投资第三名的，大于返回 TRUE，否则返回 FALSE，从而生成一个布尔值数组，最后用 SUMPRODUCT 函数将区域 G2:G9 组成的数组与布尔值数组进行交叉乘积求和。

24．统计分析函数案例五

以表 2-1 为例，统计姓张的投资客户数、姓李的客户的投资金额之和。

公式与步骤：

- **姓张的投资客户数：**单元格 J2 内输入公式“=COUNTIFS(A2:A9,"张*")”。

● **姓李的客户的投资金额之和**：单元格 J3 内输入公式“=SUMIFS(G2:G9,A2:A9,"李*")”，结果如图 2-34 所示。

J2 =COUNTIFS(A2:A9,"张*")

	A	B	C	D	E	F	G
1	客户姓名	城市	性别	年龄	投资时间	投资产品	投资金额
2	张霞	上海	F	22	2018/1/1	A	3000
3	李敏	广州	M	25	2018/1/16	B	1000
4	王飞	深圳	F	28	2018/1/28	A	6000
5	李丽	广州	F	23	2018/2/15	C	2000
6	李崇盛	上海	M	24	2018/3/2	A	3000
7	刘川	上海	F	35	2018/3/17	B	7000
8	陈生	北京	M		2018/4/1	A	4000
9	张志豪	广州	F	31	2018/4/16	C	5000

I	J
姓张的投资用户数	2
姓李的投资金额之和	6000

图 2-34 姓张的投资用户数、姓李的投资金额之和

提示：利用通配符"*"对客户名称进行模糊匹配，然后再进行条件计数或条件求和。Excel 里面的通配符有"*"、"?"。这里的"*"代表任意字符，"?"代表 1 个字符。例如，查找客户名字包含张，应该用"*张*"进行模糊匹配；查找姓张且名字总长度为两位的客户，应该用"张?"进行模糊匹配。

2.2.2 灵活的文本处理函数

文本处理函数用来对文本字符串进行处理，此类函数可以帮助用户对文本字符串进行一系列嵌套处理，最终获取想要的字符。常见的文本处理函数包括 LEN、LENB、LEFT、LEFTB、RIGHT、RIGHTB、MID、MIDB、UPPER、LOWER、SEARCH、SEARCHB、FIND、FINDB、REPLACE、REPLACEB、SUBSTITUTE、SUBSTITUTEB、TRIM、CONCATENATE、EXACT 等。工作中经常用到的文本处理函数场景包括截取字符串中的部分字符串、拼接多个字符串生成一个字符串、查找字符串在另一个字符串中的位置、替换字符串中的旧字符串为新字符串。下面通过实例分别对常用的文本处理函数进行举例说明。

1．LEN、LENB 函数

功能说明：

● LEN 返回文本字符串中的字符个数。

● LENB 返回文本字符串中用于代表字符的字节数。

语法：

● LEN(text)

● LENB(text)

参数：text 必需。要查找其字符个数或字节数的文本。

示例：统计单元格 A2 内字符串“上海 A 广州 B”里面的中文字符个数与英文字符个数。

公式与步骤：

● **中文字符个数**：单元格 E2 内输入公式“=LENB(A2) -LEN(A2)”。

● **英文字符个数**：单元格 E3 内输入公式“=2*LEN(A2) - LENB(A2)”，结果如图 2-35

所示。

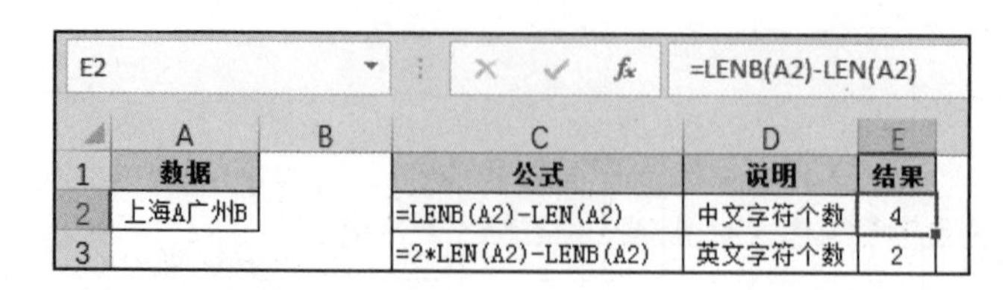

E2 =LENB(A2)-LEN(A2)

	A	B	C	D	E
1	数据		公式	说明	结果
2	上海A广州B		=LENB(A2)-LEN(A2)	中文字符个数	4
3			=2*LEN(A2)-LENB(A2)	英文字符个数	2

图 2-35　统计字符串的中文个数与英文个数

提示：

- LEN 函数统计的是字符的个数，相当于 1*中文字符个数+1*英文字符个数（或数字个数）。LENB 函数统计的是字节数，相当于 2*中文字符个数+1*英文字符个数（或数字个数）。
- 这两个函数可能并不适用于所有语言。
- 只有在将 DBCS 语言设置为默认语言时，函数 LENB 才会将每个中文字符按两个字节计数。否则，函数 LENB 与 LEN 相同，即将每个字符按 1 个字节计数。支持 DBCS 的语言包括日语、中文（简体）、中文（繁体）以及朝鲜语。

2．LEFT 函数

功能说明：LEFT 从文本字符串的第一个字符开始返回指定个数的字符。

语法：LEFT(text,[num_chars])

参数：

- text 必需。要提取字符的文本字符串。
- num_chars 可选。LEFT 函数指定提取的字符数量。如果省略，默认为 1。

示例：截取单元格 A2 内字符串“上海 A 广州 B”的前 3 个字符。

公式与步骤：单元格 E2 内输入公式“=LEFT(A2,3)”，结果如图 2-36 所示。

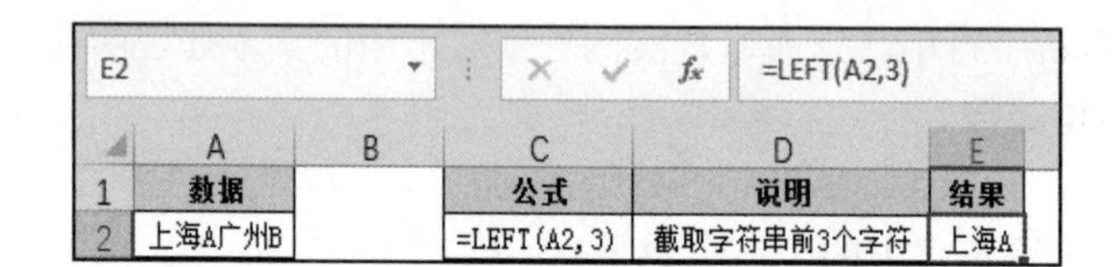

E2 =LEFT(A2,3)

	A	B	C	D	E
1	数据		公式	说明	结果
2	上海A广州B		=LEFT(A2,3)	截取字符串前3个字符	上海A

图 2-36　截取字符串前 3 个字符

3．RIGHT 函数

功能说明：RIGHT 根据所指定的字符数返回文本字符串中最后一个或多个字符。

语法：RIGHT(text,[num_chars]

参数：

- text 必需。要提取字符的文本字符串。
- num_chars 可选。RIGHT 函数指定提取的字符数量。如果省略，默认为 1。

示例：截取单元格 A2 内字符串“上海 A 广州 B”的最后 3 个字符。

公式与步骤：单元格 E2 内输入公式“=RIGHT(A2,3)”，结果如图 2-37 所示。

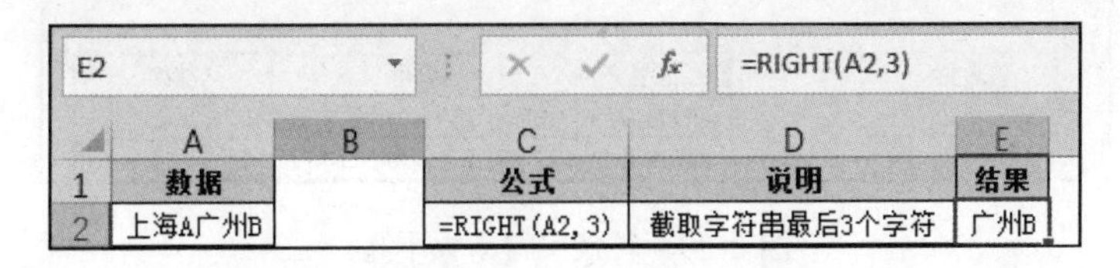

图 2-37　截取字符串最后 3 个字符

4．MID 函数

功能说明：MID 返回文本字符串中从指定位置开始的特定数目的字符，数目由用户指定。

语法：MID(text,start_num,num_chars)

参数：

- text 必需。要提取字符的文本字符串。
- start_num 必需。文本中要提取字符串的起始位置。
- num_chars 必需。指定 MID 函数在文本中截取的字符个数。

示例：截取单元格 A2 内字符串“上海 A 广州 B”中“广州”这两个字符。

公式与步骤：单元格 E2 内输入公式“=MID(A2,4,2)”，结果如图 2-38 所示。

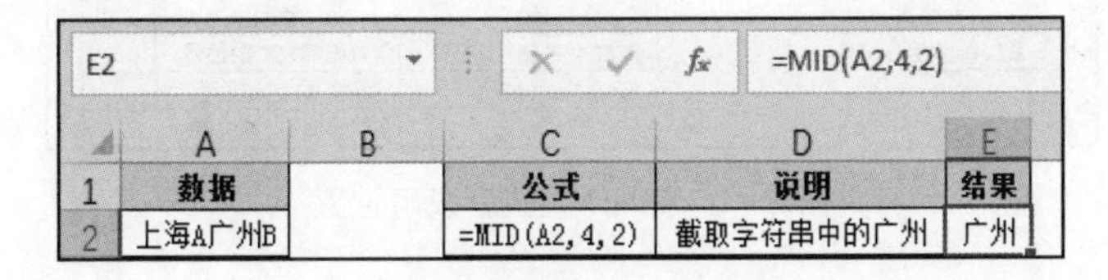

图 2-38　截取字符串中的广州

5．UPPER、LOWER 函数

功能说明：UPPER 将文本转换为大写字母，LOWER 将文本转换为小写字母。

语法：

- UPPER(text)
- LOWER(text)

参数：text 必需。要转换为大写或小写字母的文本。

示例：分别将字符串“Data Analysis”中的文本转换为大写字母或小写字母。

公式与步骤：

- **转换为大写字母：**单元格 E2 内输入公式“=UPPER(A2)”。
- **转换为小写字母：**单元格 E3 内输入公式“=LOWER(A2)”，结果如图 2-39 所示。

6．FIND 函数

功能说明：用于在第二个文本串中定位第一个文本串，并返回第一个文本串的起始位置的值，该值从第二个文本串的第一个字符算起。

语法：FIND(find_text,within_text,[start_num])

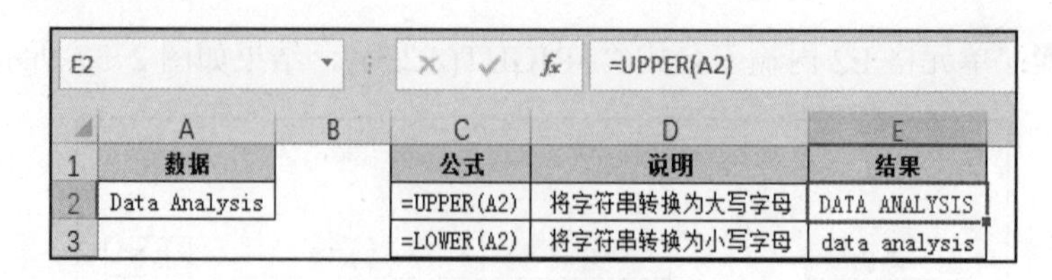

E2 =UPPER(A2)

	A	B	C	D	E
1	数据		公式	说明	结果
2	Data Analysis		=UPPER(A2)	将字符串转换为大写字母	DATA ANALYSIS
3			=LOWER(A2)	将字符串转换为小写字母	data analysis

图 2-39　转换字符串大小写

参数：

- find_text 必需。要查找的文本。
- within_text 必需。包含要查找文本的文本。
- start_num 可选。指定开始进行查找的字符的位置。如果省略，默认为 1。

示例：找出字符串“我 Love 数据 Analysis”中“数据”、大写“L”、小写“l”的位置。

公式与步骤：

- **字符串“数据”的位置：**单元格 E2 内输入公式“=FIND("数据",A2,1)”。
- **字符“L”的位置：**单元格 E3 内输入公式“=FIND("L",A2,1)”。
- **字符“l”的位置：**单元格 E4 内输入公式“=FIND("l",A2,1)”，结果如图 2-40 所示。

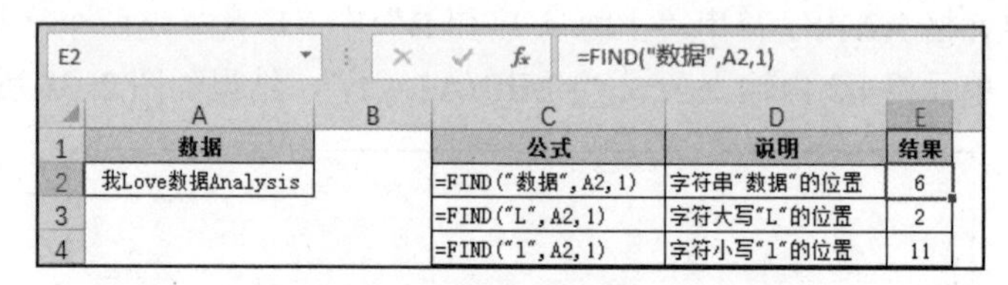

E2 =FIND("数据",A2,1)

	A	B	C	D	E
1	数据		公式	说明	结果
2	我Love数据Analysis		=FIND("数据",A2,1)	字符串"数据"的位置	6
3			=FIND("L",A2,1)	字符大写"L"的位置	2
4			=FIND("l",A2,1)	字符小写"l"的位置	11

图 2-40　FIND 查找字段串位置

提示：

- FIND 函数的最后一个参数 start_num 可以省略，如果省略，默认从第一个字符开始查找。
- FIND 函数区分大小写，因此从第一个字符开始查找大写“L”的位置是 2，从第一个字符开始查找小写“l”的位置是 11。
- FIND 函数中的 find_text 参数不能包含通配符（“?”或“*”）。

7．SEARCH 函数

功能说明：SEARCH 函数可在第二个文本字符串中查找第一个文本字符串，并返回第一个文本字符串的起始位置的编号，该编号从第二个文本字符串的第一个字符算起。

语法：SEARCH(find_text,within_text,[start_num])

参数：

- find_text 必需。要查找的文本。
- within_text 必需。包含要查找文本的文本。
- start_num 可选。指定开始进行查找的字符的位置。如果省略，默认为 1。

示例：找出字符串“我 Love 数据 Analysis”中“数据”、大写“L”、小写“l”以及“*数据*”的位置。

公式与步骤：

- **字符串“数据”的位置：**单元格 E2 内输入公式“=SEARCH("数据",A2,1)”。
- **字符大写“L”的位置：**单元格 E3 内输入公式“=SEARCH("L",A2,1)”。
- **字符小写“l”的位置：**单元格 E4 内输入公式“=SEARCH("l",A2,1)”。
- **字符串“*数据*”的位置：**单元格 E5 内输入公式“=SEARCH("*数据*",A2,1)”，结果如图 2-41 所示。

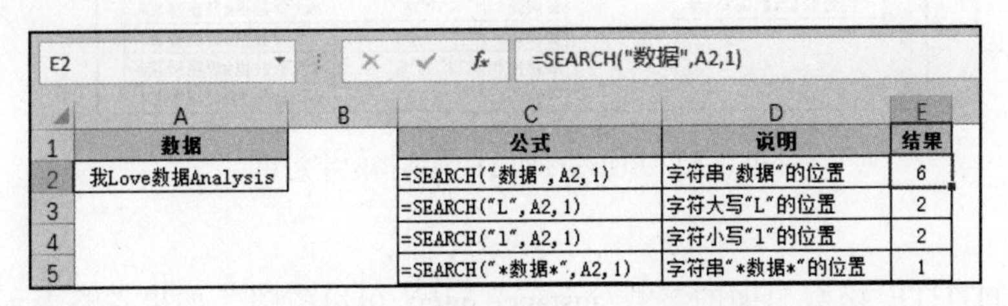

E2　=SEARCH("数据",A2,1)

	A	B	C	D	E
1	数据		公式	说明	结果
2	我Love数据Analysis		=SEARCH("数据",A2,1)	字符串"数据"的位置	6
3			=SEARCH("L",A2,1)	字符大写"L"的位置	2
4			=SEARCH("l",A2,1)	字符小写"l"的位置	2
5			=SEARCH("*数据*",A2,1)	字符串"*数据*"的位置	1

图 2-41　SEARCH 查找字段串位置

提示：

- SEARCH 函数不区分大小写，从第一个字符开始查找大写“L”的位置是 2，从第一个字符开始查找小写“l”的位置也是 2。
- SEARCH 函数中的 find_text 参数可以包含通配符（“?”或“*”）。查找“*数据*”字符串的位置，由于通配符“*”匹配的是任意字符，因此“*数据*”匹配的是整个字符串“我 Love 数据 Analysis”。返回的结果是从第一个字符开始查找，字符串“我 Love 数据 Analysis”在字符串“我 Love 数据 Analysis”里面的位置，就是查找字符串的首个字符“我”的位置，最终返回 1。

8．SUBSTITUTE 函数

功能说明：用于在某一文本字符串中替换指定的文本，把 old_text 替换成 new_text。

语法：SUBSTITUTE(text,old_text,new_text,[instance_num])

参数：

- text 必需。要替换其中字符的文本。
- old_text 必需。要替换的文本。
- new_text 必需。替换 old_text 的文本。
- instance_num 可选。指定要用 new_text 替换 old_text 的事件。如果指定了 instance_num，只有满足要求的 old_text 被替换。如果省略，文本中所有的 old_text 都会被替换为 new_text。

示例：分别将字符串“#我爱数据#数据爱我#”中的第一个“#”替换为“@”、第二个“#”替换为“@”、所有的“#”替换为“@”、前两个“#”都替换为“@”。

公式与步骤：

- **替换第一个"#"为"@"：**单元格 D2 内输入公式“=SUBSTITUTE(A2,"#","@",1)”。
- **替换第二个"#"为"@"：**单元格 D3 内输入公式“=SUBSTITUTE(A2,"#","@",2)”。

- **替换所有的"#"为"@"**：单元格 D4 内输入公式“=SUBSTITUTE(A2,"#","@")”。
- **替换前二个"#"为"@"**：单元格 D5 内输入公式“=SUBSTITUTE(SUBSTITUTE(A2,"#","@",1),"#","@",1)”，结果如图 2-42 所示。

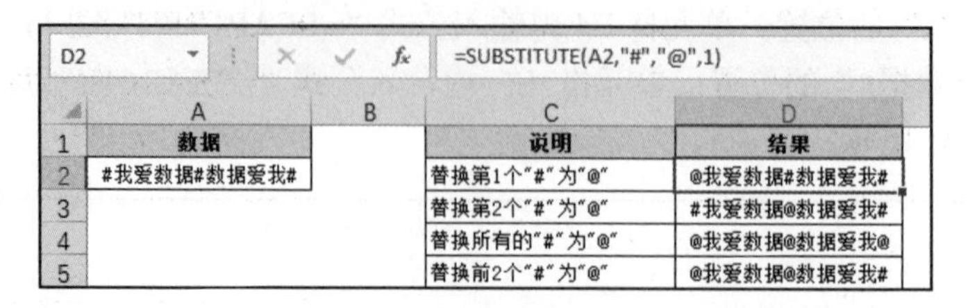

D2　=SUBSTITUTE(A2,"#","@",1)

	A	B	C	D
1	数据		说明	结果
2	#我爱数据#数据爱我#		替换第1个"#"为"@"	@我爱数据#数据爱我#
3			替换第2个"#"为"@"	#我爱数据@数据爱我#
4			替换所有的"#"为"@"	@我爱数据@数据爱我@
5			替换前2个"#"为"@"	@我爱数据@数据爱我#

图 2-42　SUBSTITUTE 替换指定字符串

提示：

- SUBSTITUTE 函数里面的参数 instance_num 可以省略，如果省略表示替换所有的 old_text，如果 instance_num=2，表示替换第二次出现的字符串。
- 如需分别替换字符串为其他不同字符串，可以使用 SUBSTITUTE 函数进行嵌套替换，每次替换第一次出现的字符串即可。

9．REPLACE 函数

功能说明：根据指定字符数，REPLACE 将部分文本字符串替换为不同的文本字符串。

语法：REPLACE(old_text,start_num, num_chars,new_text)

参数：

- old_text 必需。要替换其中字符的文本。
- start_num 必需。old_text 中要替换为 new_text 的字符起始位置。
- num_chars 必需。使用 new_text 来进行替换的字符数。
- new_text 必需。替换 old_text 中字符的文本。

示例：

- 将字符串“#我爱数据#数据爱我#”中的“我爱数据”替换为“Data”。
- 将手机号码“13013013000”中间的五位数字替换为“*****”。

公式与步骤：

- **替换“我爱数据”为“Data”**：单元格 D2 内输入公式“=REPLACE(A2,2,4, "Data")”。
- **替换“13013013000”中间 5 位为“*****”**：单元格 D3 内输入公式“=REPLACE(A3,4,5,"*****")”，结果如图 2-43 所示。

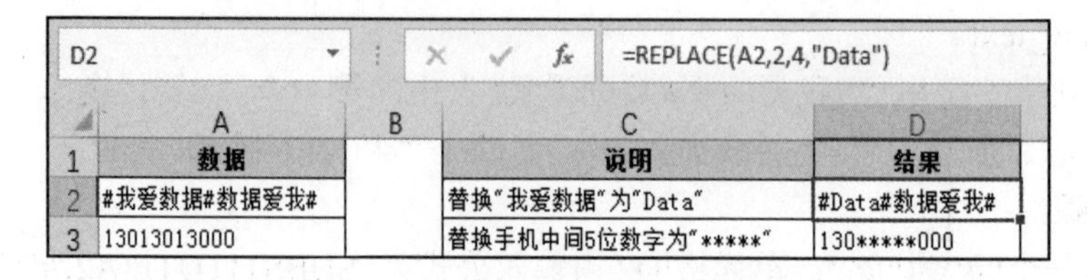

D2　=REPLACE(A2,2,4,"Data")

	A	B	C	D
1	数据		说明	结果
2	#我爱数据#数据爱我#		替换"我爱数据"为"Data"	#Data#数据爱我#
3	13013013000		替换手机中间5位数字为"*****"	130*****000

图 2-43　REPLACE 替换字符串

提示：

- REPLACE 函数与 SUBSTITUTE 函数的区别：REPLACE 函数是指定起始位置和字符长度进行替换的；而 SUBSTITUTE 函数是将给定的原始字符串替换成新的字符串。
- REPLACE 函数与上面提到的 MID 函数也有相似之处：MID 函数是根据起始位置和字符长度来进行截取；而 REPLACE 函数除了截取之外，还要将截取的字符串替换掉。

10．CONCATENATE 函数

功能说明：将两个或多个字符串连接为一个字符串。

语法：CONCATENATE(text1,[text2], …)

参数：

- text1 必需。要连接的第一个字符串。
- text2, … 可选。要连接的其他字符串。

示例：将“我”“爱”“数据分析”这三个字符串合并成一个字符串。

公式与步骤：

- 方法一：单元格 E2 内输入公式“=CONCATENATE(A2,A3,A4)”。
- 方法二：单元格 E3 内输入公式“=A2&A3&A4”，结果如图 2-44 所示。

提示：

- CONCATENATE 函数的功能等价于字符“&”的功能，用“&”符号也可以将单元格 A2、A3、A4 的内容合并成一个字符串。
- 在很多情况下，使用“&”符号比使用 CONCATENATE 函数连接字符串简单高效。

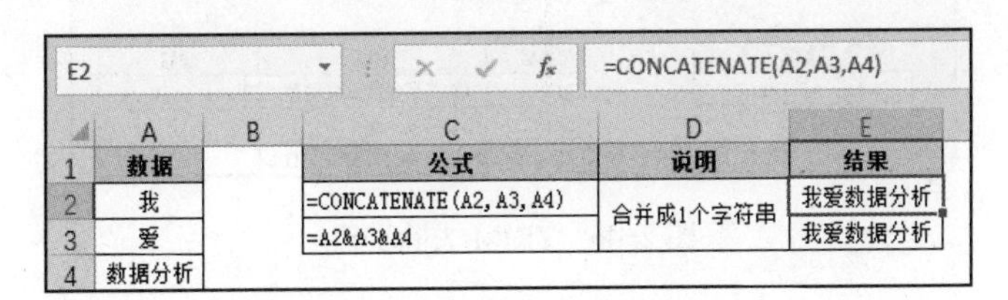

	A	B	C	D	E
1	数据		公式	说明	结果
2	我		=CONCATENATE(A2, A3, A4)	合并成1个字符串	我爱数据分析
3	爱		=A2&A3&A4		我爱数据分析
4	数据分析				

图 2-44　CONCATENATE 合并字符串

11．EXACT 函数

功能说明：比较两个文本字符串，如果它们完全相同，则返回 TRUE，否则返回 FALSE。

语法：EXACT(text1, text2)

参数：

- text1 必需。要比较的第一个文本。
- text2 必需。要比较的第二个文本。

示例：分别比较单元格 A2 与 A3、A2 与 A4 的字符串是否相同。

公式与步骤：

- **比较 A2 与 A3 是否相同**：单元格 E2 内输入公式“=EXACT(A2,A3)”。

- **比较 A2 与 A4 是否相同**：单元格 E3 内输入公式“=EXACT(A2,A4)”，结果如图 2-45 所示。

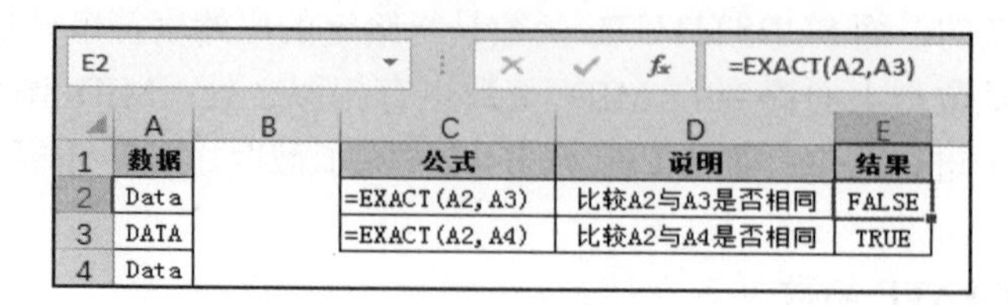

E2 =EXACT(A2,A3)

	A	B	C	D	E
1	数据		公式	说明	结果
2	Data		=EXACT(A2, A3)	比较A2与A3是否相同	FALSE
3	DATA		=EXACT(A2, A4)	比较A2与A4是否相同	TRUE
4	Data				

图 2-45　EXACT 比较字符串

提示：

- EXACT 函数区分大小写。
- 符号“=”不能区分大小写。例如，公式“=("A"="a")”，结果返回 TRUE，不是 FALSE。

12．TRIM 函数

功能说明：除了单词之间的单个空格之外，移除文本中的所有空格。

语法：TRIM(text)

参数：text 必需。要从中移除空格的文本。

示例：用 TRIM 去除字符串“　Data　Analysis　”中的空格。

公式与步骤：单元格 E2 内输入公式“=TRIM(A2)”，结果如图 2-46 所示。

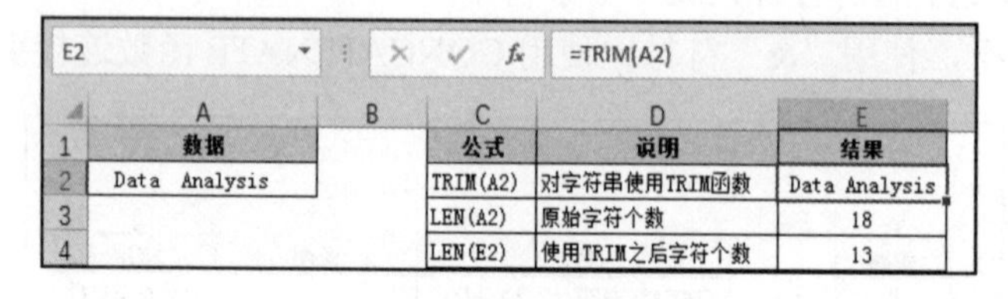

E2 =TRIM(A2)

	A	B	C	D	E
1	数据		公式	说明	结果
2	Data Analysis		TRIM(A2)	对字符串使用TRIM函数	Data Analysis
3			LEN(A2)	原始字符个数	18
4			LEN(E2)	使用TRIM之后字符个数	13

图 2-46　TRIM 去除空格

提示：

- 字符串前后两端的空格全部去除。
- 字符串中单词之间的空格保留一个。

以上是对文本处理函数使用的介绍，并通过示例对函数进行了功能讲解，下面的文本处理函数案例一～案例三是文本处理函数的应用扩展。对于同一个案例采用了多种方法来解决。

13．文本处理函数案例一

本示例将如图 2-47 所示的数据表中的文件名称按照符号“.”进行拆分，分别取左侧的文件名称（不含后缀）和右侧的文件后缀。

公式与步骤：

- **截取符号“.”左侧（方法一）**：单元格 B3 内输入公式“=LEFT(A3,FIND(".",A3)-1)”，然后向下拖拽复制公式。

- **截取符号“.”左侧（方法二）**：单元格 C3 内输入公式“=MID(A3,1,FIND(".",A3)-1)”，然后向下拖拽复制公式。
- **截取符号“.”右侧（方法一）**：单元格 D3 内输入公式“=RIGHT(A3,LEN(A3)-FIND(".",A3))”，然后向下拖拽复制公式。
- **截取符号“.”右侧（方法二）**：单元格 E3 内输入公式“=MID(A3,FIND(".",A3)+1,100)”，然后向下拖拽复制公式，结果如图 2-47 所示。

B3　=LEFT(A3,FIND(".",A3)-1)

	A	B	C	D	E
1	文件名称	截取“.”号左侧		截取“.”号右侧	
2		方法一	方法二	方法一	方法二
3	a1.csv	a1	a1	csv	csv
4	a2.txt	a2	a2	txt	txt
5	a3.xlsx	a3	a3	xlsx	xlsx
6	统计.zip	统计	统计	zip	zip
7	数据分析.pptx	数据分析	数据分析	pptx	pptx
8	大数据.jpg	大数据	大数据	jpg	jpg

图 2-47　文本处理函数案例一

提示：

- 符号“.”左侧字符串的长度等于符号“.”位置的值减去数值 1。
- 符号“.”右侧字符串的长度等于字符串的字符个数减去符号“.”位置的值。

14．文本处理函数案例二

本示例要从一组杂乱的文本字符串中提取中文信息。城市代码“S 上海 4”中包含了中文、大写英文和数字，需要从中提取城市“上海”，数据如表 2-3 所示。

表 2-3　城市代码与对应的城市

城市代码	城市
S 上海 4	上海
S 北京 9	北京
S 广州 21	广州
S 深圳 3	深圳

公式与步骤：

- **方法一**：单元格 E2 内输入公式“=LEFT(SUBSTITUTE(A2,"S",""),LENB(A2)-LEN(A2))”，然后向下拖拽复制公式。
- **方法二**：单元格 F2 内输入公式“=LEFT(MID(A2,2,100),LENB(A2)-LEN(A2))”，然后向下拖拽复制公式。
- **方法三**：单元格 G2 里面输入中文字符串“上海”，然后选中区域 G2:G5，同时按组合键〈Ctrl+ E〉，完成快速填充功能，结果如图 2-48 所示。

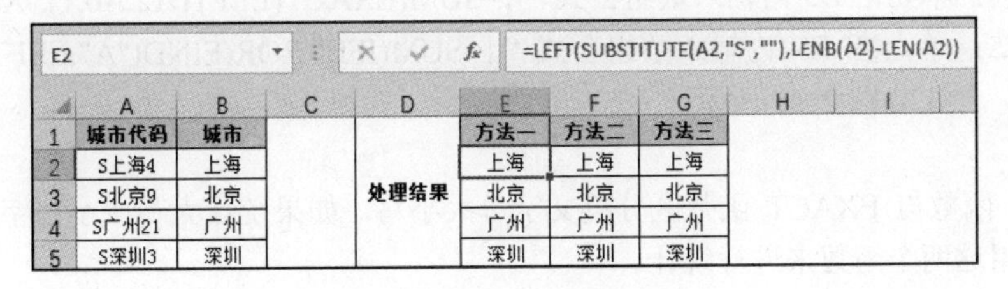

E2　=LEFT(SUBSTITUTE(A2,"S",""),LENB(A2)-LEN(A2))

	A	B	C	D	E	F	G
1	城市代码	城市			方法一	方法二	方法三
2	S上海4	上海			上海	上海	上海
3	S北京9	北京		处理结果	北京	北京	北京
4	S广州21	广州			广州	广州	广州
5	S深圳3	深圳			深圳	深圳	深圳

图 2-48　文本处理函数案例二

提示：

- 方法一用 SUBSTITUTE 函数将字符串里面的字符“S”替换成空，然后通过 LEFT 函数截取左边中文字符（中文字符的长度根据 LENB 和 LEN 函数的组合运算得出）。
- 方法二用 MID 函数截取字符“S”右侧的所有字符串，后面的嵌套处理与方法一相同。
- 方法三的快速填充功能（Ctrl+E）是根据提供的截取样式进行快速填充，用这个方法从字符串里截取中文效果非常好。

15．文本处理函数案例三

本示例：对一组字符串进行相关统计，字符串数据及对字符串的处理需求如表 2-4 所示。

表 2-4　字符串与处理需求

字符串数据	处 理 需 求
sam	（1）计算包含字母 a 的字符串个数（不区分大小写）
APPLE	（2）计算包含字母 A 的字符串个数（区分大小写）
JaCK	（3）首字母是 a 的字符串个数（不区分大小写）
aLILYa	（4）首字母是 A 的字符串个数（区分大小写）
Xksd	

公式与步骤：

1）计算包含字母 a 的字符串个数（不区分大小写）：

- 方法一：单元格 D2 内输入公式“=COUNTIFS(A:A,"*A*")”。
- 方法二：单元格 E2 内输入数组公式“{=SUM(IFERROR(SEARCH("*a*",A2:A6),0))}”。

2）计算包含字母 A 的字符串个数（区分大小写）： 单元格 D3 内输入数组公式“{=SUM(IF(IFERROR(FIND("A",A2:A6),0)>=1,1,0))}”。

3）计算首字母是 a 的字符串个数（不区分大小写）：

- 方法一：单元格 D4 内输入数组公式“{=SUM((LEFT(A2:A6,1)="a")+0)}”。
- 方法二：单元格 E4 内输入数组公式“{=SUM(IFERROR(SEARCH("a",LEFT(A2:A6,1)),0))}”。

4）计算首字母是 A 的字符串个数（区分大小写）：

- 方法一：单元格 D5 内输入数组公式“{=SUM(EXACT(LEFT(A2:A6,1),"A")+0)}”。
- 方法二：单元格 E5 内输入数组公式“{=SUM(IFERROR(FIND("A",LEFT(A2:A6,1)),0))}”，结果如图 2-49 所示。

提示：

- FIND 函数与 EXACT 函数区分英文字母大小写，如果统计大写或小写字母的个数，可以用这两个函数来进行统计。
- SEARCH 函数不区分字母大小写，COUNTIFS 函数也不区分字母大小写。

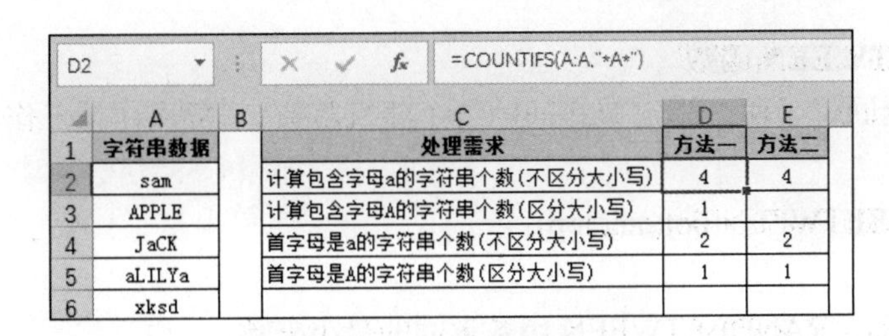

D2　=COUNTIFS(A:A,"*A*")

	A	B	C	D	E
1	字符串数据		处理需求	方法一	方法二
2	sam		计算包含字母a的字符串个数(不区分大小写)	4	4
3	APPLE		计算包含字母A的字符串个数(区分大小写)	1	
4	JaCK		首字母是a的字符串个数(不区分大小写)	2	2
5	aLILYa		首字母是A的字符串个数(区分大小写)	1	1
6	xksd				

图 2-49　文本处理函数案例三

- 符号“=”不区分字母大小写。例如，公式“=("A"="a")”，结果返回 TRUE。

2.2.3　便捷的数值运算函数

Excel 函数里面同样包含了许多对数值进行处理的函数，方便快速处理数据并进行相关运算。常见的数值运算函数包括生成随机数值的 RAND、RANDBETWEEN 函数，进行数学运算的 ABS、MOD、POWER、PRODUCT 函数，四舍五入、向上向下取整的 CEILING、FLOOR、ROUND、ROUNDUP、ROUNDDOWN、TRUNC 函数等。日常工作中碰到需要数值进行模拟运算时，可使用 RAND、RANDBETWEEN 函数生成的随机数值来计算。此外，对业务中的指标数据进行分段统计时，都需要使用 CEILING、FLOOR 等函数进行数值处理。下面通过实例对常用的数值运算函数进行说明。

1．RAND 函数

功能说明：返回一个大于等于 0 且小于 1 的、平均分布的随机实数，每次计算工作表时都会返回一个新的随机实数。

语法：RAND()

参数：无参数。

示例：随机生成一组用户的性别。

公式与步骤：单元格 B2 内输入公式“=IF(RAND()>0.5,"男","女")”，然后向下拖拽复制公式，结果如图 2-50 所示。

B2　=IF(RAND()>0.5,"男","女")

	A	B	C	D	E
1	姓名	性别			
2	uid_1	男			
3	uid_2	女			
4	uid_3	男			
5	uid_4	男			
6	uid_5	女			

图 2-50　随机生成用户性别

提示：

- 利用 RAND 函数生成大于等于 0 且小于 1 的随机实数，然后嵌套 IF 函数判断随机数与数值 0.5 的大小，如果随机实数大于 0.5，用户性别返回“男”，否则返回“女”。

2. RANDBETWEEN 函数

功能说明：返回位于两个指定数之间的一个随机整数。每次计算工作表时都将返回一个新的随机整数。

语法：RANDBETWEEN(bottom, top)

参数：

- bottom 必需。RANDBETWEEN 函数返回的最小整数。
- top 必需。RANDBETWEEN 函数返回的最大整数。

示例：

随机生成一组学生的年龄（20～25）、语文成绩（0～100 分）以及手机号码（以 133 开头）。

公式与步骤：

- **随机生成年龄：**单元格 B2 内输入公式"=RANDBETWEEN(20,25)"，然后向下拖拽复制公式。
- **随机生成语文成绩：**单元格 C2 内输入公式"=RANDBETWEEN(0,100)"，然后向下拖拽复制公式。
- **随机生成手机号码：**单元格 D2 内输入公式"="133" & RANDBETWEEN(10000000, 99999999)"，然后向下拖拽复制公式，结果如图 2-51 所示。

B2 =RANDBETWEEN(20,25)

	A	B	C	D	E	F
1	姓名	年龄	成绩	手机号码		
2	张霞	24	40	13329076209		
3	李敏	23	12	13342981578		
4	王飞	22	58	13323777327		
5	李丽	21	15	13330077681		
6	李崇盛	25	73	13321078201		

图 2-51　随机生成年龄、成绩和手机号码

提示：RANDBETWEEN 函数可以取到 bottom 和 top 的数值。

3. ABS 函数

功能说明：返回数字的绝对值。

语法：ABS(number)

参数：number 必需。需要计算其绝对值的实数。

示例：取数值-2 的绝对值。

公式与步骤：单元格 E2 内输入公式"=ABS(A2)"，结果如图 2-52 所示。

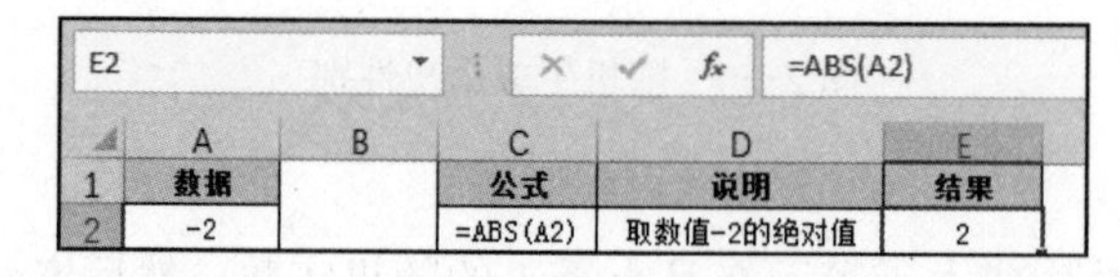

E2 =ABS(A2)

	A	B	C	D	E
1	数据		公式	说明	结果
2	-2		=ABS(A2)	取数值-2的绝对值	2

图 2-52　ABS 绝对值函数

4．MOD 函数

功能说明：返回两数相除的余数。返回结果的符号与除数相同。

语法：MOD(number, divisor)

参数：

- number 必需。要计算余数的被除数。
- divisor 必需。除数。

示例：区域 A2:A5 是被除数，区域 B2:B5 是对应的除数，计算每行数据的余数。

公式与步骤：单元格 C2 内输入公式“=MOD(A2,B2)”，然后向下拖拽复制公式，结果如图 2-53 所示。

C2　=MOD(A2,B2)

	A	B	C	D	E
1	被除数	除数	余数	公式	
2	10	3	1	=MOD(A2, B2)	
3	-10	3	2	=MOD(A3, B3)	
4	10	-3	-2	=MOD(A4, B4)	
5	-10	-3	-1	=MOD(A5, B5)	

图 2-53　MOD 求余函数

提示：

- 如果 divisor 为 0，则 MOD 返回错误值 #DIV/0!。
- 余数的符号与除数相同。

5．POWER 函数

功能说明：返回数字乘幂的结果。

语法：POWER(number, power)

参数：

- number 必需。基数。
- power 必需。基数乘幂运算的指数。

示例：区域 A2:A4 是基数，区域 B2:B4 是对应的指数，计算每行数据的乘幂。

公式与步骤：单元格 C2 内输入公式“=POWER(A2,B2)”，然后向下拖拽复制公式，结果如图 2-54 所示。

C2　=POWER(A2,B2)

	A	B	C	D	E
1	基数	指数	乘幂值	公式	
2	3	2	9	=POWER(A2, B2)	
3	4.5	2.2	27.3569	=POWER(A3, B3)	
4	9	0.5	3	=POWER(A4, B4)	

图 2-54　POWER 函数求数字乘幂

提示：可以使用字符“^”代替 POWER 函数，表示基数乘幂运算的幂。例如，数字 3 的平方公式可以写成“=3^2”。

6．PRODUCT 函数

功能说明：将参数形式给出的数字相乘并返回乘积。

语法：PRODUCT(number1, [number2], …)

参数：

- number1 必需。要相乘的第一个数字或单元格区域。
- number2, … 可选。要相乘的其他数字或单元格区域。

示例：

- 计算区域 A2:A5 的数字乘积。
- 计算区域 A2:A5 的数字乘积再乘以 3。

公式与步骤：

- 单元格 E2 内输入公式“=PRODUCT(A2:A5)”。
- 单元格 E3 内输入公式“=PRODUCT(A2:A5,3)”，结果如图 2-55 所示。

提示：可以使用字符“*”代替 PRODUCT 函数，表示数字之间的乘法运算。例如，数字 1、2、4、8 的乘积公式可以写成“=1*2*4*8”。

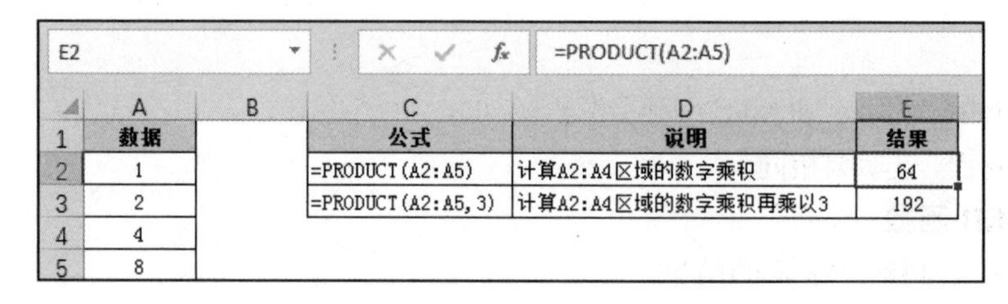

E2 =PRODUCT(A2:A5)

	A	B	C	D	E
1	数据		公式	说明	结果
2	1		=PRODUCT(A2:A5)	计算A2:A4区域的数字乘积	64
3	2		=PRODUCT(A2:A5, 3)	计算A2:A4区域的数字乘积再乘以3	192
4	4				
5	8				

图 2-55　PRODUCT 函数求数字乘积

7．CEILING 函数

功能说明：返回将参数 number 向上舍入（沿绝对值增大的方向）为最接近的指定基数的倍数。

语法：CEILING(number,significance)

参数：

- number 必需。要舍入的值。
- significance 必需。要舍入到的倍数。

示例：区域 A2:A6 是要舍入的值，区域 B2:B6 是基数，用 CEILING 函数进行向上舍入为最接近的指定基数的倍数。

公式与步骤：单元格 C2 内输入公式“=CEILING(A2,B2)”，然后向下拖拽复制公式，结果如图 2-56 所示。

提示：

- 如果 number 正好是 significance 的倍数，则不进行舍入。

C2 =CEILING(A2,B2)

	A	B	C	D
1	要舍入的值	基数	结果	公式
2	1.5	2	2	=CEILING(A2,B2)
3	-1.5	-2	-2	=CEILING(A3,B3)
4	-1.5	2	0	=CEILING(A4,B4)
5	1.5	-2	#NUM!	=CEILING(A5,B5)
6	1.525	0.01	1.53	=CEILING(A6,B6)

图 2-56 CEILING 函数进行向上舍入

- 如果 number 和 significance 都为负，则按远离 0 的方向进行向下舍入。
- 如果 number 为负，significance 为正，则按朝向 0 的方向进行向上舍入。
- 如果 number 为正，significance 为负，则结果返回错误值#NUM!。

8．FLOOR 函数

功能说明：将参数 number 向下舍入（沿绝对值减小的方向）为最接近的指定基数的倍数。

语法：FLOOR(number, significance)

参数：

- number 必需。要舍入的值。
- significance 必需。要舍入到的倍数。

示例：区域 A2:A6 是要舍入的值，区域 B2:B6 是基数，用 FLOOR 函数进行向下舍入为最接近的指定基数的倍数。

公式与步骤：单元格 C2 内输入公式“=FLOOR(A2,B2)”，然后向下拖拽复制公式，结果如图 2-57 所示。

C2 =FLOOR(A2,B2)

	A	B	C	D
1	要舍入的值	基数	结果	公式
2	1.5	2	0	=FLOOR(A2,B2)
3	-1.5	-2	0	=FLOOR(A3,B3)
4	-1.5	2	-2	=FLOOR(A4,B4)
5	1.5	-2	#NUM!	=FLOOR(A5,B5)
6	1.525	0.01	1.52	=FLOOR(A6,B6)

图 2-57 FLOOR 函数进行向下舍入

提示：

- 如果 number 正好是 significance 的倍数，则不进行舍入。
- 如果 number 和 significance 都为负，则按朝 0 的方向进行向上舍入。
- 如果 number 为负，significance 为正，则按远离 0 的方向进行向下舍入。
- 如果 number 为正，significance 为负，则结果返回错误值#NUM!。

9．ROUND 函数

功能说明：ROUND 函数将数字四舍五入到指定的位数。

语法：ROUND(number, num_digits)

参数：

- number 必需。要四舍五入的数字。
- num_digits 必需。要进行四舍五入运算的位数。

示例：区域 A2:A5 是要处理的数值，区域 B2:B5 是对数值四舍五入的说明。

公式与步骤：

- **四舍五入到 2 个小数位数：**单元格 C2 内输入公式“=ROUND(A2,2)”。
- **四舍五入到 3 个小数位数：**单元格 C3 内输入公式“=ROUND(A3,3)”。
- **四舍五入到小数点左侧 1 位：**单元格 C4 内输入公式“=ROUND(A4, −1)”。
- **四舍五入到小数点左侧 2 位：**单元格 C5 内输入公式“=ROUND(A5, −2)”，结果如图 2-58 所示。

C2 =ROUND(A2,2)

	A	B	C	D
1	数值	说明	结果	公式
2	3.1415	四舍五入到2个小数位数	3.14	=ROUND(A2, 2)
3	-3.1415	四舍五入到3个小数位数	-3.142	=ROUND(A3, 3)
4	314.15	四舍五入到小数点左侧1位	310	=ROUND(A4, -1)
5	-314.15	四舍五入到小数点左侧2位	-300	=ROUND(A5, -2)

图 2-58 ROUND 函数进行四舍五入

提示：

- 如果 num_digits 大于 0，则将数字四舍五入到指定的小数位数。
- 如果 num_digits 等于 0，则将数字四舍五入到最接近的整数。
- 如果 num_digits 小于 0，则将数字四舍五入到小数点左边的相应位数。

10．ROUNDUP 函数

功能说明：朝着远离数值 0 的方向将数字进行向上舍入。

语法：ROUNDUP(number, num_digits)

参数：

- number 必需。需要向上舍入的任意实数。
- num_digits 必需。要将数字舍入到的位数。

示例：区域 A2:A5 是要处理的数值，区域 B2:B5 是对数值向上舍入的说明。

公式与步骤：

- **向上舍入到 2 个小数位数：**单元格 C2 内输入公式“=ROUNDUP(A2,2)”。
- **向上舍入到 3 个小数位数：**单元格 C3 内输入公式“=ROUNDUP(A3,3)”。
- **向上舍入到小数点左侧 1 位：**单元格 C4 内输入公式“=ROUNDUP(A4, −1)”。
- **向上舍入到小数点左侧 2 位：**单元格 C5 内输入公式“=ROUNDUP(A5, −2)”，结果如图 2-59 所示。

C2　=ROUNDUP(A2,2)

	A	B	C	D
1	数值	说明	结果	公式
2	3.1415	向上舍入到2个小数位数	3.15	=ROUNDUP(A2,2)
3	-3.1415	向上舍入到3个小数位数	-3.142	=ROUNDUP(A3,3)
4	314.15	向上舍入到小数点左侧1位	320	=ROUNDUP(A4,-1)
5	-314.15	向上舍入到小数点左侧2位	-400	=ROUNDUP(A5,-2)

图 2-59　ROUNDUP 函数进行向上舍入

提示：

- ROUNDUP 与 ROUND 相似，区别是它始终将数字进行向上舍入。
- 如果 num_digits 大于 0，则将数字向上舍入到指定的小数位数。
- 如果 num_digits 等于 0，则将数字向上舍入到最接近的整数。
- 如果 num_digits 小于 0，则将数字向上舍入到小数点左边的相应位数。

11. ROUNDDOWN 函数

功能说明：朝着数值 0 的方向将数字进行向下舍入。

语法：ROUNDDOWN(number, num_digits)

参数：

- number 必需。需要向下舍入的任意实数。
- num_digits 必需。要将数字舍入到的位数。

示例：区域 A2:A5 是要处理的数值，区域 B2:B5 是对数值向下舍入的说明。

公式与步骤：

- **向下舍入到 2 个小数位数：**单元格 C2 内输入公式“=ROUNDDOWN(A2,2)”。
- **向下舍入到 3 个小数位数：**单元格 C3 内输入公式“=ROUNDDOWN(A3,3)”。
- **向下舍入到小数点左侧 1 位：**单元格 C4 内输入公式“=ROUNDDOWN(A4, -1)”。
- **向下舍入到小数点左侧 2 位：**单元格 C5 内输入公式“=ROUNDDOWN(A5, -2)”，结果如图 2-60 所示。

C2　=ROUNDDOWN(A2,2)

	A	B	C	D
1	数值	说明	结果	公式
2	3.1415	向下舍入到2个小数位数	3.14	=ROUNDDOWN(A2,2)
3	-3.1415	向下舍入到3个小数位数	-3.141	=ROUNDDOWN(A3,3)
4	314.15	向下舍入到小数点左侧1位	310	=ROUNDDOWN(A4,-1)
5	-314.15	向下舍入到小数点左侧2位	-300	=ROUNDDOWN(A5,-2)

图 2-60　ROUNDDOWN 函数进行向下舍入

提示：

- ROUNDDOWN 与 ROUND 相似，区别是它始终将数字进行向下舍入。
- 如果 num_digits 大于 0，则将数字向下舍入到指定的小数位数。
- 如果 num_digits 等于 0，则将数字向下舍入到最接近的整数。

- 如果 num_digits 小于 0，则将数字向下舍入到小数点左边的相应位数。

12．TRUNC 函数

功能说明：将数字进行截取返回整数。

语法：TRUNC(number, [num_digits])

参数：

- number 必需。需要截尾取整的数字。
- num_digits 可选。用于指定取整精度的数字，默认值为 0。

示例：区域 A2:A4 是要处理的数值，区域 B2:B4 是对数值进行截取的说明。

公式与步骤：

- **截取整数部分：**单元格 C2 内输入公式“=TRUNC(A2)”。
- **截取到小数点右侧 2 位：**单元格 C3 内输入公式“=TRUNC(A3,2)”。
- **截取到小数点左侧 1 位：**单元格 C4 内输入公式“=TRUNC(A4, -1)”，结果如图 2-61 所示。

C2 =TRUNC(A2)

	A	B	C	D
1	数值	说明	结果	公式
2	3.1415	截取整数部分	3	=TRUNC(A2)
3	-3.1415	截取到小数点右侧2位	-3.14	=TRUNC(A3,2)
4	314.15	截取到小数点左侧1位	310	=TRUNC(A4,-1)

图 2-61　TRUNC 函数进进行截取

提示：TRUNC 与 INT 在对数值的整数部分进行截取时有些相似。TRUNC 是直接删除数字的小数部分，而 INT 根据数字小数部分的值将数字向下舍入为最接近的整数。只有当处理负数的时候，INT 和 TRUNC 会有区别。例如，TRUNC(-3.14)返回-3，而 INT(-3.14)返回-4。

以上是对数值运算函数的介绍，并通过示例对函数进行了功能讲解，下面的数值运算函数案例一～案例二是数值运算函数的应用扩展。同一个案例采用了多种方法来解决。

13．数值运算函数案例一

案例说明：区域 A2:A11 是随机生成的用户年龄（范围是 21～60 岁），D3:D6 是年龄分段，需要统计不同年龄段的用户人数。

公式与步骤：

- **方法一：**单元格 B2 输入公式“=CEILING(A2,10)”，然后向下拖拽复制公式，在区域 B2:B11 内生成年龄分段组辅助数据。单元格 E3 内输入公式“=COUNTIFS(B:B, ROW()*10)”，然后向下拖拽复制公式。
- **方法二：**单元格 F3 内输入数组公式“{=SUM((CEILING($A$2:$A$11,10)=ROW()*10)+0)}”，然后向下拖拽复制公式。
- **方法三：**单元格 G3 内公式为“=COUNTIFS(A:A,">"&((ROW()-1)*10),A:A,"<="&(ROW()*10))”，然后向下拖拽复制公式，结果如图 2-62 所示。

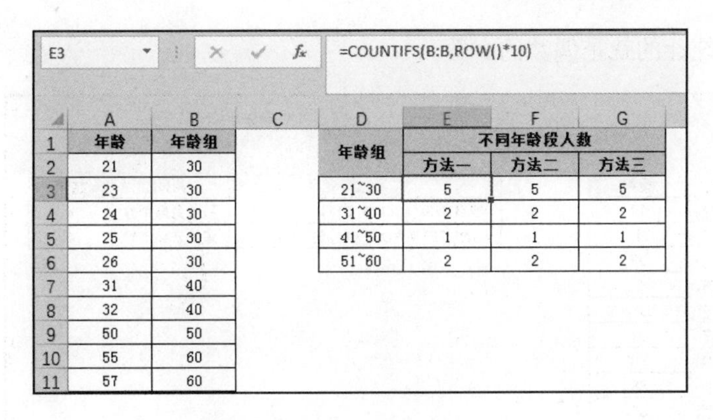

图 2-62　数值运算函数案例一

提示：

- 方法一用 CEILING 函数把年龄数据向上取整，全部处理成 10 的整数倍，借助于 ROW 函数拼凑年龄段的条件，最后用 COUNTIFS 函数进行单条件计数。
- 方法二用 CEILING 函数把年龄数据向上取整，全部处理成 10 岁的整数倍，然后将处理好的数组和年龄组的上限进行比较，如果相等，返回 TRUE，如果不相等，返回 FALSE，从而生成布尔值数值，通过加 0 处理成数值数组，最后用 SUM 数组公式进行求和。
- 方法三用 ROW 函数拼凑成每个年龄分段组的上限和下限，最后用 COUNTIFS 函数进行多条件计数。

14．数值运算函数案例二

案例说明：区域 A2:A11 内随机生成介于 1～100 的数值，然后分别统计奇数和偶数的个数。

公式与步骤：

1）单元格 A2 内输入公式“=RANDBETWEEN(1,100)”，然后向下拖拽到单元格 A11 位置进行公式复制。

2）选中 A 列或区域 A1:A11，按〈Ctrl+C〉组合键进行复制，选中区域生成虚线之后，右击“粘贴选项”里面选择“粘贴值”，此时单元格内的公式将会消失，目的是让随机函数生成的数值固定不变。

3）单元格 E2 内输入数组公式“{=SUM(MOD(A2:A11,2))}”实现奇数个数统计。

4）单元格 E3 内输入数组公式“{=SUM(IF(MOD(A2:A11,2)=0,1,0))}”实现偶数个数统计，结果如图 2-63 所示。

提示：

- 用 MOD 函数将随机数值除以 2 求余，结果返回 1（奇数）或者 0（偶数），然后对结果中的数值 1 直接套用 SUM 数组进行求和，统计的就是奇数的个数。
- 用 MOD 函数将随机数值除以 2 求余，结果返回 1（奇数）或者 0（偶数），然后套用 IF 函数，将余数与数值 0 进行比较，相等返回 1，否则返回 0，再套用 SUM 数组进行求和，统计的就是偶数的个数。

E2　fx　{=SUM(MOD(A2:A11,2))}

	A	B	C	D	E
1	数据		公式	说明	结果
2	49		{=SUM(MOD(A2:A11,2))}	统计奇数个数	6
3	1		{=SUM(IF(MOD(A2:A11,2)=0,1,0))}	统计偶数个数	4
4	28				
5	3				
6	37				
7	93				
8	50				
9	88				
10	87				
11	22				

图 2-63　数值运算函数案例二

2.2.4　经典的逻辑判断函数

逻辑判断函数是指进行真假值判断，或者进行复合检验的一类逻辑函数。常见的逻辑判断函数包括 AND、OR、NOT、IF、IFERROR、IS 系列（包括 ISERROR、ISTEXT、ISNUMBER 等）。IF 函数经常用于多个条件的嵌套判断，例如，根据销售人员的业绩范围判断销售提成系数。此外，AND、OR 函数可以用来对多个条件进行检查判断，例如，销售员小李同时满足业绩达到 20 万元和成交件数达到 3 单就可以晋升，此时可以用 IF 函数结合 AND 函数进行逻辑判断。下面通过实例对常用的逻辑判断函数进行说明。

1．AND 函数

功能说明：检查是否所有的参数均为 TRUE，如果所有的参数值均为 TRUE，则返回 TRUE。

语法：AND(logical1,[logical2], …)

参数：

- logical1 必须。逻辑表达式 1。
- [logical2], … 可选。逻辑表达式 2 等。

示例：区域 A2:A5 是逻辑判断的公式，区域 B2:B5 是公式的结果。

公式与步骤：

- **示例一：**单元格 B2 内输入公式“=AND(1>2,2>1)”。
- **示例二：**单元格 B3 内输入公式“=AND(2>1,1)”。
- **示例三：**单元格 B4 内输入公式“=AND(-1,1)”。
- **示例四：**单元格 B5 内输入公式“=AND(1,0,2)”，结果如图 2-64 所示。

提示：

- 数值 0 作为参数的逻辑值被当成 FALSE 使用。
- 非 0 数值作为参数的逻辑值被当成 TRUE 使用。
- 任意一个参数的逻辑值出现 FALSE（或者数值 0）的时候，结果返回 FALSE。

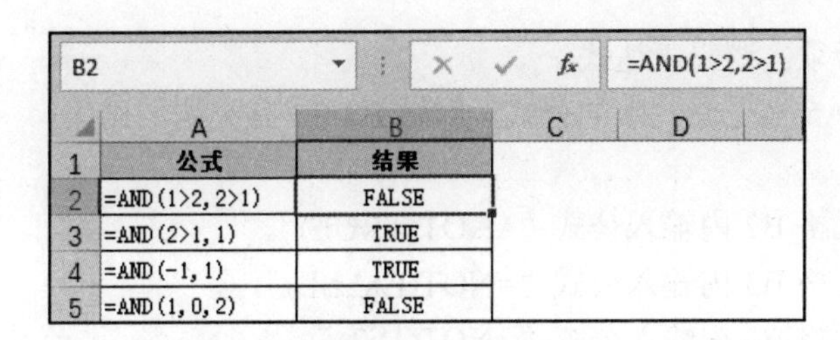

	A	B
1	公式	结果
2	=AND(1>2, 2>1)	FALSE
3	=AND(2>1, 1)	TRUE
4	=AND(-1, 1)	TRUE
5	=AND(1, 0, 2)	FALSE

图 2-64　AND 函数

● 所有的参数的逻辑值都是 TRUE 的时候，结果返回 TRUE。

2．OR 函数

功能说明：如果任意参数为 TRUE，即返回 TRUE；只有当所有的参数值均为 FALSE 时才返回 FALSE。

语法：OR(logical1,[logical2], …)

参数：

● logical1 必须。逻辑表达式 1。

● [logical2], … 可选。逻辑表达式 2 等。

示例：

区域 A2:A5 是逻辑判断的公式，区域 B2:B5 是公式的结果。

公式与步骤：

● 示例一：单元格 B2 内输入公式“=OR(1>2,2>1)”。

● 示例二：单元格 B3 内输入公式“=OR(2>1,1)”。

● 示例三：单元格 B4 内输入公式“=OR(-1,1)”。

● 示例四：单元格 B5 内输入公式“=OR(FALSE,0)”，结果如图 2-65 所示。

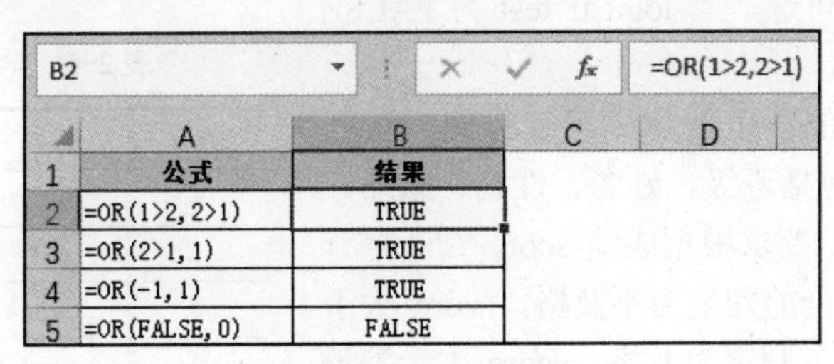

	A	B
1	公式	结果
2	=OR(1>2, 2>1)	TRUE
3	=OR(2>1, 1)	TRUE
4	=OR(-1, 1)	TRUE
5	=OR(FALSE, 0)	FALSE

图 2-65　OR 函数

提示：

● 任意一个参数的逻辑值出现 TRUE（或者非 0 数值）的时候，结果返回 TRUE。

● 所有的参数的逻辑值均为 FALSE 的时候，结果返回 FALSE。

3．NOT 函数

功能说明：对参数的逻辑值求反：参数为 TRUE 时返回 FALSE，参数为 FALSE 时返回 TRUE。

语法：NOT(logical)

参数：logical 必须。逻辑表达式。

示例：区域 A2:A5 是逻辑判断的公式，区域 B2:B5 是公式的结果。

公式与步骤：

- 示例一：单元格 B2 内输入公式"=NOT(TRUE)"。
- 示例二：单元格 B3 内输入公式"=NOT(FALSE)"。
- 示例三：单元格 B4 内输入公式"=NOT(1>2)"。
- 示例四：单元格 B5 内输入公式"=NOT(2+2=4)"，结果如图 2-66 所示。

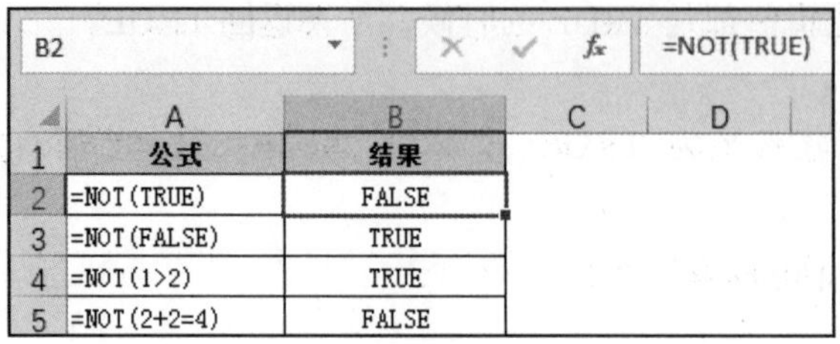

B2 =NOT(TRUE)

	A	B	C	D
1	公式	结果		
2	=NOT(TRUE)	FALSE		
3	=NOT(FALSE)	TRUE		
4	=NOT(1>2)	TRUE		
5	=NOT(2+2=4)	FALSE		

图 2-66 NOT 函数

4. IF 函数

功能说明：判断是否满足某个条件，如果满足返回一个值，如果不满足则返回另外一个值。

语法：IF(logical_test,[value_if_true],[value_if_false])

参数：

- logical_test 必须。可以为数值或逻辑表达式。
- value_if_true 可选。当 logical_test 为 TRUE 时返回的结果。
- value_if_false 可选。当 logical_test 为 FALSE 时返回的结果。

示例：以某学校的学生信息成绩表为例，数据如表 2-5 所示。字段包括班级、姓名、性别、成绩，数据位于区域 A1:D8。要求根据成绩 score 判断得分等级，score 小于 60 分的判定为不及格，score 大于等于 60 分且小于 85 分判定为及格，score 大于等于 85 分判定为优秀。

表 2-5 学生信息成绩表

班级	姓名	性别	成绩
1	lily	F	64
1	jack	M	85
1	sim	M	83
2	serry	F	52
2	sam	M	71
2	waves	M	92

公式与步骤：

- 方法一：单元格 E3 内输入公式"=IF(D3<60,"不及格",IF(D3<85,"及格","优秀"))"，然后向下拖拽复制公式。
- 方法二：单元格 F3 内输入公式"=IF(D3>=85,"优秀",IF(D3>=60,"及格","不及格"))"，然后向下拖拽复制公式，结果如图 2-67 所示。

提示：IF 函数可以进行多层嵌套判断，如果是需要满足多个条件进行判断，可以嵌套 AND 函数作为 logical_test 的参数。

E3　=IF(D3<60,"不及格",IF(D3<85,"及格","优秀"))

	A	B	C	D	E	F
1	班级	姓名	性别	成绩	成绩等级	
2					方法一	方法二
3	1	lily	F	64	及格	及格
4	1	jack	M	85	优秀	优秀
5	1	sim	M	83	及格	及格
6	2	serry	F	52	不及格	不及格
7	2	sam	M	71	及格	及格
8	2	waves	M	92	优秀	优秀

图 2-67　IF 函数

5．IFERROR 函数

功能说明：如果表达式是一个错误，则返回 value_if_error，否则返回表达式自身的值。

语法：IFERROR(value,value_if_error)

参数：

- value 必需。检查是否存在错误的参数。
- value_if_error 必需。公式的计算结果错误时返回的值。

示例一　将错误值处理成 0：以某企业的产品销售表为例，数据如表 2-6 所示。字段包括产品类型、销售额。数据位于区域 A1:B5。要求将区域 B2:B5 的错误值处理成 0。

表 2-6　产品销售表

产品类型	销售额
A	100
B	200
C	#DIV/0!
D	300

公式与步骤：单元格 F2 内输入公式“=IFERROR(B2,0)”，然后向下拖拽复制公式，结果如图 2-68 所示。

示例二　统计所有产品销售额之和：以某企业的产品销售表为例，数据如表 2-6 所示。字段包括产品类型、销售额。数据位于区域 A1:B5。要求对区域 B2:B5 的销售额进行求和计算。

F2　=IFERROR(B2,0)

	A	B	C	D	E	F
1	产品类型	销售额/元		公式	说明	结果
2	A	100		=IFERROR(B2,0)	将B2:B5区域内的错误值处理成0	100
3	B	200		=IFERROR(B3,0)		200
4	C	#DIV/0!		=IFERROR(B4,0)		0
5	D	300		=IFERROR(B5,0)		300

图 2-68　IFERROR 函数——示例一

公式与步骤：

- **方法一：**单元格 F2 内输入数组公式“{=SUM(IFERROR(B2:B5,0))}”。
- **方法二：**单元格 F3 内输入公式“=SUMIF(B2:B5,"<9e307")”，结果如图 2-69 所示。

提示：

- 方法一是用 IFERROR 函数将所有错误值处理成 0，然后用 SUM 函数进行数组求和。

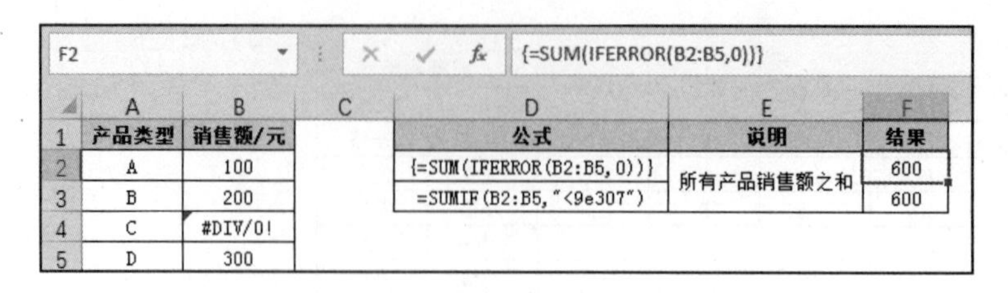

F2 {=SUM(IFERROR(B2:B5,0))}

	A	B	C	D	E	F
1	产品类型	销售额/元		公式	说明	结果
2	A	100		{=SUM(IFERROR(B2:B5,0))}	所有产品销售额之和	600
3	B	200		=SUMIF(B2:B5,"<9e307")		600
4	C	#DIV/0!				
5	D	300				

图 2-69　IFERROR 函数——示例二

● 方法二的 SUMIF 函数省略了求和区域的参数，以条件区域 B2:B5 作为求和区域，求和条件是"<9e307"，剔除错误值，对其余数值求和。

6．ISERROR 函数

功能说明：检查一个值是否为错误（#N/A、#VALUE!、#REF!、#DIV/0!、#NUM!、#NAME?、#NULL!），结果返回 TRUE 或 FALSE。

语法：ISERROR(value)

参数：value 必需。判断是否为错误值的参数。

示例一　判断数值是否为错误值：以某店铺的商品销售表为例，数据如表 2-7 所示。字段包括商品名称、销量。数据位于区域 A1:B6。要求判断 B2:B6 区域数据是否为错误值，如果是错误值用 1 表示，否则用 0 表示。

表 2-7　商品销售表

商品名称	销量
苹果	#N/A
香蕉	200
凤梨	#DIV/0!
葡萄	300
橙子	#VALUE!

公式与步骤：单元格 F2 内输入公式“=IF (ISERROR (B2),1,0)”，向下拖拽复制公式，结果如图 2-70 所示。

示例二　统计错误值的个数：以某店铺的商品销售表为例，数据如表 2-7 所示。字段包括商品名称、销量。数据位于区域 A1:B6。要求统计区域 B2:B6 中错误值的个数。

F2 =IF(ISERROR(B2),1,0)

	A	B	C	D	E	F
1	商品	销量		公式	说明	结果
2	苹果	#N/A		=IF(ISERROR(B2),1,0)	判断B2:B6区域数据是否为错误值，错误值用1表示，否则用0表示	1
3	香蕉	200		=IF(ISERROR(B3),1,0)		0
4	凤梨	#DIV/0!		=IF(ISERROR(B4),1,0)		1
5	葡萄	300		=IF(ISERROR(B5),1,0)		0
6	橙子	#VALUE!		=IF(ISERROR(B6),1,0)		1

图 2-70　ISERROR 函数——示例一

公式：

● 方法一：单元格 F2 内输入数组公式“{=SUM(ISERROR(B2:B6)+0)}”。
● 方法二：单元格 F3 内输入数组公式“{=SUM(ISERROR(B2:B6)*1)}”。
● 方法三：单元格 F4 内输入公式“=SUMPRODUCT(ISERROR(B2:B6)+0)”。
● 方法四：单元格 F5 内输入公式“=SUMPRODUCT(ISERROR(B2:B6)*1)”，结果如图 2-71 所示。

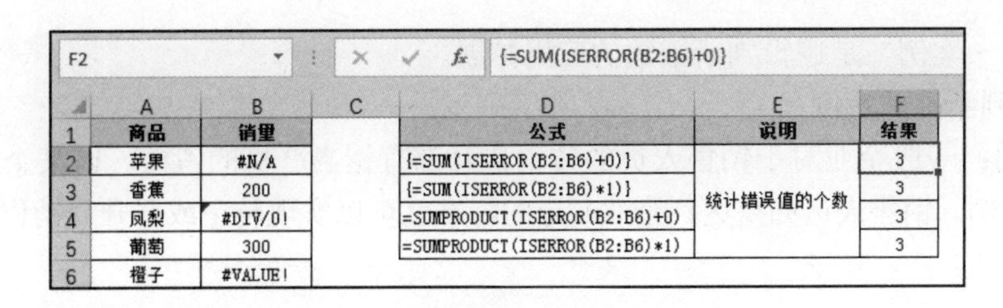

F2　{=SUM(ISERROR(B2:B6)+0)}

	A	B	C	D	E	F
1	商品	销量		公式	说明	结果
2	苹果	#N/A		{=SUM(ISERROR(B2:B6)+0)}	统计错误值的个数	3
3	香蕉	200		{=SUM(ISERROR(B2:B6)*1)}		3
4	凤梨	#DIV/0!		=SUMPRODUCT(ISERROR(B2:B6)+0)		3
5	葡萄	300		=SUMPRODUCT(ISERROR(B2:B6)*1)		3
6	橙子	#VALUE!				

图 2-71　ISERROR 函数——示例二

提示：

- 方法一和方法二是利用 ISERROR 函数对区域 B2:B6 中的数据进行判断，返回一个布尔值数组，然后通过加数值 0 或乘以数值 1 的方法，将布尔值数组转换为数值 0 和数值 1 组成的数组，最后按〈Ctrl+Shift+Enter〉组合键生成统计结果。
- 方法三和方法四是也是利用 ISERROR 函数对区域 B2:B6 中的数据进行判断，返回一个布尔值数组，然后通过加数值 0 或乘以数值 1 的方法，将布尔值数组转换为数值 0 和数值 1 组成的数组，最后用 SUMPRODUCT 函数对数组进行交叉乘积求和。

7. ISTEXT 函数

功能说明：检查一个值是否为文本，返回 TRUE 或 FALSE。

语法：ISTEXT(value)

参数：value 必需。要判断测试的值。

示例：判断区域 A2:A4 中的数值是否为文本。

公式与步骤：单元格 E2 内输入公式“=ISTEXT(A2)”，然后向下拖拽复制公式，结果如图 2-72 所示。

E2　=ISTEXT(A2)

	A	B	C	D	E
1	数据		公式	说明	结果
2	"123"		=ISTEXT(A2)	检测是否为文本	TRUE
3	123		=ISTEXT(A3)		FALSE
4	bigdata		=ISTEXT(A4)		TRUE

图 2-72　ISTEXT 函数

8. ISNUMBER 函数

功能说明：检查一个值是否为数值，返回 TRUE 或 FALSE。

语法：ISNUMBER(value)

参数：value 必需。要判断测试的值。

示例：判断区域 A2:A4 中的数值是否为数值。

公式与步骤：单元格 E2 内输入公式“=ISNUMBER(A2)”，然后向下拖拽复制公式，结果如图 2-73 所示。

以上是对逻辑判断函数的简单介绍，并采用示例对函数进行了功能讲解，下面的逻辑判断函数案例一～案例二是逻辑判断函数的应用扩展。

9．逻辑判断函数案例一

案例说明：一般企业对于销售人员的转正晋升都有相当严格的考核。以某企业的销售业绩考核标准为例，销售人员如果达到企业制定的标准就可以实现转正或晋升，销售业绩考核标准如表 2-8 所示。

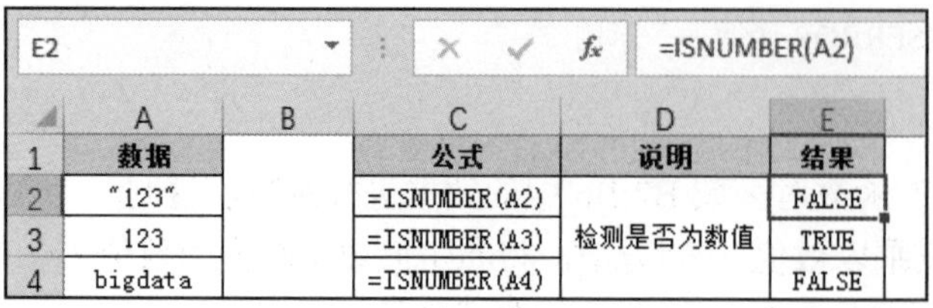

E2 =ISNUMBER(A2)

	A	B	C	D	E
1	数据		公式	说明	结果
2	"123"		=ISNUMBER(A2)	检测是否为数值	FALSE
3	123		=ISNUMBER(A3)		TRUE
4	bigdata		=ISNUMBER(A4)		FALSE

图 2-73　ISNUMBER 函数

表 2-8　业绩考核标准

入职时长/月	业绩/万	是否转正或晋升
<=2	>=5	转正
>2	>=10	晋升

公式与步骤：单元格 E2 内输入公式“=IF(AND(B2<=2,D2>=5),"转正",IF(AND(B2>2,D2>=10),"晋升",""))”，然后向下拖拽复制公式，结果如图 2-74 所示。

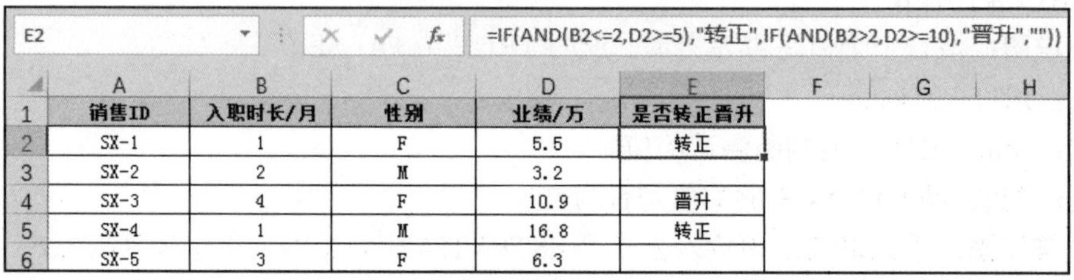

E2 =IF(AND(B2<=2,D2>=5),"转正",IF(AND(B2>2,D2>=10),"晋升",""))

	A	B	C	D	E	F	G	H
1	销售ID	入职时长/月	性别	业绩/万	是否转正晋升			
2	SX-1	1	F	5.5	转正			
3	SX-2	2	M	3.2				
4	SX-3	4	F	10.9	晋升			
5	SX-4	1	M	16.8	转正			
6	SX-5	3	F	6.3				

图 2-74　逻辑判断函数案例一

提示：利用 AND 函数判断入职时长和业绩是否同时满足考核标准，如果两个条件同时满足可以实现转正、晋升，否则结果返回空。

10．逻辑判断函数案例二

案例说明：以不同学生的考试成绩表为例，有些同学缺考了部分科目，标注的是“缺考”。要求统计不同学生参加的考试科目数以及缺考的科目数。

公式与步骤：

1）单元格 F2 内输入数组公式：{=SUM(ISNUMBER(B2:E2)*1)}，然后向下拖拽复制公式。

2）单元格 G2 内输入数组公式：{=SUM(ISTEXT(B2:E2)*1)}，然后向下拖拽复制公式，结果如图 2-75 所示。

提示：利用 ISNUMBER 或 ISTEXT 函数对区域进行判断生成布尔值数组，然后乘以数值 1 生成数值数组，最后按〈Ctrl+Shift+Enter〉组合键创建数组公式。

2.2.5　实用的日期计算函数

Excel 中的一系列日期计算函数可以快速处理日期和时间数据。常见的日期计算函数包括获取当前日期和时间的 TODAY、NOW 函数，返回日期的年份、月份、天数的 YEAR、MONTH、DAY 函数，返回时间的小时、分钟、秒数的 HOUR、MINUTE、SECOND 函数，拼接日期的 DATE 函数和拼接时间的 TIME 函数，获取星期几的 WEEKDAY 函数和计算一年中第几周的 WEEKNUM 函数，计算两个日期间隔的年份、月份、天数、工作日的 DATEDIF、DAYS、NETWORKDAYS 函数等。日常工作中制作业务报表或业务分析时，需要在不同日期维度上对业务指标进行统计，因此必须熟练掌握日期计算函数对业务数据中的日期字段进行处理的方法。下面通过实例对常用的日期计算函数进行举例说明。

F2　{=SUM(ISNUMBER(B2:E2)*1)}

	A	B	C	D	E	F	G
1	姓名	语文	数学	英语	化学	考试科目数	缺考科目数
2	张小明	57	缺考	70	缺考	2	2
3	李小雷	78	65	87	59	4	0
4	王大锤	缺考	61	缺考	40	2	2
5	刘大大	98	87	缺考	49	3	1
6	韩梅梅	缺考	缺考	94	缺考	1	3

图 2-75　逻辑判断函数案例二

1．TODAY 函数

功能说明：返回当前日期的序列号（序列号是 Excel 用于日期和时间计算的日期-时间代码）。如果在输入该函数之前单元格格式为“常规”，Excel 会将单元格格式更改为“日期”。若要显示序列号，必须将单元格格式更改为“常规”或“数字”。在默认情况下，1900 年 1 月 1 日的序列号为 1，2018 年 1 月 1 日的序列号为 43,101，因为它距 1900 年 1 月 1 日有 43,100 天。

语法：TODAY()

参数：无参数。

示例：区域 A2:A5 是 TODAY 函数相关的公式，区域 B2:B5 是计算说明，区域 C2:C5 是计算结果。

公式与步骤：

- 示例一：单元格 C2 内输入公式“=TODAY()”。
- 示例二：单元格 C3 内输入公式“=TODAY()-1”。
- 示例三：单元格 C4 内输入公式“=TODAY()+1”。
- 示例四：单元格 C5 内输入公式“=YEAR(TODAY())-1990”，结果如图 2-76 所示。

C2　=TODAY()

	A	B	C
1	公式	说明	结果
2	=TODAY()	返回当前日期	2018-10-23
3	=TODAY()-1	返回当前日期减1天	2018-10-22
4	=TODAY()+1	返回当前日期加1天	2018-10-24
5	=YEAR(TODAY())-1990	计算1990年出生人的年龄	28

图 2-76　TODAY 函数

提示：TODAY 函数返回的当前日期的序列号。如图 2-76 所示的 TODAY 函数返回的日期结果为“2018-10-23”，因为编写此函数功能介绍并截图的日期是“2018-10-23”。

2. NOW 函数

功能说明：返回当前日期和时间的序列号。

语法：NOW()

参数：无参数。

示例：区域 A2:A5 是 NOW 函数相关的公式，区域 B2:B5 是计算说明，区域 C2:C5 是计算结果。

公式与步骤：

- **示例一**：单元格 C2 内输入公式“=NOW()”。
- **示例二**：单元格 C3 内输入公式“=NOW()-0.5”。
- **示例三**：单元格 C4 内输入公式“=NOW()+0.5”。
- **示例四**：单元格 C5 内输入公式“=NOW()+3”，结果如图 2-77 所示。

提示：NOW 函数返回当前日期和时间的序列号。由于 Excel 里面数值 1 代表日期的一天（24 小时），所以在某个日期和时间上面加数值 1 代表返回一天后的日期和时间，加 0.5 代表返回 12 小时后的日期和时间。

C2　=NOW()

	A	B	C
1	公式	说明	结果
2	=NOW()	返回当前日期和时间	2018-10-23 23:20:29
3	=NOW()-0.5	返回12小时前的日期和时间	2018-10-23 11:20:29
4	=NOW()+0.5	返回12小时后的日期和时间	2018-10-24 11:20:29
5	=NOW()+3	返回3天后的日期和时间	2018-10-26 23:20:29

图 2-77　NOW 函数

3. YEAR、MONTH、DAY 函数

功能说明：YEAR 返回对应于某个日期的年份，YEAR 作为 1900～9999 的整数返回。MONTH 返回日期（以序列数表示）中的月份，月份是介于 1 到 12 的整数。DAY 返回以序列数表示的某日期的天数，天数是介于 1 到 31 的整数。

语法：YEAR(serial_number)、MONTH(serial_number)、DAY(serial_number)

参数：serial_number 必需。要处理的日期。

示例：区域 A2:A4 分别是 YEAR、MONTH、DAY 函数相关的公式，区域 B2:B4 是计算说明，区域 C2:C4 是计算结果。

公式与步骤：

- **示例一**：单元格 C2 内输入公式“=YEAR("2018-05-01")”。
- **示例二**：单元格 C3 内输入公式“=MONTH("2018-05-01")”。
- **示例三**：单元格 C4 内输入公式“=DAY("2018-05-01")”，结果如图 2-78 所示。

C2　=YEAR("2018-05-01")

	A	B	C	D
1	公式	说明	结果	
2	=YEAR("2018-05-01")	返回日期对应的年份	2018	
3	=MONTH("2018-05-01")	返回日期对应的月份	5	
4	=DAY("2018-05-01")	返回日期对应的天数	1	

图 2-78　YEAR、MONTH、DAY 函数

4. HOUR、MINUTE、SECOND 函数

功能说明：HOUR 返回时间值的小时数，小时是介于 0 到 23 的整数；MINUTE 返回时间值的分钟数，分钟是一个介于 0 到 59 的整数；SECOND 返回时间值的秒数，秒数是 0 到 59 的整数。

语法：HOUR(serial_number)、MINUTE(serial_number)、SECOND(serial_number)

参数：serial_number 必需。要处理的日期。

示例：区域 A2:A4 分别是 HOUR、MINUTE、SECOND 函数相关的公式，区域 B2:B4 是计算说明，区域 C2:C4 是计算结果。

公式与步骤：

- 示例一：单元格 C2 内输入公式“=HOUR("12:15:30")”。
- 示例二：单元格 C3 内输入公式“=MINUTE("12:15:30")”。
- 示例三：单元格 C4 内输入公式“=SECOND("12:15:30")”，结果如图 2-79 所示。

C2　=HOUR("12:15:30")

	A	B	C	D
1	公式	说明	结果	
2	=HOUR("12:15:30")	返回时间对应的小时	12	
3	=MINUTE("12:15:30")	返回时间对应的分钟	15	
4	=SECOND("12:15:30")	返回时间对应的秒数	30	

图 2-79　HOUR、MINUTE、SECOND 函数

5. DATE 函数

功能说明：返回表示特定日期的连续序列号。

语法：DATE(year,month,day)

参数：

- year 必需。year 参数的值可以包含一到四位数字。Excel 将根据计算机正在使用的日期系统来解释 year 参数。在默认情况下，Microsoft Excel for Windows 使用的是 1900 日期系统，这表示第一个日期为 1900 年 1 月 1 日。
- month 必需。一个正整数或负整数，表示一年中从 1 月至 12 月（一月到十二月）的各个月。
- day 必需。一个正整数或负整数，表示一个月中从 1 日到 31 日的各天。

示例：区域 A2:A4 分别是 DATE 函数公式，区域 B2:B4 是计算说明，区域 C2:C4 是计算结果。

公式与步骤：

- 示例一：单元格 C2 内输入公式“=DATE(2018,5,10)”。
- 示例二：单元格 C3 内输入公式“=DATE(2018,3,0)”。
- 示例三：单元格 C4 内输入公式“=DATE(2018,RANDBETWEEN(7,8), RANDBETWEEN(1,31))”，结果如图 2-80 所示。

C2 =DATE(2018,5,10)

	A	B	C
1	公式	说明	结果
2	=DATE(2018,5,10)	返回日期2018-05-10	2018/5/10
3	=DATE(2018,3,0)	返回2018年2月份的最后一天	2018/2/28
4	=DATE(2018,RANDBETWEEN(7,8),RANDBETWEEN(1,31))	返回日期2018年7月和8月份中的某一天	2018/8/26

图 2-80　DATE 函数

6．TIME 函数

功能说明：返回特定时间的十进制数字。

语法：TIME(hour,minute,second)

参数：

- hour　必需。用 0 到 32767 的数字代表小时。
- minute　必需。用 0 到 32767 的数字代表分钟。
- second　必需。用 0 到 32767 的数字代表秒。

示例：区域 A2:A4 分别是 TIME 函数公式，区域 B2:B4 是计算说明，区域 C2:C4 是计算结果。

公式与步骤：

- 示例一：单元格 C2 内输入公式“=TIME(10,20,45)”。
- 示例二：单元格 C3 内输入公式“=TIME(12,0,0)”。
- 示例三：单元格 C4 内输入公式“=TIME(RANDBETWEEN(0,23),RANDBETWEEN(0,59),RANDBETWEEN(0,59))”，结果如图 2-81 所示。

C2 =TIME(10,20,45)

	A	B	C
1	公式	说明	结果
2	=TIME(10,20,45)	返回时间10:20:45	10:20:45
3	=TIME(12,0,0)	返回指定时间的小数值	0.5
4	=TIME(RANDBETWEEN(0,23),RANDBETWEEN(0,59),RANDBETWEEN(0,59))	返回日期一天中的某一时间	11:54:47

图 2-81　TIME 函数

7．DATEDIF 函数

功能说明：计算两个日期之间间隔的年数、月数或天数。

语法： DATEDIF(start_date,end_date,unit)

参数：

- start_date 必需。某个时间段的起始日期。
- end_date 必需。某个时间段的结束日期。
- unit 必需。要返回的计算类型。参数类型有“Y”“M”“D”“MD”“YM”“YD”。

示例： 计算起始时间和结束时间之间的间隔年份、月份、天数。区域 C2:C4 分别是 DATEDIF 函数公式，区域 D2:D4 是计算说明，区域 E2:E4 是计算结果。

公式与步骤：

- **示例一：** 单元格 E2 内输入公式“=DATEDIF(A2,B2,"Y")”。
- **示例二：** 单元格 E3 内输入公式“=DATEDIF(A3,B3,"M")”。
- **示例三：** 单元格 E4 内输入公式“=DATEDIF(A4,B4,"D")”，结果如图 2-82 所示。

E2 =DATEDIF(A2,B2,"Y")

	A	B	C	D	E
1	开始时间	结束时间	公式	说明	结果
2	2017/6/1	2018/7/10	=DATEDIF(A2,B2,"Y")	计算两个日期之间的间隔年数	1
3	2017/6/1	2018/7/10	=DATEDIF(A3,B3,"M")	计算两个日期之间的间隔月数	13
4	2017/6/1	2018/7/10	=DATEDIF(A4,B4,"D")	计算两个日期之间的间隔天数	404

图 2-82　DATEDIF 函数

提示：

- 参数 unit 为“MD”表示 start_date 与 end_date 之间天数之差。忽略日期中的月份和年份。
- 参数 unit 为“YM”表示 start_date 与 end_date 之间月份之差。忽略日期中的天和年份
- 参数 unit 为“YD”表示 start_date 与 end_date 的日期部分之差。忽略日期中的年份。

以上是对日期计算函数的介绍，并采用示例对函数进行了功能讲解，下面的日期计算函数案例一～案例二是日期计算函数的应用扩展。对于同一个实例采用了多种方法来解决。

8. 日期计算函数案例一

案例说明： 区域 A2:A11 是一组日期数据（范围为 2018/1/1～2018/12/31），需要计算不同日期对应的季度。

公式与步骤：

- **方法一：** 单元格 C2 内输入公式“=IF(MONTH(A2)<=3,1,IF(MONTH(A2)<=6,2,IF(MONTH(A2)<=9,3,4)))”，然后向下拖拽复制公式。
- **方法二：** 单元格 D2 内输入公式“=CEILING(MONTH(A2)/3,1)”，然后向下拖拽复制公式。
- **方法三：** 单元格 E2 内输入公式“=MATCH(MONTH(A2),{1,4,7,10},1)”，然后向下拖

拽复制公式，结果如图 2-83 所示。

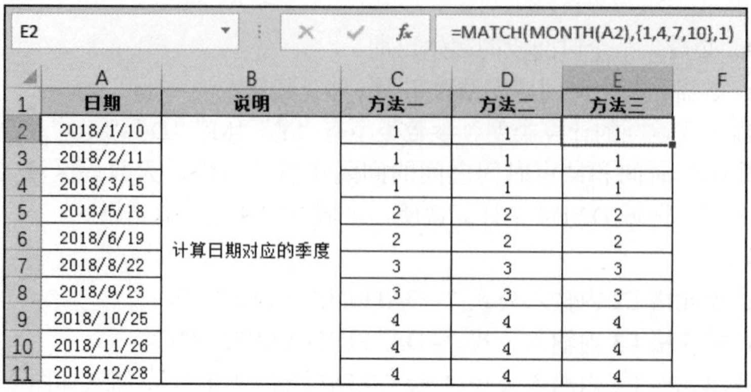

E2 =MATCH(MONTH(A2),{1,4,7,10},1)

	A	B	C	D	E
1	日期	说明	方法一	方法二	方法三
2	2018/1/10	计算日期对应的季度	1	1	1
3	2018/2/11		1	1	1
4	2018/3/15		1	1	1
5	2018/5/18		2	2	2
6	2018/6/19		2	2	2
7	2018/8/22		3	3	3
8	2018/9/23		3	3	3
9	2018/10/25		4	4	4
10	2018/11/26		4	4	4
11	2018/12/28		4	4	4

图 2-83　日期计算函数案例一

9．日期计算函数案例二

案例说明：区域 A2:A21 是一组随机生成的时间数据（范围为 00:00:00～23:59:59），需要统计不同时间段的时间数据个数（例如，[00:00:00～01:00:00)，[1:00:00～2:00:00)区间的时间数据的个数）。

公式与步骤：

1）建立“区间下限”辅助字段，单元格 B2 内输入公式“=HOUR(A2)”，然后向下拖拽复制公式。

2）建立“区间上限”辅助字段，单元格 C2 内输入公式“=B2+1”，然后向下拖拽复制公式。

3）建立“拼接时间段”字段，单元格 D2 内输入公式 “="["&B2&":00:00～"&C2&":00:00)"”，然后向下拖拽复制公式。

4）单元格 G2 内输入公式“=COUNTIFS(D:D,F2)”，然后向下拖拽复制公式，结果如图 2-84 所示。

2.2.6　高效的匹配查找函数

快速查找匹配某个单元格或者区域的数值，可以用 Excel 函数中的匹配查找相关函数，例如，CHOOSE、VLOOKUP、HLOOKUP、LOOKUP、MATCH、INDEX、OFFSET、INDIRECT 等。工作中经常会碰到匹配数据的场景，例如，从大量用户的消费数据中匹配出某几个人的消费数据，此时可以用 VLOOKUP、LOOKUP 或 MATCH 结合 INDEX 函数等方法进行数据匹配。此外，基于某个起点进行位移而获取其他单元格区域的数据可以使用 OFFSET 函数。下面通过实例对常用的匹配查找函数进行举例说明。

1．CHOOSE 函数

功能说明：根据索引号 index_num 返回数值参数列表中的数值。

语法：CHOOSE(index_num,value1,[value2], …)

	A	B	C	D	E	F	G
1	日期	区间下限	区间上限	拼接时间段		时间段	人数
2	0:19:59	0	1	[0:00:00~1:00:00)		[0:00:00~1:00:00)	1
3	4:12:19	4	5	[4:00:00~5:00:00)		[1:00:00~2:00:00)	0
4	8:22:16	8	9	[8:00:00~9:00:00)		[2:00:00~3:00:00)	0
5	9:00:00	9	10	[9:00:00~10:00:00)		[3:00:00~4:00:00)	0
6	9:11:04	9	10	[9:00:00~10:00:00)		[4:00:00~5:00:00)	1
7	9:38:43	9	10	[9:00:00~10:00:00)		[5:00:00~6:00:00)	0
8	9:40:17	9	10	[9:00:00~10:00:00)		[6:00:00~7:00:00)	0
9	11:00:00	11	12	[11:00:00~12:00:00)		[7:00:00~8:00:00)	0
10	11:53:07	11	12	[11:00:00~12:00:00)		[8:00:00~9:00:00)	1
11	11:55:48	11	12	[11:00:00~12:00:00)		[9:00:00~10:00:00)	4
12	12:57:54	12	13	[12:00:00~13:00:00)		[10:00:00~11:00:00)	0
13	13:13:10	13	14	[13:00:00~14:00:00)		[11:00:00~12:00:00)	3
14	15:17:46	15	16	[15:00:00~16:00:00)		[12:00:00~13:00:00)	1
15	16:07:43	16	17	[16:00:00~17:00:00)		[13:00:00~14:00:00)	1
16	16:40:06	16	17	[16:00:00~17:00:00)		[14:00:00~15:00:00)	0
17	16:58:36	16	17	[16:00:00~17:00:00)		[15:00:00~16:00:00)	1
18	17:01:50	17	18	[17:00:00~18:00:00)		[16:00:00~17:00:00)	3
19	18:49:06	18	19	[18:00:00~19:00:00)		[17:00:00~18:00:00)	1
20	22:15:06	22	23	[22:00:00~23:00:00)		[18:00:00~19:00:00)	1
21	23:35:33	23	24	[23:00:00~24:00:00)		[19:00:00~20:00:00)	0
22						[20:00:00~21:00:00)	0
23						[21:00:00~22:00:00)	0
24						[22:00:00~23:00:00)	1
25						[23:00:00~24:00:00)	1

图 2-84 日期计算函数案例二

参数：

- index_num 必需。用于指定所选定的数值参数。index_num 必须是介于 1 到 254 的数字，或是包含 1 到 254 的数字的公式或单元格引用。
- value1,[value2],···,value1 必需，后续值可选。1 到 254 个数值参数，CHOOSE 将根据 index_num 从中选择一个数值或一项要执行的操作。参数可以是数字、单元格引用、定义的名称、公式、函数或文本。

示例：以某班级的学生成绩表为例，数据如表 2-9 所示。字段包括姓名、成绩。数据位于区域 A1:B5，区域 D2:D4 是 CHOOSE 函数相关公式，区域 E2:E4 是计算说明，区域 F2:F4 是计算结果。

表 2-9 学生成绩表

姓名	成绩
jack	65
lily	70
sim	59
miss	64

公式与步骤：

- 示例一：单元格 F2 内输入公式“=CHOOSE(2,A2,A3,A4,A5)”。
- 示例二：单元格 F3 内输入公式“=CHOOSE(3,B2,B3,B4,B5)”。
- 示例三：单元格 F4 内输入公式“=SUM(CHOOSE(2,A2:A5,B2:B5))”，结果如图 2-85 所示。

提示：

- index_num 必须是介于 1 到 254 的数字。

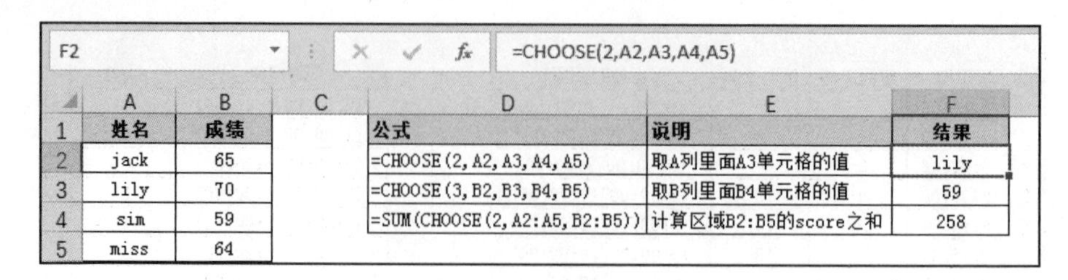

	A	B	C	D	E	F
1	姓名	成绩		公式	说明	结果
2	jack	65		=CHOOSE(2,A2,A3,A4,A5)	取A列里面A3单元格的值	lily
3	lily	70		=CHOOSE(3,B2,B3,B4,B5)	取B列里面B4单元格的值	59
4	sim	59		=SUM(CHOOSE(2,A2:A5,B2:B5))	计算区域B2:B5的score之和	258
5	miss	64				

图 2-85　CHOOSE 函数

- 如果 index_num 是一个数组，则在计算函数 CHOOSE 时，使用数组公式，可以返回对应的每一个值。
- CHOOSE 函数的 value 参数除了单个数值或单个单元格引用之外，也可以为区域引用。如图 2-85 中单元格 F4 里面的公式就是对区域的引用。

2．VLOOKUP 函数

功能说明：将查找值在某个区域中的第一列进行查找，根据列号返回右侧第 col_index_num 列与查找值处于同行的数值。

语法：VLOOKUP(lookup_value,table_array,col_index_num,[range_lookup])

参数：

- lookup_value 必需。要查找的值。
- table_array 必需。要在其中查找值的区域。
- col_index_num 必需。区域中包含返回值的列号。
- range_lookup 可选。精确匹配或近似匹配，精确匹配用 0 或 FALSE 指代，近似匹配用 1 或 TRUE 指代。参数省略时默认为近似匹配。

示例：以某学校的学生信息成绩表为例，数据如表 2-10 所示。字段包括 ID、班级、姓名、性别、语文成绩、数学成绩、英语成绩。要求根据姓名来查找学生的语文、数学、英语成绩。

表 2-10　学生信息成绩表

ID	班级	姓名	性别	语文	数学	英语
1	1	罗静	F	77	6	12
2	1	张三	M	57	87	80
3	1	李明	M	92	70	84
5	1	王二小	M	46	80	39
6	2	李大卫	M	71	96	64
7	2	李霞	F	62	47	67
8	2	张三丰	M	68	79	3

公式与步骤：单元格 E11 内输入公式“=VLOOKUP($D11,$C$1:$G$8,COLUMN(C1),0)”，然后向右向下拖拽复制公式。这里 lookup_value 所在的单元格 D11 要绝对引用列

（$D11）；table_array 选择的范围 C1:G8 也要绝对引用行和列（$C$1:$G$8）；由于查找的学生的语文、数学、英语成绩的位置和数据源一致，因此 col_index_num 可以选择用 COLUMN 函数进行相对引用；range_lookup 参数设置成 0，进行精确匹配，结果如图 2-86 所示。

E11　=VLOOKUP($D11,$C$1:$G$8,COLUMN(C1),0)

	A	B	C	D	E	F	G	H	I
1	ID	班级	姓名	性别	语文	数学	英语		
2	1	1	罗静	F	77	6	12		
3	2	1	张三	M	57	87	80		
4	3	1	李明	M	92	70	84		
5	5	1	王二小	M	46	80	39		
6	6	2	李大卫	M	71	96	64		
7	7	2	李霞	F	62	47	67		
8	8	2	张三丰	M	68	79	3		
9									
10				姓名	语文	数学	英语		
11				张三	57	87	80		
12				李*	92	70	84		

图 2-86　VLOOKUP 函数

提示：

- lookup_value 可以为模糊值，例如，查找姓李的学生的成绩，姓名使用“李*”。
- table_array 的第一列必须是 lookup_value 查找范围的所在列，范围选择方向从左往右。
- VLOOKUP 函数的 column_index_num 必须是大于 0 的整数。
- 如需精确匹配，最后一个参数设置成 0 或 FALSE。
- 当查找的数据在查找范围内有重复的时候，返回查找范围内第一列首次出现的查找值所对应的数值。

3．HLOOKUP 函数

功能说明：将查找值在某个区域中的第一行进行查找，根据行号返回下方第 row_index_num 行与查找值处于同列的数值。

语法：HLOOKUP(lookup_value,table_array,row_index_num,[range_lookup])

参数：

- lookup_value 必需。要查找的值。
- table_array 必需。要在其中查找值的区域。
- row_index_num 必需。区域中包含返回值的行号。
- range_lookup 可选。精确匹配或近似匹配，精确匹配用 0 或 FALSE 指代，近似匹配用 1 或 TRUE 指代。参数省略时默认为近似匹配。

示例：以某企业的员工薪资表为例，数据如表 2-11 所示。字段名称位于第一列，包括工号、姓名、薪资、奖金。要求根据姓名来查找员工的薪资和奖金。

表 2-11　员工薪资表

工号	1001	1002	1003	1004	1005	1006	1007
姓名	张田	李超	马明	王川	刘夏	王新	张元
薪资（元）	8223	6041	7873	7219	9264	7800	9640
奖金（元）	2439	2431	1861	1213	2966	2031	2522

公式与步骤：单元格 G7 内输入公式“=HLOOKUP($F7,$A$2:$H$4,COLUMN(B1),0)”，然后向右向下拖拽复制公式，结果如图 2-87 所示。

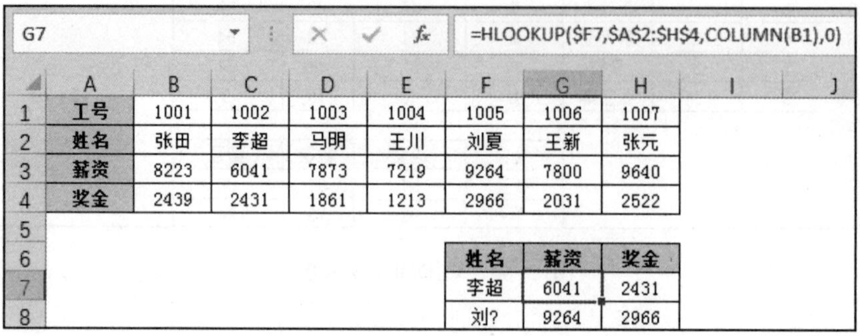

G7　=HLOOKUP($F7,$A$2:$H$4,COLUMN(B1),0)

	A	B	C	D	E	F	G	H
1	工号	1001	1002	1003	1004	1005	1006	1007
2	姓名	张田	李超	马明	王川	刘夏	王新	张元
3	薪资	8223	6041	7873	7219	9264	7800	9640
4	奖金	2439	2431	1861	1213	2966	2031	2522
5								
6						姓名	薪资	奖金
7						李超	6041	2431
8						刘?	9264	2966

图 2-87　HLOOKUP 函数

提示：

- HLOOKUP 与 VLOOKUP 功能非常相似，都是进行匹配查找的函数，且函数参数相同。唯一的区别是 VLOOKUP 函数是在列上面进行查找，而 HLOOKUP 函数是在行上面查找。
- lookup_value 可以为模糊值，例如，查找姓刘且名字长度为 2 的员工对应的薪资和奖金，姓名可以使用“刘?”。
- table_array 的第一行必须是 lookup_value 查找范围的所在行，范围选择方向从上往下。
- HLOOKUP 函数的 row_index_num 必须是大于 0 的整数。
- 如需精确匹配，最后一个参数设置成 0 或 FALSE。
- 当查找的数据在查找范围内有重复的时候，返回查找范围内第一行首次出现的查找值所对应的数值。

4．LOOKUP 函数

功能说明：将查找值在一行或一列进行查找，返回一行或列中的相同位置的数值。LOOKUP 函数可以进行精确匹配和近似匹配。

语法：

- LOOKUP(lookup_value,array)
- LOOKUP(lookup_value,lookup_vector,[result_vector])

参数：

- lookup_value 必需。LOOKUP 在第一个向量中搜索的值。可以是数字、文本、逻辑值、名称或对值的引用。
- lookup_vector 必需。只包含一行或一列的区域。可以是文本、数字或逻辑值。
- result_vector 可选。只包含一行或一列的区域。

（1）精确匹配（查找范围和返回范围一致）

以人物攻击力表为例，数据如表 2-12 所示。字段包括性别、姓名、攻击力。数据位于区域 A1:C7，区域 E2:E3 是查找值，区域 F2:F3 是返回值。

表 2-12　人物攻击力表

性别	姓名	攻击力
F	白骨精	75
F	嫦娥仙子	20
M	沙和尚	80
M	孙悟空	100
M	唐僧	0
M	猪八戒	90

公式与步骤：

1）选中区域 A1:C7，单击“数据|排序和筛选|排序”按钮，在“排序”对话框中勾选“数据包含标题”选项，“主要关键字”栏中筛选“姓名”，“次序”栏中筛选“升序”，然后单击“确定”按钮。

2）单元格 F2 内输入公式“=LOOKUP(E2,$B$2: $B$7)”，然后向下拖拽复制公式，结果如图 2-88 所示。

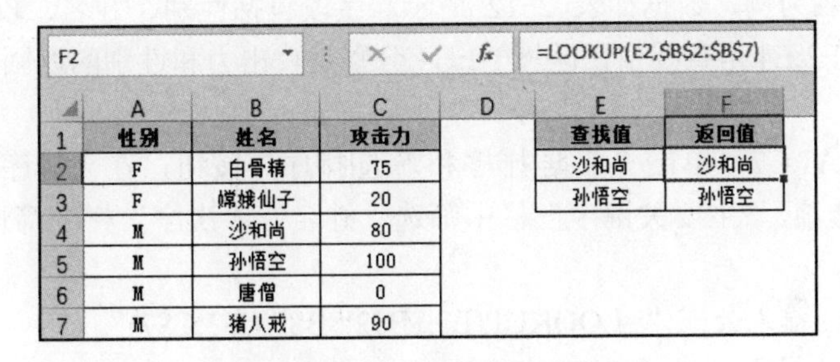

图 2-88　精确匹配（查找范围和返回范围一致）

提示：

- 查找范围 array 数组中的值必须按升序排列：…, −2, −1, 0, 1, 2, …, A～Z, FALSE, TRUE，否则 LOOKUP 可能无法返回正确的值；文本不区分大小写。
- 沙和尚、孙悟空在 B 列中存在，可以返回精确的数值。

（2）近似匹配（查找范围和返回范围一致）

以人物攻击力表为例，数据如表 2-12 所示。字段包括性别、姓名、攻击力。数据位于区域 A1:C7，单元格 E2 是查找值，单元格 F2 是返回值。

公式与步骤：

1）选中区域 A1:C7，单击“数据|排序和筛选|排序”按钮，在“排序”对话框中勾选“数据包含标题”选项，“主要关键字”栏中筛选“姓名”，“次序”栏中筛选“升序”，然后单击“确定”按钮。

2）单元格 F2 内输入公式“=LOOKUP(E2,B2:B7)”，结果如图 2-89 所示。

	A	B	C	D	E	F
1	性别	姓名	攻击力		查找值	返回值
2	F	白骨精	75		女儿国国王	嫦娥仙子
3	F	嫦娥仙子	20			
4	M	沙和尚	80			
5	M	孙悟空	100			
6	M	唐僧	0			
7	M	猪八戒	90			

图 2-89　近似匹配（查找范围和返回范围一致）

提示：

- 查找范围 array 数组中的值必须按升序排列：…，-2，-1，0，1，2，…，A～Z，FALSE，TRUE，否则 LOOKUP 可能无法返回正确的值；文本不区分大小写。
- 女儿国国王在 B 列中不存在，返回小于等于查找值的最大值。这里由于女儿国国王在 B 列里面的按照升序排序的位置在嫦娥仙子的下面（拼音排序法），所以返回嫦娥仙子。

（3）查找范围和返回范围不一致

以人物攻击力表为例，数据如表 2-12 所示。字段包括性别、姓名、攻击力。数据位于区域 A1:C7，区域 E2:E4 是查找值，区域 F2:G4 分别是攻击力和性别的返回值。

公式与步骤：

1）选中区域 A1:C7，单击“数据|排序和筛选|排序”按钮，在“排序”对话框中勾选“数据包含标题”选项，“主要关键字”栏中筛选“姓名”，“次序”栏中筛选“升序”，然后单击“确定”按钮。

2）单元格 F2 内输入公式“=LOOKUP(E2,$B$2:$B$7,C$2:C$7)”。

3）单元格 G2 内输入公式“=LOOKUP(E2,$B$2:$B$7,A$2:A$7)”。

4）同时选中 F2:G2 区域，然后向下拖拽复制公式，结果如图 2-90 所示。

	A	B	C	D	E	F	G
1	性别	姓名	攻击力		姓名	攻击力	性别
2	F	白骨精	75		白骨精	75	F
3	F	嫦娥仙子	20		唐僧	0	M
4	M	沙和尚	80		女儿国国王	20	F
5	M	孙悟空	100				
6	M	唐僧	0				
7	M	猪八戒	90				

图 2-90　LOOKUP 函数（查找范围和返回范围不一致）

提示：

- 查找范围 lookup_vector 向量中的值必须按升序排列：…，-2，-1，0，1，2，…，A～Z，

FALSE, TRUE，否则 LOOKUP 可能无法返回正确的值；文本不区分大小写。

- result_vector 可以省略。只包含一行或一列的区域。result_vector 参数必须与 lookup_vector 参数大小相同。
- 如果 lookup_value 在 lookup_vector 中不存在，返回小于等于查找值的最大值。所以查找女儿国国王对应的数据返回的是嫦娥仙子的攻击力和性别。

5. MATCH 函数

功能说明：在区域内搜索特定的项，然后返回该项在此区域中的相对位置。

语法：MATCH(lookup_value,lookup_array,[match_type])

参数：

- lookup_value 必需。要在 lookup_array 中匹配的值。
- lookup_array 必需。要搜索的单元格区域。
- match_type 可选。数字 -1、0 或 1。参数的默认值为 1。

（1）精确匹配

以某超市的商品信息表为例，数据如表 2-13 所示。字段包括商品名称、价格、数量。数据位于区域 A1:C6。区域 F2:F4 是说明，区域 G2:G4 是计算结果。

表 2-13　商品信息表

商品名称	价格	数量
衣服	99	20
袜子	19	31
毛巾	25	46
大米	68	50
酱油	28	62

公式与步骤：

- 示例一：单元格 G2 内输入公式“=MATCH("毛巾",A1: A6,0)”。
- 示例二：单元格 G3 内输入公式“=MATCH(19, B1:B6,0)”。
- 示例三：单元格 G4 内输入公式“=MATCH(20,C1:C6,0)”，结果如图 2-91 所示。

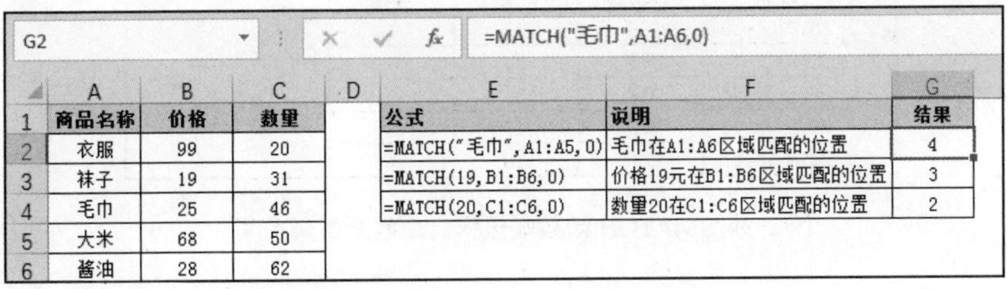

G2　=MATCH("毛巾",A1:A6,0)

	A	B	C	D	E	F	G
1	商品名称	价格	数里		公式	说明	结果
2	衣服	99	20		=MATCH("毛巾",A1:A5,0)	毛巾在A1:A6区域匹配的位置	4
3	袜子	19	31		=MATCH(19,B1:B6,0)	价格19元在B1:B6区域匹配的位置	3
4	毛巾	25	46		=MATCH(20,C1:C6,0)	数里20在C1:C6区域匹配的位置	2
5	大米	68	50				
6	酱油	28	62				

图 2-91　MATCH 函数（精确匹配）

提示：如需精确匹配，参数 match_type 必须为 0。

（2）近似匹配

以某超市的商品信息表为例，数据如表 2-13 所示。字段包括商品名称、价格、数量。数据位于区域 A1:C6。要求查找数量 35 在区域 C1:C6 匹配的位置。

公式：单元格 G2 内输入公式“=MATCH(35,C1:C6,1)”，结果如图 2-92 所示。

提示：

- 如需近似匹配，参数 match_type 的值为 1 或-1。

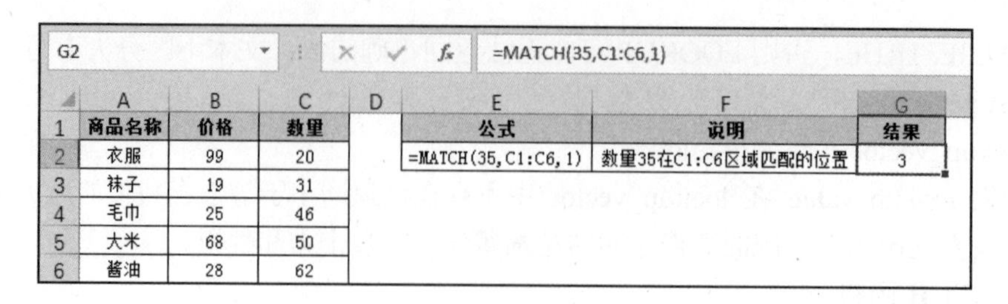

G2 =MATCH(35,C1:C6,1)

	A	B	C	D	E	F	G
1	商品名称	价格	数量		公式	说明	结果
2	衣服	99	20		=MATCH(35,C1:C6,1)	数量35在C1:C6区域匹配的位置	3
3	袜子	19	31				
4	毛巾	25	46				
5	大米	68	50				
6	酱油	28	62				

图 2-92　MATCH 函数（近似匹配）

- match_type 省略或 1，查找小于或等于 lookup_value 的最大值。lookup_array 参数中的值必须以升序排序，例如，…,-2, -1, 0, 1, 2, …, A～Z, FALSE, TRUE。
- match_type 为-1，查找大于或等于 lookup_value 的最小值。lookup_array 参数中的值必须按降序排列，例如，TRUE, FALSE, Z～A, …, 2, 1, 0, -1, -2, …, 等等。

（3）根据日期判断所属季度

以某超市的商品销售表为例，数据如表 2-14 所示。字段包括日期、商品名称、数量。要求根据商品销售日期来判断当前日期所属季度。

表 2-14　商品销售数据表

日期	商品名称	数量
2018-01-10	杯子	33
2018-03-21	茶具	25
2018-05-30	拖鞋	36
2018-08-08	水果	47
2018-10-17	饮料	35

公式与步骤：单元格 D2 内输入公式“=MATCH(MONTH(A2),{1,4,7,10},1)”，然后向下拖拽复制公式，结果如图 2-93 所示。

D2 =MATCH(MONTH(A2),{1,4,7,10},1)

	A	B	C	D	E	F
1	日期	商品名称	数量	季度		
2	2018-01-10	杯子	33	1		
3	2018-03-21	茶具	25	1		
4	2018-05-30	拖鞋	36	2		
5	2018-08-08	水果	47	3		
6	2018-10-17	饮料	35	4		

图 2-93　MATCH 函数（根据日期判断所属季度）

提示：

- 用 MONTH 函数取出日期对应的月份，然后用 MATCH 函数进行近似匹配。这里把日期对应的月份在数组{1,4,7,10}里面进行查找。如果可以匹配，就返回当前月份在数组里面的位置。如果月份在数组里面匹配不到，就返回小于等于当前月份的最大值所属的位置，也就是数组{1,4,7,10}对应的位置。
- 有些月份在数组{1,4,7,10}中并没有出现，需要近似匹配。数组{1,4,7,10}是以升序进行排序的，参数 match_type 设置为 1。

6．INDEX 函数

功能说明：返回表格或区域中的值或值的引用。

语法：INDEX(array,row_num,[column_num])

参数：

- array 必需。单元格区域或数组常量。
- row_num 必需。选择数组中的某行，函数从该行返回数值。
- column_num 可选。选择数组中的某列，函数从该列返回数值。

示例：以某企业的销售业绩表为例，数据如表 2-15 所示。字段包括月份、交单数、业绩。数据位于区域 A1:C7。要求匹配查找区域 A1:A7 中第三个位置对应的数值，区域 A1:C1 中第三个位置对应的数值，区域 A1:C7 中第三行和第三列交叉处的数值。

表 2-15　销售业绩表

月份	交单数	业绩
1 月	145	725
2 月	148	607
3 月	178	890
4 月	189	888
5 月	118	472
6 月	160	768

公式与步骤：

- 示例一：单元格 G2 内输入公式“=INDEX(A1:A7,3)”。
- 示例二：单元格 G3 内输入公式“=INDEX(A1:C1,3)”。
- 示例三：单元格 G4 内输入公式“=INDEX(A1:C7, 3,3)”，结果如图 2-94 所示。

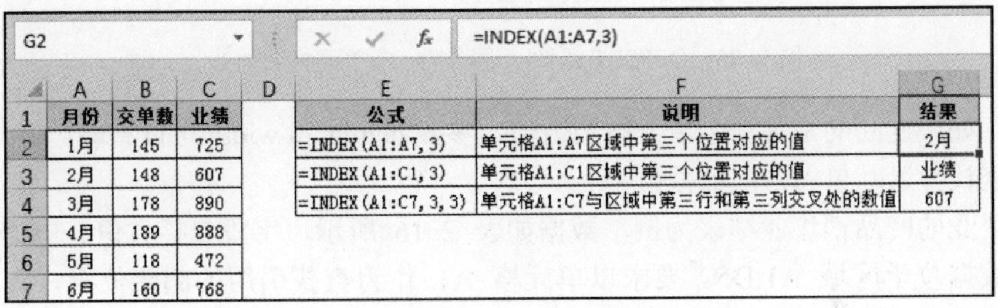

G2　=INDEX(A1:A7,3)

	A	B	C	D	E	F	G
1	月份	交单数	业绩		公式	说明	结果
2	1月	145	725		=INDEX(A1:A7, 3)	单元格A1:A7区域中第三个位置对应的值	2月
3	2月	148	607		=INDEX(A1:C1, 3)	单元格A1:C1区域中第三个位置对应的值	业绩
4	3月	178	890		=INDEX(A1:C7, 3, 3)	单元格A1:C7与区域中第三行和第三列交叉处的数值	607
5	4月	189	888				
6	5月	118	472				
7	6月	160	768				

图 2-94　INDEX 函数

提示：

- 如果 array 参数仅包含一行或一列，参数 row_num 或 column_num 为可选参数。
- 如果 array 参数中包含多行多列，而且仅使用了 row_num 或 column_num 一个参数，函数结果则返回数组中的整行或整列。
- 如果 array 参数中包含多行多列，而且同时使用了 row_num 和 column_num 参数，函数结果则返回某一行和某一列的交叉单元格中的值。

7．OFFSET 函数

功能说明：返回对单元格或单元格区域中指定行数和列数的区域的引用。返回的引用可以是单个单元格或单元格区域。

语法：OFFSET(reference,rows,cols,[height],[width])

参数：

- reference 必需。作为偏移基准的参照。

- rows 必需。需要左上角单元格引用的向上或向下行数。
- cols 必需。需要结果的左上角单元格引用的从左到右的列数。
- height 可选。需要返回的引用的行高。
- width 可选。需要返回的引用的列宽。

（1）查找并返回某一个单元格数值

以某企业的产品销售业绩表为例，数据如表 2-16 所示。字段包括省份、电器、服装、日用品。数据位于区域 A1:D5。要求以单元格 A1 作为引用的起始位置，查找并返回浙江省的服装数值。

表 2-16　产品销售业绩表

省份	电器	服装	日用品
江苏	320111	378784	304092
浙江	200391	141556	127855
上海	248732	375076	360050
安徽	110090	293493	173327

公式与步骤：单元格 G2 内输入公式“=OFFSET (A1,2,2,1,1)”，结果如图 2-95 所示。

G2　=OFFSET(A1,2,2,1,1)

	A	B	C	D	E	F	G
1	省份	电器	服装	日用品		省份	服装
2	江苏	320111	378784	304092		浙江	141556
3	浙江	200391	141556	127855			
4	上海	248732	375076	360050			
5	安徽	110090	293493	173327			

图 2-95　OFFSET 函数（返回某一个单元格数值）

提示：如果返回的是某一个单元格的数值，参数 height 和 width 可以省略。

（2）查找并返回单元格区域数值

以某企业的产品销售业绩表为例，数据如表 2-16 所示。字段包括省份、电器、服装、日用品。数据位于区域 A1:D5。要求以单元格 A1 作为查找引用的起始位置，查找并返回“上海”的电器、服装、日用品数值。

公式与步骤：

1）选中区域 G2:I2，在单元格 G2 内输入公式“=OFFSET(A1,3,1,1,3)”。

2）按〈Ctrl+Shift+Enter〉组合键创建数组公式，结果如图 2-96 所示。

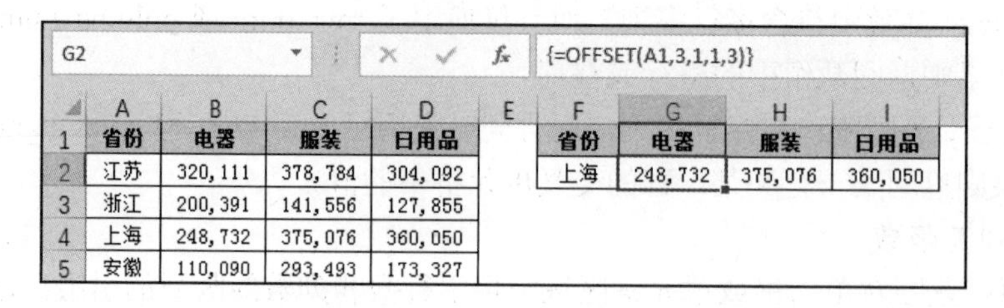

G2　{=OFFSET(A1,3,1,1,3)}

	A	B	C	D	E	F	G	H	I
1	省份	电器	服装	日用品		省份	电器	服装	日用品
2	江苏	320,111	378,784	304,092		上海	248,732	375,076	360,050
3	浙江	200,391	141,556	127,855					
4	上海	248,732	375,076	360,050					
5	安徽	110,090	293,493	173,327					

图 2-96　OFFSET 函数（返回单元格区域数值）

8．INDIRECT 函数

功能说明：返回由文本字符串指定的引用。此函数立即对引用进行计算，并显示其内容。

语法：INDIRECT(ref_text,[a1])

参数：

- ref_text 必需。对单元格的引用，此单元格包含 A1 样式的引用、R1C1 样式的引用、定义为引用的名称或对作为文本字符串的单元格的引用。
- [a1]可选。逻辑值，用于指定在 ref_text 中的引用的类型。参数值为 TRUE 指定的是 A1 样式，参数值为 FALSE 指定 R1C1 引用样式。

（1）查找返回指定单元格数值

以某门店到访用户人数表为例，数据如表 2-17 所示。字段包括门店名称、到访用户数。数据位于区域 A1:B5。要求查找返回单元格 B2、B3 以及 B4 中的引用值。区域 D2:D4 是 INDIRECT 函数公式，区域 E2:E4 是说明，区域 F2:F4 是计算结果。

表 2-17　到访用户人数表

门店名称	到访用户数
三里桥	58
南大街	79
北门	49
中央大道	101

公式与步骤：

- 示例一：单元格 F2 内输入公式“=INDIRECT("B2", TRUE)”。
- 示例二：单元格 F3 内输入公式“=INDIRECT("R3C2",0)”。
- 示例三：单元格 F4 内输入公式“=INDIRECT("B"&ROW(B4),1)”，结果如图 2-97 所示。

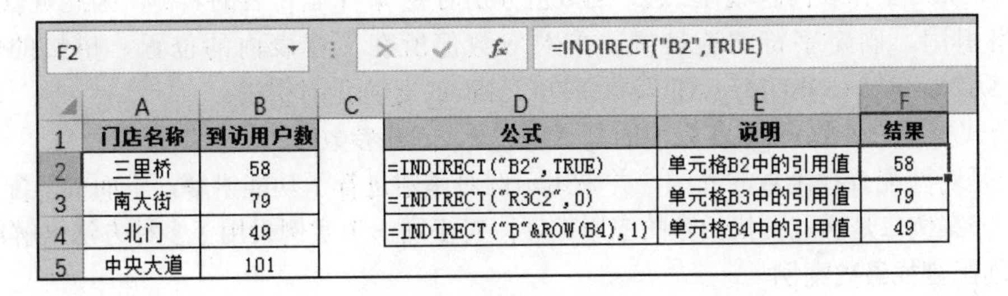

F2　=INDIRECT("B2",TRUE)

	A	B	C	D	E	F
1	门店名称	到访用户数		公式	说明	结果
2	三里桥	58		=INDIRECT("B2", TRUE)	单元格B2中的引用值	58
3	南大街	79		=INDIRECT("R3C2", 0)	单元格B3中的引用值	79
4	北门	49		=INDIRECT("B"&ROW(B4), 1)	单元格B4中的引用值	49
5	中央大道	101				

图 2-97　INDIRECT 函数（返回指定单元格数值）

提示：

- 参数 ref_text 一定是引用样式对应的文本类型。
- 如果参数[a1]为 TRUE，ref_text 采用 A1 样式；如果参数[a1]为 FALSE，ref_text 采用 R1C1 样式。

（2）多个工作表引用合并数据

工作簿中的 5 个工作表，工作表的名称分别为“union”“st_001”“st002”“st_003”“st_004”，每个工作表里区域 A1:A5 分别是姓名、性别、年龄、班级、成绩，区域 B1:B5 分别是各自对应的数值，数据如图 2-98 所示。要求把 4 个工作表的学生信息合并到“union”工作表中。

公式与步骤：单元格 B2 内输入公式“=INDIRECT($A2&"!B"&COLUMN(A1),1)”，然后向下向右拖拽复制公式，结果如图 2-99 所示。

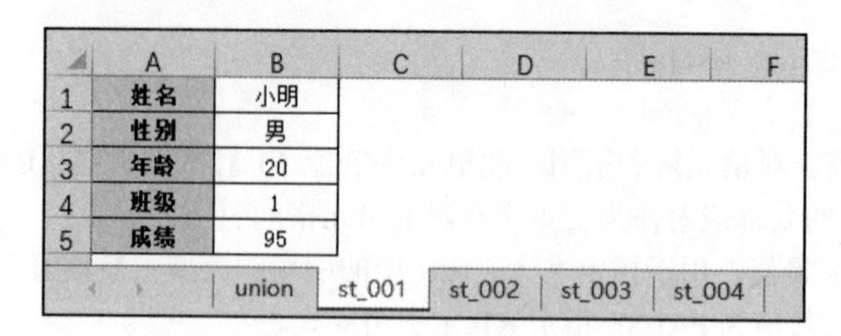

	A	B	C	D	E	F
1	姓名	小明				
2	性别	男				
3	年龄	20				
4	班级	1				
5	成绩	95				

union | st_001 | st_002 | st_003 | st_004

图 2-98 工作表“st_001”中的学生信息

E4 =INDIRECT($A4&"!B"&COLUMN(D3),1)

	A	B	C	D	E	F	G	H
1	学号	姓名	性别	年龄	班级	成绩		
2	st_001	小明	男	20	1	95		
3	st_002	小张	女	21	2	93		
4	st_003	小李	男	19	4	85		
5	st_004	小王	女	22	3	89		

union | st_001 | st_002 | st_003 | st_004

图 2-99 INDIRECT 函数（合并多个工作表数据）

提示：

- “union”工作表内区域 A2:A5 的数值分别对应 4 个工作表的名称，因此可以用单元格引用、固定字符的连接拼凑到对应数值所在工作表内的位置，拼接的位置为“$A2&"!B"&COLUMN(A1)”，此时单元格 A2 是列绝对引用。
- 公式里面的参数 ref_text 采用的是 A1 样式，因此参数[a1]数值为 1。

以上是对匹配查找函数的介绍，并采用示例对函数进行了功能讲解，下面的匹配查找函数案例一～案例二是匹配查找函数的应用扩展，对于同一个实例采用了多种方法来解决。

9．匹配查找函数案例一

案例说明： 以不同区域的城市对照数据为例，数据如表 2-18 所示。数据位于单元格区域 A1:B13，单元格区域 E3:E6 为部分城市，要求根据城市信息匹配城市所属区域。

表 2-18 不同区域的城市对照表

区域	城市	区域	城市	区域	城市
华东	上海	华西	宁夏	华南	海南
华东	江苏	华西	陕西	华北	北京
华东	浙江	华南	广东	华北	天津
华西	甘肃	华南	广西	华北	河北

公式与步骤：

- **方法一：**

1）复制 A 列数据到 C 列作为辅助列。

2）单元格 F3 内输入公式“=VLOOKUP(E3,B:C,2,0)”，然后向下拖拽复制公式。

- **方法二：**单元格 G3 内输入数组公式{“=VLOOKUP(E3,IF({1,0},$B$2:$B$13,$A$2:$A$13), 2,0)”}，然后向下拖拽复制公式。
- **方法三：**单元格 H3 内输入公式“=INDEX($A$1:$B$13,MATCH(E3,$B$1:$B$13,0),1)”，然后向下拖拽复制公式。
- **方法四：**

1）选中单元格区域 A1:C13，单击“数据|排序和筛选|排序”命令，在“排序”对话框中“主要关键字”栏筛选“城市”，“次序”栏筛选“升序”，然后单击“确定”按钮。

2）单元格 I3 内输入公式“=LOOKUP(E3,$B$2:$B$13,$A$2:$A$13)”，然后向下拖拽复制公式。

- **方法五：**

1）选中单元格区域 A1:C13，单击“数据|排序和筛选|排序”命令，在“排序”对话框中“主要关键字”栏筛选“城市”，“次序”栏筛选“升序”，然后单击“确定”按钮。

2）单元格 J3 内输入公式“=LOOKUP(1,1/(E3=$B$2:$B$13),$A$2:$A$13)”，然后向下拖拽复制公式，结果如图 2-100 所示。

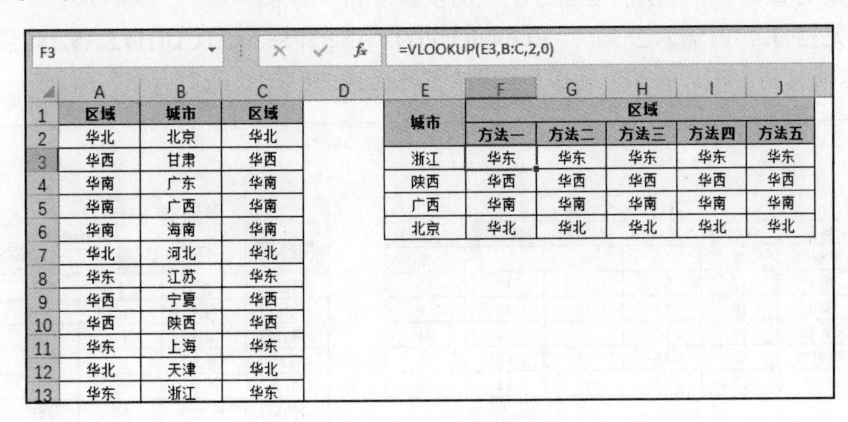

F3　=VLOOKUP(E3,B:C,2,0)

	A	B	C
1	区域	城市	区域
2	华北	北京	华北
3	华西	甘肃	华西
4	华南	广东	华南
5	华南	广西	华南
6	华南	海南	华南
7	华北	河北	华北
8	华东	江苏	华东
9	华西	宁夏	华西
10	华西	陕西	华西
11	华东	上海	华东
12	华北	天津	华北
13	华东	浙江	华东

E	F	G	H	I	J
城市	区域				
	方法一	方法二	方法三	方法四	方法五
浙江	华东	华东	华东	华东	华东
陕西	华西	华西	华西	华西	华西
广西	华南	华南	华南	华南	华南
北京	华北	华北	华北	华北	华北

图 2-100　匹配查找函数案例一

10．匹配查找函数案例二

案例说明：以某超市的商品价格变动表和商品出库价目表为例，当商品价格发生变化时会标注对应日期下的价格，其余日期下商品价格不变。要求根据左侧的商品价格变动表填充右侧商品出库价目表，数据如图 2-101 所示。

公式与步骤：

- **方法一：**

1）选中单元格区域 A2:F8，按组合键〈F5〉或〈Ctrl+G〉组合键，在“定位”对话框中单击“定位条件”按钮，在“定位条件”对话框中选择“空值”，然后单击“确定”按钮，定位所选区域的空值单元格。

2）按顺序单击键盘上的“=”“←”键，然后按下〈Ctrl+Enter〉组合键，填充空值单元格区域。

商品价格变动表					
商品	2月20日	3月16日	4月2日	4月17日	5月3日
矿泉水	3	4			5
橙汁	16		17		19
罐头	15				18
毛巾	22		23	24	
巧克力	55			58	60
牛奶	23	24			26

商品出库价目表			
出库日期	商品	最新单价	
		方法一	方法二
2月25日	矿泉水		
3月16日	橙汁		
3月28日	罐头		
4月2日	罐头		
4月17日	毛巾		
4月25日	巧克力		
5月8日	牛奶		

图 2-101　商品价格变动表和商品出库价目表

3）单元格 J4 内输入公式“=INDEX($A$2:$F$8,MATCH(I4,$A$2:$A$8,0),MATCH(H4,$A$2:$F$2,1))”，然后向下拖拽复制公式。

● 方法二：

1）填充空值单元格方法同上述方法一的步骤 1 和步骤 2。

2）单元格 K4 内输入公式“=VLOOKUP(I4,$A$2:$F$8,MATCH(H4,$A$2:$F$2,1),0)”，然后向下拖拽复制公式。商品最新单价的匹配查找结果如图 2-102 所示。

J4　=INDEX($A$2:$F$8,MATCH(I4,$A$2:$A$8,0),MATCH(H4,$A$2:$F$2,1))

商品价格变动表					
商品	2月20日	3月16日	4月2日	4月17日	5月3日
矿泉水	3	4	4	4	5
橙汁	16	16	17	17	19
罐头	15	15	15	15	18
毛巾	22	22	23	24	24
巧克力	55	55	55	58	60
牛奶	23	24	24	24	26

商品出库价目表			
出库日期	商品	最新单价	
		方法一	方法二
2月25日	矿泉水	3	3
3月16日	橙汁	16	16
3月28日	罐头	15	15
4月2日	罐头	15	15
4月17日	毛巾	24	24
4月25日	巧克力	58	58
5月8日	牛奶	26	26

图 2-102　匹配查找函数案例二

2.3　十分有用的 Excel 数据分析技巧

Excel 除了拥有强大的函数处理功能之外，还可通过数据透视表进行统计分析。一些常用的数据分析功能也可通过 Excel 实现，从而方便用户进行简单的数据分析工作。

数据透视表功能实现的汇总分析相对函数处理更为灵活方便，很容易实现不同维度层面的汇总统计（最大值、最小值、求和、平均值）。“Power Pivot”拥有强大的数据透视表功能，可以轻松实现数据源添加到“数据模型”，然后进行多表的关联计算分析。

简单数据分析包含统计学常用的数据分析方法（例如，描述统计、方差分析、t 检验、F 检验、相关系数与协方差、抽样、回归、移动平均等），方便用户快速进行数据统计分析。

2.3.1　数据透视表实现统计分析

数据透视表是 Excel 中强大的数据分析工具。用户只需要通过简单拖拽就可以完成相对复杂的数据统计分析，相比函数的统计分析功能，数据透视表较为灵活方便。

数据透视表可以从数据源（工作表或数据库等）中获取数据，然后将多行多列的数据转换成有意义的数据表现形式，方便用户从多角度进行数据分析工作。

数据透视表中可以插入公式创建新的计算字段从而实现指标计算，也可以在每个维度层面进行分类汇总，用户可以展开或折叠整个字段，从而可以看到不同维度展示的数据。

基于数据透视表去开发业务报表也是非常轻松的事情，但数据透视表有一个显著的缺点，当数据源更新之后，透视表不会自动更新，但用户可以单击“数据|连接|全部刷新”命令实现数据刷新。

1．数据透视表的创建

数据透视表要求数据的格式是矩形数据库表。数据源的第一行为标题，下面的每一行数据叫作记录（或日志），用来描述数据的信息。数据的每一列是一个字段（包含维度和度量）。

- 维度：用于描述分析的字段。出现在数据透视表的行、列、筛选选项。
- 度量：用于汇总聚合的字段。出现的数据透视表的值选项。

以店铺销售明细表为例，数据如表 2-19 所示。此数据包含 7 个字段（店铺名称、订单号、用户 ID、金额、日期、省份、城市），记录数为 12 行。

表 2-19　店铺销售明细表

店铺名称	订单号	用户 ID	金额	日期	省份	城市
LZ 旗舰店	295354500706522	wsxhm111	1552	2017/1/5	河北省	唐山市
MBL 旗舰店	295545182040632	dyygwg	786	2017/2/2	江苏省	苏州市
NWY 旗舰店	295407961500070	xhz941227	1381	2017/3/2	广东省	深圳市
NWY 旗舰店	293286311175449	bae 胡阿梅	1334	2017/3/30	山东省	济南市
NWY 旗舰店	295544682517010	卢峰 lf	727	2017/4/27	江苏省	苏州市
NWY 旗舰店	293253449233796	zjing_212	476	2017/5/25	上海	上海市
NWY 旗舰店	293073928443608	卢佳 1994	1504	2017/6/22	安徽省	铜陵市
SFL 旗舰店	242642616370863	小孩子 186	600	2017/7/20	浙江省	绍兴市
SFL 旗舰店	252342441370863	qqql	588	2017/8/17	江苏省	苏州市
SFL 旗舰店	263342616345863	xaskk	1333	2017/9/14	江苏省	扬州市
XYBC 旗舰店	293253269239577	啦咯地 k 线	1641	2017/10/12	湖北省	荆门市
XYBC 旗舰店	293073048912749	王千予 99	291	2017/11/9	云南省	曲靖市

（1）数据分析需求

基于此数据集的汇总分析需求如下：

- 汇总不同省份的订单数、订单金额。

- 汇总不同店铺的订单数、订单金额。
- 江苏省不同店铺的订单数、订单金额。
- 不同省份不同城市的订单数、订单金额。

（2）操作步骤

1）选中区域 A1:G13 或数据区域内的任意单元格，然后单击“插入|表格|数据透视表”命令，在“创建数据透视表”对话框中，“选择放置数据透视表的位置”选项可以选择“新工作表”和“现有工作表”。选择默认选项为“新工作表”，数据透视表会生成在一张新建的工作表内，选择“现有工作表”选项，则需要输入存储数据透视表位置。这里选择生成在当前工作表的单元格 I2，如图 2-103 所示。

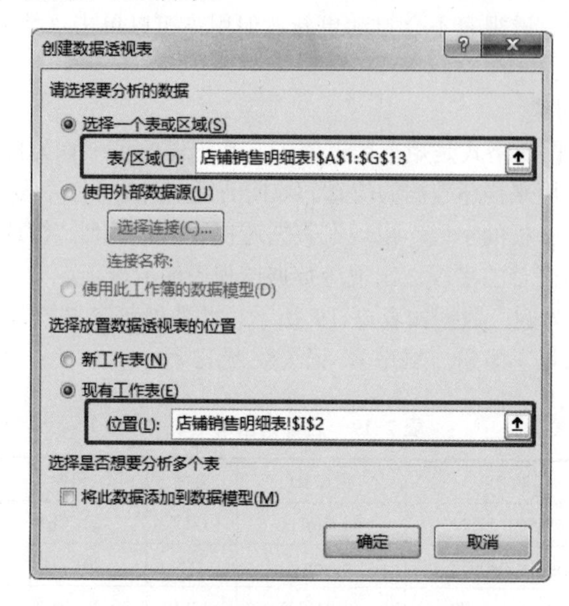

图 2-103 “创建数据透视表”对话框

2）单击“确定”按钮，弹出“数据透视表字段”对话框，该对话框包含整个数据集的所有字段以及四个区域（筛选、行、列、值）。进行汇总分析时，把需要分析的维度拖到行、列、筛选区域，汇总聚合的度量值拖到值区域。

3）将省份字段拖放到行区域，店铺名称（默认计数）、付费金额（默认求和）字段拖到值区域，完成不同省份的订单数、订单金额的汇总分析，如图 2-104 所示。

注意：

- 数据透视表为什么会对店铺名称字段实现计数，而对付费金额字段实现求和呢？因为店铺名称字段类型是字符串，值汇总依据默认计数，而付费金额字段类型是数值，值汇总依据默认求和。原则上任何字段都可以拖到值区域进行数值计数，但需要注意的是该字段一定不要有缺失值。
- 值汇总依据的切换有如下两种方法。

方法一：通过选中数据透视表中对应的需要修改的字段那一列的任意单元格，然后右击选择“值汇总依据”选项，下拉菜单里可以选择需要的值汇总依据，如图 2-105 所示。

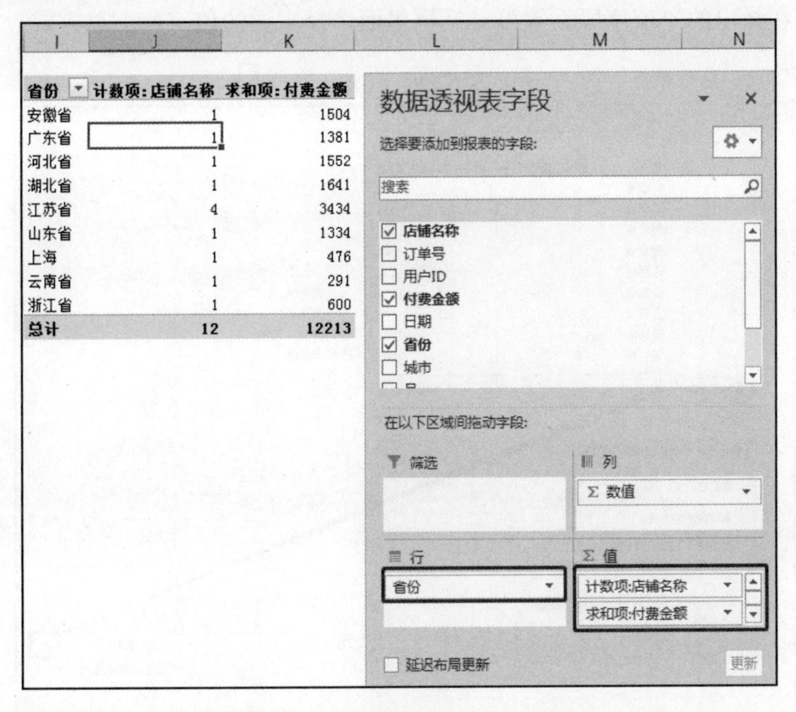

图 2-104 “数据透视表字段”对话框

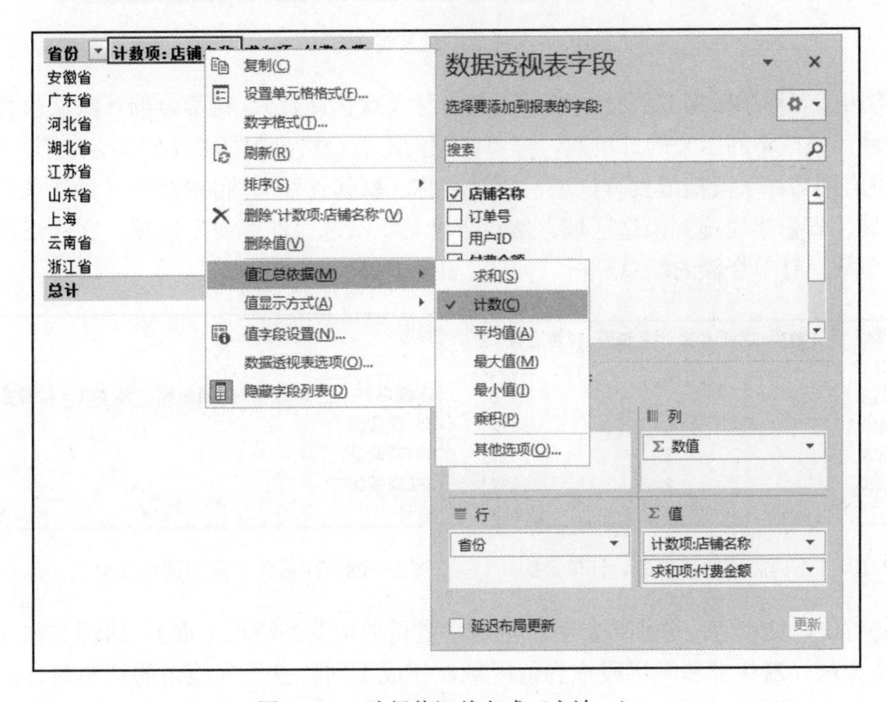

图 2-105 选择值汇总方式（方法一）

方法二：在值区域找到对应的需要修改的字段，单击下拉按钮，选择“值字段设置“选项，然后在弹出的“值字段设置”对话框里面选择需要的值字段汇总方式，如图 2-106 所示。

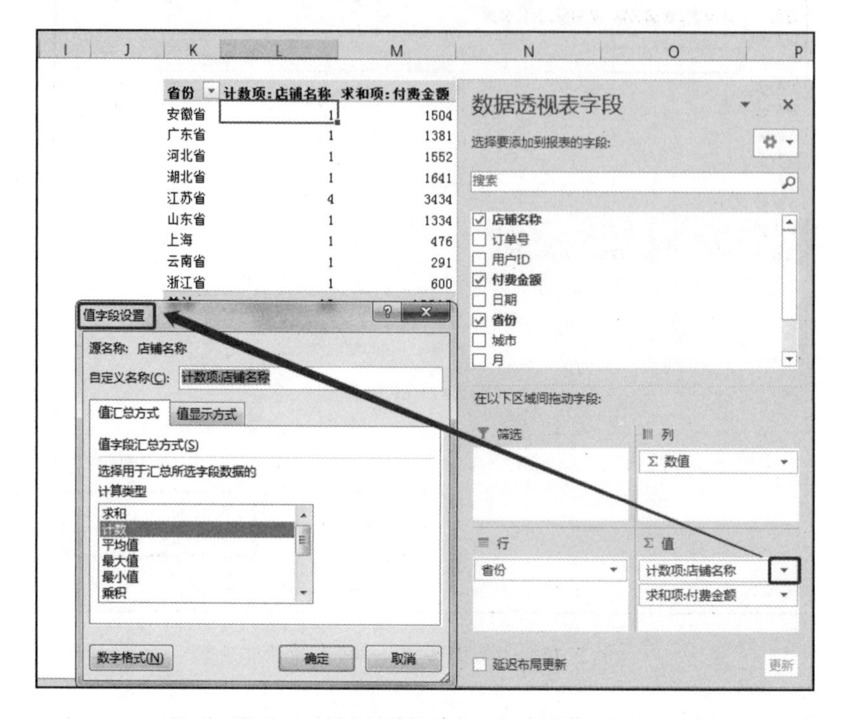

图 2-106 选择值汇总方式（方法二）

4）将店铺名称字段拖放到行区域，店铺名称（默认计数）、付费金额（默认求和）字段拖到值区域，完成不同店铺的订单数、订单金额的汇总分析，如图 2-107 所示。

5）将店铺名称字段拖放到行区域，店铺名称（默认计数）、付费金额（默认求和）字段拖到值区域，省份字段拖到筛选区域，然后下拉菜单筛选“江苏省”选项，完成江苏省不同店铺的订单数、订单金额的汇总分析，如图 2-108 所示。

店铺名称	计数项:店铺名称	求和项:付费金额
LZ旗舰店	1	1552
MBL旗舰店	1	786
NWY旗舰店	5	5422
SFL旗舰店	3	2521
XYBC旗舰店	2	1932
总计	12	12213

图 2-107 不同店铺的订单数、订单金额

省份	江苏省	
店铺名称	计数项:店铺名称	求和项:付费金额
MBL旗舰店	1	786
NWY旗舰店	1	727
SFL旗舰店	2	1921
总计	4	3434

图 2-108 江苏省不同店铺的订单数、订单金额

6）将省份、城市字段分别拖放到行区域（省份的位置在城市上面），店铺名称（默认计数）、付费金额（默认求和）字段拖到值区域，完成不同省份不同城市的订单数、订单金额的汇总分析。然后选中数据透视表任意单元格，右击选择“数据透视表选项”，在“数据透

视表选项”对话框中切换到“显示”选项卡，勾选“经典数据透视表布局（启用网格中的字段拖放）”选项，单击“确定”按钮，实现将省份、城市这两个维度拆到不同的两列中。再选中数据透视表中省份列里任意单元格，右击选择“分类汇总省份”选项，单击去掉“√”选项，省份维度的汇总则被删除，如图 2-109 所示。

省份	城市	计数项:店铺名称	求和项:付费金额
⊟安徽省	铜陵市	1	1504
⊟广东省	深圳市	1	1381
⊟河北省	唐山市	1	1552
⊟湖北省	荆门市	1	1641
⊟江苏省	苏州市	3	2101
	扬州市	1	1333
⊟山东省	济南市	1	1334
⊟上海	上海市	1	476
⊟云南省	曲靖市	1	291
⊟浙江省	绍兴市	1	600
总计		12	12213

图 2-109　不同省份不同城市的订单数、订单金额

注意：

- 在创建数据透视表时，可以通过单击“插入|表格|推荐的数据透视表”命令，快速完成数据透视表的制作。“推荐的数据透视表”对话框会显示一些缩略图，推荐给用户可以选择的数据透视表。店铺销售明细表的“推荐的数据透视表”，如图 2-110 所示。

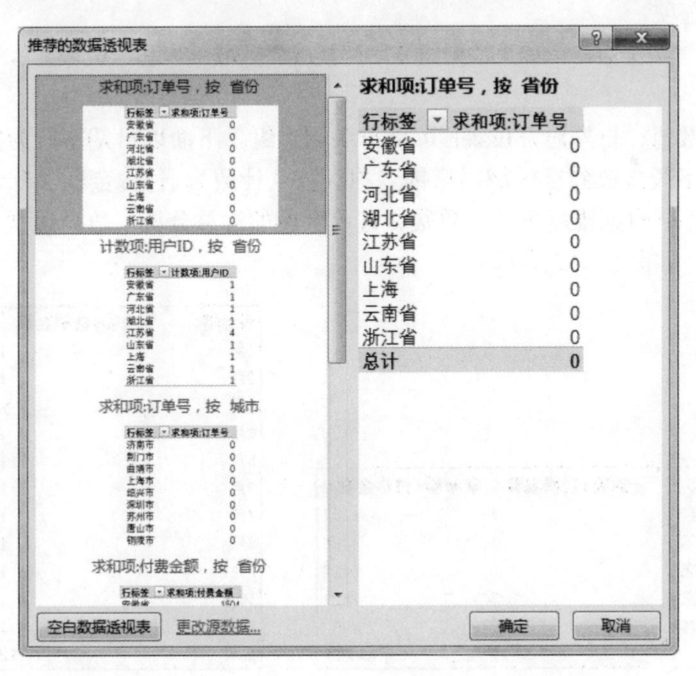

图 2-110　“推荐的数据透视表”对话框

- 当数据源的行记录增加时，希望通过执行“数据|连接|全部刷新”命令实现数据透视表的刷新，有三种方法可以解决这个问题。以店铺销售明细表为例，第一种方法是将需要增加的记录数据放置第二行到最后一行之间。第二种方法是在“创建数据透视表”的对话框里面“选择一个表或区域”下的“表/区域”内范围修改为“$A:$G”，这样就可以保证以后新增的记录数据都在这个范围之内。第三种方法是选择整个数据源区域，然后单击“插入|表格|表格”，将数据源添加到表中。

2．手动分组和自动分组

数据透视表里面有一项功能是“组合”，它可以对“数据透视表字段”对话框里面的行和列字段进行分组。Excel 提供了两种字段组合方式：

- 手动组合：创建数据透视表之后，按〈Ctrl〉键同时选中需要组合的项，然后右击选择“组合”选项。或者通过单击“分析|分组|分组选择”命令来实现。
- 自动组合：如果是日期或者数值字段，可以使用“组合”对话框指定项的组合方式。选中数据透视表中需要组合的字段对应列里任意单元格，然后右击选择“组合”选项。或者通过单击“分析|分组|分组选择”命令来实现。

接下来仍以表 2-19 店铺销售明细表为例进行说明。

手动组合操作步骤如下：

1）创建第一个组，需要按住〈Ctrl〉键，同时选中“LZ 旗舰店”“MBL 旗舰店”“NWY 旗舰店”，右击选择“组合”选项。

2）创建第二个组。按住〈Ctrl〉键，同时选中“SFL 旗舰店”“XYBC 旗舰店”，然后右击选择“组合”选项。

3）将默认的“数据组 1”和“数据组 2”替换成“区域一”和“区域二”，结果如图 2-111 所示。

当字段包含数值、日期时，Excel 可以自动创建组。下面以日期字段为例实现自动创建组。这里将日期字段拖放到行区域，店铺名称（默认计数）、付费金额（默认求和）字段拖到值区域，完成不同日期维度下的订单数、订单金额的汇总分析。数据透视表会自动将日期聚合到月份维度，如图 2-112 所示。

区域	店铺名称	计数项:店铺名称	求和项:付费金额
⊟区域一	LZ旗舰店	1	1552
	MBL旗舰店	1	786
	NWY旗舰店	5	5422
⊟区域二	SFL旗舰店	3	2521
	XYBC旗舰店	2	1932
总计		12	12213

图 2-111　手动分组创建组合

行标签	计数项:店铺名称	求和项:付费金额
1月	1	1552
2月	1	786
3月	2	2715
4月	1	727
5月	1	476
6月	1	1504
7月	1	600
8月	1	588
9月	1	1333
10月	1	1641
11月	1	291
总计	12	12213

图 2-112　自动分组创建月份组合

如需同时显示季度、月维度，选中数据透视表中需要组合的日期字段对应列里任意单元格，然后右击选择“组合”选项，“组合”对话框里同时选择“季度”“月”选项，然后单击“确定”按钮，如图 2-113 所示。

按季度、月维度汇总的订单数、订单金额结果如图 2-114 所示。

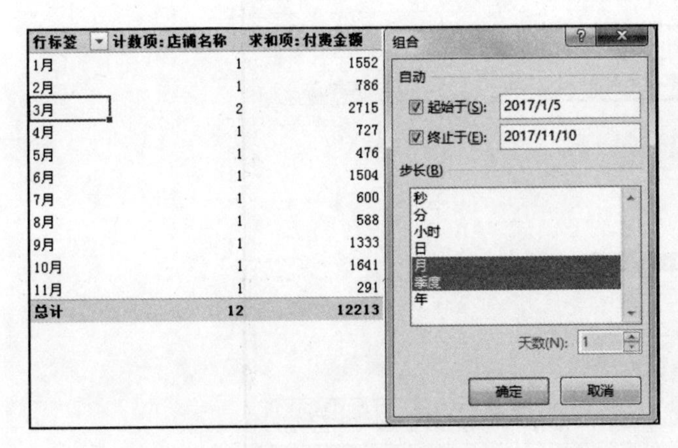

图 2-113　自动分组创建季度、月组合

行标签	计数项:店铺名称	求和项:付费金额
⊟第一季	**4**	**5053**
1月	1	1552
2月	1	786
3月	2	2715
⊟第二季	**3**	**2707**
4月	1	727
5月	1	476
6月	1	1504
⊟第三季	**3**	**2521**
7月	1	600
8月	1	588
9月	1	1333
⊟第四季	**2**	**1932**
10月	1	1641
11月	1	291
总计	**12**	**12213**

图 2-114　季度、月维度的汇总

3．添加计算字段

当创建数据透视表的数据源不允许或不方便修改，但是又需要进行简单公式运算时，这时候就需要利用数据透视表的添加计算字段功能。以某企业的产品销售订单表为例，数据如表 2-20 所示。基于此数据创建数据透视表并汇总各大区的成本、收入之和，并添加计算字段“成本收入比”（成本收入比=收入/成本），小数部分四舍五入保留两位。

添加计算字段的操作步骤如下：

1）选中表格所有数据，单击“插入|表格|数据透视表”命令，在现有工作表的单元格 F2 位置创建数据透视表，然后将大区字段拖放到行区域，成本（默认求和）、收入（默认求和）字段拖放到值区域，如图 2-115 所示。

表 2-20　产品销售订单表

大区	门店 ID	成本	收入
区域 1	MD-1	1890	2329
区域 1	MD-2	1771	2831
区域 2	MD-3	1438	2358
区域 2	MD-4	1596	2644
区域 3	MD-5	1755	2563
区域 3	MD-6	1147	2416
区域 4	MD-7	1775	2593
区域 4	MD-8	1670	2061

行标签	求和项:成本	求和项:收入
区域1	3661	5160
区域2	3034	5002
区域3	2902	4979
区域4	3445	4654
总计	**13042**	**19795**

图 2-115　不同区域的销量汇总

2）选中数据透视表任意区域，然后单击“分析|计算|字段、项目和集”命令，在下拉菜单里面选择“计算字段”，在“插入计算字段”对话框中的“名称”栏输入“成本收入比”，“公式”栏输入“=ROUND(收入/成本,2)”，然后单击“确定”按钮，如图 2-116 所示。

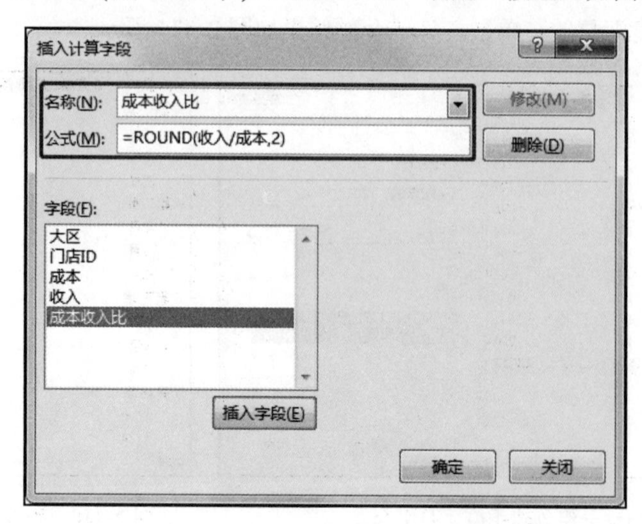

图 2-116 “插入计算字段”对话框

3）基于数据透视表添加的计算字段“成本收入比”的结果如图 2-117 所示。

行标签	求和项:成本	求和项:收入	求和项:成本收入比
区域1	3661	5160	1.41
区域2	3034	5002	1.65
区域3	2902	4979	1.72
区域4	3445	4654	1.35
总计	**13042**	**19795**	**1.52**

图 2-117 添加“成本收入比”计算字段结果

4．切片器筛选数据透视表

创建完数据透视表之后，可以通过插入“切片器”来实现可视化筛选功能。下面以某企业不同大区对应的数据为例，来实现添加切片器筛选功能。

此处仍以表 2-20 所示的产品销售订单表为例进行说明。

切片器筛选数据透视表的操作步骤如下：

1）选中数据透视表任意区域，单击“插入|筛选器|切片器”命令，在“插入切片器”对话框中勾选“大区”选项，然后单击“确认”按钮，如图 2-118 所示。

图 2-118 “插入切片器”对话框

2）创建完成的“大区”切片器选项，右击选择“大小与属性”选项，修改“位置与布局”下的“列数”参数为 4，右击选择“切片器设置”选项，去掉“显示页眉”的勾选项。最后选中切片器，通过按住鼠标左键拖拽方式调整切片器边框大小，结果如图 2-119 所示。

图 2-119　切片器属性设置

3）按住〈Ctrl〉键可以同时选中切片器中多个选项，实现数据透视表的筛选功能。切片器筛选“区域 1”和“区域 2”之后的数据结果如图 2-120 所示。

区域1　区域2　区域3　区域4

行标签	求和项:成本	求和项:收入	求和项:成本收入比
区域1	3661	5160	1.41
区域2	3034	5002	1.65
总计	**6695**	**10162**	**1.52**

图 2-120　使用切片器筛选数据透视表中显示的数据

5. 数据透视图的制作

数据透视图是根据数据透视表中的数据制作的可视化图表。数据透视图和数据透视表之间具有很强的关联性，此外，Excel 里面的所有图形在数据透视图中都可以用来进行绘制。

Excel 提供了多种方法来创建数据透视图，方法如下：

- 选中数据透视表任意区域，然后单击“插入|图表|数据透视图|数据透视图”命令来创建数据透视图。
- 选中数据透视表任意区域，然后单击“分析|工具|数据透视图”命令来创建数据透视图。
- 先单击“插入|图表|数据透视图|数据透视图”命令或单击“插入|图表|数据透视图|数据透视图和数据透视表”命令，然后需要在弹出的“创建数据透视图”对话框或“创建数据透视表”对话框中输入数据源范围，输入放置数据透视图或数据透视表的位置，最后单击“确定”按钮，会同时出现数据透视表和数据透视图的绘制界面。

（1）数据透视图创建示例

以 2017 年的某企业四大区域（华东、华西、华南、华北）销售业绩表的部分数据为例，创建数据透视表和数据透视图。字段包括日期、区域、业绩，数据如图 2-121 所示。

（2）数据透视图创建的操作步骤

1）首先基于此数据创建数据透视表，将月份字段拖放到行区域（日期字段自动按月分组），区域拖放到列区域，业绩拖放到值区域，生成结果如图 2-122 所示。

2）选中数据透视表任意区域，然后单击“插入|图表|二维柱形图|簇状柱形图”命令，生成图 2-123 所示的数据透视图。

	A	B	C
1	日期	区域	业绩
2	2017/1/1	华东	11178
3	2017/1/2	华东	11800
4	2017/1/3	华东	14233
5	2017/1/4	华东	13017
6	2017/1/5	华东	14580
7	2017/1/6	华东	10076
8	2017/1/7	华东	12490
9	2017/1/8	华东	10441
10	2017/1/9	华东	10839
11	2017/1/10	华东	13852
12	2017/1/11	华东	13838
13	2017/1/12	华东	11634
14	2017/1/13	华东	14849
15	2017/1/14	华东	11753

图 2-121　某企业区域销售业绩表

求和项:业绩	列标签				
行标签	华北	华东	华南	华西	总计
⊞1月	390296	399509	386776	402016	1578597
⊞2月	352832	349205	357153	357653	1416843
⊞3月	382054	371153	373572	382958	1509737
⊞4月	362330	369598	364014	386417	1482359
⊞5月	379154	407584	389270	383543	1559551
⊞6月	373249	378405	387082	363979	1502715
⊞7月	398156	382653	379538	383118	1543465
⊞8月	390898	383746	397728	381863	1554235
⊞9月	389609	378638	381200	365110	1514557
⊞10月	397005	399507	370999	380157	1547668
⊞11月	378577	381300	371427	378257	1509561
⊞12月	373980	377041	383834	391135	1525990
总计	4568140	4578339	4542593	4556206	18245278

图 2-122　基于某企业区域销售业绩创建的数据透视表

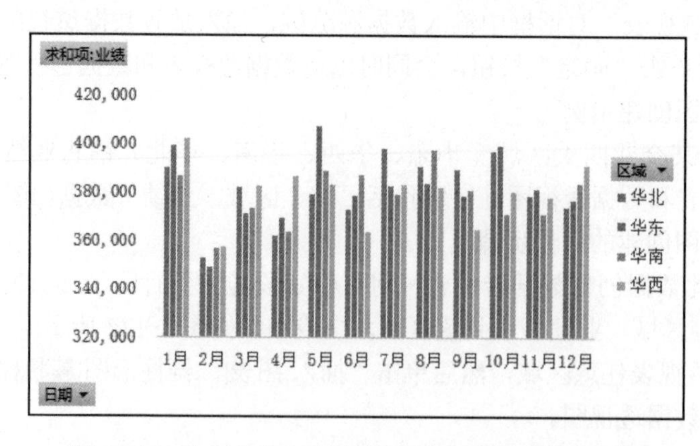

图 2-123　基于某企业区域销售业绩创建的数据透视图

选中数据透视表中需要组合的日期字段对应列里任意单元格，然后右击选择“组合”选项，在“组合”对话框里，选择“季度”选项，然后单击“确定”按钮，此时数据透视表和数据透视图同时发生了变化，展示的都是 2017 年的四大区域在不同季度对应的销售业绩数据，如图 2-124 所示。

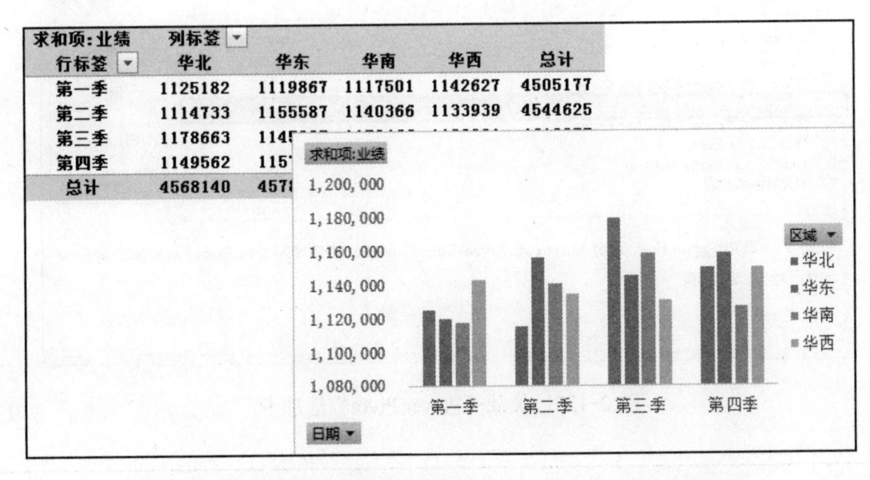

图 2-124　不同季度销售业绩对应的数据透视表和数据透视图

（3）数据透视图需要注意的几点事项

- 数据透视图和数据透视表都可以进行字段筛选。
- 数据透视图和数据透视表互相关联，筛选数据透视图，数据透视表会发生变化，筛选数据透视表，数据透视图也会发生变化。
- 删除基础数据透视表，数据透视图仍然存在。
- 一个数据透视表可以创建多个数据透视图，可以分别操作这些数据透视图。
- 数据透视图可以使用切片器功能。

6. 数据模型的建立

之前讲述的数据透视表都是基于单表创建的，对于多表关联之后创建的数据透视表，可以使用 Excel 里面的增强功能“数据模型”来实现。Excel 2016 版本里集成了 Power Pivot 功能，它是数据透视表功能的增强版，可以实现多表之间的关联，然后在合并后的大表基础上进行数据分析。此外，还包含新建度量值、新建 KPI 指标等功能。

（1）Power Pivot 功能建立数据模型

单击“开发工具|加载项|COM 加载项”命令，在弹出的“COM 加载项”对话框中勾选“Microsoft Power Pivot for Excel”选项，然后单击“确定”按钮，这样就可以调出“Power Pivot”选项卡，如图 2-125 所示。

在某个工作簿里的三张不同工作表中存放有不同的数据，这里三张表分别是 student_info（学生信息表）、student_score（学生成绩表）、student_course（学生课程表）。学生信息表和学生成绩表可以通过字段 stuNo（学号）来关联，学生成绩表和学生课程表可通过字段 CourseID（课程号）来关联。目的是通过三张表的关联分析不同性别、不同科目的平均成绩，性别字段（sex）位于 student_info（学生信息表）中，科目名称字段（CourseName）位于 student_course（学生课程表）中，成绩字段（Score）位于 student_score（学生成绩表）中，数据如图 2-126 所示。

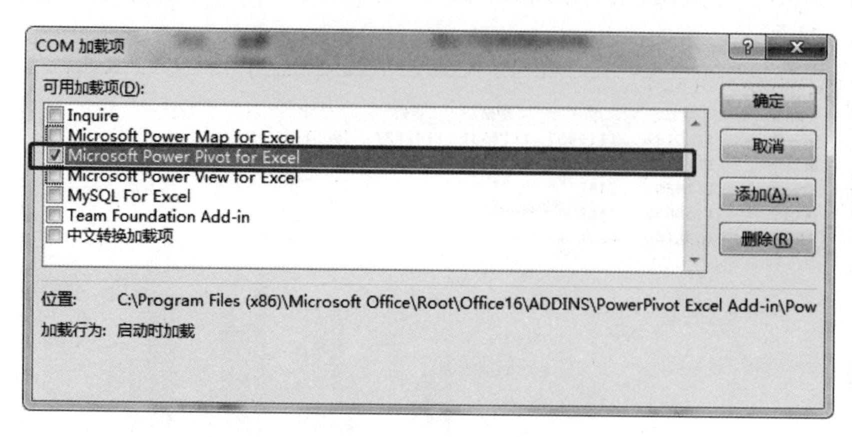

图 2-125　加载“Power Pivot”选项卡

stuSeat	stuName	stuNo	stuAge	stuAddress	sex
1	st_1	160101	22	地址不详	女
2	st_2	160102	20	地址不详	女
3	st_3	160103	22	地址不详	男
4	st_4				
5	st_5				
6	st_6				
7	st_7				
8	st_8				
9	st_9				
10	st_10				

stuNo	CourseID	Score
160101	1	39
160102	1	68
160103	1	77
160104	1	2
160105		
160106		
160107		
160108		
160109		
160110		

CourseID	CourseName	credit	cteacher
1	语文	3	罗静
2	数学	3	张三
3	英语	4	李明
4	化学	1	张伟
5	政治	2	王二小
6	历史	2	李大张
7	哲学	2	李霞
8	经济	4	张三丰
9	金融	4	曾敏
10	物理	3	宋成名

student_info　student_score　student_course

图 2-126　学生信息表、学生成绩表、学生课程表

（2）操作步骤

1）选中第一张工作表里的 student_info（学生信息表），然后单击“Power Pivot|表格|添加到数据模型”，在“创建表”对话框中勾选“我的表具有标题”选项，单击“确定”按钮，这样会把学生信息表的数据加载到“Power Pivot for Excel”对话框。同理，将 student_score（学生成绩表）、student_course（学生课程表）数据加载到“Power Pivot for Excel”对话框，结果如图 2-127 所示。

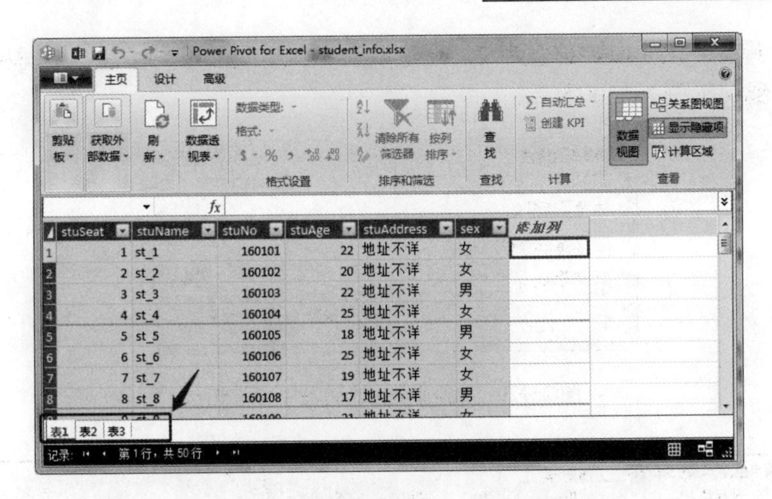

图 2-127 “Power Pivot for Excel”对话框

2）在“Power Pivot for Excel”对话框里单击“主页|查看|关系图视图”命令，然后选中 student_score（学生成绩表）里的 stuNo 字段，右击选择“创建关系”选项，在“创建关系”对话框中“表 1”的列中选择 stuNo 字段，“表 2”的列也选择 stuNo 字段，单击“确定”按钮，这样两个表之间的关系就建立好了，如图 2-128 所示。同理“表 2”的列选择 CourseID 字段，“表 3”的列选择 CourseID 字段，然后建立关系。

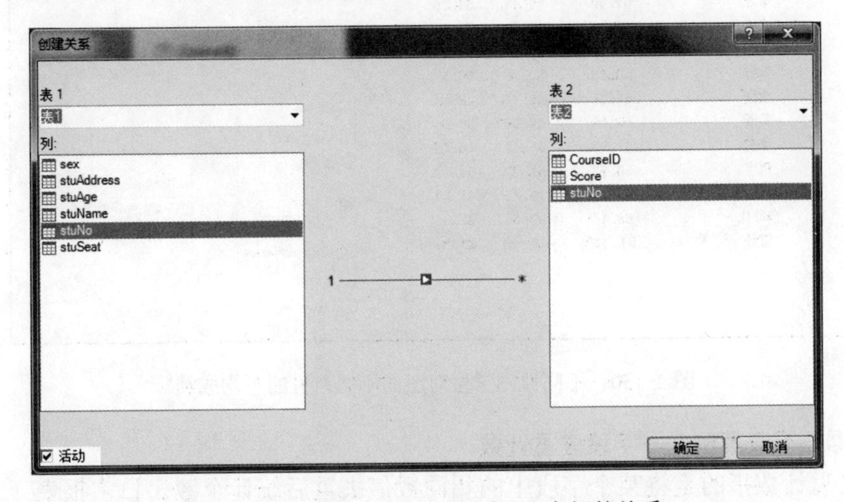

图 2-128　建立“表 1”和“表 2”之间的关系

3）在“Power Pivot for Excel”对话框里单击“主页|数据透视表|数据透视表”命令，在“创建数据透视表”对话框中单击“确定”按钮，会在新工作表中生成一张数据透视表，如图 2-129 所示。

4）在“数据透视表字段”对话框中，将科目名称字段（CourseName）拖到行区域，性别字段（sex）拖到列区域，成绩字段（Score）拖到值区域，然后修改 Score 的值汇总依据为“平均值”，最后选中整个数据透视表，右击选择“设置单元格格式”选项，选择“数字|

数值”选项，调整小数位数的数值为 2。通过以上步骤实现了不同性别、不同科目平均成绩的统计分析，结果如图 2-130 所示。

图 2-129 “创建数据透视表”对话框

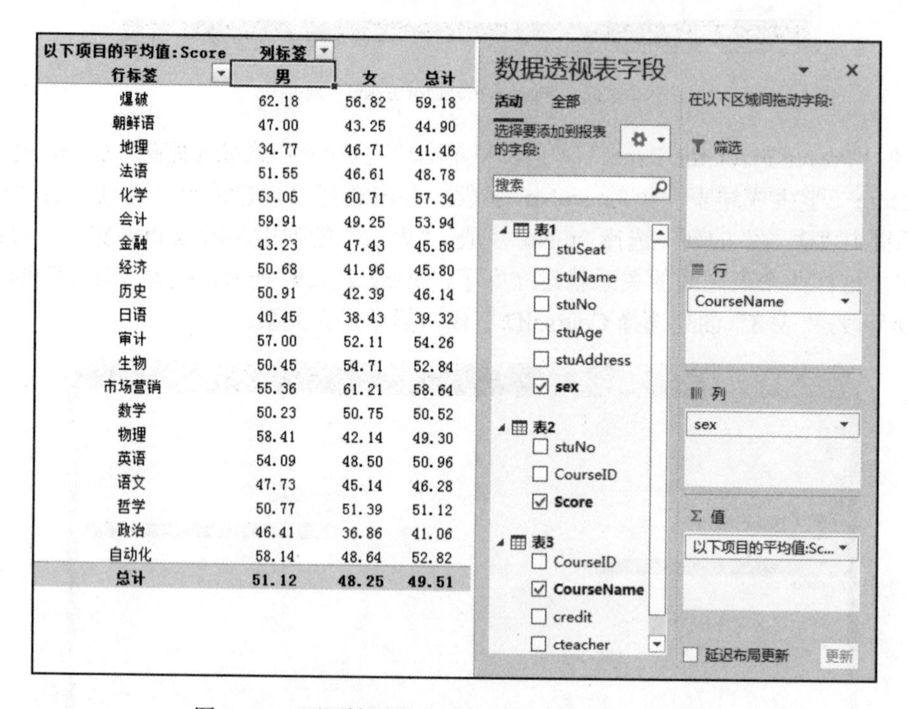

以下项目的平均值:Score	列标签		
行标签	男	女	总计
爆破	62.18	56.82	59.18
朝鲜语	47.00	43.25	44.90
地理	34.77	46.71	41.46
法语	51.55	46.61	48.78
化学	53.05	60.71	57.34
会计	59.91	49.25	53.94
金融	43.23	47.43	45.58
经济	50.68	41.96	45.80
历史	50.91	42.39	46.14
日语	40.45	38.43	39.32
审计	57.00	52.11	54.26
生物	50.45	54.71	52.84
市场营销	55.36	61.21	58.64
数学	50.23	50.75	50.52
物理	58.41	42.14	49.30
英语	54.09	48.50	50.96
语文	47.73	45.14	46.28
哲学	50.77	51.39	51.12
政治	46.41	36.86	41.06
自动化	58.14	48.64	52.82
总计	51.12	48.25	49.51

图 2-130 不同性别学生对应的不同科目的平均成绩

7. 数据透视表案例——字段去重计数

字段去重计数指的是将某个字段中的相同数值去重后统计个数。日常报表（日报、周报、月报等）中都需要实现对客户人数的统计，涉及人数的汇总统计，往往需要在不同维度层面上去除字段中的重复数据再进行计数。例如，每日消费人数指标，需要统计每天不同的消费用户 ID 的数量。每周、每月消费人数指标，需要分别从周、月的维度去统计不同的消费用户 ID 的数量。下面以超市销售明细表的数据为例，进行详细说明。

（1）案例分析

以某超市的销售明细表为例，数据如表 2-21 所示。字段包括日期、用户、商品名称、单价、数量、金额。要求统计超市每日消费人数、消费次数、消费金额。

表 2-21　超市销售明细表

日期	用户	商品名称	单价	数量	金额
2018/3/18	张三	大米	81	4	324
2018/3/18	李四	衣服	51	5	255
2018/3/18	张三	毛巾	67	5	335
2018/3/18	张三	裤子	99	1	99
2018/3/19	李四	鞋子	89	4	356
2018/3/19	王五	苹果	88	4	352
2018/3/20	王五	剃须刀	65	2	130
2018/3/20	王五	洗脸盆	49	3	147
2018/3/21	张三	拖把	90	2	180
2018/3/21	张三	茶杯	37	5	185

对于消费次数和消费金额的统计，可以用之前介绍的 COUNTIFS、SUMIFS 函数进行统计，但消费人数的统计需要去重计数。下面提供三种方法来统计每日消费人数：第一种方法是使用“数据”选项卡下的“删除重复值”命令来实现；第二种方法是使用数据透视表中“值汇总方式”下的“非重复计数”方法来实现；第三种方法是使用“Power Pivot”选项卡下的“新建度量值”的命令来实现。

（2）方法一

复制日期、用户两个字段数据到空白列，然后同时选中这两个字段的数据，单击“数据|数据工具|删除重复值”命令，这样不同日期下的用户仅出现一次。去重后的日期作为 COUNTIFS 函数的条件范围进行日期统计，结果如图 2-131 所示。

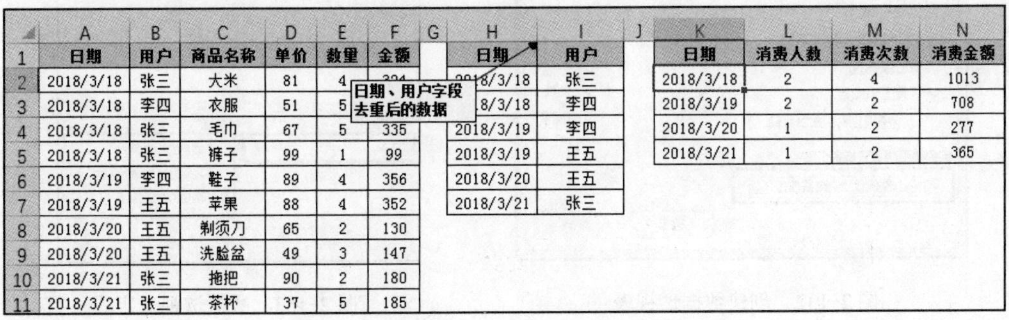

	A	B	C	D	E	F	G	H	I	J	K	L	M	N
1	日期	用户	商品名称	单价	数量	金额		日期	用户		日期	消费人数	消费次数	消费金额
2	2018/3/18	张三	大米	81	4	324		2018/3/18	张三		2018/3/18	2	4	1013
3	2018/3/18	李四	衣服	51	5			2018/3/18	李四		2018/3/19	2	2	708
4	2018/3/18	张三	毛巾	67	5	335		2018/3/19	李四		2018/3/20	1	2	277
5	2018/3/18	张三	裤子	99	1	99		2018/3/19	王五		2018/3/21	1	2	365
6	2018/3/19	李四	鞋子	89	4	356		2018/3/20	王五					
7	2018/3/19	王五	苹果	88	4	352		2018/3/21	张三					
8	2018/3/20	王五	剃须刀	65	2	130								
9	2018/3/20	王五	洗脸盆	49	3	147								
10	2018/3/21	张三	拖把	90	2	180								
11	2018/3/21	张三	茶杯	37	5	185								

日期、用户字段去重后的数据

图 2-131　用户人数统计（方法一）

方法一的公式与步骤如下：

- 统计消费人数的公式。

1）将 A 列和 B 列数据复制到 H 列和 I 列，然后单击“数据|数据工具|删除重复值”命令进行数据去重。

2）单元格 L2 内输入公式“=COUNTIFS(H:H,K2)”。

- 统计消费次数的公式。

单元格 M2 内输入公式“=COUNTIFS(A:A,K2)”。

- 统计消费金额的公式。

单元格 N2 内输入公式“=SUMIFS(F:F,A:A,K2)”。

（3）方法二

数据透视表可以很好地解决不同维度层面的人数去重计数的问题，在插入数据透视表进行汇总分析时，一定要先把数据源加载到数据模型中然后再进行计算。

方法二的操作步骤如下：

1）选择所有数据，单击“插入|表格|数据透视表”命令，在“创建数据透视表”对话框中选择放置数据透视表的位置为“现有工作表”的单元格 I2，并勾选“将此数据添加到数据模型”，然后单击“确定”按钮，如图 2-132 所示。

2）将日期字段拖到行区域，用户、商品名称、金额字段分别拖到数据透视表的值区域进行度量值统计，如图 2-133 所示。

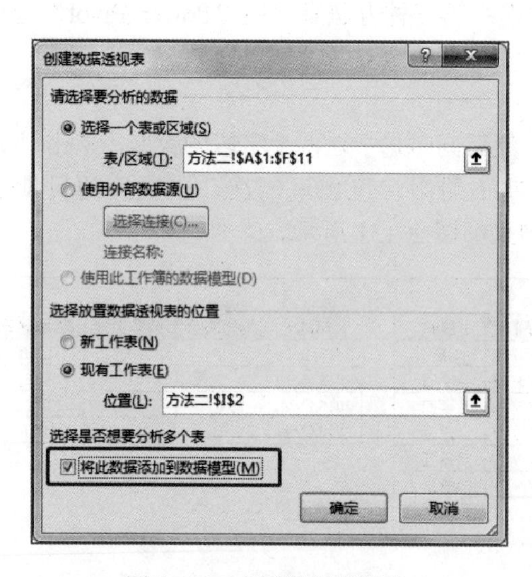

图 2-132　创建数据透视表

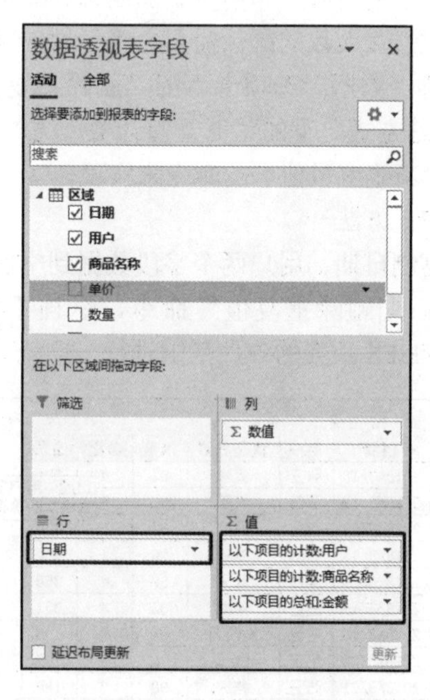

图 2-133　数据透视表字段

3）单击值区域里用户计数的度量值对应的下拉箭头，在“值字段设置”对话框中的“值汇总方式”选项卡里选择“非重复计数”，如图 2-134 所示，统计结果如图 2-135 所示。

从统计结果上看，每日消费人数已经实现了去重计数，消费次数是对商品名称字段出现的行数计数，消费金额是对字段金额的求和，总计的消费人数也同样实现了去重计数。因此，在创建数据透视表的时候勾选“将此数据添加到数据模型”，可以实现字段的去重计数。

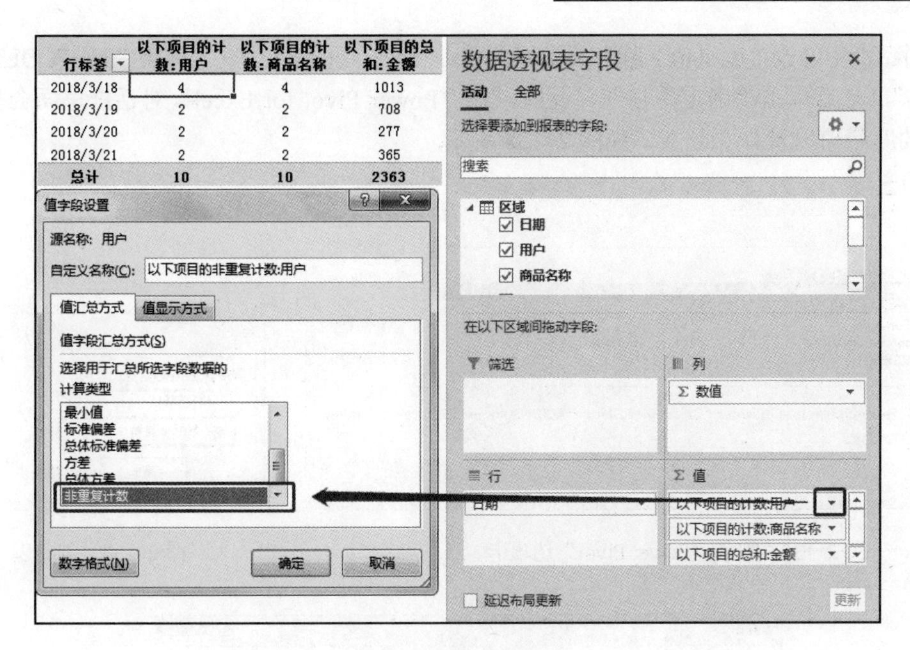

图 2-134　值字段设置

行标签	以下项目的非重复计数:用户	以下项目的计数:商品名称	以下项目的总和:金额
2018/3/18	2	4	1013
2018/3/19	2	2	708
2018/3/20	1	2	277
2018/3/21	1	2	365
总计	**3**	**10**	**2363**

图 2-135　指标统计结果

（4）方法三

使用 Excel 2016 版本里集成的 Power Pivot 功能来实现用户去重分析。使用 Power Pivot 功能，也需要将数据加载到数据模型后进行计算，计算方法参照上面的方法二。下面介绍的是利用 Power Pivot 功能中“新建度量值”方法，使用其内置的 DISTINCTCOUNT 函数来计算消费人数。

方法三的操作步骤如下：

1）在使用这个功能之前，需要先加载出“Power Pivot”选项卡。单击“开发工具|加载项|COM 加载项”，在“COM 加载项”对话框中勾选“Microsoft Power Pivot for Excel”选项，单击“确定”按钮，如图 2-136 所示。这样选项卡里面就会出现 Power Pivot 功能。

2）选择所有数据，单击“Power Pivot|表格|添加到数据模型”命令，在“创建表”对话框中勾选“我的表具有标题”选项，单击“确定”按钮，如图 2-137 所示，然后弹出“Power Pivot for Excel”对话框。

3）切换到 Excel 数据源工作表，单击“Power Pivot|计算|度量值|新建度量值”命令，在“度

量值”对话框中修改“度量值名称”为消费人数，“公式”里输入公式“=DISTINCTCOUNT('表1'[用户])”，然后单击“确定”按钮。此时，在“Power Pivot for Excel”对话框里面会显示刚才编写的度量值以及计算公式，如图 2-138 所示。

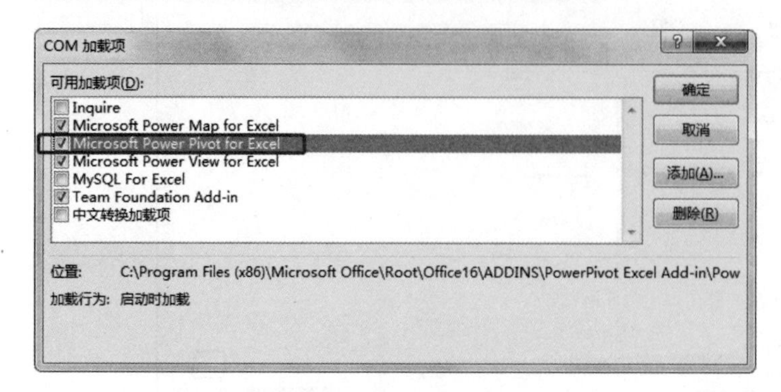

图 2-136　加载“Power Pivot”选项卡

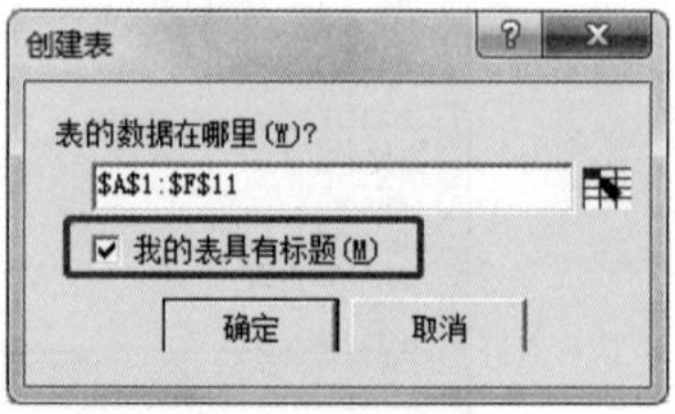

图 2-137　创建表

图 2-138　新建度量值

4）切换到“Power Pivot for Excel”对话框，单击“主页|数据透视表|数据透视表”命令，在“创建数据透视表”对话框中选择“现有工作表”里的单元格 I2 位置，然后单击“确定”按钮，如图 2-139 所示。

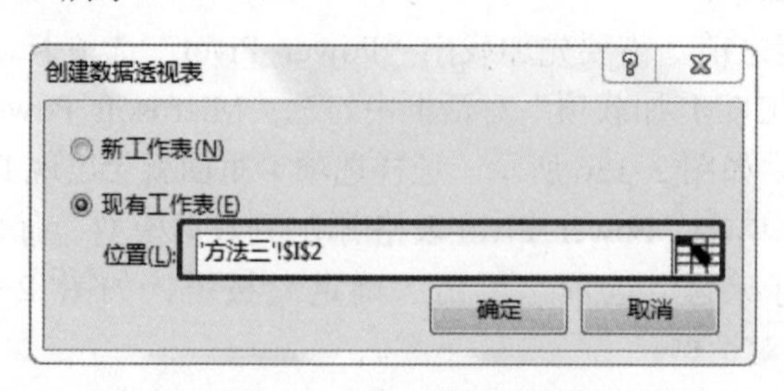

图 2-139　创建数据透视表

5）在“数据透视表字段”对话框中展开“表 1”的所有字段，会出现新建的消费人数字段，然后将日期字段拖到行区域里面，消费人数、商品名称、金额字段分别拖到透视表的值区域里面进行度量值统计。利用 Power Pivot 新建度量值字段的方法，也可以实现消费人数去重计数，如图 2-140 所示。

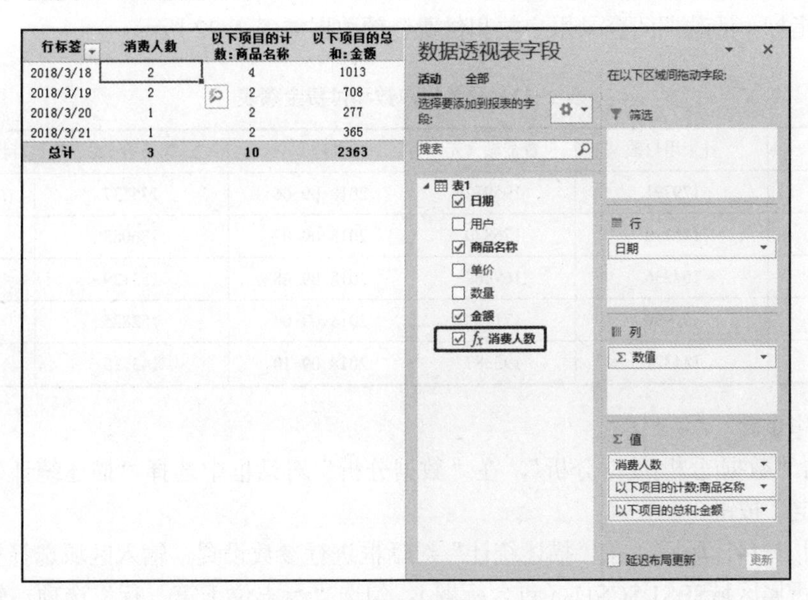

图 2-140　数据透视表字段

由此可见，使用“Power Pivot”选项卡下的“新建度量值”方法可以很好地解决字段去重计数。其实，此种方法的流程步骤可以进行简化，省去使用 DISTINCTCOUNT 函数来“新建度量值”的步骤。在数据加载到数据模型之后，可以直接在“Power Pivot for Excel”对话框中单击“数据透视表”命令，然后在数据源工作表中插入数据透视表来实现对消费人数的去重计数。

2.3.2　描述性统计分析

在对一组数据进行分析之前，需要对数据进行描述性统计分析，以了解不同变量的分布情况，然后再进行深入分析。描述性统计分析要对调查总体所有变量的有关数据进行统计性描述，主要包括数据的频数分析、集中趋势分析、离散程度分析、数据分布以及一些基本的统计图形。

（1）描述性统计分析的作用

- 频数分析。利用频数分析和交叉频数分析可以检验异常值。
- 趋势分析。用来反映数据的一般水平，常用的指标有平均值、中位数和众数等。
- 离散程度分析。用来反映数据之间的差异程度，常用的指标有方差和标准差。
- 数据分布。利用偏度和峰度两个指标来检查样本数据是否符合正态分布。
- 图形绘制。用图形的形式来表达数据，比用文字表达更清晰、更简明。

（2）案例分析

某网站平台的专题运营活动结束后，需要对活动期间的登录用户数和付费金额（单位：元）的平均值、最大最小值等进行统计，作为分析每天登录人数和付费金额的价值以及数据波动的一个衡量的依据。要求得到平均值、标准误差（相对于平均值）、中值、众数、标准偏差等统计指标。活动期间登录用户数和付费金额数据如表 2-22 所示。

表 2-22　登录用户数和付费金额表

日期	登录用户数	付费金额（元）	日期	登录用户数	付费金额（元）
2018-09-01	179791	195972	2018-09-06	175137	176888
2018-09-02	175119	176870	2018-09-07	186083	199109
2018-09-03	154236	169660	2018-09-08	153129	168442
2018-09-04	162980	171129	2018-09-09	152825	168108
2018-09-05	184327	195387	2018-09-10	143715	152338

（3）操作步骤

1）单击“数据|分析|数据分析”，在“数据分析”对话框中选择“描述统计”选项，然后单击“确定”按钮。

2）如图 2-141 所示，在“描述统计”对话框进行参数设置，输入区域选择登录用户数和付费金额所属区域$B$1:$C$11（包含标题），勾选“标志位于第一行”选项，输出区域选择单元格$F$2，勾选“汇总统计”“平均数置信度”“第 K 大值”“第 K 小值”选项。

3）登录用户数和付费金额的描述性统计结果如图 2-142 所示。

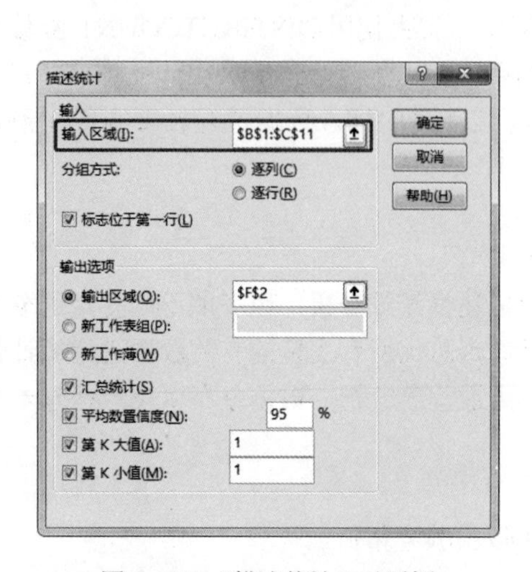

图 2-141 “描述统计”对话框

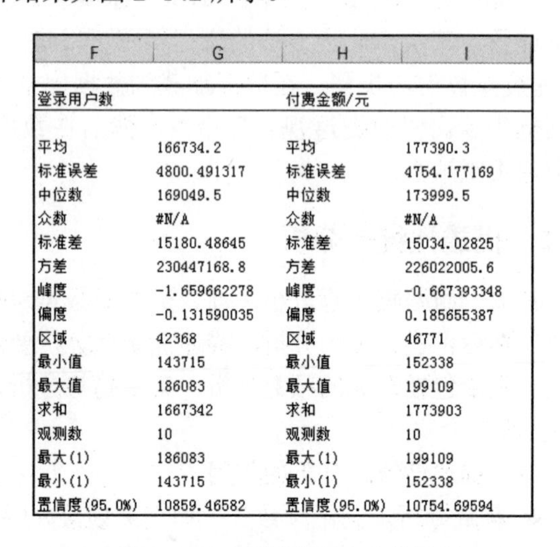

F	G	H	I
登录用户数		付费金额/元	
平均	166734.2	平均	177390.3
标准误差	4800.491317	标准误差	4754.177169
中位数	169049.5	中位数	173999.5
众数	#N/A	众数	#N/A
标准差	15180.48645	标准差	15034.02825
方差	230447168.8	方差	226022005.6
峰度	-1.659662278	峰度	-0.667393348
偏度	-0.131590035	偏度	0.185655387
区域	42368	区域	46771
最小值	143715	最小值	152338
最大值	186083	最大值	199109
求和	1667342	求和	1773903
观测数	10	观测数	10
最大(1)	186083	最大(1)	199109
最小(1)	143715	最小(1)	152338
置信度(95.0%)	10859.46582	置信度(95.0%)	10754.69594

图 2-142 “描述统计”分析结果

（4）描述性统计的指标解释

汇总统计的指标包括平均值、标准误差、中位数、众数、标准差、方差、峰值、偏度、区域、最小值、最大值、求和、观测数、最大 K 值、最小 K 值和置信度等指标。

- 平均值：一组数据之和除以数据的个数。
- 标准误差：标准差除以样本容量的开平方来计算的。
- 中位数：排序后位于中间的数据的值。
- 众数：出现次数最多的值。
- 标准差：各个数据分别与其平均数之差的平方的和的平均数的平方根。标准差是反映一组数据离散程度最常用的一种量化形式，是表示精确度的重要指标。
- 方差：各个数据分别与其平均数之差的平方的和的平均数。
- 峰值：衡量数据分布起伏变化的指标，以正态分布为基准，比其平缓时值为正，反之则为负。
- 偏度：衡量数据峰值偏移的指数，根据峰值在均值左侧或者右侧分别为正值或负值。
- 区域：最大值与最小值的差值。
- 最小值：一组数据中的值最小的数据。
- 最大值：一组数据中的值最大的数据。
- 求和：一组数据中所有数据的和。
- 观测数：一组数据中所有数据的个数。
- 第 K 大（小）值：输出表的某一行中包含每个数据区域中的第 K 个最大（小）值。
- 置信度：总体均值区间估计的置信度。95%指的是总体均值有 95%的可能性在计算出的区间中。

2.3.3　相关系数与协方差

1．协方差

协方差（Covariance）在概率论和统计学中用于衡量两个变量的总体误差。方差是协方差的一种特殊情况，当两个变量相同时则为方差。

协方差表示的是两个变量的总体的误差，这与只表示一个变量误差的方差不同。 如果两个变量的变化趋势一致，也就是说如果其中一个大于自身的期望值，另外一个也大于自身的期望值，那么两个变量之间的协方差就是正值。如果两个变量的变化趋势相反，即其中一个大于自身的期望值，另外一个却小于自身的期望值，那么两个变量之间的协方差就是负值。公式为：

$$Cov(X,Y)=E[(X-E[X])Y-E[Y]]$$

其中：$E(X)$为变量 X 的期望，$E(Y)$为变量 Y 的期望。

协方差 $Cov(X,Y)$是描述随机变量相互关联程度的一个特征数。协方差具有以下特性：

- $Cov(X,Y)>0$ 时，称 X 与 Y 正相关；
- $Cov(X,Y)<0$ 时，称 X 与 Y 负相关；
- $Cov(X,Y)=0$ 时，称 X 与 Y 不相关。

（1）案例分析

以一组学生玩游戏时间与成绩的数据为例，计算两个不同变量之间的协方差，数据如表 2-23 所示。

表 2-23　学生玩游戏时间与成绩表

游戏时间/分钟	学生成绩	游戏时间/分钟	学生成绩
15	90	90	68
30	85	105	73
45	87	120	73
60	70	135	62
75	72	150	58

（2）操作步骤

1）单击“数据|分析|数据分析”命令，在“数据分析”对话框中选择“协方差”选项，然后单击“确定”按钮。

2）在“协方差”对话框进行参数设置，“输入区域”选择$A$1:$B$11（包含标题），“分组方式”默认“逐列”选项，勾选“标志位于第一行”选项，“输出区域”选择单元格$D$2，然后单击“确定”按钮，如图 2-143 所示。

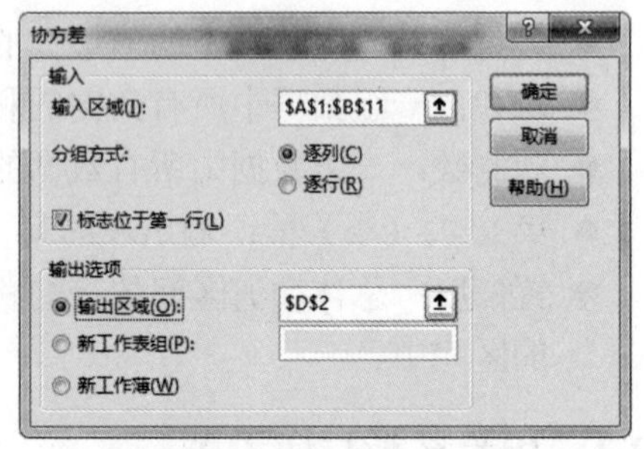

图 2-143　“协方差”对话框

3）学生玩游戏时间与成绩的协方差统计结果如图 2-144 所示。两者之间的协方差结果为-385.5。由此可见，学生玩游戏时间与成绩是呈现负相关的，玩游戏时间较长，学生成绩相对较差。

	A	B	C	D	E	F
1	游戏时间/分钟	学生成绩				
2	15	90			游戏时间/分钟	学生成绩
3	30	85		游戏时间/分钟	1856.25	
4	45	87		学生成绩	-385.5	100.36
5	60	70				
6	75	72				
7	90	68				
8	105	73				
9	120	73				
10	135	62				
11	150	58				

图 2-144　协方差计算结果

但协方差仅能进行定性的分析，并不能进行定量的分析。例如，学生玩游戏时间和成绩的协方差为-385.5，但两者之间的相关性的强度是多少，协方差并没有给出定量的判断标准，因此需要计算两者之间的相关系数来判断。

2．相关系数

相关系数又称线性相关系数、皮氏积矩相关系数等，是衡量两个随机变量之间线性相关程度的指标。相关系数最早是由统计学家卡尔·皮尔逊设计的统计指标，是研究变量之间线性相关程度的量，一般用字母 r 表示。根据研究对象的不同，相关系数有多种定义方式，较为常用的是皮尔逊相关系数。反映两变量间线性相关关系的统计指标称为相关系数（相关系数的平方称为判定系数）；反映两变量间曲线相关关系的统计指标称为非线性相关系数、非线性判定系数；反映多元线性相关关系的统计指标称为复相关系数、复判定系数等。需要说明的是，皮尔逊相关系数并不是唯一的相关系数，但它是最常见的相关系数，下面主要探讨简单相关系数。

皮尔逊相关系数的公式为：

$$r(X,Y)=\frac{Cov(X,Y)}{\sqrt{Var(X)Var(Y)}}=\frac{Cov(X,Y)}{\sigma_x\sigma_y}$$

其中，$Cov(X,Y)$为 X 与 Y 的协方差，$Var(X)$为 X 的方差，$Var(Y)$为 Y 的方差。

（1）案例分析

以一组学生玩游戏时间与成绩的数据为例，数据如表 2-23 所示，计算两个不同变量之间的相关系数。

（2）操作步骤

1）单击“数据|分析|数据分析”命令，在“数据分析”对话框中选择“相关系数”选项，然后单击“确定”按钮。

2）在“相关系数”对话框进行参数设置，“输入区域”选择$A$1:$B$11（包含标题），“分组方式”默认为“逐列”选项，勾选“标志位于第一行”选项，“输出区域”选择单元格$D$2，然后单击“确定”按钮，如图 2-145 所示。

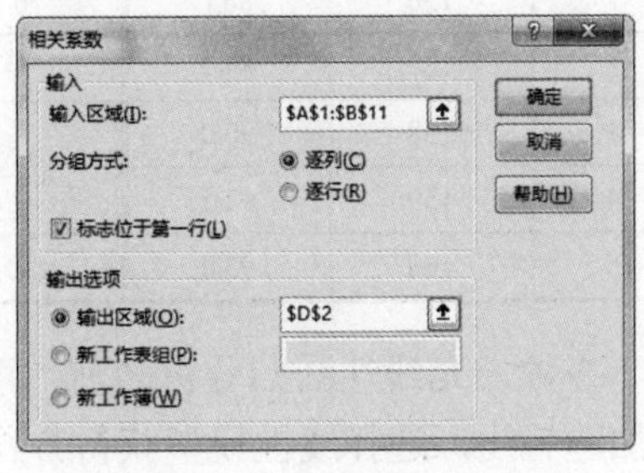

图 2-145 “相关系数”对话框

3）学生玩游戏时间与成绩的相关系数统计结果如图 2-146 所示。两者之间的相关系数为-0.89。由此可见，学生玩游戏时间与成绩是呈现负相关的，且两者线性相关性较强。

	A	B	C	D	E	F
1	游戏时间/分钟	学生成绩				
2	15	90			游戏时间/分钟	学生成绩
3	30	85		游戏时间/分钟	1	
4	45	87		学生成绩	-0.893152921	1
5	60	70				
6	75	72				
7	90	68				
8	105	73				
9	120	73				
10	135	62				
11	150	58				

图 2-146　相关系数计算结果

2.3.4 线性回归模型预测

回归分析是确定两种或两种以上变量间相互依赖的定量关系的一种统计分析方法，回归分析有很多种类：根据变量的个数分为一元回归和多元回归分析；根据因变量的个数分为简单回归分析和多重回归分析；根据自变量和因变量之间的关系类型分为线性回归分析和非线性回归分析。

涉及变量之间的线性关系描述，趋势预测等分析，很多人会想到用专业的分析软件（R、Python、SAS 等）来做分析。这些统计分析工具虽然很专业，但 Excel 也可以帮助用户快速解决这个分析任务。下面简单介绍 Excel 中一元线性回归模型的处理方法。

（1）案例分析

回归分析中只包含一个自变量和一个因变量，而且二者关系可以用一条直线近似表示，这种回归分析称为一元线性回归分析。

以女性的身高（height）和体重（weight）数据为例，建立一元回归模型方程，探索身高与体重的关系，数据如表 2-24 所示。

表 2-24 女性身高体重

id	height	weight	id	height	weight	id	height	weight
1	156	86.1	6	161	95.0	11	166	102.2
2	157	89.7	7	162	95.3	12	167	103.1
3	158	90.0	8	163	98.0	13	168	106.2
4	159	92.5	9	164	99.0	14	169	107.7
5	160	93.0	10	165	101.6	15	170	108.0

在做一元线性回归分析之前，可以先绘制二维散点图来观测两个变量之间的关系，然后添加趋势线，选择线性模型获得方程以及 R 平方值。

（2）操作步骤

1）选中区域 B1:C16 范围内的身高体重数据（包含标题），然后单击“插入|图表|散点图”命令，如图 2-147 所示。

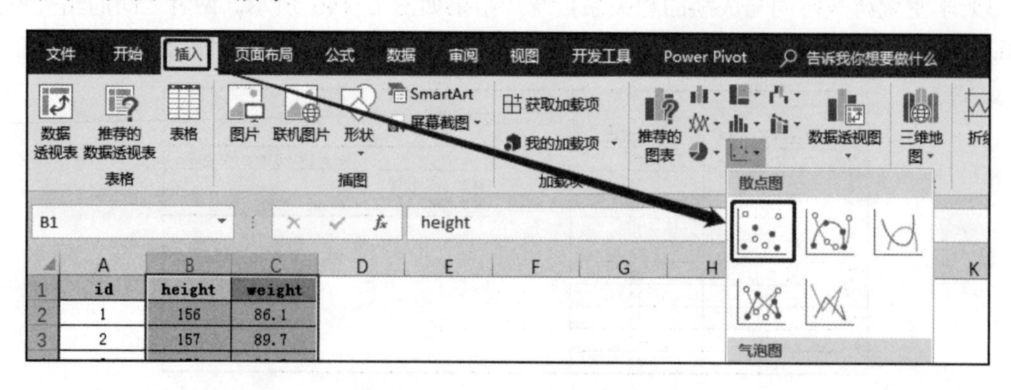

图 2-147 单击“散点图”按钮

2）修改散点图的 Y 轴最小值为 80，X 轴最小值为 154，修改散点图标题为“女性身高与体重回归分析”。左击选中散点图，单击“设计|添加图表元素|坐标轴标题|更多轴标题选项”命令，然后修改横轴坐标轴标题为“身高”，纵轴坐标轴标题为“体重”，结果如图 2-148 所示。

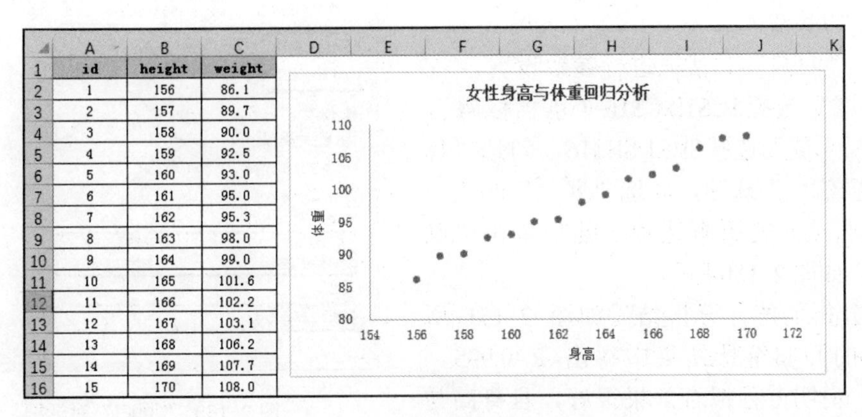

id	height	weight
1	156	86.1
2	157	89.7
3	158	90.0
4	159	92.5
5	160	93.0
6	161	95.0
7	162	95.3
8	163	98.0
9	164	99.0
10	165	101.6
11	166	102.2
12	167	103.1
13	168	106.2
14	169	107.7
15	170	108.0

图 2-148　修改散点图坐标轴

3）单击散点图中任意数据点，即选中所有数据点，然后右击选择“添加趋势线”，在“设置趋势线格式”对话框中，将趋势线选项设为“线性”。另外，勾选“显示公式”和“显示 R 平方值”这两个选项。

如图 2-149 所示，身高和体重的一元线性方程为：y=1.5329x-152.03，即体重为 1.5329*身高-152.03。这里判定系数 R^2=0.99，说明方程的拟合程度比较好，拟合直线能解释 99%的 Y 变量的波动。

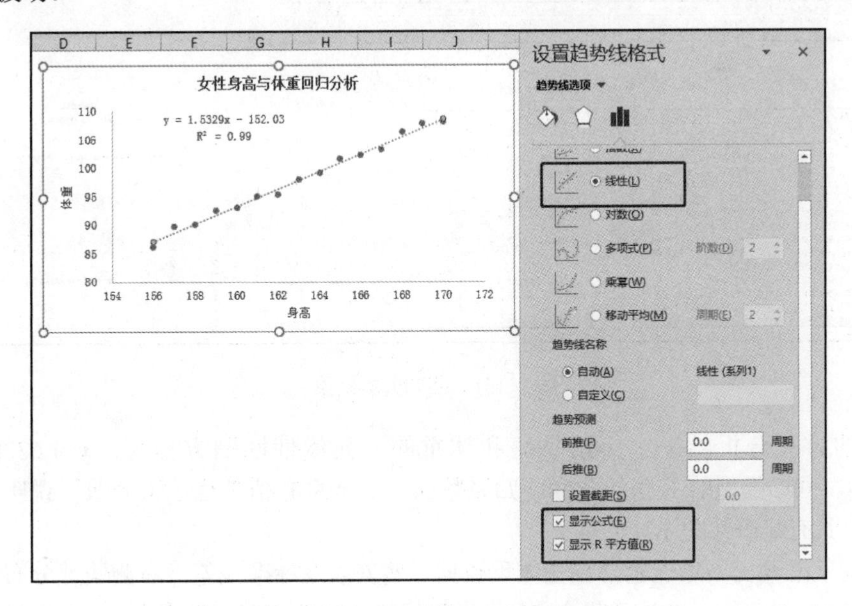

图 2-149　添加趋势线并设置参数

为了进一步使用更多的指标来描述这个模型，使用“数据分析”功能内的“回归”方法进行详细的统计分析，操作步骤如下：

1）单击“数据|分析|数据分析”命令，在“数据分析”对话框中选择“回归”选项，然后单击“确定”按钮。

2）在“回归”对话框进行参数设置，“Y值输入区域”选择$C$1:$C$16（包含标题），“X 值输入区域”选择$B$1:$B$16，勾选“标志”和“置信度”选项，勾选“残差”和“正态分布”选项区的所有选项，然后单击“确定”按钮，如图 2-150 所示。

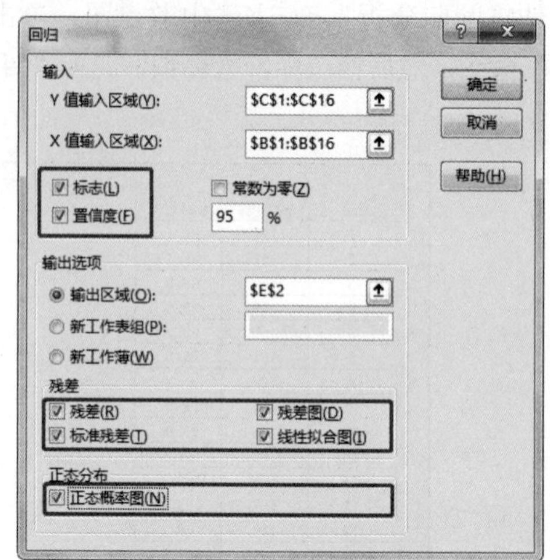

图 2-150 “回归”对话框

回归分析的统计分析结果如图 2-151 所示。表一的回归统计结果中得出 R=0.995，R^2=0.990，说明方程拟合效果很好，且身高与体重呈现正相关。

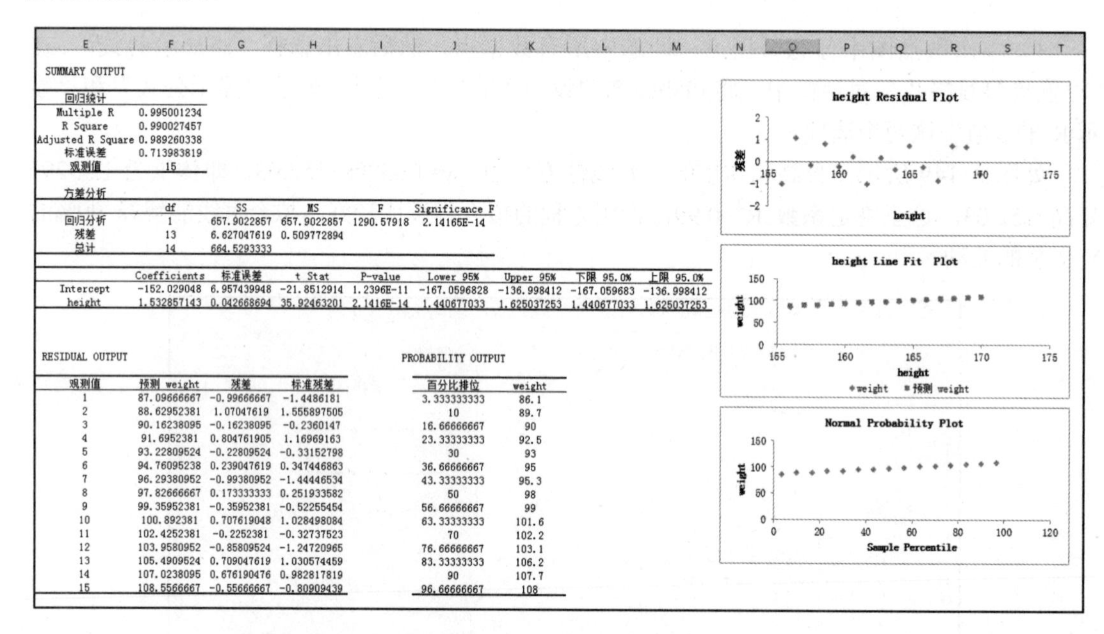

SUMMARY OUTPUT

回归统计	
Multiple R	0.995001234
R Square	0.990027457
Adjusted R Square	0.989260338
标准误差	0.713983819
观测值	15

方差分析

	df	SS	MS	F	Significance F
回归分析	1	657.9022857	657.9022857	1290.57918	2.14165E-14
残差	13	6.627047619	0.509772894		
总计	14	664.5293333			

	Coefficients	标准误差	t Stat	P-value	Lower 95%	Upper 95%	下限 95.0%	上限 95.0%
Intercept	-152.029048	6.957439948	-21.8512914	1.2396E-11	-167.0596828	-136.998412	-167.059683	-136.998412
height	1.532857143	0.042668694	35.92463201	2.1416E-14	1.440677033	1.625037253	1.440677033	1.625037253

RESIDUAL OUTPUT

观测值	预测 weight	残差	标准残差
1	87.09666667	-0.99666667	-1.4486181
2	88.62952381	1.07047619	1.555897505
3	90.16238095	-0.16238095	-0.2360147
4	91.6952381	0.804761905	1.16969163
5	93.22809524	-0.22809524	-0.33152798
6	94.76095238	0.239047619	0.347446863
7	96.29380952	-0.99380952	-1.44446534
8	97.82666667	0.173333333	0.251933582
9	99.35952381	-0.35952381	-0.52255454
10	100.892381	0.707619048	1.028498084
11	102.4252381	-0.2252381	-0.32737523
12	103.9580952	-0.85809524	-1.24720965
13	105.4909524	0.709047619	1.030574459
14	107.0238095	0.676190476	0.982817819
15	108.5566667	-0.55666667	-0.80909439

PROBABILITY OUTPUT

百分比排位	weight
3.333333333	86.1
10	89.7
16.66666667	90
23.33333333	92.5
30	93
36.66666667	95
43.33333333	95.3
50	98
56.66666667	99
63.33333333	101.6
70	102.2
76.66666667	103.1
83.33333333	106.2
90	107.7
96.66666667	108

图 2-151 回归分析结果

表二的方差分析结果中得出身高和体重的一元线性回归方程为：y=1.532857143x-152.029048。回归模型的 F 值检验和回归系数的 t 检验的 P 值都远小于 0.01，说明方程模型拟合很好且具有显著性关系。

表三的残差输出结果表包含预测体重数据、残差以及标准残差，右侧残差分布图是以身高变量为 X 轴横坐标，体重变量为 Y 轴纵坐标绘制的散点图，散点在 X 轴横坐标上下波

动，随意分布，说明模型拟合结果合理。

（3）回归统计表中的指标解释

- Multiple R：相关系数，用来衡量自变量 x 与因变量 y 之间的相关程度的大小。
- R Square：判定系数，是相关系数 R 的平方，数值越接近 1，代表拟合效果越好。
- Adjusted R Square：矫正测定系数，用于多元回归分析。
- 标准误差：衡量拟合程度的大小，此值越小，说明拟合程度越好。
- 观测值：回归方程模型中观察值的个数。

（4）回归系数表中的指标解释

- Coefficients：回归模型中各自变量的系数以及常量。
- 标准误差：各自变量的系数以及常量的剩余标准差，此值越小，说明拟合程度越好。
- t Stat：回归系数的 t 检验数值。
- P-value：各自变量的系数以及常量对应的 P 值，P>0.05 表示不具有显著的统计学意义；P≤0.01 表示具有非常显著的统计学意义；0.01<P≤0.05 表示具有显著的统计学意义。
- Upper 95%与 Lower 95%：各自变量以及常量的上下限区间范围。

2.3.5　移动平均模型预测

移动平均法是利用一组最近的实际数据值来预测未来一段时间内公司业绩、产品销量等的一种常用方法。移动平均法适用于即期预测。如果数据变化幅度不是很大，且不存在季节性因素时，移动平均法能有效地消除预测中的随机波动，是非常有用的。

移动平均法是一种简单的平滑预测技术，是一种改良的算术平均法，主要是根据时间序列资料逐项推移，依次计算包含一定项数的序时平均值，以反映长期趋势的方法。移动平均法根据预测时使用的各元素的权重不同，可以分为简单移动平均、加权移动平均。下面主要给大家介绍简单移动平均的预测方法。

简单移动平均的各元素的权重都相等。简单移动平均的计算公式如下：

$$Y_t = (X_{t-1} + X_{t-2} + X_{t-3} + \cdots + X_{t-n}) / n$$

简单移动平均方程模型参数解释：

Y_t——对下一期的预测值；

n——移动平均的时期个数；

X_{t-1}——前期实际值；

X_{t-2}、X_{t-3}、X_{t-n}分别表示前两期、前三期、前 n 期的实际值。

（1）案例分析

以某企业 2017 年 8 月～2018 年 7 月的产品销售数据为例，通过移动平均法进行销售预测分析，数据如表 2-25 所示。

表 2-25　企业产品销售业绩

日　期	销售业绩	日　期	销售业绩
2017 年 8 月	210	2018 年 2 月	285
2017 年 9 月	220	2018 年 3 月	300
2017 年 10 月	232	2018 年 4 月	318
2017 年 11 月	242	2018 年 5 月	336
2017 年 12 月	256	2018 年 6 月	355
2018 年 1 月	270	2018 年 7 月	380

（2）操作步骤

1）选中区域 B1:B13 范围的内的销售数据（包含标题），然后单击“数据|分析|数据分析”命令，在“数据分析”对话框中选择“移动平均”选项，单击“确定”按钮，如图 2-152 所示。

2）在“移动平均”对话框里面设置参数，“输入区域”选择原始数据区域$B$1:$B$13，由于单元格 B1 是标题，因此勾选“标志位于第一行”选项，“间隔”输入 2，“输出区域”用于指定移动平均预测值的放置位置，这里选择单元格$C$2。勾选“图表输出”，同时绘制折线图，如图 2-153 所示。

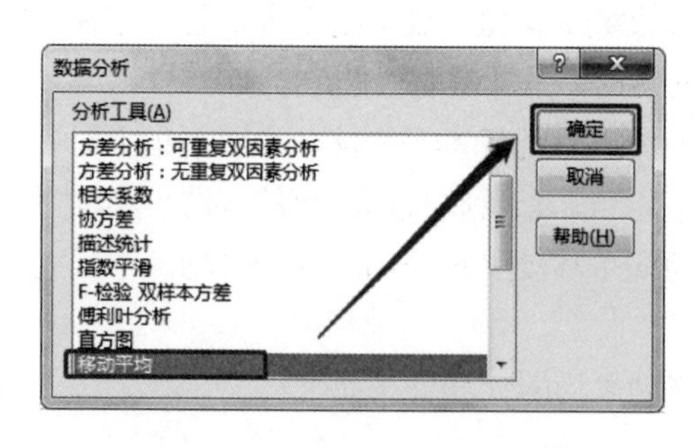

图 2-152　“数据分析”对话框

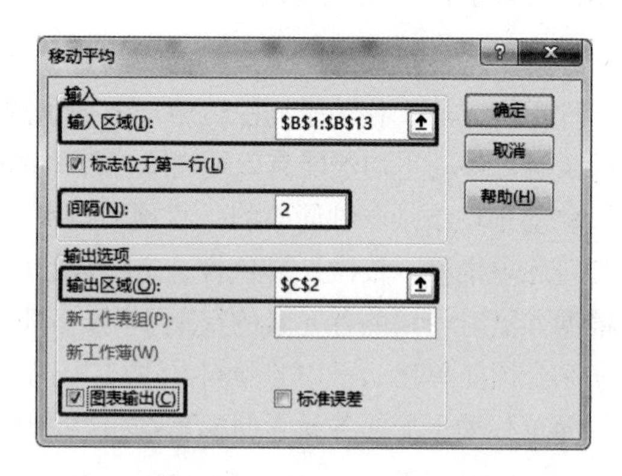

图 2-153　“移动平均”对话框

3）最后单击“确定”按钮，可以看到移动平均计算结果和绘制的图表，如图 2-154 所示。由于设置的间隔为 2，因此单元格 C2 的值为#N/A。另外，图中的“预测值”数据系列即是使用移动平均数绘制的折线图。

（3）移动平均方法预测注意事项

- 移动平均对原序列有修匀或平滑的作用，并且加大间隔数会使平滑波动效果更好，但这也会使预测值对数据实际变动更不敏感，因此移动平均的间隔不宜过大。
- 当数据包含季节、周期变动时，移动平均的间隔数与季节、周期变动长度一致，才能消除其季节或周期变动影响。
- 移动平均数并不能总是很好地反映出趋势。由于是平均值，预测值总是停留在过去的水平上而无法预计会导致将来更高或更低的波动。

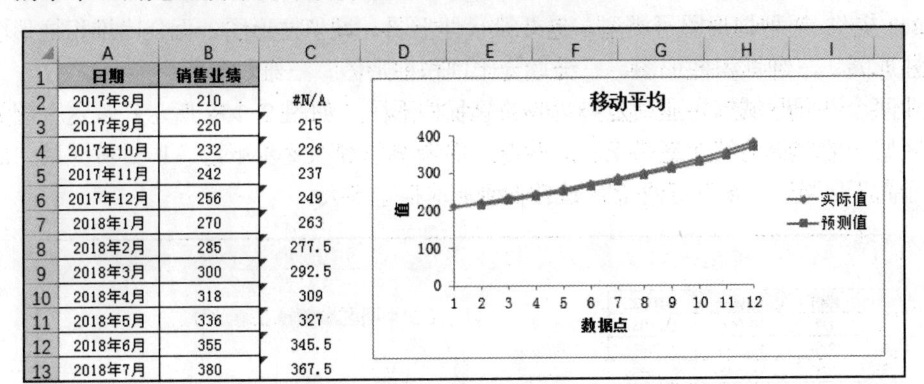

	A	B	C
1	日期	销售业绩	
2	2017年8月	210	#N/A
3	2017年9月	220	215
4	2017年10月	232	226
5	2017年11月	242	237
6	2017年12月	256	249
7	2018年1月	270	263
8	2018年2月	285	277.5
9	2018年3月	300	292.5
10	2018年4月	318	309
11	2018年5月	336	327
12	2018年6月	355	345.5
13	2018年7月	380	367.5

图 2-154　移动平均预测数据以及折线图

- 移动平均分析需要由大量的历史数据才可以进行。

2.4　酷炫的 Excel 图表可视化

图表是对数据的可视化展示，精美的图表可以方便用户解读数字之间的关系，相比起枯燥的表格来讲，有助于发现容易被忽视的趋势和规律。通过对趋势和规律的分析，可以帮助用户做出正确的判断。Excel 2016 版本新增了多种图表，包括直方图、排列图、瀑布图、旭日图以及树状图，丰富的图表类型用于数据可视化分析，使得 Excel 成为一款非常优秀的专业级图表工具。

Excel 创建图表的操作也是较为简单的。创建图表的步骤如下：

1）选择创建图表对应的数据源区域。

2）单击“插入|图表”命令栏里的不同图表类型。

3）对图表进行美化（包括字体、坐标轴、刻度、背景色等）

当图表绘制完成，如果觉得展示效果不是很满意，可以通过选中图表，然后单击“设计|类型|更改图表类型”命令来更换图表类型。当然，也可以通过选中图表，然后右击选择“更改图表类型”选项来更换图表类型。

下面分别对 Excel 图表进行描述，这里主要分为两大类，基础图表（柱形图、折线图、饼图、条形图、面积图、散点图、股价图、雷达图、气泡图、曲面图、组合图等）和高级可视化图表（树状图、旭日图、直方图、排列图、箱型图、瀑布图、漏斗图、Map 地图、动态图表等）。

2.4.1　Excel 基础图表

1．柱形图

柱形图是 Excel 里面最常见的基础图表之一。柱形图通常用来展示一个系列的不同项之间或多个系列不同项之间的差别，不同系列之间通过柱子的颜色进行区分。每个数据点都用垂直柱体表示，柱子的高度代表数值大小。横轴一般为分类项目，纵轴为不同项对应的数值。Excel 提供 7 种柱形图子类型，包括簇状柱形图、堆积柱形图、百分比堆积柱形图、三维簇状柱形图、三维堆积柱形图、三维百分比堆积柱形图、三维柱形图。

企业两个不同区域销售业绩走势对应的簇状柱形图，如图 2-155 所示。从这个图表中可以看到区域一的销售业绩在逐步上涨，区域二的销售业绩在逐步下滑。1 月份区域二的销售业绩明显高于区域一，6 月份两个区域的业绩基本相差不大。

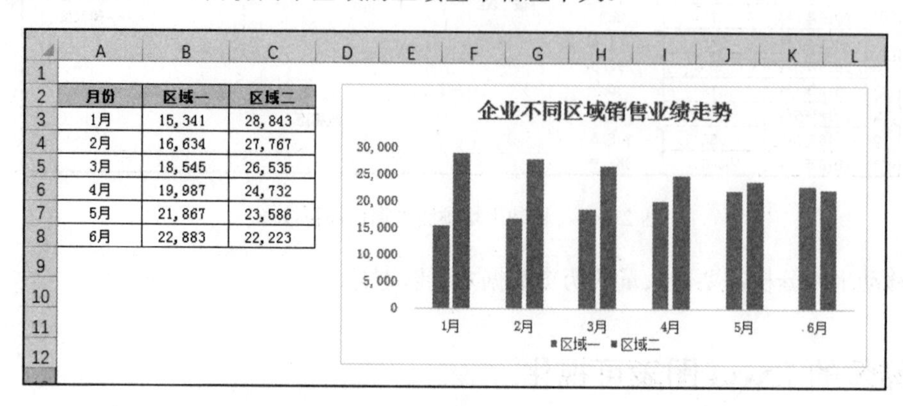

月份	区域一	区域二
1月	15,341	28,843
2月	16,634	27,767
3月	18,545	26,535
4月	19,987	24,732
5月	21,867	23,586
6月	22,883	22,223

图 2-155　企业不同区域销售业绩走势之簇状柱形图

企业两个不同区域销售业绩走势对应的堆积柱形图，如图 2-156 所示。堆积柱形图的好处在于可以看到不同月份对应的累计销售额，从图表中可以看到 1～6 月份公司整体的销售业绩没发生太大变化。

企业两个不同区域销售业绩走势对应的百分比堆积柱形图，如图 2-157 所示。横轴表示的是 1～6 月份，纵轴表示不同月份内不同区域的百分比占比。纵轴的最大刻度均为 100%，组成部分的数值越大，占比越高。从图表中可以看出区域一占企业总业绩的比例越来越高，区域二的比例则越来越低。

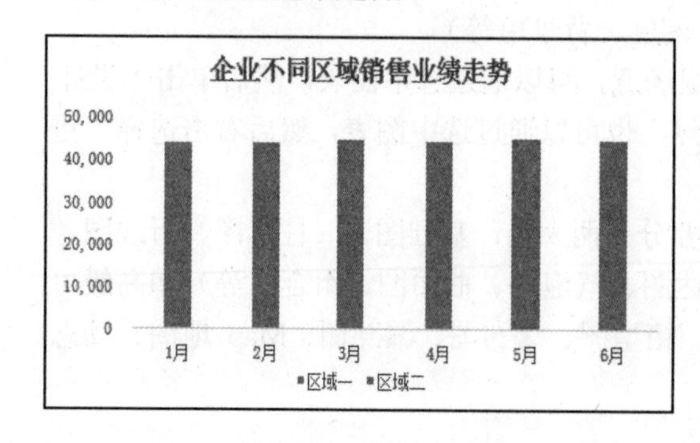

图 2-156　堆积柱形图

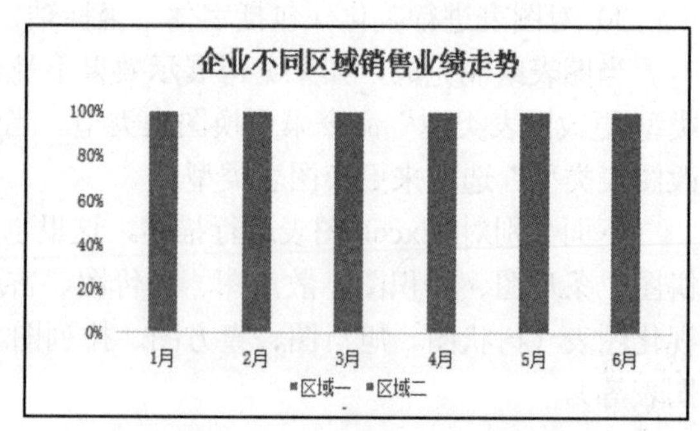

图 2-157　百分比堆积柱形图

图 2-158、图 2-159、图 2-160、图 2-161 分别显示了三维簇状柱形图、三维堆积柱形图、三维百分比堆积柱形图、三维柱形图。图 2-160 显示的是棱锥形状的三维百分比堆积柱形图，可以通过选中柱子，然后右击选择“设置数据系列格式”选项，柱体形状选择“完整

棱锥”进行样式设置。三维的柱形图固然比较美观，但是由于图形的三维变化，导致观测时很难进行精确比较，因此普通的柱形图更适合数据之间的比较。

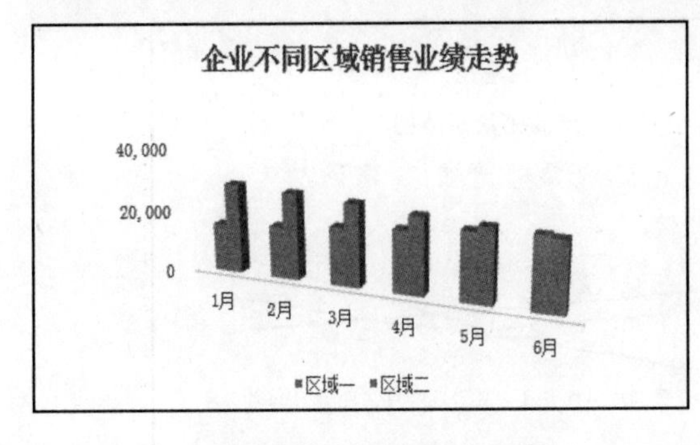

图 2-158　三维簇状柱形图

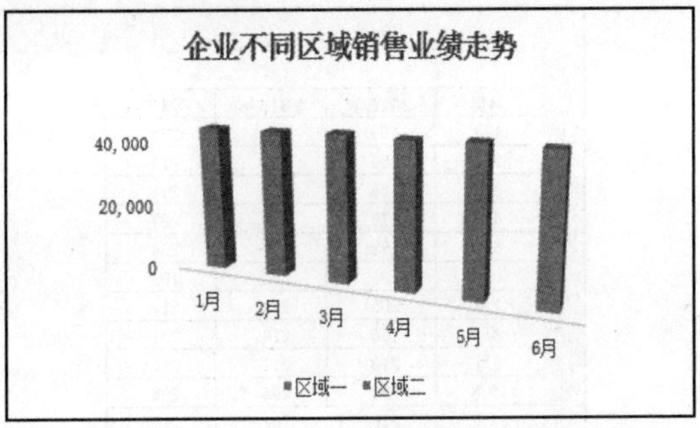

图 2-159　三维堆积柱形图

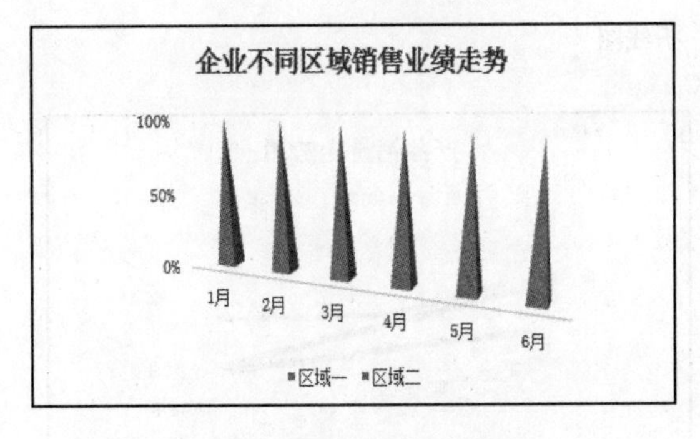

图 2-160　三维百分比堆积柱形图

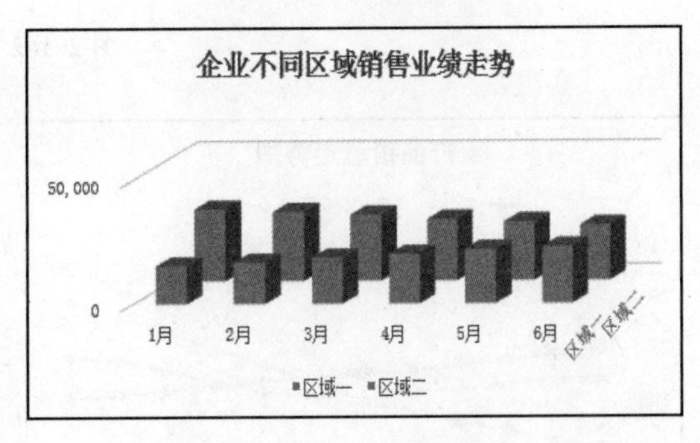

图 2-161　三维柱形图

2．折线图

折线图是将同系列的数据点用线条连接起来，用折线的起伏变化表示数据的增大减少情况。折线图比较适合对连续的数据进行绘制，从中发现数据走势规律。Excel 中提供 7 种折线图子类型，包括折线图、堆积折线图、百分比堆积折线图、带数据标记的折线图、带标记的堆积折线图、带数据标记的百分比堆积折线图、三维折线图。

某产品在 2015—2017 年不同月份的销售业绩走势对应的折线图，如图 2-162 所示。从图中可以看出 2015 年销量逐步上升，2016 年销量出现逐步下滑，2017 年销量先降后增。

某产品在 2015—2017 年不同月份的销售业绩走势对应的带数据标记的折线图，如图 2-163 所示。不同系列的数据对应的线条自动分配了不同的颜色。可以通过选中某个系列，然后右击选择“设置数据系列格式”选项，在弹出的“设置数据系列格式”对话框里面设置线条（包括线条的颜色、宽度、短划线类型等）和标记（类型、大小等）。

某产品在 2015—2017 年不同月份的销售业绩走势对应的三维折线图，如图 2-164 所示。

选中图表，右击选择“三维旋转”选项，可以设置 X 旋转和 Y 旋转的角度，调整观察三维折线图的视角。

如需在此折线图上添加 2017 年销售业绩的平均值对应的折线，可以通过添加辅助列来实现。在单元格 E3 里输入公式 “=AVERAGE($D$3:$D$14)”，然后向下拖拽复制公式。最后，选中区域 A2:E14 绘制折线图，结果如图 2-165 所示。

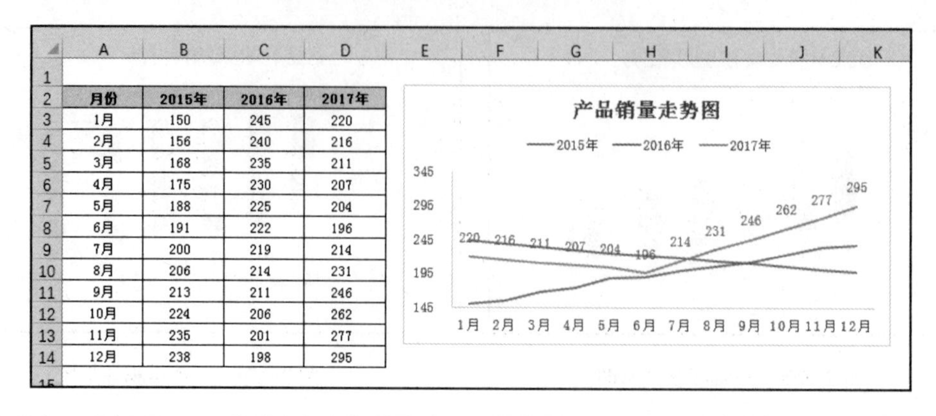

月份	2015年	2016年	2017年
1月	150	245	220
2月	156	240	216
3月	168	235	211
4月	175	230	207
5月	188	225	204
6月	191	222	196
7月	200	219	214
8月	206	214	231
9月	213	211	246
10月	224	206	262
11月	235	201	277
12月	238	198	295

图 2-162　折线图

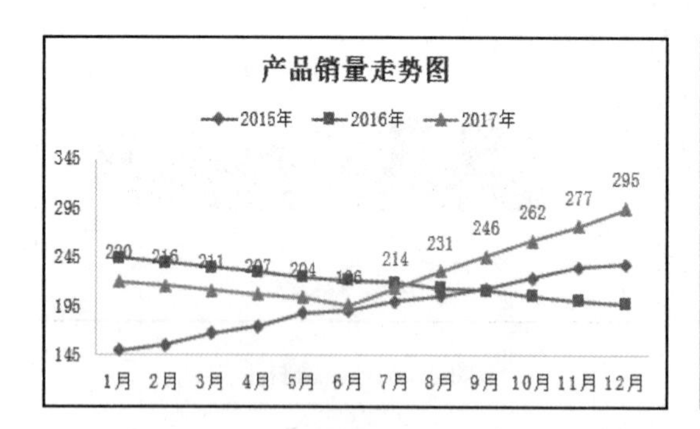

图 2-163　带数据标记的折线图

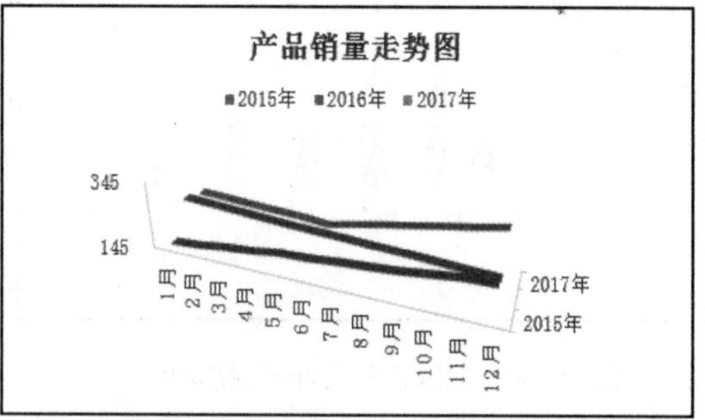

图 2-164　三维折线图

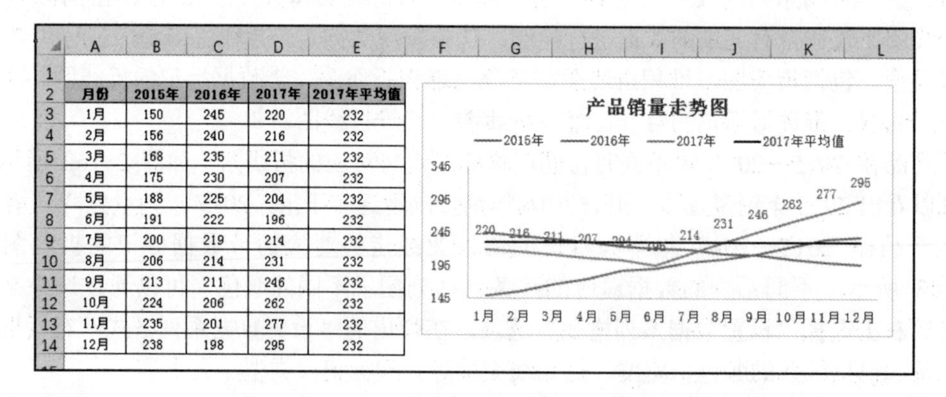

月份	2015年	2016年	2017年	2017年平均值
1月	150	245	220	232
2月	156	240	216	232
3月	168	235	211	232
4月	175	230	207	232
5月	188	225	204	232
6月	191	222	196	232
7月	200	219	214	232
8月	206	214	231	232
9月	213	211	246	232
10月	224	206	262	232
11月	235	201	277	232
12月	238	198	295	232

图 2-165　包含 2017 年销售业绩平均值的折线图

3．饼图

当对某一组数据中各个数值的占比进行分析时，饼图是最佳选择。饼图只能使用一个数据系列。当同一个系列中的数据点过多的时候，饼图将无法清楚地说明所要表达的信息。因此建议数据点不要超过 6 个。Excel 中提供 5 种饼图子类型，包括饼图、三维饼图、复合饼图、复合条饼图、圆环图。

超市某几类产品销售占比的饼图，如图 2-166 所示。可以为饼图添加数据标签，方便用户清晰地看到各个组成部分的占比大小。饼图的绘制步骤如下：

1）选中区域 A2:B6 插入饼图。

2）选中饼图任意扇区，右击选择“添加数据标签”选项，即可为饼图添加数据标签。

3）选中数据标签，右击选择“设置数据标签格式”选项，在弹出的“设置数据标签格式”对话框里面勾选“类别名称”“百分比”选项。

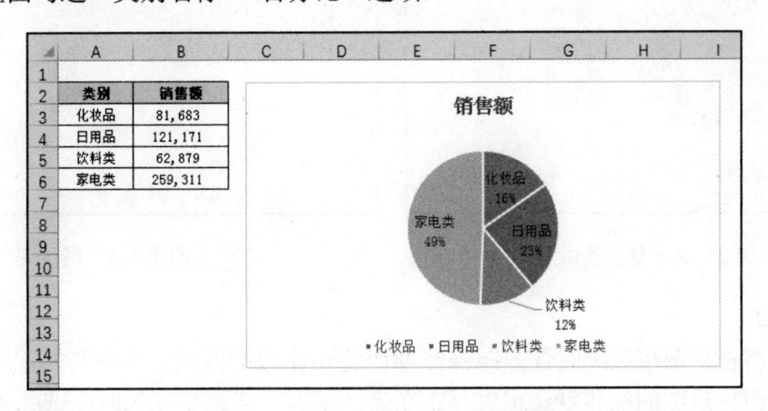

图 2-166　超市产品销售占比之饼图

超市某几类产品销售占比的复合饼图，如图 2-167 所示。复合饼图将原先饼图的某一部分进行拆分，此图表中家电类产品累计占比 49%，右侧辅助图表显示的是家电类中各个产品的占比情况（冰箱占比 13%、彩电占比 7%、洗衣机占比 11%、空调占比 18%）。复合饼图的绘制步骤如下：

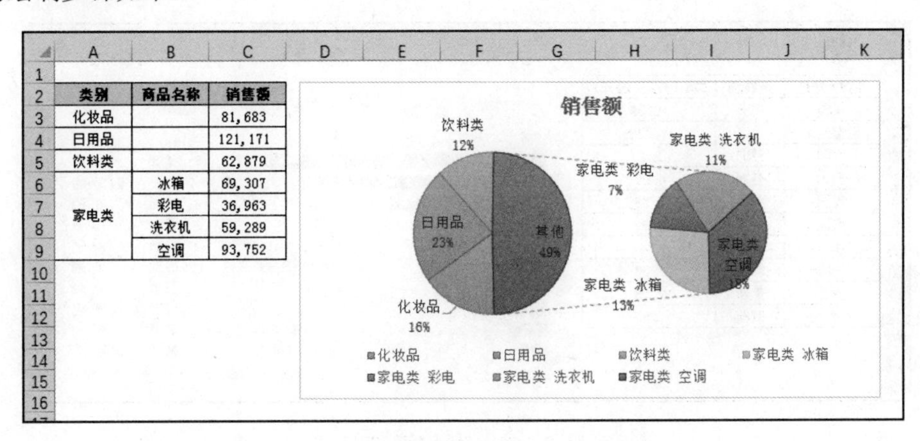

图 2-167　超市产品销售占比之复合饼图

1）选择数据区域 A2:C9，创建复合饼图。Excel 默认的右侧辅助图表的数据点是 3 个，而不是 4 个。

2）修改默认设置。右击任意一个饼图扇区，选择“设置数据系列格式”选项，在“设置数据系列格式”对话框中选择“系列选项”标签，然后将选项“第二绘图区中的值”修改为4。

复合条饼图和复合饼图很相似，它的右侧辅助图表不是饼状，而是柱状，如图 2-168 所示。还有圆环图，它是一种中间是空洞的饼图，如图 2-169 所示。

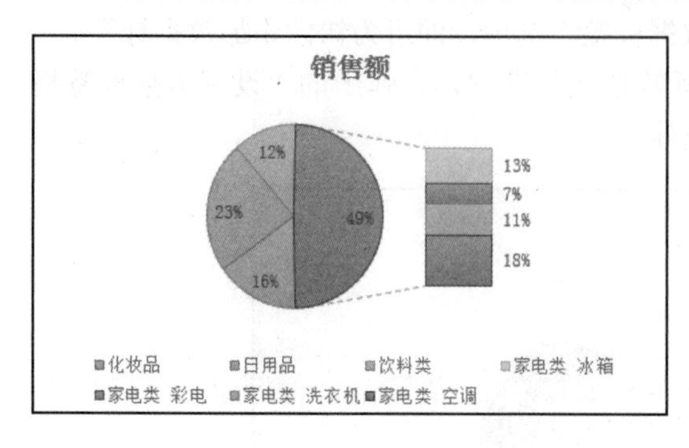

图 2-168　复合条饼图

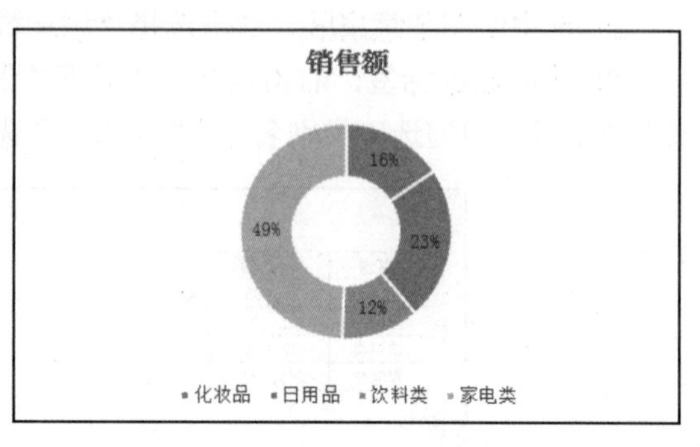

图 2-169　圆环图

4．条形图

条形图是将柱形图按照顺时针方向旋转 90%之后生成的图形。条形图的标签默认位置在图表的左侧，而柱形图的标签默认位置是在图表的下方。当标签过长时，选择条形图明显要优于选择柱形图，因为用户可以更方便地阅读标签。Excel 提供 6 种条形图子类型，包括簇状条形图、堆积条形图、百分比堆积条形图、三维簇状条形图、三维堆积条形图、三维百分比堆积条形图。

2017 年全球 GDP 排名前十的国家和地区对应的簇状条形图如图 2-170 所示，其绘制步骤如下：

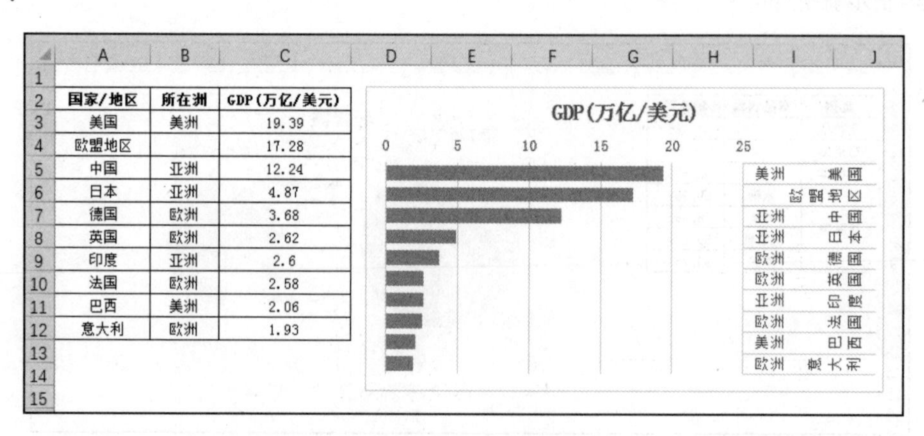

国家/地区	所在洲	GDP（万亿/美元）
美国	美洲	19.39
欧盟地区		17.28
中国	亚洲	12.24
日本	亚洲	4.87
德国	欧洲	3.68
英国	欧洲	2.62
印度	亚洲	2.6
法国	欧洲	2.58
巴西	美洲	2.06
意大利	欧洲	1.93

图 2-170　簇状条形图

1）选中区域 A2:C12 插入簇状条形图。

2）选中图表坐标轴标签，右击选择“设置坐标轴格式”，在“设置坐标轴格式”对话框

中选择“坐标轴选项”标签，勾选“逆序类别”选项

3）将“标签”选项下面的“标签位置”参数设置成“高”，实现左侧的坐标轴标签放置到图表右侧。

某年 1～6 月不同产品的销售占比对应的百分比堆积条形图，如图 2-171 所示。基于原始各产品的月度销量数据，可以先计算出不同产品在不同月份的销售占比，然后选中占比数据，图表类型选择“堆积条形图”或“百分比堆积条形图”来绘制图表。

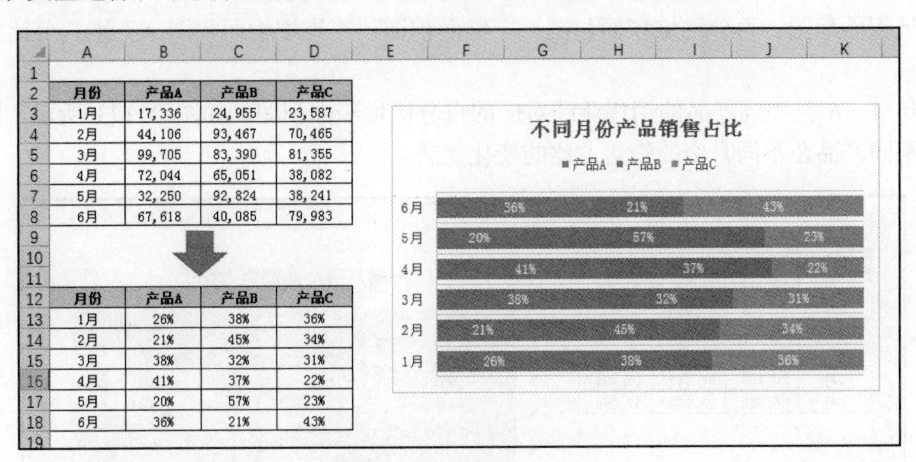

月份	产品A	产品B	产品C
1月	17,336	24,955	23,587
2月	44,106	93,467	70,465
3月	99,705	83,390	81,355
4月	72,044	65,051	38,082
5月	32,250	92,824	38,241
6月	67,618	40,085	79,983

月份	产品A	产品B	产品C
1月	26%	38%	36%
2月	21%	45%	34%
3月	38%	32%	31%
4月	41%	37%	22%
5月	20%	57%	23%
6月	36%	21%	43%

图 2-171　百分比堆积条形图

基于辅助数据，可以创建更多精美的高级 Excel 条形图，某企业用户不同性别的成对条形图，也称为金字塔图，如图 2-172 所示。金字塔图的绘制步骤如下：

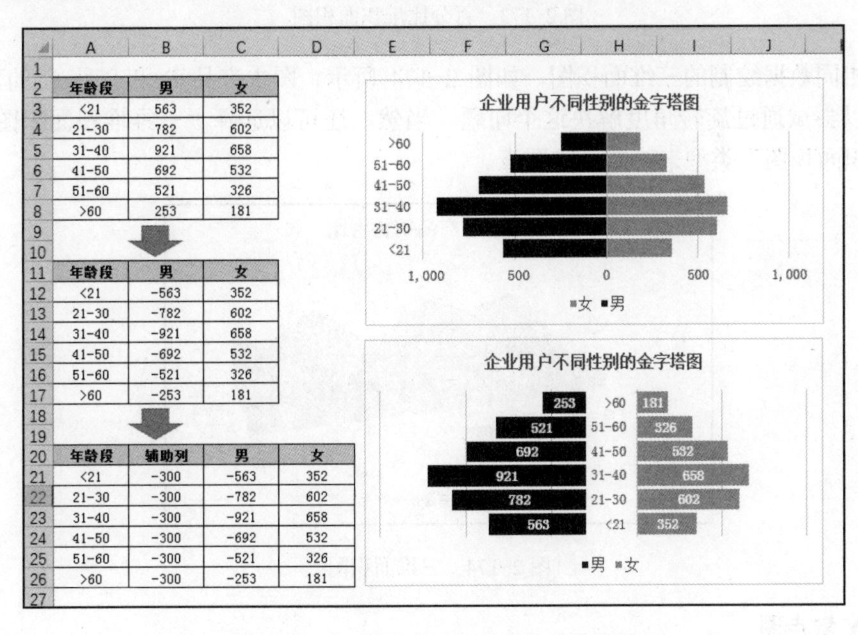

年龄段	男	女
<21	563	352
21-30	782	602
31-40	921	658
41-50	692	532
51-60	521	326
>60	253	181

年龄段	男	女
<21	-563	352
21-30	-782	602
31-40	-921	658
41-50	-692	532
51-60	-521	326
>60	-253	181

年龄段	辅助列	男	女
<21	-300	-563	352
21-30	-300	-782	602
31-40	-300	-921	658
41-50	-300	-692	532
51-60	-300	-521	326
>60	-300	-253	181

图 2-172　企业用户不同性别的金字塔图

1）将男生或女生的数值取负，然后选择数据插入堆积条形图。

2）修改横坐标标签和数据标签。右击选择“设置坐标轴格式”或“设置数据标签格式”选项，在弹出的对话框里将“数字”类别修改为“数字”，“小数位数”修改为 0，“格式代码”修改为“#,##0;#,##0;”。

5．面积图

面积图相当于是在折线图下面填充颜色的图形。Excel 提供 6 种面积图子类型，包括面积图、堆积面积图、百分比堆积面积图、三维面积图、三维堆积面积图、三维百分比堆积面积图。

某年 1～6 月不同产品的销售业绩对应的百分比堆积面积图，如图 2-173 所示。图中可以看出不同产品在不同月份的销售占比的变化走势。

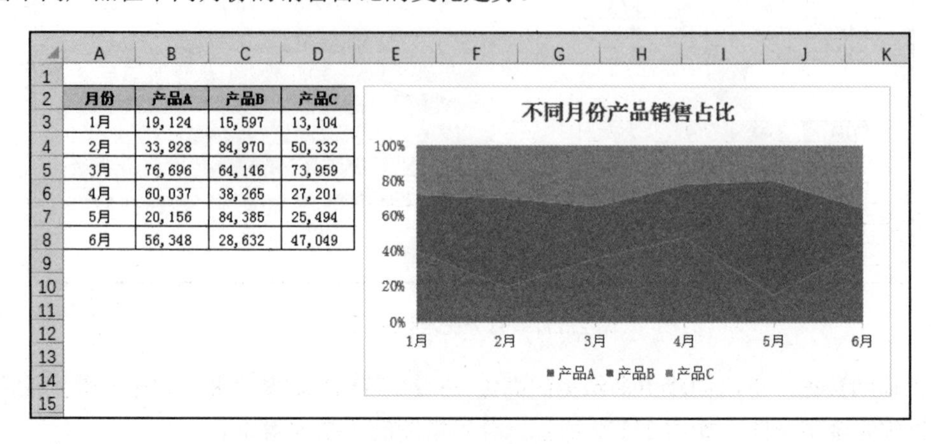

月份	产品A	产品B	产品C
1月	19,124	15,597	13,104
2月	33,928	84,970	50,332
3月	76,696	64,146	73,959
4月	60,037	38,265	27,201
5月	20,156	84,385	25,494
6月	56,348	28,632	47,049

图 2-173　百分比堆积面积图

基于相同数据绘制的三维面积图，如图 2-174 所示。图中产品 B 和产品 C 的数据比较模糊，可以尝试通过旋转角度解决这个问题。当然，还可以选择“三维堆积面积图”“三维百分比堆积面积图”类型来绘制三维图表。

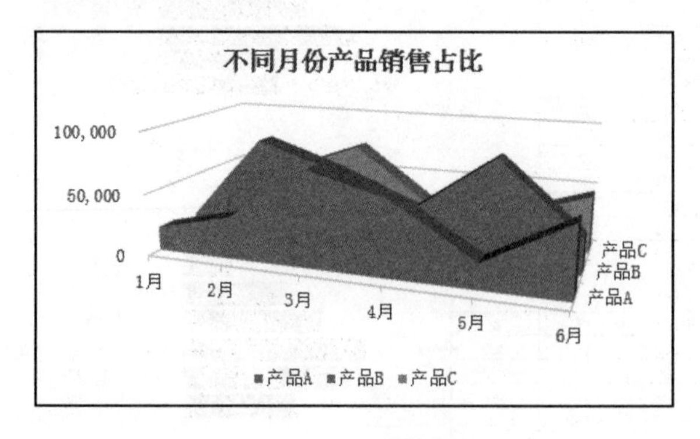

图 2-174　三维面积图

6．XY 散点图

XY 散点图指的是数据点是在直角坐标系平面上的分布图，可以用来观测两个变量之间的关系。Excel 提供 7 种 XY 散点图子类型，包括散点图、带平滑线和数据标记的散点图、带平滑线的散点图、带直线和数据标记的散点图、带直线的散点图、气泡图、三维气泡图。

某企业广告费与销售额之间关系的 XY 散点图，如图 2-175 所示。图中可以简单看出广告费与销售额之间关系成正比，且相关性较强。可以通过选中图中散点，右击添加趋势线并勾选“显示公式”和“显示 R 平方值”选项，进一步确认两个变量的相关性强度。

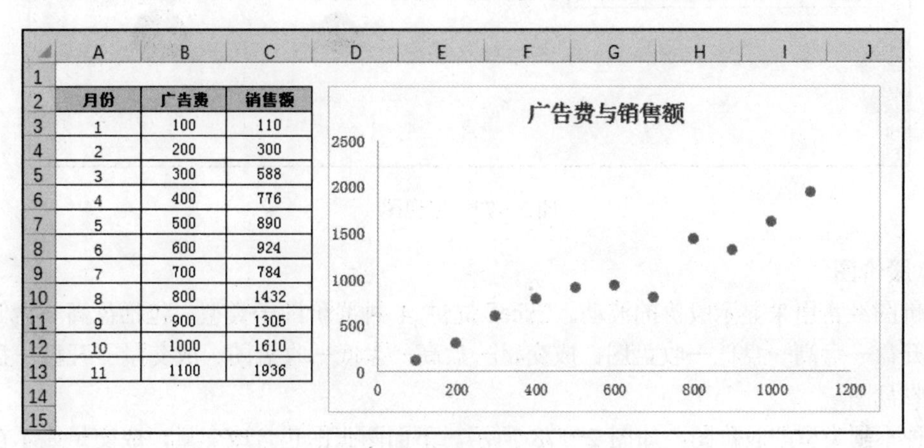

月份	广告费	销售额
1	100	110
2	200	300
3	300	588
4	400	776
5	500	890
6	600	924
7	700	784
8	800	1432
9	900	1305
10	1000	1610
11	1100	1936

图 2-175　XY 散点图（广告费与销售额）

鸢尾花 3 个不同品种的花萼长度和花萼宽度之间的散点图，如图 2-176 所示。此散点图中包含 3 组系列数据，分别是 setosa、versicolor、virginica 3 种鸢尾花。这种图形的制作方法，是先绘制出其中一个系列的 XY 散点图，然后再分别添加另外两个系列的 XY 散点图。

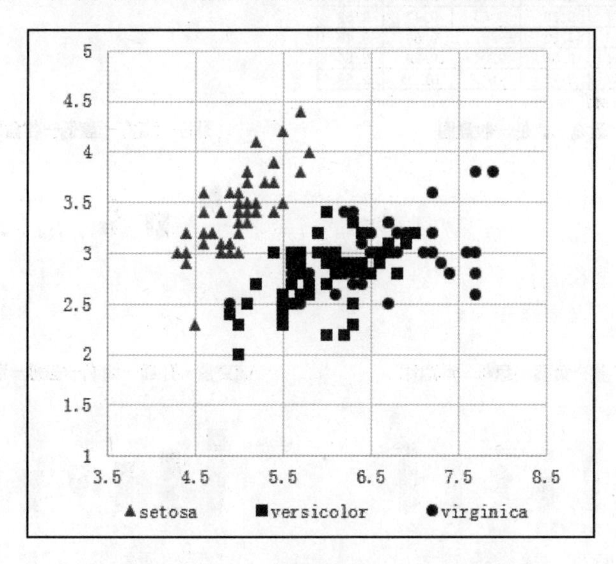

图 2-176　3 组不同系列数据对应的 XY 散点图

某企业不同产品的达成率、利润率及销售额指标绘制的气泡图，如图 2-177 所示。X 轴为达成率，Y 周为利润率，气泡的大小和销售额成正比。

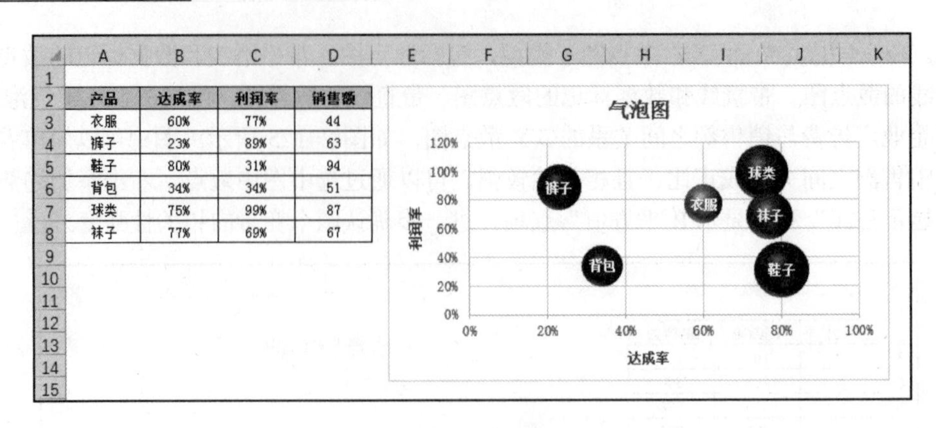

产品	达成率	利润率	销售额
衣服	60%	77%	44
裤子	23%	89%	63
鞋子	80%	31%	94
背包	34%	34%	51
球类	75%	99%	87
袜子	77%	69%	67

图 2-177　气泡图

7. 股价图

股价图经常用来显示股价的波动。Excel 提供 4 种股价图子类型，包括盘高—盘低—收盘图、开盘—盘高—盘低—收盘图、成交量—盘高—盘低—收盘图、成交量—开盘—盘高—盘低—收盘图。

4 种不同类型的股价图，如图 2-178 所示。下面两张图包含成交量，成交量显示在图表的左侧坐标轴上，其他几个字段显示在图表的右侧坐标轴上。

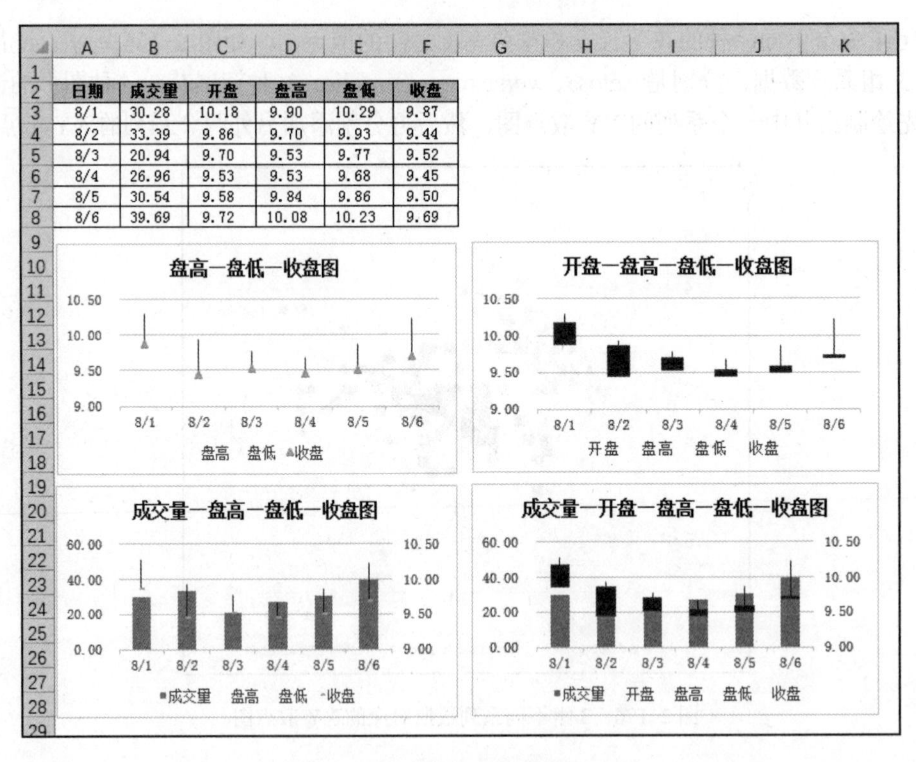

日期	成交量	开盘	盘高	盘低	收盘
8/1	30.28	10.18	9.90	10.29	9.87
8/2	33.39	9.86	9.70	9.93	9.44
8/3	20.94	9.70	9.53	9.77	9.52
8/4	26.96	9.53	9.53	9.68	9.45
8/5	30.54	9.58	9.84	9.86	9.50
8/6	39.69	9.72	10.08	10.23	9.69

图 2-178　股价图

当然，这种图表也可用于科学数据。例如，可以使用股价图来展示每日气温的波动。某年 9 月份每日气温变化的股价图（包括最高气温、最低气温和平均气温），如图 2-179 所示。

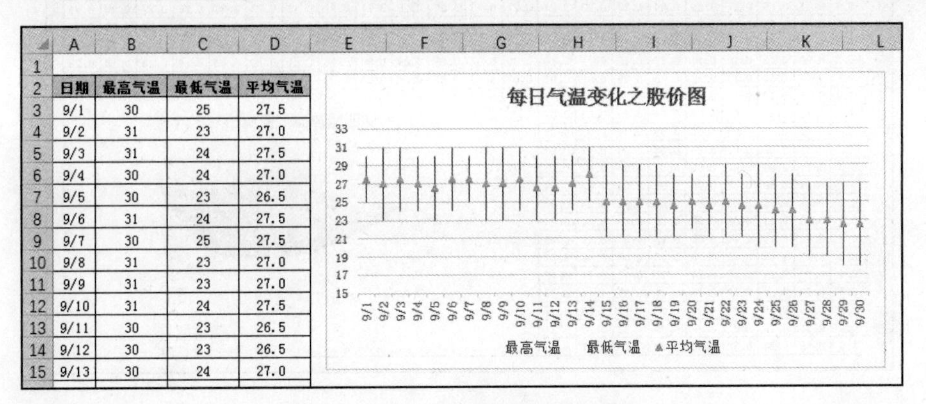

日期	最高气温	最低气温	平均气温
9/1	30	25	27.5
9/2	31	23	27.0
9/3	31	24	27.5
9/4	30	24	27.0
9/5	30	23	26.5
9/6	31	24	27.5
9/7	30	25	27.5
9/8	31	23	27.0
9/9	31	23	27.0
9/10	31	24	27.5
9/11	30	23	26.5
9/12	30	23	26.5
9/13	30	24	27.0

图 2-179　每日气温变化之股价图

8. 雷达图

雷达图也称为戴布拉图、蜘蛛网图，是一种可以表现多个分类数据大小的图表。它将多个分类数据映射到相应的坐标轴上，这些坐标轴起始于同一个圆心点，通常结束于圆周边缘，将同一组的点使用线连接起来称为雷达图。Excel 提供 3 种雷达图子类型，包括雷达图、带数据标记的雷达图、填充雷达图。

两个游戏人物属性对应的雷达图，如图 2-180 所示。图中绘制了甲、乙两人在生命力、攻击力、防御力、敏捷性、持久性这 5 个不同的人物属性分类上对应的数值。

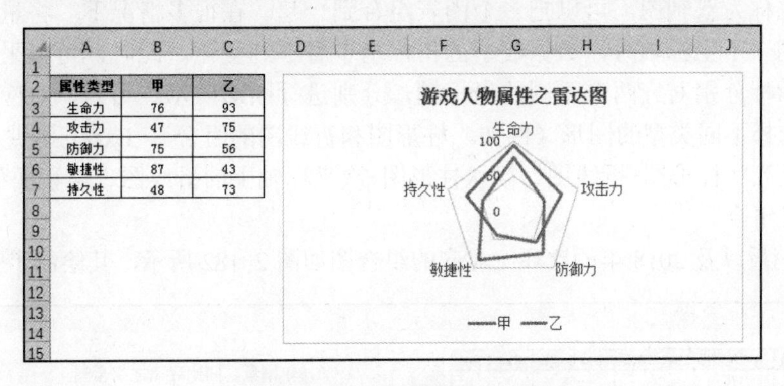

属性类型	甲	乙
生命力	76	93
攻击力	47	75
防御力	75	56
敏捷性	87	43
持久性	48	73

图 2-180　游戏人物属性之雷达图

9. 曲面图

当类别和数据系列都是数值时，可以使用曲面图。如果要找到两组数据之间的最佳组合，可以使用曲面图。就像在地形图中一样，颜色和图案表示具有相同数值范围的区域。Excel 提供 4 种曲面图子类型，包括三维曲面图、三维线框曲面图、曲面图、曲面图（俯视框架图）。

开口向上的椭圆抛物面，如图 2-181 所示，绘制步骤如下：

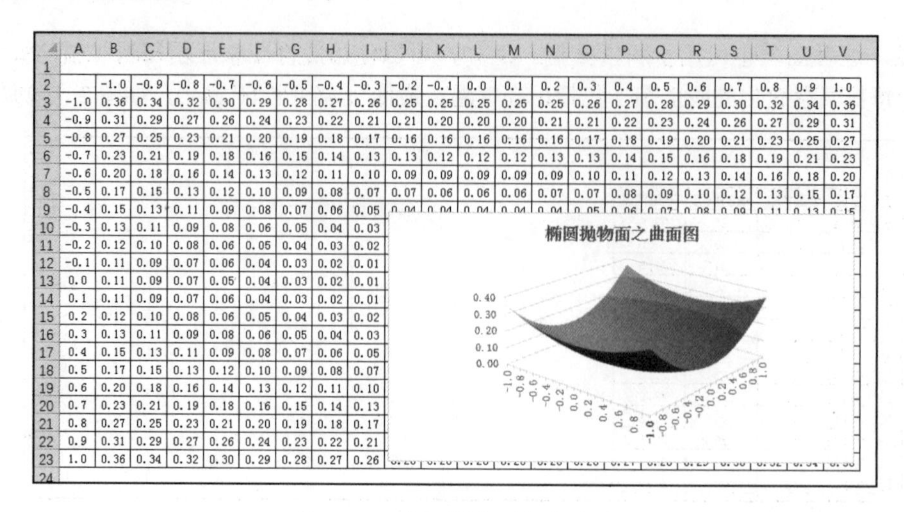

图 2-181　椭圆抛物面之曲面图

1）数据准备。区域 A3:A23 内输入[-1,1]之间，等差为 0.1 的数值，区域 B2:V2 内同样输入[-1,1]之间，等差为 0.1 的数值。

2）编辑公式并复制。单元格 B3 内输入公式“=($A3^2/4+B$2^2/9)”，然后复制公式到区域 B3:V23。

3）绘制曲面图。选中区域 A2:V23，然后单击“插入|图表|所有图表|曲面图|三维曲面图”，选择“三维曲面图”类型，单击“确定”按钮。

10．组合图

组合图也称为双轴图，可以把多个图表组合到一起。在很多情况下，将量级差距很大的指标对应同一个坐标轴时，数据较小的指标基本看不到变化。此时，可以采用组合图将量级不同的指标分别对应两个不同的坐标轴，分别进行图形展示。另外，对应不同坐标轴的数据可以选择不同类型的图形（例如，柱形图和折线图的组合）。Excel 提供 4 种组合图子类型，包括簇状柱形图-折线图、簇状柱形图-次坐标轴上的折线图、堆积面积图-簇状柱形图、自定义组合。

2018 年销量以及 2018 年同比环比对应的组合图如图 2-182 所示，其绘制步骤如下：

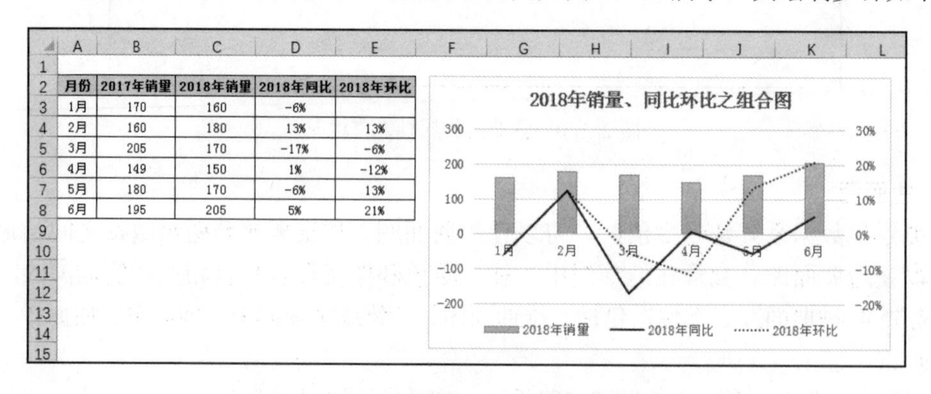

图 2-182　2018 年销量、同比环比之组合图

1）选中区域 A2:A8，按住〈Ctrl〉键，同时选中区域 C2:E8，单击“插入|图表|所有图表|组合|”，然后将“2018 年同比”指标的图表类型更换为“折线图”，并勾选指标“2018 年同比”“2018 年环比”右侧的“次坐标轴”选项。

2）调整左侧坐标轴最小值为-200，使左右两侧坐标轴的 0 值在同一水平线。

3）设置柱形图填充色，线条颜色以及线条的短划线类型。

2.4.2　高级可视化图表

1．树状图

树状图比较适合分层数据，树状图将数据点表示为矩形，数值越大，矩形面积越大。全国 31 个省市自治区（不含港澳台地区）某年 GDP 数据对应的树状图，如图 2-183 所示。图表标签的更改，可以通过选中图表，单击右侧的“+”号，弹出“图表元素”对话框，选择“数据标签”选项，然后单击向右箭头，下拉菜单选择“其他数据标签选项”，对弹出的“设置数据标签格式”对话框里“标签选项”进行设置。

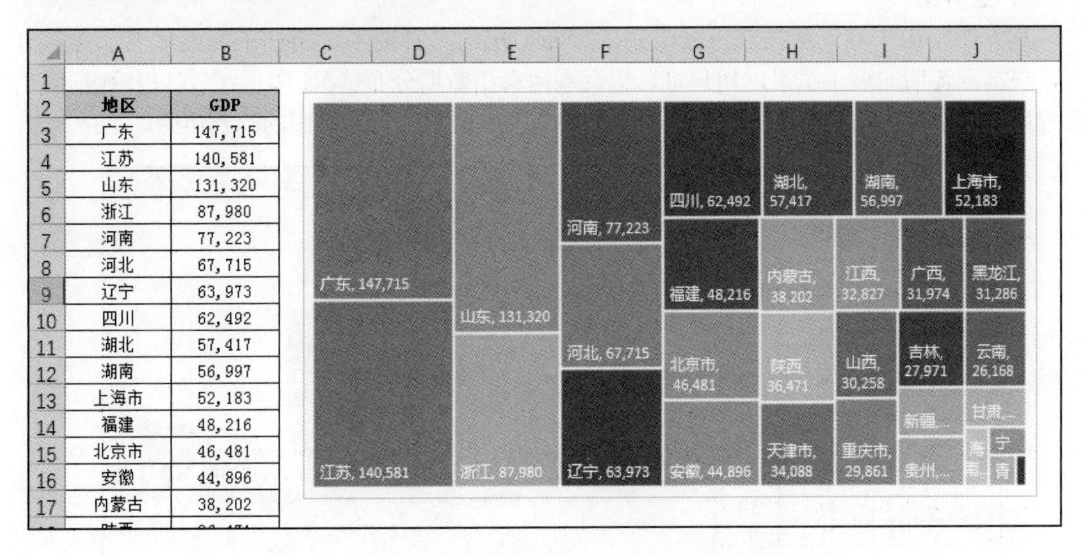

地区	GDP
广东	147,715
江苏	140,581
山东	131,320
浙江	87,980
河南	77,223
河北	67,715
辽宁	63,973
四川	62,492
湖北	57,417
湖南	56,997
上海市	52,183
福建	48,216
北京市	46,481
安徽	44,896
内蒙古	38,202

图 2-183　全国各省市自治区某年 GDP 对应的树状图

2．旭日图

旭日图非常适合显示分层数据。层次结构的每个级别均通过一个环或圆形表示，最内层的圆表示层次结构的顶级。不含任何分层数据的旭日图与圆环图类似。但具有多个级别的类别的旭日图显示外环与内环的关系。旭日图在显示一个环如何被划分为作用片段时最有效，而另一种类型的分层图表树状图适合比较相对大小。

全年销售额对应的旭日图，如图 2-184 所示。内环是四个季度的数据，中间的圆环是不同月份的数据，外环是 4 月份不同周的数据。

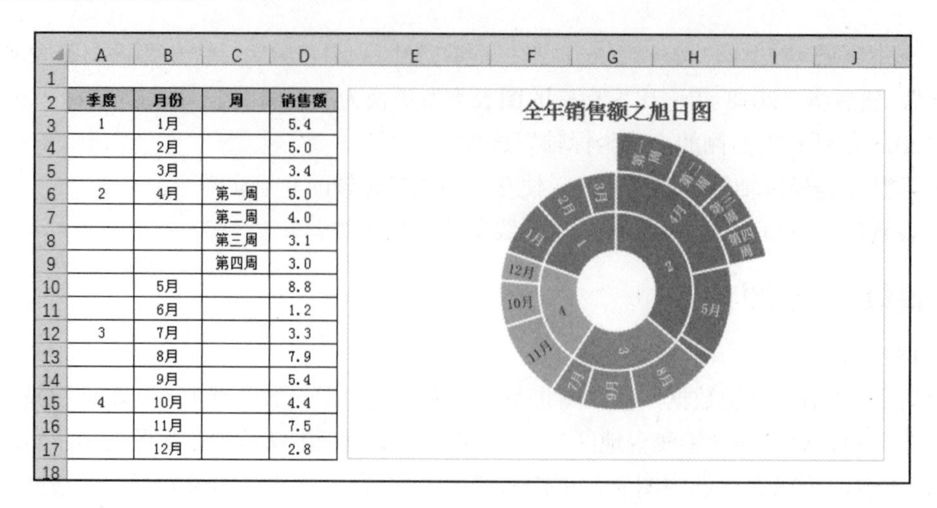

季度	月份	周	销售额
1	1月		5.4
	2月		5.0
	3月		3.4
2	4月	第一周	5.0
		第二周	4.0
		第三周	3.1
		第四周	3.0
	5月		8.8
	6月		1.2
3	7月		3.3
	8月		7.9
	9月		5.4
4	10月		4.4
	11月		7.5
	12月		2.8

图 2-184　全年销售额之旭日图

3．直方图

直方图是用于展示数据在不同组别的分布情况的一种图形，用柱子的高度表示频数分布，根据直方图的展示结果，用户可以很直观地看出数据分布情况、中心位置以及数据的离散程度等。学生成绩分布情况的直方图，如图 2-185 所示。该直方图的绘制步骤如下：

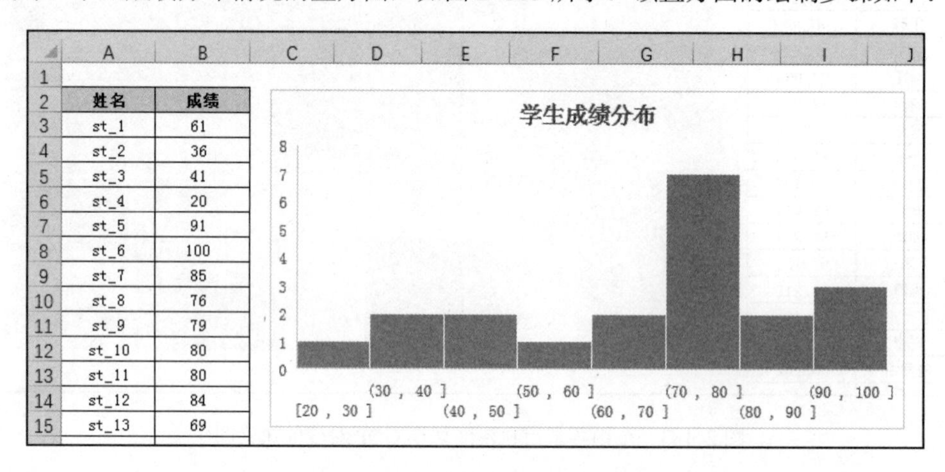

姓名	成绩
st_1	61
st_2	36
st_3	41
st_4	20
st_5	91
st_6	100
st_7	85
st_8	76
st_9	79
st_10	80
st_11	80
st_12	84
st_13	69

图 2-185　学生成绩分布之直方图

1）选中区域 A2:B22 插入直方图。

2）选中水平坐标轴，右击选择“设置坐标轴格式”选项，弹出的“设置坐标轴格式”对话框，单击“坐标轴选项”标签，然后将“箱数”设置为 8，Excel 直方图会将图表的横轴调整为 8 个区间，从而显示这 8 个成绩区间段对应的学生人数。

4．排列图

排列图属于组合图，也称为双轴图。其中包含柱形图和折线图两种表现形式，柱形图是从高往低显示，使用的是左侧的 Y 轴。折线图显示的是柱形数据的累计百分比，使用的是右侧的 Y 轴。某企业员工业绩对应的排列图，如图 2-186 所示。图中可以看出业绩排名前 4 的员工的累计业绩占比达到所有员工业绩的 50%以上。

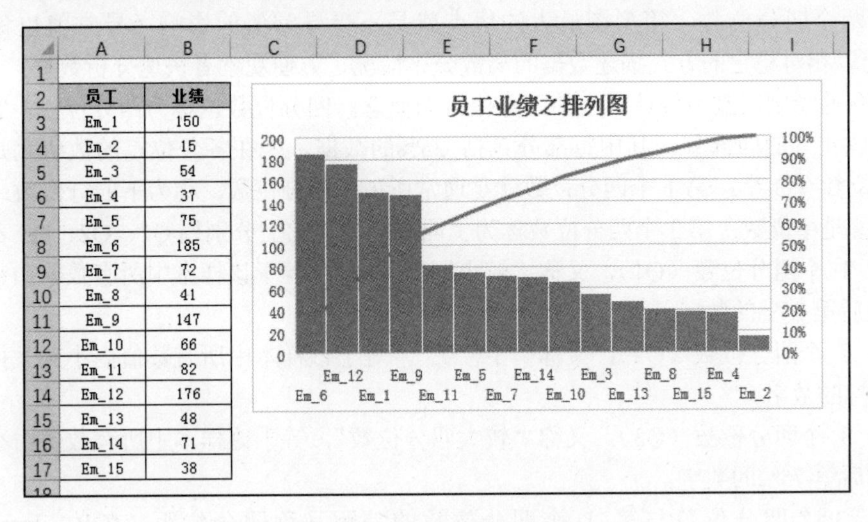

员工	业绩
Em_1	150
Em_2	15
Em_3	54
Em_4	37
Em_5	75
Em_6	185
Em_7	72
Em_8	41
Em_9	147
Em_10	66
Em_11	82
Em_12	176
Em_13	48
Em_14	71
Em_15	38

图 2-186　员工业绩之排列图

当然，排列图也可以通过建立辅助列结合组合图的方法绘制出来。某企业员工业绩和累计业绩占比的组合图，如图 2-187 所示。排列图绘制步骤如下：

1）选中区域 A2:B17 数据，依据 B 列业绩从高到低排序。

2）单元格 C3 里输入公式“=SUM($B$3:B3)/SUM(B$3:B$17)”，向下拖拽复制公式，完成数据的准备工作。

3）选中区域 A2:C17 数据绘制组合图，将累计业绩占比作为次坐标轴。

4）选中任意柱子，右击选择“设置数据系列格式”选项，将“系列选项”下的“间隙宽度”调整为 4%。

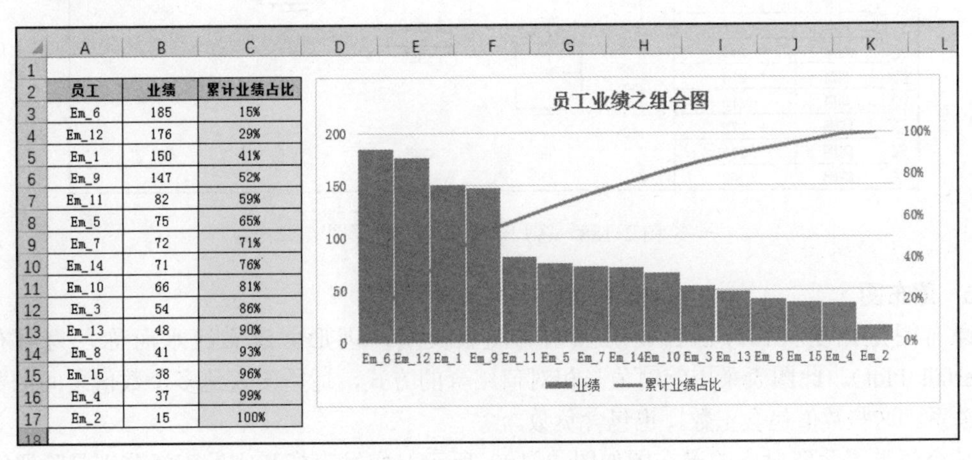

员工	业绩	累计业绩占比
Em_6	185	15%
Em_12	176	29%
Em_1	150	41%
Em_9	147	52%
Em_11	82	59%
Em_5	75	65%
Em_7	72	71%
Em_14	71	76%
Em_10	66	81%
Em_3	54	86%
Em_13	48	90%
Em_8	41	93%
Em_15	38	96%
Em_4	37	99%
Em_2	15	100%

图 2-187　员工业绩之组合图

5. 箱形图

箱形图又称为盒须图、盒式图或箱线图，它包含一组数据的最大值、最小值、平均值、中位数和两个四分位数。箱形图最大的优点就是不受异常值的影响（异常值也称为离群值），它能以相对稳定的方式描述数据的离散分布情况，方便观察者快速分析数据。

箱形图的绘制用到了统计学上的四分位数的概念。四分位数也称为四分位点，它是将全部数据分成相等的四部分，其中每部分包括 25%的数据，处在各分位点的数值就是四分位数。四分位数有 3 个：第 1 个四分位数就是通常所说的四分位数，称为下四分位数；第 2 个四分位数就是中位数；第 3 个四分位数称为上四分位数；它们分别用 Q1、Q2、Q3 表示。

- 第 1 个四分位数（Q1），又称“较小四分位数”，等于该样本中所有数值由小到大排列后第 25%的数字。
- 第 2 个四分位数（Q2），又称“中位数”，等于该样本中所有数值由小到大排列后第 50%的数字。
- 第 3 个四分位数（Q3），又称“较大四分位数”，等于该样本中所有数值由小到大排列后第 75%的数字。
- 第 3 个四分位数与第 1 个四分位数的差距又称四分位距（IQR，InterQuartile Range）。

一组客户消费金额数据对应的箱形图如图 2-188 所示。图中可以看出 4 位客户消费数据的最大值、最小值、平均值、中位数和两个四分位数。

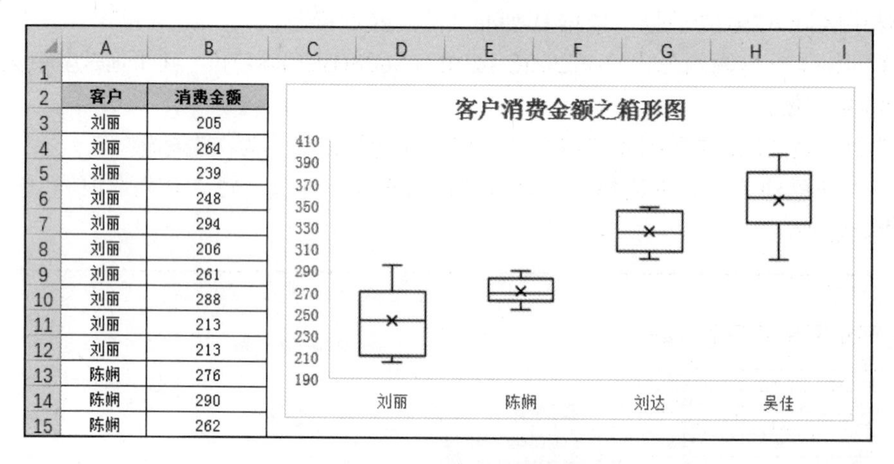

图 2-188　客户消费金额之箱形图

6. 瀑布图

瀑布图是由麦肯锡顾问公司所独创的图表类型，因形似瀑布流水而称之为瀑布图（Waterfall Plot）。此图表采用绝对值与相对值结合的方式，适用于表达多个数值之间的数量变化关系。这些数值包含正数，也包含负数。

某企业员工薪资对应的瀑布图如图 2-189 所示。应发工资和实发工资分别是阶段汇总和最终汇总数据，要正确显示汇总数据，需要选中该柱子，然后右击选择“设置为汇总”

选项。

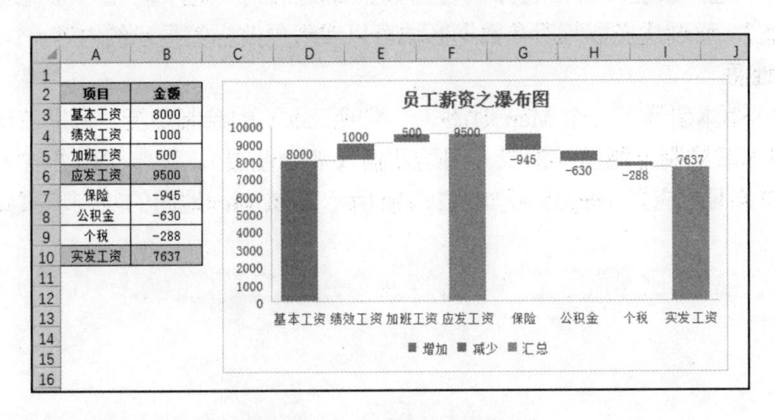

项目	金额
基本工资	8000
绩效工资	1000
加班工资	500
应发工资	9500
保险	-945
公积金	-630
个税	-288
实发工资	7637

图 2-189　员工薪资之瀑布图

7. 漏斗图

漏斗图主要用于分析一个多步骤过程中每一步的转化情况，可以发现在一系列操作行为中用户出现重要流失的环节。例如，用户从进入 APP 到订单完成包括如下 5 个步骤：打开 APP、浏览产品页、点击购买、点击付款、完成付款。可以将如上流程设置为一个漏斗，分析整体的转化情况，分析每一步骤具体的转化率。某 APP 用户行为转化率对应的漏斗图，如图 2-190 所示。漏斗图绘制步骤如下：

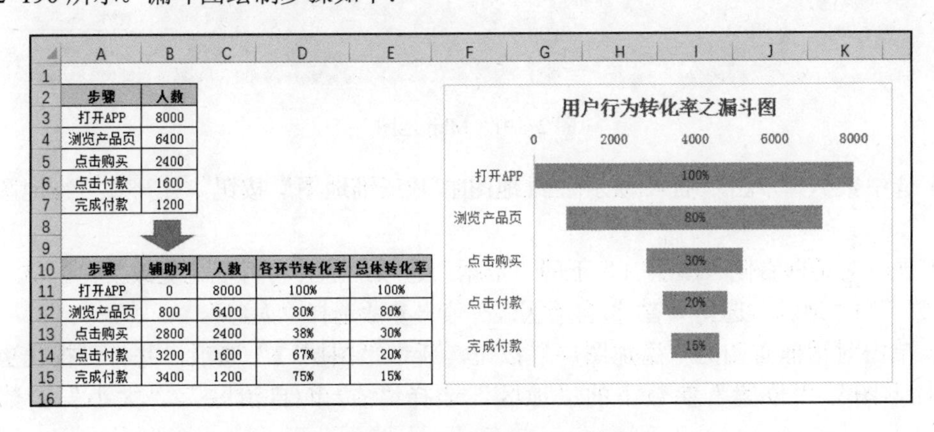

步骤	人数
打开APP	8000
浏览产品页	6400
点击购买	2400
点击付款	1600
完成付款	1200

步骤	辅助列	人数	各环节转化率	总体转化率
打开APP	0	8000	100%	100%
浏览产品页	800	6400	80%	80%
点击购买	2800	2400	38%	30%
点击付款	3200	1600	67%	20%
完成付款	3400	1200	75%	15%

图 2-190　用户行为转化率之漏斗图

1）将区域 A2:B7 中的数据处理成区域 A10:E15 中的数据。需插入一列辅助列，单元格 B11 中的公式为“=($C$11-C11)/2”，向下拖拽复制公式，并计算各环节转化率和总体转化率。

2）选中区域 A10:C15 插入堆积条形图，选择左侧坐标轴，右击选择“设置坐标轴格式”选项，勾选“坐标轴选项”下的“逆序类别”选项。

3）选中图形中辅助列数据对应的条形，设置颜色填充为“无填充”。

4）选中“人数”字段对应的条形，右击选择“添加数据标签”选项。若需更改标签显示的字段数据，选中标签，右击选择“设置数据标签格式”选项，在“标签选项”下勾选“单元格中的值”，通过选择标签所在数据区域可以实现更改标签显示的内容。

8．Map 地图

Excel 2016 版本新增了一个 Map 地图（二维或三维）的绘制功能，可以在地图上显示数据。Map 地图可以绘制单图层数据或多图层数据（混合图层）。某年全国各省市自治区的人口数量和 GDP 数据对应的 Map 地图如图 2-191 所示。该 Map 地图的绘制步骤如下：

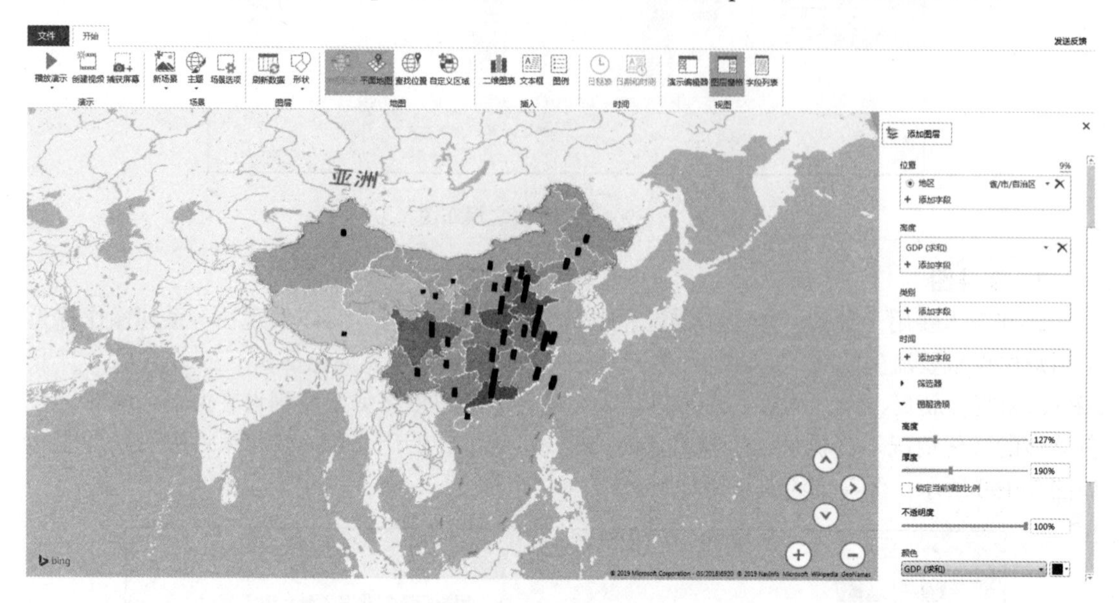

图 2-191　Map 地图

1）选中数据，单击“插入|演示|三维地图|打开三维地图”按钮，打开“三维地图”对话框。

2）展开对话框右侧“图层 1”下的“数据”选项，选择将可视化更改为“区域”。“位置”参数下的“地区”选择“省/市/自治区”，“值”参数选择“人口”。

3）单击对话框右侧的“添加图层”按钮，新增“图层 2”选项，并将可视化更改为“簇状柱形图”。“位置”参数下的“地区”选择“省/市/自治区”。“大小”参数选择“GDP”。

4）展开“图层 2”下的“图层选项”，调整柱子的厚度和颜色。

5）单击菜单栏上的“平面地图”按钮，将三维地图切换至二维地图。然后单击右下角的向下箭头，切换观察地图的角度。

9．动态图表

基于“开发工具”选项卡下的“组合框”控件，结合“公式”选项卡下的“名称管理器”可以绘制动态图表。动态图表的好处在于可以通过筛选“组合框”内标签，实现不同系列数据的动态变化。不同省份产品销量的动态图表，通过控件筛选省份实现图表的切换展示，如图 2-192 所示。动态图表绘制步骤如下：

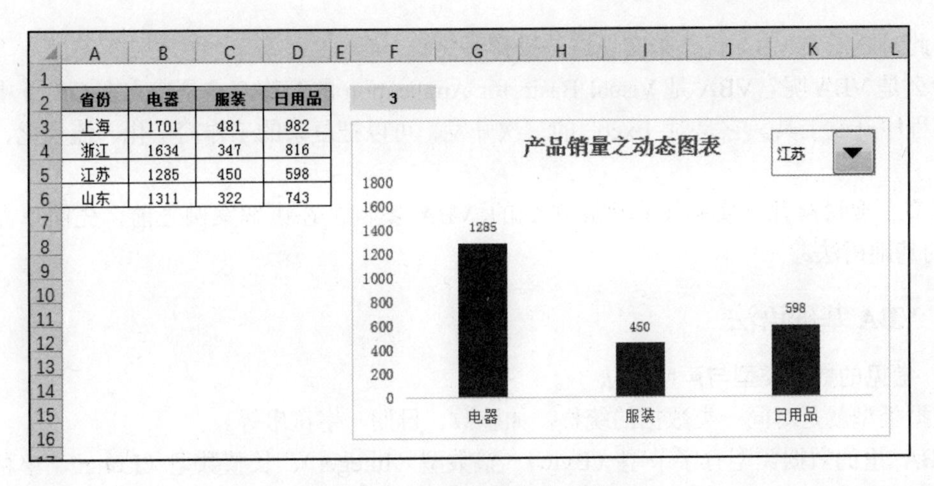

省份	电器	服装	日用品
上海	1701	481	982
浙江	1634	347	816
江苏	1285	450	598
山东	1311	322	743

图 2-192　产品销量之动态图表

1）插入“组合框”筛选控件。单击“开发工具|控件|插入|组合框（窗体控件）”按钮，按住鼠标左键不放，拖拽生成“组合框”筛选控件。右击“组合框”筛选控件，选择“设置控件格式”选项，在“设置控件格式”对话框中，“数据源区域”栏输入“$A$3:$A$6”，“单元格链接”栏输入“$F$2”，“下拉显示项目数”参数输入“4”。

2）定义名称。单击“公式|定义的名称|名称管理器”按钮，在“名称管理器”对话框中单击“新建”按钮，在“新建名称”对话框的“名称”栏输入“标题”，“范围”栏设为默认的“工作簿”，“引用位置”栏输入“=动态图表!$B$2:$D$2”，单击“确定”按钮。同理，单击“新建”按钮，在“新建名称”对话框的“名称”栏输入“业绩”，“范围”栏设为默认的“工作簿”，“引用位置”栏输入“=OFFSET(动态图表!$A$2,动态图表!$F$2, 1,1,3)”，单击“确定”按钮。

3）插入空图表并加载数据。选择任意一个空白单元格，单击“插入|图表|二维柱形图|簇状柱形图”按钮，插入一个空图表。右击选择“选择数据”选项，在“选择数据源”对话框中单击左侧“添加”按钮，在“编辑数据系列”对话框的“系列名称”栏输入“产品销量之动态图表”，“系列值”栏输入“=图表可视化.xlsx!业绩”。单击右侧“编辑”按钮，在“轴标签”对话框的“轴标签区域”栏输入“=图表可视化.xlsx!标题”，单击“确定”按钮。

4）右击“组合框”筛选控件，选择“叠放次序”选项下的“置于顶层”。按住鼠标左键不放，拖拽到图表的右上角位置。然后按住〈Ctrl〉键不放，单击图表，同时选中控件和图表，右击选择“组合”选项下的“组合”。

2.5　让你的 Excel 报表动起来

前面几节对 Excel 函数、透视表、图表等做了系统的讲解，本节主要是针对如何提高报表开发效率进行探讨。一般在制作报表时，会套用很多函数来完成报表的指标统计，但有些情况下，函数可能是无能为力的。例如，工作表的增删、单元格的增删、工作簿的拆解与合并等，此时就需要 VBA 代码来实现这些操作。

什么是 VBA 呢？VBA 是 Visual Basic for Application 的简称，它是建立在 Office 中的一种应用程序开发工具。它是对 Excel 的二次开发、可以把复杂的工作简单化、流程化、重复使用。

本节主要讲解几个实际工作中常用到的 VBA 案例。在讲解案例之前，先简单介绍下 VBA 的基础语法。

2.5.1 VBA 基础语法

1．常见的数据类型与声明方法

数据类型就是对同一类数据的统称，如整数、日期、字符串等。

VBA 里的数据类型有字节型（Byte）、整数型（Integer）、长整数型（Long）、单精度浮点型（Single）、双精度浮点型（Double）、货币型（Currency）、小数型（Decimal）、字符串型（String）、日期型（Date）、布尔型（Boolean）等，如表 2-26 所示。

表 2-26 VBA 数据类型

数据类型	存储空间（字节）	范　围
Byte	1	0～255 的整数
Boolean	2	True 或 False
Interger	2	-32768～32767
Long	4	-2147483648～2147483647
Single	4	负值范围：-3.402823E38～-1.401298E-45 正值范围：1.401298E-45～3.402823E38
Double	8	负值范围：-1.79769313486232E308～-4.94065645841247E-324 正值范围：4.94065645841247E-324～1.79769313486232E308
Currency	8	数值范围：-922337203685477.5808～922337203685477.5807
Decimal	14	不含小数时：+/-79228162514264337593543950335 包含小数时：+/-7.9228162514264337593543950335 最小非零数字：+/-0.0000000000000000000000000001
Date	8	日期范围：100 年 1 月 1 日～9999 年 12 月 31 日 时间范围：0:00:00～23:59:59
String(定长)	字符串长度	1 到大约 65400 个字符
String(变长)	10 字节加字符串长度	1 到大约 20 亿个字符
Object	4	对象变量，用来引用对象
Variant		除了定长 String 数据及用户定义类型外，可以包含任何种类的数据。如果是数值，最大可达 Double 的范围；如果是字符，与变长 String 的范围一样
用户自定义		每个元素的范围与它本身的数据类型的范围相同

VBA 语法里面可以通过“强制显式声明”或者“隐式声明”来产生一个变量。如果没有明确声明的变量会自动地分配为 Variant 数据类型。虽然“隐式声明”很方便，但是有的

时候会导致一些问题。

“强制显式声明”的优势有以下几点：

- 事先定义了变量类型，会加快代码运行速度。
- 增加代码的可读性。
- 预防变量名称拼写错误。

“隐式声明”的劣势有以下几点：

- 未知变量的类型，会自动地分配为 Variant 数据类型，降低代码运行速度。
- 可能会导致变量拼写错误，从而浪费很多时间来排查故障。

使用关键字 Dim 来声明变量。关键字 Dim 后面是变量名称，接着是数据类型。例如，分别给学生的姓名、年龄、出生日期声明一个变量，表达式分别为：

```
Dim stuName as String
Dim stuAge as Integer
Dim BirthDate as Date
```

上面的声明方法，每个变量都是分开换行独立声明的。如果想在一行里面同时声明多个变量，可以采用如下方式：

```
Dim stuName as String,stuAge as Integer,BirthDate as Date
```

建议在编写 VBA 代码的时候，养成声明变量的习惯。一方面可以提高 VBA 代码的运行速度，另一方面可以减少报错几率与复查时间。如果在所有代码的最上面加上一句“Option Explicit”，这样代码中的所有变量都需要进行声明。当然最重要的一点，声明变量的定义类型一定要正确。

2．对象、属性、方法、事件

对象包括日常操作的 Excel 工作簿、工作表、单元格、图表等，每个对象都有自己的属性与方法。Excel 含有一百种以上的可以通过不同方式操作的对象。最主要对象有 4 种：Application（Excel 应用程序）、Workbook（工作簿）、Worksheet（工作表）、Range（单元格），常见的对象引用方式如表 2-27 所示。

表 2-27 VBA 常用对象

常用对象	对象引用方式
Application	Excel 应用程序
Workbook	Workbooks("name")、Workbooks.Item(i)、Workbooks(i)、ActiveWorkbook、ThisWorkbook
Worksheet	Worksheets("name")、Worksheets.Item(i)、Worksheets(i)、ActiveWorksheet
Range	Range("A1:C3,D5")、Range("A1","C3")、Range(Cells(1,1),Cells(3,3))、Rows(i)、Columns(i)、[A1:C3]、Union(Range("A1:C3"),Range("D5"))

对象都有一些特征供描述，这些对象的特征被称为“属性”。例如，工作簿对象有路径属性，工作表对象有名称属性，单元格对象有位置属性等。对象常用的属性如表 2-28 所示。

表 2-28　对象常用的属性

常用对象	属　性	说　明
Workbook	Workbooks(i).Name	工作簿的名称
	Workbooks(i).Path	工作簿的存储路径
	Workbooks(i).FullName	工作簿的存储路径和名称
Worksheet	Worksheets(i).Name	工作表的名称
	Worksheets(i).Visible	工作表的可见性
	Worksheets(i).Tab.Color	工作表的标签颜色
Range	Range("A1").Value	单元格的数值
	Range("A1").Address	单元格的位置
	Range("A1").Font.Name	单元格的字体名称类型
	Range("A1").Font.Bold	单元格的字体加粗
	Range("A1").Font.Italic	单元格的字体倾斜
	Range("A1").Font.Size	单元格的字体大小
	Range("A1").Interior.ColorIndex	单元格的背景色

对象有方法。每一种作用于对象的操作都被称为“方法”。最重要的是 Add 方法，这个方法可以帮助用户实现添加一个新的工作簿或者工作表。对象可以使用不同的方法。例如，工作簿（Workbook）对象有专门的方法让打开工作簿（Open 方法）、保存工作簿（Save 方法）、关闭工作簿（Close 方法）等。工作表（Worksheet）对象有专门的复制工作表（Copy 方法）、移动工作表（Move 方法）、删除工作表（Delete 方法）等。单元格（Range）对象有专门的插入单元格（Insert 方法）、删除单元格（Delete 方法）、复制单元格（Copy 方法）、剪切单元格（Cut 方法）、清除单元格内容（ClearContents 方法）、清除格式（ClearFormats 方法）、清除内容和格式（Clear 方法）等。对象常用的方法如表 2-29 所示。

表 2-29　对象常用的方法

常用对象	方　法	说　明
Workbook	Workbooks.Add	工作簿的新建
	Workbooks.Open	工作簿的打开
	Workbooks(i).Activate	工作簿的激活
	Workbooks(i).Save	工作簿的保存
	Workbooks(i).SaveAs	工作簿的另存
	Workbooks(i).Close	工作簿的关闭
Worksheet	Worksheets.Add	工作表的新建
	Worksheets(i).Select	工作表的选择
	Worksheets(i).Copy	工作表的复制

（续）

常用对象	方　法	说　明
Worksheet	Worksheets(i).Move	工作表的移动
	Worksheets(i).Delete	工作表的删除
	Worksheets(i).Activate	工作表的激活
Range	Range("A1").Select	单元格的选择
	Range("A1").Insert	单元格的插入
	Range("A1").Delete	单元格的删除
	Range("A1").Copy	单元格的复制
	Range("A1").Cut	单元格的剪切
	Range("A1").Clear	单元格的清除内容和格式
	Range("A1").ClearContents	单元格的清除内容
	Range("A1").ClearFormats	单元格的清除格式
	Range("A1").Activate	单元格的激活

事件就是由用户或者系统触发的，可以在脚本中响应的一段代码。移动鼠标，打开工作簿，激活工作表，选中单元格，单击按钮或窗体，敲击键盘等都会产生事件。

利用工作簿对象的默认事件 Open 方法，可以让 Excel 打开的时候自动问好。Open 事件是工作簿对象的默认事件。当打开工作簿时，这个事件就被激活。操作步骤如下：

1）在“工程资源管理器”对话框中，选择工作簿对象“ThisWorkbook”。

2）在代码对话框中单击“对象框”下拉箭头，从下拉列表中选择“Workbook”。这里，工作簿对象的默认事件是 Open，在代码对话框中会出现“Private SubWorkbook_Open()”和“End Sub”，并在中间插入 VBA 代码，如图 2-193 所示。

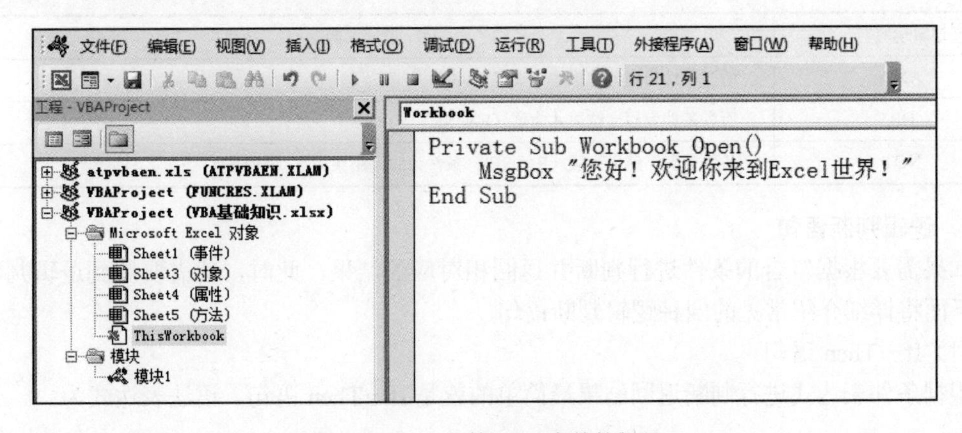

图 2-193　工作簿 open 事件的代码

3）将写好代码的工作簿另存为 Excel 启用宏的工作簿(.xlsm)文件格式。关闭此工作簿，下次重新打开此工作簿就自动弹窗出来，如图 2-194 所示。

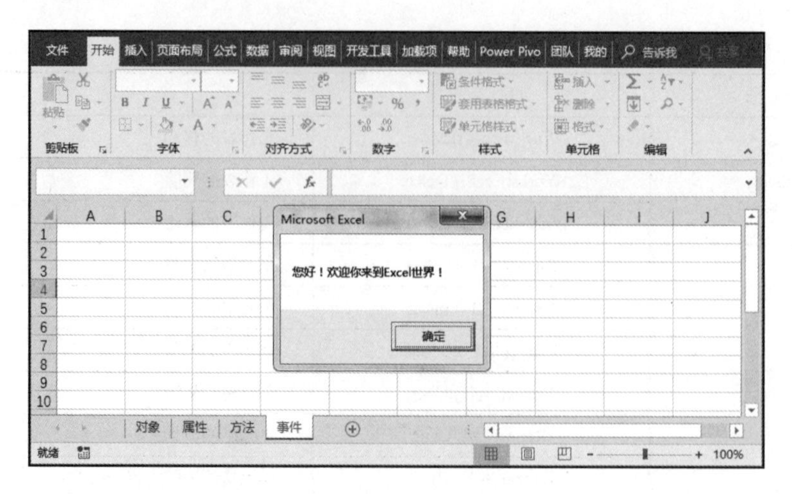

图 2-194　工作簿 open 事件的效果

3. 关系运算符与逻辑运算符

VBA 语法中需要条件表达式来进行判断返回结果。条件表示式中可以包含关系运算符（如表 2-30 所示）和逻辑运算符（如表 2-31 所示）。

表 2-30　关系运算符

关系运算符	说　明	关系运算符	说　明
=	等于	>=	大于等于
>	大于	<=	小于等于
<	小于	<>	不等于

表 2-31　逻辑运算符

逻辑运算符	说　明
AND	所有条件为真，结果才为真（TRUE）
OR	所有条件为假，结果才为假（FALSE）
NOT	条件为真，结果为假（FALSE）；条件为假，结果为真（TRUE）

4. 逻辑判断语句

如果需要根据符合的条件进行判断并返回相对应的结果，此时，就需要用到逻辑判断语句，下面将详细介绍常见的四种逻辑判断语句。

（1）If…Then 语句

根据条件表达式进行判断返回结果最简单的就是 If…Then 语句。语法表达式为：

```
If 条件 Then 语句
```

例如，单元格 A1 里面的学生成绩大于等于 60 分，就评定为“及格”，代码如下：

```
If Range("a1")>= 60 Then MsgBox "及格"
```

如果条件为真，需要返回多个结果的时候，可以使用多行 If…Then 语句，语法表达式为：

```
If 条件 Then
    语句 1
    语句 2
    …
End If
```

例如，单元格 A1 里面的学生成绩大于等于 60 分，就评定为“及格”且弹窗“恭喜你”，代码如下：

```
If Range("a1") >= 60 Then
    MsgBox "及格"
    MsgBox "恭喜你"
End If
```

（2）If…Then…Else 语句

当单个条件或多个条件为真的时候返回一个结果，否则返回另外一个结果。If…Then…Else 语法可以很好地实现这个功能。另外，它有单行和多行两种表达方式。单行表达式语法为：

```
If 条件 Then 语句 1 Else 语句 2
```

例如，单元格 A1 里面的学生成绩大于等于 60 分，评定为“及格”，否则评定为“不及格”，代码如下：

```
If Range("a1") >= 60 Then MsgBox "及格" Else MsgBox "不及格"
```

多行格式的 If…Then…Else 语句，这种格式方便阅读。另外，多行格式语法以 End If 关键字结束。如果条件为真，就运行 Then 和 Else 之间的语句，如果条件为假，就运行 Else 和 End If 之间的语句，多行表示式语法为：

```
If 条件 Then
    语句 1
Else
    语句 2
End If
```

例如，单元格 A1 里面的学生成绩大于等于 60 分，评定为“及格”，否则评定为“不及格”，代码如下：

```
If Range("a1") >= 60 Then
    MsgBox "及格"
Else
    MsgBox "不及格"
End If
```

（3）If…Then…ElseIf…Then…Else…End If 语句

如需多个条件判断的情况，可以通过添加 ElseIf 关键字来实现功能。相比起上面提到的 If…Then…Else 语句，它可以执行多个判断语句，语法表达式为：

```
If 条件 1 Then
    语句 1
 ElseIf 条件 2 Then
    语句 2
…
ElseIf 条件 N Then
    语句 N
Else
    语句 N+1
End If
```

例如，单元格 A1 里面的学生成绩大于等于 60 分，评定为“及格”，成绩大于等于 70 分，评定为“良好”，成绩大于等于 85 分，评定为“优秀”，否则评定为“不及格”，代码如下：

```
If Range("a1") >= 85 Then
    MsgBox "优秀"
ElseIf Range("a1") >= 70 Then
    MsgBox "良好"
ElseIf Range("a1") >= 60 Then
    MsgBox "及格"
Else
    MsgBox "不及格"
End If
```

（4）Select Case 语句

有的时候 If 嵌套语句不是很好理解，可以利用 Select Case 语句替代，多个判断条件是在 Select Case 和 End Select 关键字之间实现的，关键字 Is 可以省略。如需编写条件表达式时，可以使用关键字 Is 结合运算符（>、=、<、<>、>=、<=）等进行比较，语法表达式为：

```
Select Case 测试表达式
    Case [Is] 表达式 1
        语句 1
    Case [Is] 表达式 2
        语句 2
    Case [Is] 表达式 N
        语句 N
    Case Else
        语句 N+1
End Select
```

例如，同样是对单元格 A1 里面的学生成绩进行判断，当成绩大于等于 60 分，评定为

“及格”，成绩大于等于 70 分，评定为“良好”，成绩大于等于 85 分，评定为“优秀”，否则评定为“不及格”，代码如下：

```
Select Case Range("a1")
    Case Is >= 85
        MsgBox "优秀"
    Case Is >= 70
        MsgBox "良好"
    Case Is >= 60
        MsgBox "及格"
    Case Else
        MsgBox "不及格"
End Select
```

5．循环判断语句

（1）For…Next 语句

如需重复运行某段语句，可以使用 For…Next 语句。语法表达式为：

```
For 循环变量 = 初值 to 终值 [step 步长]
    语句 1
    [exit for]
    语句 2
Next [循环变量]
```

方括号里面的语法是可以省略的。循环变量可以从初值到终值，按照 step 步长进行递增或者递减。假设 step 步长为 1，循环变量每次循环增加数值 1，直到终值结束。当然 step 步长也可以为负值。假设 step 步长为-2，循环变量每次循环减少数值 2，直到终值结束。

例如，统计并输出数值 1+2+3+…+100 之和，代码如下：

```
Dim i%, sumt&
For i = 1 To 100
    sumt = sumt + i
Next
MsgBox "1 到 100 的和为：" & sumt
```

当然，代码也可以写成这样：

```
Dim i%, sumt&
For i = 100 To 1 Step -1
    sumt = sumt + i
Next
MsgBox "1 到 100 的和为：" & sumt
```

如果语句里面有多个变量出现变化时，可以在 For…Next 循环语句里面嵌套多层 For…Next 循环语句。此外，循环体里面需要进行逻辑判断的时候，可以结合 If…Then 语句执行，语法表达式为：

```
For 循环变量 1 = 初值 to 终值 [step 步长]
    For 循环变量 2 = 初值 to 终值 [step 步长]
        If 条件 Then
            语句
        End If
    Next [循环变量 1]
Next [循环变量 2]
```

例如，统计区域 A1:D10 之间大于等于 60 的数值个数，代码如下：

```
Dim i%, j%, count%
For i = 1 To 10
    For j = 1 To 4
        If Cells(i, j) >= 60 Then
            count = count + 1
        End If
    Next
Next
MsgBox "大于等于 60 的数值有" & count & "个！"
```

定义的变量 i 和变量 j 分别用来对单元格区域的行和列进行循环，变量 count 用来对符合条件的数值个数进行统计。变量 i、j 以及 count 都定义为整型，变量无赋值的情况，初始值都默认为 0。

（2）For Each…Next 语句

当过程需要在一个集合的所有对象或者一个数组的所有元素之间循环时，应该使用 For Each…Next 循环，语法表达式为：

```
For Each 元素变量 In 对象集合或数组
    语句 1
    [Exit For]
    语句 2
Next [元素变量]
```

例如，读取所有工作表的名字存储在第一个工作表的第一列，代码如下：

```
Dim i%, sht As Worksheet
i = 1
For Each sht In Worksheets
    Sheets(1).Cells(i, 1) = sht.Name
    i = i + 1
Next
```

首先定义 i 整型变量和工作表对象 sht，变量 i 用来控制单元格的行号，sht 对象用来循环指代工作表集合里面的每一个工作表。

（3）Do…While 语句

Do…While 是 VBA 语法里面的一种循环语句。当判断表示为 True 的时候，可以一直循环，否则结束循环。它有两种语法表达式：一种是在顶部进行条件判断；另一种是在底部进行条件判断。顶部条件判断的语法表示式为：

```
Do Wihle 条件
    语句块 1
    [Exit Do]
    语句块 2
Loop
```

例如，统计并输出数值 1 到 100 之间的奇数之和，代码如下：

```
Dim sumt&, i%
i = 1
Do While i <= 100
    sumt = sumt + i
    i = i + 2
Loop
MsgBox "1 到 100 的之间的奇数之和为：" & sumt
```

如果循环条件放在底部运行时，循环体里面的语句至少执行一次。另外，当 Exit Do 语句执行时，循环便立即停止，底部条件判断的语法表示式为：

```
Do
    语句块 1
    [Exit Do]
    语句块 2
Loop Wihle 条件
```

例如，循环输入一个 10 到 20 之间的数值，直至输入的数值等于 15 的时候才会退出循环，代码如下：

```
Dim num%
Do
    num = InputBox("请输入一个 10 到 20 之间的数值：", "提示！")
    If num = 15 Then Exit Do
Loop While num <> 15
```

（4）Do…Until 语句

Do…Until 也是一种循环语句，它可以重复循环语句直到条件为真。和 Do…While 语句类似，它也有两种语法表达式：一种是在顶部进行条件判断；另一种是在底部进行条件判断。

```
Do Until 条件
    语句块 1
    [Exit Do]
    语句块 2
Loop
```

例如，统计并输出数值 1 到 100 之间的能被 3 整除的数值之和，代码如下：

```
Dim sumt&, i%
i = 0
Do Until i > 100
    sumt = sumt + i
    i = i + 3
Loop
MsgBox "1 到 100 之间的能被 3 整除的数值之和为：" & sumt
```

和 Do…While 语句一样，循环条件放在底部运行时，循环体里面的语句至少执行一次。另外，当 Exit Do 语句执行时，循环便立即停止，底部条件判断的语法表示式为：

```
Do
        语句块 1
        [Exit Do]
        语句块 2
Loop Until  条件
```

例如，读取所有工作表的名字存储在第一个工作表的第一列，代码如下：

```
Dim num%, i%
num = Sheets.count '获取所有工作表的个数
i = 1
Do
      Sheets(1).Cells(i, 1) = Sheets(i).Name
      i = i + 1
Loop Until i > num
```

2.5.2 录制宏，解放你的双手

用户在 Excel 里面的操作都可以通过录制宏的方式将代码保存下来，有了录制好的代码，后面就可以重复执行。录制宏的优点是可以避免编写复杂的 VBA 脚本，直接通过录制的方法进行保存脚本，缺点是录制脚本的方法比较死板，扩展性比较差。当然，后期可以修改录制宏的脚本，对代码进行优化，改善缺点，增加通用性。

下面录制一段宏脚本。通过鼠标选中单元格，然后进行格式调整（例如，标注红色底色，字体加粗倾斜）。目的是实现对单元格快速进行单元格设置，节约手动调整格式的时间。具体步骤如下。

1）单击“开发工具|代码|录制宏”命令，在“录制宏”窗体中修改宏名、组合键、保存位置以及添加说明，如图 2-195 所示。设置好各项参数后，单击“确定”按钮，此时“录制宏”按钮变成“停止录制”，表明进入开始录制状态。需要强调一点，如果想要录制的宏在所有文件里面都可以使用，就需要选择“个人宏工作簿”。

2）选中单元格 B2 进行格式设置，标注红色底色，字体加粗倾斜，如图 2-196 所示。

3）单击“停止录制”按钮，录制宏过程结束，代码也被保存了下来。如图 2-197 所示，录制宏脚本存储在个人宏工作簿（PERSONAL.XLSB）下面的模块 1 中。但是，执行录制的脚本时会发现，只能对单元格 B2 进行格式设置，因为录制宏脚本是一种 VBA 编程的

简约化方法，相对比较死板，所以需要对生成的 VBA 脚本进行简单的修改，才能实现对选中的单元格进行格式设置。

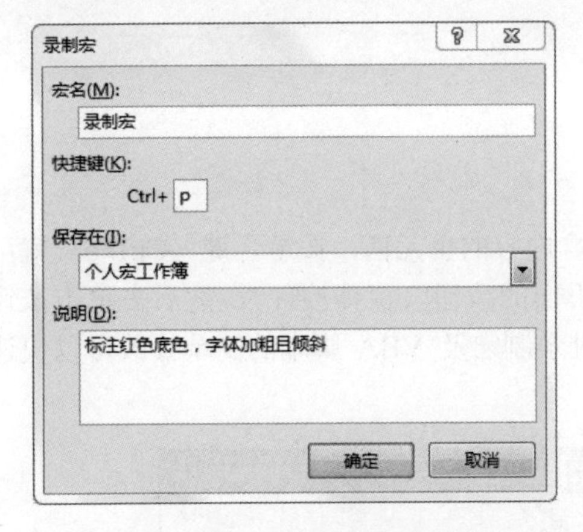

图 2-195 “录制宏”对话框

	A	B	C
1	区　域	实际完率%	预测完成率%
2	安徽区域	133	130
3	湖北区域	100	105
4	上海区域	92	90
5	江苏A区域	114	120
6	江苏B区域	124	108
7	浙江A区域	100	105
8	浙江B区域	100	110

图 2-196　对单元格进行格式设置

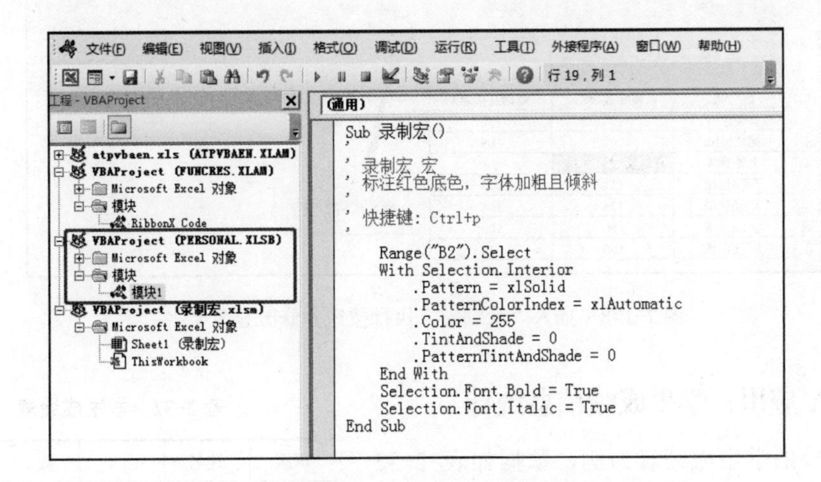

图 2-197 “录制宏”脚本

4）修改 VBA 宏脚本，实现对选中单元格进行格式设置，代码如下：

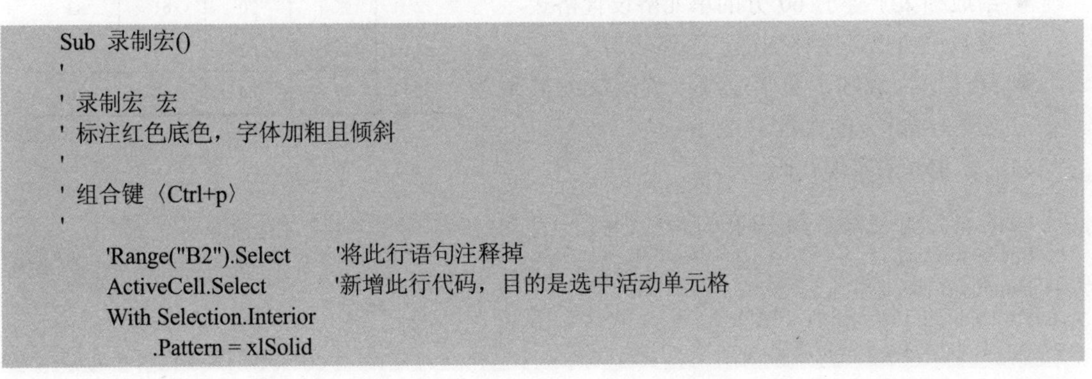

```
Sub 录制宏()
'
' 录制宏 宏
' 标注红色底色，字体加粗且倾斜
'
' 组合键〈Ctrl+p〉
'
    'Range("B2").Select       '将此行语句注释掉
    ActiveCell.Select         '新增此行代码，目的是选中活动单元格
    With Selection.Interior
        .Pattern = xlSolid
```

```
            .PatternColorIndex = xlAutomatic
            .Color = 255
            .TintAndShade = 0
            .PatternTintAndShade = 0
        End With
        Selection.Font.Bold = True
        Selection.Font.Italic = True
End Sub
```

5）改完 VBA 脚本，然后去选中任意一个包含内容的单元格，按组合键〈Ctrl+p〉就可以实现这个功能。用户也可以通过插入表单控件里面的按钮（窗体控件），然后去单击按钮执行脚本，操作步骤如图 2-198 所示。因此，通过录制宏及 VBA 脚本的简单修改可以快速完成对单元格格式的调整。

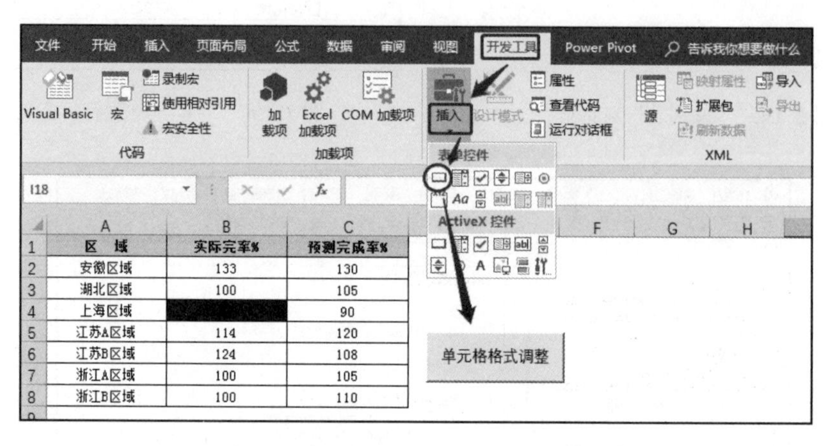

区 域	实际完率%	预测完成率%
安徽区域	133	130
湖北区域	100	105
上海区域		90
江苏A区域	114	120
江苏B区域	124	108
浙江A区域	100	105
浙江B区域	100	110

图 2-198　插入“录制宏”执行按钮并修改显示文字

2.5.3　VBA 应用：学生成绩信息统计

以某学校的学生成绩表为例，数据如表 2-32 所示。字段包括班级、姓名、语文成绩、数学成绩、英语成绩，请用 VBA 实现如下两个需求：

- 给成绩大于等于 60 分的单元格设置格式，背景色蓝色，字体加粗，字体倾斜。
- 统计语文成绩、数学成绩、英语成绩都大于等于 60 分的人数。

表 2-32　学生成绩表

班级	姓名	语文	数学	英语
1	王明	97	58	96
1	李阳	57	40	99
2	张非	70	61	83
2	赵丽	82	78	63
2	陈生	44	67	16

（1）需求一的实现代码

```
'（1）给成绩大于等于 60 分的单元格设置格式，背景色蓝色，字体加粗，字体倾斜
Sub st_format()
Dim rng As Range
For Each rng In Range("C2:E6")
    If rng.Value >= 60 Then
```

```
            rng.Select
            rng.Interior.ColorIndex = 8
            rng.Font.Bold = True
            rng.Font.Italic = True
        End If
Next
End Sub
```

执行结果如图 2-199 所示。

（2）需求二的实现代码

```
'（2）统计语文成绩、数学成绩、英语成绩都大于等于 60 分的人数
Sub st_count()
Dim i%, j%, max_row%
max_row = Sheets(1).Range("a10000").End(xlUp).Row '读取单元格区域的最大行数
For i = 2 To max_row
    For j = 3 To 5
        If Cells(i, j) >= 60 Then
            Count = Count + 1
        End If
    Next
    If Count = 3 Then
        num = num + 1
    End If
    Count = 0
Next
MsgBox "语文、数学、英语成绩都大于等于 60 分的人数为：" & num & "个！"
End Sub
```

执行结果如图 2-200 所示。

	A	B	C	D	E
1	班级	姓名	语文	数学	英语
2	1	王明	97	58	96
3	1	李阳	57	40	99
4	2	张非	70	61	83
5	2	赵丽	82	78	63
6	2	陈生	44	67	16

图 2-199　需求一对应的脚本执行结果

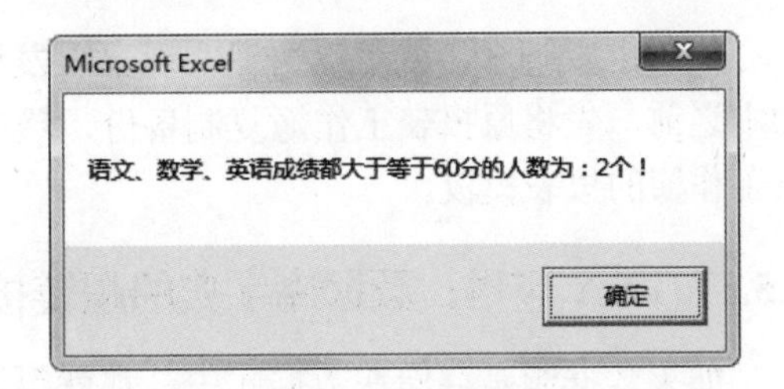

图 2-200　需求二对应的脚本执行结果

2.5.4　VBA 应用：报表发送前的一键优化

日常基于 Excel 制作的报表都有专门的工作表存储数据源，通过一系列的函数或者透视表进行制作。由于很多报表的数据源比较大，导致每次打开工作簿的速度比较慢。因此，在发送报表前将公式全部粘贴成数值，并且将数据源删除，是比较明智的选择，方便他人能够快速打开报表并阅读。

假设某 Excel 报表中共有 5 张工作表，工作表分别为“区域报表”“城市报表”“门店报

表”“数据源 1”“数据源 2”，如图 2-201 所示。发送报表之前先将前 3 张工作表的公式全部粘贴成数值，然后将后两张工作表删除。

图 2-201　报表优化前所有工作表名称

报表优化代码如下：

```
Sub report_optimize()
'取消警告提示，防止删除工作表时弹出提示框
Application.DisplayAlerts = False
Dim i%, j%
'循环将公式全部粘贴成值
For i = 1 To Sheets.Count - 2
    Sheets(i).Select
    Cells.Select
    Selection.Copy
Selection.PasteSpecial Paste:=xlPasteValues
'清空剪贴板的内容
    Application.CutCopyMode = False
Next
'删除数据源
For j = 1 To 2
    Sheets(Sheets.Count).Delete
Next
Application.DisplayAlerts = True
End Sub
```

执行上段脚本，就可以快速实现报表发送前的一键优化。在这里提醒一下大家，在执行脚本之前，先将原报表工作簿复制备份，然后在复制工作簿里面执行 VBA 脚本，以免破坏原工作簿的报表模板。

2.5.5　VBA 应用：数据库字典的超链接

如果数据源是存储在数据库中，那就得制作一张数据库字典，方便所有操作数据库的人能够快速掌握数据库的框架结构。利用 Excel 制作数据库字典比较方便快捷，是一个不错的选择。Excel 数据库字典的基本结构如图 2-202 所示。在一般情况下，Excel 工作簿的第一张工作表是目录页，内容包含所有的表名和表名解释。

第二张工作表开始是每个独立表的名称（也可以是某一类表的定义名称），内容包括表名、字段、字段解释、备注等，如图 2-203 所示。

当业务表数目较多的时候，用户在切换目录和业务表之间就显得不是很方便。此时，通过添加超链接可以实现快速切换。VBA 语法里面的 ActiveSheet. Hyperlinks.Add 方法可以实现快速添加超链接，代码如下：

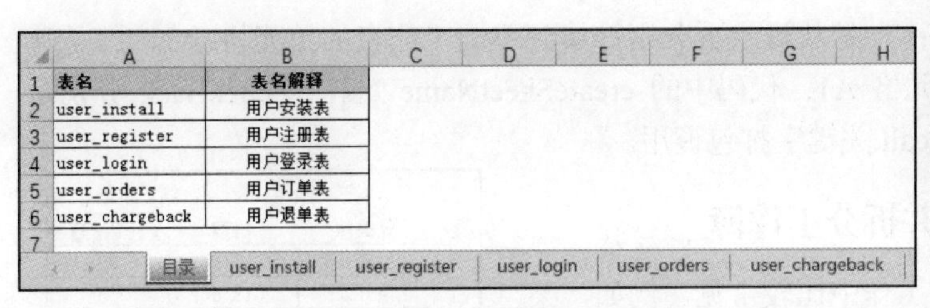

表名	表名解释
user_install	用户安装表
user_register	用户注册表
user_login	用户登录表
user_orders	用户订单表
user_chargeback	用户退单表

图 2-202　数据库字典目录页

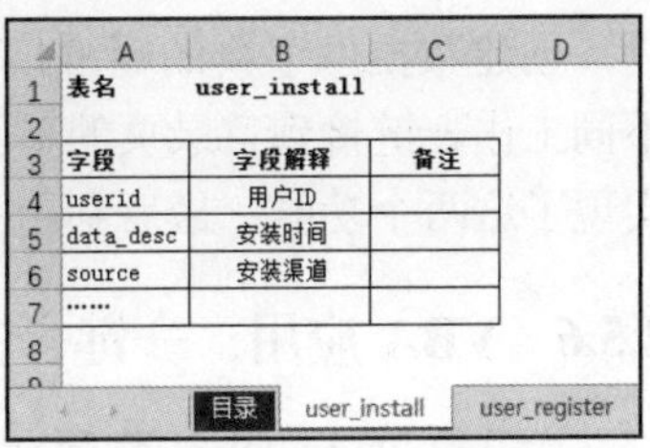

表名	user_install	
字段	字段解释	备注
userid	用户ID	
data_desc	安装时间	
source	安装渠道	
……		

图 2-203　user_install 表的结构定义

```
Sub createSheetName()
Application.ScreenUpdating = False
Dim i%
For i = 2 To ActiveWorkbook.Sheets(1).Range("a100000").End(xlUp).Row
    '新建工作表
    Sheets.Add After:=Sheets(Sheets.Count)
    '给工作表赋名称
    Sheets(Sheets.Count).Name = ActiveWorkbook.Sheets(1).Cells(i, 1)
    ActiveWorkbook.Sheets(1).Select
    ActiveSheet.Cells(i, 1).Select
    t = ActiveSheet.Cells(i, 1)
    '添加超链接
    ActiveSheet.Hyperlinks.Add Anchor:=Selection, Address:="", SubAddress:=t & "!A1", ScreenTip:="进入"
Next
Application.ScreenUpdating = True
End Sub

'生成返回按钮
Sub clickBack()
Application.ScreenUpdating = False
Dim i%
For i = 2 To ActiveWorkbook.Sheets(1).UsedRange.Rows.Count
    Sheets(i).Cells(1, 1) = "表名"
    Sheets(i).Cells(1, 2) = Sheets(1).Cells(i, 1)
    Sheets(i).Select
    Sheets(i).Cells(1, 1).Select
    '添加超链接
    ActiveSheet.Hyperlinks.Add Anchor:=Selection, Address:="", SubAddress:="目录!A1", ScreenTip:=
"进入"
Next
Application.ScreenUpdating = True
End Sub

Sub total()
'利用 call 调用其他子过程
Call createSheetName
Call clickBack
MsgBox "执行完毕！"
End Sub
```

创建数据库字典的超链接：一是从目录页分别链接到不同工作表的单元格 A1，二是从不同工作表链接到目录页的单元格 A1；代码中的 createSheetName 过程和 clickBack 分别是实现了这两个功能，最后利用 call 关键字打包调用。

2.5.6 VBA 应用：一键合并拆分工作簿

合并拆分 Excel 工作簿在工作中比较常见。例如，某公司在全国有 10 家分公司，所有分公司采用的手工制作的报表格式一致，数据均为 15 行 3 列，字段包括分公司、日期、业绩，日期范围均为 2018-06-01 到 2018-06-15，部分数据如图 2-204 所示。公司总部的数据分析同事每天都要合并这 10 家分公司的 Excel 工作簿数据到一个工作簿的某个工作表中。高效快速合并这些报表可以节约时间且减少失误，下面提供工作簿合并的两种方法。

	A	B	C
1	分公司	日期	业绩/万
2	北京分公司	2018/6/1	89
3	北京分公司	2018/6/2	55
4	北京分公司	2018/6/3	66
5	北京分公司	2018/6/4	74
6	北京分公司	2018/6/5	75
7	北京分公司	2018/6/6	96
8	北京分公司	2018/6/7	69
9	北京分公司	2018/6/8	76
10	北京分公司	2018/6/9	58
11	北京分公司	2018/6/10	82
12	北京分公司	2018/6/11	77
13	北京分公司	2018/6/12	40
14	北京分公司	2018/6/13	64
15	北京分公司	2018/6/14	55

图 2-204　上海分公司数据

1．Power Query 查询合并工作簿

Excel 2016 版本里集成了 Power Query 的功能，用户可以通过强大的查询利器来合并 10 家分公司的数据。步骤如下：

1）单击“数据|获取和转换|新建查询”命令，下拉菜单里面选择“从文件”，然后在二级菜单里面单击“从文件夹”选项，如图 2-205 所示。

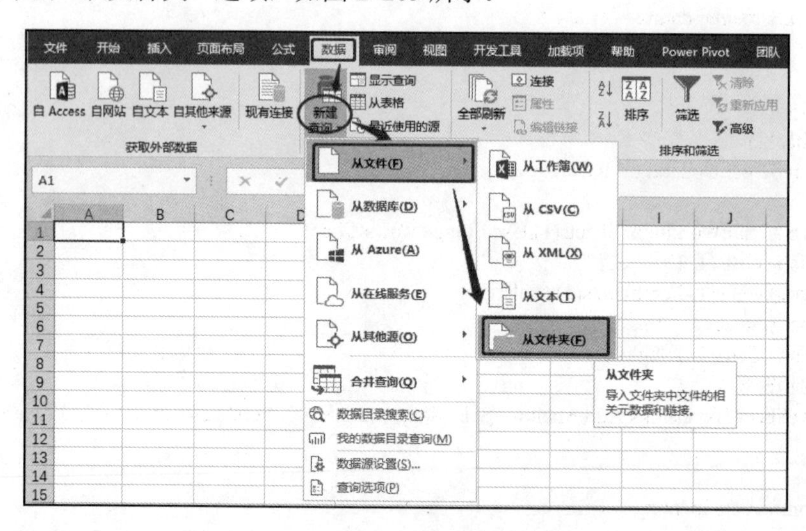

图 2-205　单击“从文件夹”选项

2）在“文件夹”对话框里面浏览需要合并的工作簿所属文件夹的路径，这里 10 家分公司的工作簿存储在计算机桌面上，设置文件夹路径为“C:\Users\Administrator\Desktop\城市报表合并”，然后单击“确定”按钮，如图 2-206 所示。

3）进入合并文件属性对话框，这里会展示需要合并的 10 家分公司的工作簿数据信息，单击“组合”按钮，在下拉菜单里面选择“合并和加载到…”按钮，如图 2-207 所示。

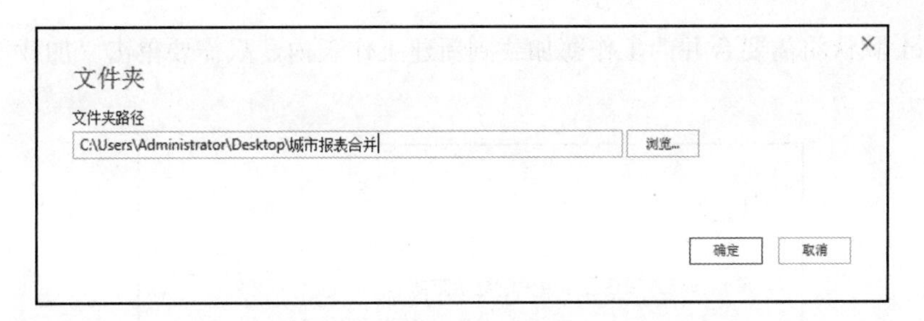

图 2-206　选择合并文件对应的文件夹名称

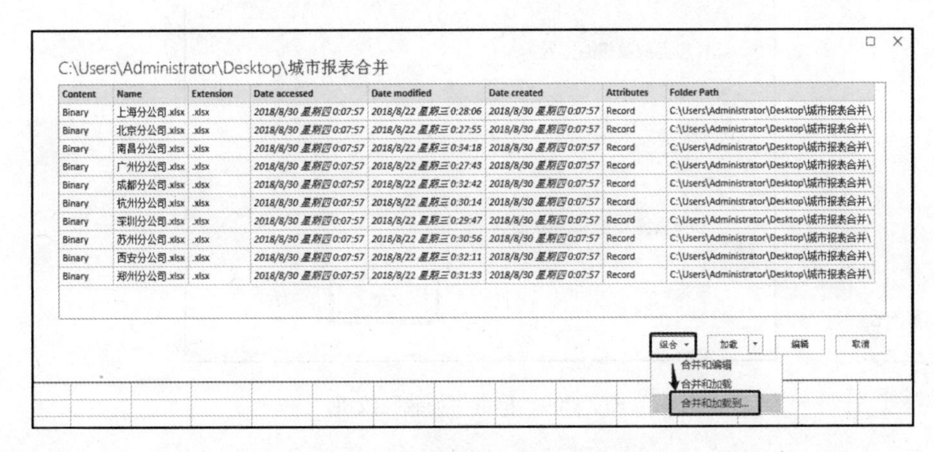

图 2-207　预览所有合并文件的信息

4）合并文件的数据预览对话框，可以预览任意一个合并工作簿的数据，然后单击“确定”按钮，进入下一步，如图 2-208 所示。

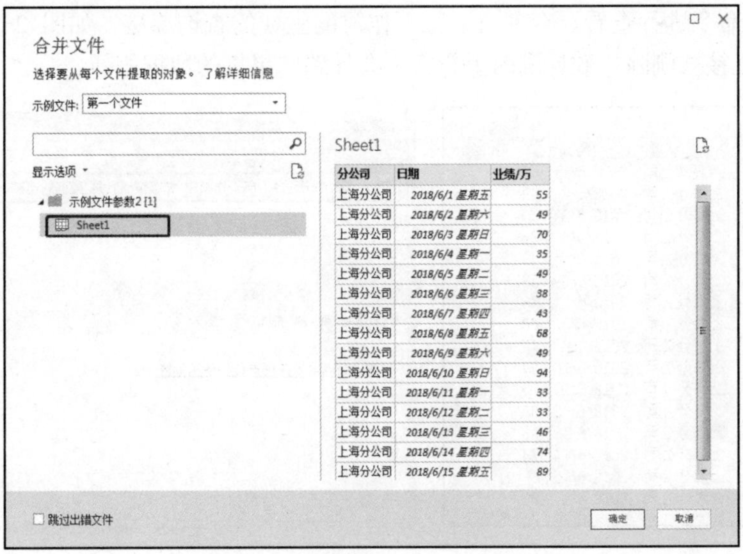

图 2-208　预览第一个文件的数据内容

5）Excel 默认将需要合并的工作簿加载到新建工作表内，只需要单击“加载”按钮，如图 2-209 所示。

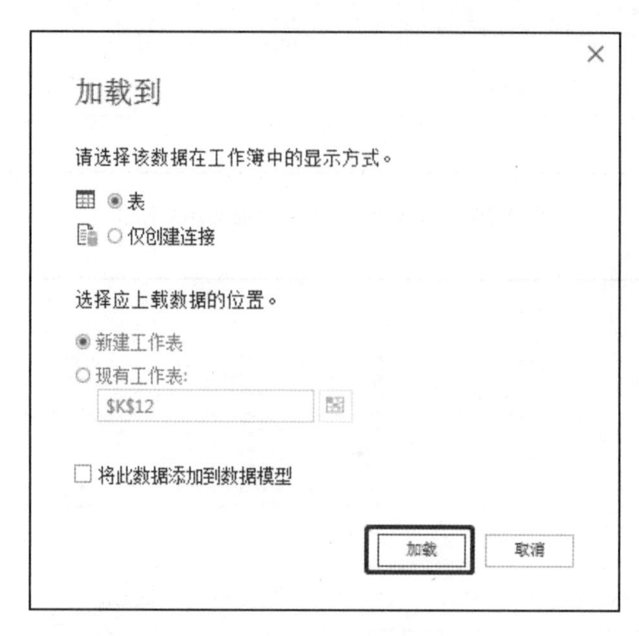

图 2-209　单击“加载”按钮

6）通过 Power Query 合并工作簿的结果，如图 2-210 所示，显示结果比数据源本身的字段多了一个字段，字段里面存储的是每个工作簿的名称。另外需要注意的是，当这 10 张工作簿的数据发生变化（增加或者减少）时，单击“数据|连接|全部刷新”命令可以实现合并数据的更新。因为 Power Query 工具查询过的数据会有查询连接存在，连接可以通过“数据|连接|连接”命令进行查看。合并 10 张工作簿的生成的查询连接，如图 2-211 所示。此外，一旦数据连接被删除，数据源的更新将不会导致结果集的数据刷新。

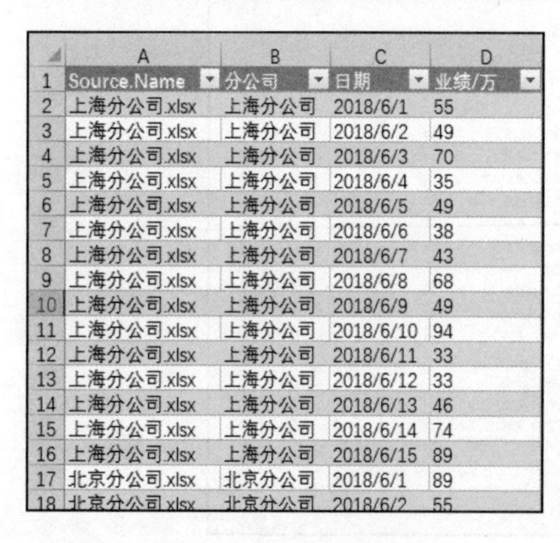

	A	B	C	D
1	Source.Name	分公司	日期	业绩/万
2	上海分公司.xlsx	上海分公司	2018/6/1	55
3	上海分公司.xlsx	上海分公司	2018/6/2	49
4	上海分公司.xlsx	上海分公司	2018/6/3	70
5	上海分公司.xlsx	上海分公司	2018/6/4	35
6	上海分公司.xlsx	上海分公司	2018/6/5	49
7	上海分公司.xlsx	上海分公司	2018/6/6	38
8	上海分公司.xlsx	上海分公司	2018/6/7	43
9	上海分公司.xlsx	上海分公司	2018/6/8	68
10	上海分公司.xlsx	上海分公司	2018/6/9	49
11	上海分公司.xlsx	上海分公司	2018/6/10	94
12	上海分公司.xlsx	上海分公司	2018/6/11	33
13	上海分公司.xlsx	上海分公司	2018/6/12	33
14	上海分公司.xlsx	上海分公司	2018/6/13	46
15	上海分公司.xlsx	上海分公司	2018/6/14	74
16	上海分公司.xlsx	上海分公司	2018/6/15	89
17	北京分公司.xlsx	北京分公司	2018/6/1	89
18	北京分公司.xlsx	北京分公司	2018/6/2	55

图 2-210　合并结果预览

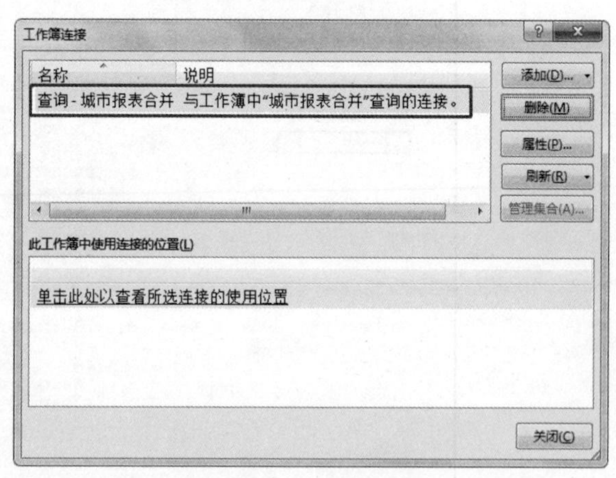

图 2-211　查看工作簿连接信息

2．VBA 脚本合并工作簿

利用 VBA 脚本可以灵活且高效地对多个工作簿进行合并，合并的思路为：循环打开工作簿->数据复制->循环关闭工作簿。这里使用 Do…While 语句进行循环，Dir 函数实现文件夹遍历。

下面还是以 10 家分公司的数据合并为例，合并工作簿代码如下：

```
Sub unionWks()
'关闭屏幕更新提高 VBA 宏的执行速度
Application.ScreenUpdating = False
'取消警告提示，防止删除工作表时弹出提示框
Application.DisplayAlerts = False

Dim path$, nm$, dirname$
'清空当前工作表
Cells.Clear
nm = ActiveWorkbook.Name '获取当前激活工作簿的名称

'存储工作簿的文件夹目录位置
path = "C:\Users\Administrator\Desktop\城市报表合并"

'dir 文件夹路径可以获取文件夹目录内的第一个工作簿名称（上海分公司.xlsx）
dirname = Dir(path & "\*.xlsx")

'循环合并工作簿
Do While dirname <> ""
    '循环打开工作簿
    Workbooks.Open Filename:=path & "\" & dirname
    '复制标题
    Workbooks(dirname).Sheets(1).Range("a1:c1").Copy Workbooks(nm).Sheets(1).Range("a1")
    '复制内容
    Workbooks(dirname).Sheets(1).UsedRange.Offset(1, 0).Copy _
    Workbooks(nm).Sheets(1).Range("a100000").End(xlUp).Offset(1, 0)
    '保存遍历工作簿
    Workbooks(dirname).Save
    Workbooks(dirname).Close
    'dir()方法实现遍历到下一个工作簿
    dirname = Dir()
Loop

'打开屏幕更新
Application.ScreenUpdating = True
'打开警告提示
Application.DisplayAlerts = True
MsgBox "合并完毕！"
End Sub
```

VBA 脚本合并工作簿结果如图 2-212 所示，每次执行合并工作簿只需要单击“合并工作簿”按钮，就可以实现合并功能。

	A	B	C	D	E
1	分公司	日期	业绩/万		
2	上海分公司	2018/6/1	65		
3	上海分公司	2018/6/2	49		
4	上海分公司	2018/6/3	70	合并工作簿	
5	上海分公司	2018/6/4	35		
6	上海分公司	2018/6/5	49		
7	上海分公司	2018/6/6	38		
8	上海分公司	2018/6/7	43		
9	上海分公司	2018/6/8	68		
10	上海分公司	2018/6/9	49		
11	上海分公司	2018/6/10	94		
12	上海分公司	2018/6/11	33		
13	上海分公司	2018/6/12	33		
14	上海分公司	2018/6/13	46		
15	上海分公司	2018/6/14	74		
16	上海分公司	2018/6/15	89		
17	北京分公司	2018/6/1	89		
18	北京分公司	2018/6/2	55		
19	北京分公司	2018/6/3	66		
20	北京分公司	2018/6/4	74		

图 2-212　VBA 脚本合并工作簿结果

3．VBA 脚本拆分工作簿

如果将上述合并工作簿的任务反过来执行，就是将单个工作表里面的数据分别拆分到不同工作簿。利用 VBA 脚本拆分工作簿也是非常灵活且便利的，这里需要注意的是拆分之前对核心拆分字段进行排序可以提高拆分效率（例如，分公司字段排序），VBA 里排序用的是 Range.Sort 这个方法，拆分工作簿代码如下：

```
Sub splitSht()
'关闭屏幕更新提高 VBA 宏的执行速度
Application.ScreenUpdating = False

Dim i%, m%, nm$, spnm$, path$
m = 2
nm = ActiveWorkbook.Name '获取当前激活工作簿的名称
path = ActiveWorkbook.path

'调用 sort 方法进行排序
Worksheets(1).UsedRange.sort Key1:=Worksheets(1).Range("A1"), _
Order1:=xlAscending, _
Header:=xlGuess, _
SortMethod:=xlPinYin   '拼音排序法
'循环拆分工作簿
For i = 2 To ActiveWorkbook.Sheets(1).Range("a10000").End(xlUp).Row
    If Workbooks(nm).Sheets(1).Cells(i, 1) <> Workbooks(nm).Sheets(1).Cells(i + 1, 1) Then
        Workbooks.Add
        spnm = ActiveWorkbook.Name
        '复制标题
        Workbooks(nm).Sheets(1).Range("a1:c1").Copy Workbooks(spnm).Sheets(1).Range("a1")
        Workbooks(nm).Activate
```

```
            '复制内容
            Workbooks(nm).Sheets(1).Range(Cells(m, 1), Cells(i, 3)).Copy _
            Workbooks(spnm).Sheets(1).Range("a2")
            '另存新建拆分工作簿
            Workbooks(spnm).SaveAs Filename:=path & "\" & Cells(i, 1) & ".xlsx"
            '关闭新建拆分工作簿
            Workbooks(Cells(i, 1) & ".xlsx").Close
            m = i + 1
        End If
    Next

    '打开屏幕更新
    Application.ScreenUpdating = True
    MsgBox "拆分完毕！"
    End Sub
```

执行完拆分工作簿的 VBA 脚本的结果如图 2-213 所示，可以看到 10 家分公司的工作簿按照拼音顺序全部拆分到当前文件夹目录里。

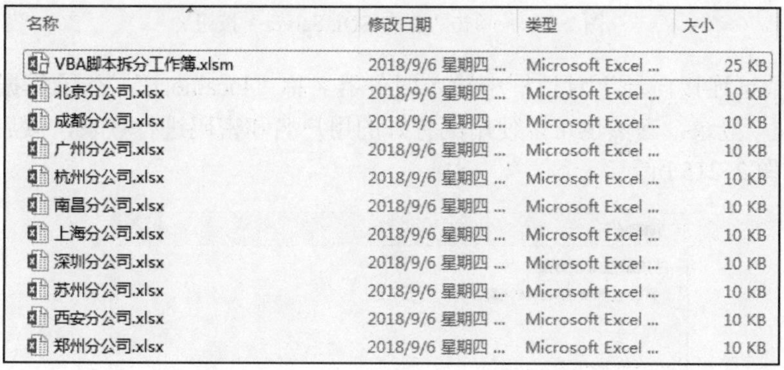

名称	修改日期	类型	大小
VBA脚本拆分工作簿.xlsm	2018/9/6 星期四 ...	Microsoft Excel ...	25 KB
北京分公司.xlsx	2018/9/6 星期四 ...	Microsoft Excel ...	10 KB
成都分公司.xlsx	2018/9/6 星期四 ...	Microsoft Excel ...	10 KB
广州分公司.xlsx	2018/9/6 星期四 ...	Microsoft Excel ...	10 KB
杭州分公司.xlsx	2018/9/6 星期四 ...	Microsoft Excel ...	10 KB
南昌分公司.xlsx	2018/9/6 星期四 ...	Microsoft Excel ...	10 KB
上海分公司.xlsx	2018/9/6 星期四 ...	Microsoft Excel ...	10 KB
深圳分公司.xlsx	2018/9/6 星期四 ...	Microsoft Excel ...	10 KB
苏州分公司.xlsx	2018/9/6 星期四 ...	Microsoft Excel ...	10 KB
西安分公司.xlsx	2018/9/6 星期四 ...	Microsoft Excel ...	10 KB
郑州分公司.xlsx	2018/9/6 星期四 ...	Microsoft Excel ...	10 KB

图 2-213　VBA 脚本拆分工作簿结果

2.5.7　VBA 应用：从数据库获取并更新数据

在一般情况下，报表的数据源是存储在数据库中的，当数据量不是特别大的时候，可以考虑将数据从数据库中抽取到 Excel 表中，作为报表开发的数据源，这样可以提高报表的开发效率。开发 Excel 自动化报表一方面可以提高工作效率，另一方面可以把工作重点放在指标解读和业务分析上。

以企业信息表的数据为例，该数据源在 SQL Server 数据库中的“exercise_sql”库内，表名是“company_info”，下面提供 3 种方法从 SQL Server 数据库中获取数据：第一种方法是通过旧版 Excel 的“数据|获取外部数据|自其他来源”下的“来自 SQL Server”的命令来实现，这里的旧版是指的 Excel 2016 之前版本就存在的功能；第二种方法是通过新版 Excel 的“数据|获取和转换|新建查询|从数据库”下的“从 SQL Server 数据库”的命令来实现，这里的新版指的是 Excel 2016 版本集成的功能；第三种方法是通过编写 VBA 脚本来实现连接

SQL Server 数据库，然后获取并更新数据。

1. 旧版 Excel 连接 SQL Server 数据库

1）单击“数据|获取外部数据|自其他来源”命令，在下拉菜单里面单击“来自 SQL Server”，如图 2-214 所示。

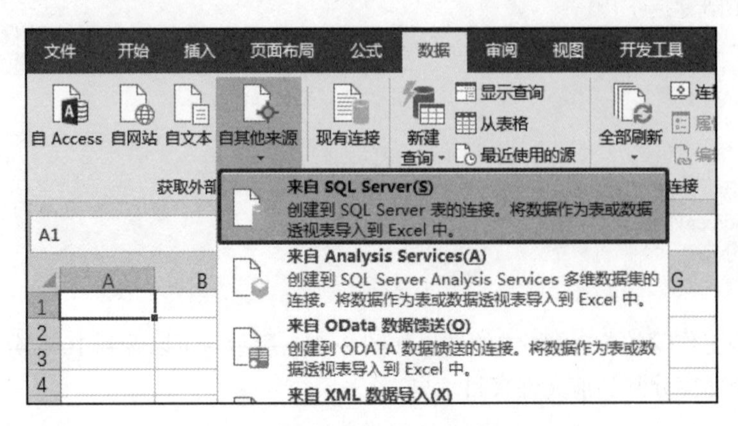

图 2-214　单击“来自 SQL Server”按钮

2）在“数据连接向导”对话框中输入服务器名称“localhost”，登录凭据选择“使用 Windows 验证”登录，当然也可以使用配置好的用户名和密码进行登录，然后单击“下一步”按钮，如图 2-215 所示。

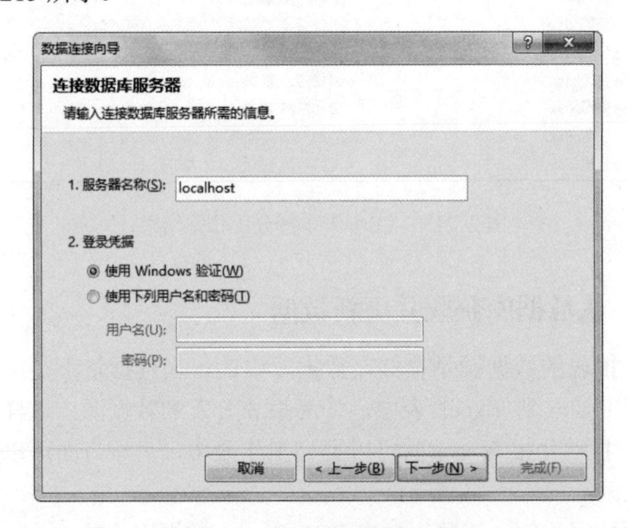

图 2-215　配置数据库连接参数

3）“选择数据库和表”的对话框里选择应对的数据库，下面会出现当前选择库中的所有表，选定其中一张数据表。这里选择的数据库名称是“exercise_sql”，数据表名称是“company_info”，然后单击“下一步”按钮，继续单击“完成”按钮，如图 2-216 所示。

4）“导入数据”对话框里选择数据的存储位置设置为“现有工作表”的单元格 A1，然后单击“确定”按钮，如图 2-217 所示。

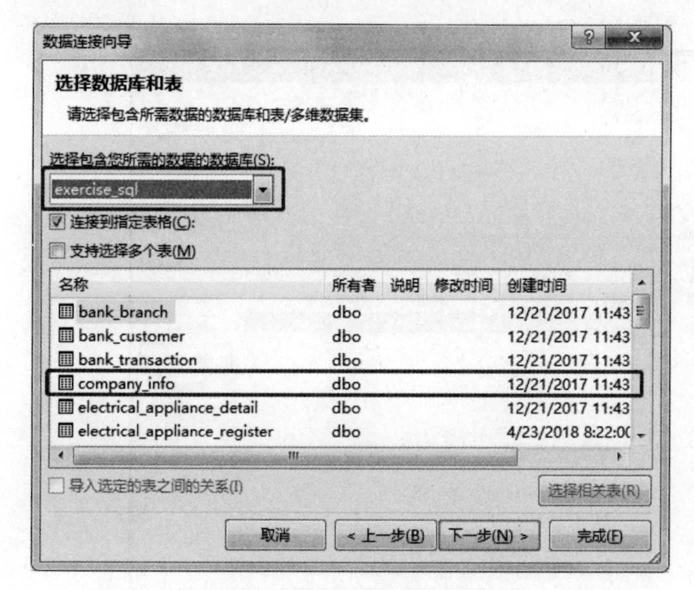

图 2-216　选择数据库和数据表

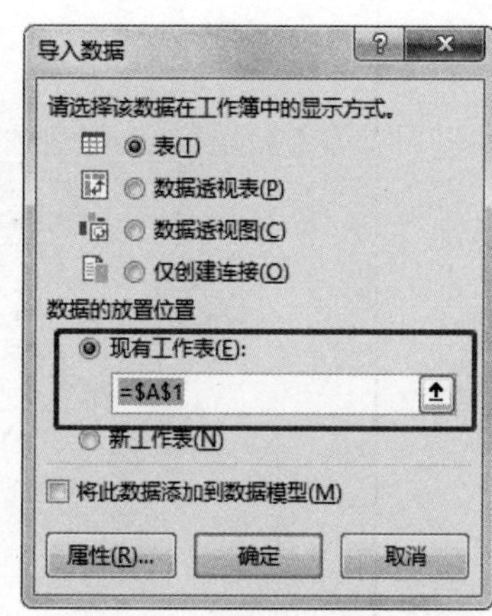

图 2-217　选择数据存储位置

5）成功将企业信息表“company_info”从本地 SQL Server 数据库里面导入到 Excel 表格中，数据如图 2-218 所示。

	A	B	C	D	E	F	G
1	ID	company_name	artificial_person	address	type	regist_date	score
2	7	三橙	李明	松江区新飞路xxx号	合伙	2017-07-30	92
3	2	飞翔	林峰	嘉定区曹安公路xxx号	外资	2017-02-05	86
4	5	永亨	袁承志	虹口区四平路xxx号	国企	2017-06-20	80
5	6	嘉志	刘备	松江区广富林路xxx弄	外资	2017-06-25	80
6	1	宏志	李白	徐汇区龙华西路xxx号	国企	2017-01-01	78
7	8	三数	曾诚	奉贤区奉飞路xxx号	合伙	2017-09-03	77
8	4	明源	宋江	浦东新区金京路xxx号	国企	2017-04-16	69
9	3	天泰	张三丰	金山区朱平公路xxx号	外资	2017-03-12	45

图 2-218　导入数据结果

当然，旧版 Excel 连接 SQL Server 数据库的方法可以完美地将整张表导入到 Excel 表格中，如果只需要数据表的部分数据，也可以编写 SQL 进行查询，下面利用 SQL 语句查询企业信息表的部分数据。步骤如下：

1）单击“数据|连接|连接”命令，在“工作簿连接”对话框中单击“属性”按钮，如图 2-219 所示。

2）“属性”对话框里选择“定义”选项卡，然后在“命令类型”里面选择“SQL”选项，“命令文本”栏里面输入 SQL 语句（SQL 语句会在本书第 3 章进行详细介绍），如图 2-220 所示。SQL 语句如下：

```
select company_name,address,score
```

```
from company_info
where type  ='国企'
```

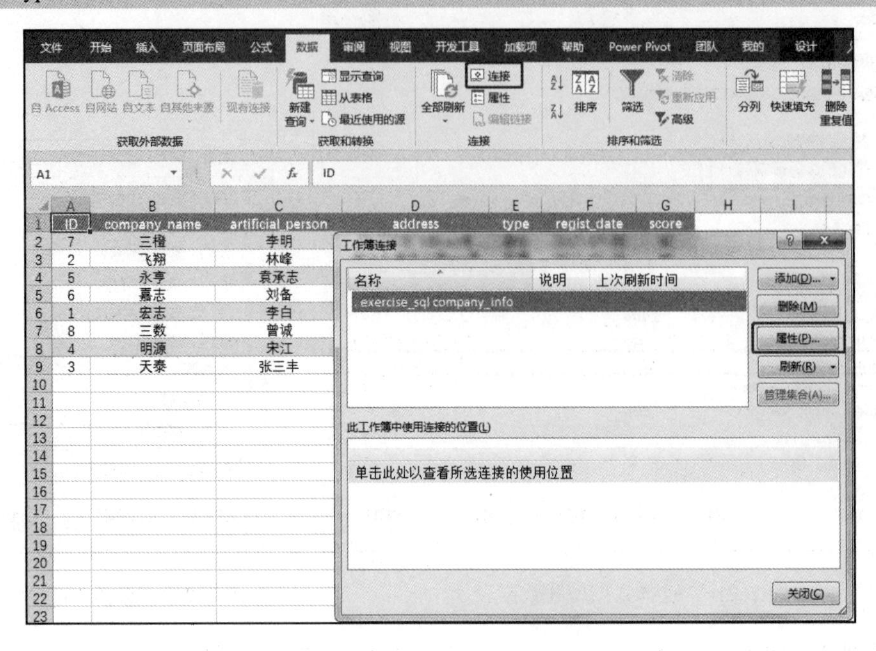

图 2-219 “工作簿连接”对话框

3）SQL 语句输入结束，单击“确定”按钮，查询并返回到 Excel 工作表中的数据如图 2-221 所示，实现了对原数据表的行列筛选。

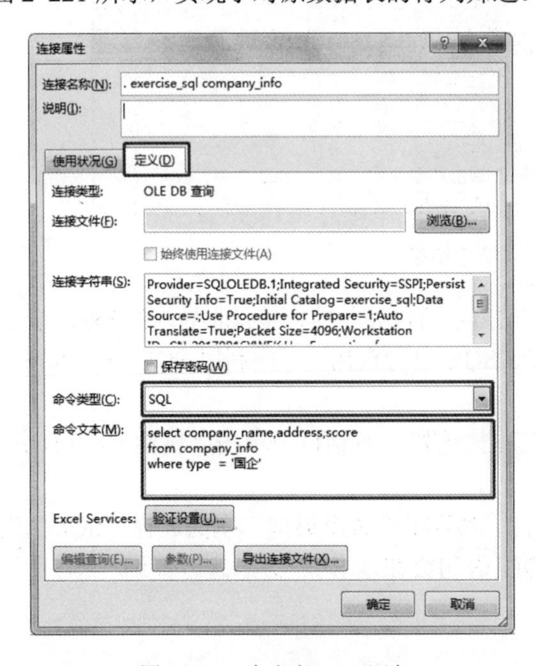

图 2-220 自定义 SQL 语句

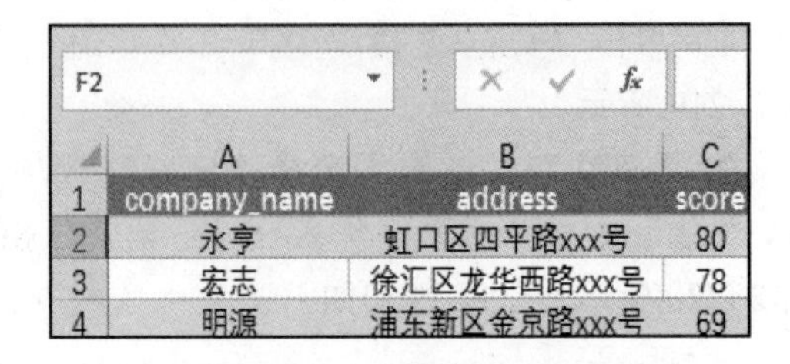

company_name	address	score
永亨	虹口区四平路xxx号	80
宏志	徐汇区龙华西路xxx号	78
明源	浦东新区金京路xxx号	69

图 2-221 查询部分数据结果

2．新版 Excel 连接 SQL Server 数据库

1）单击“数据|获取和转换|新建查询”命令，在下拉菜单里面单击“从数据库”，展开的二级菜单里面选择“从 SQL Server 数据库”，如图 2-222 所示。

图 2-222　单击“从 SQL Server 数据库”按钮

2）在 SQL Server 数据库对话框中服务器栏输入“localhost”，数据库（可选）栏里面输入“exercise_sql”，然后单击“确定”按钮，如图 2-223 所示。

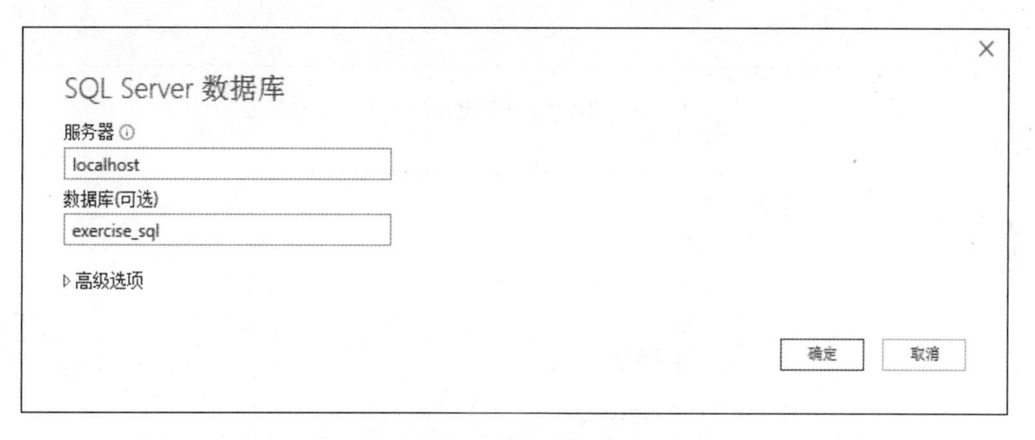

图 2-223　配置数据库连接参数

3）“导航器”对话框选择数据表“company_info”，右侧为生成的预览数据，然后单击“加载”右侧的下拉按钮，选择“加载到”，进入下一步，如图 2-224 所示。

4）在“加载到”对话框中选择上载数据存储的位置为“现有工作表”的单元格$A$1，然后单击“加载”按钮，如图 2-225 所示。

5）成功将企业信息表“company_info”从本地 SQL Server 数据库里面导入到 Excel 表格中，数据如图 2-226 所示。

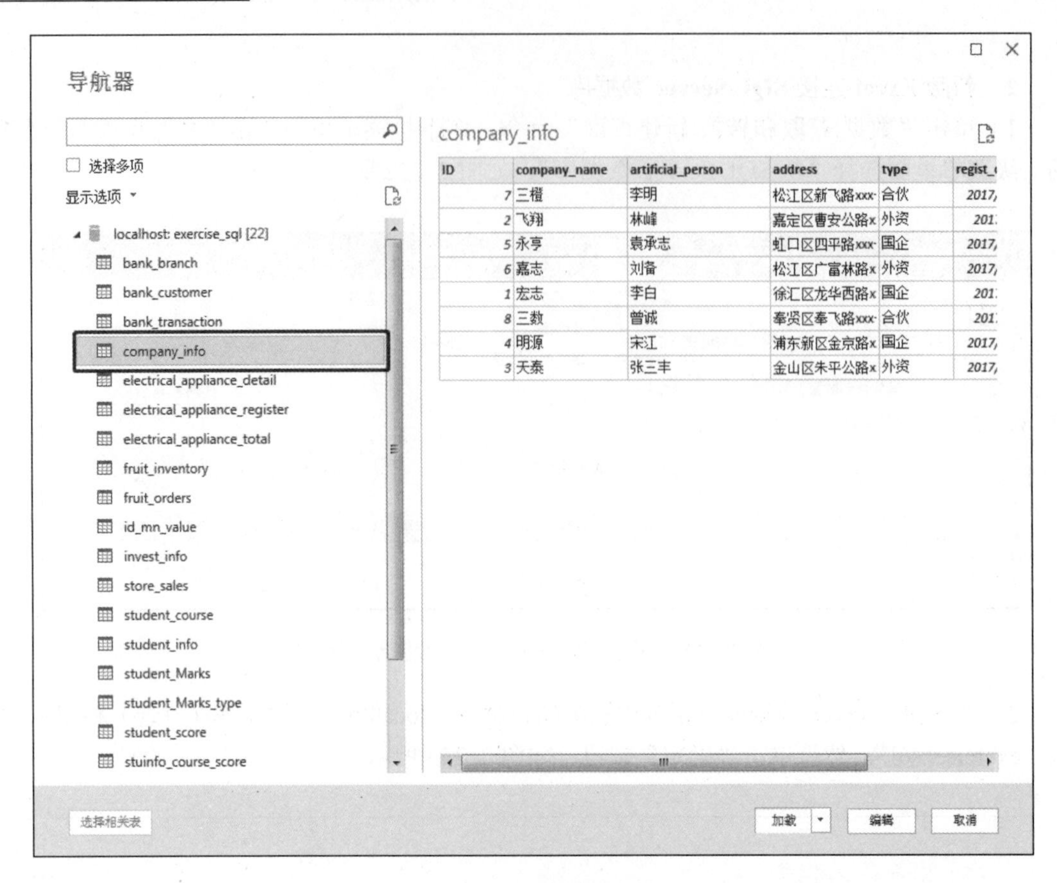

图 2-224　选择表进行预览

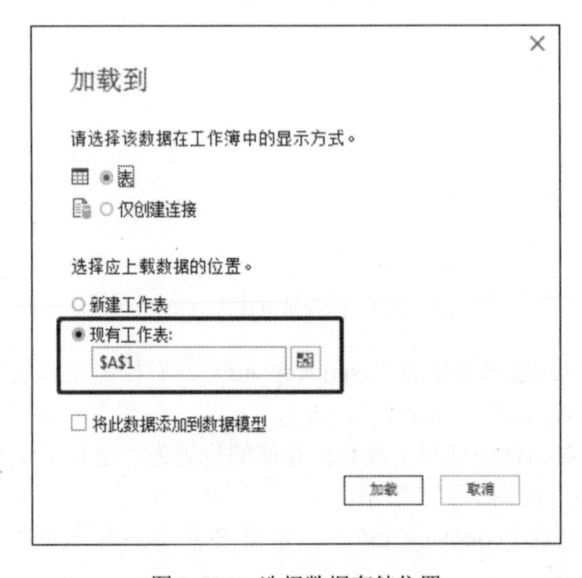

图 2-225　选择数据存储位置

	A	B	C	D	E	F	G
1	ID	company_name	artificial_person	address	type	regist_date	score
2	7	三橙	李明	松江区新飞路xxx号	合伙	2017/7/30	92
3	2	飞翔	林峰	嘉定区曹安公路xxx号	外资	2017/2/5	86
4	5	永亨	袁承志	虹口区四平路xxx号	国企	2017/6/20	80
5	6	嘉志	刘备	松江区广富林路xxx弄	外资	2017/6/25	80
6	1	宏志	李白	徐汇区龙华西路xxx号	国企	2017/1/1	78
7	8	三数	曾诚	奉贤区奉飞路xxx号	合伙	2017/9/3	77
8	4	明源	宋江	浦东新区金京路xxx号	国企	2017/4/16	69
9	3	天泰	张三丰	金山区朱平公路xxx号	外资	2017/3/12	45

图 2-226　导入数据结果

当然，新版 Excel 连接 SQL Server 数据库的方法也可以通过编写 SQL 语句将数据表导入到 Excel 表格中，下面同样利用 SQL 语句查询企业信息表部分数据。步骤如下：

1）单击“数据|获取和转换|新建查询”命令，在下拉菜单里面单击“从数据库”，展开的二级菜单里面选择“从 SQL Server 数据库”，如图 2-227 所示。

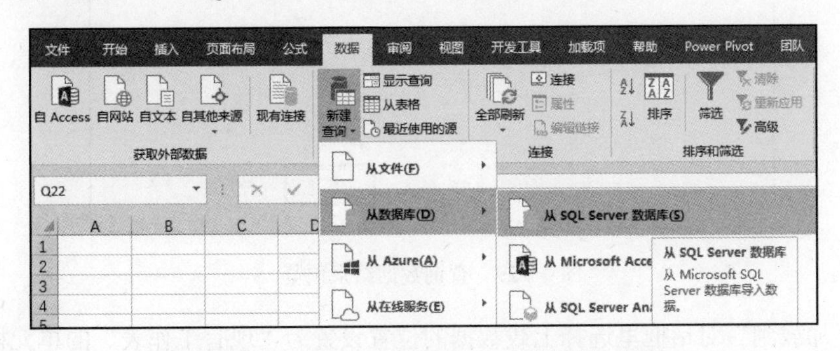

图 2-227　单击“从 SQL Server 数据库”按钮

2）在 SQL Server 数据库对话框中，服务器栏输入“localhost”，数据库（可选）栏里面输入“exercise_sql”，打开“高级选项”，在 SQL 语句栏输入相应的 SQL 语句（SQL 语句会在本书第 3 章进行详细介绍），如图 2-228 所示。其中，输入的 SQL 语句如下：

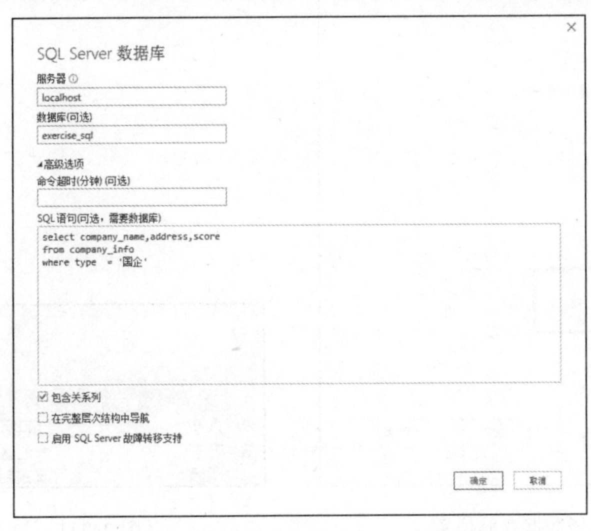

图 2-228　配置数据库连接参数以及编写 SQL 语句

```
select company_name,address,score
from company_info
where type  ='国企'
```

3）SQL 语句输入结束后，单击“确定”按钮，会出现预览数据对话框，单击“加载”右侧的下拉按钮，选择“加载到”，进入下一步，如图 2-229 所示。

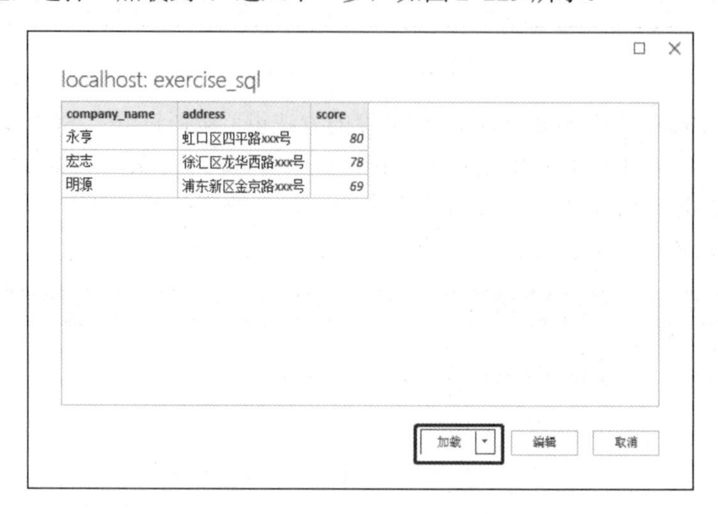

图 2-229　查询数据结果预览

4）在“加载到”对话框里选择上载数据的位置设置为“现有工作表”的单元格 A1，然后单击“加载”按钮，如图 2-230 所示。

5）成功利用 SQL 语法将企业信息表“company_info”的部分数据从本地 SQL Server 数据库里面导入到了 Excel 表格中，导入的数据如图 2-231 所示。

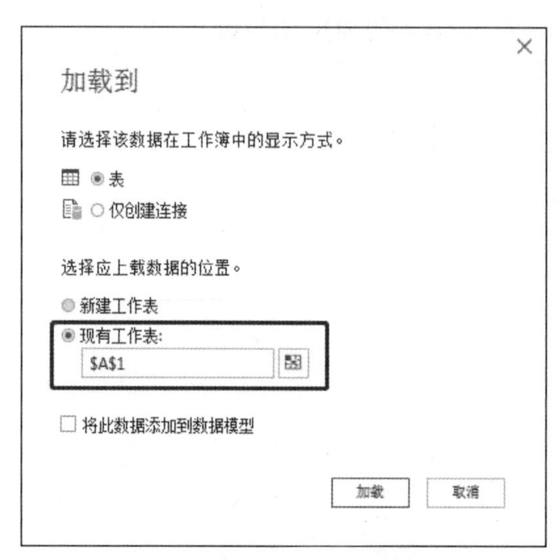

图 2-230　选择数据存储位置

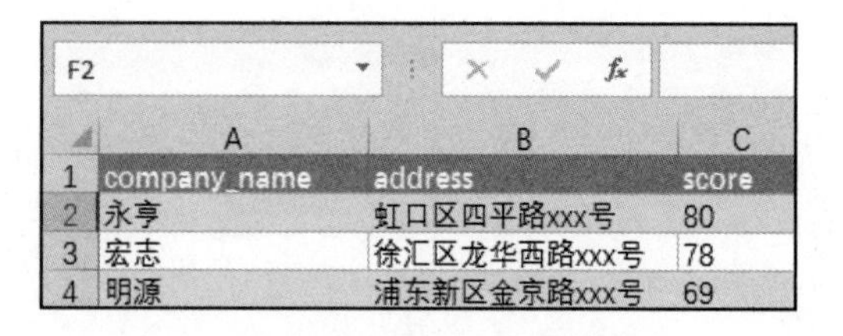

图 2-231　导入数据结果

3．编写 VBA 代码连接 SQL Server 数据库

通过编写 VBA 代码实现从 SQL Server 获取数据导入 Excel 表格中，也是实现报表自动化常用的方法。下面以抓取 SQL Server 数据库的“exercise_sql”库中的“company_info”表为例，实现步骤如下：

1）单击“开发工具|代码|Visiual Basic”命令，或者使用组合键〈Alt+F11〉打开代码编辑器对话框，如图 2-232 所示。

图 2-232　打开 VBA 编辑器对话框

2）选中左侧的“工程资源管理器”对话框中的“ThisWorkbook”，右击并选择“插入”选项下的“模块”，在新建的模块右侧的代码编辑器对话框输入 VBA 脚本，如图 2-233 所示。代码如下：

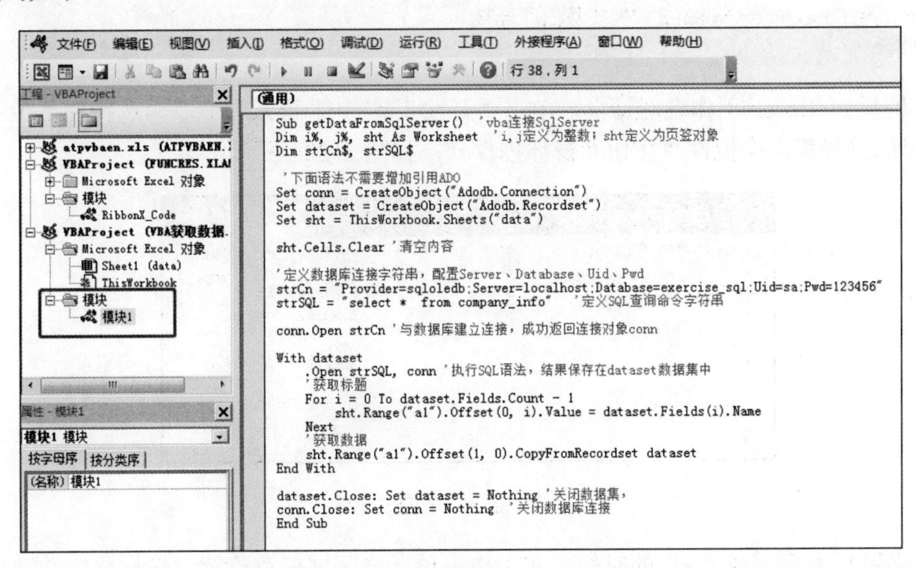

图 2-233　编辑 VBA 查询数据脚本

```
Sub getDataFromSqlServer()   'VBA 连接 SQLServer
Dim i%, j%, sht As Worksheet   'i, j 定义为整数；sht 定义为页签对象
Dim strCn$, strSQL$

 '下面语法不需要增加引用 ADO
Set conn = CreateObject("Adodb.Connection")
```

```
Set dataset = CreateObject("Adodb.Recordset")
Set sht = Sheets("data")

sht.Cells.Clear '清空内容

'定义数据库连接字符串，配置 Server、Database、Uid、Pwd
strCn = "Provider=sqloledb;Server=localhost;Database=exercise_sql;Uid=sa;Pwd=123456"
strSQL = "select *    from company_info"      '定义 SQL 查询命令字符串

conn.Open strCn '与数据库建立连接，成功返回连接对象 conn

With dataset
    .Open strSQL, conn '执行 SQL 语法，结果保存在 dataset 数据集中
    '获取标题
    For i = 0 To dataset.Fields.Count - 1
        sht.Range("a1").Offset(0, i).Value = dataset.Fields(i).Name
    Next
    '获取数据
    sht.Range("a1").Offset(1, 0).CopyFromRecordset dataset
End With

dataset.Close: Set dataset = Nothing '关闭数据集,
conn.Close: Set conn = Nothing    '关闭数据库连接
End Sub
```

3）切换到 Excel 工作表对话框，单击“开发工具|控件|插入”命令，选择在下拉“表单控件”里面选择第一个控件“按钮（窗体控件）”，如图 2-234 所示。

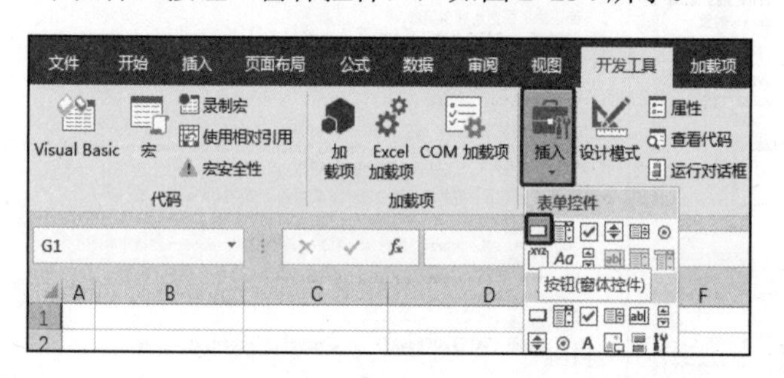

图 2-234　插入“按钮”控件

4）当鼠标光标变成“+”的时候，在工作表单元格区域任意位置，按住鼠标左键拖拽生成一个控制按钮，松开鼠标左键，会弹出一个“指定宏”的窗体，选择刚才写的 VBA 宏代码的名称“getDataFromSqlServer”，单击“确定”。另外右击控制按钮，选择“编辑文字”，修改控制按钮名称为“getDataFromSqlServer”，如图 2-235 所示。

5）单击控制按钮，运行指定的“getDataFromSqlServer”宏代码，就可以快速将企业信息表“company_info”的数据从本地 SQL Server 数据库里面导入到 Excel 表格中，如图 2-236 所示。

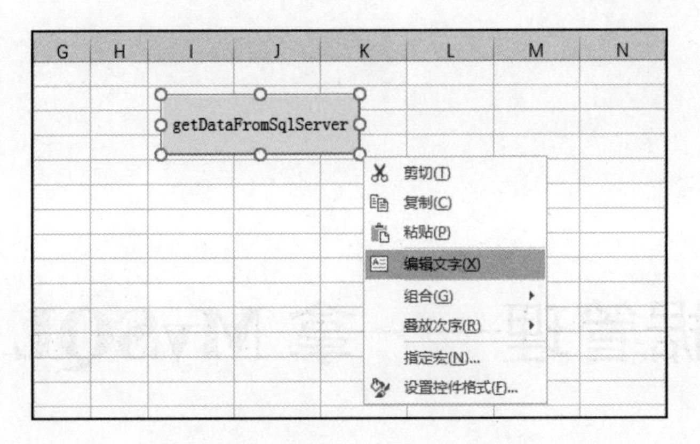

图 2-235　编辑“控件”显示文字

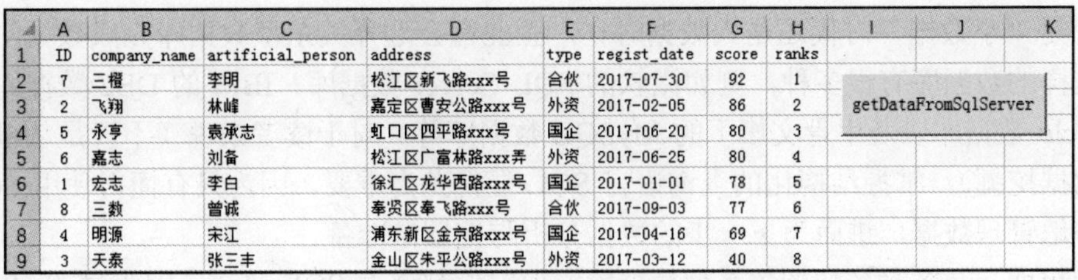

ID	company_name	artificial_person	address	type	regist_date	score	ranks
7	三檀	李明	松江区新飞路xxx号	合伙	2017-07-30	92	1
2	飞翔	林峰	嘉定区曹安公路xxx号	外资	2017-02-05	86	2
5	永亨	袁承志	虹口区四平路xxx号	国企	2017-06-20	80	3
6	嘉志	刘备	松江区广富林路xxx弄	外资	2017-06-25	80	4
1	宏志	李白	徐汇区龙华西路xxx号	国企	2017-01-01	78	5
8	三数	曾诚	奉贤区奉飞路xxx号	合伙	2017-09-03	77	6
4	明源	宋江	浦东新区金京路xxx号	国企	2017-04-16	69	7
3	天泰	张三丰	金山区朱平公路xxx号	外资	2017-03-12	40	8

getDataFromSqlServer

图 2-236　单击控制按钮执行查询并获取数据

第3章 海量数据管理——拿 MySQL 说事儿

不管是“小数据”时代还是大数据时代，企业都会选择关系型数据库完成数据的存储和管理，这样的数据库有很多种，例如微软的 SQL Server 数据库、IBM 的 DB2 数据库、甲骨文的 Oracle 数据库以及甲骨文旗下的 MySQL 数据库等。对于读者来说（不管是从事数据分析还是数据挖掘），掌握结构化的查询语言 SQL 显得尤为重要，因为只有懂得使用 SQL，才能够很好地管理数据，进而为下一步的数据分析与挖掘做准备。

虽然市面上有各种各样的关系型数据库，但它们都遵循 SQL 语法，因为早在 1986 年，基于 IBM 的 SQL 就作为关系型数据库所使用的标准语言了，并在次年，国际标准化组织就将其定位为国际标准。换句话说，读者只需要搞懂一套 SQL 语法，就可以在各种关系型数据库中施展才华。根据作者经验，目前有 90%以上的 SQL 语法都是相通的，另外近 10%的差异就是各厂商的优势和区别了，例如函数功能的差异、语法的差异等。

本章将以 MySQL 数据库为例，讲解该数据库在数据管理过程中的强大功能。尽管 MySQL 是一种开源的小型关系数据库，但它所具备的优势却使得越来越多的企业选择它，例如它可以轻松管理上千万条记录的大型数据，支持 Windows、Linux、MAC 等常见的操作系统，具备良好的运行效率以及低廉的成本等。

通过本章内容的学习，读者将会掌握如下几个方面的知识点：

- 数据库和数据表的创建。
- 将文本文件中的数据导入到 MySQL。
- MySQL 实现数据查询的 7 个重要关键词。
- 基于多表的合并和连接操作。
- 通过索引的添加提高查询的效率。
- 基于 MySQL 实现数据的增删改操作。

3.1 MySQL 数据库的安装

在学习 MySQL 相关知识之前，得先确保读者计算机中已经安装了 MySQL 数据库，如果没有安装也没有问题，本节就带着读者逐步地完成软件的安装。安装所使用的软件可以到 MySQL 的官方网站下载，本书所使用的 MySQL 为 8.0 版本（下载地址：https://dev.mysql.com/downloads/mysql/）。

这里以 Windows 系统为例，介绍 MySQL 的整体安装过程。需要注意的是，如果读者在安装过程中，提示计算机缺少 Microsoft FrameWork 4.0.NET 的错误消息时，可以前往如下网站进行下载和安装：http://www.microsoft.com/en-us/download/details.aspx?id=17851。

MySQL 的具体安装步骤如下：

1）双击下载的 MySQL 软件，并勾选“I accept the license terms”，单击“Next”按钮，如图 3-1 所示。

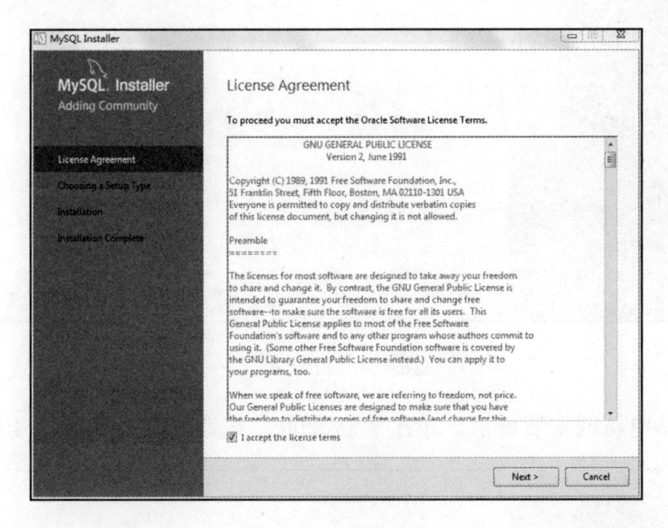

图 3-1　安装起始页

2）选择默认的“Developer Default”，单击“Next”按钮，如图 3-2 所示。

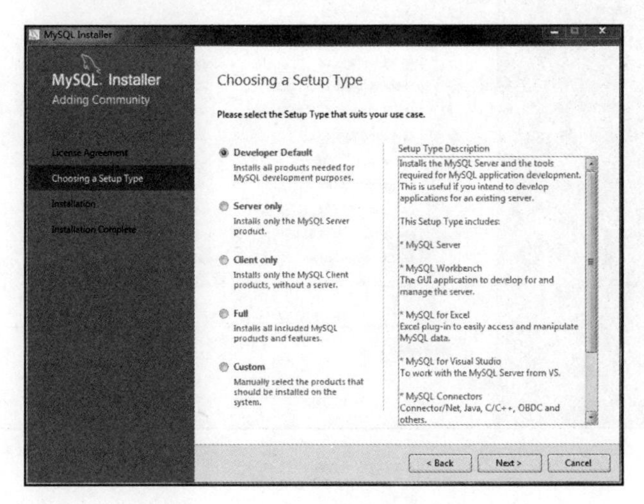

图 3-2　安装类型页

3）检查安装 MySQL 所需的产品，单击“Next”按钮，并选择弹出窗中的“Yes”按钮确认继续，如图 3-3 所示。

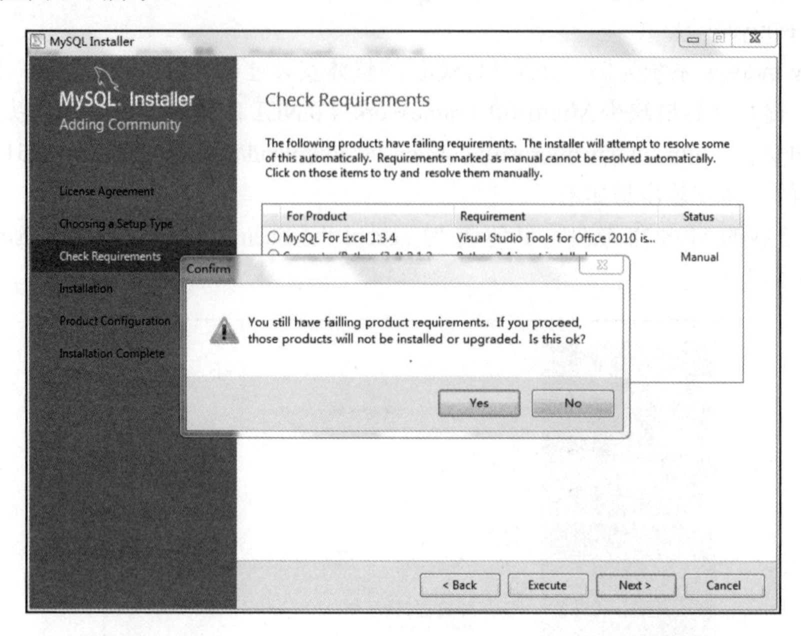

图 3-3　自检页

4）待所需产品更新或安装好后，单击“Execute”按钮继续，如图 3-4 所示。

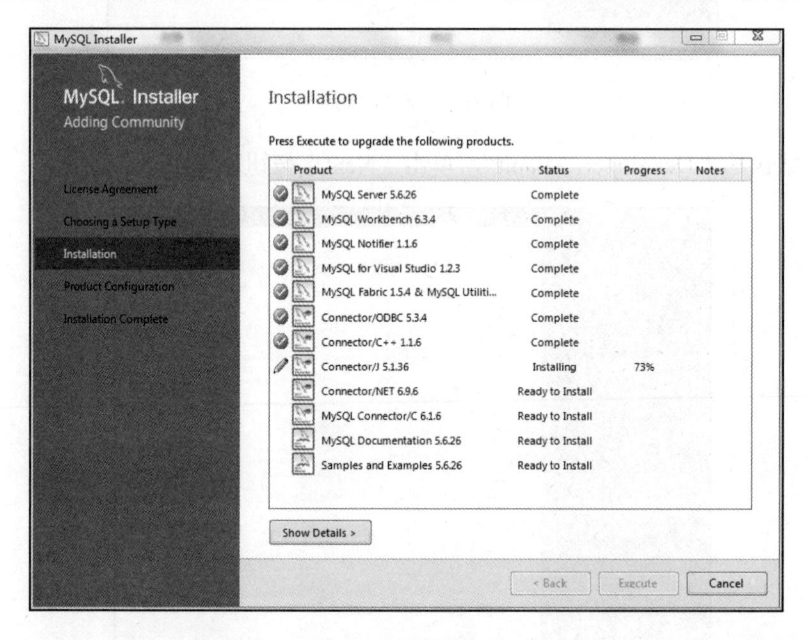

图 3-4　安装进程页

5）配置 MySQL 的类型和网络（默认即可），单击“Next”按钮，如图 3-5 所示。

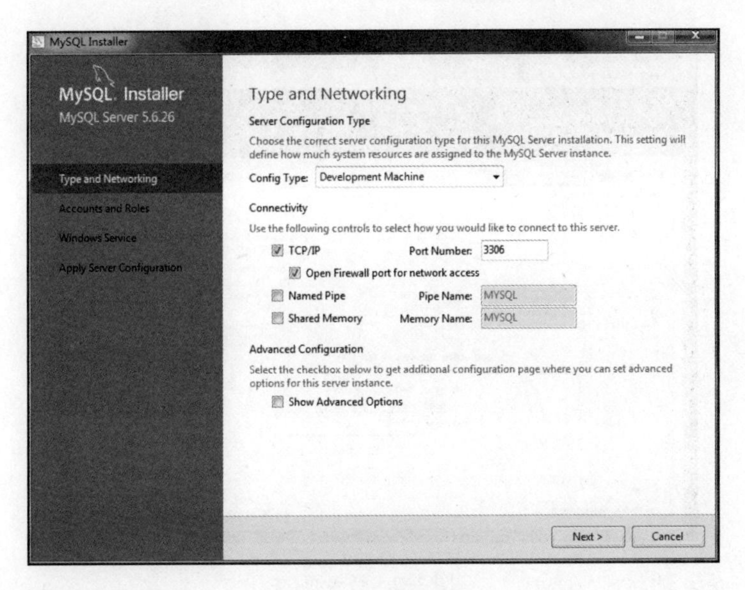

图 3-5　安装配置页

6）设置 root 账号的密码（后面登录时需要用到），单击“Next”按钮，如图 3-6 所示。

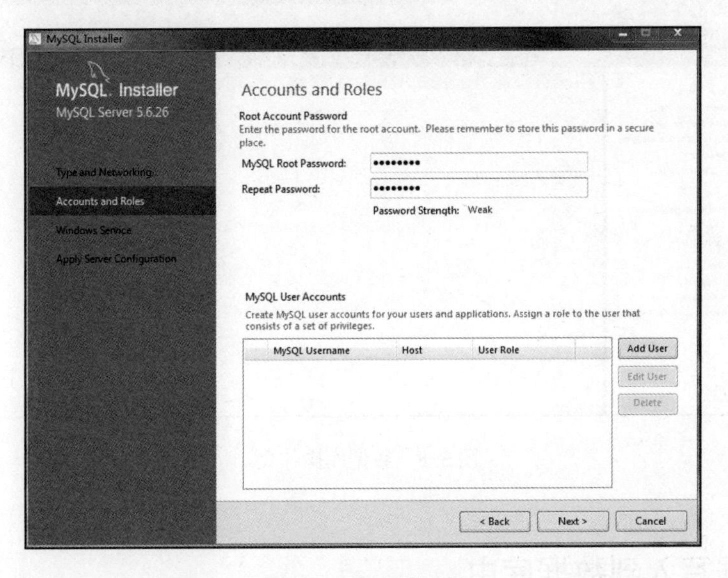

图 3-6　账户设置页

7）之后的步骤就是一路单击“Next”按钮即可，当 MySQL 软件安装好后，会弹出 MySQL 的编程环境 Workbench。读者需要单击图 3-7 中的“+”号，然后写入任意的连接名称，单击“记住密码”按钮，输入安装时设置的密码，最后单击“OK”按钮，完成登录数据库前的设置，如图 3-7 所示。

登录 MySQL 时，用户只需单击 Workbench 主页下的连接名称（例如作者的连接名称为 MySQL Learn），便会进入图中的代码编写环境，如图 3-8 所示。

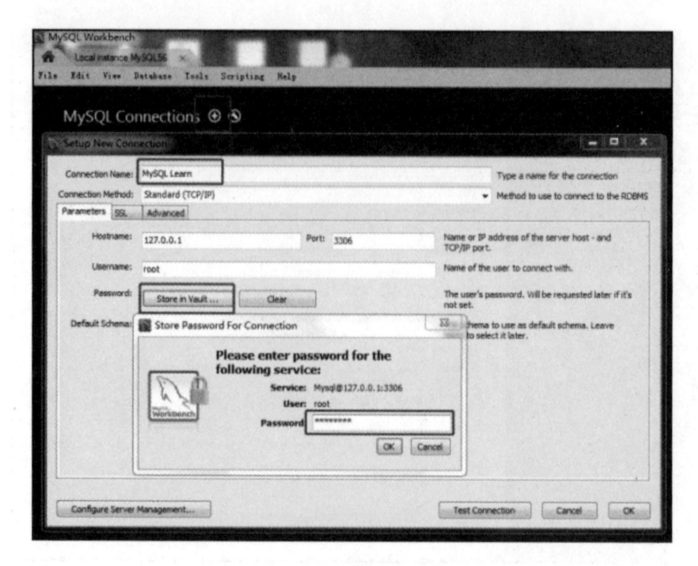

图 3-7　登录页

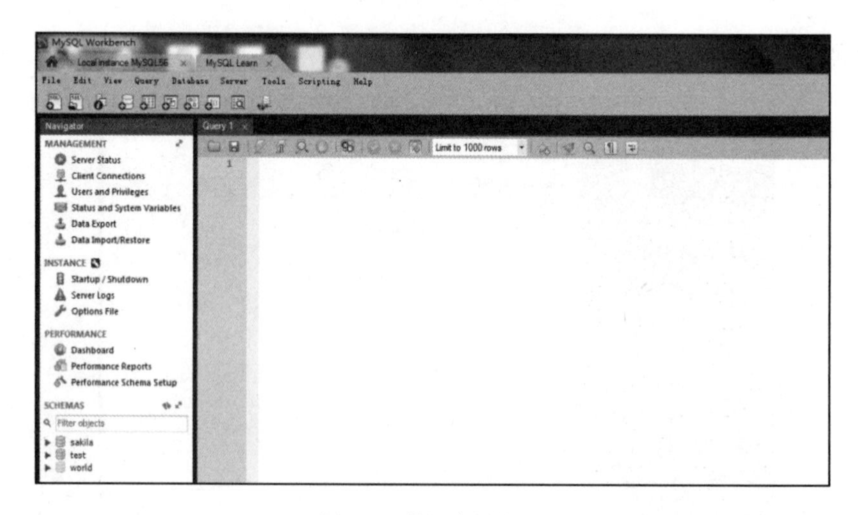

图 3-8　数据库操作页

3.2　将数据写入到数据库中

安装好了 MySQL 数据库后，接下来就利用该数据库进行数据的存储。在此之前，需要讲解几个基础的知识点，包括 MySQL 的常用数据类型、数据库的创建、数据表的创建和数据的写入。

3.2.1　常用的数据类型

数据类型是指某个变量或值的类型，通常情况下，绝大多数的变量都属于数值型、字符型和日期时间型三种。那么这三类数据类型，在数据库 MySQL 中都是如何表达的呢？

1．数值型

顾名思义，数值型是指变量或值以数字的形式呈现，通常情况下这些数字在经过某种四则运算后，也是具有含义的。例如用户的收入、年龄、净资产、消费频次、可支配收入等，它们都属于数值型数据。在 MySQL 数据库中，关于常用数值型数据的描述可参考表 3-1 所示的内容。

表 3-1　常用的数值型数据

数据类型	数据范围
TINYINT	-128～127
SMALLINT	-32768～32767
MEDIUMINT	-8388608～8388607
INT	-2147483648～2147483647
BIGINT	-9223372036854775808～9223372036854775807
FLOAT	-3.40282E+38～3.40282E+38
DECIMAL(n,k)	1.977693 E-308～1.977693 E+308

数值型数据可以细分为整数型和浮点型（即实数型）两类，表 3-1 中的前 5 种类型均为整数型，而后两种类型为浮点型。关于表中的几种数值类型，有两点需要说明：

1）如果在实际应用中，限定变量为非负的数值型时，则必须在数据类型前面加入关键词 UNSIGNED（如非负的微小整型，需要表示为 UNSIGNED TINYINT）。

2）如果读者使用 DECIMAL 表示浮点型时，需要指定参数 n 和 k 的值，其中 n 表示浮点数值中所包含的所有数字个数，k 表示浮点数值中小数位的数字个数（例如 DECIMAL(5,2)，表示数值最多包含 5 个数字，其中小数位占两位）。换句话说，DECIMAL(n,k)所表示的数值范围为[负 n-k 个 9 点 k 个 9，正 n-k 个 9 点 k 个 9]（例如 DECIMAL(5,2)，所表示的数值范围为[-999.99,999.99]）。

2．字符型

字符型数据主要是指离散的类别型数据，并且这些数据以字符串的形式呈现，如用户的姓名、性别、汽车的型号、产品的名称等。在 MySQL 数据库中，关于常用的字符型数据可以参考表 3-2 所示的内容。

表 3-2　常用的字符型数据

数据类型	类型说明
ENUM	已知范围内的单值枚举型字符串
SET	已知范围内的多值枚举型字符串
CHAR(n)	定长字符串
VARCHAR(n)	变长字符串

对表中四种常用的字符型数据做几点解释：

1）如果变量的数据类型为 ENUM 时，表示该变量所对应的每一个观测值最多可以在 65,535 个不同的值中选择一个（例如每一个用户的性别只能从男或女中挑选一个，类似于单选问题），并且这些数值必须提前通过 ENUM 类型指定，即('男','女')。关于该类型数据需要强调一点，如果枚举值为字符型的 1,2,3 三种值，即 ENUM('1','2','3')，则在筛选查询时，必须使用字符型的 1,2,3，千万不要丢掉引号（可见 3.2.2 节中的案例），否则查询结果将会有误。

2）如果变量的数据类型为 SET 时，表示该变量所对应的每一个观测值最多可以在 65 个不同的值中选择多个（例如每一个用户的兴趣爱好可以从多个不同的值中挑选几个，类似于多选问题），并且这些值需通过 SET 类型指定，即 ENUM('篮球','足球','乒乓球','游泳','骑行')。

3）如果变量的数据类型为 CHAR(n)或 VARCHAR(n)，表示该变量的每一个观测值最多可以存储 n 个长度的字符；如果实际长度超过指定长度，它们均会将超过的部分截断。所不同的是，如果实际的字符长度小于指定的长度：对于前者 CHAR(n)来说，会以空格填满；而对于后者 VARCHAR(n)来说，该是多少的长度就是多少的长度，并不会用空格补齐。需要强调的是，对于 MySQL 5.0 及以后的版本来说，类型中的 n 代表的是字符长度，而非字节个数，所以每一个中文也是代表一个字符长度。

3．日期时间型

该类型的数据还是非常常见的，例如注册用户的出生日期、学员的结业日期、超市小票的订单时间、用户的登录时间等都属于日期时间型数据。虽说这种类型的数据简单而常见，但背后还有许多其他知识点，如日期对应的星期几、第几周、第几季度等。在 MySQL 数据库中，关于常用的日期时间型数据可以参考表 3-3 的内容。

表 3-3 常用的日期时间型数据

数据类型	数据范围
DATE	1000-01-01～9999-12-31
DATETIME	1000-01-01 00:00:00～9999-12-31 23:59:59
TIMESTAMP	1970-01-01 00:00:00～2038-01-19 03:14:07
YEAR	1901～2155

对于上面的 4 种日期时间型数据，需重点解释一下 TIMESTAMP 类型，它除了与 DATETIME 的范围不一样，还存在两方面的差异：一是 TIMESTAMP 类型可以将客户端当前时区转化为 UTC（世界标准时间），即对于跨时区业务的数据来说，TIMESTAMP 应为首选；另一个是 TIMESTAMP 类型具有自动初始化和更新的功能，即这种类型的数据在没有赋值时，会以系统时间填补，当数据表其他字段对应的观测发生修改时，该类型字段所对应的观测也会被更新为系统时间。

4. 数据类型的应用场景

根据作者的经验，通常在数据库操作中有 3 种情况会涉及数据类型，分别是新建数据表、查询时的类型转换以及数据表中字段类型的更改。如果需要通过手工方式，新建一张数据表时，表中的字段名称和字段类型是必须要指定的；在查询过程中，当原始数据类型无法参与运算时，就需要进行类型转换了（例如字符型的日期无法与整数相加得到正确的日期值）；如果原始表中某个字段的数据类型，不符合实际情况时，可以考虑使用修改数据类型的语法，直接对原始表中字段实现类型的更改。

3.2.2 手工建表

数据库的核心功能就是存储数据和管理数据，而数据实际上就是存储在一张张表中，所以，数据库中的表从何而来是需要解决的第一个问题。关于该问题的回答，首先就需要介绍如何利用 MySQL 语法完成新表的创建，然后再结合上一节所介绍的数据类型，向新建表中手工插入一些数据，进而完成本书中第一张数据库表的创建。有关 MySQL 创建新表的建表语句为 CREATE TABLE，该语句的语法如下：

```
CREATE TABLE table_name(
filed1 data_type1 filed_attr1,
filed2 data_type2 filed_attr2,
filed3 data_type3 filed_attr3,
...
)
```

- **filed**：指定数据表的字段名称，需要注意的是，字段名称有两点规定：一是字段的首字符必须是字母或下划线；另一个是字段的其他字符必须是字母、下划线或数字。
- **data_type**：为每一个字段指定特定的数据类型，如字符型、数值型或日期时间型。
- **filed_attr**：为每一个字段指定所属的属性，常用的属性值可以是 NULL、NOT NULL、AUTO_INCREMENT、DEFAULT 或者某种键。

在数据库 MySQL 中新建表格时，以 **CREATE TABLE** 关键词开头，将字段名称、数据类型和字段属性写在括号内，并且字段与字段之间用逗号隔开。关于字段属性，有如下几点需要说明：

1）NULL 表示允许字段可以为空（即缺失值），例如用户注册某 APP 时，对于非强制填写的信息可以选择填写也可以选择不填。

2）NOT NULL 则表示字段一定不能为空，例如用户注册某 APP 时，手机号必须填写。

3）AUTO_INCREMENT 表示设置该字段为自增变量，即字段值默认从 1 开始自动增加，通常这样的字段用作行记录的唯一标识，例如可以将用户 ID 设置为自增变量。

4）DEFAULT 用来设定字段的初始值，如果用户在该字段没有填写对应的值时，该字段值将会使用默认值填充。

5）还可以设置字段为某种键，如主键（PRIMARY KEY）、唯一键（UNIQUE）或外键（FOREIGN KEY），而键的功能主要是为了提升数据的查询速度。

为了使读者理解上面的 CREATE TABLE 建表语句，不妨这里使用 CREATE TABLE 建表语句在 MySQL 数据库中新建一张用户注册表：

```
# 新建数据库
CREATE DATABASE train;

# 指定接下来需要操作的数据库
USE train;

# 新建数据表
CREATE TABLE user_info(
memid INT AUTO_INCREMENT PRIMARY KEY,
name VARCHAR(10),
gender ENUM('男','女'),
tel CHAR(11) NOT NULL UNIQUE,
income DECIMAL(10,2),
birthday DATE DEFAULT '1990-01-01',
interest SET('篮球','唱歌','足球','骑行','乒乓球','象棋'),
regist_date DATETIME,
email VARCHAR(20),
edu VARCHAR(10)
) AUTO_INCREMENT = 100001;
```

上述代码编写完成后，需要选中代码块，然后按<Ctrl+Enter>组合键完成代码的运行，即可通过上述 CREATE TABLE 建表语句生成新建表，表结构如图 3-9 所示。

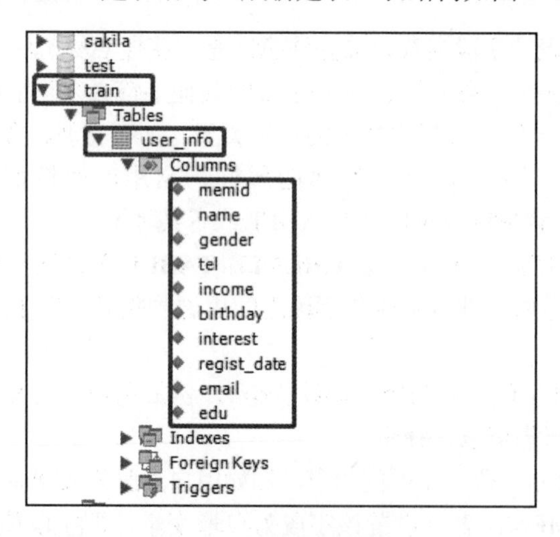

图 3-9　新建表的表结构

通过建表语句构造的数据库 train 以及库内对应的 user_info 表，其中 memid 字段为整数型的自增变量，初始值为 100001，并且设置为主键；gender 字段为单选型的 ENUM 类型；interest 为多选型的 SET 类型；tel 字段为非空的定长字符变量，并且设置为唯一键；birthday 为日期型变量，且默认值为‘1990-01-01’；regist_date 字段为日期时间型变量。

在代码块中，设置表 user_info 中的字段 memid 为主键，tel 为唯一键，这两种键都是比较常见的，它们的作用是提升查询速度。这两者还有一些其他的异同点，具体如表 3-4 所示。

表 3-4　主键与唯一键的异同点

主　键	唯　一　键	备　注
设置为主键的字段不能为 NULL	设置为唯一键的字段可以为 NULL	不同点
一张表中有且仅有一个主键	一张表中可以有多个唯一键	不同点
设置为主键的字段值不能重复	设置为唯一键的字段值不能重复	相同点
构造为主键的字段可以是多个	构造为唯一键的字段可以是多个	相同点

为了使读者进一步理解主键和唯一键的异同点，这里以图 3-10 中的 3 张表为例，进一步解释这两种键。

Uid	Gender	Age	Email
1	F	33	lsx123@163.com
2	F	27	NULL
3	M	32	24154318@qq.com

Prod_Id	Prod_Name	Price
27023774	充电宝	230.7
12943235	实木椅子	270.5
32554328	微波炉	233.6

Uid	Order_Id	Date	Prod_Id	Counts	Amt
1	80221	2018-03-12 14:23:56	27023774	2	230.7
1	80221	2018-03-12 14:23:56	22450252	1	84.3
1	92399	2018-05-10 22:17:45	12943235	2	270.5
3	72314	2018-03-21 10:17:32	22450252	1	84.3
3	72314	2018-03-21 10:17:32	32554328	1	233.6

图 3-10　用户信息表、商品表和用户商品交易表

图 3-10 中的 3 张表分别为用户信息表、商品表和用户商品交易表，对于用户信息表和商品表而言，Uid 字段和 Prod_Id 字段既可以用作主键也可以设置为唯一键，因为它们的观测值既不重复也不缺失；而对于用户信息表中的 Email 字段，只能设置为唯一键，因为存在一个 NULL 值；再来看交易表，Uid 字段、Order_Id 字段和 Prod_Id 字段都存在重复值，所以它们均不能用作主键和唯一键，但是将 Uid 字段和 Prod_Id 字段看作一个组合，它们就可以用作主键或唯一键了。

3.2.3　数据插入

在 3.2.2 节中，介绍了如何创建新表的语法，尽管 user_info 表创建完成，但是表中是没有数据的，接下来需要利用 MySQL 语法将数据插入到一个已有的数据表中。关于插入数据的语句为 INSERT INTO VALUES，该语句的语法如下：

```
INSERT INTO table_name(variable_list) VALUES
(value_list),
```

```
(value_list),
(value_list),
…
```

以上语句可以实现向已有数据表中手工写入数据的功能，该语句的核心关键词为 **INSERT INTO** 和 **VALUES**。其中 variable_list 为变量列表，表示需要往 table_name 表中插入指定的变量，多个变量之间需要用英文状态的逗号隔开，如果语法中不写（variable_list），则表示默认往表中的所有字段插值；value_list 为值列表，即根据 variable_list 插入指定变量的观测值，同样多个值之间用英文状态的逗号隔开。

在数据的插入过程中，有三点容易犯错的地方：第一个是必须确保待插入的变量个数（variable_list）与实际插入的观测值个数（value_list）完全一样；第二个是必须确保待插入的变量顺序与实际插入的观测值顺序完全一样；第三个是确保待插入的变量类型与实际插入的观测值类型完全一样。尽管第三点并不是必须满足，但必须符合可转换性，即如果变量类型为整型，插入的值既可以是数值，也可以是字符型的数值。

为了使读者理解和掌握上面插入数值的语法，这里以豆瓣电影排行为例，手工写入 Top10 的电影信息（https://movie.douban.com/top250）。具体的语句如下所示，表中写入 Top10 数据后的结果如图 3-11 所示。

```
# 指定需要操作的数据库
USE train;

# 构建用于存储 Top10 电影的空表
CREATE TABLE film_top10(
rank TINYINT AUTO_INCREMENT PRIMARY KEY,
name VARCHAR(50),
uptime YEAR,
country VARCHAR(20),
director VARCHAR(30),
type SET('剧情','犯罪','爱情','同性','动作','喜剧','战争','动画','奇幻','灾难','历史','悬疑','冒险','科幻'),
score DECIMAL(2,1),
Num_Commentaries INT,
description VARCHAR(100)
);

# 插入数据
INSERT INTO film_top10(name,uptime,country,director,type,score,Num_Commentaries,description) VALUES
('肖申克的救赎',1994,'美国','弗兰克·德拉邦特','犯罪,剧情',9.6,1034791,'希望让人自由。'),
('霸王别姬',1993,'中国大陆 香港','陈凯歌','剧情,爱情,同性',9.5,753297,'风华绝代。'),
('这个杀手不太冷',1994,'法国','吕克·贝松','剧情,动作,犯罪',9.4,968089,'怪蜀黍和小萝莉不得不说的
故事。'),
('阿甘正传',1994,'美国','Robert Zemeckis','剧情,爱情',9.4,824062,'一部美国近现代史。'),
 ('美丽人生',1997,'意大利','罗伯托·贝尼尼','剧情,喜剧,爱情,战争',9.5,481250,'最美的谎言。'),
('千与千寻',2001,'日本','宫崎骏','剧情,动画,奇幻',9.3,771592,'最好的宫崎骏，最好的久石让。'),
('泰坦尼克号',1997,'美国','詹姆斯·卡梅隆','剧情,爱情,灾难',9.3,763515,'失去的才是永恒的。'),
('辛德勒的名单',1993,'美国','史蒂文·斯皮尔伯格','剧情,历史,战争',9.4,437907,'拯救一个人，就是拯
```

```
救整个世界。'),
    ('盗梦空间',2010,'美国 英国','克里斯托弗·诺兰','剧情,科幻,悬疑,冒险',9.3,861722,'诺兰给了我们一场无法盗取的梦。'),
    ('机器人总动员',2008,'美国','安德鲁·斯坦顿','爱情,科幻,动画,冒险',9.3,565035,'小瓦力，大人生。');

    # 查看数据表
    SELECT * FROM film_top10;
```

rank	name	uptime	country	director	type	score	Num_Commentaries	description
1	肖申克的救赎	1994	美国	弗兰克·德拉邦特	剧情,犯罪	9.6	1034791	希望让人自由。
2	霸王别姬	1993	中国大陆 香港	陈凯歌	剧情,爱情,同性	9.5	753297	风华绝代。
3	这个杀手不太冷	1994	法国	吕克·贝松	剧情,犯罪,动作	9.4	968089	怪蜀黍和小萝莉不得不说的故事。
4	阿甘正传	1994	美国	Robert Zemeckis	剧情,爱情	9.4	824062	一部美国近现代史。
5	美丽人生	1997	意大利	罗伯托·贝尼尼	剧情,爱情,喜剧,战争	9.5	481250	最美的谎言。
6	千与千寻	2001	日本	宫崎骏	剧情,动画,奇幻	9.3	771592	最好的宫崎骏，最好的久石让。
7	泰坦尼克号	1997	美国	詹姆斯·卡梅隆	剧情,爱情,灾难	9.3	763515	失去的才是永恒的。
8	辛德勒的名单	1993	美国	史蒂文·斯皮尔伯格	剧情,战争,历史	9.4	437907	拯救一个人，就是拯救整个世界。
9	盗梦空间	2010	美国 英国	克里斯托弗·诺兰	剧情,悬疑,冒险,科幻	9.3	861722	诺兰给了我们一场无法盗取的梦。
10	机器人总动员	2008	美国	安德鲁·斯坦顿	爱情,动画,冒险,科幻	9.3	565035	小瓦力，大人生。
NULL	NULL	NULL	NULL	NULL	NULL	NULL	NULL	NULL

图 3-11　前 10 行数据的预览

图 3-11 的结果显示，利用建表和插入语法，便可将 Top10 的电影信息插入到数据表 film_top10 中，其中 rank 字段为自增变量（默认从 1 开始，在插入数据过程中，并没有通过手工方式往该变量插入具体的数值）；type 字段为多选型的 SET 类型；uptime 字段为 YEAR 类型，仅包含年份信息。

仍然以表 3-11 为例，如果需要将个别变量的观测插入到数据表中，可以在表名称后面加上具体的字段名称。接下来在插值时，使用字符型的值插入到上线时间 uptime 和分数 score 变量中，数据插入的代码如下，数据插入之后的数据表如图 3-12 所示。

```
    # 往表中插入字符型的数值
    INSERT INTO film_top10(name,uptime,score,Num_Commentaries) VALUES
    ('三傻大闹宝莱坞','2009','9.2',775279),
    ('海上钢琴师','1998','9.2',663039);

    # 查看数据表
    SELECT * FROM film_top10;
```

rank	name	uptime	country	director	type	score	Num_Commentaries	description
1	肖申克的救赎	1994	美国	弗兰克·德拉邦特	剧情,犯罪	9.6	1034791	希望让人自由。
2	霸王别姬	1993	中国大陆 香港	陈凯歌	剧情,爱情,同性	9.5	753297	风华绝代。
3	这个杀手不太冷	1994	法国	吕克·贝松	剧情,犯罪,动作	9.4	968089	怪蜀黍和小萝莉不得不说的故事。
4	阿甘正传	1994	美国	Robert Zemeckis	剧情,爱情	9.4	824062	一部美国近现代史。
5	美丽人生	1997	意大利	罗伯托·贝尼尼	剧情,爱情,喜剧,战争	9.5	481250	最美的谎言。
6	千与千寻	2001	日本	宫崎骏	剧情,动画,奇幻	9.3	771592	最好的宫崎骏，最好的久石让。
7	泰坦尼克号	1997	美国	詹姆斯·卡梅隆	剧情,爱情,灾难	9.3	763515	失去的才是永恒的。
8	辛德勒的名单	1993	美国	史蒂文·斯皮尔伯格	剧情,战争,历史	9.4	437907	拯救一个人，就是拯救整个世界。
9	盗梦空间	2010	美国 英国	克里斯托弗·诺兰	剧情,悬疑,冒险,科幻	9.3	861722	诺兰给了我们一场无法盗取的梦。
10	机器人总动员	2008	美国	安德鲁·斯坦顿	爱情,动画,冒险,科幻	9.3	565035	小瓦力，大人生。
11	三傻大闹宝莱坞	2009	NULL	NULL	NULL	9.2	775279	NULL
12	海上钢琴师	1998	NULL	NULL	NULL	9.2	663039	NULL
NULL	NULL	NULL	NULL	NULL	NULL	NULL	NULL	NULL

图 3-12　指定变量的插值结果

框内的两条观测是后增加的两条信息，并且只对 name、uptime、score 和 Num_Commentaties 变量做了插值操作。尽管在建表时，uptime 和 score 变量为 YEAR 类型和浮点类型，但是仍然可以插入字符型的值，因为它们是可以转换为指定类型的。对于其他未插值的变量，对应的观测值均为 NULL。

3.2.4 外部数据的批量导入

如果数据量比较小，通过手工方式将数据写入到 MySQL 表中倒没有什么问题，但是数据量如果比较大，通过手工方式的输入就显得力不从心了，这就需要通过批量导入的方式完成外部数据的读入。这里介绍两种导入方式：一种是基于 Workbench 的图形化导入；另一种是通过纯 SQL 语句（命令行）实现导入。

1．基于 Workbench 图形化导入

如果需要导入的数据为 Excel 格式数据，需要将该数据另存为 csv 格式，然后再利用 Workbench 的数据导入功能。这里以 Titanic 数据集为例（该数据是泰坦尼克号乘客的信息），介绍如何利用图形化的导入方式完成数据的读取，具体步骤如下：

1）右击库名称 train，选择“Table Data Import Wizard”命令，在 Table Data Import 对话框中单击“Browser”按钮，选择需要导入的 csv 文件数据，然后单击“Next”按钮继续，如图 3-13 所示。

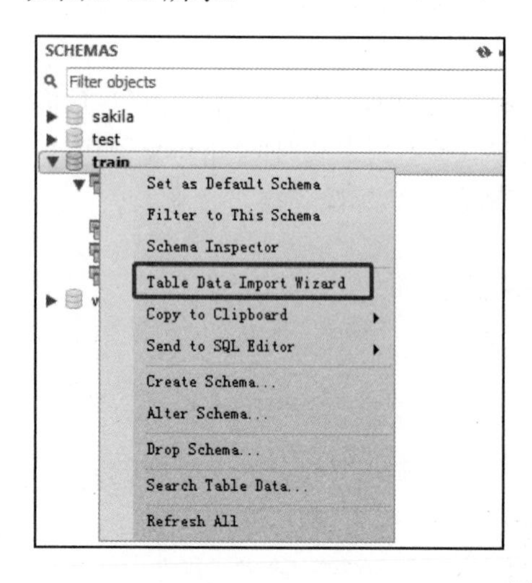

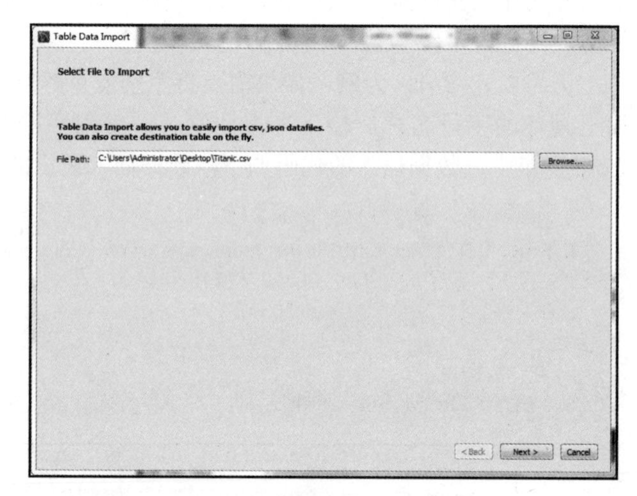

图 3-13　数据插入页

2）在“Select Destination”对话框中选择数据导入的库并且修改数据表的名称，如图 3-14 所示。图中框出的“Drop table if exists”复选框表示是否删除库内同名称的数据表（如果需要删除操作，就勾选复选框），单击“Next”按钮继续。

3）进入“Configure Import Settings”数据类型选择对话框，在这里各个选项选择默认即可，如图 3-15 所示。单击“Next”按钮继续。

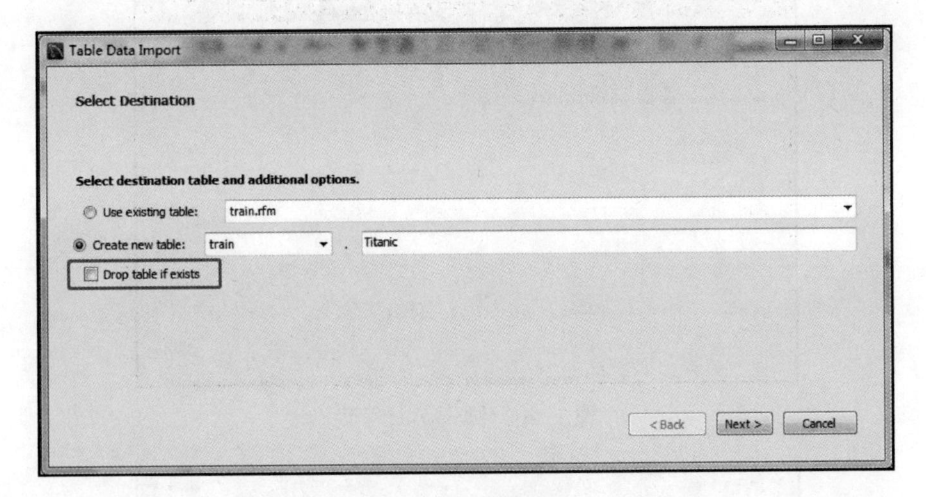

图 3-14　导入设置页

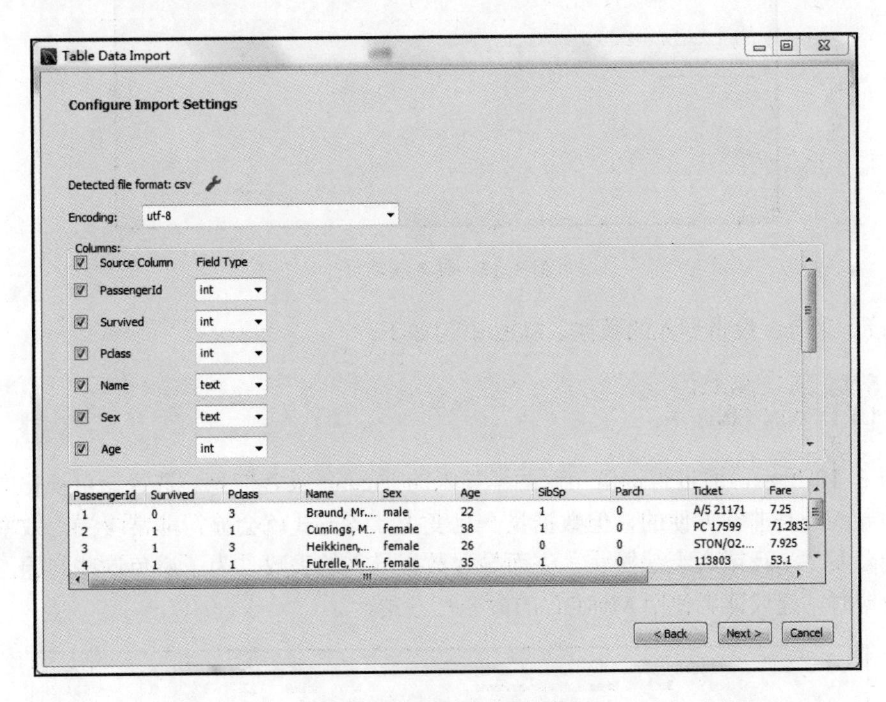

图 3-15　数据类型选择页

4）在“Import Data”导入数据对话框中等待数据导入完毕，如图 3-16 所示；单击“Next”按钮，在“Import Results”对话框中可知，一共导入了 891 条记录，如图 3-17 所示。

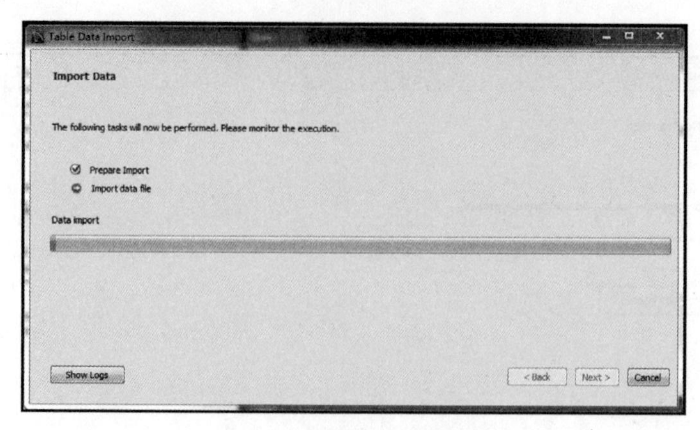

图 3-16　数据导入进程页

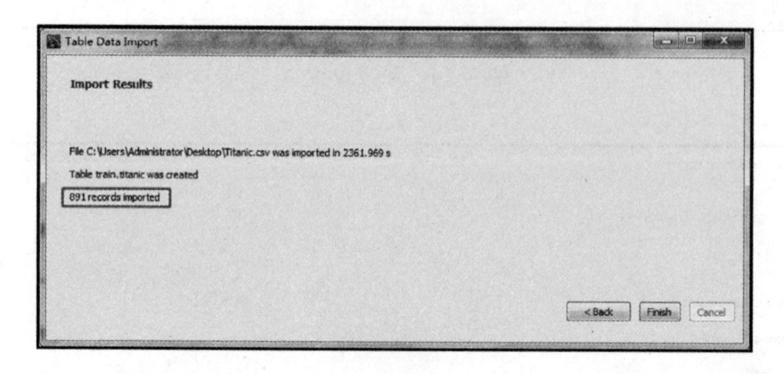

图 3-17　导入成功页

5）接下来查看批量导入的数据，SQL 语句如下。

```
# 查看批量导入的数据
SELECT * FROM Titanic;
```

如图 3-18 所示，通过查询语句返回了导入的 Titanic 乘客信息。选择该可视化的方式完成数据的导入还是非常方便的，但数据量一旦变大，该方式就会显得非常缓慢，效率低下，甚至可能会发生卡死或者无法操作，进而导致数据导入的失败。为了避免这些问题，在导入较大量数据时，建议读者使用 MySQL 的命令行方式。

PassengerId	Survived	Pclass	Name	Sex	Age	SibSp	Parch	Ticket
1	0	3	Braund. Mr. Owen Harris	male	22	1	0	A/5 21171
2	1	1	Cuminas. Mrs. John Bradlev (Florence Briaas Th...	female	38	1	0	PC 17599
3	1	3	Heikkinen. Miss. Laina	female	26	0	0	STON/O2. 3
4	1	1	Futrelle. Mrs. Jacaues Heath (Lilv Mav Peel)	female	35	1	0	113803
5	0	3	Allen. Mr. William Henrv	male	35	0	0	373450
6	0	3	Moran. Mr. James	male		0	0	330877
7	0	1	McCarthv. Mr. Timothv J	male	54	0	0	17463
8	0	3	Palsson. Master. Gosta Leonard	male	2	3	1	349909
9	1	3	Johnson. Mrs. Oscar W (Elisabeth Vilhelmina Bera)	female	27	0	2	347742
10	1	2	Nasser. Mrs. Nicholas (Adele Achem)	female	14	1	0	237736
11	1	3	Sandstrom. Miss. Marauerite Rut	female	4	1	1	PP 9549
12	1	1	Bonnell. Miss. Elizabeth	female	58	0	0	113783
13	0	3	Saundercock. Mr. William Henrv	male	20	0	0	A/5. 2151

图 3-18　数据的查询结果

2．通过纯 SQL 语句（命令行）导入

如果需要高效地将外部数据（如 txt 格式或 csv 格式）读入到 MySQL 数据库中，则优先选择命令行的方式。关于该命令行的重要语法如下：

```
LOAD  DATA  [LOW_PRIORITY] [LOCAL]  INFILE  'file_name'
INTO TABLE  tbl_name
[CHARACTER SET gbk]
[FIELDS TERMINATED BY '\t']
[ENCLOSED BY '"']
[ESCAPED BY '\' ]]
[LINES TERMINATED BY '\n']
[IGNORE n LINES]
```

语法中所有的大写单词均为 MySQL 的关键词，黑体关键词为命令行导入数据的必写关键词，其余为可选的选项。针对上面的语法，需要解释每一个非必选关键词的含义：

- LOW_PRIORITY：用于设定数据读入的优先级，如果设置该关键词，表示 MySQL 将降低读数的优先级，即在没有其他人访问该表时，才进入插数环节。
- LOCAL：用于指定数据源是否在主机中，如果设置该关键词，则表示 MySQL 将从主机中读取数据，否则从服务器中读取数据。
- CHARACTER SET：用于指定某种字符集，如果数据读入后发现乱码，通常设置该关键词可以修正乱码。
- FIELDS TERMINATED BY：用于指定字段之间的分隔符，默认为 Tab 制表符。
- ENCLOSED BY：用于指定字段值的括起符，默认为双引号。
- ESCAPED BY：用于指定转义符，默认为反斜杠\。
- LINES TERMINATED BY：用于指定行之间的分隔符，默认为换行符\n。
- IGNORE n LINES：用于指定跳过的行数，如果原始数据中前 n 行不是数据内容，则可以选择该关键词实现跳过。

为了帮助读者理解命令行中的关键词含义，这里不妨以链家二手房数据为例（共 28201 条记录），解释数据集的批量导入功能。需要注意的是，在使用该命令行导入数据之前，必选确保一张已有的 MySQL 数据表。由于 train 数据库中没有关于二手房的数据表，故需要新建一张空表，代码如下：

```
# 新建存储二手房数据的表格
CREATE TABLE sec_buildings (
    name VARCHAR(20),
    type VARCHAR(10),
    size DECIMAL(10,2),
    region VARCHAR(10),
    floor VARCHAR(20),
    direction VARCHAR(20),
    tot_amt INT,
    price_unit INT,
    built_date VARCHAR(20)
```

```
);
```

基于以上建好的空表，利用命令行的方式将本地数据文件 sec_buildings.csv 导入到 MySQL 中，代码如下：

```
# 使用命令行完成数据的批量导入
LOAD DATA INFILE 'E:/sec_buildings.csv'
INTO TABLE sec_buildings
FIELDS TERMINATED BY ','   # 指定字段之间的分隔符为英文状态的逗号','
LINES TERMINATED BY '\n'   # 指定记录行之间的分隔符为换行符'\n'
IGNORE 1 ROWS;   # 由于原始数据中第一行为表头，故读取数据时需要忽略第一行
```

对于 28201 条二手房记录来说，采用命令行的方式数据的导入效率还是非常高的，作者的计算机显示只需要 1.872 秒即可全部导入。

```
# 查看数据
select * from sec_buildings;
```

如图 3-19 所示，即为批量导入后的前几行数据的预览结果。

name	type	size	region	floor	direction	tot_amt	price_unit	built_date
梅园六街坊	2室0厅	47.72	浦东	低区/6层	朝南	500	104777	1992年建
碧云新天地（一期）	3室2厅	108.93	浦东	低区/6层	朝南	735	67474	2002年建
博山小区	1室1厅	43.79	浦东	中区/6层	朝南	260	59374	1988年建
金桥新村四街坊（博兴路986弄）	1室1厅	41.66	浦东	中区/6层	朝南北	280	67210	1997年建
博山小区	1室0厅	39.77	浦东	高区/6层	朝南	235	59089	1987年建
潍坊三村	1室0厅	34.84	浦东	中区/5层		260	74626	1983年建
伟莱家园	2室2厅	100.15	浦东	中区/6层	朝南北	515	51422	2002年建
世茂滨江花园	3室2厅	260.39	浦东	中区/51层	朝西	2200	84488	

图 3-19　数据的查询结果

如果读者初次尝试上述的操作流程，可能会出现“读取数据权限受限”的错误提示，主要是因为 MySQL 默认限制了导入与导出的目录权限。解决这种报错问题其实很简单，那就是修改配置文件，具体操作如下：

1）找到并修改 MySQL 的配置文件，如图 3-20 所示。

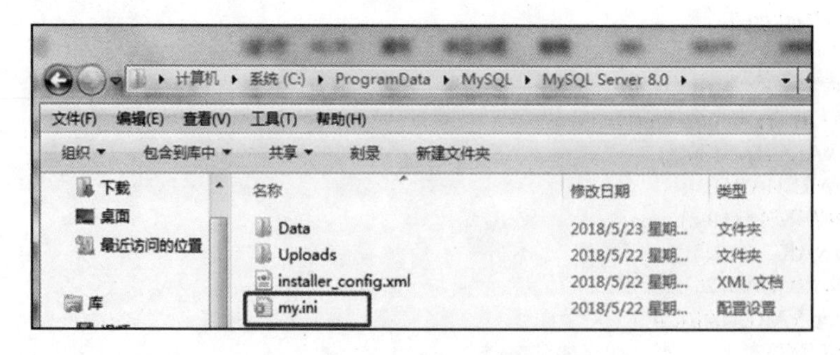

图 3-20　配置文件

双击打开 my.int 配置文件，并将配置文件中的 secure-file-priv 值设置为空字符串，即 secure-file-priv=''。

2）重启 MySQL 服务。

以 Windows 系统为例，读者需要从“控制面板”进入，找到“管理工具”，双击打开“服务”，然后找到已启动的 MySQL 服务，右击选择“重新启动”即可。具体的操作步骤如图 3-21 和图 3-22 所示。

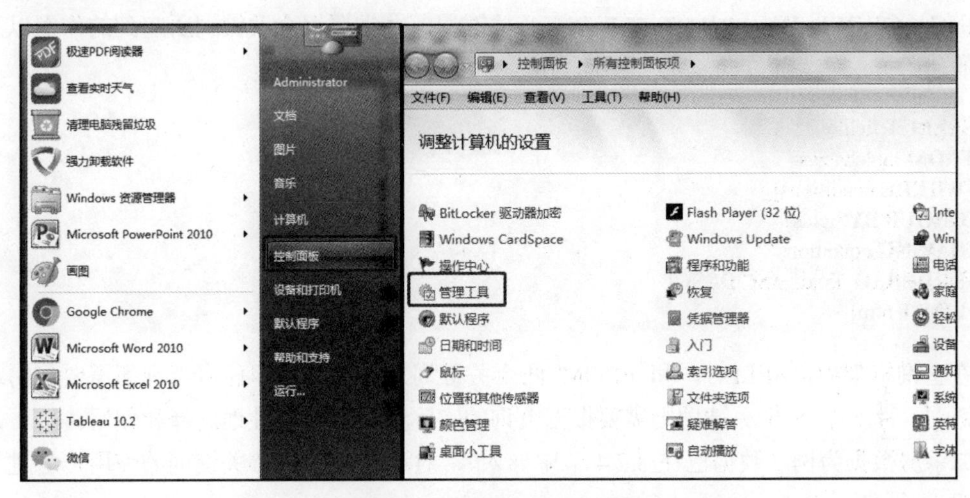

图 3-21　控制面（管理工具）

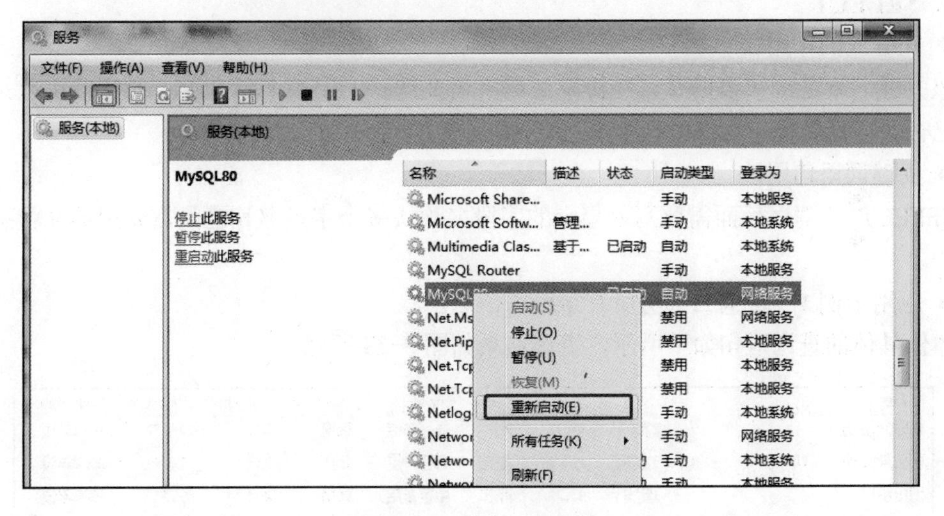

图 3-22　重启 MySQL

3.3　重要的单表查询

对于数据分析师或数据挖掘工作者来说，数据库的核心功能就是数据的提取，即查询。

SQL 直译就是结构化查询语句。在作者看来，SQL 是一种类似框架化的语法，只要灵活掌握了查询的框架，就可以方便地将数据从数据库中提取出来。接下来首先从最简单的单表查询开始，通过案例介绍 SQL 的数据查询方法。

3.3.1 SQL 查询的 7 个核心关键词——以链家二手房数据为例

在数据查询过程中，读者需要理解 SELECT、FROM、WHERE、GROUP BY、HAVING、ORDER BY、LIMIT 这 7 个核心关键词，并掌握每个关键词所起到的作用以及关键词的使用方法。关于 7 个核心关键词构造成的语法框架如下：

```
SELECT fields
FROM table|views
[WHERE conditions]
[GROUP BY fields]
[HAVING conditions]
[ORDER BY fields ASC|DESC]
[LIMIT n,m]
```

在查询框架中，SELECT 和 FROM 两个关键词是必选项，即任何查询都需要使用这两个关键词，而其余 5 个关键词则需要根据查询的实际情况有针对性地选择和使用。接下来以链家二手房数据为例（数据已在 3.2.4 节中导入），对以上 7 个核心关键词的使用一一进行演示说明。

1．SELECT

- **关键词的作用。**

该关键词就是告知数据库，在提取数据时需要选择的字段名称。这里的字段可以是数据表中已有的字段名称，也可以是基于已有字段的衍生字段名称。

- **关键词语句用法。**

SELECT 关键词后面需要写入指定的字段名称，多个字段名称之间需要用英文状态的逗号隔开。

- **应用示例 1：查询二手房所有字段的信息。**

本例具体的查询语句如下所示，查询结果如图 3-23 所示。

name	type	size	region	floor	direction	tot_amt	price_unit	built_date
梅园六街坊	2室0厅	47.72	浦东	低区/6层	朝南	500	104777	1992年建
碧云新天地（一期）	3室2厅	108.93	浦东	低区/6层	朝南	735	67474	2002年建
博山小区	1室1厅	43.79	浦东	中区/6层	朝南	260	59374	1988年建
金桥新村四街坊（博兴路986弄）	1室1厅	41.66	浦东	中区/6层	朝南北	280	67210	1997年建
博山小区	1室0厅	39.77	浦东	高区/6层	朝南	235	59089	1987年建
潍坊三村	1室0厅	34.84	浦东	中区/5层		260	74626	1983年建

图 3-23 SELECT 查询结果

```
# 选择指定的数据库
```

```
USE train;

# 查询二手房所有字段的信息
SELECT *
FROM sec_buildings;
```

● **应用示例 2：查询二手房的小区名称、户型、面积、单价和总价。**

本例具体的查询语句如下所示，查询结果如图 3-24 所示。

```
# 查询二手房的小区名称、户型、面积、单价和总价
SELECT name,type,size,price_unit,tot_amt
FROM sec_buildings;
```

name	type	size	price_unit	tot_amt
梅园六街坊	2室0厅	47.72	104777	500
碧云新天地（一期）	3室2厅	108.93	67474	735
博山小区	1室1厅	43.79	59374	260
金桥新村四街坊（博兴路986弄）	1室1厅	41.66	67210	280
博山小区	1室0厅	39.77	59089	235
潍坊三村	1室0厅	34.84	74626	260
伟莱家园	2室2厅	100.15	51422	515
世茂滨江花园	3室2厅	260.39	84488	2200

图 3-24　SELECT 查询结果

需要说明的是，如果读者提取的数据涉及某张表的所有字段，SELECT 关键词后面跟上星号（*）即可，如果是提取指定的字段，就必须逐一写在关键词的后面了。

2．FROM

● **关键词的作用。**

该关键词就是告知数据库，在提取数据时需要选择的数据源（表或视图）名称。视图可以理解为数据表的映射，通常用来限定用户查询的权限（例如某数据表中存在敏感信息，并且不想让用户查看字段值时，就可以构造一个没有该字段或者加密处理的视图）。

● **关键词语句用法。**

FROM 关键词后面需要写入指定的数据表或视图名称。

3．WHERE

● **关键词的作用。**

该关键词用于限定数据查询的条件，即实现数据子集的提取。在通常情况下，查询条件可以包含条件运算符、区间运算符、通配符和逻辑运算符。

● **关键词语句用法。**

WHERE 关键词后面需要写入筛选的条件，如果存在多个条件需要使用逻辑运算符进行连接。

在讲解 WHERE 相关的案例之前，需要简单介绍 SQL 语法中可用的条件运算符、区间运算符、通配符和逻辑运算符。这些符号汇总在表 3-5 中。

表 3-5　常用的运算符

运算符类型	符号	含义
比较运算符	>	大于
	>=	大于等于
	<	小于
	<=	小于等于
	=	等于
	!=	不等于
成员运算符	IN	包含在……之内
区间运算符	BETWEEN…AND…	在……和……之间（属于双闭区间）
通配符	%	匹配任何内容的多个占位符
	_	匹配任何内容的单个占位符
逻辑运算符	AND	且
	OR	或
	NOT	非

- **应用示例 1：查询所有阳台朝西的二手房信息。**

本例具体的查询语句如下所示，查询结果如图 3-25 所示。

```
# 查询所有阳台朝西的二手房信息
SELECT *
FROM sec_buildings
WHERE direction = '朝西';
```

name	type	size	region	floor	direction	tot_amt	price_unit	built_date
世茂滨江花园	3室2厅	260.39	浦东	中区/51层	朝西	2200	84488	
展想悦廷	1室1厅	52.98	浦东	中区/16层	朝西	170	32087	2007年建
金杨公寓	2室2厅	100.88	浦东	高区/24层	朝西	550	54520	1996年建
文兰小区	1室1厅	40.71	浦东	高区/6层	朝西	255	62638	1992年建
世茂滨江花园	2室2厅	124.58	浦东	低区/56层	朝西	1150	92310	
世茂滨江花园	3室2厅	228.77	浦东	低区/62层	朝西	1680	73436	

图 3-25　WHERE 应用示例 1 的筛选结果

- **应用示例 2：查询 2014 年新建的浦东、徐汇、静安、黄浦和长宁二手房信息。**

本例具体的查询语句如下所示，查询结果如图 3-26 所示。

```
# 查询 2014 年新建的浦东、徐汇、静安、黄浦和长宁二手房信息
SELECT *
FROM sec_buildings
WHERE built_date = '2014 年建\r'
AND region IN('浦东','徐汇','静安','黄浦','长宁');
```

name	type	size	region	floor	direction	tot_amt	price_unit	built_date
绿地东海岸时尚广场	1室1厅	58.22	浦东	高区/13层	朝南	192	32978	2014年建
云锦东方（公寓）	4室2厅	244.63	徐汇	低区/18层	朝南北	2500	102195	2014年建
徐汇世家花园	2室2厅	94.88	徐汇	低区/35层	朝南	780	82209	2014年建
黄浦滩名苑	4室2厅	321.36	黄浦	高区/30层	朝南北	3300	102688	2014年建
黄浦逸城	3室2厅	157.61	黄浦	低区/30层	朝南	1150	72964	2014年建
黄浦逸城	1室2厅	76.00	黄浦	中区/30层	朝南	1070	140789	2014年建
大华锦绣华城（十七街区）（公寓）	4室2厅	167.22	浦东	高区/16层	朝南北	1650	98672	2014年建

图 3-26　WHERE 应用示例 2 的筛选结果

需要注意的是，由于原始数据中建筑年份 built_date 的字段值是以二进制换行符“\r”结束的，故筛选时在值后面加了该符号，否则将查询不到结果。

- **应用示例 3：查询黄浦区房价在 7500 万元以上的二手房名称、户型、面积、朝向和楼层。**

本例具体的查询语句如下所示，查询结果如图 3-27 所示。

```
# 查询黄浦区房价在 7500 万元以上的二手房名称、户型、面积、朝向和楼层
SELECT name,type,size,direction,floor
FROM sec_buildings
WHERE region = '黄浦' AND tot_amt > 7500;
```

name	type	size	direction	floor
翠湖天地御苑	6室2厅	575.00	朝南	高区/32层
翠湖天地御苑	6室2厅	575.00	朝南	高区/32层
海珀日晖	4室2厅	448.45	朝南北	高区/21层
翠湖天地御苑	5室2厅	396.59	朝南北	高区/37层
绿洲仕格维花园	5室4厅	587.98	朝南	高区/35层
翠湖天地御苑	5室2厅	576.34	朝南北	高区/32层

图 3-27　WHERE 应用示例 3 的筛选结果

- **应用示例 4：查询浦东新区面积在 60~70 平方米之间的二手房名称、类型、面积和总价。**

本例具体的查询语句如下所示，查询结果如图 3-28 所示。

```
# 查询浦东新区面积在 60~70 平方米之间的二手房名称、类型、面积和总价
SELECT name,type,size,tot_amt
FROM sec_buildings
WHERE region = '浦东' AND size BETWEEN 60 AND 70;
```

name	type	size	tot_amt
羽北小区	2室2厅	69.88	560
恒大华城新华苑	2室1厅	68.90	460
金橘新苑	1室1厅	61.65	370
齐七小区	2室1厅	67.49	415
芳华路713弄	2室1厅	65.55	365
金杨二街坊	2室1厅	61.75	330
罗山五村	2室1厅	62.34	355
涵乐园	1室2厅	68.47	598
海高二村	2室1厅	64.99	255

图 3-28　WHERE 应用示例 4 的筛选结果

● **应用示例 5：查询小区名称中包含“新天地”字样的二手房信息。**

本例具体的查询语句如下所示，查询结果如图 3-29 所示。

```
# 查询小区名称中包含“新天地”字样的二手房信息
SELECT *
FROM sec_buildings
WHERE name LIKE '%新天地%';
```

name	type	size	region	floor	direction	tot_amt	price_unit	built_date
碧云新天地（一期）	3室2厅	108.93	浦东	低区/6层	朝南	735	67474	2002年建
碧云新天地（一期）	3室2厅	129.82	浦东	中区/6层	朝南北	910	70097	2002年建
碧云新天地（一期）	2室2厅	95.78	浦东	低区/6层	朝南	640	66819	2002年建
碧云新天地（一期）	2室2厅	80.01	浦东	高区/6层	朝南北	570	71241	2002年建
碧云新天地（一期）	2室2厅	98.54	浦东	高区/6层	朝南北	635	64440	2002年建
碧云新天地（一期）	2室2厅	101.93	浦东	中区/5层	朝南	685	67202	2002年建
碧云新天地（一期）	2室2厅	96.34	浦东	低区/6层	朝南北	695	72140	2008年建

图 3-29　WHERE 应用示例 5 的筛选结果

需要注意的是，在筛选条件中使用通配符时，需要结合关键词 LIKE，而非等号“=”。同时，LIKE 后面的通配符必须使用引号。

4．GROUP BY

● **关键词的作用。**

该关键词用于聚合（或统计）时的分组操作，通常与聚合函数搭配使用（例如统计某网站近半年每天的访问量，访问量的计算就是聚合过程，以天为单位的统计就是分组）。

● **关键词语句用法。**

GROUP BY 关键词后面需要写入被分组的字段，根据实际应用场景，可以是一个分组字段，也可以是多个分组字段。

实际工作中，数据的提取过程大多都会涉及分组统计，在 SQL 语法中可以使用的统计函数有 5 种，具体如表 3-6 所示。

表 3-6　5 种聚合函数

聚合函数	功能
COUNT	用于统计记录数（函数内可以传递某个字段名称，即统计字段值的记录数；也可传递星号*，即统计数据表中行的数量）。如果需要排重计数，则在字段或*前面写入 DISTINCT 关键词
SUM	用于求数值型变量的总和（前提是变量求总和后具有业务含义，如金额、频次、访问量等）
AVG	用于数值型变量的均值计算
MIN	常用于计算日期时间型变量的最小值，即业务中的首次交易
MAX	常用于计算日期时间型变量的最大值，即业务中的最后一次交易

● **应用示例 1：查询各行政区域下二手房的数量、总的可居住面积、平均总价格、最大总价格和最小单价。**

本例具体的查询语句如下所示，查询结果如图 3-30 所示。

```
# 查询各行政区域下二手房的数量、总的可居住面积、平均总价格、最大总价格和最小单价
SELECT region,COUNT(*) AS counts,SUM(size) AS tot_size,
        AVG(tot_amt) AS avg_amt,MAX(tot_amt) AS max_amt,MIN(price_unit) AS min_price
FROM sec_buildings
GROUP BY region;
```

region	counts	tot_size	avg_amt	max_amt	min_price
长宁	2122	209255.89	760.7799	5800	24056
松江	2050	236190.49	492.5976	5800	14040
嘉定	2050	183898.05	373.8654	2000	12475
黄浦	1562	174073.71	1059.2682	11200	24356
静安	38	3529.13	847.6053	2000	27163
闸北	1928	164801.75	577.1100	6800	24822
虹口	1777	159235.74	647.4221	8500	24141
奉贤	1393	139299.34	301.5190	1600	8996

图 3-30　GROUP BY 分组结果

图 3-30 所示为分组统计后的结果。需要说明的是，当 SELECT 关键词后面同时包含非聚合字段和聚合字段时，需要将所有的非聚合字段写在 GROUP BY 关键词的后面，否则会出现语法错误。如果需要给已有字段或计算字段设置别名时，可以在字段后面写上 AS alias。

这里不妨再举一个工作中的实际案例，假设读者需要利用 RFM 模型（R 代表客户最后一次交易距离某个时间点的间隔长短，F 代表客户在某段时间内的交易频次，M 代表客户在某段时间内的交易金额）构建客户的价值标签，第一件事要做的就是基于数据库中的交易表，计算每个客户在某时间段内的 R、F 和 M 值。例如交易表中含有客户 ID、订单 ID、订单金额和订单时间这些核心字段，如何利用上面介绍的聚合函数完成数据的提取呢？

● **应用示例 2：计算客户在 1~6 月份之间的 R、M、F 指标值。**

```
# 计算客户在 1~6 月份之间的 R、M、F 指标值
SELECT Uid,DATEDIFF('2018-06-30',MAX(Order_Date)) AS R,
    COUNT(DISTINCT Order_Id) AS F,SUM(Order_Amt) AS M
FROM orders
WHERE Order_Date BETWEEN '2018-01-01 00:00:00' AND '2018-06-30 23:59:59'
GROUP BY Uid;
```

通过上方的 SQL 代码就可以轻松解决 RFM 取数的过程，但针对如上的代码还有一点需要说明：DATEDIFF 函数用于计算两个日期之间的间隔天数，晚的日期写在函数的第一个参数位置，早的日期写在函数的第二个参数位置。如果需要计算两个日期间隔的月数、年数等，需要使用 TIMESTAMPDIFF，语法为 TIMESTAMPDIFF(unit,datetime_expr1,datetime_expr2)，其中参数 unit 就表示时间差的单位，如 YEAR、MONTH、QUARTER、WEEK、DAY、HOUR、MINUTE 等。

5．HAVING

● **关键词的作用。**

HAVING 关键词的作用与 WHERE 关键词的作用相同，都是实现数据的筛选，所不同的是，WHERE 是对表中已有字段（如原始字段或经过数学计算的字段）进行筛选，而 HAVING 则是对统计结果的筛选。

● 关键词语句用法。

HAVING 关键词后面需要写入具体的筛选条件。需要注意的是，筛选条件中不包含通配符的使用。

● **应用示例：按照地区、户型、楼层和朝向分组统计黄浦区与浦东新区二手房的平均单价和总数量，并筛选出平均单价超过 100000 元的记录。**

本例具体的查询语句如下所示，查询结果如图 3-31 所示。

```
# 按照地区、户型、楼层和朝向分组统计黄浦区与浦东新区二手房的平均单价和总数量，并筛选出平均单价超过 100000 元的记录
SELECT region,type,floor,direction,
    AVG(price_unit) AS avg_price, COUNT(*) AS counts
FROM sec_buildings
WHERE region IN ('浦东','黄浦')
GROUP BY region,type,floor,direction
HAVING AVG(price_unit) > 100000;
```

region	type	floor	direction	avg_price	counts
浦东	1室0厅	低区/11层	朝南	102929.0000	2
浦东	1室0厅	低区/6层	朝	108536.0000	1
浦东	1室0厅	高区/6层	朝南北	100612.0000	2
浦东	1室2厅	低区/28层	朝南	105334.0000	1
浦东	2室0厅	高区/6层	朝	100279.0000	1
浦东	2室2厅	中区/35层		108810.0000	1
浦东	2室2厅	中区/35层	朝南	101834.5000	2
浦东	2室2厅	低区/30层	朝南北	113757.0000	1
浦东	2室2厅	低区/31层	朝西南	102049.0000	1
浦东	2室2厅	低区/35层	朝南	107633.0000	3
浦东	2室2厅	低区/35层	朝西南	112458.0000	1

图 3-31　HAVING 筛选结果

6. ORDER BY

● 关键词的作用。

该关键词用于查询结果的排序，排序过程中可以按照某个或某些字段进行升序或降序的设置。

● 关键词语句用法。

ORDER BY 关键词后面需要写入指定排序的字段名称，多个字段之间需逗号隔开。默认情况是按照升序方式排序，如果需要降序，则在字段名称后面跟上 DESC 关键词。

● **应用示例 1：按面积降序、总价升序的方式查询出所有 2 室 2 厅的二手房信息（返回小区名称、面积、总价、单价、区域和朝向）。**

本例具体的查询语句如下所示，查询结果如图 3-32 所示。

```
# 按面积降序、总价升序的方式查询出所有 2 室 2 厅的二手房信息（返回小区名称、面积、总价、单价、区域和朝向）
SELECT name,size,tot_amt,price_unit,region,direction
FROM sec_buildings
```

```
WHERE type = '2 室 2 厅'
ORDER BY size DESC, tot_amt;
```

name	size	tot_amt	price_unit	region	direction
强生古北花园	199.99	1100	55002	长宁	朝南北
融创滨江壹号院	192.52	1900	98691	黄浦	朝南
河滨大楼	183.89	1850	100603	虹口	朝南
淮海晶华苑	183.82	1550	84321	黄浦	朝南
淮海晶华苑	183.82	1600	87041	黄浦	朝南北
淮海晶华苑	183.82	1670	90849	黄浦	朝南北
淮海晶华苑	183.61	1600	87141	黄浦	朝南北
翠湖天地嘉苑	182.34	2700	148075	黄浦	朝南北
财富海景花园	174.87	2080	118945	浦东	朝南
融创滨江壹号院	172.95	1600	92512	黄浦	朝南北
融创滨江壹号院	172.95	1600	92512	黄浦	朝南
合生御廷园（别	172.00	620	36046	青浦	(进门)南

图 3-32　ORDER BY 排序结果

- **应用示例 2：按照地区、户型、楼层和朝向分组统计黄浦区与浦东新区二手房的平均单价和平均面积，并按平均面积升序，平均单价降序排序。**

本例具体的查询语句如下所示，查询结果如图 3-33 所示。

```
# 按照地区、户型、楼层和朝向分组统计黄浦区与浦东新区二手房的平均单价和平均面积，并按平均面积升序，平均单价降序排序
SELECT region,type,floor,direction,
        AVG(size) AS avg_size,AVG(price_unit) AS avg_price
FROM sec_buildings
WHERE region IN ('浦东','黄浦')
GROUP BY region,type,floor,direction
ORDER BY AVG(size), AVG(price_unit) DESC;
```

region	type	floor	direction	avg_size	avg_price
黄浦	1室1厅	高区/3层	朝西	22.200000	90090.0000
黄浦	1室0厅	高区/8层	朝东	22.260000	98831.0000
黄浦	1室0厅	低区/7层	朝北	25.030000	83899.0000
黄浦	1室0厅	高区/7层	朝北	27.045000	84064.5000
黄浦	1室0厅	中区/6层	朝西	27.060000	83148.0000
黄浦	1室0厅	低区/6层	朝西	27.170000	92013.0000
黄浦	1室1厅	中区/7层	朝北	28.250000	109734.0000
浦东	1室0厅	高区/7层	朝南	28.400000	70422.0000
黄浦	1室0厅	中区/7层	朝北	28.720000	105729.2500
黄浦	1室1厅	低区/24层	朝西北	28.870000	62348.0000
黄浦	1室0厅	中区/6层	朝西北	29.030000	93007.0000

图 3-33　ORDER BY 排序结果

需要注意的是，ORDER BY 关键词后面的原始字段或计算字段顺序是有意义的，放在前面的字段则优先排序。如案例中，“ORDER BY size DESC, tot_amt”，就表示优先按面积 size 降序排，在面积相同的情况下，按总价 tot_amt 升序排。

7. LIMIT

● 关键词的作用。

该关键词用于限定查询返回的记录行数，记录行数可以是前几行，也可以是中间几行，还可以是末尾几行（实际上末尾几行与前几行是可以互相转换的，只需要修正排序方式即可）。

● 关键词语句用法。

LIMIT 关键词后面最多可以写入两个整数型的值，如果只写一个整数 n，则表示返回查询结果的前 n 行数据；如果写入两个整数 m 和 n，则表示从第 m+1 行开始，连续返回 n 行的数据。在通常情况下，该关键词会与 ORDER BY 关键词搭配使用，形成 Top N 的效果。

● **应用示例 1：查询出建筑时间最悠久的 5 套二手房。**

本例具体的查询语句如下所示，查询结果如图 3-34 所示。

```
# 查询出建筑时间最悠久的 5 套二手房
SELECT *
FROM sec_buildings
WHERE built_date != '\r'
ORDER BY built_date
LIMIT 5;
```

name	type	size	region	floor	direction	tot_amt	price_unit	built_date
蓬莱路303弄	2室0厅	46.03	黄浦	中区/4层	朝南	325	70606	1912年建
林肯公寓	2室0厅	63.74	徐汇	中区/5层	朝南	650	101976	1912年建
蓬莱路303弄	2室1厅	53.72	黄浦	低区/3层	朝南	385	71667	1912年建
同春坊	7室2厅	223.30	黄浦	低区/1层	朝南北	1800	80609	1926年建
小黑石公寓	1室1厅	69.45	徐汇	低区/6层	朝西	686	98776	1936年建

图 3-34　LIMIT 限制结果

需要注意的是，按照建筑年份升序排序时，默认会将缺失的年份记录排在前面，故上方案例中的代码，通过 WHERE 关键词排除了缺失的年份记录（WHERE built_date != '\r'）。数据库中常见的缺失值表示方法除了有空字符串（即表中单元格没有任何字符内容），还有关键词 NULL，在筛选 NULL 相关的记录时，必须使用 IS [NOT] NULL 的语法（如从用户表中筛选出年龄缺失的观测，筛选条件需写为 WHERE age IS NULL）。

● **应用示例 2：查询出浦东新区 2013 年建的二手房，并且总价排名在 6~10。**

本例具体的查询语句如下所示，查询结果如图 3-35 所示。

```
# 查询出浦东新区 2013 年建的二手房，并且总价排名在 6~10
SELECT *
FROM sec_buildings
WHERE region = '浦东'
      AND built_date = '2013 年建\r'
ORDER BY tot_amt DESC
LIMIT 5,5;
```

name	type	size	region	floor	direction	tot_amt	price_unit	built_date
汇智湖畔家园	2室2厅	87.69	浦东	高区/17层	朝南北	850	96932	2013年建
保利御樽苑（公寓）	3室2厅	141.78	浦东	低区/12层	朝南北	830	58541	2013年建
森兰名佳	3室2厅	118.31	浦东	中区/13层	朝南北	820	69309	2013年建
凯德嘉博名邸	2室2厅	92.46	浦东	中区/16层	朝南	755	81656	2013年建
凯德嘉博名邸	2室2厅	92.46	浦东	中区/16层	朝南	755	81656	2013年建

图 3-35　LIMIT 限制结果

如上便是单表查询中最为核心的 7 个关键词，同时也是数据提取时要用到的最基本的关键词，读者一定要牢牢记住每个关键词的作用和语法。根据作者的经验，在数据的查询过程中，有两条非常容易犯错的地方：

1）在数据查询中，涉及字符型或日期时间型的值时必须使用引号，并且引号只能是单引号。

2）在编写查询语句时，7 个核心关键词的顺序不能错乱，否则语法运行时会产生语法错误的信息。

3.3.2　基于 CASE WHEN 的常用查询——以电商交易数据为例

在数据查询过程中，对于 CASE WHEN…THEN…语句的使用是非常普遍的，它类似于很多编程工具中的 IF…THEN…的双分支判断逻辑。 在工作中可能会涉及数据的映射处理（例如将离散的数值映射到其各自代表的含义值，或者将连续的数值映射到离散的区间带），或是有针对性的筛选计算（例如将细颗粒单位转换为粗颗粒单位的聚合运算）。

如上提到的两类问题（即映射处理或筛选计算）都可以通过 CASE WHEN 语句轻松解决。在 SQL 语法中，关于 CASE WHEN 的表达有两种方法，分别是“简单 CASE 函数法”和“CASE 搜索函数法”，它们的语法如表 3-7 和 3-8 所示。

表 3-7　简单 CASE 函数法

语法	应用示例
CASE input_expression 　　**WHEN** when_expression **THEN** result_expression 　　[**WHEN** when_expression **THEN** result_expression] 　　[…] 　　[**ELSE** else_result_expression] **END**	**CASE** edu 　　**WHEN** 1 **THEN** '高中学历' 　　**WHEN** 2 **THEN** '本科学历' 　　**ELSE** '硕士学历' **END**

表 3-8　CASE 搜索函数法

语法	应用示例
CASE 　　**WHEN** Boolean_expression **THEN** result_expression 　　[**WHEN** Boolean_expression **THEN** result_expression] 　　[…] 　　[**ELSE** else_result_expression] **END**	**CASE** 　　**WHEN** score<60 **THEN** '不及格' 　　**WHEN** score<70 **THEN** '一般' 　　**WHEN** score<85 **THEN** '良好' 　　**ELSE** '优秀' **END**

相比于“CASE 搜索函数法”来说，“简单 CASE 函数法”的语法更加简洁，但是其功能却没有“CASE 搜索函数法”灵活和好用，因为它只能对比单值的等式问题，对于不等式比较问题就只能使用“CASE 搜索函数法”了。所以，在实际的学习或工作中，推荐读者使用“CASE 搜索函数法”，因为它既可以完成等式表达也可以实现不等式表达。

读者可能对这样的描述感到困惑，不过没有问题，接下来将通过四个具体的 SQL 案例来解释关于 CASE WHEN 在实际工作中的应用。

1．导入数据集

接下来，将以某电商交易数据为例（读者需要用到 orders.csv 数据集），讲解 CASE WHEN 语法在数据查询中的几种常见用法。该数据集一共包含 7 个字段和 5500 条样本，这些字段分别是用户 ID、用户出生日期、下单时间、订单 ID、支付方式、支付金额和是否享受折扣。首先需要将该数据集读入到 MySQL 数据库中，读入后的数据如图 3-36 所示。

```
# 新建数据表
CREATE TABLE Orders(
Uid CHAR(7),
Birthday DATE,
Order_Date DATETIME,
Order_Id VARCHAR(15),
Pay_Type TINYINT,
Pay_Amt DECIMAL(10,2),
Is_Discount TINYINT
);

# 数据读入
LOAD DATA INFILE 'E:/Orders.csv'
INTO TABLE Orders
FIELDS TERMINATED BY ','
LINES TERMINATED BY '\n'
IGNORE 1 ROWS;

# 数据前 5 行的预览
SELECT *
FROM Orders
LIMIT 5;
```

Uid	Birthday	Order_Date	Order_Id	Pay_Type	Pay_Amt	Is_Discount
4517115	1984-05-17	2016-04-03 00:42:00	2324623654	10	535.52	0
3819118	1973-03-12	2016-11-30 01:13:00	4316728757	8	1057.21	1
4316114	1968-09-26	2016-07-22 22:18:00	5801096335	2	651.27	0
6611120	1992-12-17	2017-01-29 22:50:00	3719545053	4	844.84	0
3419118	1975-09-26	2015-01-27 23:19:00	2052697354	11	1184.44	0

图 3-36　某电商交易数据

2．案例应用

（1）场景一：离散数值映射为对应的实际含义

企业中绝大多数离散型字段值都是以数值的形式存储的，这样做一方面可以节省数据的存储空间，另一方面可以方便数据的查询。但缺点也是存在的，就是无法根据每一个数字得知其对应的具体含义。所以，可以利用 CASE WHEN 语法在查询中实现数字值与实际含义的一一对应，例如字段 Is_Discount 中数字 1 代表享受折扣价，0 代表无折扣价；字段 Pay_Type 中数字“1,3,5,7,10”代表微信支付、“6,9,12”代表快捷支付（即银行卡支付）、“2,4,8,11”代表支付宝支付。具体的查询语句如下所示，查询结果如图 3-37 所示。

```
# 离散数值与实际含义的映射
SELECT *,
  CASE WHEN Is_Discount = 1 THEN '享受折扣'
    ELSE '无折扣' END AS Discount_New,
    CASE WHEN Pay_Type IN (1,3,5,7,10) THEN '微信支付'
    WHEN Pay_Type IN (6,9,12) THEN '快捷支付'
    ELSE '支付宝支付' END AS Pay_Type_New
FROM Orders
LIMIT 5;
```

Uid	Birthday	Order_Date	Order_Id	Pay_Type	Pay_Amt	Is_Discount	Discount_New	Pay_Type_New
4517115	1984-05-17	2016-04-03 00:42:00	2324623654	10	535.52	0	无折扣	微信支付
3819118	1973-03-12	2016-11-30 01:13:00	4316728757	8	1057.21	1	享受折扣	支付宝支付
4316114	1968-09-26	2016-07-22 22:18:00	5801096335	2	651.27	0	无折扣	支付宝支付
6611120	1992-12-17	2017-01-29 22:50:00	3719545053	4	844.84	0	无折扣	支付宝支付
3419118	1975-09-26	2015-01-27 23:19:00	2052697354	11	1184.44	0	无折扣	支付宝支付

图 3-37 CASE WHEN 的场景一查询结果

（2）场景二：连续数值映射为离散区间

在做数据分析时，有时需要将数值型字段拆分为几种区间值，例如将用户的年龄分割为青年、中年和老年；收入分割为低收入群体、中等收入群体和高收入群体；根据用户的访问次数将其分割为不活跃用户、低活跃用户、次高活跃用户和高活跃用户等。同样，对于读入的用户交易表来说，也可以通过 CASE WHEN 语法将出生日期划分为 60 后、70 后、80 后和 90 后。具体的查询语句如下所示，查询结果如图 3-38 所示。

```
SELECT *,
    CASE WHEN YEAR(Birthday) BETWEEN 1960 AND 1969 THEN '60 后'
    WHEN YEAR(Birthday) BETWEEN 1970 AND 1979 THEN '70 后'
    WHEN YEAR(Birthday) BETWEEN 1980 AND 1989 THEN '80 后'
    ELSE '90 后' END AS Age_Group
FROM Orders
LIMIT 5;
```

Uid	Birthday	Order_Date	Order_Id	Pay_Type	Pay_Amt	Is_Discount	Age_Group
4517115	1984-05-17	2016-04-03 00:42:00	2324623654	10	535.52	0	80后
3819118	1973-03-12	2016-11-30 01:13:00	4316728757	8	1057.21	1	70后
4316114	1968-09-26	2016-07-22 22:18:00	5801096335	2	651.27	0	60后
6611120	1992-12-17	2017-01-29 22:50:00	3719545053	4	844.84	0	90后
3419118	1975-09-26	2015-01-27 23:19:00	2052697354	11	1184.44	0	70后

图 3-38 CASE WHEN 的场景二查询结果

（3）场景三：构建长形统计表

使用 SQL 作分组统计时，如果被分组的字段有多个时，得到的统计表就是一种长形统计表，即某一种或某一类观测对象可由多行组成。为使读者能够有直观的理解，不妨以交易数据为例，统计 2018 年每个月各种支付方式的交易额。具体的查询语句如下所示，查询结果如图 3-39 所示。

```
SELECT MONTH(Order_Date) AS Month,
    CASE WHEN Pay_Type IN (1,3,5,7,10) THEN '微信支付'
    WHEN Pay_Type IN (6,9,12) THEN '快捷支付'
    ELSE '支付宝支付' END AS Pay_Type,
    SUM(Pay_Amt) AS Amt
FROM Orders
WHERE YEAR(Order_Date) = 2018
GROUP BY MONTH(Order_Date),
    CASE WHEN Pay_Type IN (1,3,5,7,10) THEN '微信支付'
    WHEN Pay_Type IN (6,9,12) THEN '快捷支付'
    ELSE '支付宝支付' END;
```

Month	Pay_Type	Amt
1	快捷支付	36599.66
1	支付宝支付	44911.54
1	微信支付	53858.10
2	微信支付	48062.07
2	支付宝支付	55480.72
2	快捷支付	42125.31
3	微信支付	54266.59
3	支付宝支付	45121.63
3	快捷支付	29067.45
4	快捷支付	25059.48
4	支付宝支付	50883.73
4	微信支付	51141.43
5	快捷支付	29768.68

图 3-39　CASE WHEN 的场景三查询结果

统计结果显示，不论是月份 Month 还是支付方式 Pay_Type，它们的每一种值在表中均多次出现，所以这种表就称为长形表。由于查询结果是基于分组统计所得，故这种表也称为长形统计表。

（4）场景四：构建宽形统计表

宽形统计表恰好与长形统计表相反，构成宽形统计表的某一种或某一类观测对象只能由一行组成，解决问题的思路就是将离散字段的水平值转换成具体的字段名称。为使读者理解长形表转宽形表的思想，仍然以上面的长形统计表为例，利用 CASE WHEN 语法，将长形统计表转换为宽形统计表。具体的查询语句如下所示，查询结果如图 3-40 所示。

```
SELECT MONTH(Order_Date) AS Month,
    SUM(CASE WHEN Pay_Type IN (1,3,5,7,10) THEN Pay_Amt END) AS 'Wechat',
    SUM(CASE WHEN Pay_Type IN (6,9,12) THEN Pay_Amt END) AS 'Bank_Card',
    SUM(CASE WHEN Pay_Type NOT IN (1,3,5,7,10,6,9,12) THEN Pay_Amt END) AS 'Ali_Pay'
FROM Orders
WHERE YEAR(Order_Date) = 2018
GROUP BY MONTH(Order_Date)
ORDER BY MONTH(Order_Date);
```

Month	Wechat	Bank_Card	Ali_Pay
1	53858.10	36599.66	44911.54
2	48062.07	42125.31	55480.72
3	54266.59	29067.45	45121.63
4	51141.43	25059.48	50883.73
5	61589.92	29768.68	45005.83
6	60113.03	27291.30	36997.95

图 3-40　CASE WHEN 的场景四查询结果

原本在长形表中，微信支付、支付宝支付和快捷支付是 Pay_Type 字段中的 3 种水平值，而在上方的宽形表中，这 3 种值用作了字段名，从而可以保证构成宽形统计表的某一种或某一类观测对象只出现一次（如上表中的月份字段）。

3.3.3　几种常见的嵌套查询——以学员考试成绩为例

在 3.3.1 节中介绍 SQL 查询的 7 个核心关键词时，提到 WHERE 关键词可用于数据子集的筛选，该关键词的后面需要跟上表示筛选条件的表达式。常见的表达式中会包含比较运算符、成员运算符、区间运算符、逻辑运算符或通配符。除此，在本节中，将介绍另一种稍微复杂的筛选功能，那就是嵌套查询，嵌套的意思是指在 WHERE 关键词后面继续写入一个 SELECT 查询语句块。在工作中经常会碰见 4 种风格的嵌套查询，即含有 IN 关键词、EXISTS 关键词、比较运算符（>、>=、<、<=、=、!=）以及 ANY 或 ALL 关键词的嵌套查询。针对这 4 种常见的嵌套查询，将以学员考试成绩为例，解释这四种语法的应用。

1．录入数据

首先通过手工方式将学员信息和成绩数据录入到数据库中。导入后的数据如图 3-41 和图 3-42 所示。

```
# 创建学员信息表
CREATE TABLE stu_info(
id INT AUTO_INCREMENT PRIMARY KEY,
name VARCHAR(20),
gender CHAR(1),
department VARCHAR(10),
age TINYINT,
province VARCHAR(10),
email VARCHAR(50),
mobilephone CHAR(11)
 );

# 创建学员成绩表
CREATE TABLE stu_score(
id INT ,
MySQL TINYINT,
Python TINYINT,
Visualization TINYINT
 );

# 向学员表中插入数据
 INSERT INTO stu_info(name,gender,department,age,province,email,mobilephone) VALUES
('张勇','男','数学系',23,'河南','sfddf123dd@163.com','13323564321'),
('王兵','男','数学系',25,'江苏','lss1993@163.com','17823774329'),
('刘伟','男','计算机系',21,'江苏','qawsed112@126.com','13834892240'),
('张峰','男','管理系',22,'上海','102945328@qq.com','13923654481'),
('董敏','女','生物系',22,'浙江','82378339@qq.com','13428439022'),
('徐晓红','女','计算机系',24,'浙江','xixiaohong@gmail.com','13720097528'),
('赵伊美','女','数学系',21,'江苏','zhaomeimei@163.com','13417723980'),
('王建国','男','管理系',24,'浙江','9213228402@qq.com','13768329901'),
```

```
('刘清','女','统计系',23,'安徽','lq1128@gmail.com','17823651180'),
('赵家和','男','计算机系',28,'山东','dcrzdbjh@163.com','13827811311');

# 向成绩表中插入数据
 INSERT INTO stu_score VALUES
 (1,87,72,88),
 (3,90,66,72),
 (2,90,70,86),
 (4,88,82,76),
 (8,92,67,80),
 (10,88,82,89),
 (5,79,66,60),
 (7,91,78,90),
 (6,82,79,88),
 (9,85,70,85);

# 查询学员信息表和成绩表
SELECT * FROM stu_info;
SELECT * FROM stu_score;
```

id	name	gender	department	age	province	email	mobilephone
1	张勇	男	数学系	23	河南	sfddf123dd@163.com	13323564321
2	王兵	男	数学系	25	江苏	lss1993@163.com	17823774329
3	刘伟	男	计算机系	21	江苏	qawsed112@126.com	13834892240
4	张峰	男	管理系	22	上海	102945328@qq.com	13923654481
5	董敏	女	生物系	22	浙江	82378339@qq.com	13428439022
6	徐晓红	女	计算机系	24	浙江	xixiaohong@gmail.com	13720097528

图 3-41　学生信息表

id	MySQL	Python	Visualization
1	87	72	88
3	90	66	72
2	90	70	86
4	88	82	76
8	92	67	80
10	88	82	89
5	79	66	60
7	91	78	90
6	82	79	88

图 3-42　学生成绩表

2．含 IN 关键词的嵌套查询

在 P203 页的表 3-5 中，IN 关键词为成员符，当查询条件涉及某些已知的可枚举离散值时，IN 关键词是一个不错的选择。但是当离散值是基于其他表的筛选结果时（此时可能不方便枚举出离散值），利用 IN 关键词的嵌套查询便可以轻松解决问题。有关该关键词嵌套查询的核心语法如下：

```
SELECT fields
FROM table_name
WHERE field IN (值列表)
                或者 (SELECT field FROM 表名 WHERE )
```

IN 关键词有两种用法：第一种用法就是将可枚举的离散值写在值列表中；另一种用法就是语法中的嵌套，即把另一个查询语句块写在 IN 关键词后面的括号内。例如查询与张勇、刘伟同一个系科的学员信息以及从学员成绩表中查询出 MySQL 成绩大于 90 分的对应学员信息。

● **应用示例 1：查询与张勇、刘伟同一个系的学员信息。**

本例具体的查询语句如下所示，查询结果如图 3-43 所示。

```
# 查询与张勇、刘伟同一个系的学员信息
SELECT *
FROM stu_info
WHERE department IN (SELECT department FROM stu_info WHERE name IN('张勇','刘伟'));
```

id	name	gender	department	age	province	email	mobilephone
1	张勇	男	数学系	23	河南	sfddf123dd@163.com	13323564321
2	王兵	男	数学系	25	江苏	lss1993@163.com	17823774329
7	赵伊美	女	数学系	21	江苏	zhaomeimei@163.com	13417723980
3	刘伟	男	计算机系	21	江苏	qawsed112@126.com	13834892240
6	徐晓红	女	计算机系	24	浙江	xixiaohong@gmail.com	13720097528
10	赵家和	男	计算机系	28	山东	dcrzdbjh@163.com	13827811311

图 3-43　IN 子查询结果

● **应用示例 2：查询 MySQL 成绩大于 90 分的学员信息。**

本例具体的查询语句如下所示，查询结果如图 3-44 所示。

```
# 查询 MySQL 成绩大于 90 分的学员信息
SELECT *
FROM stu_info
WHERE id IN (SELECT id FROM stu_score WHERE MySQL > 90);
```

id	name	gender	department	age	province	email	mobilephone
7	赵伊美	女	数学系	21	江苏	zhaomeimei@163.com	13417723980
8	王建国	男	管理系	24	浙江	9213228402@qq.com	13768329901
NULL	NULL	NULL	NULL	NULL	NULL	NULL	NULL

图 3-44　IN 子查询结果

需要注意的是，在使用含 IN 关键词的嵌套查询时，嵌套部分的语句块只能返回一个字段信息（如上面示例 1 括号内的代码只查询满足条件的 department 字段或 id 字段），否则会出现语法错误。

3. 含 EXISTS 关键词的嵌套查询

EXISTS 关键词的作用与 IN 关键词几乎一样，所不同的是，通过 EXISTS 关键词的嵌套查询返回的不是具体的值集合，而是满足条件的逻辑值（即 True 或 False）。根据作者的经验，通常情况下使用 EXISTS 关键词的查询速度要比 IN 关键词的嵌套查询快一些（当然，如果读者使用的是基于 Hadoop 的 SQL 工具 Hive，它是没有 EXISTS 关键词实现嵌套查询的功能的）。有关该关键词嵌套查询的核心语法如下：

```
SELECT fields
```

```
FROM table_name1
WHERE EXISTS(SELECT 1 FROM table_name2 WHERE table_name1.field= table_name2.field
                    AND other_conditions)
```

以下通过具体示例说明使用 EXISTS 关键词实现与 IN 关键词同样的查询结果。

● **应用示例：查询 MySQL 成绩大于 90 分的学员信息。**

本例具体的查询语句如下所示，查询结果如图 3-45 所示。

```
# 查询 MySQL 成绩大于 90 分的学员信息
SELECT *
FROM stu_info
WHERE EXISTS(SELECT 1 FROM stu_score WHERE stu_score.id = stu_info.id AND MySQL > 90);
```

id	name	gender	department	age	province	email	mobilephone
7	赵伊美	女	数学系	21	江苏	zhaomeimei@163.com	13417723980
8	王建国	男	管理系	24	浙江	9213228402@qq.com	13768329901
NULL	NULL	NULL	NULL	NULL	NULL	NULL	NULL

图 3-45　EXISTS 子查询结果

需要注意的是，在使用含 EXISTS 关键词的嵌套查询时，关键词 WHERE 和 EXISTS 之间不需要任何的字段（与 IN 关键词嵌套不同），而且嵌套部分的查询字段（即 SELECT 后面的字段）可以是表中的任何一个字段或者是星号*，或者是某个常数。

4．含比较运算符的嵌套查询

不管是含 IN 关键词的嵌套查询，还是含 EXISTS 关键词的嵌套查询，嵌套部分的查询语句通常都是满足条件的多个值，然后再基于嵌套结果实现数据子集的筛选。当确定嵌套部分的查询语句返回单个值，并且父查询与子查询之间可以使用比较运算符进行连接时，含比较运算符的嵌套查询就可以登场了。例如，查询出各个系科中，年龄不低于所属系科平均年龄的学员信息。

● **应用示例：查询年龄不低于所属系科平均年龄的学员信息。**

本例具体的查询语句如下所示，查询结果如图 3-46 所示。

```
# 查询年龄不低于所属系科平均年龄的学员信息
SELECT * FROM stu_info AS t1
WHERE   age >= (SELECT AVG(age) FROM stu_info AS t2
                    WHERE t1.department = t2.department)
```

id	name	gender	department	age	province	email	mobilephone
1	张勇	男	数学系	23	河南	sfddf123dd@163.com	13323564321
2	王兵	男	数学系	25	江苏	lss1993@163.com	17823774329
5	董敏	女	生物系	22	浙江	82378339@qq.com	13428439022
8	王建国	男	管理系	24	浙江	9213228402@qq.com	13768329901
9	刘清	女	统计系	23	安徽	lq1128@gmail.com	17823651180
10	赵家和	男	计算机系	28	山东	dcrzdbjh@163.com	13827811311
NULL	NULL	NULL	NULL	NULL	NULL	NULL	NULL

图 3-46　含比较运算符的子查询结果

5．含 ANY 或 ALL 关键词的嵌套查询

对于含比较运算符的嵌套查询而言，嵌套部分的查询语句将返回单个值。如果嵌套部分的查询返回多个值，并且父查询与子查询之间仍然可以使用比较运算符进行连接时，就需要结合 ANY 或 ALL 关键词了。6 种比较运算符与 ANY 或 ALL 关键词的搭配，将会形成 12 种组合，它们的组合含义如表 3-9 所示。

表 3-9　比较运算符与 ANY 或 ALL 关键词的搭配

组合	含义	组合	含义
>ANY	大于子查询结果中的某个值	>ALL	大于子查询结果中的所有值
>=ANY	大于等于子查询结果中的某个值	>=ALL	大于等于子查询结果中的所有值
<ANY	小于子查询结果中的某个值	<ALL	小于子查询结果中的所有值
<=ANY	小于等于子查询结果中的某个值	<=ALL	小于等于子查询结果中的所有值
=ANY	等于子查询结果中的某个值	=ALL	等于子查询结果中的所有值
!=ANY	不等于子查询结果中的某个值	!=ALL	不等于子查询结果中的所有值

为使读者掌握它们的用法，这里举两个例子，查询非管理系中比管理系任意一个学员年龄小的学员信息以及查询非管理系中比管理系所有学员年龄大的学员信息。

● **应用示例 1：查询非管理系中比管理系任意一个学员年龄小的学员信息。**

本例具体的查询语句如下所示，查询结果如图 3-47 所示。

```
# 查询非管理系中比管理系任意一个学员年龄小的学员信息
SELECT * FROM stu_info
WHERE age <ANY (SELECT DISTINCT age FROM stu_info
                WHERE department = '管理系')
    AND department != '管理系';
```

id	name	gender	department	age	province	email	mobilephone
1	张勇	男	数学系	23	河南	sfddf123dd@163.com	13323564321
3	刘伟	男	计算机系	21	江苏	qawsed112@126.com	13834892240
5	董敏	女	生物系	22	浙江	82378339@qq.com	13428439022
7	赵伊美	女	数学系	21	江苏	zhaomeimei@163.com	13417723980
9	刘清	女	统计系	23	安徽	lq1128@gmail.com	17823651180
NULL	NULL	NULL	NULL	NULL	NULL	NULL	NULL

图 3-47　<ANY 组合的查询结果

这里的查询逻辑是这样的：首先查询所有管理系学员的不同年龄值，然后将所有非管理系学员的年龄与子查询中的年龄值做对比，挑选出小于任意一个管理系学员年龄所对应的学员信息（如数学系张勇的年龄为 23 岁，他的年龄满足：小于管理系学员中年龄为 22 和 24 岁中的某一个）。

● **应用示例 2：查询非管理系中比管理系所有学员年龄小的学员信息。**

本例具体的查询语句如下所示，查询结果如图 3-48 所示。

```
# 查询非管理系中比管理系所有学员年龄小的学员信息
SELECT * FROM stu_info
WHERE age <ALL (SELECT DISTINCT age FROM stu_info
                WHERE department = '管理系')
```

```
AND department != '管理系';
```

id	name	gender	department	age	province	email	mobilephone
3	刘伟	男	计算机系	21	江苏	qawsed112@126.com	13834892240
7	赵伊美	女	数学系	21	江苏	zhaomeimei@163.com	13417723980
NULL	NULL	NULL	NULL	NULL	NULL	NULL	NULL

图 3-48 <ALL 组合的查询结果

这里的查询逻辑是这样的：首先查询所有管理系学员的不同年龄值，然后将所有非管理系学员的年龄与子查询中的年龄值作对比，挑选出小于所有管理系学员年龄所对应的学员信息（如计算机系刘伟的年龄为 21 岁，他的年龄满足：小于管理系学员中年龄为 22 和 24 岁中的所有值）。

3.3.4 基于分组排序的辅助列功能——以销售员业绩数据为例

在 3.3.1 节中结合 ORDER BY 关键词和 LIMIT 关键词可以实现 TOP N 问题的解决，例如从二手房数据中查询出某个行政区下最便宜的 10 套房，从电商交易数据集中查询出实付金额最高的 5 笔交易，从学员信息表中查询出年龄最小的 3 个学员等。

如果现在的问题换成从二手房数据中查询出各个行政区下最便宜的 10 套房，从电商交易数据集中查询出每个月实付金额最高的 5 笔交易，从学员信息表中查询出各个系科下年龄最小的 3 个学员等问题，该如何解决呢？该类问题的核心是，筛选出组内的 TOP N，而非从所有的数据集中挑选出 TOP N。

（1）排序辅助列

要想解决该类问题，通常需要添加辅助列。辅助列的实现思想有 3 个步骤，首先按照某个分组变量（如问题中的行政区域、每个月、各个系科）将数据集划分为多个块，然后基于每个数据块，对目标变量（如问题中的二手房总价格、每笔交易的总金额、学员的年龄）排序，最后根据分组排序结果为每一个观测加上对应的序号值。

为了解读分组排序辅助列的思想，这里举一个简单的例子——如何从考试成绩表中挑选出各科目分数最高的学生。分组排序辅助列的过程可以参考表 3-10、3-11 和 3-12。

表 3-10 原始学生成绩表

姓名	科目	成绩
李霞	语文	65
张红	数学	88
刘丹	英语	72
李霞	数学	76
刘丹	语文	82
刘丹	数学	88
王明	数学	90

表 3-11 按科目对数据分组

姓名	科目	成绩
张红	数学	88
李霞	数学	76
刘丹	数学	88
王明	数学	90
李霞	语文	65
刘丹	语文	82
刘丹	英语	72

表 3-12　组内排序（按成绩降序）并添加序号

姓名	科目	成绩	排序方式 1	排序方式 2	排序方式 3
王明	数学	90	1	1	1
张红	数学	88	2	2	2
刘丹	数学	88	3	2	2
李霞	数学	76	4	3	4
刘丹	语文	82	1	1	1
李霞	语文	65	2	2	2
刘丹	英语	72	1	1	1

最终形成的排序辅助表如表 3-12 所示，表中一共包含 3 种排序方式：第一种是简单的行号排序风格，组内不存在相同的序号值；第二种是连续不跳号风格，组内存在相同的序号值（当组内的排序变量值相同时），但是并列后的序号是连续的；第三种是不连续跳号风格，组内存在相同的序号值（当组内的排序变量值相同时），但是并列后的序号是不连续的。

（2）排列辅助列在 MySQL 中的实现

如果读者使用的是 Oracle、SQL Server 或者是 Hive 这类 SQL 语法，实现上面的排序辅助列是非常简单的，因为 SQL 语法中提供了函数功能。上面的 3 种排序风格对应的语法函数如下：

- ROW_NUMBER() OVER(PARTITION BY　ORDER BY)，简单行号排序；
- DENSE_RANK() OVER(PARTITION BY ORDER BY)，连续不跳号；
- RANK() OVER(PARTITION BY　ORDER BY)，不连续跳号。

需要说明的是，上面语法中的 ROW_NUMBER、DENSE_RANK 和 RANK 函数分别代表 3 种不同的排序风格：函数中不需要加入任何参数；OVER 函数中 PARTITION BY 的功能是指定需要将数据分块的字段（即分组变量）；OVER 函数中 ORDER BY 的功能是指定组内数据的排序字段。

遗憾的是，MySQL 数据库中并没有如上的 3 种语法，所以在解决这类分组排序的问题时，就必须人工手写 SQL 代码。好在代码的复杂度并不是很高。下面将以虚拟的业务员销售数据为例，讲解如何利用 MySQL 数据库完成分组排序的功能。

首先创建虚拟的业务员销售数据，具体语句如下所示，最后生成的查询结果如图 3-49 所示。

```
# 创建虚拟的业务员销售数据
CREATE TABLE Sales(
date date,
name char(2),
sales int);

# 向表中插入数据
INSERT INTO Sales VALUES
```

```
('2018/1/1', '丁一', 200),
('2018/2/1', '丁一', 180),
('2018/2/1', '李四', 100),
('2018/3/1', '李四', 150),
('2018/3/1', '刘猛', 80),
('2018/1/1', '王二', 200),
('2018/2/1', '王二', 270),
('2018/3/1', '王二', 300),
('2018/1/1', '张三', 300),
('2018/2/1', '张三', 280),
('2018/3/1', '张三', 280);
```

接下来基于上面的数据，为数据表添加辅助列，实现 ROW_NUMBER OVER(PARTITION BY ORDER BY)的功能，具体代码如下所示，添加辅助列的效果如图 3-49 所示。

```
# 实现 ROW_NUMBER OVER(PARTITION BY ORDER BY)的功能
SET @num := 0, @temp_date := NULL;
SELECT t1.*,
@num := IF(@temp_date = t1.date, @num + 1, 1) AS row_num,
@temp_date := t1.date AS temp_date
FROM Sales t1
ORDER BY date, sales;
```

date	name	sales	row_num	temp_date
2018-01-01	丁一	200	1	2018-01-01
2018-01-01	王二	200	2	2018-01-01
2018-01-01	张三	300	3	2018-01-01
2018-02-01	李四	100	1	2018-02-01
2018-02-01	丁一	180	2	2018-02-01
2018-02-01	王二	270	3	2018-02-01
2018-02-01	张三	280	4	2018-02-01
2018-03-01	刘猛	80	1	2018-03-01
2018-03-01	李四	150	2	2018-03-01
2018-03-01	张三	280	3	2018-03-01
2018-03-01	王二	300	4	2018-03-01

图 3-49　ROW_NUMBER OVER 的功能查询

图 3-49 框中的数字即为组内观测经过排序之后的序号，组内序号是不会产生重复的。针对上方的代码有几点需要解释：

- SET @num := 0, @temp_date := NULL;，该语句是用来设置两个含有初始值的临时变量，用于后面查询代码中的条件判断和序号记录。
- @num := IF(@temp_date = t1.date, @num + 1, 1) AS row_num，该语句用到了 IF 函数，用于对比临时变量@temp_date 与表中 date 变量的值是否相等，如果不相等对应的序号值为 1，否则序号值依次加 1。
- @temp_date := t1.date AS temp_date，该语句用表中 date 变量的实际值迭代更新临时变量@temp_date 的值，以确保 IF 函数中的对比可以正确执行。
- ORDER BY date, sales，用于对分组变量 date 和目标变量 sales 排序（该操作的目的等价于数据分块和排序的功能），这条语句是必需的，否则得到的序号将是错误的。

（3）排列辅助列示例

● **应用示例 1：查询各月中销售业绩最差的业务员。**

本例具体的查询语句如下所示，查询结果如图 3-50 所示。

date	name	sales
2018-01-01	丁一	200
2018-02-01	李四	100
2018-03-01	刘猛	80

图 3-50　基于 ROW_NUMBER OVER 的辅助列作筛选

```
# 基于如上的排序风格，查询各月中销售业绩最差的业务员
SET @num := 0, @temp_date := NULL;
SELECT date,name,sales
FROM (
SELECT t1.*,
@num := IF(@temp_date = t1.date, @num + 1, 1) AS row_num,
@temp_date := t1.date AS temp_date
FROM Sales t1
ORDER BY date, sales) tt
WHERE row_num = 1;
```

图 3-50 反映的就是每个月销售业绩最差的员工。该查询的思路是基于排好序的数据集，筛选出所有序号为 1 的观测值，进而各组内的第一个样本就全部筛选出来。需要注意的是，数据筛选时，使用的嵌套查询，因为筛选条件中的变量 row_num 并不在原始表 Sales 中，它是衍生出来的变量。

● **应用示例 2：实现 DENSE_RANK OVER(PARTITION BY ORDER BY)的功能。**

本例具体的查询语句如下所示，查询结果如图 3-51 所示。

```
# 实现 DENSE_RANK OVER(PARTITION BY ORDER BY)的功能
SET @num := 0, @temp_date := '', @temp_sales := 0;
SELECT t1.*,
@num := IF(@temp_date = t1.date, IF(@temp_sales = sales, @num,@num + 1), 1) AS dense_num,
@temp_date := t1.date AS temp_date,
@temp_sales := t1.sales AS temp_sales
FROM Sales t1
ORDER BY date, sales;
```

date	name	sales	dense_num	temp_date	temp_sales
2018-01-01	丁一	200	1	2018-01-01	200
2018-01-01	王二	200	1	2018-01-01	200
2018-01-01	张三	300	2	2018-01-01	300
2018-02-01	李四	100	1	2018-02-01	100
2018-02-01	丁一	180	2	2018-02-01	180
2018-02-01	王二	270	3	2018-02-01	270
2018-02-01	张三	280	4	2018-02-01	280
2018-03-01	刘猛	80	1	2018-03-01	80
2018-03-01	李四	150	2	2018-03-01	150
2018-03-01	张三	280	3	2018-03-01	280
2018-03-01	王二	300	4	2018-03-01	300

图 3-51　DENSE_RANK OVER 的功能查询

图 3-51 框中 dense_num 列的数字即为组内观测经过排序之后的序号，组内序号可能会产生重复，但不会导致跳号。生成 dense_num 字段的逻辑稍微复杂了一点，做了两层的 IF 嵌套对比。第一层 IF 是比对临时变量@temp_date 与实际的表字段 date，如果两者不相等则 dense_num 字段的值为 1（即组内第一个观测的序号），否则需要第二层 IF 的判断，即比对临时变量@temp_sales 与实际的表字段 sales，如果两者相等，就使用自身的编号@num（即连续相等的 sales 值对应相同的序号），否则序号值依次加 1。

- **应用示例 3：实现 RANK OVER(PARTITION BY ORDER BY)的功能。**

本例具体的查询语句如下所示，查询结果如图 3-52 所示。

```
# 实现 RANK OVER(PARTITION BY ORDER BY)的功能
SET @num1 := 0, @num2 := 0, @temp_date := '', @temp_sales := 0;
SELECT t1.*,
@num1 := IF(@temp_date = t1.date, @num1 + 1, 1) AS row_num,
@num2 := IF(@temp_date = t1.date, IF(@temp_sales = sales, @num2, @num1), 1) AS rank_num,
@temp_date := t1.date AS temp_date,
@temp_sales := t1.sales AS temp_sales
FROM Sales t1
ORDER BY date, sales;
```

date	name	sales	row_num	rank_num	temp_date	temp_sales
2018-01-01	丁一	200	1	1	2018-01-01	200
2018-01-01	王二	200	2	1	2018-01-01	200
2018-01-01	张三	300	3	3	2018-01-01	300
2018-02-01	李四	100	1	1	2018-02-01	100
2018-02-01	丁一	180	2	2	2018-02-01	180
2018-02-01	王二	270	3	3	2018-02-01	270
2018-02-01	张三	280	4	4	2018-02-01	280
2018-03-01	刘猛	80	1	1	2018-03-01	80
2018-03-01	李四	150	2	2	2018-03-01	150
2018-03-01	张三	280	3	3	2018-03-01	280
2018-03-01	王二	300	4	4	2018-03-01	300

图 3-52 RANK OVER 的功能查询

图 3-52 框中的数字即为组内观测经过排序之后的序号，组内序号可能会产生重复，同时会导致跳号现象。在生成 rank_num 字段时，需要借助于组内自增序号@num1。判断条件仍然是两层 IF，所不同的是，当临时变量@temp_date 与 date 变量值相等、临时变量@sales 与变量 sales 变量值不等时，rank_num 的序号值借用的是组内自增序号@num1。

3.4 复杂的多表查询

在 3.3 节中介绍的基于单表的查询，涉及的内容比较多，同时这部分内容也是为多表查询奠定的基础，故它显得尤为重要。然而在实际的工作应用中，基于单表的查询并不多，更多的还是多表之间的查询。接下来就介绍相对复杂的多表查询。

在通常情况下，多表查询主要有两类：一类是纵向的表合并，即将结构相同的表作焊接操作；另一类是横向的表连接，即将多个表中的字段合并到一张宽表中。接下来通过案例的形式介绍这两类多表查询的应用。

3.4.1　纵向表合并——以超市交易数据为例

1．纵向表合并语句

纵向表合并非常好理解，就是把多张表结构相同的表，按照垂直方向，将它们进行合并，这种合并实际上就是记录的堆叠。关于纵向表合并的语句如下：

```
SELECT fields FROM tb1
UNION|UNION ALL
SELECT fields FROM tb2
UNION|UNION ALL
...
UNION|UNION ALL
SELECT fields FROM tbn
```

从上述语句的语法上看，纵向表合并还是非常简单的。在多表之间做纵向合并时，需要使用关键词 UNION 或者 UNION ALL 来衔接，这两个关键词的功能虽然一样，都是合并操作，但它们之间还是存在很大区别的。如果多表之间的合并只是简单的首尾相连，可以使用 UNION ALL 关键词，它在表合并时不做任何附加动作；如果使用 UNION 做表合并的衔接词时，在表合并结束后会附加两个动作，即排重和排序。

相比而言，UNION ALL 的合并速度要比 UNION 快很多，尤其是数据量比较大时，两者的合并速度差异越明显。所以，在数据合并前，一定要慎重考虑，例如表之间的数据是否存在冗余记录，或者是否需要对查询结果做排重处理。如果表之间不存在冗余信息，或者不需要排重处理时，千万不要使用 UNION 关键词，否则将会浪费不必要的运行时间。

对于上述的表合并语句，有 3 条容易犯错的地方需要引起读者的注意：

- 数据合并时，要求从各表中查询出来的字段个数相同（即语法中的 fields 个数相同）。
- 数据合并时，要求从各表中查询出来的字段含义顺序相同。
- 数据合并时，要求从各表中查询出来的字段类型尽可能保持一致（即使不一致，也必须满足字段类型间能够实现内部转换）。

2．案例应用

为使读者对纵向表合并有直观的理解，这里不妨以某超市的经营数据为例进行说明。假设某超市总部在记录各个加盟店的经营数据时，采用的是分表管理方法，即各个加盟店将不同月份的经营数据存储在不同的数据表中。数据的存储方式如图 3-53、3-54 和 3-55 所示。

shop_id	uid	order_id	date	amt1	amt2	amt3	pay_type
23	32394711	3215313435	2017-10-19 17:10:01	94.71	29.92	64.79	4
23	31739103	3125446423	2017-10-18 20:34:20	312.21	54.72	257.49	3
23	31995883	4583195141	2017-10-03 11:42:46	108.40	17.20	91.20	1
23	439272003	3254643211	2017-10-15 16:15:57	172.46	28.17	144.29	1
23		64234097121	2017-10-02 09:21:51	201.12	50.69	150.43	3
23	347391033	3539107431	2017-10-21 11:17:48	198.62	18.09	180.54	4

图 3-53　编号为 23 的 A 超市在 2017 年 10 月份的交易表

shop_id	uid	order_id	date	amt1	amt2	amt3	pay_type
23	3812473697	14902827668	2018-01-15 18:00:46	223.52	44.83	178.69	2
23	321591433	28518245909	2018-01-12 16:40:44	327.17	21.64	305.53	1
23		50636127475	2018-01-28 21:32:44	322.37	48.87	273.50	1
23	4929652432	16837335579	2018-01-22 10:37:01	102.93	37.69	65.23	4
23	4121910859	55868333780	2018-01-24 19:26:03	523.56	28.07	495.49	4
23		3214036590	2018-01-04 13:32:55	254.21	37.34	216.88	2

图 3-54　编号为 23 的 A 超市在 2018 年 1 月份的交易表

shop_id	uid	order_id	date	amt1	amt2	amt3	pay_type
41	215946591	96808754476	2018-05-24 17:37:13	81.90	29.01	52.89	3
41		80837762177	2018-05-18 13:33:07	453.08	30.94	422.14	1
41	1855923781	48935127791	2018-05-19 12:18:05	370.92	17.58	353.35	4
41		29553698394	2018-05-23 14:54:37	207.60	22.68	184.92	2
41	2596785675	31895831613	2018-05-20 09:51:25	381.03	53.18	327.85	2
41	3326656573	8624691639	2018-05-21 12:08:50	103.54	34.58	68.96	4

图 3-55　编号为 41 的 B 超市在 2018 年 5 月份的交易表

假设 3 张表分别表示 A 超市在 2017 年 10 月份和 2018 年 1 月份的交易记录，以及 B 超市在 2018 年 5 月份的交易记录。表中包含门店 ID、用户 ID（如果用户没有办理超市会员卡，则对应的值为空）、订单 ID、交易日期、应付金额、折扣金额、实付金额以及支付类型 8 个字段。接下来要做的就是将上面的 3 张样本表数据导入到 MySQL 数据库中，首先在数据库中新建 3 张空表，然后使用批量导入数据的语句实现数据的读入，并进行表的合并。具体 SQL 语句如下所示，最终导入并完成合并的数据，如图 3-56 所示。

（1）创建新表

```
# 在数据库 MySQL 中新建 3 张表
CREATE TABLE TransA1710(
shop_id INT,
uid VARCHAR(10),
order_id VARCHAR(20),
date DATETIME,
amt1 DECIMAL(10,2),
amt2 DECIMAL(10,2),
amt3 DECIMAL(10,2),
pay_type TINYINT
);

CREATE TABLE TransA1801 LIKE TransA1710;
CREATE TABLE TransB1805 LIKE TransA1710;
```

需要注意的是，在创建表 TransA1801 和表 TransB1805 时，并没有按部就班地使用创建新表 TransA1710 的语句，而是使用 LIKE 关键词。该语法表示新建的表 TransA1801 和表 TransB1805 的数据结构与 TransA1710 完全一致，进而可以减少代码的重复编写。

（2）批量导入数据

```
# 将数据批量读入到数据库中
LOAD DATA INFILE 'E:/TransA1710.txt'
INTO TABLE TransA1710
FIELDS TERMINATED BY '\t'
```

```
LINES TERMINATED BY '\n'
IGNORE 1 ROWS;

LOAD DATA INFILE 'E:/TransA1801.txt'
INTO TABLE TransA1801
FIELDS TERMINATED BY '\t'
LINES TERMINATED BY '\n'
IGNORE 1 ROWS;

LOAD DATA INFILE 'E:/TransB1805.txt'
INTO TABLE TransB1805
FIELDS TERMINATED BY '\t'
LINES TERMINATED BY '\n'
IGNORE 1 ROWS;
```

（3）表合并

```
# 将 3 张表中支付方式为现金（pay_type=1）的交易合并起来，并且保留门店 id、用户 id、交易订单号、交易时间和实际交易额信息
SELECT shop_id,uid,order_id,date,amt3
FROM TransA1710
WHERE pay_type = 1
UNION ALL
SELECT shop_id,uid,order_id,date,amt3
FROM TransA1801
WHERE pay_type = 1
UNION ALL
SELECT shop_id,uid,order_id,date,amt3
FROM TransB1805
WHERE pay_type = 1;
```

shop_id	uid	order_id	date	amt3
23	5438281034	66234198334	2017-10-15 09:31:48	141.71
23	319837432	31509719012	2017-10-16 12:11:11	189.43
23	321591433	28518245909	2018-01-12 16:40:44	305.53
23		50636127475	2018-01-28 21:32:44	273.50
23	4010185495	8612147560	2018-01-09 12:02:37	408.67
23		44742434080	2018-01-26 14:13:24	271.25
41		80837762177	2018-05-18 13:33:07	422.14
41		85816958159	2018-05-23 14:52:52	61.98
41	[illegible]	[illegible]	[illegible]	[illegible]

图 3-56　3 张表纵向合并的结果

3.4.2　表连接操作——以校园一卡通记录数据为例

熟悉 Excel 的读者一定知道 VLOOKUP 函数的功能，它就是将其他数据源中的某些字段通过寻找匹配的方式加入到某张表中。例如表 A 是门店信息表，表 B 是关于门店在某段时间内的经营汇总（如总交易额、总交易人次、平均客单价等），可以借助于 VLOOKUP 函数的功能将 B 表中的字段追加到 A 表中（实际上是基于 A 表的字段增加）。

但是 VLOOKUP 函数存在一个弊端，就是当 A 表中的记录唯一（类似于宽形表），而 B 表中的记录不唯一时（类似于长形表），在做追加匹配时，只会将 B 表中首次匹配对应的值附加到 A 表中。

1．内连接和左连接

数据库语言 SQL 具有类似 VLOOKUP 功能的语句，通常该语句被称为表连接操作。相比于 Excel 的 VLOOKUP 功能，SQL 语法更具灵活性和快捷性，而且还可以避免 VLOOKUP 表连接过程中的缺陷。在数据库中，最常用的两种表连接方式分别是内连接和左连接，内连接是指返回两表中具有共同样本体（如用户 Id、订单 Id、事件 Id 等）的记录信息；左连接则是基于两表的某些共同字段值，返回主表（即左表）中的所有表记录，并将辅表（即右表）中的字段值做匹配添加。读者们可能对这两种连接方式的理解感到吃力，下面将以图形的方式解释两者的区别，具体如图 3-57 所示。

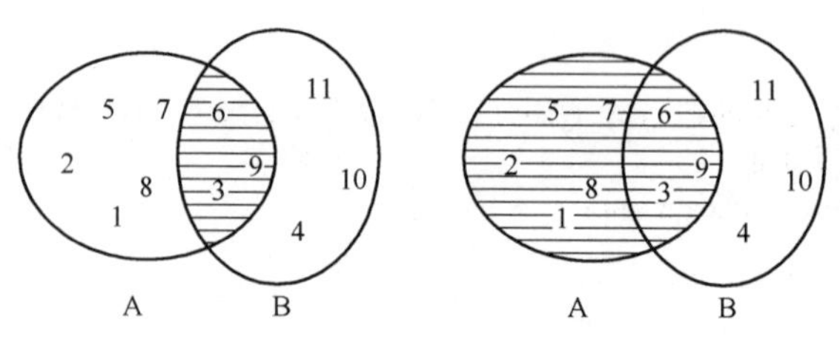

图 3-57　内连接与左连接示意图

图 3-57 中，假设两张数据表（A 和 B）中一共包含 11 个不同的样本点，其中共同包含的样本点有 3 个，分别为 3 号、6 号和 9 号样本。如果两表之间的连接方式选择内连接，则对应图中的左图，仅返回两表中的共有样本所对应的字段信息（即 3 号、6 号和 9 号样本在两表中的字段值）；如果两表之间的连接方式选择左连接，则对应图中的右图，返回 A 表中的所有记录，并将 B 表中的字段值与之匹配（即 B 表中 3 号、6 号和 9 号样本的字段值追加到 A 表中，而其余样本无法匹配，则以 NULL 填充）。

使用 SQL 实现表连接的语法非常简单，只需选择 INNER JOIN（内连接）或 LEFT JOIN（左连接）关键词用作两表的衔接，并通过 ON 关键词指定两表中需要匹配的共同字段。具体语句如下所示：

```
SELECT t1.field1,t1.field2,t1.field3,
        …
        t2.field1,t2.field2,t2.field3,
        …
FROM table_name1 AS t1
INNER | LEFT JOIN table_name2 AS t2
ON t1.field = t2.field
```

从上述语句中可以看出来，表连接操作的语句结构还是非常易懂的。根据作者的多年经验，对于表连接语句的使用，有以下 3 点建议：

- 读者在编写表连接操作的 SQL 代码时，SELECT 后面的字段名称最好附上表名称，即 table_name.field。这样做的目的是让自己或其他同事在看这段代码时，知道哪个字段是来源于哪些表的。

- 读者在编写表连接操作的 SQL 代码时，将涉及的连接表都赋予不同的别名，即 table_name AS alias。这样做可以简化 table_name.field（如果给表名称设置了别名，所有涉及字段前面的表名称都必须替换为表的别名），避免原始表名称太长而导致代码不美观。
- 读者在编写表连接操作的 SQL 代码时，ON 关键词后面的匹配条件最好都是等式性的条件（尽管不等式条件也可以写，但是查询的结果可能会出乎意料），如果真的涉及不等式条件，建议写在 WHERE 关键词后面。

2．应用示例

接下来介绍表连接的实际使用。以 3.3.3 节中的学生信息表和成绩表为例，查询出 MySQL 成绩超过 90 分的学员信息，并返回成绩表中其他科目的成绩。

（1）应用示例 1：左连接（在 ON 关键词后面设置不等关系）

本例具体的查询语句如下所示，查询结果如图 3-58 所示。

```
# ON 关键词后面跟不等式
SELECT t1.*,t2.Python,t2.Visualization
FROM stu_info AS t1
LEFT JOIN stu_score AS t2
ON t1.id = t2.id AND MySQL > 90;
```

id	name	gender	department	age	province	email	mobilephone	Python	Visualization
8	王建国	男	管理系	24	浙江	9213228402@qq.com	13768329901	67	80
7	赵伊美	女	数学系	21	江苏	zhaomeimei@163.com	13417723980	78	90
1	张勇	男	数学系	23	河南	sfddf123dd@163.com	13323564321	NULL	NULL
2	王兵	男	数学系	25	江苏	lss1993@163.com	17823774329	NULL	NULL
3	刘伟	男	计算机系	21	江苏	qawsed112@126.com	13834892240	NULL	NULL
4	张峰	男	管理系	22	上海	102945328@qq.com	13923654481	NULL	NULL
5	董敏	女	生物系	22	浙江	82378339@qq.com	13428439022	NULL	NULL
6	徐晓红	女	计算机系	24	浙江	xixiaohong@gmail.com	13720097528	NULL	NULL
9	刘清	女	统计系	23	安徽	lq1128@gmail.com	17823651180	NULL	NULL
10	赵家和	男	计算机系	28	山东	dcrzdbjh@163.com	13827811311	NULL	NULL

图 3-58　左连接查询结果（ON 关键词后面设置不等关系）

在图 3-58 中，通过左连接方式可以非常方便地将两表中的字段整合到一起，但是查询结果中不应该出现框内的记录（因为这些学员的 MySQL 语言成绩均没有超过 90 分）。这是由于 ON 关键词后面的条件出现了不等关系，所以建议读者在 ON 关键词后面最好都写上等式关系的条件。

（2）应用示例 2：左连接（将不等关系放在 WHERE 关键词后面）

本例具体的查询语句如下所示，查询结果如图 3-59 所示。

```
# 将不等式条件放在 WHERE 关键词后面
SELECT t1.*,t2.Python,t2.Visualization
FROM stu_info AS t1
LEFT JOIN stu_score AS t2
ON t1.id = t2.id
WHERE MySQL > 90;
```

id	name	gender	department	age	province	email	mobilephone	Python	Visualization
8	王建国	男	管理系	24	浙江	9213228402@qq.com	13768329901	67	80
7	赵伊美	女	数学系	21	江苏	zhaomeimei@163.com	13417723980	78	90

图 3-59　左连接查询结果（WHERE 关键词后面设置不等关系）

如上图所示即为正确的查询结果，只需要将 ON 后面的不等关系改写到 WHERE 关键词后面即可。

3．综合案例——校园一卡通数据的表连接操作

最后再举一个综合性的案例，使读者进一步理解 SQL 在数据查询过程中的便捷性。本案例中所使用的数据是关于校园一卡通的流水记录，该数据来源于 DC 竞赛网，作者从官网中下载了两部分数据集，分别是学生的图书借阅记录（共包含 239,947 条）和消费记录（共包含 12455558 条）。具体步骤如下。

（1）数据导入（图书借阅记录）

首先将图书借阅记录批量导入到 MySQL 数据库中，SQL 语句如下所示，查询结果如图 3-60 所示。

```
# 创建学生的借书记录表
drop table stu_borrow;
CREATE TABLE stu_borrow(
stu_id VARCHAR(10),
borrow_date DATE,
book_title VARCHAR(500),
book_number VARCHAR(50)
);

# 借书记录的导入
LOAD DATA INFILE 'E:/borrow.csv'
INTO TABLE stu_borrow
FIELDS TERMINATED BY ','
ENCLOSED BY '"'
LINES TERMINATED BY '\n';

# 查询某位学生的借书记录
SELECT *
FROM stu_borrow
WHERE stu_id = '9708'
ORDER BY borrow_date;
```

stu_id	borrow_date	book_title	book_number
9708	2013-09-02	亲爱的安德烈 qin ai de an de lie / 龙应台，安德烈合著	I267.5 561
9708	2013-09-10	高阶英汉双解词典 gao jie ying han shuang jie ci dian = An advanced learner's English-Chinese dictionary / 高凌主编 eng	H316 13-6 E2
9708	2013-09-10	高阶英汉双解词典 gao jie ying han shuang jie ci dian = An advanced learner's English-Chinese dictionary / 高凌主编 eng	H316 13-6 E2
9708	2013-09-10	读《金融时报》学英文 du 《jin rong shi bao 》xue ying wen Master English with financial times 顾叔刚著 eng	H31 819-2

图 3-60　学生借书记录表 stu_borrow 的查询结果

通过筛选和排序，发现数据集中存在重复记录，正如图 3-60 中的查询结果显示，学号为 9708 的学生在 2013 年 9 月 10 日存在两条完全一样的记录（假设认为这样的重复数据不应该出现），所以之后基于此表的统计一定要进行排重处理。

（2）数据导入（消费记录）

接下来批量导入学生的消费记录，SQL 语句如下所示，查询结果如图 3-61 所示。

```
# 创建学生的一卡通消费表
CREATE TABLE stu_card(
stu_id VARCHAR(10),
custom_class VARCHAR(10),
custom_add VARCHAR(20),
custom_type VARCHAR(20),
custom_date DATETIME,
amt FLOAT,
balance FLOAT
);

# 一卡通消费表记录的导入
LOAD DATA INFILE 'E:/card.txt'
INTO TABLE stu_card
FIELDS TERMINATED BY ','
ENCLOSED BY '"'
LINES TERMINATED BY '\n';
DROP TABLE stu_dorm;

# 查询某位学生的消费记录
SELECT *
FROM stu_card
WHERE stu_id = '1040'
ORDER BY custom_date;
```

stu_id	custom_class	custom_add	custom_type	custom_date	amt	balance
1040	POS消费	地点661	洗衣房	2013-09-01 00:02:40	1.2	200.71
1040	POS消费	地点661	洗衣房	2013-09-01 00:02:40	-0.48	201.19
1040	POS消费	地点661	洗衣房	2013-09-01 00:02:40	-0.48	201.19
1040	POS消费	地点661	洗衣房	2013-09-01 00:02:40	1.2	200.71
1040	POS消费	地点661	洗衣房	2013-09-01 00:20:11	1.2	199.99
1040	POS消费	地点661	洗衣房	2013-09-01 00:20:11	1.2	199.99
1040	POS消费	地点661	洗衣房	2013-09-01 00:29:12	-0.66	200.65

图 3-61　学生消费记录表 stu_card 的查询结果

从表中的查询结果来看，数据集中同样存在重复记录，而且还存在消费额为负的情况（不难发现，负的消费额反而会导致余额的增加，故认为该类型的记录为充值行为），所以之后基于此表的其他查询操作一定要做数据清洗。

（3）数据汇总（图书借阅记录）

基于两张数据表，要将学生的图书借阅记录和消费记录整合到一张表中。现在的问题是，这两张表中的每一个学生都可能对应多条记录，如果直接对两表做表连接操作，将会形成类似笛卡尔积的效应（如果 stu_borrow 表中学号为 1040 的学生有 3 条记录，stu_card 表中该学生有 4 条记录，通过表连接，将会形成 12 条记录），假如再基于笛卡尔积的数据表做进一步的统计汇总，往往结果都是错误的。

所以，不妨先对两个数据集做统计汇总，确保汇总后的结果使得每个学生对应的记录只有一条。假设对于 stu_borrow 表来说，统计出 2014-9~2015-9 学年度每个学生的借阅次数以及借书数量；对于 stu_card 表来说，统计出 2014-9~2015-9 学年度每个学生的消费总额，消费频次、最小消费金额、最大消费金额、客单价。

首先对学生图书借阅记录表 stu_borrow 进行“清洗”，然后将数据统计结果存入 borrow_times 表中，具体 SQL 语句如下所示，查询结果如图 3-62 所示。

stu_id	borrow_times	books
10007	1	4
10015	8	12
10017	9	18
10025	15	11
1003	16	25

图 3-62　基于排重聚合的 borrow_times 表查询结果

```
# 基于 stu_borrow 表的统计，并将统计结果直接存储到 borrow_times 表中
CREATE TABLE borrow_times AS
SELECT stu_id
      ,COUNT(DISTINCT borrow_date) AS borrow_times
      ,COUNT(DISTINCT book_title) AS books
FROM stu_borrow
WHERE borrow_date BETWEEN '2014-09-01' AND '2015-08-31'
GROUP BY stu_id;

# 查询统计结果的 5 行信息，查询结果如图 3-62 所示
SELECT *
FROM borrow_times
LIMIT 5
```

值得注意的是，如果读者在查询过程中需要将查询结果直接生成为一张表，则可以使用 CREATE TABLE new_table AS 这样的语句。正如上方代码所示，直接将查询的统计结果存储到了 borrow_times 表中。

（4）数据汇总（消费记录）

对学生消费记录表 stu_card 进行“清洗”，然后将数据统计结果存入 borrow_times 表中，具体 SQL 语句如下所示，查询结果如图 3-63 所示。

```
# 删除 stu_card 表中重复记录以及消费金额为负的记录，并将清洗结果直接存储到 stu_card_distinct 表中
CREATE TABLE stu_card_distinct AS
SELECT DISTINCT *
FROM stu_card
WHERE amt>0;

# 基于 stu_card_distinct 表的统计，并将统计结果直接存储到 custom 表中
CREATE TABLE custom AS
SELECT stu_id
      ,COUNT(*) AS custom_times
```

```
        ,SUM(amt) AS custom_amt
        ,MIN(amt) AS min_amt
        ,MAX(amt) AS max_amt
        ,SUM(amt)/COUNT(*) pct
FROM stu_card_distinct
WHERE custom_date BETWEEN '2014-09-01' AND '2015-08-31'
GROUP BY stu_id;

# 查询统计结果的 5 行信息，查询结果如图 3-63 所示
SELECT *
FROM custom
LIMIT 5;
```

stu_id	custom_times	custom_amt	min_amt	max_amt	pct
8403	891	7365.809985257685	0.1	400	8.266902340356548
22649	752	4919.560002060607	0.01	500	6.541968087846552
10587	1266	10837.36997579597	0.01	300	8.56032383554184
4163	1680	10904.769976807758	0.01	200	6.490934510004618
22855	1623	9520.43999030441	0.01	200	5.865951934876408

图 3-63　基于排重聚合的 custom 表查询结果

图 3-63 所示，即为基于清洗后的学生消费表做的统计查询结果。由于校园卡的交易数据超过 1200 万条记录，所以导致数据的清洗和统计过程会花费一些时间，作者的计算机一共使用了近 8 分钟。

（5）表连接操作

最后，需要将两张统计表整合到一起，此时就可以使用表连接操作的 SQL 语句了，具体 SQL 语句如下，查询结果如图 3-64 所示。

```
# 整合统计结果
SELECT t1.*, t2.borrow_times,t2.books
FROM custom AS t1
LEFT JOIN borrow_times AS t2
ON t1.stu_id = t2.stu_id;
```

stu_id	custom_times	custom_amt	min_amt	max_amt	pct	borrow_times	books
10007	124	1106.4400028232485	0.01	400	8.922903248574585	1	4
10015	687	4282.379987442866	0.01	118.52	6.233449763381173	8	12
10017	1030	6431.229988457635	0.01	200	6.2439126101530436	9	18
10025	1122	8739.819988721982	0.01	200	7.789500881213887	15	11
1003	2077	17135.260000864044	0.01	200	8.2500048150525	16	25
10035	1346	7296.459989303723	0.01	500	5.420846945990879	7	14

图 3-64　两张表整合以后的 custom 表查询结果

如上图所示，即为两张统计表的整合结果。需要注意的是，由于学生消费表 custom 中的学生数量要比图书借阅表 borrow_times 中的数量多，故将 custom 表作为主表，图书借阅表作为辅表。如果两表的主辅关系交换，就会丢失交易表中的部分数据，因为左连接只会保留主表中的所有记录，而辅表中的信息则是对应匹配。当然，读者也可以试着使用内连接方

式尝试整合两张表，不过此时的查询结果就是基于两表中具有共同部分的学生记录而不是所有记录。

3.5 通过索引提高数据的查询速度

在前面几节内容中通过常用具体的案例讲解了 SQL 有关数据读入、单表查询和多表查询等方面的内容。当管理的数据量非常大时（如千万级别甚至更多的记录数），MySQL 在查询过程中的速度也会受到影响。所以，为了提高数据的查询速度，最常用的解决方案就是给表中的变量创建索引。

读者可以将索引理解为书的目录，如果一本书没有目录，想要阅读感兴趣的章节就必须逐页翻找，非常麻烦；但是一旦有了目录，就能够快速地查询到所需的内容。同理，数据表中若有了索引，就可以大大提高 MySQL 的执行效率。尽管索引具有提速的功能，但也不能滥用，因为它会降低数据表的写操作速度（例如，表记录的增加、更新或删除会使索引发生变动），也会占用一定的磁盘空间。

本节将结合具体的案例，介绍几种最为常见的索引类型，以及索引使用过程中需要注意的事项。

3.5.1 常见的索引类型

如果从索引包含的变量个数来看，可分为单列索引和组合索引，其中单列索引指的是索引仅包含一个变量，而组合索引则可以包含多个变量。不管是单列索引还是组合索引，一张表中均可以创建多个（除主键索引）。如果从索引的类型来看，可分为普通索引、唯一索引、主键索引、联合索引和全文索引等，本节将重点介绍最常用的普通索引、唯一索引和主键索引。

1．普通索引

普通索引是一种没有任何约束的索引，它对表中变量的值不做任何限制，不管变量的值是否存在重复或是否存在缺失（即 NULL）都无关紧要，所以它又是使用最频繁的一种索引。关于该索引的创建可以通过两种途径，分别是创建新表时设置某个变量为普通索引以及基于已有的表添加普通索引。一张表中可以创建多个普通索引，两种创建索引的方法如下所示：

```
# 建表时设置索引 – 例如将表中 filed1 变量设置为普通索引
CREATE TABLE table_name(
filed1 data_type1 filed_attr1,
filed2 data_type2 filed_attr2,
filed3 data_type3 filed_attr3,
...
INDEX index_Name (filed1)
)

# 对已有表添加索引，可通过创建法或修改法
```

```
CREATE INDEX index_name ON table_name(filed_list)   # 基于已有表的直接创建法
ALTER TABLE table_name ADD INDEX index_name ON(filed_list)   # 基于已有表的表结构修改法
```

以 3.4.2 节导入的一卡通消费表 stu_card 为例，查询出交易时间在 2013 年 9 月 1 日的所有记录。

- **应用示例 1：无索引情况下的查询。**

本例具体的查询语句如下所示，查询结果如图 3-65 所示。

```
SELECT *
FROM stu_card
WHERE custom_date BETWEEN '2013-09-01 00:00:00'
          AND '2013-09-01 23:59:59';
```

图 3-65　未建索引前的 stu_card 表的查询时长

结果显示，对于 1200 多万行的数据量来说，查询出满足条件的交易记录需要 9.38 秒，总的来说，速度还是非常快的。下面在 custom_date 变量的基础上新建普通索引，再对比一下查询所消耗的时间。

- **应用示例 2：基于普通索引的查询。**

本例具体的查询语句如下所示，查询结果如图 3-66 所示。

```
# 创建索引
CREATE INDEX date_index ON stu_card(custom_date);
# 再次执行查询
SELECT *
FROM stu_card
WHERE custom_date BETWEEN '2013-09-01 00:00:00'
            AND '2013-09-01 23:59:59';
```

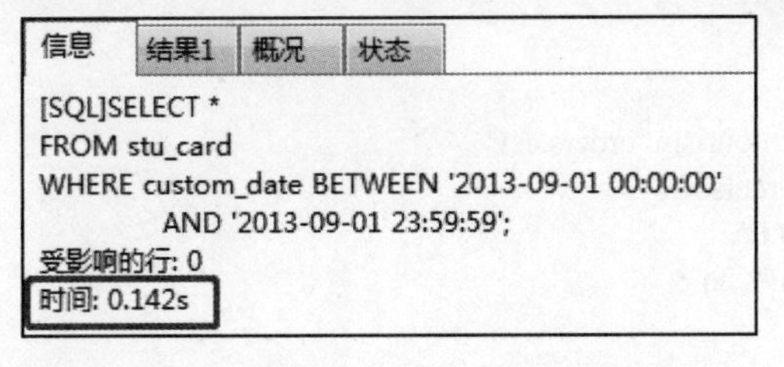

图 3-66　构建普通索引后 stu_card 表的查询时长

结果显示，基于普通索引的查询代码，查询所需交易记录只需要 0.142 秒，速度提升得非常明显。而且查询速度的提升并不需要改变计算机的配置和性能，只是简简单单地创建普通索引，所以索引可以称得上性价比最高的提升数据查询速度的方法。

2．唯一索引

相对于普通索引，唯一索引对变量或变量组合是有约束的，即必须确保变量或变量组合的每一个观测值都是唯一的，不能存在重复观测。如果变量中含有多个空白字符“"”，则算重复观测，因为空白字符代表一种值。

同理，一张表中也可以创建多个唯一索引，基于表中的变量或变量组合构造唯一索引的语法如下：

```
#将表中 filed1 和 field2 两个变量设置为唯一索引
CREATE TABLE table_name(
filed1 data_type1 filed_attr1,
filed2 data_type2 filed_attr2,
filed3 data_type3 filed_attr3,
...
UNIQUE index_Name (filed1,filed2)
)

# 对已有表添加索引
CREATE UNIQUE INDEX index_name ON table_name(filed_list)
ALTER TABLE table_name ADD UNIQUE index_name ON(filed_list)
```

接下来以某平台的旅游交易数据为例，对比无索引和基于唯一索引的两种查询的速度。该数据集一共包含 25712 条记录，首先通过批量导入的方式将其读入到数据库中，新建数据表 tourism_orders 和批量导入数据的 SQL 语句如下所示，数据导入后的预览结果如图 3-67 所示。

```
# 新建数据表 tourism_orders
CREATE TABLE tourism_orders(
userid VARCHAR(20),
orderid VARCHAR(12),
orderTime VARCHAR(15),
orderType VARCHAR(2),
city VARCHAR(20),
country VARCHAR(20),
continent VARCHAR(10));

# 往表中插入数据
LOAD DATA INFILE 'E:/tourism_orders.csv'
INTO TABLE tourism_orders
FIELDS TERMINATED BY ','
LINES TERMINATED BY '\n'
IGNORE 1 ROWS;

# 查询数据前 10 行
SELECT * FROM tourism_orders LIMIT 10
```

userid	orderid	orderTime	orderType	city	country	continent
100000000371	1000029	1503443585	0	东京	日本	亚洲
100000001445	1000089	1478532275	0	新加坡	新加坡	亚洲
100000001445	1000085	1491296016	0	西雅图	美国	北美洲
100000001445	1000083	1478514442	0	新加坡	新加坡	亚洲
100000001445	1000086	1478545148	0	新加坡	新加坡	亚洲

图 3-67　tourism_orders 表数据查询结果

如需基于 tourism_order 表查询出某个用户的所有旅游记录，可以应用查询中的 WHERE 关键词筛选出指定的 userid。不妨以 userid 为 100000001445 的用户为例进行查询，查询 SQL 语句如下。

- **应用示例 1：无索引情况下的查询。**

本例具体的查询语句如下所示，查询结果如图 3-68 所示。

图 3-68　未建索引前的 toursim_orders 表的查询时长

```
SELECT *
FROM tourism_orders
WHERE userid = '100000001445';
```

由于数据集的数据量只有 25000 多行，故查询时间非常短，只需要 0.017 秒，如果数据量非常大，将会消耗更长的时间。为了提升查询速度，可以将 userid 字段设置成普通索引，因为这个字段存在重复观测值。但是 userid 和 orderid 两个变量的组合值不存在重复，故可以将这二者的组合变量设置为唯一索引。

- **应用示例 2：基于唯一索引的查询。**

本例具体的查询语句如下所示，查询结果如图 3-69 所示。

图 3-69　构建唯一键后的 toursim_orders 表的查询时长

```
# 创建两个组合变量的唯一索引
CREATE UNIQUE INDEX id_idx ON tourism_orders (userid, orderid);

# 再次执行查询
SELECT *
FROM tourism_orders
WHERE userid = '100000001445';
```

结果显示，基于索引的查询大幅提升了查询的速度，相同的查询只需要 0.001 秒，速度至少是之前的 17 倍。通常，当数据量越大时，有索引与没有索引的查询速度也将相差越大。

3．主键索引

主键索引对变量的要求最为严格，必须确保变量中的值既不存在重复，也不包含缺失值 NULL。与普通索引和唯一索引相比，表中仅能够包含一个主键索引，关于主键索引的创建语法如下：

```
#将表中 filed1 和 field2 两个变量设置为主键索引
CREATE TABLE table_name(
filed1 data_type1 filed_attr1,
filed2 data_type2 filed_attr2,
filed3 data_type3 filed_attr3,
...
PRIMARY KEY (filed1,filed2)
)

# 对已有表添加索引
ALTER TABLE table_name ADD PRIMARY KEY index_name(filed_list)
```

主键索引创建的语法与普通索引和唯一索引存在稍稍的不同，没有了 CREATE INDEX 的方式，而且在 ALTER TABLE 的语法中也不需要在变量列表的括号前加入关键词 ON。接下来以用户的注册数据（767283 条记录）和交易汇总数据（607260 条记录）为例，测试主键索引构建前后在查询速度上的差异，首先将外部数据读入到 MySQL 数据库中，具体 SQL 语句如下：

```
# 创建用户注册表和 RFM 表（交易汇总表）
CREATE TABLE regit_info(
uid VARCHAR(10),
gender TINYINT,
age TINYINT,
regit_date DATE);

CREATE TABLE RFM(
uid VARCHAR(10),
R INT,
F TINYINT,
M DECIMAL(10,2));

# 批量导入数据
LOAD DATA INFILE 'E:/user_regit_RFM/regit_info.csv'
INTO TABLE regit_info
FIELDS TERMINATED BY ','
LINES TERMINATED BY '\n'
IGNORE 1 ROWS;

LOAD DATA INFILE 'E:/user_regit_RFM/RFM.csv'
INTO TABLE RFM
FIELDS TERMINATED BY ','
LINES TERMINATED BY '\n'
IGNORE 1 ROWS;
```

如需通过内连接方式将注册表和交易汇总表中的字段合并到一张表中，可以使用如下代码实现：

● **应用示例 1：无索引情况下的查询。**

本例具体的查询语句如下所示，查询结果如图 3-70 所示。

```
# 内连接完成两表字段的合并，并执行查询
SELECT t1.*,t2.R,t2.F,t2.M
FROM regit_info AS t1
INNER JOIN RFM AS t2 ON t1.uid=t2.uid
LIMIT 1000;
```

```
[SQL]SELECT t1.*,t2.R,t2.F,t2.M
FROM regit_info AS t1
INNER JOIN RFM AS t2 ON t1.uid=t2.uid
LIMIT 1000;
受影响的行: 0
时间: 99.097s
```

图 3-70　未建索引前的 regit_info 表查询时长

结果显示，对于不足 100 万行的两表而言，内连接竟使用了 99.097 秒，执行速度还是非常慢的。接下来将两表中的 uid 字段设置为主键索引，再对比执行同样代码的时长。

● **应用示例 2：基于主键索引的查询。**

本例具体的查询语句如下所示，查询结果如图 3-71 所示。

```
# 添加主键索引
ALTER TABLE regit_info ADD PRIMARY key (uid);
ALTER TABLE RFM ADD PRIMARY key (uid);

# 再次执行查询
SELECT t1.*,t2.R,t2.F,t2.M
FROM regit_info AS t1
INNER JOIN RFM AS t2 ON t1.uid=t2.uid
LIMIT 1000;
```

```
信息　结果1　概况　状态
[SQL]SELECT t1.*,t2.R,t2.F,t2.M
FROM regit_info AS t1
INNER JOIN RFM AS t2 ON t1.uid=t2.uid
LIMIT 1000;
受影响的行: 0
时间: 0.008s
```

图 3-71　构建主键索引后的 regit_info 表查询时长

构建主键索引后，再次执行同样的一段语句，查询时间只需要 0.008 秒，查询速度得到了质的提升。

3.5.2　索引的查询和删除

如果读者需要了解表中的索引信息，或者想删除表中已有的索引，通常都需要知道表中是否存在索引，如果存在，这些索引都是什么类型，以及哪些变量上作了索引的设置，它们的索引名称是什么，等等。只有知道了表中索引的信息，才能够进一步管理索引，如添加新的索引或删除已存在的索引。

关于表中索引信息的查询和删除，可以使用如下语句：

```
# 查询索引信息
SHOW INDEX FROM table_name
# 删除索引
DROP INDEX index_name ON table_name;   # 用于删除普通索引和唯一索引
ALTER TABLE table_name DROP INDEX index_name;   # 用于删除普通索引和唯一索引
ALTER TABLE table_name DROP PRIMARY KEY;   # 用于删除主键索引
```

例如，查询用户注册表 regit_info 和旅游交易表 tourism_orders 中的索引信息，可以借助于上述的语句实现：

```
SHOW INDEX FROM regit_info;
SHOW INDEX FROM tourism_orders;
```

如需删除两表中的索引，可以参考如下代码：

```
ALTER TABLE regit_info DROP PRIMARY KEY;
DROP INDEX id_idx ON tourism_orders;
```

3.5.3 关于索引的注意事项

通过前面的案例分别介绍了普通索引、唯一索引和主键索引的使用，可以看出使用索引对数据查询速度的提升。但这并不意味着可以对表中的所有字段都创建索引以提升查询速度。索引的创建会降低表的更新（UPDATE）、删除（DELETE）和插入（INSERT）的速度，同时，还会占用一定的磁盘空间。所以，在创建和使用索引的过程中，还是有一些方面需要引起注意的。

1．何时适合建索引

- 为在 WHERE 关键词后面的字段创建索引，可加快条件判断速度（如 3.5.1 节中普通索引或唯一索引的例子）。
- 为在 ORDER BY 关键词后面的字段创建索引，可加快排序的速度。
- 为在表连接 ON 关键词后面的字段创建索引，可加快连接的速度（如 3.5.1 节中主键索引的例子）。
- 包含大量 NULL 值的字段不合适创建索引，因为索引不可以包含 NULL 值。
- 大量相同取值的字段不合适创建索引，因为通过条件筛选可能会产生大量的数据行（如对性别字段加索引，筛选男性用户时），这就意味着数据库搜索过程中要扫描很大比例的数据行，此时，索引并不能加快扫描的速度。

2．索引无效的情况

- WHERE 关键词后面的条件表达式中如果使用 IN、OR、!=或者<>，均会导致索引无效。解决方案是：可将表示不等关系的“!=” 或者“<>”替换为“>AND<”，将表示不为空的“IS NOT NULL”替换成“>=CHR(0)”。
- 筛选或排序过程中，如果对索引列使用函数时，则索引不能正常使用。
- 筛选过程中，如果字符型的数字写成了数值型的数字，则索引无效（如筛选字符型的用户 id 时，必须写成 WHERE uid='13242210'）。
- 使用 LIKE 关键词做模糊匹配时，通配符“%”或“_”不可以写在最前面，否则索引无效（即 LIKE 关键词后面的通配符不可以写成'%奶粉%'，但可以写成'奶粉%'）。
- 对于多列的组合索引，遵循左原则，例如对字段 A、B 和 C 设置索引 INDEX (A,B,C)，则“A>100”“A=1 AND B>10”或“A>=100 AND B<6 AND C>12”均可以使多列索引有效，因为最左边的 A 字段在上面的几种条件中均包含，而“B>10”或“B<6 AND C>12”均使组合索引无效。
- 在 JOIN 操作中，ON 关键词后面的字段类型必须保持一致，否则索引无效。

3.6　数据库的增删改操作

对数据的查询是数据库的主要功能，除此之外，数据库的增、删、改操作也很重要，接下来介绍通过 SQL 对数据库进行增加、删除和修改的操作。

3.6.1　数据库的增操作

数据库的增操作，主要涉及表记录增加、表字段增加和表索引增加 3 种情形。表记录的增加是指新增表的数据行，可以是在已有表的基础上增加记录，也可以是将查询结果生成为一张表；字段的增加是指在原有表的基础上新增字段；索引的增加是指基于表中已有的字段新建索引。

1．语法介绍

基于数据表的增操作 SQL 语法如下：

```
# 手工增加表记录的前提是数据库中已存在数据表
INSERT INTO table_name (filed_list) VALUES
(value_list),
(value_list),
...

# 将查询结果增加到数据表中，前提是数据表已存在
INSERT INTO table_name1 (filed_list)
SELECT filed_list
FROM table_name2
WHERE …;

# 将查询结果直接生成一张数据表
CREATE TABLE table_name1 AS
SELECT filed_list
FROM table_name2
WHERE …;

# 增加表字段
ALTER TABLE table_name ADD column_name data_type other_attrs;

# 基于已有数据表的索引增加
CREATE INDEX index_name ON table_name(fileds_list);  # 增加普通索引
ALTER TABLE table_name ADD UNIQUE INDEX index_name(fileds_list);  # 增加唯一索引
ALTER TABLE table_name ADD PRIMARY KEY index_name(fileds_list) # 增加主键索引
```

2．应用示例

（1）应用示例 1：

基于上述介绍的数据库增操作的语法，在订单表 orders（3.3.2 一节中所建）中将所有支付方式为“1,2,3”的记录插入到数据表 orders_sub 中，实现该目的的 SQL 语句如下，插入记录后的数据表查询结果如图 3-72 所示。

```
# 新建 orders_sub 表，并且表结构与 orders 表一致
CREATE TABLE orders_sub LIKE orders;
# 将查询结果插入到数据表 orders_sub 中
INSERT INTO orders_sub
SELECT * FROM orders
WHERE Pay_Type IN (1,2,3);

# 预览数据表 orders_sub
SELECT * FROM orders_sub LIMIT 10;
```

Uid	Birthday	Order_Date	Order_Id	Pay_Type	Pay_Amt	Is_Discount
4316114	1968-09-26	2016-07-22 22:18:00	5801096335	2	651.27	0
4019115	1993-01-03	2015-07-20 13:53:00	4890022964	2	576.69	1
5112117	1988-10-20	2016-01-14 21:37:00	8997660647	3	254.76	0
6416119	1984-06-24	2017-07-26 05:00:00	5268772758	2	347.90	0
3318113	1978-07-06	2015-07-28 23:47:00	2919076249	3	784.94	0
3317115	1967-10-21	2016-08-30 00:49:00	6996181557	1	459.65	1

图 3-72　插入记录的数据表 orders_sub 的查询结果

（2）应用示例 2：

接下来在学生信息表 stu_info（3.3.3 一节中所建）中增加新字段 MySQL，并设置为整型，初始值为 0。实现该目的的 SQL 语句如下，插入记录后的数据表查询结果如图 3-73 所示。

```
# 往 stu_info 表中新增字段 MySQL
ALTER TABLE stu_info ADD COLUMN MySQL INT DEFAULT 0;
# 预览数据表 stu_info
SELECT * FROM stu_info;
```

id	name	gender	department	age	province	email	mobilephone	MySQL
1	张勇	男	数学系	23	河南	sfddf123dd@163.com	13323564321	0
2	王兵	男	数学系	25	江苏	lss1993@163.com	17823774329	0
3	刘伟	男	计算机系	21	江苏	qawsed112@126.com	13834892240	0
4	张峰	男	管理系	22	上海	102945328@qq.com	13923654481	0
5	董敏	女	生物系	22	浙江	82378339@qq.com	13428439022	0
6	徐晓红	女	计算机系	24	浙江	xixiaohong@gmail.com	13720097528	0
7	赵伊美	女	数学系	21	江苏	zhaomeimei@163.com	13417723980	0

图 3-73　插入记录的数据表 stu_info 的查询结果

3.6.2　数据库的删操作

数据库的删操作主要包含表记录删除、字段删除和索引删除 3 类。表记录的删除是指按照某些条件删除数据表中的记录，或者直接清空数据表的所有记录；字段的删除与字段的增加恰好相反，是将表中已有的字段根据实际情况对其删除；索引的删除则是将无用的索引做删除操作。

1．语法介绍

基于数据表的删除操作 SQL 语法如下：

```
# 按条件删除表记录
DELETE FROM table_name
WHERE …;

# 清空数据表
DELETE FROM table_name;
TRUNCATE TABLE table_name;

# 删除表字段
ALTER TABLE table_name DROP column_name;

# 删除索引
DROP INDEX index_name ON table_name;  # 删除普通索引和唯一索引
ALTER TABLE table_name DROP INDEX index_name;  # 删除普通索引或唯一索引
ALTER TABLE table_name DROP PRIMARY KEY;  # 删除主键索引
```

对于表记录的清空操作来说，DELETE 关键词或 TRUNCATE 关键词都可以，但是它们之间存在差异，TRANCATE 可以根本性地删除表记录，而且执行速度也比 DELETE 快。换句话说，如果被清空的数据表中存在自增变量，使用 DELETE 关键词并不会清除自增变量的记忆，再次新增数据时，自增变量的编号不再从 1 开始，而 TRANCATE 关键词则可以清除记忆，确保新数据的插入可以使编号从 1 开始。

2．应用示例

基于上述介绍的数据库删除操作语法，对于 DELETE 关键词与 TRUNCATE 关键词之间的差异进行举例说明。

示例 1：表记录的删除

如果需要删除表中的记录，既可以使用 DELETE 关键词也可以使用 TRUNCATE 关键词，它们的区别可以参考表 3-13 中的内容。首先通过建表语法和插入数据语法构造一张表格，代码如下：

```
# 新建数据表
CREATE TABLE user_info(
id INT AUTO_INCREMENT PRIMARY KEY,
name VARCHAR(10),
gender TINYINT,
age TINYINT
);

# 手工插入记录
INSERT INTO user_info(name,gender,age) VALUES
('张三',1,22),
('李四',1,27),
('王二',0,25),
('丁一',0,32),
('赵五',0,28);
```

需要说明的是，读者使用的 MySQL 可能无法完成记录的删除，主要是默认安装时的权限配置问题，可以通过如下语句做权限设置，之后就可正常执行删除操作了。

```
SET SQL_SAFE_UPDATES = 0;
```

执行删除操作的 SQL 语句如下，查询结果如图 3-74 所示。

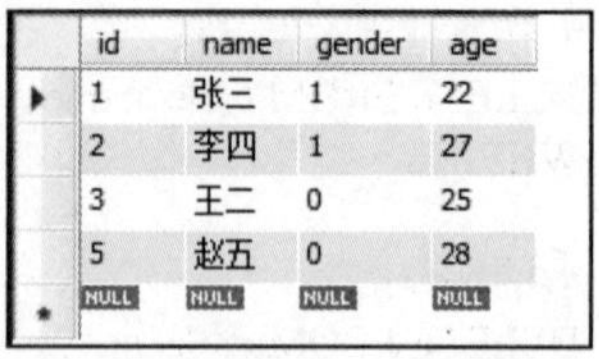

id	name	gender	age
1	张三	1	22
2	李四	1	27
3	王二	0	25
5	赵五	0	28
NULL	NULL	NULL	NULL

图 3-74　数据表 user_info 的查询结果

```
# 删除年龄超过 30 的用户
DELETE FROM user_info
WHERE age>30;

# 查看数据表
SELECT * FROM user_info;
```

利用 DELETE 和 TRUNCATE 都可以实现表中数据的清空，为对比两者的差异，分别使用这两个关键词对 user_info 表进行删除操作，删除记录的 SQL 语句对比如表 3-13 所示，对应的结果如图 3-75 所示。

表 3-13　DELETE 与 TRUNCATE 的差异

DELETE 关键词清空数据表——无法清除自增变量的编号	TRUNCATE 关键词清空数据表——可清除自增变量的编号
# 使用 DELETE 关键词清空数据表 DELETE FROM user_info; # 插入记录 INSERT INTO user_info(name,gender,age) VALUES ('张三',1,22), ('李四',1,27), ('王二',0,25); # 查看数据表 SELECT * FROM user_info;	# 使用 TRUNCATE 关键词清空数据表 TRUNCATE TABLE user_info; # 插入记录 INSERT INTO user_info(name,gender,age) VALUES ('张三',1,22), ('李四',1,27), ('王二',0,25); # 查看数据表 SELECT * FROM user_info;

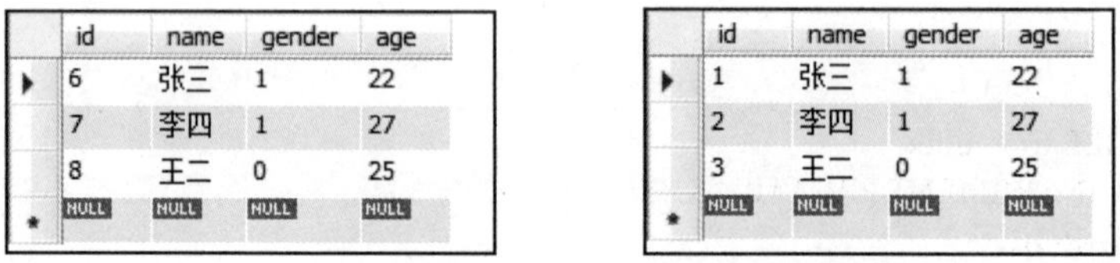

id	name	gender	age
6	张三	1	22
7	李四	1	27
8	王二	0	25
NULL	NULL	NULL	NULL

id	name	gender	age
1	张三	1	22
2	李四	1	27
3	王二	0	25
NULL	NULL	NULL	NULL

图 3-75　DELETE 与 TRUNCATE 的查询结果差异

示例 2：表字段的删除

如果一张表的某个字段没有存在的意义时，可能需要将其删除，这时可以利用 ALTER TABLE 语法删除表中的字段，以下为删除订单表中 orders 字段的 SQL 语句如下，删除后的 orders 表的数据查询结果如图 3-76 所示。

```
# 删除订单表 orders 中的 Is_Discount 字段
ALTER TABLE orders DROP Is_Discount;
# 查看数据
SELECT * FROM orders LIMIT 10;
```

Uid	Birthday	Order_Date	Order_Id	Pay_Type	Pay_Amt
4517115	1984-05-17	2016-04-03 00:42:00	2324623654	10	535.52
3819118	1973-03-12	2016-11-30 01:13:00	4316728757	8	1057.21
4316114	1968-09-26	2016-07-22 22:18:00	5801096335	2	651.27
6611120	1992-12-17	2017-01-29 22:50:00	3719545053	4	844.84
3419118	1975-09-26	2015-01-27 23:19:00	2052697354	11	1184.44

图 3-76　删除字段后的 orders 表的数据查询结果

3.6.3　数据库的改操作

数据库的改操作主要是指修改表中错误记录、修改字段类型以及修改表名称或字段名称。其中表记录的修改可以分为两种情况：一种是手工修改；另一种是基于正确的数据表修改错误的数据表。

1．语法介绍

关于数据库的改操作 SQL 语法如下：

```
# 手工更新数据表的错误记录
UPDATE table_name SET filed=value
WHERE …;

# 基于一张表更新另一张表
UPDATE table_name1 LEFT|INNER JOIN table_name2
ON   table_name1.filed1=table_name2.filed1
SET table_name1.filed2=table_name2.filed2;

# 修改表的数据类型
ALTER TABLE table_name MODIFY COLUMN column_name data_type;

# 修改表名称和字段名称
ALTER TABLE old_table_name RENAME TO new_table_name;
ALTER TABLE table_name CHANGE old_column_name new_column_name data_type;
```

2．应用示例

接下来通过示例介绍数据库的改操作。

（1）应用示例 1

首先介绍表记录修改的案例，这里仍以 3.3.3 一节所建学生信息表 stu_info 为例，将刘伟的邮箱地址更改为 liuwe2204@163.com；并且根据学生成绩表，将 MySQL 这门课的成绩更新到学生信息表中（在 3.6.1 节中已向学生信息表中新增了 MySQL 字段）。SQL 语句如下，修改后的 stu_info 表的查询结果如图 3-77 所示。

```
# 手工修改表记录
UPDATE stu_info SET email='liuwei2204@163.com'
WHERE id=3;

# 基于一张表更新另一张表
```

```
UPDATE stu_info LEFT JOIN stu_score
ON stu_info.id=stu_score.id
SET stu_info.MySQL=stu_score.MySQL;

# 查看数据
SELECT * FROM stu_info;
```

id	name	gender	department	age	province	email	mobilephone	MySQL
1	张勇	男	数学系	23	河南	sfddf123dd@163.com	13323564321	87
2	王兵	男	数学系	25	江苏	lss1993@163.com	17823774329	90
3	刘伟	男	计算机系	21	江苏	liuwei2204@163.com	13834892240	90
4	张峰	男	管理系	22	上海	102945328@qq.com	13923654481	88
5	董敏	女	生物系	22	浙江	82378339@qq.com	13428439022	79
6	徐晓红	女	计算机系	24	浙江	xixiaohong@gmail.com	13720097528	82
7	赵伊美	女	数学系	21	江苏	zhaomeimei@163.com	13417723980	91

图 3-77　修改后的 stu_info 表的查询结果

可见，刘伟的邮箱地址被成功修改，同时原本学生信息表 stu_info 中没有值的 MySQL 字段，通过 UPDATE 关键词实现了数据的更新。

（2）应用示例 2

接着以 Titanic 表为例，将乘客编号字段 PassengerId 修改为字符型 varchar(10)，并且将性别 Sex 字段修改为 Gender。SQL 语句如下，修改后的结果如图 3-78 所示。

```
# 修改字段类型
ALTER TABLE titanic MODIFY COLUMN PassengerId VARCHAR(10);
# 或者使用 CHANGE 关键词
ALTER TABLE titanic CHANGE PassengerId PassengerId VARCHAR(10);

# 修改字段名称
ALTER TABLE titanic CHANGE Sex Gender VARCHAR(10);
```

Column	Type	Default Value	Nullable	Character Set	Collation
PassengerId	varchar(10)		YES	utf8mb4	utf8mb4
Survived	int(11)		YES		
Pclass	int(11)		YES		
Name	text		YES	utf8mb4	utf8mb4
Gender	varchar(10)		YES	utf8mb4	utf8mb4
Age	text		YES	utf8mb4	utf8mb4
SibSp	int(11)		YES		
Parch	int(11)		YES		
Ticket	text		YES	utf8mb4	utf8mb4
Fare	double		YES		
Cabin	text		YES	utf8mb4	utf8mb4
Embarked	text		YES	utf8mb4	utf8mb4

图 3-78　修改字段后的 Titanic 表

（3）应用示例 3

最后，再以校园一卡通的交易汇总表 custom 为例，将表名称更改为 stu_custom。SQL 语句如下，修改的结果如图 3-79 所示。

```
# 修改表名称
ALTER TABLE custom RENAME TO stu_custom;
```

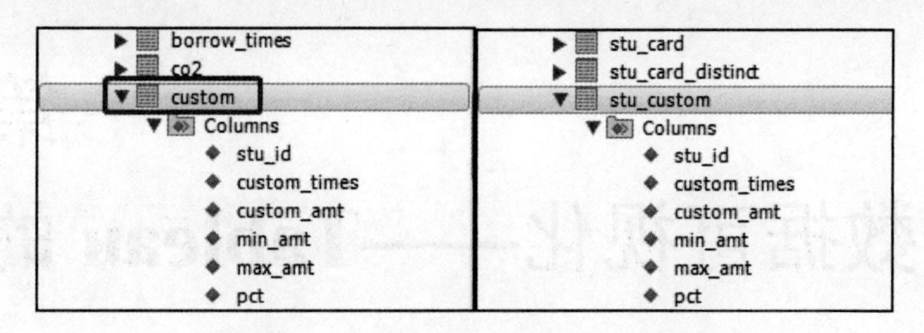

图 3-79　custom 表名称更改为 stu_custom

第 4 章 数据可视化——Tableau 的使用

数据分析过程中，必不可少的一部分就是实现数据可视化，其目的就是将复杂的数据以图形方式直观地展现出来，进而发现数据背后所呈现的规律、价值和问题。如果每一份数据分析结论都是由文字和数据表组成的，那么对阅读数据分析结论的用户来说，这将是一个煎熬的过程。“字不如表，表不如图”说的就是这个道理。

目前市面上有很多可以实现数据可视化的软件，可以简单分为两类：“拖拉拽”式的菜单类软件，包括 Excel、Tableau、PowerBI 等；编程类软件，如 R 语言、Python、SAS、Echarts 等。编程类软件在绘制可视化图形时相对比较复杂，而且学习的时间成本也比较高，相比之下，使用“拖拉拽”式的菜单类软件去实现数据可视化就简单很多，这也是众多企业首选的数据可视化工具。本章以 Tableau 10.2 版本为例，详细讲解数据可视化的相关内容。

本章内容将会介绍如下几个方面的知识点：

- 数据可视化的概述。
- Tableau 的安装与概述。
- Tableau 与外部数据源的连接。
- Tableau 中表计算和参数等高级操作。
- Tableau 可视化图表的制作。
- Tableau 仪表板的使用。

4.1 数据可视化概述

4.1.1 什么是数据可视化

数据可视化是一种数据的视觉表现形式，是指以某种概要形式抽提出来的信息及相应信息单位的各种属性和变量。简单来说，是指数据以视觉形式来呈现，如图表或地图等，可以用来帮助用户进一步了解这些数据的意义。

数据可视化技术综合运用计算机图形学、图形图像处理、人机交互等技术，将采集、清洗、转换、处理过的、符合标准和规范的数据映射为可识别的图形、图像、动画，甚至视频，并允许用户对实现可视化的数据进行交互和分析。

完整的数据可视化分析分为三步：

1）原始数据清洗处理、输入。

2）可视化操作处理。

3）合理有效地进行展现。

数据可视化将相对晦涩的数据通过可视的、可交互的方式进行展示，从而形象、直观地表达出数据蕴含的信息和规律。简单来说，就是将单调的数字以生动形象的图形来展示。下面是数据可视化的示例。

单纯数据表现形式的投资计划表如图 4-1 所示，在无条件格式标注的数据表格中，用户需要花费不少时间才能找出数据中的最大值、最小值等指标，这种表现形式不是很直观。

	A	B	C	D	E	F	G	H
1	投资计划表							
2	项目	时间	金额	收益率	到期收益率	收益总额	总额	备注
3	活期	7月	200	0.0035	0.350	1.225	1201.225	
4		8月	200	0.0035	0.292			
5		9月	200	0.0035	0.233			
6		10月	200	0.0035	0.175			
7		11月	200	0.0035	0.117			
8		12月	200	0.0035	0.058			
9	定期	7月	5000	0.035	87.500	96.250	6096.250	
10		8月	200	0.035	2.917			
11		9月	200	0.035	2.333			
12		10月	200	0.035	1.750			
13		11月	200	0.035	1.167			
14		12月	200	0.035	0.583			

图 4-1　投资计划表

基于 2001—2012 年之间全球不同地区的旅游收入数据绘制的堆积柱形图如图 4-2 所示。这种数据可视化效果相比图 4-1 的纯表格形式就直观得多，用户可以快速了解旅游收入的分布情况以及趋势，并进行相关分析。

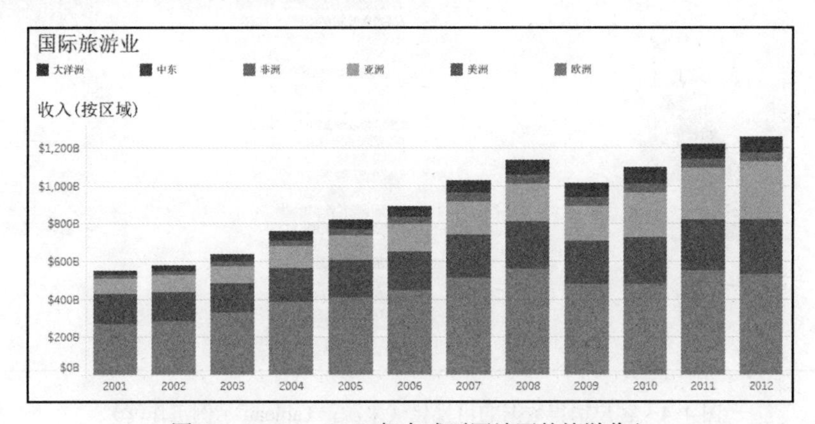

图 4-2　2001—2012 年全球不同地区的旅游收入

基于全球温度数据集制作的数据可视化仪表板如图 4-3 所示，基于客户销售数据集制作的数据可视化仪表板如图 4-4 所示。这两个数据可视化仪表板中涵盖了热图、散点图、条形图以及筛选控件等，从不同维度对数据集进行了可视化，极大地方便了用户进行后期的数据分析工作。

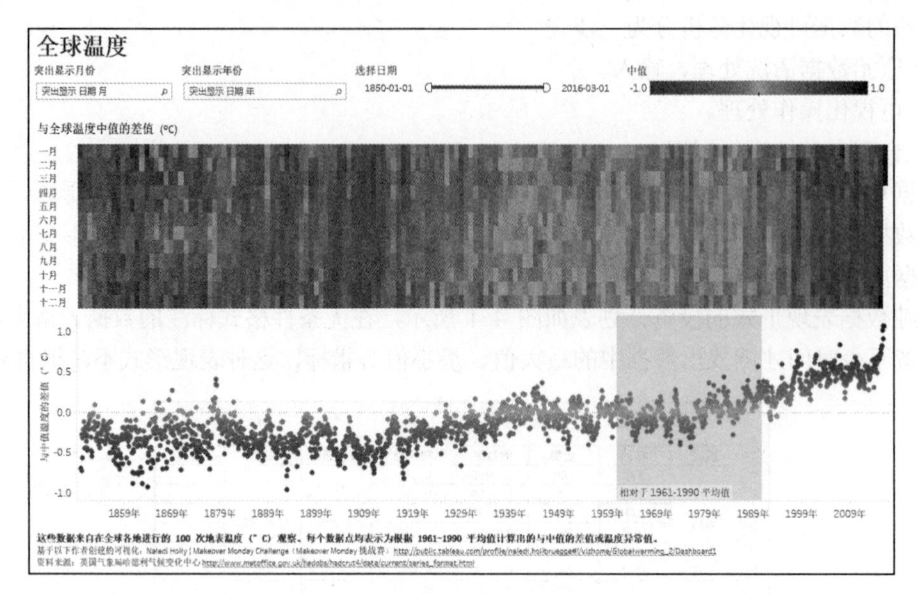

图 4-3　全球气温变化的可视化（来源：Tableau 示例工作簿）

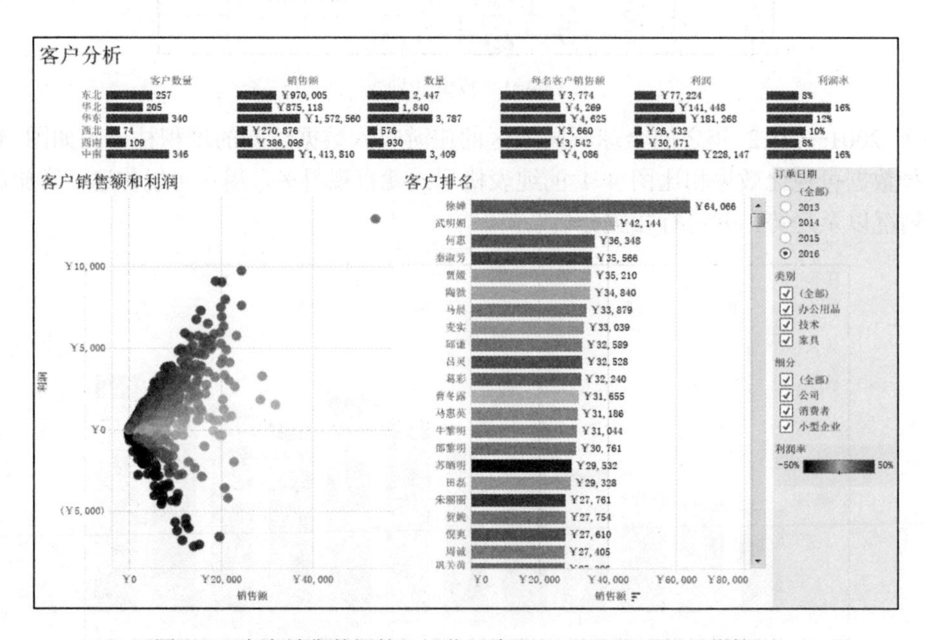

图 4-4　客户销售数据的可视化（来源：Tableau 示例工作簿）

4.1.2　为什么要实现数据可视化

在当今的移动互联网时代，企业数据量猛增，数据背后隐藏的信息和价值显得越来越重要。因此，企业都希望通过数据可视化进行快速分析。数据可视化的作用如下：

- 数据可视化可以帮助企业管理者迅速了解当前业务走势并定位问题。
- 数据可视化可以多维度展现数据，从而挖掘出数据背后的隐藏的信息。
- 数据可视化可以帮助企业管理者迅速做出正确的决策。

对数据进行可视化的目的在于可以将枯燥无聊的数据制作成丰富绚丽的可视化图形，进而让用户快速理解数据，掌握数据之间的潜在关联，挖掘出数据背后隐藏的信息，驱动业务发展。

4.2 Tableau 概述

Tableau 作为目前全球领先的数据可视化工具，具备强大的统计分析扩展功能。它能够根据用户的业务需求对报表进行迁移和开发，业务分析人员可以独立自主、简单快速、以界面拖拽式的操作方式对业务数据进行联机分析处理、即时查询。数据可视化分析结束后，将分析结论、业务报表、可视化图表部署到 Tableau Server 上，用户可以通过浏览器来进行访问。此外，Tableau 还具有邮件发送的功能，可以实现业务监控和预警功能，数据超过设定的阈值后，自动发送给用户。

Tableau 软件具有如下几点优势：

- 简单易用。Tableau 提供了非常友好的可视化界面，不需要编程背景，通过简单的拖拽就可实现数据可视化。
- 敏捷高效。传统 BI 通过 ETL 过程处理数据，数据往往有一定的延迟，但是 Tableau 通过基于内存的数据引擎，减少了数据的延迟。
- 支持多种数据源连接。Tableau 支持不同的本地文件类型，可连接多种数据库，并且同时支持与 R 语言和 Python 的连接。
- 自助式开发。用户通过简单拖拽的方式就可以用 Tableau 快速地创建交互、美观的可视化图表和仪表板，快速创建出各种图表类型。例如，柱状图、条形图、饼图、气泡图、文字云、热力图、树状图、瀑布图、折线图、散点图、交叉表、地图等。
- 拥有一整套的产品体系。Tableau 包括支持数据合并、组织和清理的 Tableau Prep、PC 端产品 Tableau Desktop、移动端产品 Tableau Mobile、服务器端产品 Tableau Server、云端分析平台 Tableau Online 等，能够满足不同层面的需求。

4.2.1 软件安装

Tableau 是一款非常出色的可视化工具，它的操作简单而高效，读者可以前往 Tableau 的官方网站进行下载（https://www.tableau.com/zh-cn/trial/tableau-software）。需要说明的是 Tableau 是一款商业软件，用户可以免费试用 14 天，在使用期间，其所有功能都是免费开放的。以下是 Tableau 软件安装的步骤。

下载 Tableau 软件之后，通过双击 exe 文件，开始软件的安装。首先进入的是欢迎页，需要用户勾选用户协议条款，如图 4-5 所示。接下来，设置软件的安装路径（一般默认安装在计算机的 C 盘），如图 4-6 所示。

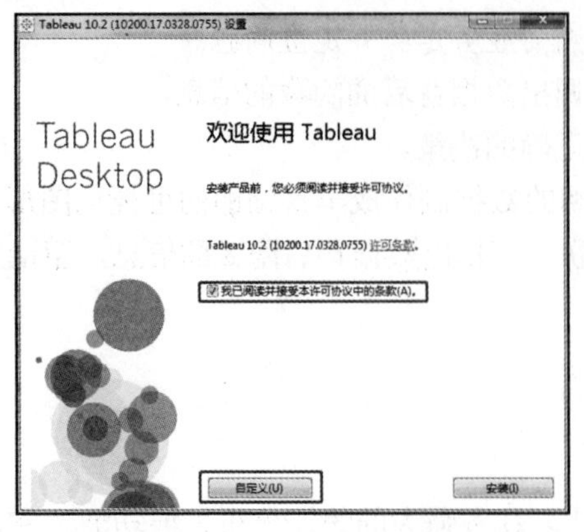

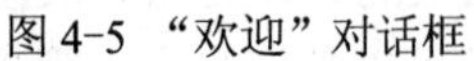
图 4-5 “欢迎”对话框

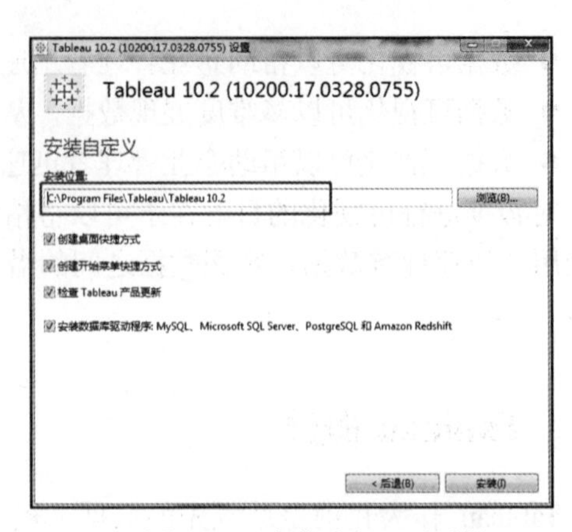

图 4-6 “安装路径”对话框

在设置好相关的安装路径和勾选的选项后，单击“安装”按钮，进入 Tableau 的安装进程，如图 4-7 所示。该进程大概需要几分钟的时间完成。

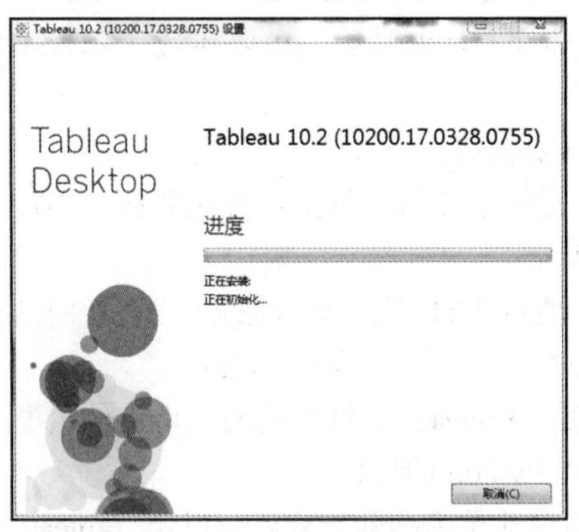

图 4-7 “安装进程”对话框

在软件安装成功后，用户需要选择试用或激活，如果读者首次使用 Tableau 或者没有购买 Tableau，可以选择 14 天的试用，如图 4-8 所示；如果读者拥有 Tableau 的产品密钥，便可以通过该密钥完成 Tableau 的激活。如图 4-9 所示，Tableau 已完成激活，用户可以进行试用了。

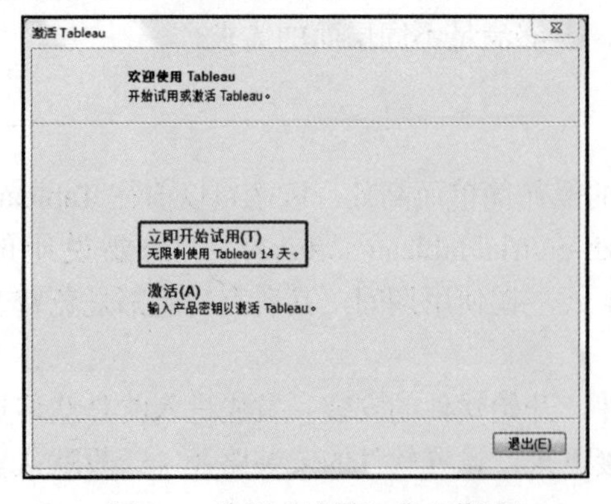

图 4-8 选择“试用”或“激活”

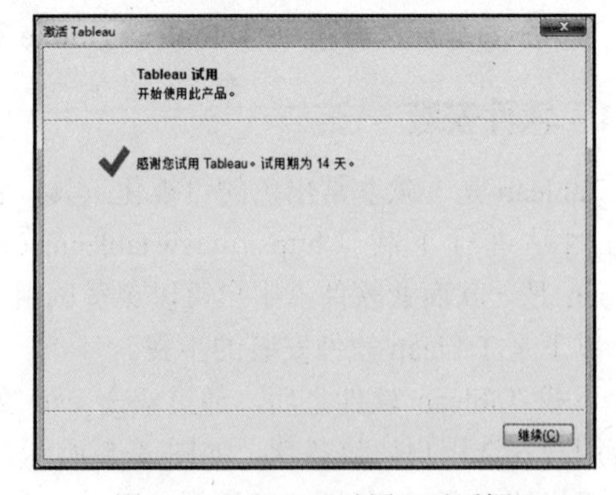

图 4-9 “Tableau 试用”对话框

4.2.2　连接数据源

Tableau 安装完成之后，双击打开软件，弹出的是“连接”界面，如图 4-10 所示。“连接”界面主要包含 Tableau 软件可以连接的数据源选项。此外，该界面还包含了 3 个示例工作簿，分别是“示例超市”“中国分析”“世界指标”。

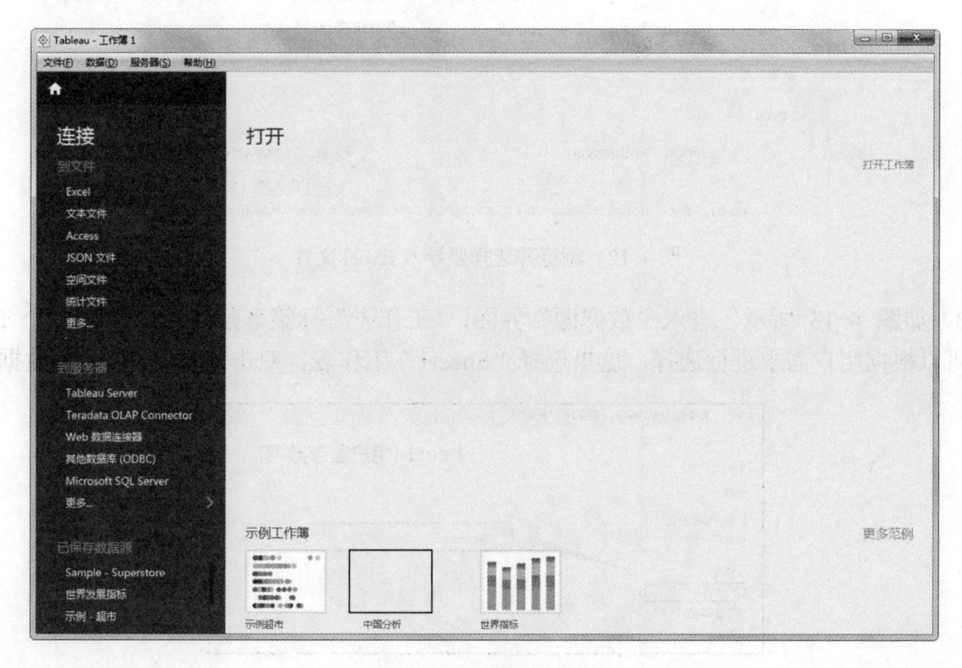

图 4-10　“连接”界面

Tableau 软件可以连接目前广泛应用的数据源，包括以下几种：

- 文件类数据：Excel、文本文件、JSON、统计文件等。
- 关系型数据库：MySQL、SQL Server、Oracle、DB2、Amazon Redshift 等。
- 云端数据库：Windows Azure、Google BigQuery、Google Cloud SQL 等。
- 其他数据源：配置 ODBC 驱动器实现各类数据源的连接。
- 组合数据源：定义多个连接来连接到文件和关系型数据库，这是 Tableau 中非常独特的功能。

下面通过示例分别介绍 Tableau 连接几个不同类型的数据源的步骤。示例包括连接 Excel、连接文本文件、连接 MySQL、连接 SQL Server、连接 Cloudera Hadoop、连接其他数据库（ODBC）。

1．连接 Excel

1）打开“连接”界面，单击“Excel”选项，如图 4-11 所示。

2）在浏览文件的页面选择需要导入的 Excel 文件，这里选择的文件是“用户留存数据.xlsx”，选定之后单击“打开”按钮，如图 4-12 所示。

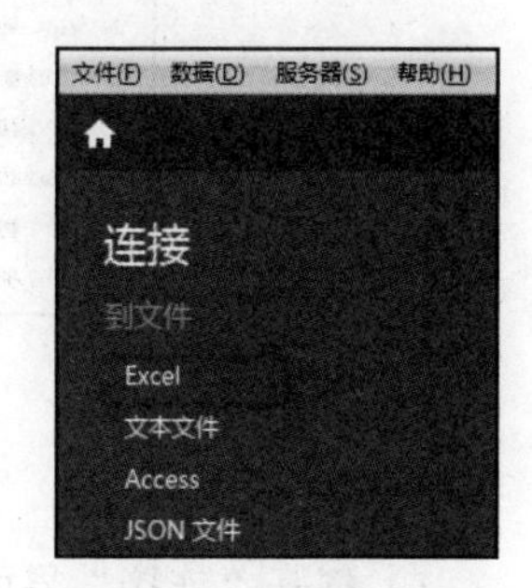

图 4-11　连接 Excel

图 4-12　浏览并选择要导入 Excel 文件

3）如图 4-13 所示，进入“数据源”界面，“工作表”标签下是 Excel 中的多个 Sheet 表，可以根据用户需求进行选择，这里选择“Sheet1”工作表，双击“Sheet1”导入数据。

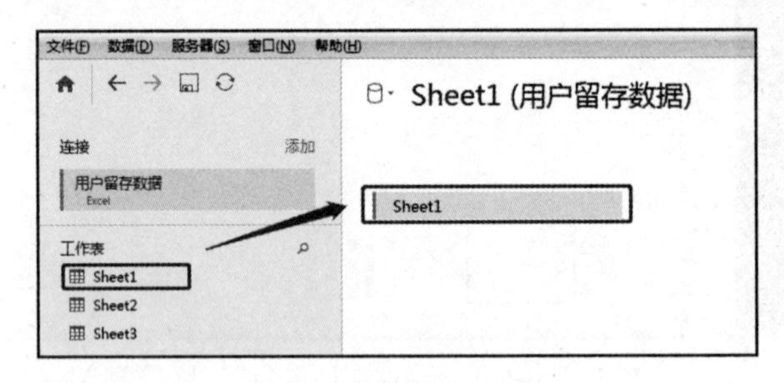

图 4-13　双击 Sheet1 工作表导入数据

4）导入之后的数据默认显示前 1000 行，用户可以自行修改显示行数，导入的 Excel 示例数据如图 4-14 所示。

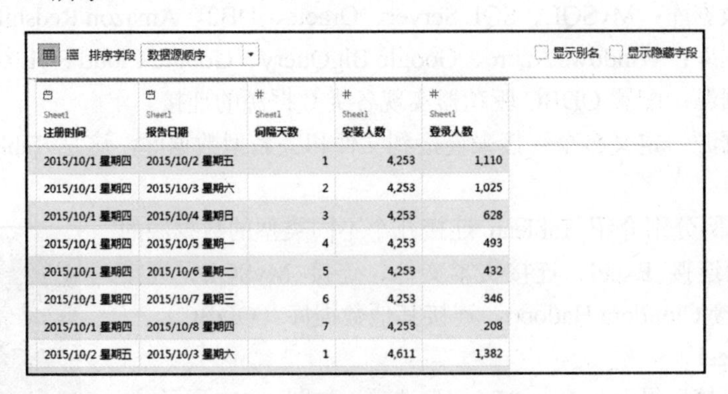

Sheet1 注册时间	Sheet1 报告日期	Sheet1 间隔天数	Sheet1 安装人数	Sheet1 登录人数
2015/10/1 星期四	2015/10/2 星期五	1	4,253	1,110
2015/10/1 星期四	2015/10/3 星期六	2	4,253	1,025
2015/10/1 星期四	2015/10/4 星期日	3	4,253	628
2015/10/1 星期四	2015/10/5 星期一	4	4,253	493
2015/10/1 星期四	2015/10/6 星期二	5	4,253	432
2015/10/1 星期四	2015/10/7 星期三	6	4,253	346
2015/10/1 星期四	2015/10/8 星期四	7	4,253	208
2015/10/2 星期五	2015/10/3 星期六	1	4,611	1,382

图 4-14　导入的 Excel 示例数据

2. 连接文本文件

1）打开“连接”界面，单击“文本文件”选项，如图 4-15 所示。

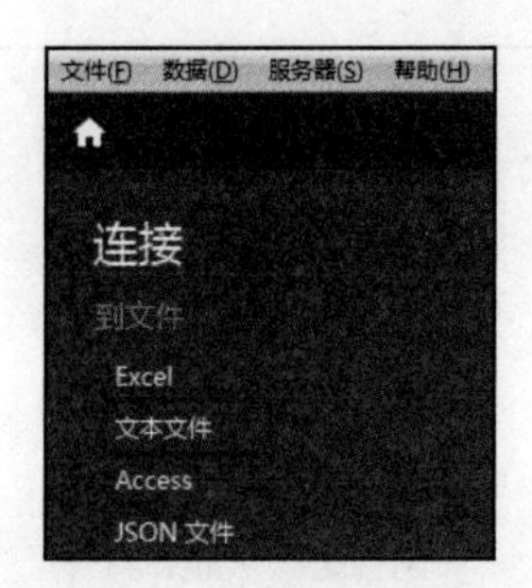

图 4-15　连接文本文件

2）在浏览文件的页面选择需要导入的文本文件，这里选择的文件是“产品订单数据.txt”，选定之后单击“打开”按钮，如图 4-16 所示。

图 4-16　浏览并选择要导入的文本文件

3）进入“数据源”界面，单击“产品订单数据.txt”的右侧下拉箭头，选择“字段名称位于第一行中”的选项，如图 4-17 所示。

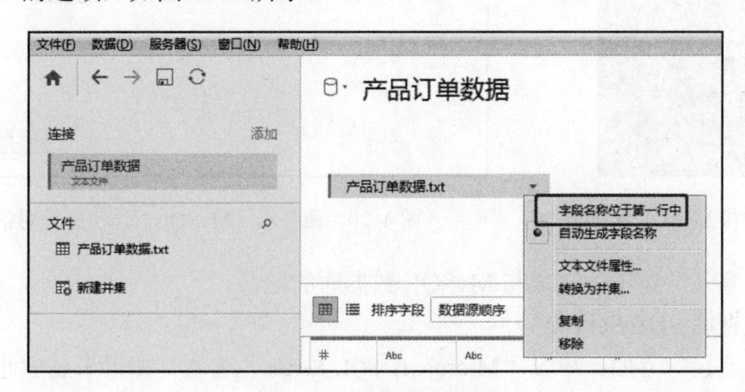

图 4-17　设置字段名称

4）导入之后的数据默认显示前 1000 行，用户可以自行修改显示行数，示例数据如图 4-18 所示。

排序字段 数据源顺序　　显示别名　显示隐藏字段

# 产品订单数... 年份	Abc 产品订单数据.txt 月份	Abc 产品订单数据.txt 类别	# 产品订单数... 利润	# 产品订单数据.txt 销售额
2,016	十二月	办公用品	29,790	204,152
2,015	十二月	办公用品	33,294	149,253
2,014	十二月	办公用品	16,165	67,327
2,013	十二月	办公用品	11,355	106,648
2,016	十一月	办公用品	14,726	137,695
2,015	十一月	办公用品	15,256	151,470
2,014	十一月	办公用品	24,153	132,407

图 4-18　导入文本文件的示例数据

3．连接数据库 MySQL

1）打开“连接”界面，单击“MySQL”选项，如果未显示此选项，依次单击“更多|MySQL”即可，如图 4-19 所示。

2）在“服务器连接配置”对话框中，用户需要配置服务器地址、端口、用户名和密码，如图 4-20 所示。

图 4-19　连接 MySQL 数据源

图 4-20　服务器（MySQL）连接配置对话框

3）单击“登录”按钮，完成与 MySQL 数据库的连接。

4．连接数据库 SQL Server

1）打开“连接”界面，单击“Microsoft SQL Server”选项，如果未显示此选项，依次单击“更多| Microsoft SQL Server”即可，如图 4-21 所示。

2）在“服务器连接配置”对话框中用户需要配置服务器地址、数据库、用户名和密码，也可以使用 Windows 身份验证进行登录，如图 4-22 所示。

图 4-21 连接 SQL Server 数据源

图 4-22 服务器（SQL Server）连接配置对话框

3）单击“登录”按钮，完成与 SQL Server 数据库的连接。

5．连接 Cloudera Hadoop

1）打开“连接”界面，单击“Cloudera Hadoop”选项，如果未显示此选项，依次单击“更多| Cloudera Hadoop”即可，如图 4-23 所示。

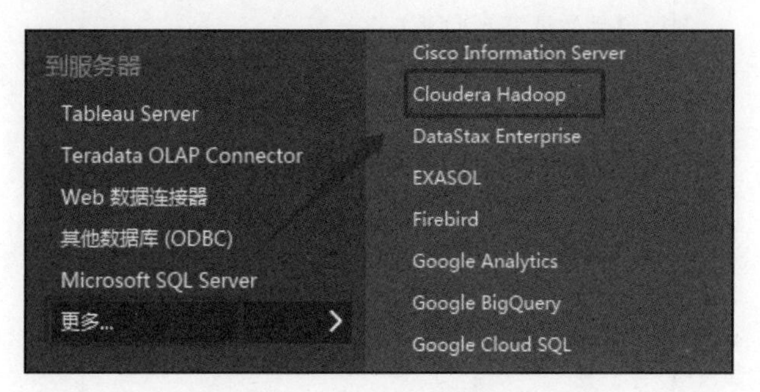

图 4-23 连接 Cloudera Hadoop

2）在“服务器连接配置”对话框中，类型选择“Impala”，身份验证选择“用户名和密码”，用户还需要配置服务器地址、端口、用户名和密码，如图 4-24 所示。

3）单击“登录”按钮，完成与 Cloudera Hadoop 数据库的连接。

6．连接其他数据库（ODBC）

1）打开“连接”界面，单击“其他数据库（ODBC）”选项，如果未显示此选项，依次单击“更多|其他数据库（ODBC）”即可，如图 4-25 所示。

图 4-24　服务器（Cloudera Hadoop）连接配置对话框

图 4-25　连接其他数据库（ODBC）

2）打开“其他数据库（ODBC）”的连接界面，连接方式可以选择“DSN”或者“驱动程序”。如果选择“DSN”选项，需要在 Windows 系统中自带的“ODBC 数据源管理器”中进行数据源连接的配置。这里选择“驱动程序”选项，以 SQL Server 数据库的连接为例进行简单说明。“驱动程序”选项设置为“SQL Server Native Client 10.0”驱动器，然后单击“连接”按钮，如图 4-26 所示。

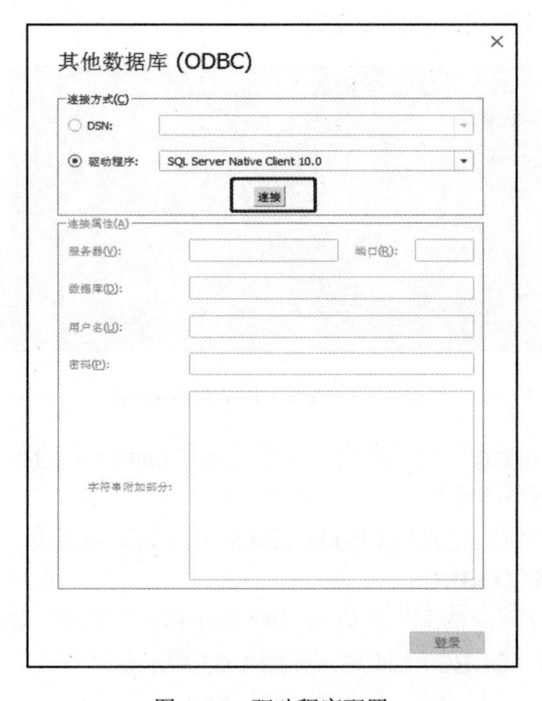

图 4-26　驱动程序配置

3）在“SQL Server Login”对话框中，“Server”选项设置为“localhost”，同时勾选“Use Trusted Connection”选项，然后单击“OK”按钮，如图 4-27 所示；在“字符串附加部分”选项会出现一串字符串，如图 4-28 所示。

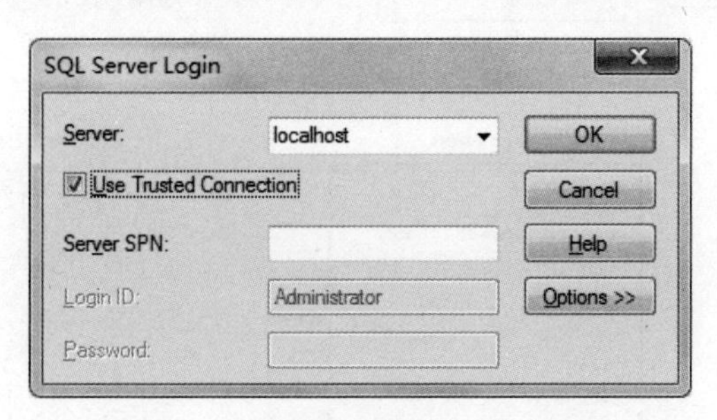

图 4-27　配置服务器地址和账户密码

4）单击“登录”按钮，完成基于 ODBC 的方法实现与 SQL Server 数据库的连接。

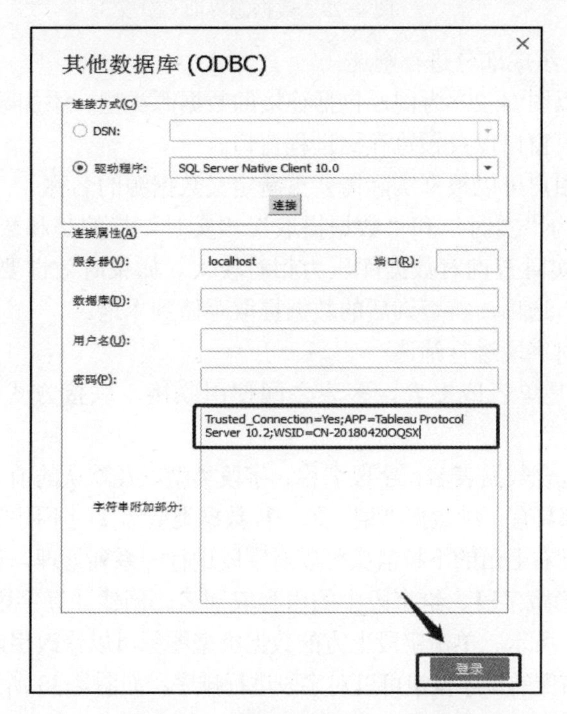

图 4-28　生成连接数据库的字符串

4.2.3　数据源界面

Tableau 的数据源界面由 6 个重要部分组成，包括数据源连接、数据源名称、连接方式、筛选器、数据表、预览数据集，如图 4-29 所示。图中的数据源是 SQL Server 数据库中 exercise_sql 库下的学生成绩表（student_score），该表包含三个字段，分别是学号（stuNo）、科目号（CourseID）、成绩（Score）。

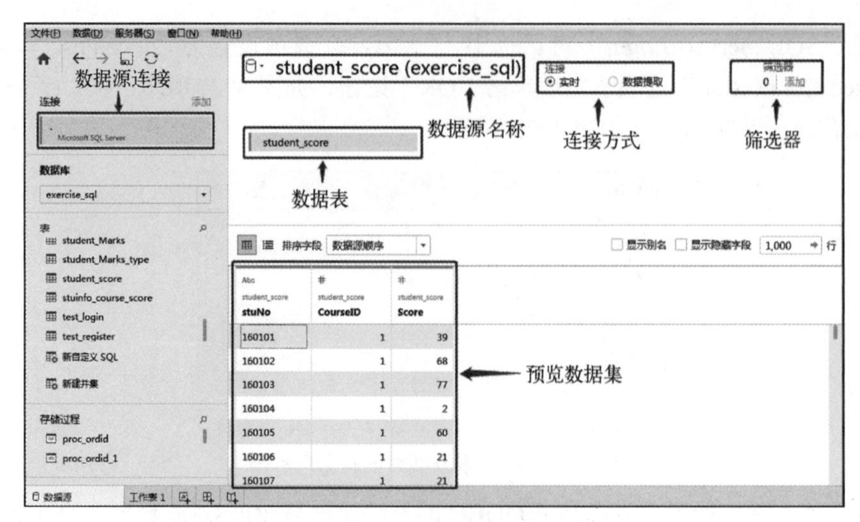

图 4-29　数据源界面

下面分别对这 6 个组成部分进行阐述：

- 数据源连接：以图 4-29 为例，包括连接的数据源类型、添加数据源按钮、数据库筛选选项、预览表窗口以及预览存储过程窗口。
- 数据源名称：用户可以根据实际需要重新定义数据源的名称。
- 连接方式：分为“实时”和“数据提取”。“实时”指的是和数据源实时连接，实时进行查询，但实时查询对数据库压力相对较大。如果时效性要求不是很高，可以选择“数据提取”选项，将查询后的数据提取存储到本地。
- 筛选器：用来对字段进行筛选。
- 数据表：可以是单表或多表，多表之间使用联接，联接方式包括内部、左侧、右侧、完全外部。
- 预览数据集：包含数据表名、字段名称、字段类型以及默认的前 1000 行数据。数据源中的所有字段都具有一种数据类型，每一种数据类型都使用不同的符号表示，如图 4-30 所示。单击字段右上角的下拉箭头可以对字段进行一系列处理，包括字段的重命名、隐藏字段、取消隐藏字段、给字段中的内容取别名、创建计算字段、创建组、拆分字段等，如图 4-31 所示。单击字段上方的数据类型图标可以修改字段类型，如图 4-32 所示。单击字段右侧的排序按钮可以对字段进行排序，如图 4-33 所示。

图标	数据类型
Abc	文本（字符串）值
	日期值
	日期和时间值
#	数字值
T|F	布尔值（仅限关系数据源）
	地理值（用于地图）

图 4-30　数据类型

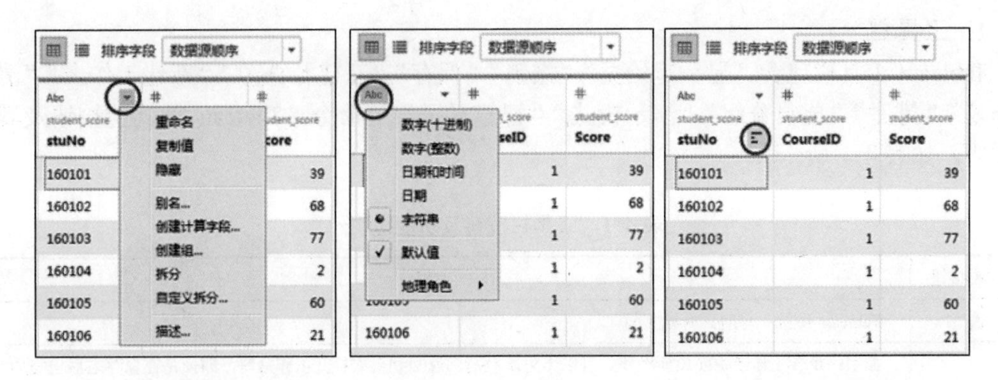

图 4-31　字段下拉菜单　　　图 4-32　修改字段类型　　　图 4-33　字段排序

4.2.4　工作区界面

Tableau 的工作区界面包含菜单栏、工具栏、“数据”选项卡（“分析”选项卡）、视图区、状态栏以及工作表。工作表的类型分为工作表、仪表板以及故事。工作表界面包含功能区和卡（列功能区、行功能区、标记卡、筛选器功能区、页面功能区、图例），如图 4-34 所示。此图以 Tableau 中的“示例-超市”数据集作为数据源，创建不同地区不同类别的销售数量和销售金额。

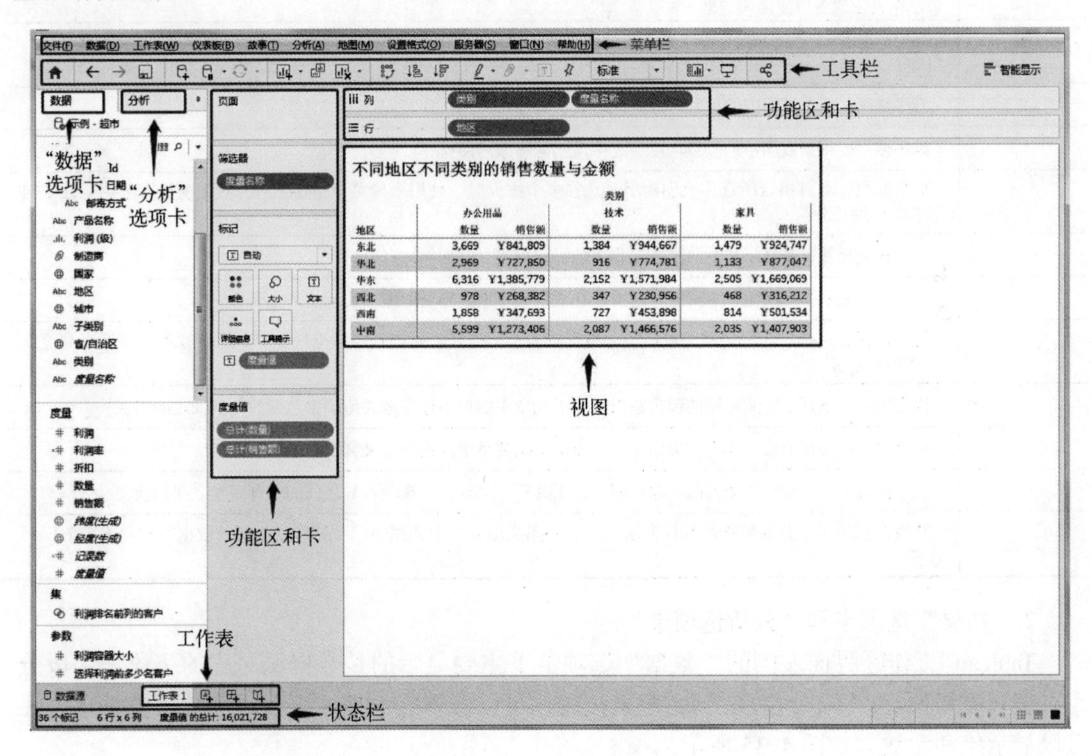

图 4-34　工作区界面

1. 工具栏

Tableau 工具栏包含“显示起始页”“撤销”“保存”“新建数据源”“新建工作表”“清除工作表”“排序”“成员分组”“演示模式”“智能显示”等命令，Tableau 的功能按钮及其功能说明，如表 4-1 所示。

表 4-1 工具栏按钮及功能说明

工作栏按钮	说明
	Tableau 图标：导航到开始页面
	撤销：反转工作簿中的最新操作。可以无限次撤销，返回到上次打开工作簿时，即使是在保存之后也是如此
	重做：重复使用“撤销”按钮反转的最后一个操作。可以重做无限次
	保存：保存对工作簿进行的更改
	连接：打开“连接”界面，可以在其中创建新连接，或者从存储库中打开已保存的连接
	新建工作表：新建空白工作表。使用下拉菜单可创建新工作表、仪表板或故事
	复制工作表：创建含有与当前工作表完全相同视图的新工作表
	清除：清除当前工作表。使用下拉菜单清除视图的特定部分，如筛选器、格式设置、大小调整和轴范围
	自动更新：控制进行更改后 Tableau 是否自动更新视图。使用下拉列表自动更新整个工作表，或者仅使用筛选器
	运行更新：运行手动数据查询，以便在关闭自动更新后用所做的更改对视图进行更新。使用下拉菜单更新整个工作表，或者仅使用筛选器
	交换：交换“行”功能区和“列”功能区上的字段。每次按此按钮，都会交换“隐藏空行”和“隐藏空列”设置
	升序排序：根据视图中的度量，以所选字段的升序来应用排序
	降序排序：根据视图中的度量，以所选字段的降序来应用排序
	成员分组：通过组合所选值来创建组。选择多个维度时，使用下拉菜单指定是对特定维度进行分组，还是对所有维度进行分组
T	显示标记标签：在显示和隐藏当前工作表的标记标签之间切换
	查看卡：显示和隐藏工作表中的特定卡。在下拉菜单上选择要隐藏或显示的每个卡
标准	适合选择器：指定在应用程序窗口中调整视图大小的方式。可选择“标准适合”“适合宽度”“适合高度”或“整个视图”
	固定轴：在仅显示特定范围的锁定轴以及基于视图中的最小值和最大值调整范围的动态轴之间切换
	突出显示：启用所选工作表的突出显示。使用下拉菜单中的选项定义突出显示值的方式
	演示模式：在显示和隐藏视图（即功能区、工具栏、“数据”选项卡）之外的所有内容之间切换
智能显示	智能显示：显示查看数据的替代方法。可用视图类型取决于视图中已有的字段以及“数据”选项卡中的任何选择

2.“数据”选项卡和“分析选项卡”

Tableau 工作区界面左侧的“数据”选项卡下主要显示的是数据源对应的字段，字段分为维度和度量两类。单击维度右侧的搜索按钮，可以输入文本搜索字段。此外，度量下方还可以显示集和参数，如图 4-35 所示。

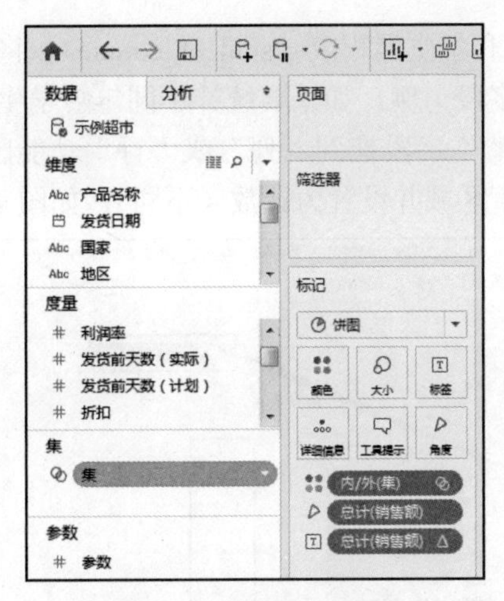

图 4-35 “数据”选项卡

单击“数据”选项卡下的“查看数据”按钮可查看数据源的基础数据，且可以将其以 csv 文件格式全部导出到本地，如图 4-36 所示。

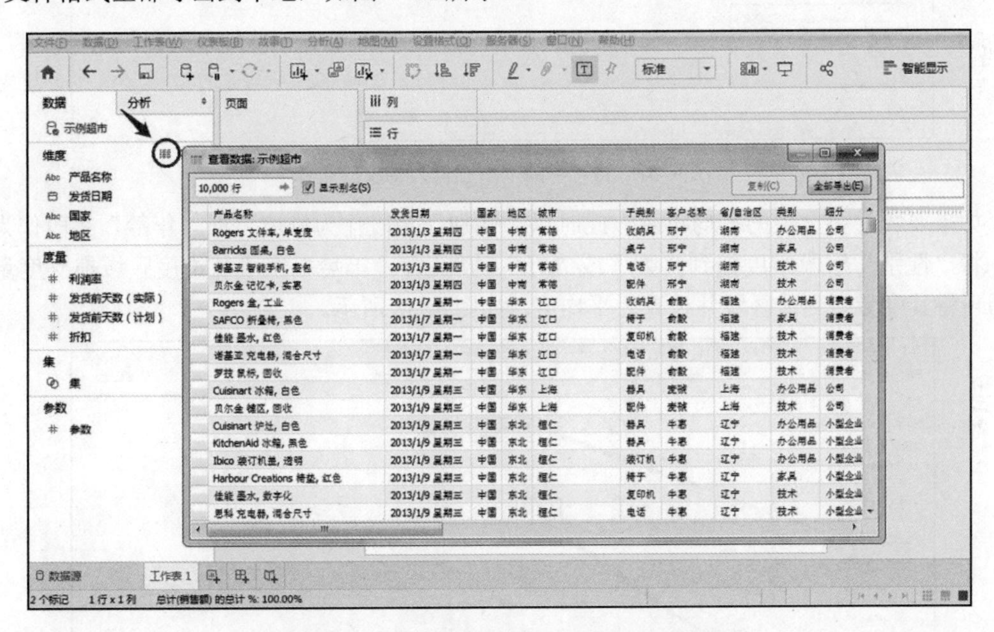

图 4-36 “数据”选项卡下的查看数据功能

数据导入 Tableau 之后，所有字段在“数据”选项卡下默认分为维度和度量两类，蓝色的字段代表维度，绿色的字段代表度量。维度是指从哪些角度进行拆解细分的字段，度量是指进行汇总分析的字段。在不同的业务分析场景，某个字段作为维度或度量不是绝对的，两者之间可以相互转化，用户上下拖动字段更换位置，即可轻松地进行维度和度量之间的切换。此外，在某些业务场景中，同一个字段既可以作为维度也可以作为度量来进行分析。

SQL Server 数据库中 exercise_sql 库下的有三张表，分别是学生信息表（student_info）、

学生成绩表（student_score）和学生课程表（student_course），将此三张表进行关联生成一张总表。以总表中的“年龄”字段为例，如果要统计不同年龄学生的人群分布，此时“年龄”字段就是维度，然后将“年龄”字段拖到“列”或“行”功能区，“学号”字段从维度区域拖到度量区域，然后再拖到值区域并设置为计数（不同），如图 4-37 所示。

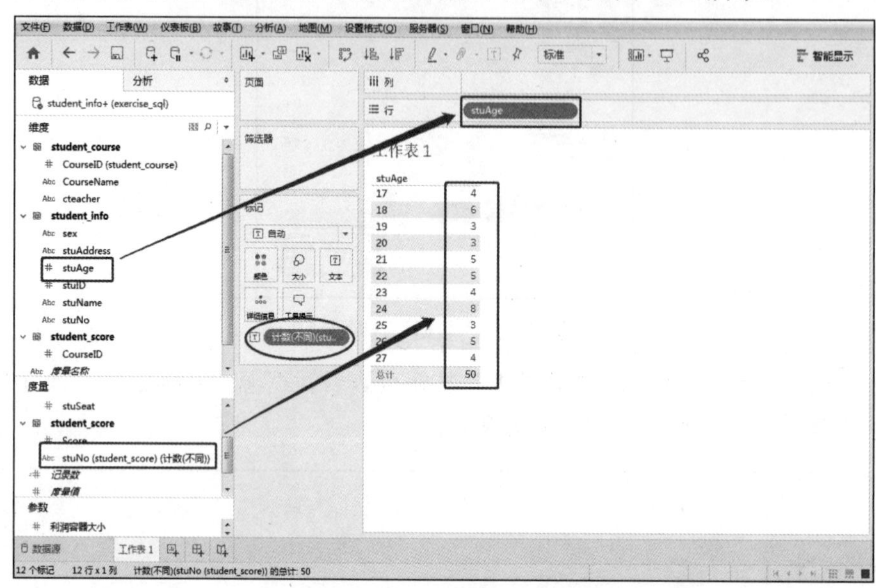

图 4-37　将“年龄”字段作为维度的统计

如果要统计男女生的平均年龄，此时以“性别”字段作为维度，而“年龄”字段作为度量。将“性别”字段维度拖到“列”或“行”功能区，“年龄”字段从维度区域拖到度量区域后再将其度量拖到值区域并设置为平均值，如图 4-38 所示。

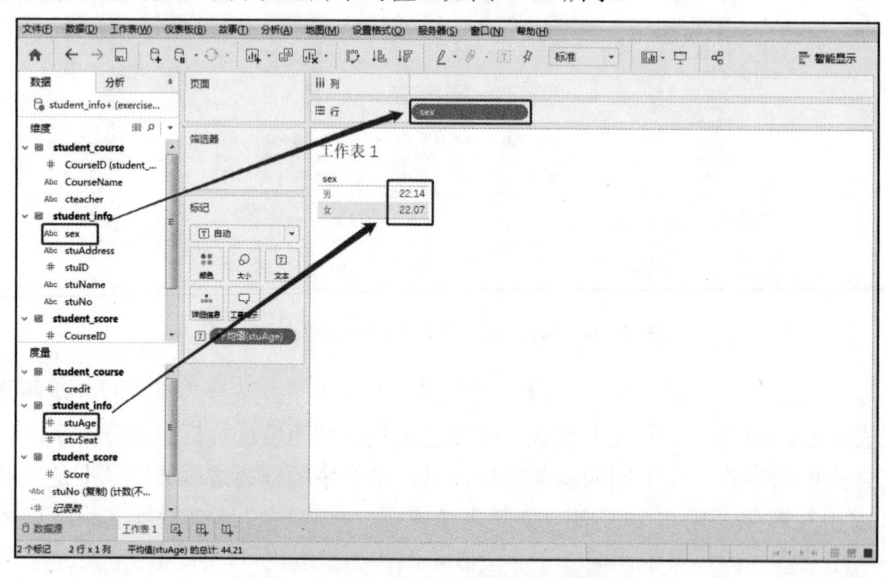

图 4-38　将“年龄”字段作为度量统计

工作区界面的“分析”选项卡位于“数据”选项卡右侧，“分析”选项卡允许用户将高级分析应用到基于“数据”选项卡创建的视图上，用来对视图进行深入分析。它包含“汇总”、“模型”以及“自定义”三大功能，“汇总”的功能包括常量线、平均线、含四分位点的中值、盒须图、合计；“模型”的功能包括含95%CI的平均值、含95%CI的中值、趋势线、预测、群集；“自定义”的功能包括参考线、参考区间、分布区间、盒须图。

如果需要从“分析”选项卡中添加项，就将该分析功能拖入视图中，此时，Tableau将显示该分析功能的多种范围选择，选择范围因分析功能的类型和当前视图而异。

例如，以Tableau中的“示例-超市”数据集作为数据源，将字段“细分”和“地区”分别拖到“列”功能区，将字段“销售额”拖到“行”功能区生成柱形图，然后将“分析”选项卡下的“平均线”功能拖到视图区，此时会弹出“添加参考线”对话框。

这里关于“添加参考线”的选择范围有三个选项，分别是“表”、“区”和“单元格”。如果将“平均线”功能添加到“表”上，将对当前所有柱子的数值进行平均值计算，如果将“平均线”功能添加到“区”上，将以字段“细分”进行分类，分别进行平均值计算，如果将“平均线”功能添加到“单元格”上，将对每根独立的柱子进行平均值计算，如图4-39所示。

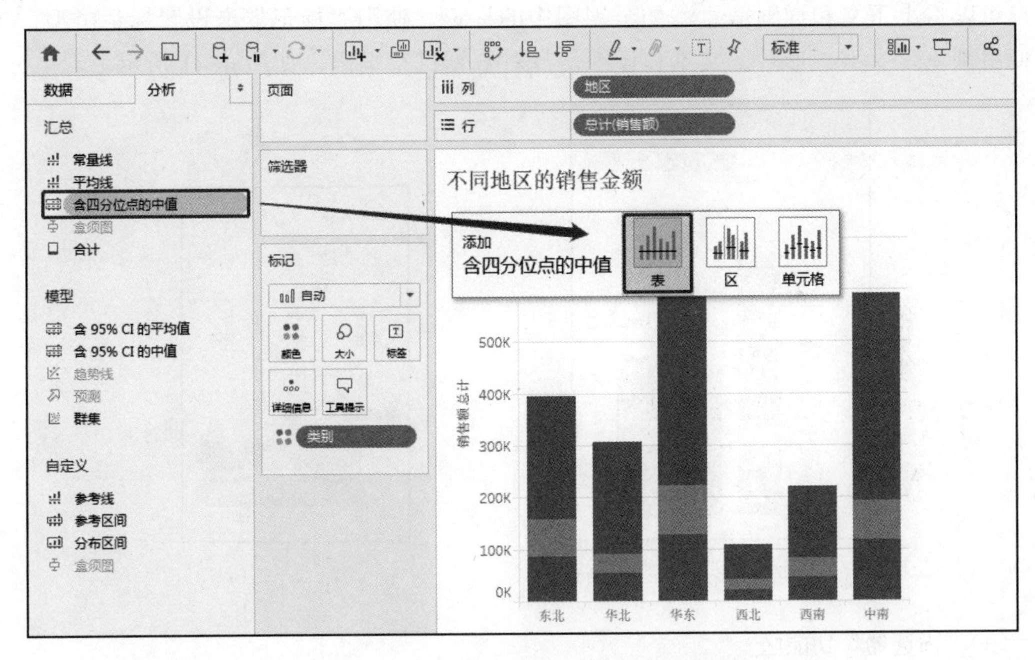

图4-39　将“平均线”功能添加到视图区

3. 功能区和卡

Tableau中的每个工作表都包含功能区和卡，例如“列”功能区、“行”功能区、“标记”卡、“筛选器”功能区、“页面”功能区等。

通过将字段放在功能区或卡上，用户可以执行以下操作：

- 构建可视化项的结构。
- 通过包括或排除数据来提高详细级别以及控制视图中的标记数。
- 通过使用颜色、大小、形状、文本和详细信息对标记进行编码来为可视化项添加上下文。

（1）“列”和“行”功能区

从“数据”选项卡拖动字段构建可视化项的结构。字段拖到“列”功能区可以创建表列，字段拖到“行”功能区可以创建表行。维度字段拖到“行”或“列”功能区上时，将为该字段的成员创建标题。度量字段拖到“行”或“列”功能区上时，将创建该度量的定量轴。向视图添加更多字段时，表中会包含更多标题和轴。例如，以 Tableau 中的“示例-超市”数据集作为数据源，将维度字段“类别”拖到“列”功能区上后，“类别”显示为列标题，度量字段“利润”拖到“行”功能区上后，“类别”显示为垂直轴标题，如图 4-40 所示。

（2）“标记”卡

“标记”卡是进行分析工作的重要功能。将字段拖到“标记”卡中的不同属性时，用户可以将上下文和详细信息添加至视图中的标记。使用“标记”卡设置标记类型，可以使用颜色、大小、形状、文本和详细信息对数据进行编码，如图 4-41 所示。

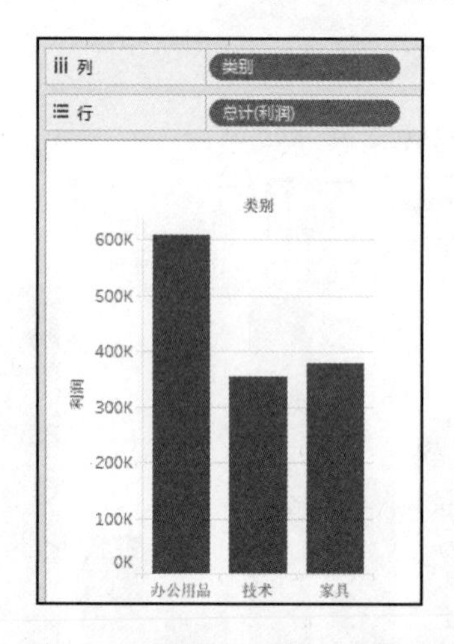

图 4-40 “列”和“行”功能区

图 4-41 “标记”卡

（3）“筛选器”功能区

“筛选器”功能区可以指定要包含和排除的数据。例如，仍以“示例-超市”数据集作为数据源，将字段“地区”拖到“筛选区”功能区，选择“华东”选项，单击“确定”按钮，然后单击筛选项右侧的下拉箭头，选择“显示筛选器”选项，在右侧生成筛选“地区”字段的卡项，如图 4-42 所示。

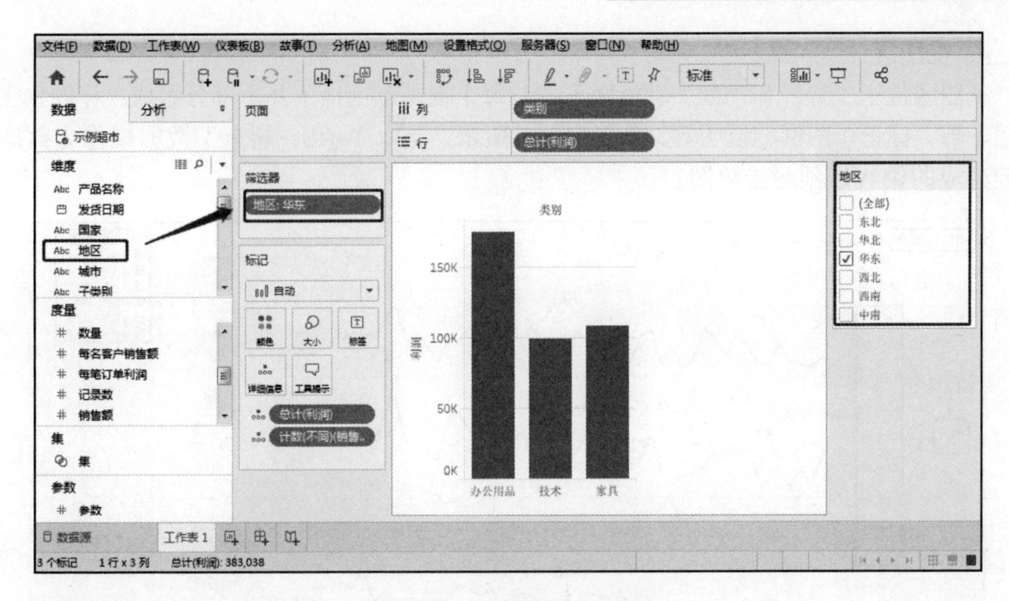

图 4-42 “筛选器”功能区

（4）“页面”功能区

“页面”功能区会帮助用户创建一组页面，每个页面上都有不同的视图。每个视图都基于放置在“页面”功能区上的字段。将字段拖到“页面”功能区时添加到视图中的控件，可以轻松地切换视图，方便用户进行对比分析。例如，仍以“示例-超市”数据集作为数据源，将字段“地区”拖到“页面”功能区，右侧生成基于字段“地区”的页面筛选卡项。用户可以通过单击左右箭头或单击下拉箭头进行页面切换，也可以设置为自动播放模式，播放速度可以选择“慢”“普通”或“快”，如图 4-43 所示。

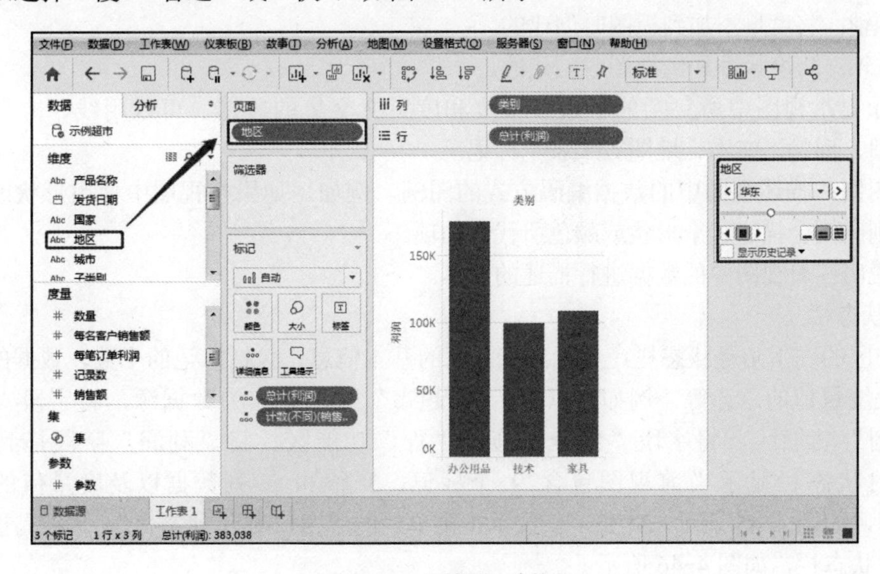

图 4-43 “页面”功能区

4．视图区

视图区位于“行”和“列”功能区下方。每个视图都由以下几个部分组成：标题、字段标签、轴、标记、图例、说明等。如图 4-44 所示，是以“示例-超市”数据集作为数据源创建生成的销售额预测走势图。

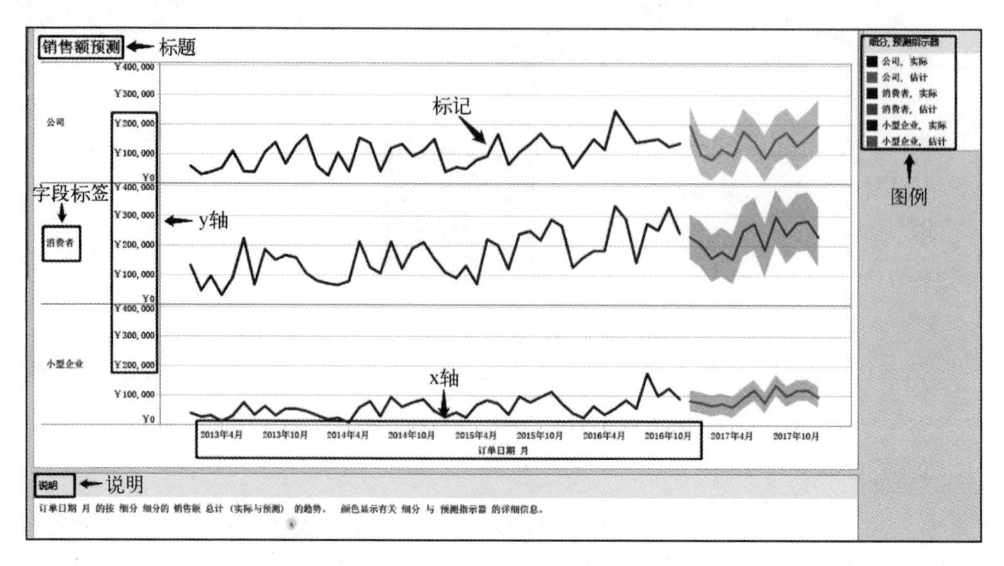

图 4-44　视图区

下面将对这几个组成部分进行阐述：

- 标题：工作表、仪表板或故事对应的名称。
- 字段标签：添加到“行”或“列”功能区的离散字段的标签。
- y 轴：将度量添加到视图时创建的。
- x 轴：将度量添加到视图时创建的。
- 标记：视图中所包括的字段（维度和度量）交集的数据。可以用线、方形、条、圆、形状、文本、地图等来表示标记。
- 图例：描述视图中的数据编码方式的图例。例如，如果在视图中使用形状或颜色，则图例会描述每个形状或颜色所代表的项。
- 说明：对视图中的数据进行描述的文本。

5．状态栏

工作区的左下角是状态栏，显示当前视图的基本信息，包括标记的个数、数据的行数和列数以及度量值的总计等。例如，以“示例-超市”数据集作为数据源，将字段“类别”拖到“列”功能区，将字段“细分”拖到“行”功能区，将“利润”字段拖到度量区域，此时状态栏显示当前视图包含 9 个标记，3 行和 3 列数据以及度量值的总计为 2,122,441，如图 4-45 所示。此外，依次单击菜单栏的“窗口|显示状态栏”，去掉勾选状态就可以隐藏状态栏，如图 4-46 所示。

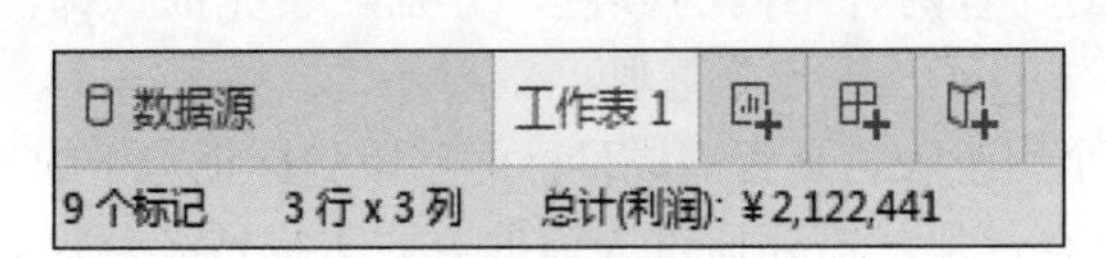

图 4-45　状态栏

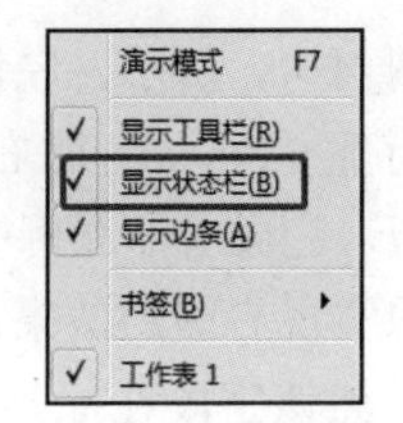

图 4-46　隐藏状态栏

6. 工作表标签

工作表标签包括工作表、仪表板和故事，位于工作区的底部。单张工作表包含单个视图以及其侧栏中的功能区、卡、图例以及“数据”和“分析”选项卡。仪表板是多个工作表中的视图的集合。故事包含一系列共同作用以传达信息的工作表或仪表板。

如果用户需要新建工作表、仪表板或故事，可以右击工作表标签的任意一个工作表，在弹出的对话框中选择“新建工作表”“新建仪表板”或“新建故事”。当然，也可以通过单击工作表标签右侧的 3 个图标完成工作表、仪表板或故事的新建，如图 4-47 所示。

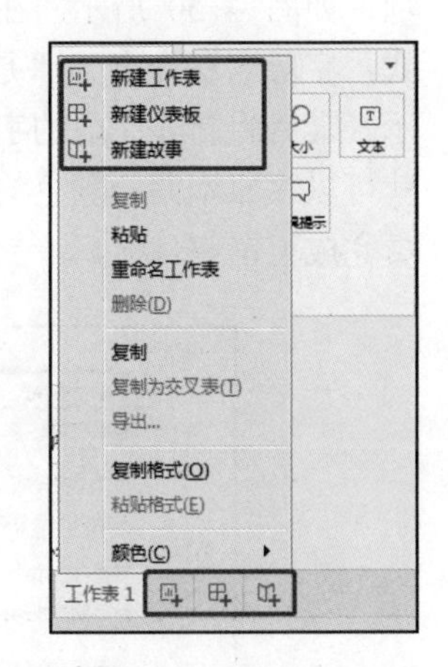

图 4-47　工作表标签

4.2.5　高级操作

Tableau 是一款非常便捷的数据可视化工具，在绝大多数情况下，都可以采用选变量——选模板的方式快捷地绘制出各种统计图形。在本节中，将介绍有关 Tableau 创建字段、进行表计算和创建参数绘图的内容。

1. 创建字段

如图 4-48 所示，是一份销售人员的业绩数据表，包含月初时各自的销售目标，和截止到月底每个销售员完成的实际销售额。

	A	B	C
1	姓名	目标	实际
2	张三	300	340
3	李四	270	250
4	王二	450	450
5	赵五	100	300
6	丁一	280	270

图 4-48　销售业绩数据

如果将每个销售员的实际销售额绘制成条形图那就太简单了，但如果要通过柱状图颜色的不同能够直接区分出销售员是否完成了任务指标，又该如何实现呢？对比效果如图 4-49 所示。

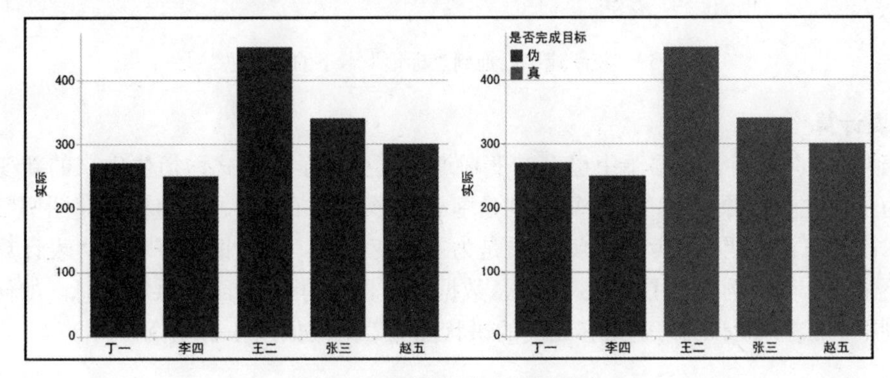

图 4-49　两种销售业绩图对比

如图 4-49 所示，左侧的条形图都为同一个颜色，并没有区分哪些销售员完成了目标，哪些没有完成目标；而右侧的条形图则有两种不同的颜色，分别代表完成（即图例中的“真”）和未完成（即图例中的“伪”）一目了然，十分直观。

要想实现右图的效果，必须拖一个用于表达是否完成目标的字段到标记卡下的“颜色”上。很显然该字段在原始数据中并没有，那就需要通过人为的方式去构造了，这就要用到 Tableau 创建字段的功能了。单击维度右侧的下拉三角按钮，并选择“创建计算字段”选项，如图 4-50 所示。在弹出的“表达式编写”对话框中写入新建字段的名称和字段的表达式，字段名称命名为“是否完成目标”，字段的表达式为“[实际]>=[目标]”，如图 4-51 所示。最后将新建完成的字段拖到“标记”选项卡下的“颜色”上，如图 4-52 所示。这样，就可以将原本同一颜色的条形图调整为包含两种颜色的条形图，进而可以区分出哪些销售人员完成了销售目标。

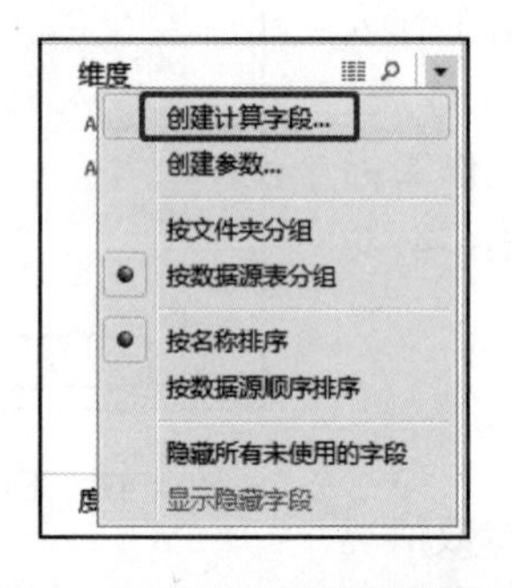

图 4-50　创建计算字段菜单

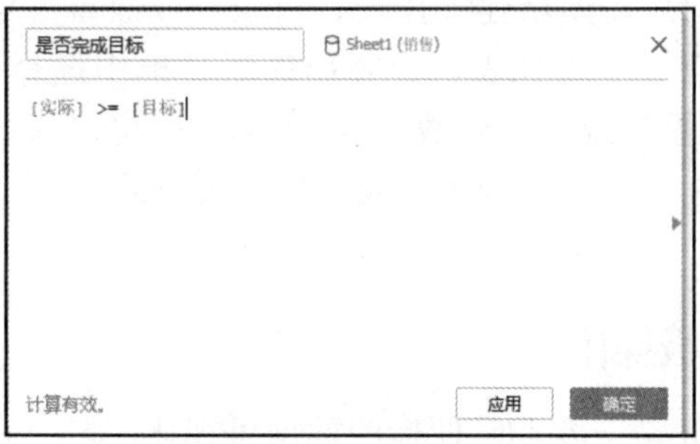

图 4-51　“表达式编写”对话框中新建字段和表达式

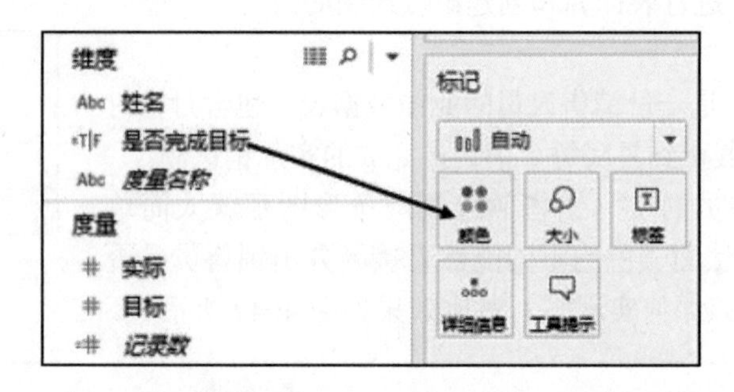

图 4-52　将新建字段拖到“标记”卡下的“颜色”上

2. 表计算

“创建字段”是基于数据源中已有的变量通过某些数学表达式而衍生出来的新变量，其实质是为了改变数据源；而“表计算”则是基于图形元素（如轴、数值标签、图例等）做进一步的二次、三次或更多次运算，其实质是为了改变图形。为使读者好理解“表计算”的功能，接下来举一个示例。如图 4-53 所示，数据表中显示的是 Titanic 乘客信息。如何基于该数据绘制不同船舱（Pclass）内乘客比例的饼状图呢？效果如图 4-54 所示。

	A	B	C	D	E	F	G	H	I	J	K	L
1	PassengerId	Survived	Pclass	Name	Sex	Age	SibSp	Parch	Ticket	Fare	Cabin	Embarked
2	1	0	3	Braund, M	male	22	1	0	A/5 21171	7.25		S
3	2	1	1	Cumings, M	female	38	1	0	PC 17599	71.2833	C85	C
4	3	1	3	Heikkinen,	female	26	0	0	STON/O2.	7.925		S
5	4	1	1	Futrelle, M	female	35	1	0	113803	53.1	C123	S
6	5	0	3	Allen, Mr. V	male	35	0	0	373450	8.05		S
7	6	0	3	Moran, Mr	male		0	0	330877	8.4583		Q

图 4-53　Titanic 乘客数据

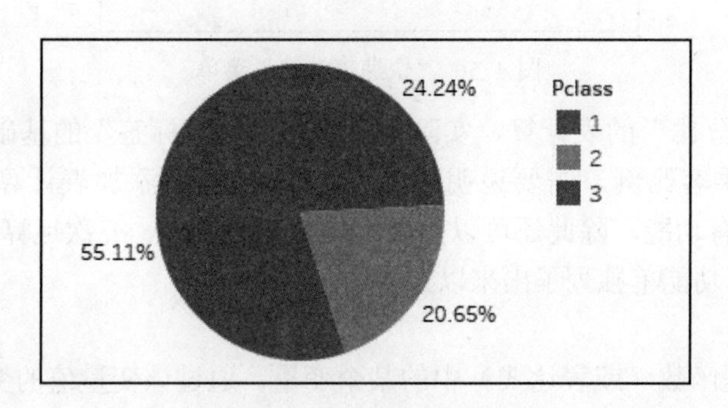

图 4-54　不同船舱乘客比例图

这时就需要运用到表计算的功能了，因为给饼图添加默认的数值标签时，呈现的是各船舱内乘客的绝对人数，而非比例。绘制步骤如下。

1）首先将 Titantic 电子表格数据导入到 Tableau 中，具体数据导入过程可参考 4.2.2 节。

2）如图 4-55 所示，选择船舱等级“Pclass”字段（记得先将该变量拖至维度区）和度量中的“记录数”字段，并从“智能显示”中选择饼图，最后再将“记录数”字段拖至“标记”卡下的“标签”上，便可以得到下方所示的基本饼图。该饼图中显示的是各等级船舱的人数。

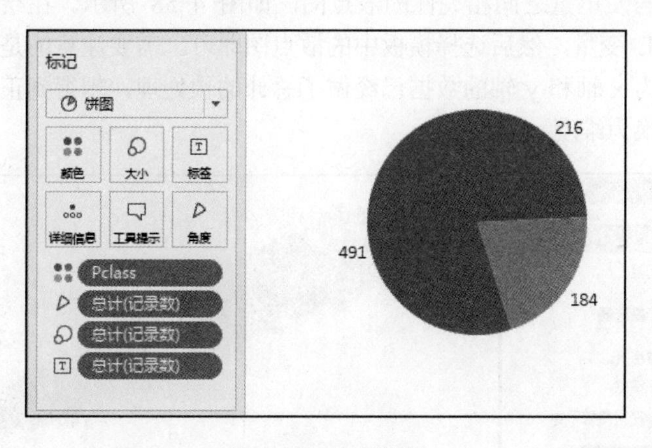

图 4-55　基本饼图

3）如图 4-56 所示，右击“标签”格式的“总计（记录数）”，选择“快速表计算”，并从中选择“总额百分比”，便可以将绝对人数的标签转换为比例标签，饼图即为图 4-54 所示的比例图。

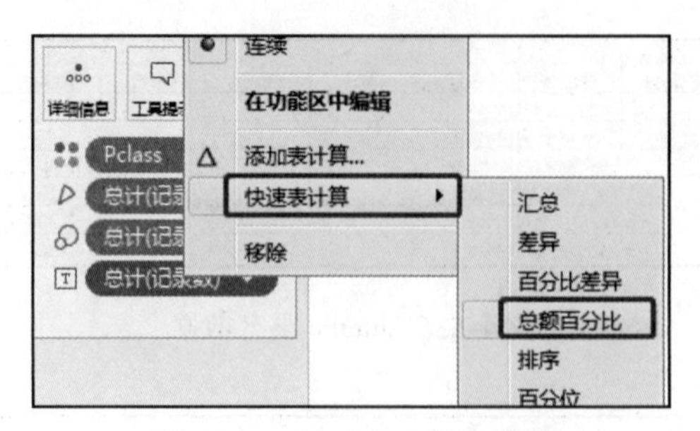

图 4-56 “快速表计算”菜单

因此，“总额百分比”的表计算，实际上就是在“数值标签”的基础上做了二次运算，得到了各船舱内的乘客比例。需要说明的是，Tableau 中“添加表计算”的功能可以覆盖“快速表计算”的所有功能，除此还可以实现更加复杂的二次、三次运算；“快速表计算”只是把最常用的表计算功能单独列了出来以方便用户。

3. 创建参数

参数实际上就是函数（或表达式）中的某个变量，通过该变量值的变化，可以使函数得到不同的结果。同样，Tableau 中的参数也是这个功能，通过创建参数，可以得到灵活的可变图形。接下来，通过一个具体实例对参数做详细的讲解。

高炉煤气联合循环发电数据如图 4-57 所示。其中，AT 表示炉内温度，V 表示炉内压力，AP 表示相对湿度，RH 表示高炉排气量，PE 表示高炉的发电量。如果需要绘制反映炉内温度与发电量之间相关性的散点图，使用 Tableau 实现起来会非常简单。

	A	B	C	D	E
1	AT	V	AP	RH	PE
2	14.96	41.76	1024.07	73.17	463.26
3	25.18	62.96	1020.04	59.08	444.37
4	5.11	39.4	1012.16	92.14	488.56
5	20.86	57.32	1010.24	76.64	446.48
6	10.82	37.5	1009.23	96.62	473.9
7	26.27	59.44	1012.23	58.77	443.67

图 4-57 高炉煤气联合循环发电数据

反映炉内温度与发电量之间相关性的散点图，如图 4-58 所示。在绘图过程中，读者只需选择好 AT 和 PE 变量，然后选择模板中的散点图即可。需要注意的是，默认的散点图只有一个点，那是因为 x 轴和 y 轴的数据已经做了总计的预处理，想得到正常的散点，只需将轴上的两个变量转换为维度。

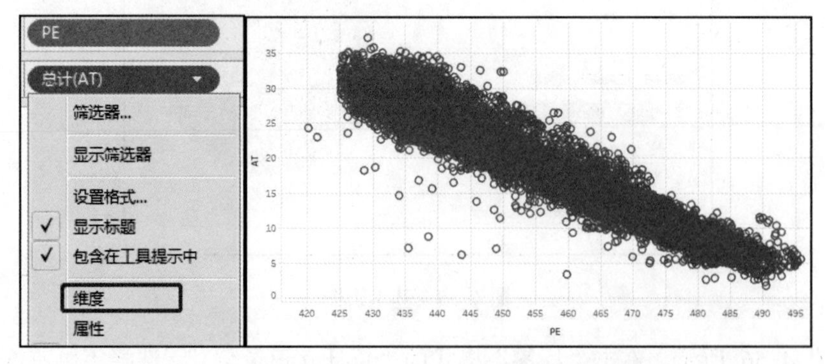

图 4-58 反映炉内温度与发电量之间相关性的散点图

那么更进一步，还是此例，如果要绘制出 5 个数值型变量（AP、AT、PE、RH、V）两两之间的散点图，这就意味着需要绘制 10 张散点图（组合数量为：C_5^2）。最笨的方法就是真的绘制出 10 张含散点图的工作表。那如果不是 5 个数值变量，而是 10 个呢？那样的话工作量会变得非常巨大。所以此时可以借助另一种更简单的方法，通过构造参数绘制一张散点图，想看哪两个变量的散点图，选择对应的变量名称即可绘制生成，十分快捷。下面就介绍如何构造参数，绘制更加灵活的散点图。

1）如图 4-59 和图 4-60 所示，点击维度右侧的下拉三角按钮，创建用于选择变量名称的两个参数 X 和 Y，并设置参数的数据类型为字符串，参数的具体值为变量名称。

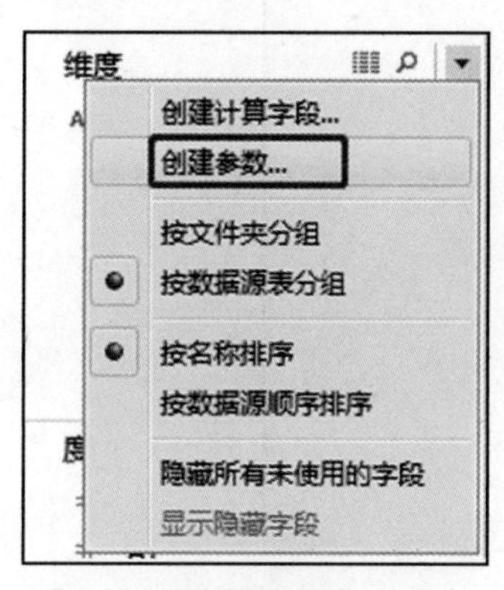

图 4-59 “创建参数”菜单

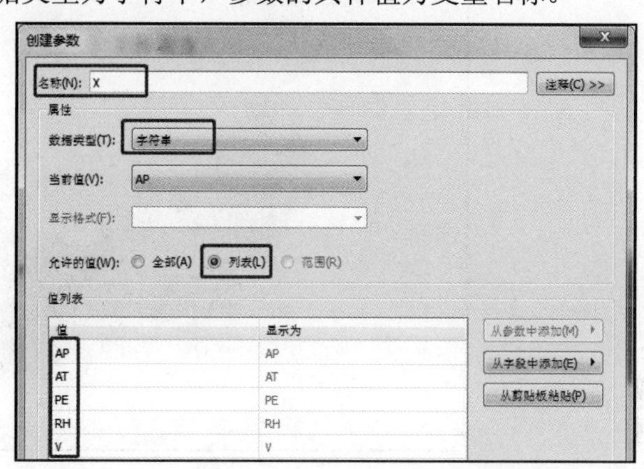

图 4-60 “创建参数”对话框

2）右击两个创建好的参数，将其设置为“显示参数控件”，如图 4-61 所示，目的是通过下拉的方式，选择任意组合的变量名称，绘制所需的散点图。需要说明的是，并不能直接使用两个参数 X 和 Y 绘制散点图，因为它们的值仅是字符型的变量名称。如果想借助于 X 和 Y 两个参数绘图，还需要创建新字段。

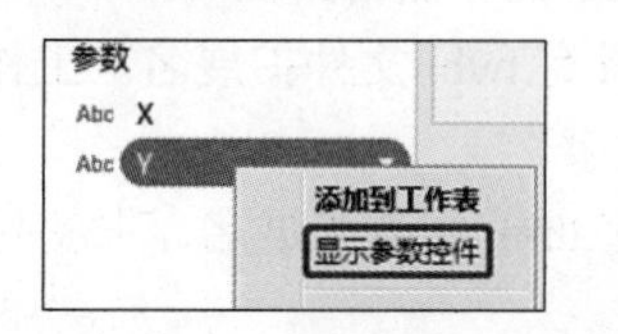

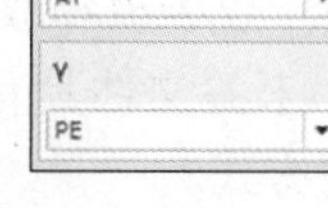

图 4-61　设置参数控件

3）如图 4-62 所示，根据上一节“创建字段”的内容，基于参数再创建新字段，目的是为了利用参数控制真正的绘图变量，即当参数选择变量名称时，就应该调用对应变量的具体数值绘制散点图。在创建新字段过程中，只需要简单的逻辑判断，判断条件如图 4-62 所示。

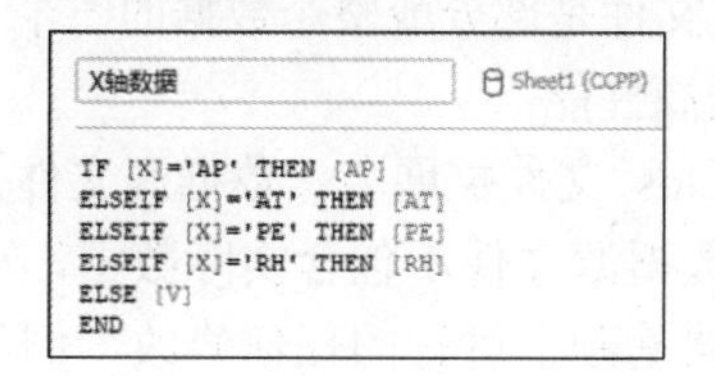

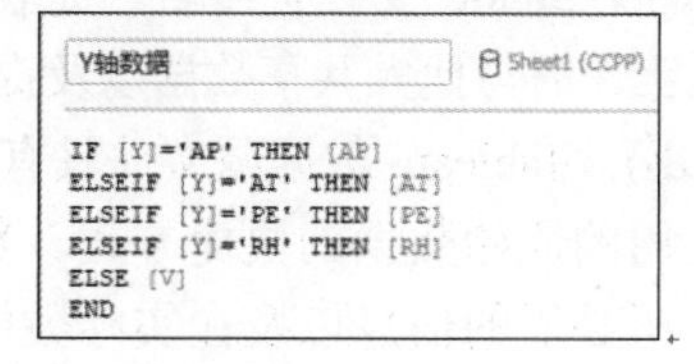

图 4-62　创建新字段及逻辑判断条件

其中，[X]和[Y]表示创建好的参数，[AP]、[AT]等表示原始数据中的变量。接下来便可以利用创建的两个新字段绘制散点图。

4）基于“X 轴数据”和“Y 轴数据”绘制散点图，绘制散点图的过程与前文介绍的方法一致。

如图 4-63 所示，当参数 X 选择 V，参数 Y 选择 PE 时，便可以得到炉内压力与发电量之间的散点图。任意选择搭配，都可以得到对应组合的散点图，进而避免重复工作。

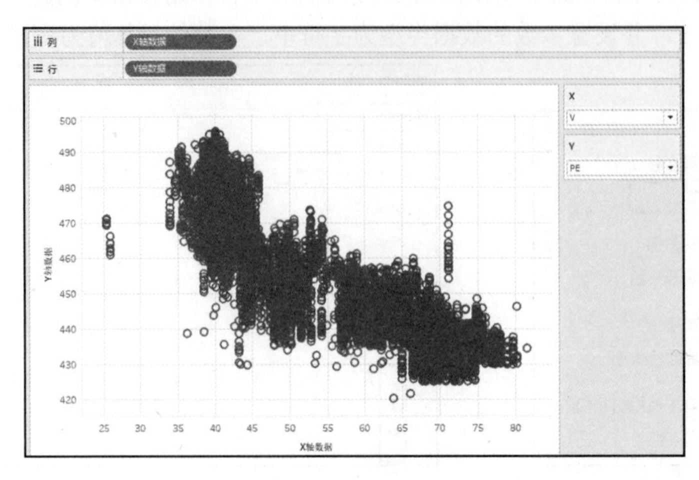

图 4-63　散点图

4.2.6　保存结果

Tableau 有几种不同的存储格式，一般常用的是 twb、twbx 和 tde 格式，这 3 种格式需要重点掌握，其他格式仅做了解即可，Tableau 的存储格式如下：

- 工作簿(.twb):Tableau 工作簿文件具有.twb 文件扩展名。工作簿中含有一个或多个工作表，以及零个或多个仪表板和故事。
- 书签(.tbm)：Tableau 书签文件具有.tbm 文件扩展名。书签包含单个工作表，是快速分享所做工作的简便方式。
- 打包工作簿(.twbx)：Tableau 打包工作簿具有.twbx 文件扩展名。打包工作簿是一个 zip 文件，包含一个工作簿以及任何支持本地文件数据和背景图像。这种格式最适合对工作进行打包以便与不能访问原始数据的其他人共享。
- 数据提取(.hyper 或.tde)：根据创建数据提取时使用的版本，Tableau 数据提取文件可能具有.hyper 或.tde 文件扩展名。提取文件是部分或整个数据的一个本地副本，可用于在脱机工作时与他人共享数据以及提高性能。
- 数据源(.tds)：Tableau 数据源文件具有.tds 文件扩展名。数据源文件是用于快速连接到经常使用的原始数据的快捷方式。数据源文件不包含实际数据，而只包含连接到实际数据所必需的信息以及在实际数据基础上进行的任何修改，例如，更改默认属性、创建计算字段、添加组等。

- 打包数据源 (.tdsx)：Tableau 打包数据源文件具有.tdsx 文件扩展名。打包数据源是一个 zip 文件，包含上面描述的数据源文件(.tds) 以及任何本地文件数据，例如，数据提取文件(.tde)、文本文件、Excel 文件、Access 文件和本地多维数据集文件。可使用此格式创建一个文件，以便与无法访问计算机上本地存储的原始数据的其他人分享。

如果需要保存工作簿文件，可以依次单击菜单栏“文件|另存为”，保存类型可以选择“.twb”或者“.twbx”格式，然后单击“保存”按钮完成文件保存，如图 4-64 所示。

图 4-64　保存文件

此外，如用户需要将 Tableau 图表中的数据导出到 Excel 并用于其他分析，此时可以依次单击菜单栏“工作表|导出|交叉表到 Excel”，如图 4-65 所示。

如果想把 Tableau 生成的可视化图形用于 PPT 报告展示，方法是依次单击菜单栏“工作表|导出|图像”，可以将可视化图形导出为 JPEG、PNG、BMP、EMF 等类型的图片。

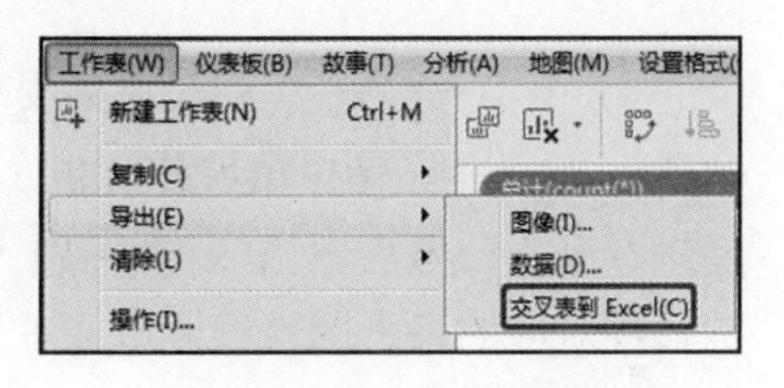

图 4-65　“导出”功能

4.3　数据可视化图表

Tableau 可以绘制生成多种多样的数据可视化图表，可以帮助用户找出数字背后隐藏的信息，总结趋势和规律，并进行业务决策。接下来介绍的数据可视化图表类型包括条形图、柱形图、折线图、面积图、符号图、树状图、气泡图、文字云、饼图、热图、盒须图、双轴图、动态图表、参数图表、漏斗图。除特殊说明之外，这些可视化图表都是以 Tableau 中的“示例-超市”数据集为例进行演示，该数据集包含客户名称、省/自治区、类别、子类别、细分、订单日期、利润、利润率、销售额等字段。Tableau 中的“示例-超市”数据集位于“连接”界面下的“已保存数据源”选项下，如图 4-66 所示。

图 4-66　“示例-超市”数据集

4.3.1 条形图

条形图可以用来在不同类别之间比较数据。创建条形图时会将维度字段拖到“行”功能区上，并将度量字段拖到“列”功能区上。如果需要绘制不同省/自治区销售额对应的条形图，且用“类别”字段对条形图的颜色进行调整，绘制步骤如下：

1）将“国家”字段拖到“行”功能区，“销售额”字段拖到“列”功能区，如图 4-67 所示。

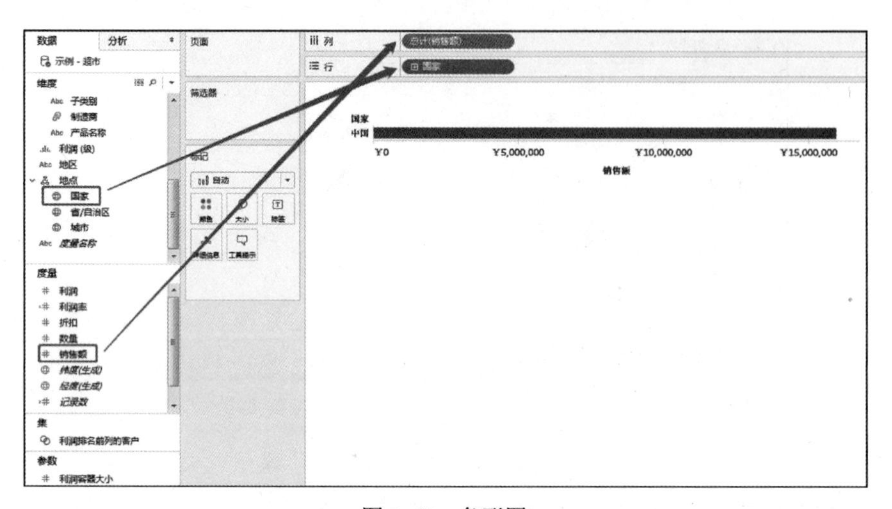

图 4-67 条形图

2）由于“国家”、“省/自治区”以及“城市”都是地理角色字段，且它们之间具有分层结构，可以进行展开和折叠分析。单击“国家”前面的符号“+”，展开到“省/自治区”维度进行分析，然后单击 x 轴标题“销售额”右侧的排序按钮进行排序，此时不同省/自治区销售额对应的条形图就绘制好了，如图 4-68 所示。通过此条形图可以看出山东、广东、黑龙江销售额排名前三。

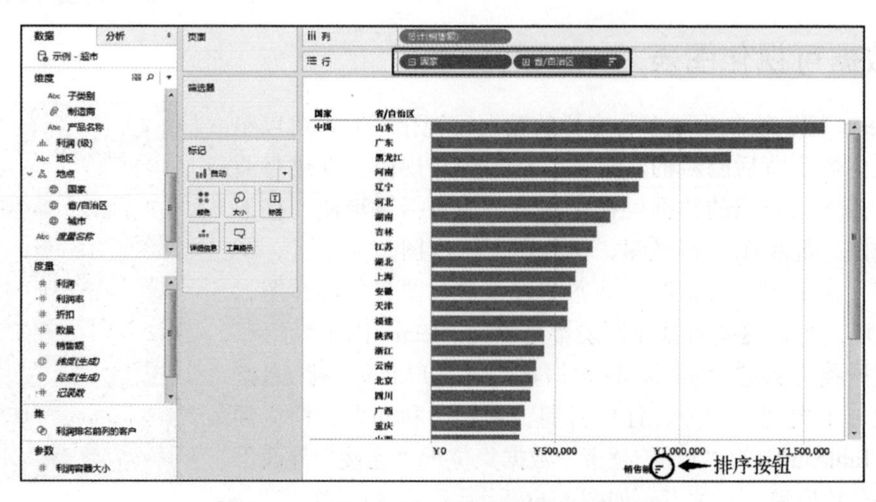

图 4-68 展开到“省/自治区”维度的条形图

3）格式调整。使用“标记”选项卡，将“类别”字段拖到“标记”卡下的“颜色”上，这样条形图的颜色就根据“类别”字段来进行调整，如图 4-69 所示。简单来讲，将某个字段拖到“标记”选项卡中的对应功能，那么该功能就由这个字段来控制进行相应的操作。通过“类别”字段对颜色调整后的条形图，可以看出不同省/自治区内不同类别的数值分布情况。

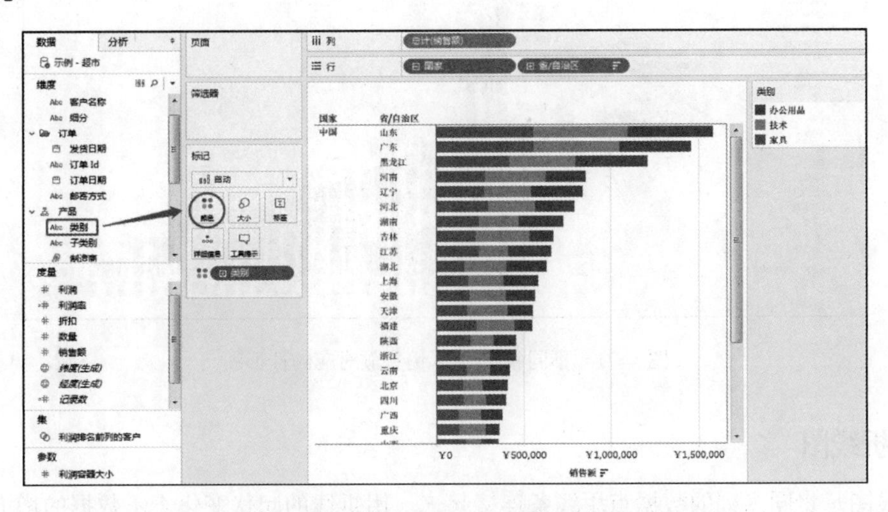

图 4-69　基于“类别”字段调整后的条形图

4）如果用户对软件自动分配的颜色不满意，可以编辑颜色，单击“颜色|编辑颜色”即可自定义颜色，“编辑颜色”对话框如图 4-70 所示。

图 4-70　编辑颜色

4.3.2　柱形图

柱形图也可以用来在不同类别之间比较数据，柱形图的柱子是垂直方向展示的，而条形图是水平方向展示的。用户可以将条形图稍作修改便可以得到柱形图，本节将对 4.3.1 节绘制的条形图做一下修改，绘制不同省/自治区销售额对应的柱形图，绘制步骤如下：

1）将 4.3.1 小节的条形图中“列”和“行”功能区的字段互换位置，得到柱形图。

2）将“销售额”字段拖到“标记”卡下的“标签”上，显示字段内容，得到不同省/自治区销售额对应的柱形图，如图 4-71 所示。通过此图可以看出山东的柱子最高，说明山东的销售额最高，西藏的柱子最低，说明西藏的销售额最低。

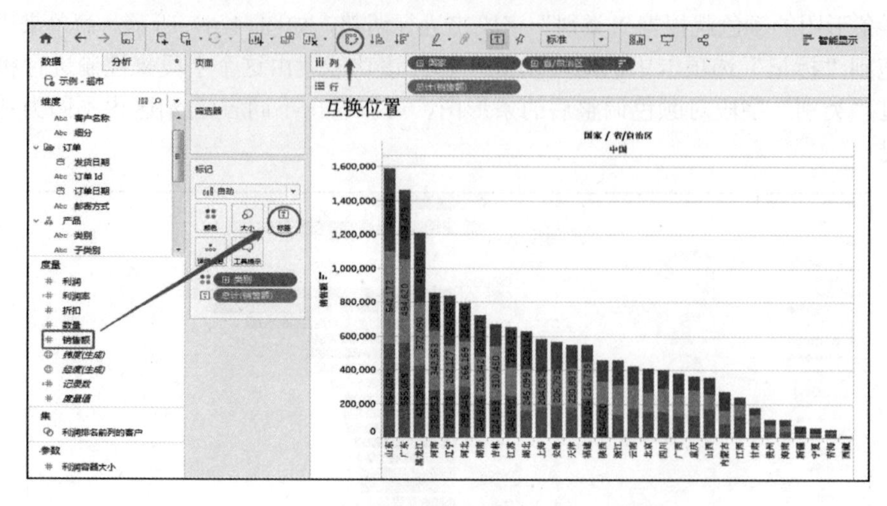

图 4-71　不同省/自治区销售额对应的柱形图

4.3.3　折线图

折线图是将同系列的数据点用线条连接起来，用折线的起伏变化表示数据的增大减少情况。折线图分为不含时间维度的折线图和包含时间维度的折线图。Tableau 除了可以生成折线图之外，还可以利用菜单栏“分析”选项下的“预测”功能，在折线图的基础上实现对未来一段时间内数据走势的预测。

1．不含时间维度的折线图

以本章 4.3.2 小节的柱形图作为基础，将“标记”卡下的选项更改为“线”类型，从而生成不含时间维度的折线图，如图 4-72 所示。

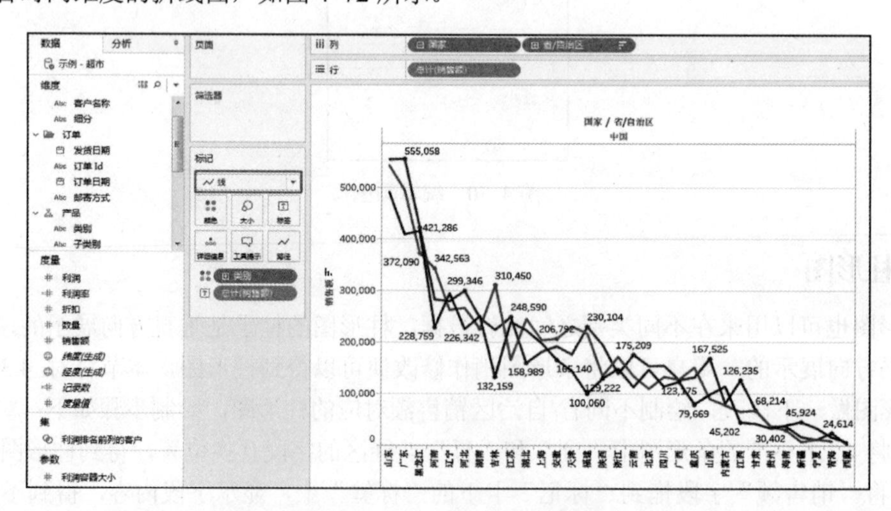

图 4-72　不含时间维度的折线图

2．包含时间维度的折线图

如果用户需要从时间维度上分析不同季度销售额的变化趋势，就要在图表中加入时间维度，绘制包含时间维度的折线图的步骤如下：

1）将“订单日期”字段拖到“列”功能区，默认值是“年”，单击符号“+”展开到“季度”维度。

2）将“销售额”字段拖到“行”功能区。

3）单击工具栏中的“智能显示”，图表类型选择线（连续），生成包含时间维度的折线图，如图 4-73 所示。通过该折线图可以看出不同季度销售额的变化趋势，从整体来看，销售额是上升的。

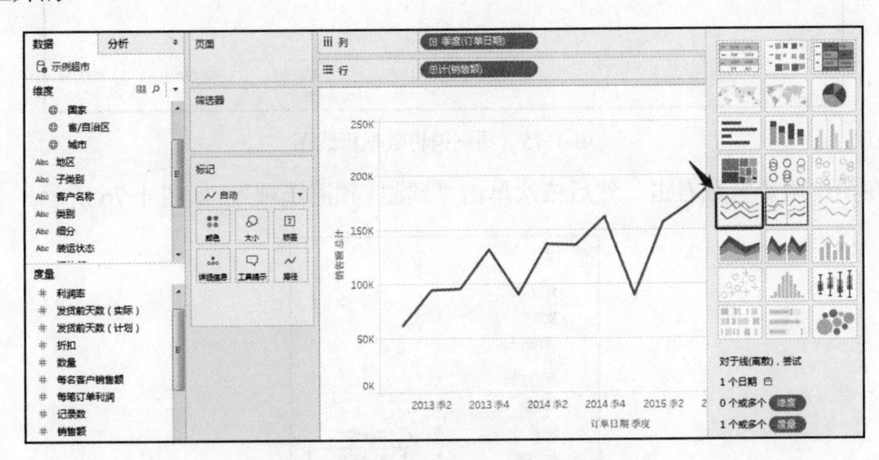

图 4-73　包含时间维度的折线图

3．折线图之销售预测分析

根据历史销售数据预测未来一段时间内的销售量，可以使用“分析”选项下的“预测”功能来实现，绘制步骤如下：

1）在图 4-73 的基础上，依次单击菜单栏“分析|预测|显示预测”，如图 4-74 所示。生成如图 4-75 所示的预测销售数据图。图中实线部分是实际值，带阴影部分是预测值。

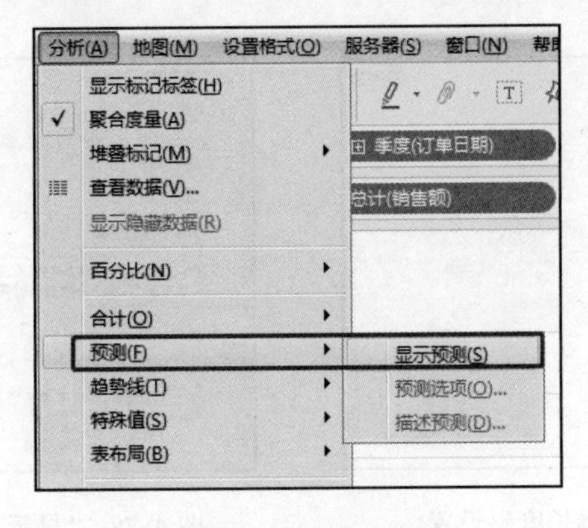

图 4-74　“分析”选项

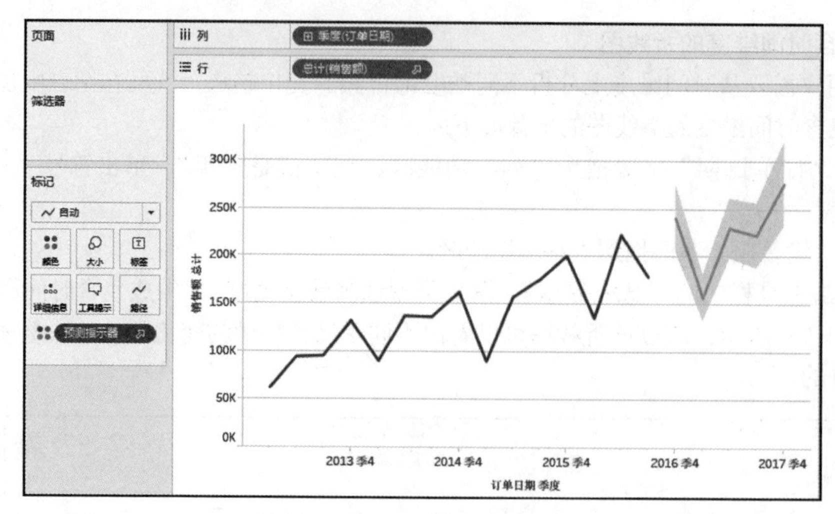

图 4-75 预测销售数据折线图

2）在图中阴影区域右击，然后依次单击“预测 | 预测选项”，如图 4-76 所示。

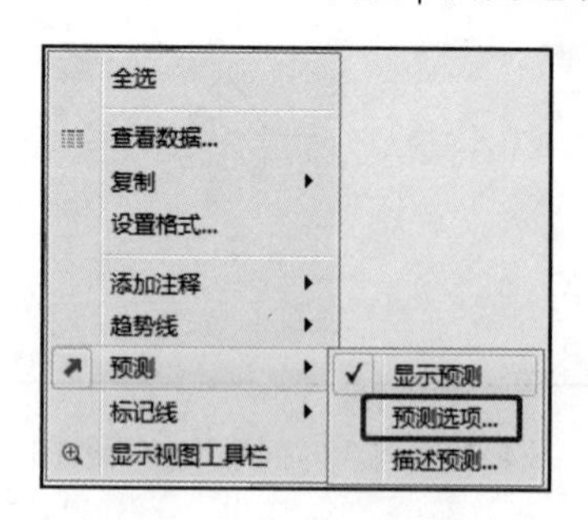

图 4-76 “预测选项”功能

3）打开“预测选项”对话框，这里需要对“预测长度”和“显示预测时间”分别进行设置。“预测长度”参数设置为 4，右侧下拉选项选择“季度”，如图 4-77 所示。“显示预测区间”默认是“勾选”状态，如果去掉“勾选”，图中就不会出现阴影区域。这里取消“勾选”，如图 4-78 所示。

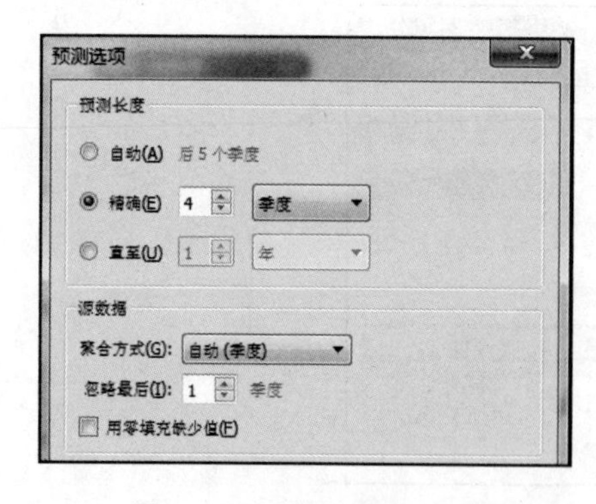

图 4-77 “预测长度”设置

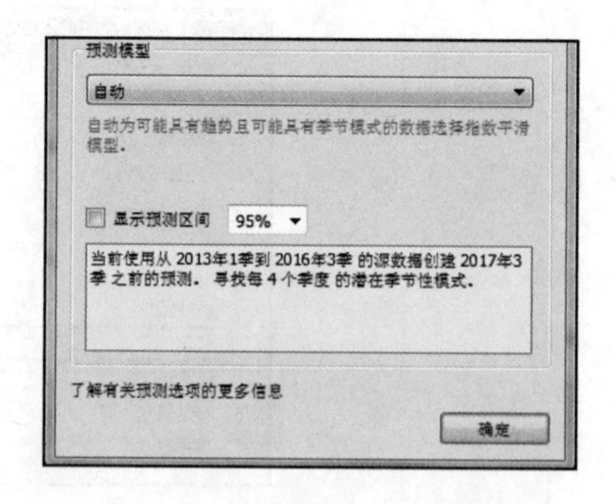

图 4-78 “显示预测区间”设置

4）将“销售额”字段拖到“标记”卡下的“标签”上，得到销售预测分析的折线图，如图 4-79 所示。

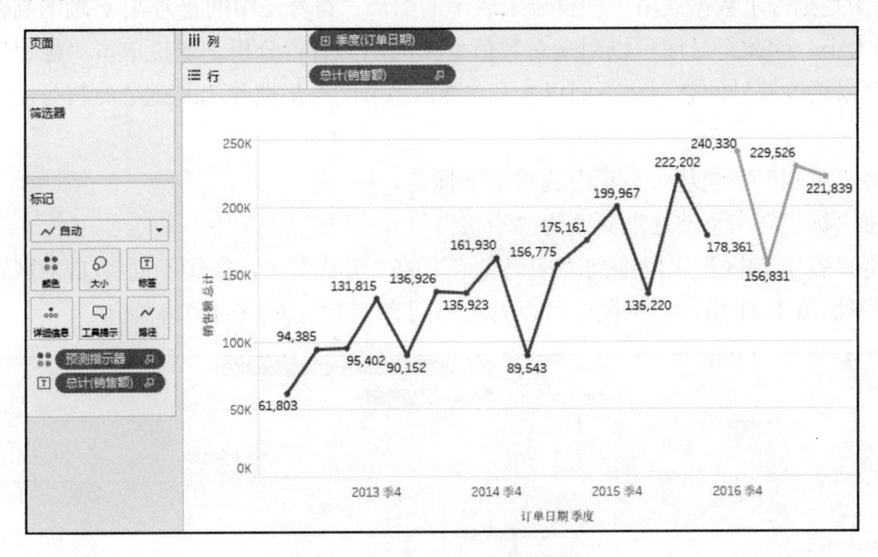

图 4-79　折线图之销售预测分析

4.3.4　面积图

面积图实际上是一种折线图，其中线和轴之间的区域用颜色标记为阴影。通过面积图可以对数值的变化趋势进行直观地反映。下面以本章 4.3.2 小节的柱形图作为基础绘制面积图，将“标记”卡下的选项更改为“区域”，得到不同省/自治区销售额对应的面积图，如图 4-80 所示。从图中可以直观看出，山东的销售额最高，西藏的销售额最低。

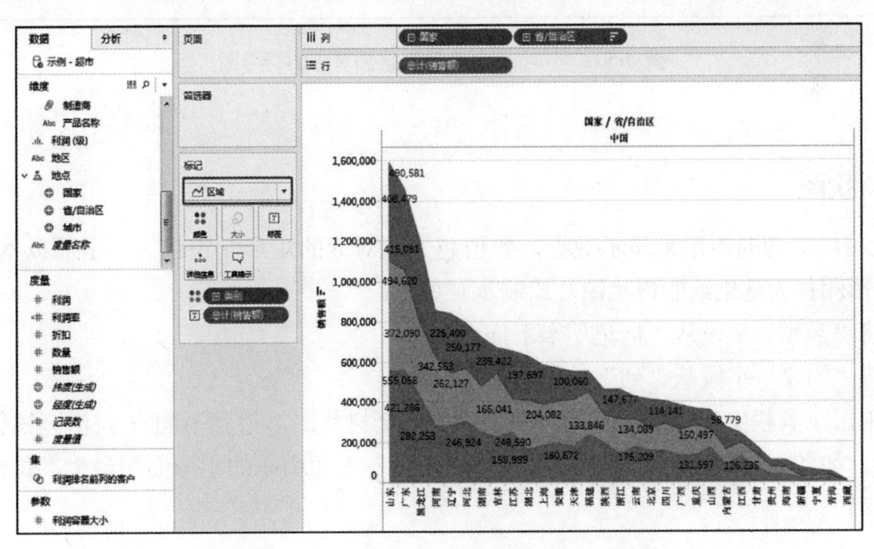

图 4-80　不同省/自治区销售额对应的面积图

4.3.5 符号图

符号图是把每个数据点用一种符号来表示的图形。符号图中的符号在 y 轴的高低可以反映数值的大小，因此符号图可以用来对数值变化的趋势进行分析。通过单击“标记”卡下的“形状”可以更改符号的类型。下面以本章 4.3.2 小节的柱形图作为基础绘制符号图，绘制步骤如下：

1）将“类别”字段从“标记”选项卡下拖走。

2）将“标记”卡下的选项更改为“形状”。

3）将“省/自治区”字段拖到“标记”卡下的“形状”上，得到不同省/自治区销售额对应的符号图如图 4-81 所示。从图中可以看出不同省/自治区对应的销售数值。

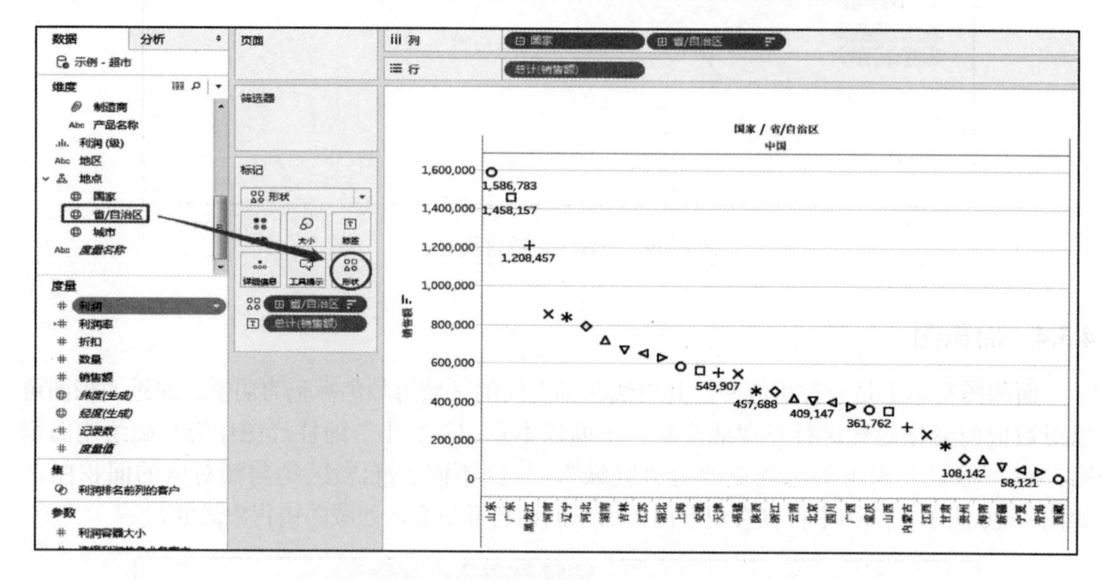

图 4-81 不同省/自治区销售额对应的符号图

4.3.6 树状图

树状图用嵌套的矩形来显示数据，数值越大，对应的矩形面积越大。下面以本章 4.3.2 小节的柱形图作为基础绘制树状图，绘制步骤如下：

1）将“类别”字段从“标记”卡下拖走。

2）将“国家”字段从“列”功能区拖走。

3）单击工具栏中的“智能显示”，图表类型选择树状图，得到不同省/自治区销售额对应的树状图，如图 4-82 所示。通过此图可以看出最左上角山东的矩形面积最大，说明山东的销售额最高。

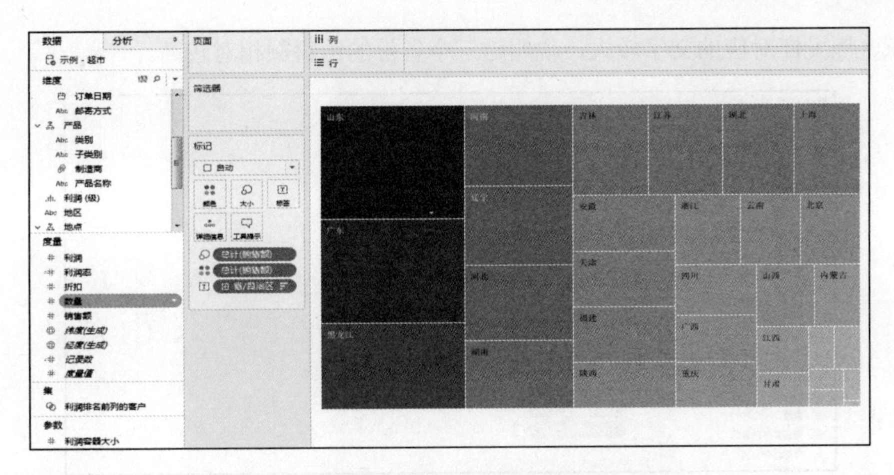

图 4-82　不同省/自治区销售额对应的树状图

4.3.7　气泡图

气泡图可以在一组圆中显示数据，它是将数据点表示为圆形，数值越大，圆形面积越大。下面以本章 4.3.6 小节的树状图作为基础绘制气泡图，绘制步骤如下：

1）单击工具栏中的“智能显示”，图表类型选择气泡图。

2）将“省/自治区”字段拖到“标记”卡下的“颜色”上，得到不同省/自治区销售额对应的气泡图，如图 4-83 所示。通过此图可以看出山东所代表的气泡最大，说明山东的销售额最高。

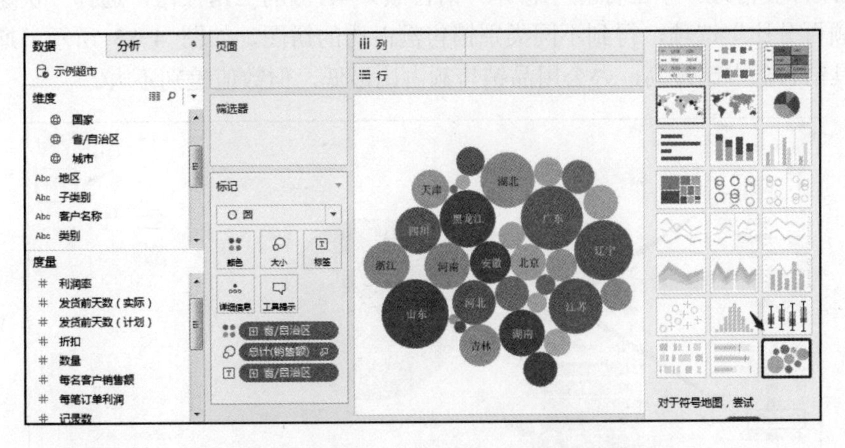

图 4-83　不同省/自治区销售额对应的气泡图

4.3.8　文字云

文字云类似于气泡图，用文字替代气泡，它是将数据点表示为文字，数值越大，文字越大。下面以本章 4.3.7 小节的气泡图作为基础绘制文字云，将“标记”卡下的选项更改为“文本”，得到不同省/自治区销售额对应的文字云，如图 4-84 所示。通过此图可以看出山东、广东、黑龙江对应的文字较大，说明这三个省份的销售额相对较高。

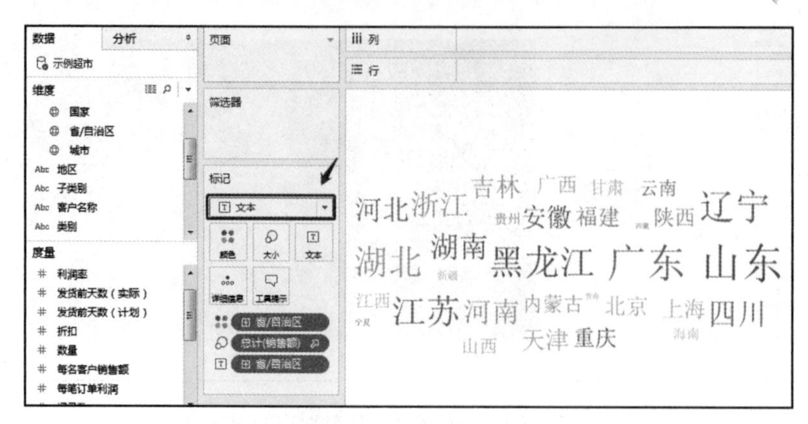

图 4-84　不同省/自治区销售额对应的文字云

4.3.9　饼图

饼图可以用来显示不同组成部分相对于整体的比例。绘制不同类别的销售额占比的饼图的步骤如下：

1）将“类别”字段拖到“行”功能区，将“销售额”字段拖到值区域。

2）单击工具栏中的“智能显示”，图表类型选择饼图。

3）分别将“类别”字段和“销售额”字段拖到“标记”卡下的“标签”上。

4）更改标签格式。单击标签“总计（销售额）”右侧的三角按钮，选择“快速表计算”中的“总额百分比”选项，得到不同类别销售额占比的饼图，如图 4-85 所示。通过此图可以看出家具销售额占比最高，办公用品销售额占比最低，但数值差别不大。

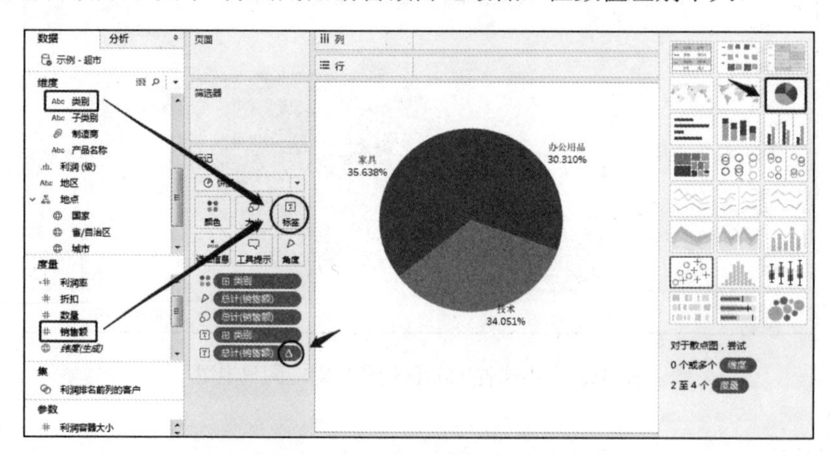

图 4-85　不同类别销售额占比的饼图

4.3.10　热图

热图可以通过方块的大小和颜色的深浅来直观地比较不同数据之间的差异。绘制不同地区不同子类别销售额和利润的热图的步骤如下：

1）将“子类别”字段拖到“列”功能区，将“地区”字段拖到“行”功能区，将“销售额”字段拖到值区域。

2）单击工具栏中的“智能显示”，图表类型选择热图。

3）将“利润”字段拖到“标记”卡下的“颜色”上，得到不同地区不同子类别销售额和利润的热图，如图 4-86 所示。通过此图可以看出地区中华东、中南的销售额比较高，子类别中桌子的利润比较低。

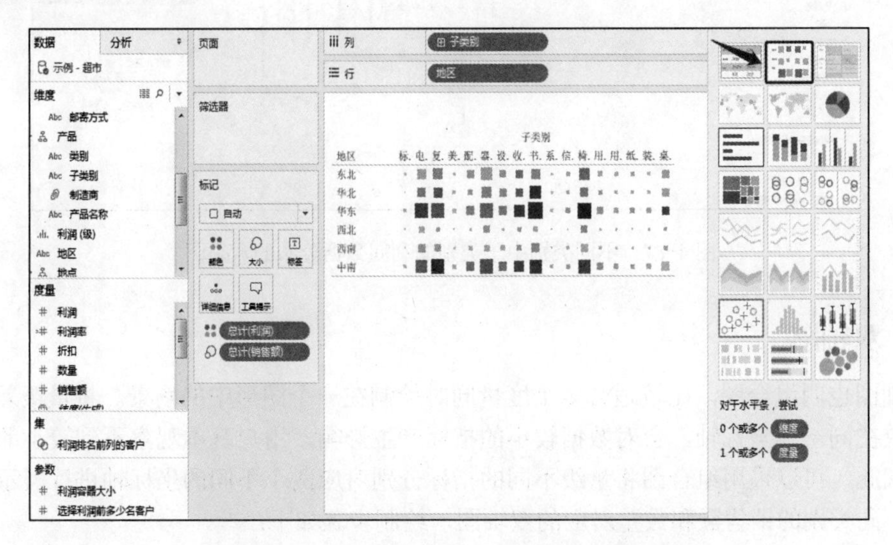

图 4-86　不同地区不同子类别销售额和利润的热图

4.3.11　盒须图

盒须图又称箱形图，它包含一组数据的最大值、最小值、平均值、中位数和两个四分位数。箱形图最大的优点就是不受异常值的影响（异常值也称为离群值），它能以相对稳定的方式描述数据的离散分布情况，方便观察者快速分析数据。下面绘制不同类别中子类别的利润数据分布的盒须图，绘制步骤如下：

1）将“类别”、“子类别”字段分别拖到“列”功能区。

2）将“利润”字段拖到“行”功能区，自动生成聚合指标“总计（利润）”。

3）单击工具栏中的“智能显示”，图表类型选择盒须图，此时“子类别”字段被重新分配到“标记”卡。

4）将“子类别”字段从“标记”卡拖回“列”功能区，拖到“类别”字段的右侧。

5）依次单击菜单栏“分析”|“聚合度量”，进行数据解聚，因为当前“利润”字段处于聚合状态。最终得到不同类别中子类别的利润数据分布的盒须图，如图 4-87 所示。通过此图可以看出家具类别中桌子的利润数据分布较为分散，而办公用品类别中标签的利润数据分布较为集中。

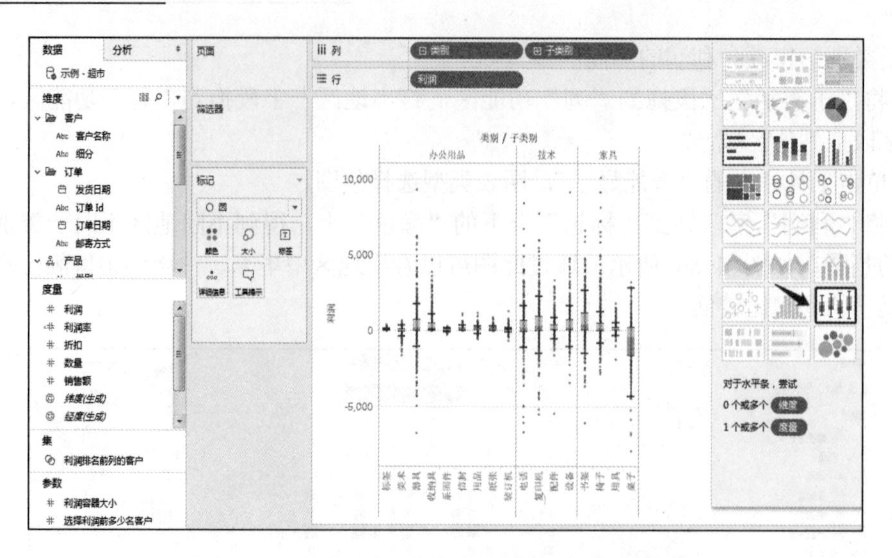

图 4-87　不同类别中子类别的利润数据分布的盒须图

4.3.12　双轴图

双轴图也叫组合图，比较适合多个度量同时绘制在一个图形中的场景。将量级差距很大的指标放在同一个坐标轴，会对数据较小的指标产生影响，用户基本观察不到较小的那一组数据。因此，可以采用组合图将量级不同的指标分别对应两个不同的坐标轴进行展示。下面将绘制不同类别的销售额和数量对应的双轴图，绘制步骤如下：

1）将“类别”字段拖到“列”功能区。

2）将“销售额”“数量”字段分别拖到“行”功能区，此时“标记”卡下出现“全部”“总计（销售额）”“总计（数量）”三个功能卡项。

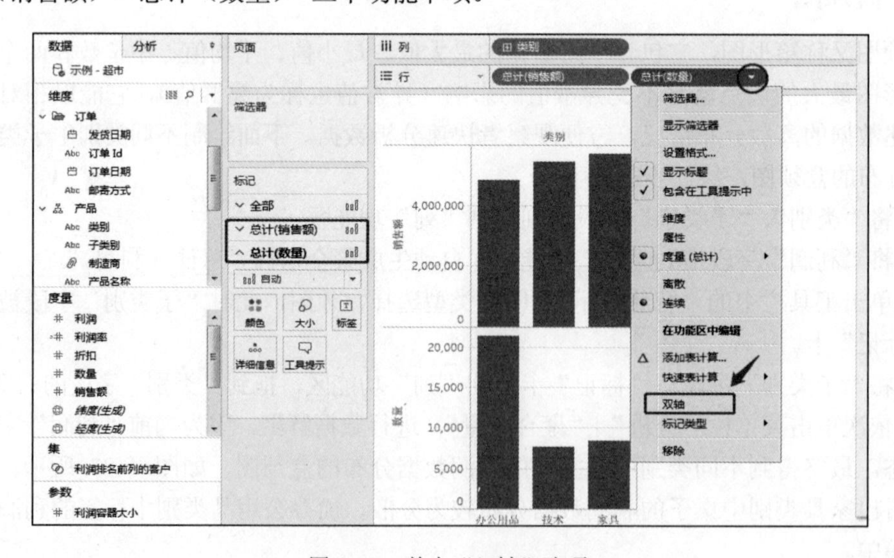

图 4-88　单击“双轴”选项

3）单击“行”功能区的“总计（数量）”右侧的下拉箭头，在下拉菜单中单击“双轴”选项，将两个图表合在一起，如图 4-88 所示。

4）单击“总计（销售额）”功能卡，将“自动”选项更改为“条形图”。

5）单击“总计（数量）”功能卡，将“自动”选项更改为“线”，得到不同类别的销售额和数量对应的双轴图，如图 4-89 所示。通过此图可以看出办公用品的销售数量高、销售额低，家具的销售数量较低、销售额高。

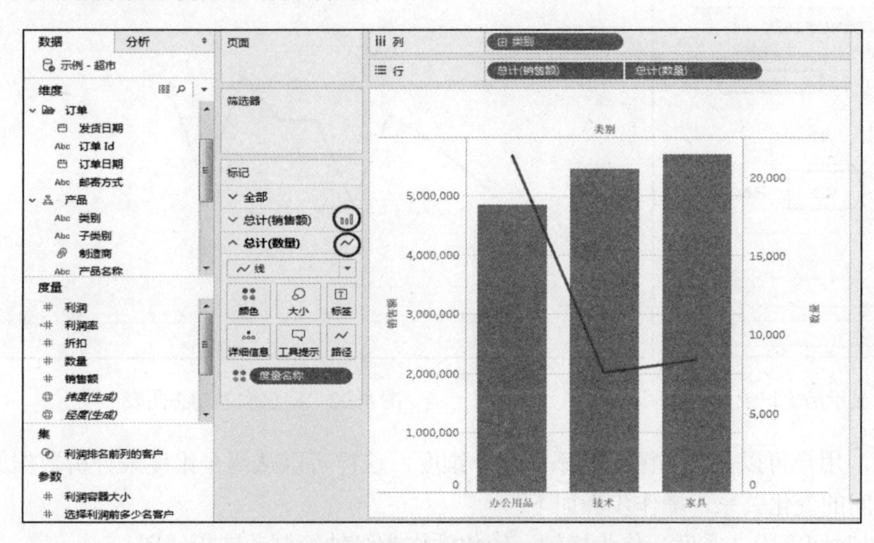

图 4-89　不同类别的销售额和数量对应的双轴图

4.3.13　动态图表

动态图表是指图表可以进行动态展示，通过单击“播放”按钮。

以“示例-超市”数据集为例，分析销售额随时间变化的走势，折线图的绘制参照本章 4.3.3 小节的内容，下面演示将折线图修改为动态图表的步骤：

1）如图 4-90 所示，将“订单日期”字段拖到“列”功能区，单击“+”符号展开到季度维度，将“销售额”字段拖到“行”功能区，然后单击工具栏中的“智能显示”，图表类型选择线（连续）。按住〈Ctrl〉键，将“季度（订单日期）”拖到“页面”，就会在右侧出现播放设置页面。播放界面中，区域 1 是播放到当前的季度，区域 2 是播放/暂停键，区域 3 是设置播放速度，区域 4 是设置历史记录如何显示。

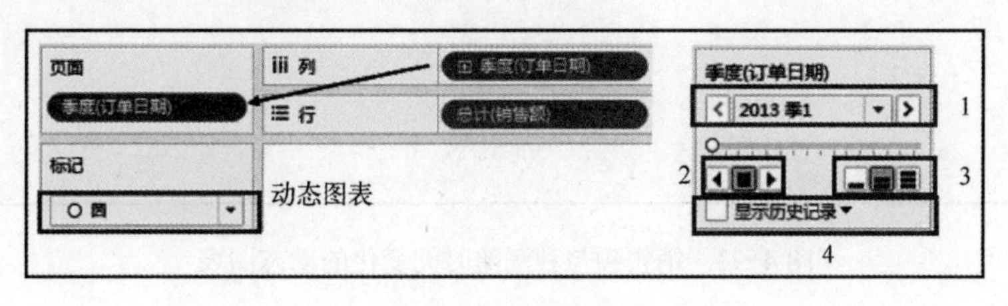

图 4-90　播放设置

2）将“标记”卡下的“自动”更改为“圆”，然后单击“显示历史记录”右侧的下拉三角按钮，“标记以显示以下内容的历史记录”设置为“全部”，“长度”设置为“全部”，“显示”设置为“轨迹”，“格式”可以按照需求进行调整，如图 4-91 所示。

3）单击“播放”按钮，销售额会随着时间发生变化，如图 4-92 所示。

图 4-91 “显示历史记录”设置

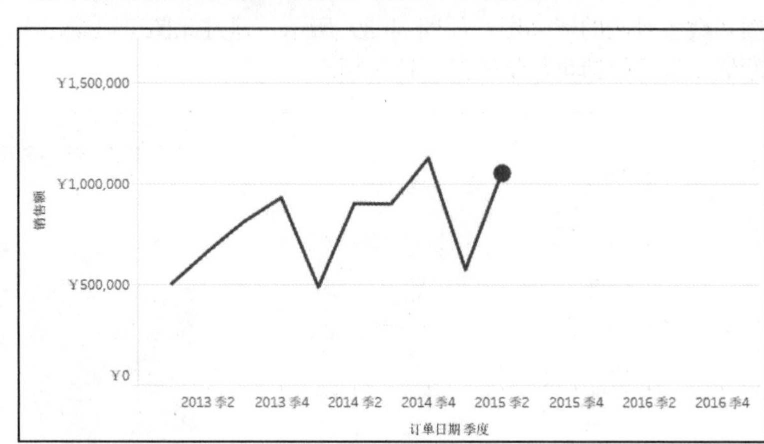

图 4-92 销售额的动态图表

此外，用户可以在动态图上再添加一个维度，这样可以从两个维度来分析数据的走势以及两者之间的变化关系，操作步骤如下：

1）以时间字段（季度）作为横轴，销售额作为纵轴绘制动态折线图。

2）将“利润”字段拖到“标记”卡下的“大小”，然后单击“显示历史记录”右侧的下拉三角按钮，“显示”设置为“两者”，得到销售额与利润随时间变化的动态图表，如图 4-93 所示。通过此图可以看出随着时间的推移销售额与利润都是曲折上升的。

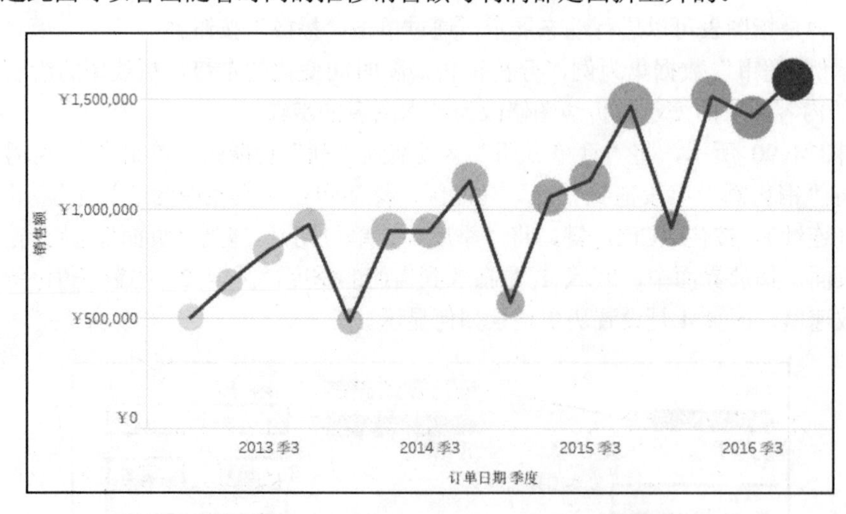

图 4-93 销售额与利润随时间变化的动态图表

4.3.14　参数图表

参数图表指的是使用参数控件来控制图表的变化。以“示例-超市”数据集为例，绘制利润排名 TopN 的制造商的利润之和占总利润的比例，这里的 N 就是参数。本章的 4.2.5 小节已经讲解了 Tableau 中构造参数的使用方法，本案例主要是使用参数与集的功能实现反映利润排名前 N 名（N 为 10）制造商的利润之和占比的饼图绘制，具体操作步骤如下：

（1）利润排名 Top10 的制造商利润之和占比

1）将“制造商”维度拖到“行”功能区，将“利润”度量拖到值区域，生成文本表。

2）单击工具栏中的“智能显示”，图表类型选择饼图，结果如图 4-94 所示。

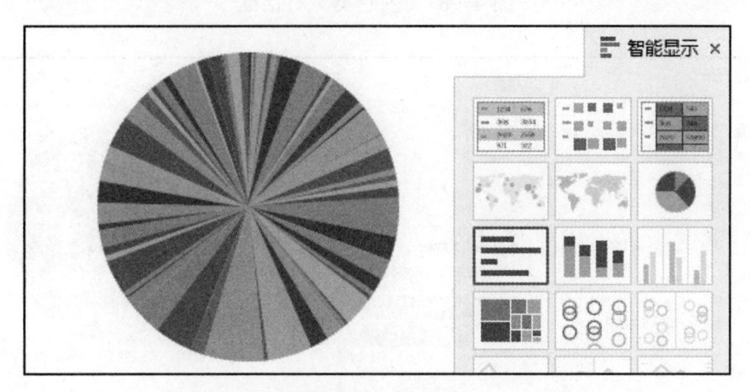

图 4-94　不同制造商的利润占比——饼图

3）选中“制造商”字段，右击弹出下拉菜单，然后依次单击“创建|集”，如图 4-95 所示。

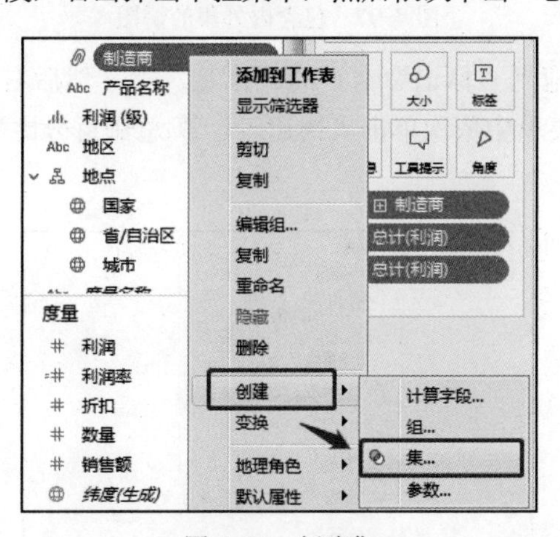

图 4-95　创建集

4）“创建集”对话框中“名称”参数里输入“Set”。然后依次单击“顶部|按字段”，“顶部”参数设置 10，“利润”参数选择“总计”，如图 4-96 所示。

5）将左下角新建的“Set”集拖到“标记”卡下的“颜色”上，此时在“标记”卡下生成“内/外（Set）”。这里的“内”代表集合之内，指的是 Top10 的制造商，“外”代表集合之外，指的是不在 Top10 范围之内的制造商，如图 4-97 所示。

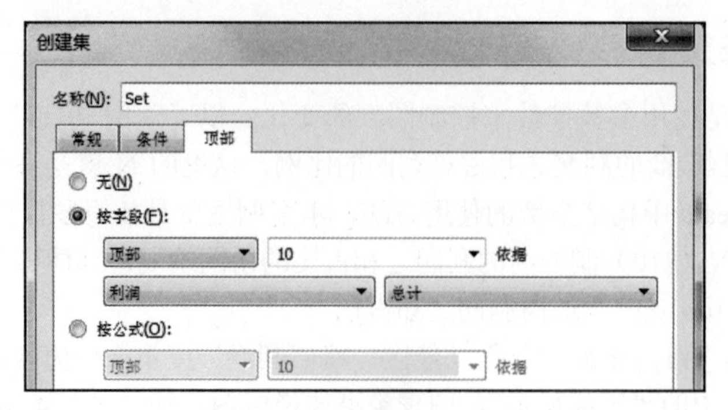

图 4-96 “创建集”对话框

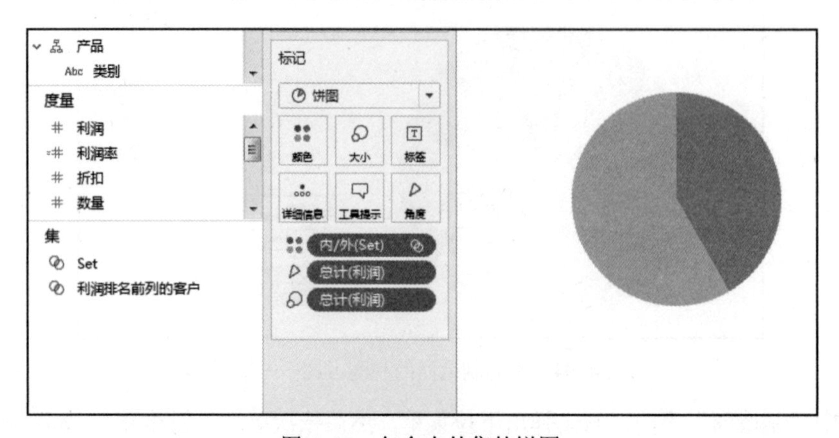

图 4-97 包含内外集的饼图

6）将“利润”字段拖到“标记”卡下的“标签”上，然后右击“标记”卡下的“总计(利润)”，在弹出的下拉菜单中依次单击“快速表计算|总额百分比”，将标签的数值格式改成百分比，如图 4-98 所示。

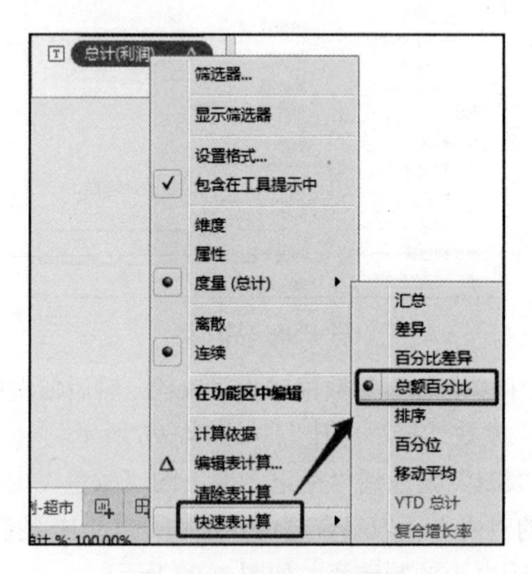

图 4-98 修改标签格式

7）生成的饼图显示利润排名 Top10 的制造商的利润之和占总利润的 41.66%，如图 4-99 所示。

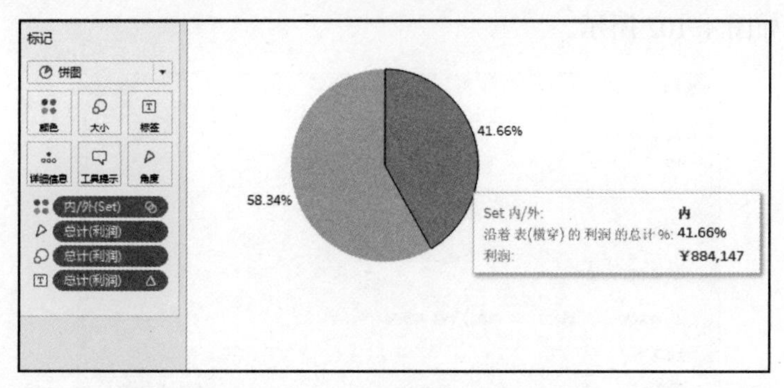

图 4-99　Top10 制造商利润之和占比

（2）调整参数绘制新饼图

上面的步骤实现的是利润排名 Top10 的制造商的利润总和占总利润的比例。如果想实现利润排名前 N 名的利润之和占比（N 是可变的值），可以通过添加参数，实现饼图的动态展示，绘制步骤如下：

1）右击新建的“Set”集，在弹出的下拉菜单中选择“编辑集”选项，如图 4-100 所示。

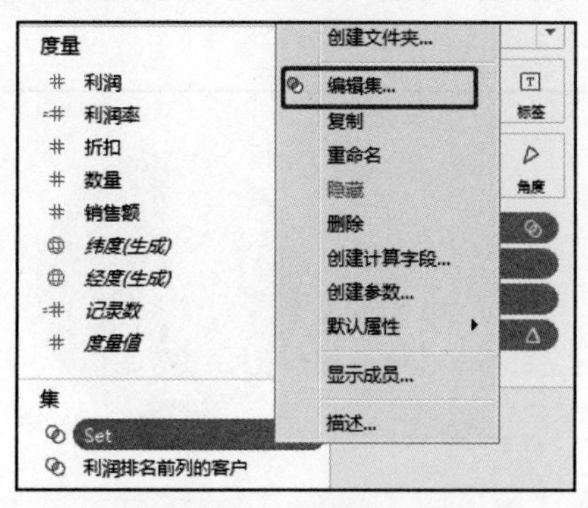

图 4-100　“编辑集”选项

2）“编辑集”对话框中的“顶部”参数里下拉选择“创建新参数”，如图 4-101 所示。

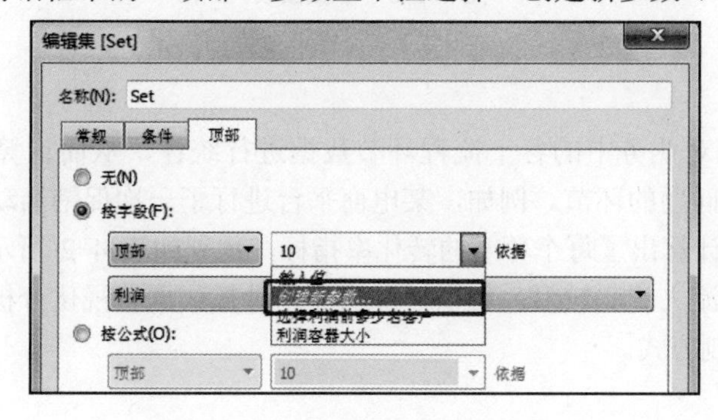

图 4-101　选择“创建新参数”选项

3）“创建参数”对话框中“名称”参数里输入“para”，“当前值”参数默认为 10，“最小值”参数输入 1，“最大值”参数输入 72（制造商共计 72 家），然后单击“确定”按钮，参数创建完成，如图 4-102 所示。

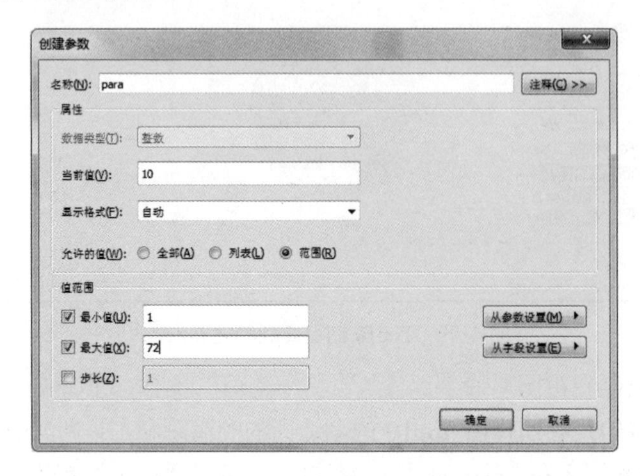

图 4-102　“创建参数”对话框

4）设置参数 para 的数值为 27，发现 Top27 制造商贡献了 80.74%的利润，如图 4-103 所示。

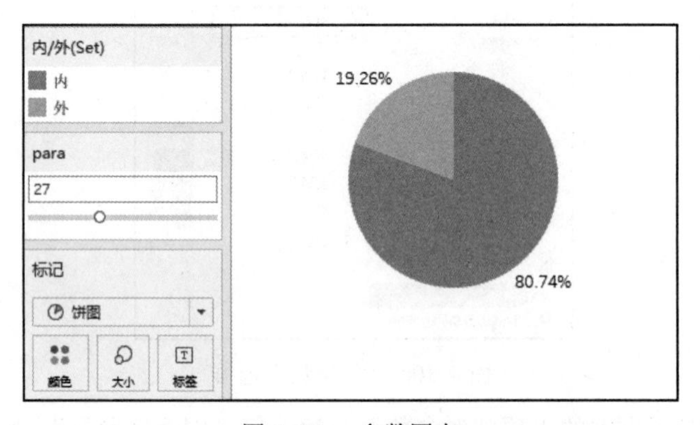

图 4-103　参数图表

4.3.15　漏斗图

漏斗图可以用来对业务中的各个流程环节数据进行统计，从而计算出不同步骤的转化率，以此来定位出现问题的环节。例如，某电商平台进行了一次促销活动，记录了不同流程环节的参与人数，并计算出了每个环节的转化率指标，数据如表 4-2 所示。为了分析此次活动的用户在哪个环节流失的比较多，可以通过漏斗图进行数据可视化分析，下面给大家介绍 3 种漏斗图的不同绘制方式。

字段说明如下。

- levelname：活动不同流程环节名称。

- uv%：转化率指标。
- uv：参与人数。

表 4-2　转化率数据

levelname	uv%	uv
1、活动曝光		600000
2、活动页面浏览	33.33%	200000
3、产品详情页浏览	5.00%	10000
4、购买成功	24.00%	2400

（1）漏斗图 1

1）将“levelname”字段拖到“行”功能区，“uv”字段拖到“列”功能区。

2）将“uv”字段拖到“标记”卡下的“标签”上。

3）修改图表名称。双击图表左上角的默认名称，弹出“编辑标题”对话框，然后修改标题内容为“漏斗图 1”。

4）单击“列”功能区中的“总计（uv）”的下拉按钮，在弹出的下拉菜单里将“显示标题”的“勾选”去掉，生成的漏斗图如图 4-104 所示。

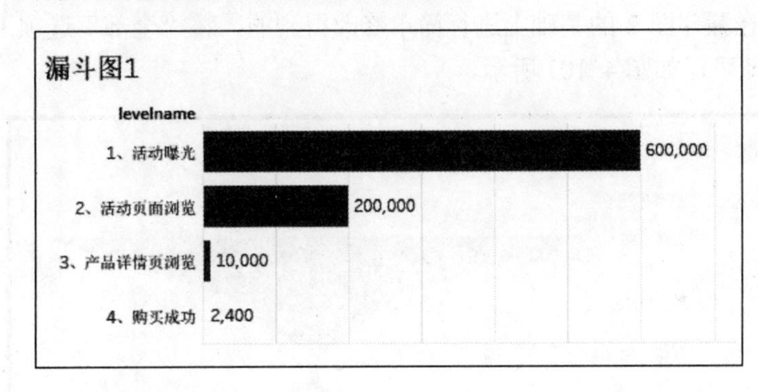

图 4-104　漏斗图 1

（2）漏斗图 2

1）创建计算字段名称为“-uv”，公式编辑里输入“-[uv]”。

2）将“levelname”字段拖到“行”功能区，“-uv”字段和“uv”字段分别拖到“列”功能区，“-uv”字段放在“uv”字段的左侧。

3）将“uv”字段拖到“总计（-uv）”选项卡下的“标签”上，将“uv%”字段拖到“总计（uv）”选项卡下的“标签”上，然后设置数字格式为“百分比”，小数位数为 0，如图 4-105 所示。

图 4-105　“标签”选项卡

4）修改图表名称。双击图表左上角的默认名称，弹出“编辑标题”对话框，然后修改标题内容为“漏斗图 2”。

5）单击“列”功能区中的“总计（-uv）”或“总计（uv）”的下拉按钮，在弹出的下拉菜单里将“显示标题”的“勾选”去掉，生成的漏斗图如图 4-106 所示。

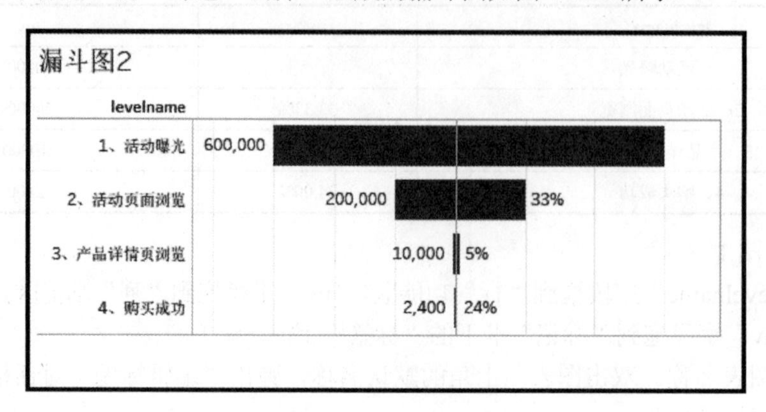

图 4-106　漏斗图 2

（3）漏斗图 3

漏斗图 3 是在漏斗图 2 的基础上进行简单修改得到的，将“全部”选项卡下的“自动”更改为“区域”即可，如图 4-107 所示。

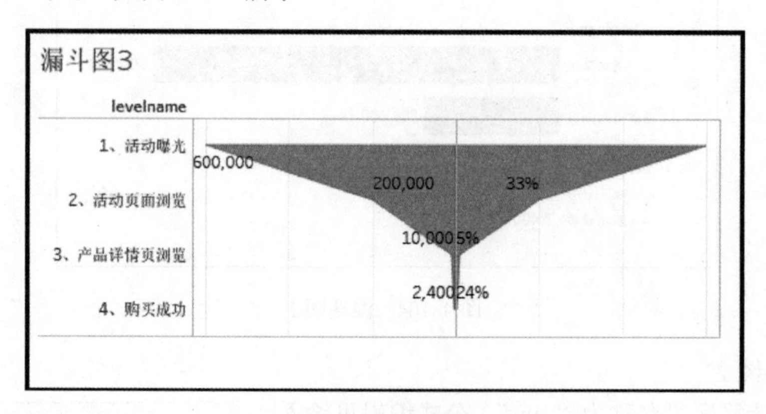

图 4-107　漏斗图 3

从图 4-107 中可以看出，两类不同指标的数字标签挤在一起，不是很美观。此外，单元格的上下间距太小，需要进行格式方面的调整。格式调整步骤如下：

1）单击“总计（-uv）”选项卡下“总计（uv）”标签的下拉按钮，选择“设置格式”选项，在弹出的对话框中，将“对齐”选项的参数更改为“顶部左侧”。

2）同理，单击“总计（uv）”选项卡下“总计（uv%）”标签的下拉按钮，选择“设置格式”选项，在弹出的对话框中，将“对齐”选项的参数更改为“顶部右侧”，如图 4-108 所示。

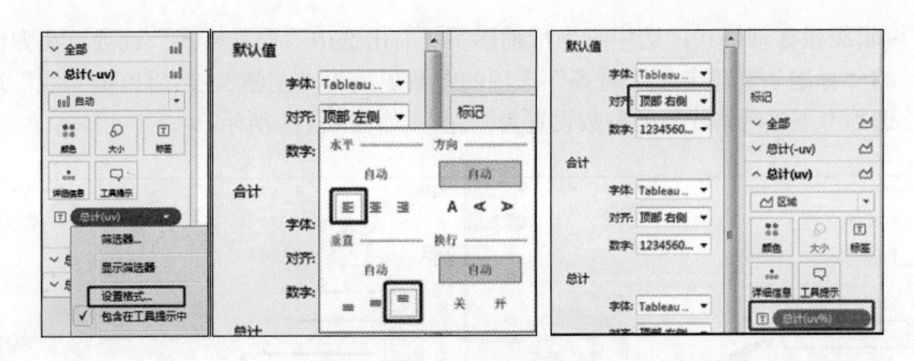

图 4-108 “格式设置”对话框

3）调整单元格大小。依次单击菜单栏“设置格式|单元格大小|增高”。当然，用户也可以使用组合键〈Ctrl+Up〉快速实现增加单元格高度，如图 4-109 所示。

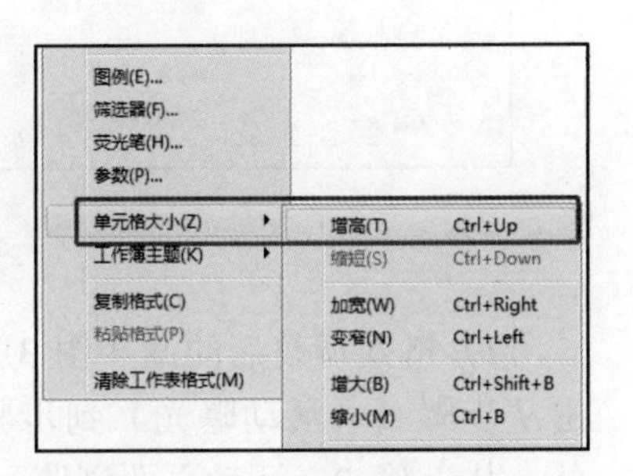

图 4-109　调整单元格大小

4）如果横坐标标签被隐藏，可以通过单击“列”功能区中的“总计（-uv）”或者“总计（uv）”的下拉按钮，在弹出的下拉菜单里单击“显示标题”选项，“勾选”此选项。

5）编辑横坐标轴格式。选中横坐标“-uv”标签，右击选中“编辑轴”，弹出“编辑轴[-uv]”对话框，然后将“常规”选项卡下的“标题”更改为“uv”，“刻度线”选项卡下的“主要刻度线”设置为“无”，“次要刻度线”设置为“无”，然后单击“确定”按钮。同理，右半部分坐标轴将“标题”改为“uv%”，“刻度线”的设置步骤相同，如图 4-110 所示。

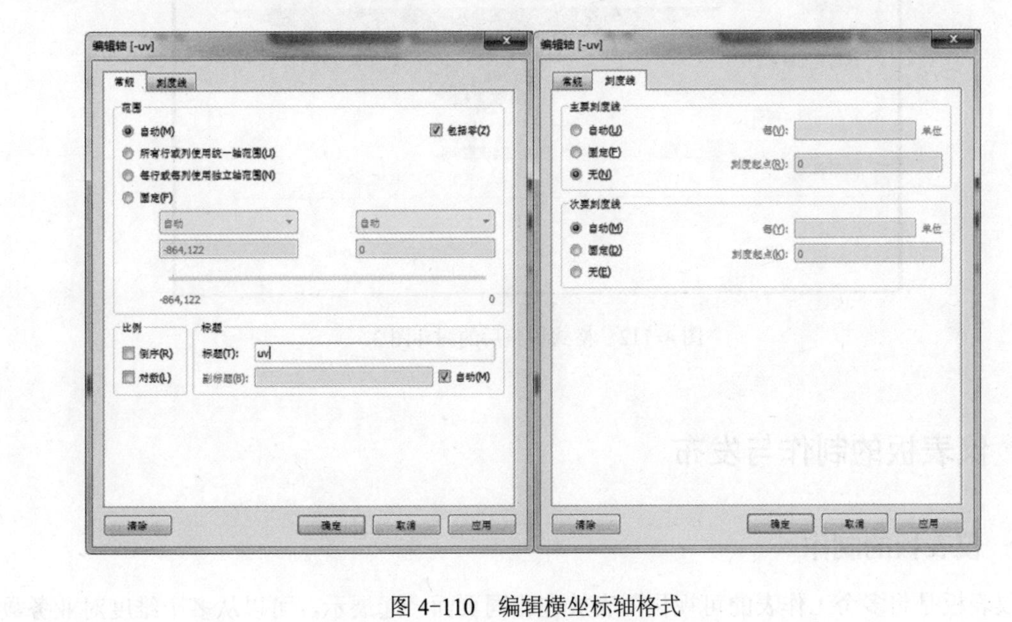

图 4-110　编辑横坐标轴格式

6）编辑纵坐标轴格式。选中纵坐标轴标签，右击选中“设置格式”选项，在弹出的对话框中，将“标题”选项卡下“对齐”选项的参数更改为“左侧”。然后单击“线”选项，将“列”选项卡下“网格线”的参数设置为“无”，如图 4-111 所示。

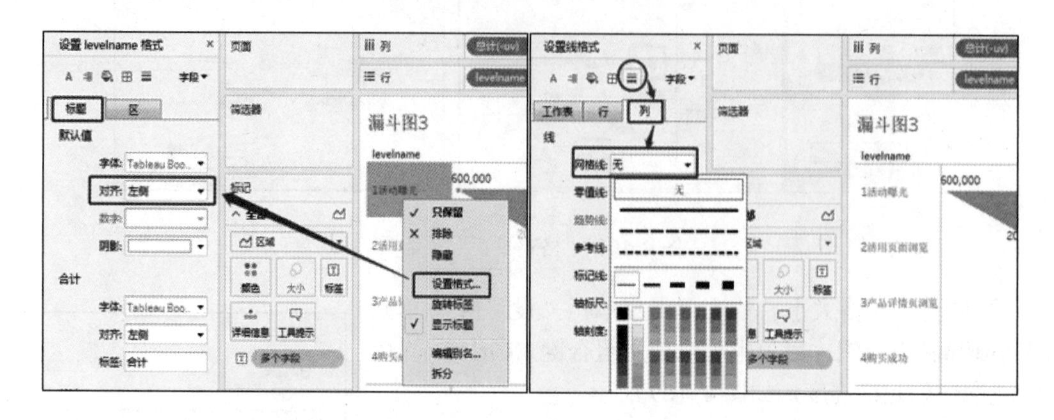

图 4-111　编辑纵坐标轴格式

7）格式调整后的漏斗图 3 绘制完成，如图 4-112 所示。从这 3 种漏斗图中都可以看出从步骤 1（活动曝光）到步骤 2（活动页面浏览）的用户流失人数较多（40 万）。此外，从步骤 2（活动页面浏览）到步骤 3（产品详情页浏览）的转化率比较低，仅有 5% 的转化率。

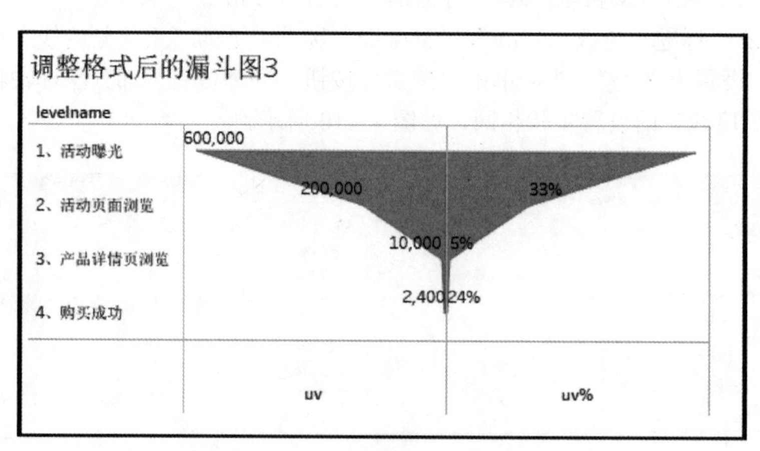

图 4-112　格式调整后的漏斗图 3

4.4　仪表板的制作与发布

4.4.1　仪表板的制作

仪表板是将多个工作表的可视化图表放在相同页面一起展示，可以从多个维度对业务数据进行可视化分析，从中发现业务问题，进行业务决策分析。

基于“示例-超市”数据集制作的名称为“客户”的仪表板，主要用来对客户的销售额和利润进行详细分析。该仪表板包含了 2013 年-2016 年的不同地区的客户数量、不同地区的销售额、不同地区的订单数量、不同地区的每名客户销售额、不同地区的利润及利润率、客户销售额和利润的散点图、客户销售额从高到低排序的条形图。此外，还增加了订单日期、类别和细分的筛选控件，方便用户从不同维度进行对比分析。关于仪表板的制作步骤如下：

1）仪表板的新建。新建仪表板的操作步骤参考本章 4.2.4 小节关于工作表标签的说明。

2）仪表板的大小设置。“仪表板”选项卡下的“大小”可以用来调整仪表板画布的大小。下面的工作表包含该仪表板使用到的工作表以及当前显示的工作表，如图 4-113 所示。

3）仪表板的常用功能选项。“对象”选项卡的功能用来对仪表板进行设计。“水平”和“垂直”选项是两个容器，用来分配仪表板空间；“图像”选项是用来在仪表板中插入图片；“网页”选项用来编辑 URL 连接；“文本”选项用来输入文本；“空白”选项用来新建空白容器；“平铺”和“浮动”用来控制“对象”窗口的显示方式，如图 4-114 所示。

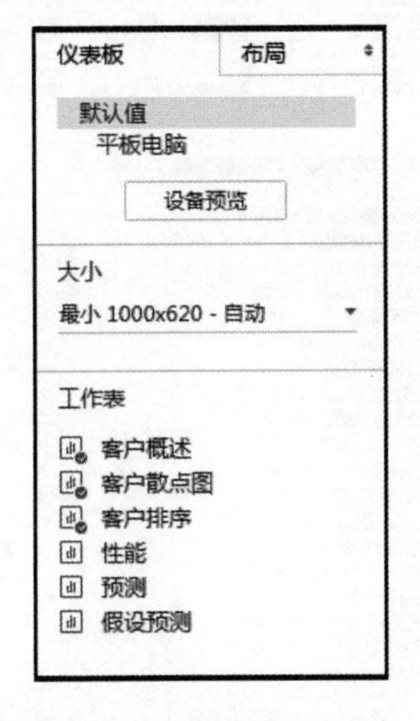

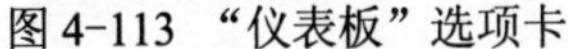
图 4-113　“仪表板”选项卡

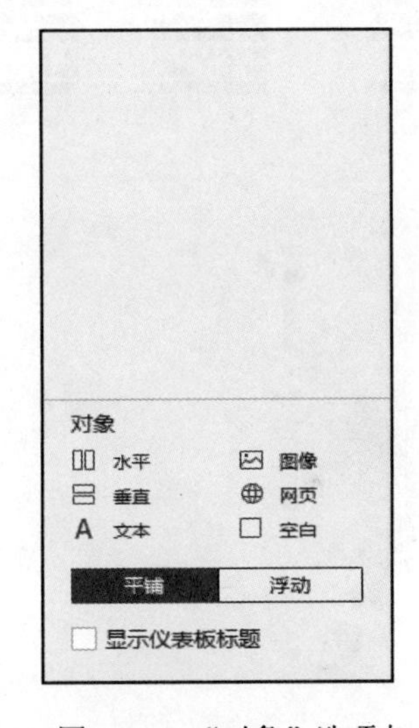

图 4-114　“对象”选项卡

4）仪表板的制作方式。先对仪表板的布局进行设计，这里主要使用“水平”和“垂直”选项对仪表板进行分割区域（可以设置为浮动）。然后直接将工作表中绘制好的图表拖至仪表板中，调整摆放格式。

5）筛选器的设置。如果需要通过筛选器控制多个图表的显示，可以选择筛选器右上角的下拉三角按钮，选择“应用于工作表”选项下的“选定工作表”，勾选上其他图表，最后单击“确定”按钮，如图 4-115 所示。

6）最终基于工作表进行整合后的仪表板如图 4-116 所示。该仪表板包含“客户概述”、“客户散点图”、“客户排序”这 3 张工作表的内容。

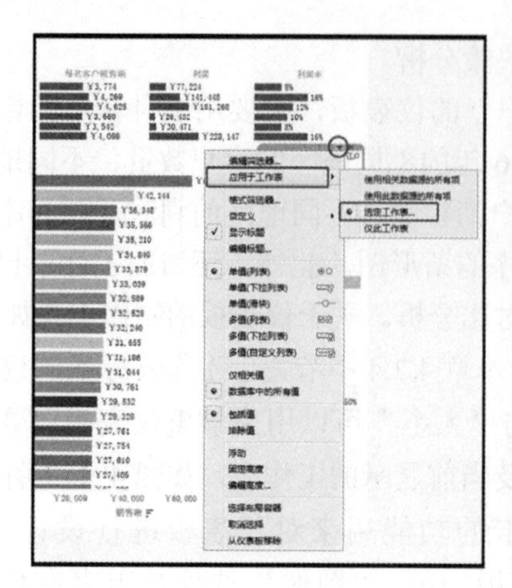

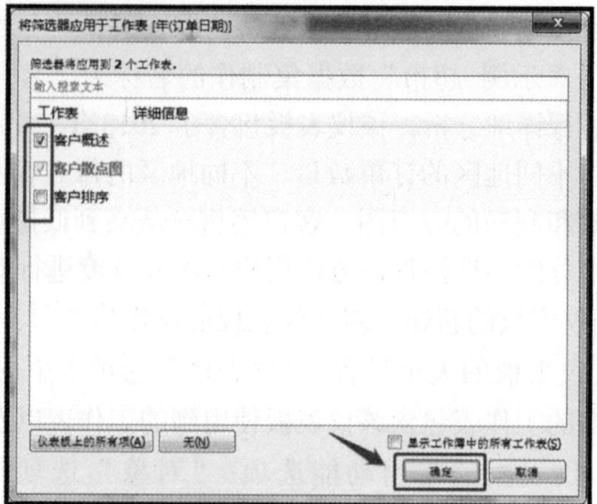

图 4-115　筛选器的设置

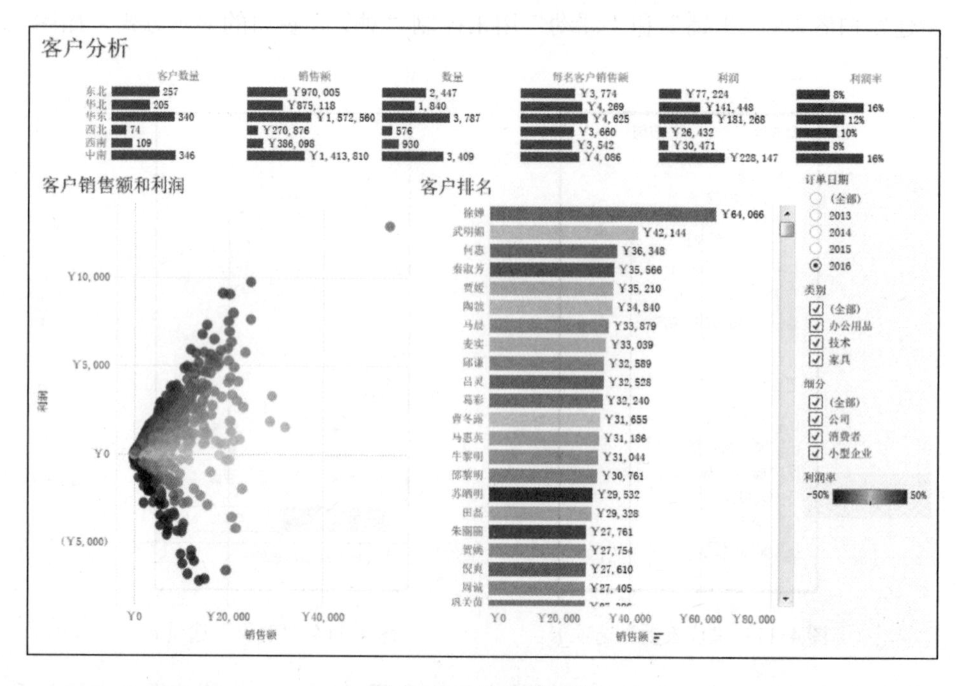

图 4-116　仪表板示例

4.4.2　可视化成果发布

制作完成的仪表板可以发布到 Tableau Server 或者 Tableau Public，快速发布与部署的功能使得可视化图表、报告等的共享变得非常轻松。Tableau Public 是开源免费的共享平台，用户可以去官网注册（注册网址：https://public.tableau.com/s/），然后将使用 Tableau Desktop 制作的数据可视化报告同步到平台上，共享自己的成果。

Tableau 发布的内容类型包括：

- **数据源**：可以发布其他人构建新工作簿所能使用的数据源。数据源可以包含按计划刷新的数据库或数据提取的直接（或实时）连接。
- **工作簿**：工作簿包含视图、仪表板、故事以及数据连接。包括本地资源，如背景图像和自定义地理编码，条件是它们位于服务器或其他 Tableau 用户无法访问的位置。

下面演示将工作簿分别发布到 Tableau Server 或者 Tableau Public 的步骤。

（1）发布工作簿到 Tableau Server

1）依次单击“服务器|发布工作簿”，如图 4-117 所示。

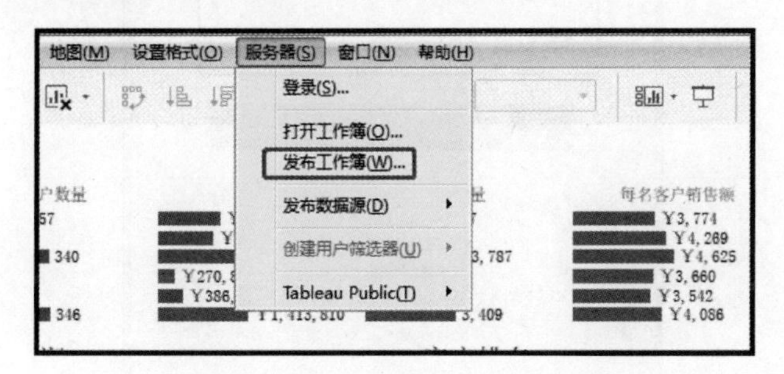

图 4-117 “发布工作簿”到 Tableau Server

2）配置服务器地址，然后单击“连接”按钮，完成工作簿发布，如图 4-118 所示。

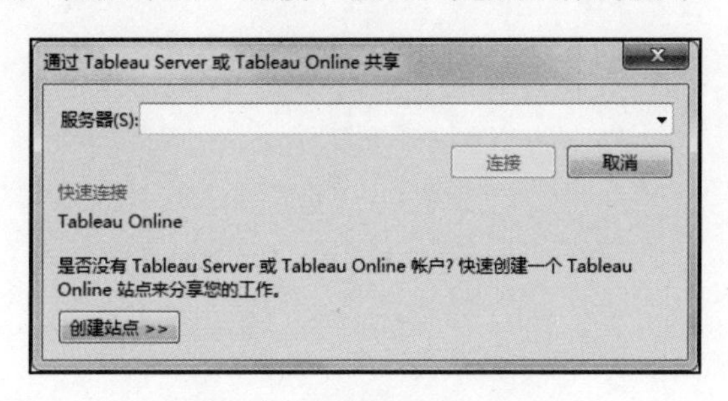

图 4-118 服务器地址配置

（2）发布工作簿到 Tableau Public

1）依次单击“服务器|Tableau Public|保存到 Tableau Public”，如图 4-119 所示。

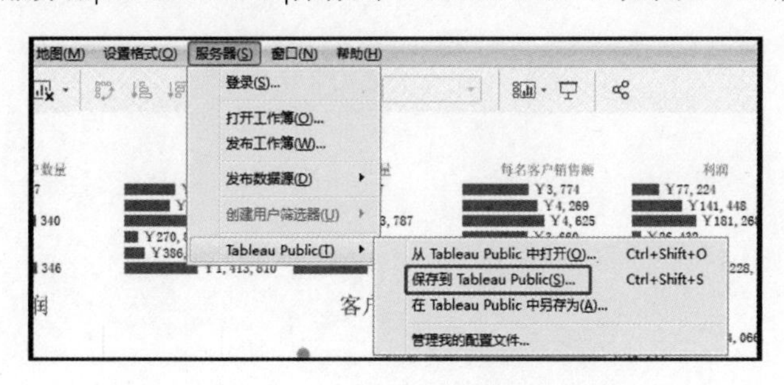

图 4-119 “发布工作簿”到 Tableau Public

2）已经注册成功的用户，输入“电子邮件”和“密码”，然后单击“登录”按钮。登录成功之后，即可完成工作簿的发布，如图 4-120 所示。

图 4-120　登录 Tableau Public

第5章 数据分析进阶——Python数据分析

随着 2010 年之后移动互联网的发展，大数据时代到来，各行各业的数据呈爆炸式增长、基于大数据的应用场景日益增多、企业间的合作与交流使得数据共享成为必需。大数据的价值日益凸显，受到了企业的高度重视，越来越多的企业都成立了各自的数据部门，专门从事数据分析等业务，数据分析师、数据挖掘工程师、数据架构师等与数据分析相关的岗位很受重视。

同时，由于 Python 强大的功能，其成为数据分析师、数据挖掘工程师、数据架构师等进行数据分析的首选工具。Python 之所以功能强大，是因为它可以完成数据分析或挖掘过程中的所有流程，例如数据的采集、探索、清洗、可视化、建模以及评估等。在本章的内容中，将结合具体实例来讲解如何使用 Python 进行数据分析。

通过本章内容的学习，读者将会掌握如下几个方面的知识点：

- Anaconda 的下载与安装。
- 数据读入与整理。
- 常用的描述性统计分析。
- “脏”数据的清洗技术。
- 重要的统计检验方法。
- 线性回归模型的使用。

5.1 数据分析的利器——Python

“工欲善其事，必先利其器”，讲的就是工具使用的重要性。在数据分析与挖掘领域，Python、R 语言和 SAS 等都是非常受欢迎的编程工具，其中前两者为开源工具，普遍应用于互联网行业，而 SAS 为商业付费软件，堪称金融和医药行业的标准工具。本章内容将基于 Python 3 版本，介绍其在数据分析、挖掘等方面的应用。

Python 工具拥有多方面的优点，例如：Python 是开源软件，是免费的，性价比很高；

在广大 Python 爱好者的建设下，Python 有越来越多的第三方包可供使用，（目前 Python 已有超过 15 万个的第三方包）；Python 具有类似自然语言的特性，使得其简单易学；Python 代码具有简洁、易读和易维护的优点；Python 属于胶水语言，不受任何平台和操作系统的限制；Python 具有强大的可扩展性和可嵌入性。

5.1.1 Anaconda——Python 集成开发环境的安装

要使用 Python，首先要安装 Python 的集成开发环境。需要注意的是，我们并不是直接从 Python 的官网中下载软件，而是下载非常好用的 Anaconda 这个 Python 集成开发环境。Anaconda 集成了近 200 个数据科学相关的第三方包，读者在使用的时候，直接通过 import 命令导入所需的包即可，非常便于从事数据分析工作。读者可以前往 Anaconda 官网下载对应操作系统的 Anaconda 安装包（https://www.anaconda.com/download/），如图 5-1 所示。

图 5-1　下载 Anaconda

从官网中下载好 Anaconda 安装包后，就可以在计算机中安装它了，安装过程非常简单。接下来就以 Windows 系统和 Mac 系统为例，讲解 Anaconda 的详细安装步骤。

1．Windows 系统

Windows 系统下的安装步骤如下：

1）从官网中下载好 Windows 版本的 Anaconda 后（此处下载的是 3.4.1.1（64-bit）版），双击该软件并进入安装向导，并单击“Next”按钮继续，如图 5-2 所示；

2）在“License Agreement”对话框中，单击“I Agree”按钮。

3）在“Select Installation Type”对话框中，推荐选择“Just Me”选项，如果选择“All Users”，则需要 Windows 的管理员权限；选择好后，单击“Next”按钮。

4）在“Choose Install Location”对话框中，选择用于 Anodonda 安装的目标路径为 C 盘（读者也可以自行更改），继续单击“Next”按钮，如图 5-3 所示。

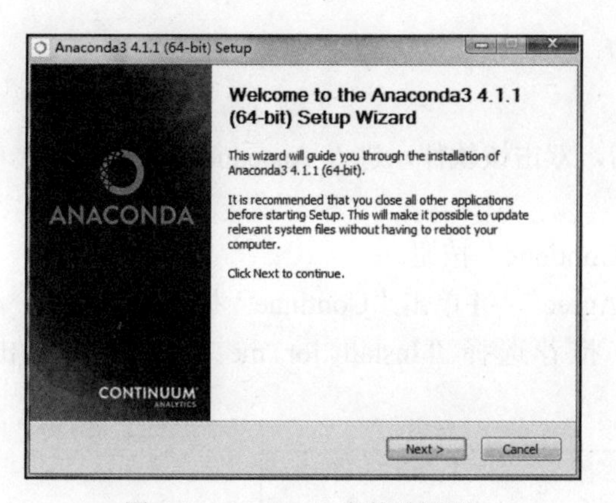

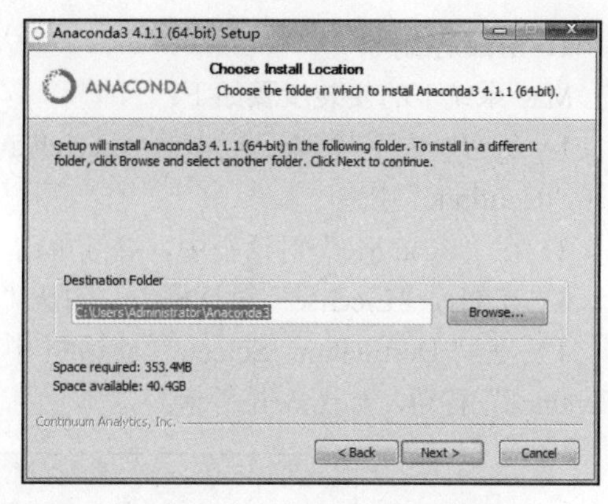

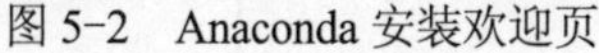
图 5-2　Anaconda 安装欢迎页　　　　图 5-3　Anaconda 安装路径设置

5）在“Advanced Installation Options”对话框中，这里建议不添加 Anaconda 到环境变量中（Add Anaconda to my PATH enviromment anable），因为它可能会影响到其他软件的正常运行，选择 Register Anaconda as my default python 35。单击“Install”按钮，进入安装环节，如图 5-4 所示。

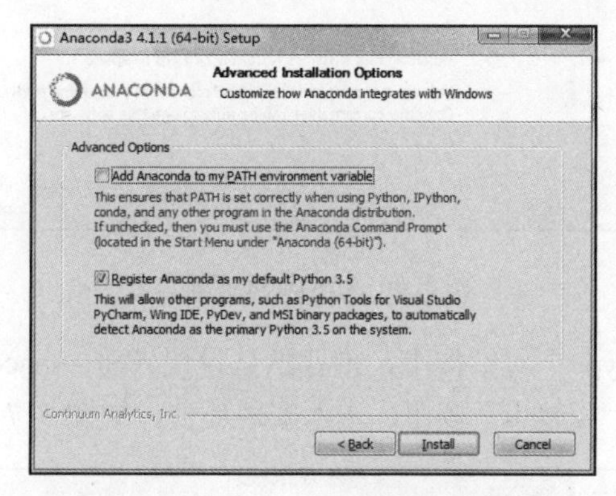

图 5-4　Anaconda 安装的高级选项设置

6）大概 5 分钟可以完成安装，单击“Finish”按钮，如图 5-5 所示。

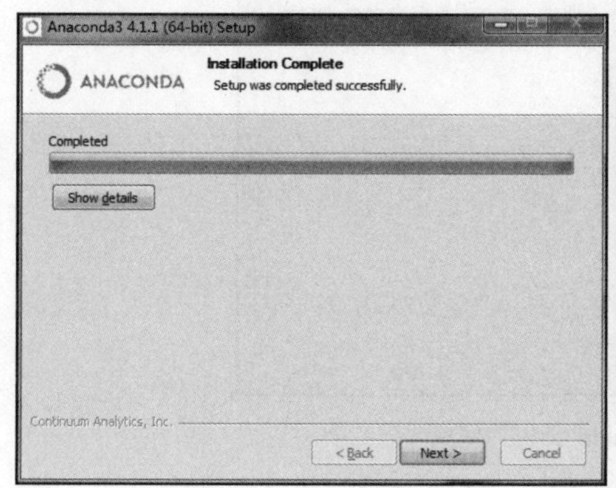

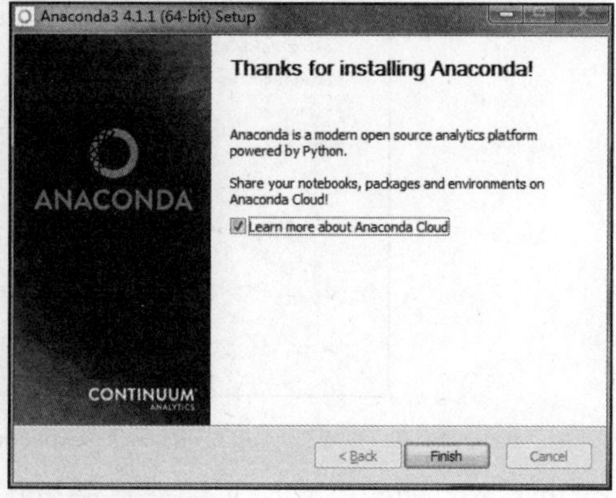

图 5-5　Anaconda 安装成功页

2．Mac 系统

Mac 系统下的安装步骤如下：

1）从官网中下载 Mac 版本的 Anaconda 后，双击该软件，进入 Anaconda 的安装向导，单击“Continue”按钮。

2）在“Read Me”对话框中，继续单击“Continue”按钮。

3）在阅读“License”对话框中，勾选“I Agree”，并单击“Continue”按钮。

4）在“Destination Select”对话框中，推荐选择“Install for me only”，并单击“Continue”按钮，如图 5-6 所示。

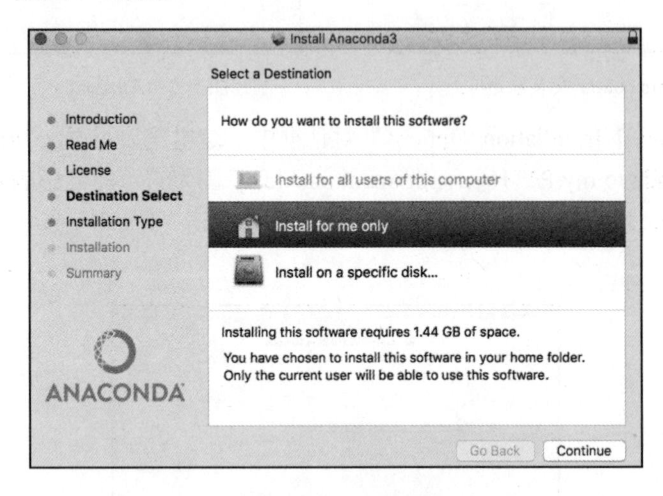

图 5-6　Anaconda 安装页

5）在“Installation Type”对话框中，推荐默认设置（将 Anaconda 安装在主目录下），无须改动安装路径，单击“Install”按钮，进入安装环节，如图 5-7 所示。

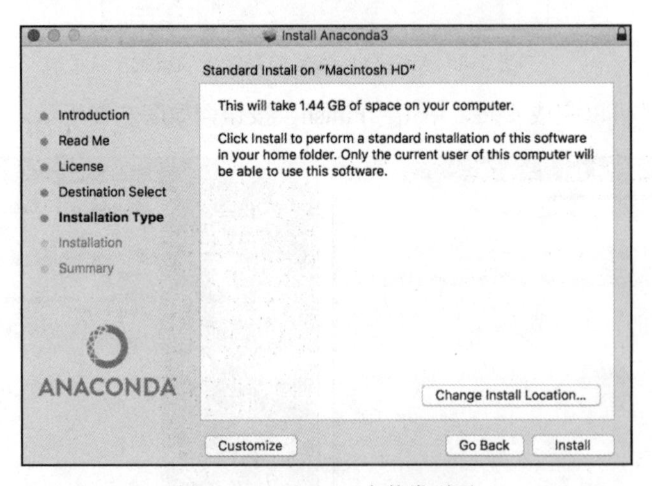

图 5-7　Anaconda 安装类型页

6）几分钟后即完成整个 Anaconda 的安装流程，如图 5-8 所示。

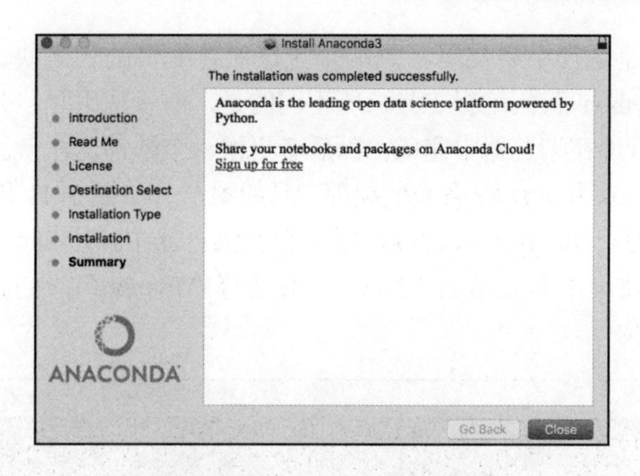

图 5-8　Anaconda 安装成功页

如果不习惯在 Mac 系统中使用图形化的安装方式，也可以通过命令行的方式完成 Anaconda 的安装（以 Anaconda 3-5.0.1 版本为例），具体步骤如下：

1）从官网下载 Mac 版本的 Anaconda 安装包后，将其放在桌面。

2）打开终端命令行工具，输入 bash Anaconda3-5.0.1-MacOSX-x86_64.sh。

3）接下来会提示阅读“条款协议”，只需按一下〈Enter〉键即可。

4）滑动滚动条到协议底部，输入“Yes”。

5）提示“按回车键”接受默认路径的安装，接下来继续输入“Yes”，进入安装环节。

6）最终完成安装，并提示“Thank you for installing Anaconda!”。

7）注意，关闭终端命令行工具，重启计算机后安装才有效。

5.1.2　Python 编程工具的选择

接下来以 Windows 操作系统为例，讲解 Anaconda 的使用方法。Anaconda 包含了几种常用的代码编辑工具，如图 5-9 所示。

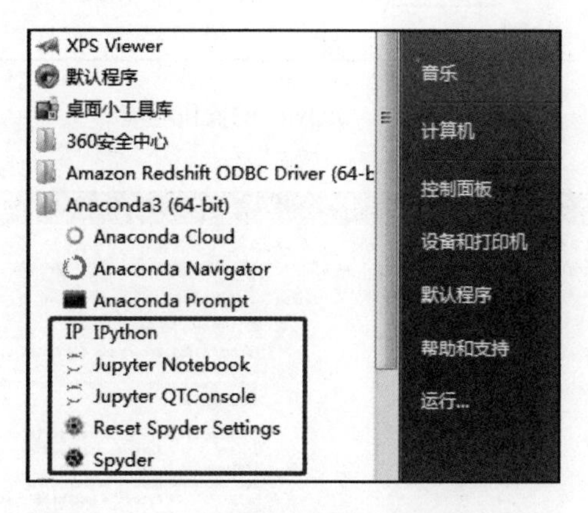

图 5-9　Anaconda 中常用的代码编辑工具

IPython 为交互式的编程工具，用户编写完代码后，按〈Enter〉键即可运行程序，它的优点是便于测试代码或快速运行小型代码，弊端是无法保存编辑的代码块。Jupyter Notebook 和 Spyder 都是不错的 Python 代码编辑工具，所不同的是，前者使用时，会激活计算机中的浏览器，代码的编写和运行都在浏览器中完成；而后者更像一个软件，在自己的工作界面中运行。IPython、Jupyter Notebook 和 Spyder 各自的编程工具如图 5-10、图 5-11 和图 5-12 所示。

需要注意的是，打开 Jupyter Notebook 时，会在浏览器中弹出 Jupyter 的主页环境，如需打开编辑环境，还需要单击右上角的“New”，并选择“Python”，在打开的新页面中进行代码的编写。

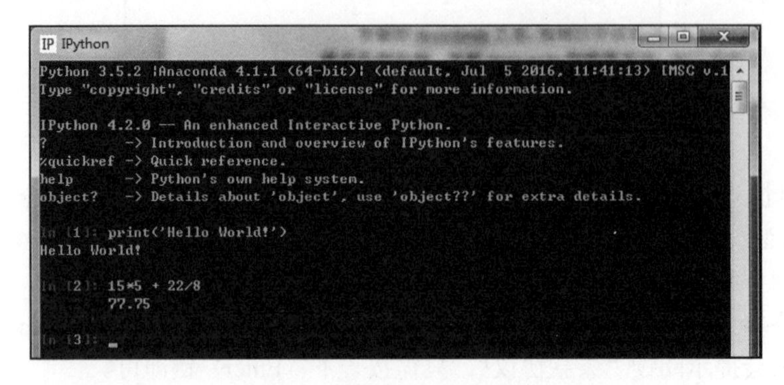

图 5-10 IPython 的操作界面

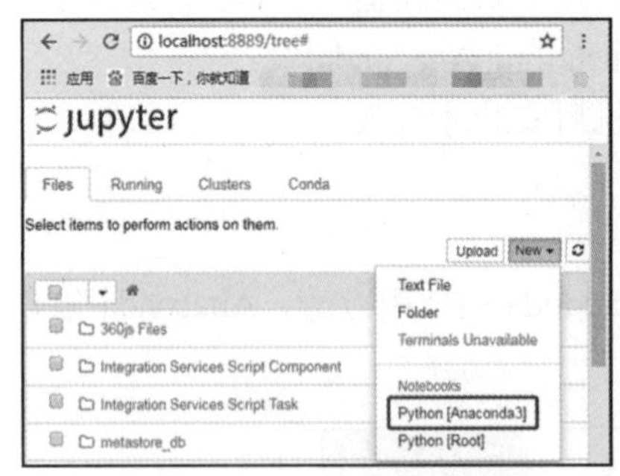

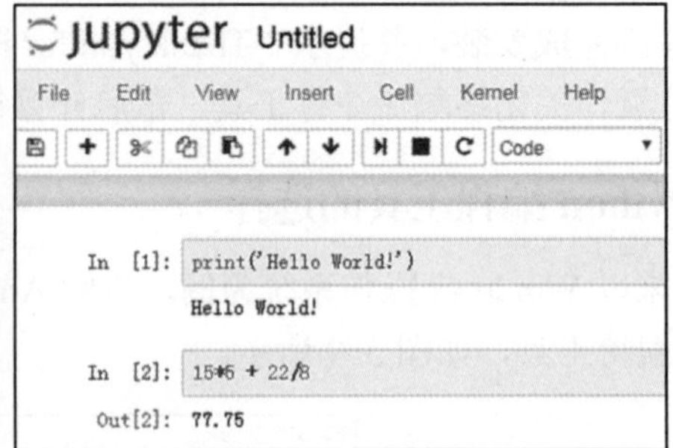

图 5-11 Jupyter 的操作环境

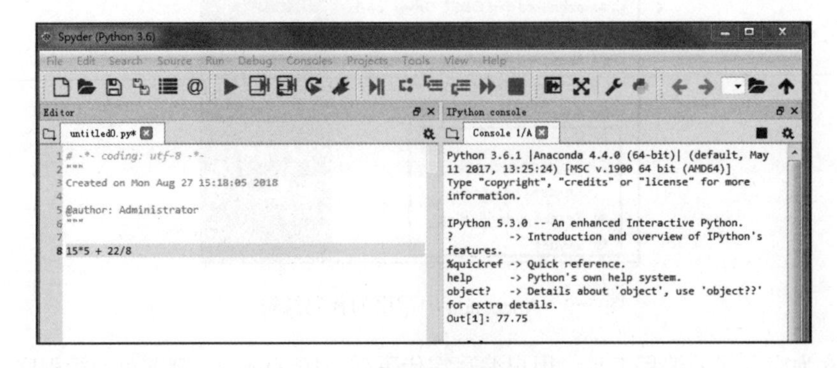

图 5-12 Spyder 的操作环境

图 5-12 所示即为 Spyder 的工作界面，其左侧为代码的编写窗口，用户可以根据实际情况写入批量的代码块，执行时只需选中代码并按〈F9〉快捷键；右侧为代码运行的结果窗口。

5.2　Jupyter 的使用技巧

本书选择 Jupyter 作为 Python 代码的编辑环境，一方面是因为其操作界面具有简洁性和扁平化特征；另一方面，使用 Jupyter 编写 Python 代码更像是写笔记的过程，非常简单，而且可以实现自动保存。以下介绍 Jupyter 的一些使用技巧，涉及几个常用组合键，会使 Python 代码的编写过程更加轻松。

5.2.1　代码运行组合键

在代码框内编辑完 Python 代码后，可以通过<Ctrl+Enter>或<Shift+Enter >两种键完成代码的运行。它们的区别在于前者仅执行当前代码框中的代码，而后者在执行完当前代码框中的代码后会进入到下一个代码框内或者新建代码框（即粗体边框），两者的对比效果如图 5-13 所示。左图为使用〈Ctrl+Enter〉组合键的运行效果，在运行完代码后，除了打印结果，代码框并未下移到将要运行的代码上；右图为使用〈Shift+Enter〉组合键的运行效果，在运行完当前代码后，代码框移到了下一个要运行的代码上。

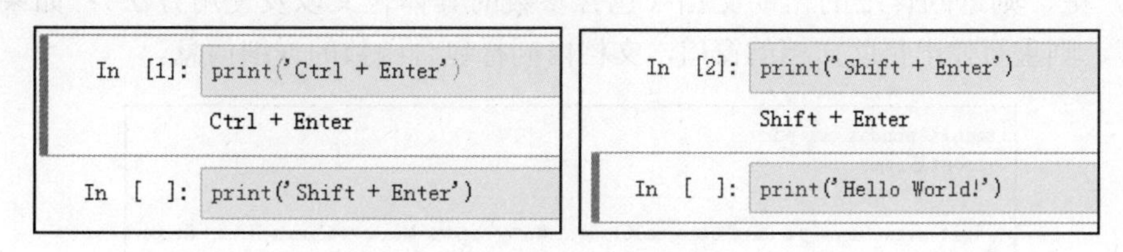

图 5-13　代码运行组合键的对比

5.2.2　代码框操作组合键

在代码的编辑过程中，可能会碰到代码框相关的处理，如增加或删除代码框，只需要进入命令状态（按〈Esc〉键），再按入 A、B 或 X 字母即可（不分大小写）。A 表示在当前代码框的前面新增代码框；B 表示在当前代码框的后面新增代码框；X 表示删除当前代码框。

5.2.3　注释组合键

任何一个编程工具都必须具备注释功能，目的是便于代码的维护和管理，以及保证代码的易读性，如果代码中不添加任何的注释信息，将会给代码开发者或浏览者带来巨大的痛苦。Python 也不例外，如需给代码行或代码块增加注释功能，可以使用〈Ctrl+/〉的组合键，如果原始代码中没有注释符，应用该组合键则增加注释，否则将取消注释。注释组合键的效果如图 5-14 所示。代码中所有以“#”开头的行，都表示加上了注释功能，代码在运行时会忽略这些行。需要注意的是，对于单行代码的注释，可以通过直接按〈Ctrl+/〉的组合键录入；而对于多行代码的注释，必须先选中这些注释语句，然后再按〈Ctrl + /〉的组合键进行标识。

```
# 判断一个数是否为奇数
number = 14
if number % 2 == 0:
    print('该数为偶数！')
# else:
#     continue
```

图 5-14　注释组合键的演示

5.2.4　帮助组合键

Python 有庞大的第三方包资源，而每个包中又包含很多功能性的函数，但开发者在使用这些函数时，会经常不记得函数内参数的具体用法，此时查看帮助文档是一个不错的选择。读者可以在函数后面按〈Shift+Tab〉组合键查看对应的帮助文档，而且还可以多按几次〈Tab〉键，返回不同风格的帮助文档，效果如图 5-15 所示。如果按住〈Shift〉键，并按一次〈Tab〉键，则返回简洁版的帮助文档（仅包含函数的参数名称和说明）；如果按两次或三次〈Tab〉键，则返回详细的帮助文档（包含参数的具体含义以及使用方法）；如果按四次〈Tab〉键，则重新弹出帮助文档的窗口，文档内同样包含函数的详细信息。

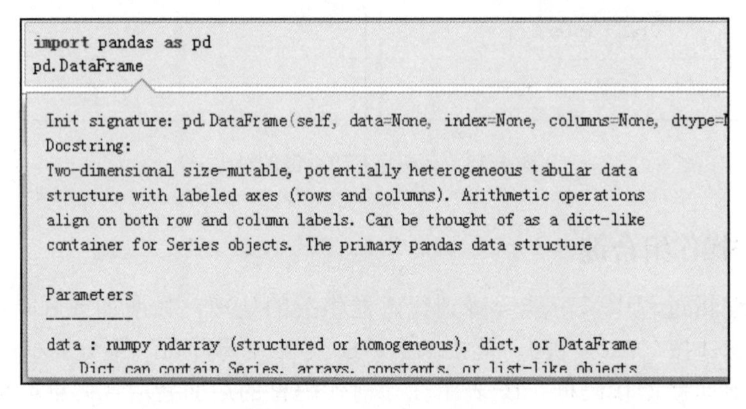

图 5-15　帮助组合键的演示

5.2.5　代码与笔记的切换组合键

有的时候需要借助于 Jupyter 写入大段的文本信息作为笔记内容（而非简单的注释），同时也需要写入执行的代码块。如何将这两部分内容分开写入代码框环境和笔记框环境？默认情况下，打开 Jupyter 进入的是代码框环境，即写入 Python 代码就可以执行。如需切换至笔记框环境，可以按〈Esc〉键，再按下〈M〉字母，进入 Markdown（记得按〈Enter〉键激活

Markdown），输入相应的笔记内容，如图 5-16 所示。

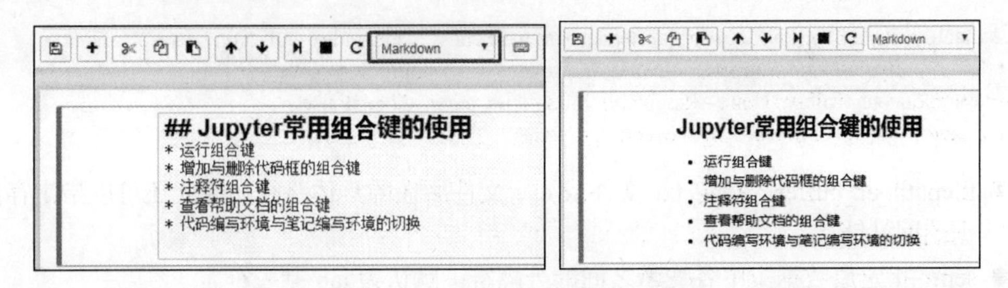

图 5-16　Markdown 的编辑和运行

如图 5-16 所示，在 Markdown 环境下可以写入纲要性的文字内容（左图），然后按〈Ctrl+Enter〉组合键后，便得到网页格式的笔记内容（右图）。

如果不小心进入 Markdown 的笔记框状态，可以按〈Esc〉键，再按下〈Y〉字母键，进入 Code 状态（即编写 Python 代码的环境），效果如图 5-17 和 5-18 所示。

图 5-17　Markdown 的笔记框状态

图 5-18　切换后的 Code 代码编写状态

5.3　数据读取——从 pandas 开始

在数据科学领域，Python 可以完成很多不同的任务，如数据分析、数据可视化、数据挖掘、深度学习等，而这些任务都是针对同一个对象——数据。所以学习 Python 数据分析的第一个重要知识点就是如何将外部数据读取到 Python 当中。在实际的学习或工作中，比较常见的外部数据有 csv 或 txt 后缀的文本文件、xls 或 xlsx 后缀的电子表格文件以及 MySQL、SQL Server 数据库文件等几种。

本节将介绍如何借助于 pandas 模块实现外部数据的读取，该模块是 Python 进行数据分析或数据挖掘必不可少的功能包，它可以解决很多数据清洗（如数据类型的转换、缺失值与重复观测的判断以及对应的处理办法）、数据整理（如多个数据集的行或列合并、长形表与宽形表之间的转换、连续变量的分箱）和数据汇总（如透视表的使用、分组聚合的实现）等方面的问题。接下来首先介绍如何利用 pandas 模块读取外部数据。

5.3.1　文本文件的读取

对于 csv 或 txt 后缀的文本文件，可以使用 pandas 模块中的 read_table 函数或者 read_csv 函数，它们的功能完全相同，所不同的是，各自函数中 sep 参数（即用于指定变量之间的分隔符）的默认值不同。有关 read_table 函数的使用方法与重要参数的含义如下：

```
read_table(filepath_or_buffer, sep='\t', header='infer', names=None, index_col=None, usecols=None,
           dtype=None, converters=None, skiprows=None, skipfooter=None,
nrows=None, na_values=None, skip_blank_lines=True, parse_dates=False,
thousands=None, comment=None, encoding=None)
```

- filepath_or_buffer：指定 txt 文件或 csv 文件所在的具体路径，除此还可以指定存储数据的网站链接。
- sep：指定原数据集中各变量之间的分隔符，默认为 tab 制表符。
- header：是否需要将原数据集中的第一行作为表头，默认是需要的，并将第一行用作变量名称；如果原始数据中没有表头，该参数需要设置为 None。
- names：如果原数据集中没有变量名称，可以通过该参数在数据读取时给数据框添加具体的变量名称。
- index_col：指定原数据集中的某些列作为数据框的行索引（标签）。
- usecols：指定需要读取原数据集中的哪些变量名。
- dtype：读取数据时，可以为原数据集的每个变量设置不同的数据类型。
- converters：通过字典格式，为数据集中的某些变量设置转换函数。
- skiprows：数据读取时，指定需要跳过原数据集的起始行数。
- skipfooter：数据读取时，指定需要跳过原数据集的末尾行数。
- nrows：指定数据读取的行数。
- na_values：指定原数据集中哪些特征的值作为缺失值（默认将两个分隔符之间的空值视为缺失值）。
- skip_blank_lines：读取数据时是否需要跳过原数据集中的空白行，默认为 True。
- parse_dates：如果参数值为 True，则尝试解析数据框的行索引；如果参数为列表，则尝试解析对应的日期列；如果参数为嵌套列表，则将某些列合并为日期列；如果参数为字典，则解析对应的列（即字典中的值），并生成新的变量名（即字典中的键）。
- thousands：指定原始数据集中的千分位符。
- comment：指定注释符，在读取数据时，如果碰到行首指定的注释符，则跳过该行。
- encoding：为防止中文的乱码，可以借助于该参数解决问题（通常设定为“utf-8”或“gbk”）。

读者也可以使用 read_csv 函数读取文本文件的数据，其参数与 read_table 函数完全一致，所不同的是，read_table 函数在 sep 参数上的默认值为 tab 制表符，而 read_csv 函数在该参数上的默认值为英文状态下的逗号“,”。为使读者理解和掌握如上函数的应用方法，这里构造一个相对复杂的 txt 格式的数据集用于测试，数据如图 5-19 所示。

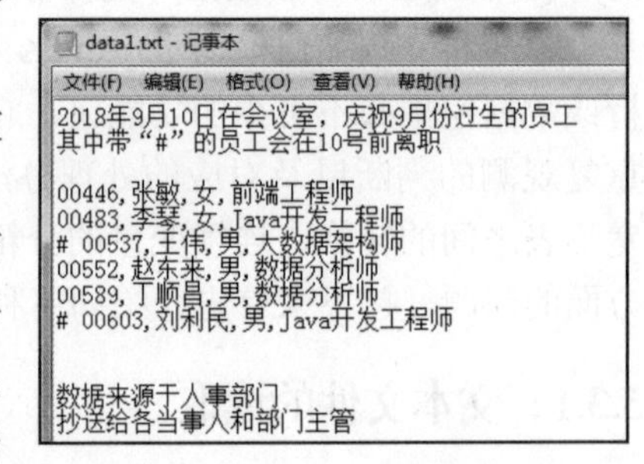
data1.txt - 记事本
文件(F) 编辑(E) 格式(O) 查看(V) 帮助(H)

2018年9月10日在会议室，庆祝9月份过生的员工
其中带“#”的员工会在10号前离职

00446,张敏,女,前端工程师
00483,李琴,女,Java开发工程师
00537,王伟,男,大数据架构师
00552,赵东来,男,数据分析师
00589,丁顺昌,男,数据分析师
00603,刘利民,男,Java开发工程师

数据来源于人事部门
抄送给各当事人和部门主管

图 5-19　待读入的不规则数据

该 txt 文件并不是一个常规的数据集，其存储的内容

包含一些其他杂项，有关该数据存在的问题如下所示：

1）真正的数据部分仅为 4～10 行，在读取数据时，如何忽略其他不相关的内容。

2）数据中并不包含对应的变量名称，如何在读取数据时添加变量名称。

3）如何在读取数据时忽略即将离职的王伟和刘利民两位员工。

4）员工的编号是以 00 开头，通常情况下，在数据读入后 00 都会消失，如何避免该问题的发生。

针对如上存在的 4 个问题，接下来使用 read_table 函数将 data1.txt 文件中的数据读取到 Python 环境中，代码如下所示，执行结果如图 5-20 所示。

	id	name	gender	occupation
0	00446	张敏	女	前端工程师
1	00483	李琴	女	Java开发工程师
2	00552	赵东来	男	数据分析师
3	00589	丁顺昌	男	数据分析师

图 5-20　txt 数据的读取结果

```
# 导入第三方模块
import pandas as pd
# 利用 read_table 函数读取文本文件的数据
data1 = pd.read_table(filepath_or_buffer=r'C:\Users\Administrator\Desktop\data1.txt', # 指定文件的路径
                      sep = ',', # 指定数据中变量之间的分隔符
                      header = None, # 不需要将原始数据中的第一行读作表头
                      names = ['id','name','gender','occupation'], # 重新为各列起变量名称
                      skiprows = 2, # 跳过起始的两行数据
                      skipfooter = 2, # 跳过末尾的两行数据
                      comment = '#' # 不读取“#”开头的数据行
                      converters = {'id':str} # 对工号变量进行类型转换，避免开头的 00 消失
                      )
# 返回数据内容
data1
```

结果显示，成功地将 txt 文件内的数据读入到 Python 环境中，而且为数据新增了变量名称。对于 id 变量而言，00 开头的编号也都保持了原样。需要注意的是，代码中传递给 names 参数的多个值是通过 Python 的列表结构实现的（即一对英文状态下的方括号）；传递给 converters 参数的值是通过 Python 的字典结构实现的（即一对大括号，其中冒号前面的字符称为“键”，冒号后面的内容称为“值”）。

5.3.2　电子表格的读取

还有一种常见的本地数据格式，那就是 xls 或 xlsx 后缀的 Excel 电子表格数据，该类数据的读取可以使用 read_excel 函数，有关该函数的用法及参数含义如下：

```
read_excel(io, sheetname=0, header=0, skiprows=None, skip_footer=0,
           index_col=None, names=None, parse_cols=None, parse_dates=False,
           na_values=None, thousands=None, convert_float=True)
```

- io：指定电子表格的具体路径。
- sheetname：指定需要读取电子表格中的第几个 Sheet，可以传递整数也可以传递具体的 Sheet 名称。

- header：是否需要将数据集的第一行用作表头，默认为是需要的。
- skiprows：读取数据时，指定需要跳过原数据集的起始行数。
- skip_footer：读取数据时，指定需要跳过原数据集的末尾行数。
- index_col：指定哪些列用作数据框的行索引（标签）。
- names：如果原数据集中没有变量，可以通过该参数在数据读取时给数据框添加具体的表头。
- parse_cols：如果参数值为 True，则尝试解析数据框的行索引；如果参数为列表，则尝试解析对应的日期列；如果参数为嵌套列表，则将某些列合并为日期列；如果参数为字典，则解析对应的列（即字典中的值），并生成新的变量名（即字典中的键）。
- parse_dates：该参数在函数内不再生效。
- na_values：指定原始数据中哪些特殊值代表了缺失值。
- thousands：指定原始数据集中的千分位符。
- convert_float：默认将所有的数值型变量转换为浮点型变量。
- converters：通过字典的形式，指定哪些列需要转换成什么形式。

接下来是一个稍微复杂的 Excel 数据集，数据格式如图 5-21 所示，利用上面介绍的 read_excel 函数将其读入到 Python 的内存中。

	A	B	C	D	E
1	0023146	2016/3/18	连衣裙	237	白色
2	1344527	2017/6/12	牛仔裤	368	蓝色
3	0223685	2018/2/10	皮鞋	589	未知
4	0037249	2017/7/17	寸衫	299	白色
5	0368241	2016/3/23	板鞋	299	蓝色
6	1127882	2018/9/17	西装	1599	黑色

图 5-21　待读入的 Excel 数据

这个数据集是商品的入库信息，读入这个数据集前会发现几个小问题要处理：

1）该数据表同样没有表头，如何读取数据时添加表头。

2）第一列为商品编号，某些商品的编号是以 0 开头的，如何避免数据读入后 0 消失的问题。

3）最后一列是关于商品的颜色，其中有一个值是未知，如何在读入数据时指定这样的值为缺失值。

在利用 read_excel 函数读取 Excel 数据时，只需要调整函数中的几项参数，便可以轻松解决上面提到的类似问题。具体代码如下，读取的结果 data2 如图 5-22 所示。

```
# 利用 read_excel 函数读取电子表格数据
data2 = pd.read_excel(io = r'C:\Users\Administrator\Desktop\data2.xlsx', # 指定文件的路径
                      header = None,
                      names = ['id','date','prod_name','colour','price'],
                      converters = {0:str}, # 字典中的键必须为 0，因为原始表中没有列名称
                      na_values = '未知' # 将原始表中“未知”值转换为缺失值
```

```
                         )
# 返回数据
data2
```

	id	date	prod_name	colour	price
0	0023146	2016-03-18	连衣裙	237	白色
1	1344527	2017-06-12	牛仔裤	368	蓝色
2	0223685	2018-02-10	皮鞋	589	NaN
3	0037249	2017-07-17	寸衫	299	白色
4	0368241	2016-03-23	板鞋	299	蓝色
5	1127882	2018-09-17	西装	1599	黑色

图 5-22　Excel 数据的读取结果

通过函数中的 converters 参数，可以将 id 变量读取为字符型变量，进而保留了编号中的起始值 0；基于 na_values 参数将原始数据中值为“未知”的项转换成了缺失值“NaN”。

5.3.3　数据库数据的读取

在实际工作中，数据通常是存储在数据库中，如比较流行的 SQL Server 数据库、MySQL 数据库以及 Oracle 数据库等。在使用 Python 进行数据分析或挖掘时，如何将数据库中的数据读入到 Python 中？很简单，仍然可以使用 pandas 模块，所不同的是还需与其他模块搭配使用，读入 SQL Server 数据库的数据要使用 pymssql 模块，读入 MySQL 数据库的数据要使用 Pymysql 模块。以 SQL Server 和 MySQL 数据库为例，在 Jupyter 中输入“! pip install pymssql”和“! pip install pymysql”完成 pymssql 模块和 pymysql 模块的导入，然后基于两个模块各自的 connect 函数构建数据库与 Python 之间的桥梁。最后在搭建好连接的基础上，使用 Pandas 模块中的 read_sql 函数实现数据库数据的读取。

1．connect 函数

关于两个模块中 connect 函数的用法及参数含义如下：

（1）pymssql.connect 函数

```
pymssql.connect(server = None, user = None, password = None, database = None, charset = None)
```

- server：指定需要访问的 SQL Server 服务器，如果是本地数据库，则指定“localhost”，如果是远程服务器，则指定具体的 IP 地址。
- user：指定访问 SQL Server 数据库的用户名。
- password：指定访问 SQL Server 数据库的密码。
- database：指定访问 SQL Server 数据库中的具体库名。
- charset：指定读取 SQL Server 数据库的字符集（主要是为了防止乱码），如果数据库表中含有中文，一般可以尝试将该参数设置为“utf8”或“gbk”。

（2）pymysql.connect 函数

```
pymysql.connect(host=None, user=None, password='', database=None, port=0,    charset='')
```

- host：指定需要访问的 MySQL 服务器，如果是本地数据库，则指定“localhost”，如果是远程服务器，则指定具体的 IP 地址。
- user：指定访问 MySQL 数据库的用户名。
- password：指定访问 MySQL 数据库的密码。
- database：指定访问 MySQL 数据库的具体库名。
- port：指定访问 MySQL 数据库的端口号。
- charset：指定读取 MySQL 数据库的字符集（主要是为了防止乱码），如果数据库表中含有中文，一般可以尝试将该参数设置为“utf8”或“gbk”。

2．read 函数

read 函数的用法及参数含义如下：

pd.read_sql(sql,con,index_col=None,coerce_float=True,parse_dates=None,columns=None)

- sql：指定一段字符型的 SQL 查询代码，用于说明数据的读取逻辑。
- con：指定数据库与 Python 之间的连接桥梁。
- index_col：指定哪些字段用作数据的行索引。
- coerce_float：bool 类型的值，用于判断是否将非字符的变量强制转换为浮点型，默认为 True。
- parse_dates：指定哪些字段需要做日期类型的转换。
- columns：指定数据中的哪些字段需要读入到 Python 环境中。

为使读者理解和掌握这两个函数的用法及参数含义，接下来通过具体的实例加以说明。如图 5-23 所示，分别为 SQL Server 数据库（train 库内的 sec_buildings 表）和 MySQL 数据库（test 库内的 topy 表）中的数据。

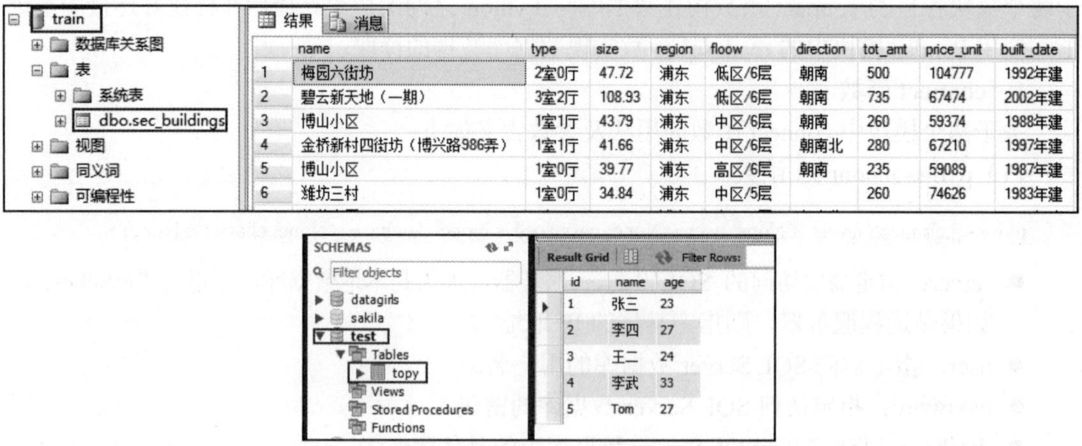

	name	type	size	region	floow	direction	tot_amt	price_unit	built_date
1	梅园六街坊	2室0厅	47.72	浦东	低区/6层	朝南	500	104777	1992年建
2	碧云新天地（一期）	3室2厅	108.93	浦东	低区/6层	朝南	735	67474	2002年建
3	博山小区	1室1厅	43.79	浦东	中区/6层	朝南	260	59374	1988年建
4	金桥新村四街坊（博兴路986弄）	1室1厅	41.66	浦东	中区/6层	朝南北	280	67210	1997年建
5	博山小区	1室0厅	39.77	浦东	高区/6层	朝南	235	59089	1987年建
6	潍坊三村	1室0厅	34.84	浦东	中区/5层		260	74626	1983年建

id	name	age
1	张三	23
2	李四	27
3	王二	24
4	李武	33
5	Tom	27

图 5-23　待读取的 SQL Server 与 MySQL 数据

对于上面两个数据库中数据的读取，需要结合使用 pandas 模块中的 read_sql 函数和前文介绍的 connect 函数，具体代码如下，其中 data 是从 SQL Server 中读取的二手房数据。

```
# 导入第三方模块
import pymssql
# 连接 SQL Server 数据库
connect = pymssql.connect(server = 'localhost', # 指定服务器的名称
                          user = '', # 指定访问数据库的用户名
                          password = '', # 指定访问数据库的密码
                            database = 'train', # 指定数据所在的数据库名称
                          charset = 'utf8' # 指定 UTF-8 字符集，避免中文的乱码
                          )
# 读取数据
data = pd.read_sql("select * from sec_buildings where direction = '朝南'", con=connect)
# 关闭连接
connect.close()
# 数据输出
data.head()
```

代码执行后，SQL Server 数据库中的数据将被成功读取，数据在 Python 中的显示结果如图 5-24 所示。

	name	type	size	region	floow	direction	tot_amt	price_unit	built_date
0	梅园六街坊	2室0厅	47.720001	浦东	低区/6层	朝南	500.0	104777.0	1992年建
1	碧云新天地（一期）	3室2厅	108.930000	浦东	低区/6层	朝南	735.0	67474.0	2002年建
2	博山小区	1室1厅	43.790001	浦东	中区/6层	朝南	260.0	59374.0	1988年建
3	博山小区	1室0厅	39.770000	浦东	高区/6层	朝南	235.0	59089.0	1987年建
4	羽北小区	2室2厅	69.879997	浦东	低区/6层	朝南	560.0	80137.0	1994年建

图 5-24　SQL Server 数据的读取结果

由于作者在自己的计算机中安装 SQL Server 时，并没有设置用户名和密码，所以在访问数据库时是不需要写入具体的用户名和密码，这就导致代码中的 user 参数和 password 参数为空字符值。当数据库与 Python 之间的连接桥梁构造好后，就可以使用 read_sql 函数读取数据库中的数据了。需要注意的是，该函数的第一个参数指定为具体的 SQL 语法（有关 SQL 语法的应用可以查看本书的第 3 章）。最后，在数据读取完毕后，需要习惯性地将连接通道关闭，否则将一直耗费计算机资源。

同理，还可以借助于 pymysql 包中的 connect 函数搭建 MySQL 数据库与 Python 之间的桥梁，实现数据的读取，代码如下：

```
# 读入 MySQL 数据库数据
# 导入第三方模块
import pymysql
# 连接 MySQL 数据库
conn = pymysql.connect(host='localhost', user='root', password='test',
                       database='test', port=3306, charset='utf8')
# 读取数据
user = pd.read_sql('select * from topy', conn)
# 关闭连接
```

```
conn.close()
# 数据输出
user
```

	id	name	age
0	1	张三	23
1	2	李四	27
2	3	王二	24
3	4	李武	33
4	5	Tom	27

图 5-25 MySQL 数据的读取结果

代码执行后，MySQL 数据库中的数据将被成功读取，Python 中的显示结果如图 5-25 所示。数据库中的数据被成功地读入到了 Python 中。需要注意的是，由于 MySQL 的原数据集中含有中文，为了避免乱码的出现，所以将 connect 函数中的 chartset 参数设置为“utf8”。

5.4 常见的数据处理技术

利用 Python 完成数据的读入只是第一步，还需要基于已有的数据做进一步的探索和处理，目的就是为了保证数据的规范性和可用性。本节内容主要向读者介绍有关数据探索和处理的常用技术，包括“脏”数据的判别与清洗、数据子集的筛选、多表之间的操作以及分组统计方法。本节内容仍然基于 Python 用于数据探索及预处理的 Pandas 模块。

5.4.1 数据的概览与清洗

从外部环境将数据读入到 Python 中后，第一件事要做的可能就是了解数据，例如数据的规模、各变量的数据类型、数据中是否存在重复值和缺失值等。本小节对数据概览与清洗进行介绍。

1．数据类型的判断和转换

如图 5-26 所示，为某公司用户的个人信息和交易数据，涉及的变量为用户 id、性别、年龄、受教育水平、交易金额和交易日期。从表面上看，似乎没有看出数据背后可能存在的问题，那接下来就将其读入到 Python 中，仔细观察数据中的问题。

	A	B	C	D	E	F
1	id	gender	age	edu	custom_amt	order_date
2	890	female	43		¥2177.94	2018年12月25日
3	2391	male	52		¥2442.18	2017年5月24日
4	2785	male	39		¥849.79	2018年5月15日
5	1361	female	26		¥2482.22	2018年5月16日
6	888	female	61	本科	¥2027.9	2018年1月21日
7	2387	male	42	本科	¥854.57	2018年7月6日

图 5-26 待读取的问题数据

读取问题数据，并查看数据规模、数据中各变量的数据类型，具体代码如下，其中 data 3 为图 5-26 所示的数据，其中各变量的数据类型如表 5-1 所示。

```
# 读入外部数据
data3 = pd.read_excel(io=r'C:\Users\Administrator\Desktop\datas\data3.xlsx')
# 查看数据的规模
data3.shape
out:
```

```
(3000, 6)

# 查看表中各变量的数据类型
# data3.dtypes
out:
```

表 5-1　各变量的数据类型

id	gender	age	edu	custom_amt	order_date
int64	object	float64	object	object	Object

代码利用 shape 方法返回了数据集 data3 的规模，即该数据包含 3000 行 6 列；通过 dtypes 方法则返回了数据集中各变量的数据类型——除 id 变量和 age 变量为数值型，其余变量均为字符型（如表 5-1 所示）。直观上能够感受到的问题是数据类型不对，例如用户 id 应该为字符型，消费金额 custom_amt 应该为数值型，订单日期应该为日期型。

如果发现数据类型不对，如何借助于 Python 工具实现数据类型的转换呢？可通过以下代码实现，这些数据经过处理后，各个变量的数据类型如表 5-2 所示。

```
# 数值型转字符型
data3['id'] = data3['id'].astype(str)
# 字符型转数值型
data3['custom_amt'] = data3['custom_amt'].str[1:].astype(float)
# 字符型转日期型
data3['order_date'] = pd.to_datetime(data3['order_date'], format = '%Y 年%m 月%d 日')

# 重新查看数据集的各变量类型
data3.dtypes
out:
```

表 5-2　处理之后的数据类型

id	gender	age	edu	custom_amt	order_date
object	object	float64	object	float64	datetime64[ns]

3 个变量全都转换成了各自所期望的数据类型。astype 方法用于数据类型的强制转换，可选择的常用转换类型包括 str（表示字符型）、float（表示浮点型）和 int（表示整型）。由于消费金额 custom_amt 变量中的值包含人民币符号“￥”，所以在数据类型转换之前必须将其删除（通过字符串的切片方法删除，[1:]表示从字符串的第二个元素开始截断）。对于字符转日期问题，推荐使用更加灵活的 to_datetime 函数，因为它在 format 参数的调节下，可以识别任意格式的字符型日期值。

需要注意的是，Python 中的函数有两种表现形式：一种是常规理解下的函数（语法为 func(parameters)，如 to_datetime 函数）；另一种则是方法（语法为 obj.func(parameters)，如 dtypes 和 astype 方法）。两者的区别在于方法是针对特定对象的函数（即该方法只能用在某个固定类型的对象上），而函数并没有这方面的限制。

基于如上类型的转换结果，最后浏览一下清洗后的数据，如图 5-27 所示。

```
# 预览数据的前 5 行
data3.head()
```

	id	gender	age	edu	custom_amt	order_date
0	890	female	43.0	NaN	2177.94	2018-12-25
1	2391	male	52.0	NaN	2442.18	2017-05-24
2	2785	male	39.0	NaN	849.79	2018-05-15
3	1361	female	26.0	NaN	2482.22	2018-05-16
4	888	female	61.0	本科	2027.90	2018-01-21

图 5-27　清洗后的数据预览结果

2．冗余数据的判断和处理

上面的过程是对数据中各变量类型的判断和转换，除此还需要监控数据表中是否存在“脏”数据，如冗余的重复观测值（指数据行重复出现）和缺失值等。可以通过 duplicated 方法进行 “脏”数据的识别和处理。仍然对上边的 data3 数据集为例进行操作，具体代码如下所示。

```
# 判断数据中是否存在重复观测值
data3.duplicated().any()
out:
False
```

结果返回的是 False，说明该数据集中并不存在重复观测。假如读者利用代码在数据集中发现了重复观测值，可以使用 drop_duplicates 方法将冗余信息删除。

需要说明的是，在使用 duplicated 方法对数据行做重复性判断时，会返回一个与原数据行数相同的序列（如果数据行没有重复，则对应 False，否则对应 True），为了得到最终的判断结果，需要再使用 any 方法（即序列中只要存在一个 True，则返回 True）。

3．缺失数据的判断与处理

判断一个数据集是否存在缺失观测值，通常从两个方面入手：一个是变量的角度，即判断每个变量中是否包含缺失值；另一个是数据行的角度，即判断每行数据中是否包含缺失值。关于缺失值的判断可以使用 isnull 方法。使用 isnull 方法对 data3 数据集缺失值进行判断的代码如下，统计输出的结果如表 5-3 所示。

```
# 判断各变量中是否存在缺失值
data3.isnull().any(axis = 0)

# 各变量中缺失值的数量
data3.isnull().sum(axis = 0)

# 各变量中缺失值的比例
data3.isnull().sum(axis = 0)/data3.shape[0]
out:
```

表 5-3　各变量的缺失情况

指标	id	gender	age	edu	custom_amt	order_date
是否缺失	False	True	True	True	False	False
缺失数量	0	136	100	1927	0	0
缺失比例	0	0.045333	0.033333	0.642333	0	0

结果显示，数据集 data3 中有 3 个变量存在缺失值，即 gender、age 和 edu，它们的缺失数量分别为 136、100 和 1927，缺失比例分别为 4.53%、3.33%和 64.23%。

需要说明的是，判断数据是否为缺失值 NaN，可以使用 isnull 方法，它会返回与原数据行列数相同的矩阵，并且矩阵的元素为 bool 类型的值，为了得到每一列的判断结果，仍然需要 any 方法（且设置方法内的 axis 参数为 0）；统计各变量的缺失值个数可以在 isnull 的基础上使用 sum 方法（同样需要设置 axis 参数为 0）；计算缺失比例就是在缺失数量的基础上除以总的样本量（shape 方法返回数据集的行数和列数，[0]表示取出对应的数据行数）。

读者可能对代码中的“axis=0”感到困惑，它代表了什么？为什么是 0？是否还可以写成其他值？下面通过图 5-28 来说明 axis 参数的用法。

图 5-28 所示为学生的考试成绩表，如果直接对成绩表中的课程分数进行加操作，得到的是所有学生的分数总和（很显然没有什么意义），如果按学生分别计算各门课程的总分，计算所得的总分列将是图中左侧 3 列从左到右的转换结果。该转换的特征是列数发生了变化（可以是列数减少，也可以是列数增多），类似于在水平方向上受了外部的压力或拉力，这样的外力就理解为轴 axis 为 1 的效果（便于理解，可以想象为飞机在有动力的情况下，可以保持水平飞行状态）。

同样，如果直接对成绩表中的分数按学科分别计算平均分，得到的是所有学生的平均分数（很显然也没有什么意义），如图 5-29 所示，计算所得的平均分行是从上到下的转换。该转换的特征是行数发生了变化（可以是行数减少，也可以是行数增多），类似于在垂直方向上受了外部的挤压或拉伸，这样的外力就理解为轴 axis 为 0 的效果（便于理解，可以想象为飞机在没有动力的情况下，呈下降趋势）。

图 5-28　演示 axis=1 的情况

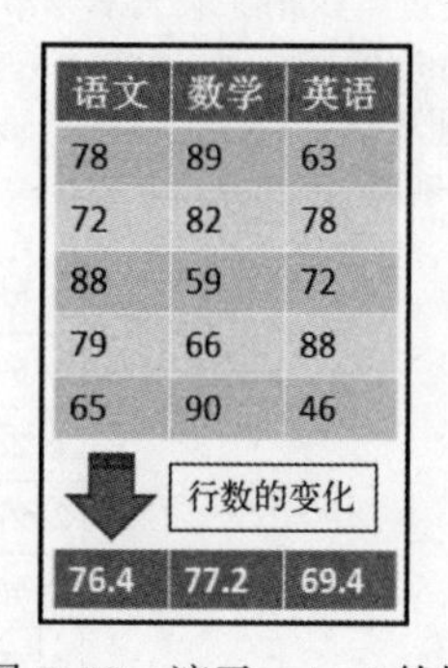

图 5-29　演示 axis=0 的情况

上面介绍的是关于变量方面的缺失值判断过程，还可以通过以下方法识别数据行的缺失值分布情况。

```
# 判断各数据行中是否存在缺失值
data3.isnull().any(axis = 1).any()
out:
True
```

结果返回 True 值，说明 data3 中的数据行存在缺失值。上述代码中使用了两次 any 方法：第一次用于判断每一行对应的 True（即行内有缺失值）或 False 值（即行内没有缺失值）；第二次则用于综合判断所有数据行中是否包含缺失值。同理，进一步还可以判断存在缺失值的数据行的具体数量和占比，代码如下，计算结果如表 5-4 所示。

表 5-4　数据行的缺失情况

缺失行数	2024
缺失比例	0.6746666

```
# 缺失观测值的行数
data3.isnull().any(axis = 1).sum()

# 缺失观测值的比例
data3.isnull().any(axis = 1).sum()/data3.shape[0]
out:
```

结果显示，3000 行的数据集中有 2024 行存在缺失值，缺失行的比例约 67.47%。不管是变量角度的缺失值判断，还是数据行角度的缺失值判断，一旦发现缺失值，都需要对其做相应的处理，否则在一定程度上会影响后续数据分析或挖掘的准确性。

通常对于缺失值的处理，最常用的方法无外乎删除法、替换法和插补法。删除法是指将缺失值所在的观测行删除（前提是缺失行的比例非常低，如 5%以内），或者删除缺失值所对应的变量（前提是该变量中包含的缺失值比例非常高，如 70%左右）；替换法是指直接利用缺失变量的均值、中位数或众数替换该变量中的缺失值，其好处是缺失值的处理速度快，弊端是易产生有偏估计，导致缺失值替换的准确性下降；插补法则是利用有监督的机器学习方法（如回归模型、树模型、网络模型等）对缺失值做预测，其优势在于预测的准确性高，缺点是需要大量的计算，导致缺失值的处理速度大打折扣。下面将选择删除法和替换法对 data3 的缺失值进行处理，代码如下，具体的结果如图 5-30 所示。

```
# 删除变量，如删除缺失率非常高的 edu 变量
data3.drop(labels = 'edu', axis = 1, inplace=True)
# 数据预览
data3.head()
```

	id	gender	age	custom_amt	order_date
0	890	female	43.0	2177.94	2018-12-25
1	2391	male	52.0	2442.18	2017-05-24
2	2785	male	39.0	849.79	2018-05-15
3	1361	female	26.0	2482.22	2018-05-16
4	888	female	61.0	2027.90	2018-01-21

图 5-30　删除变量后的 data3 数据预览

如结果显示， edu 变量已被成功删除。对于变量的删除可以选择 drop 方法，其中 labels 参数用于指定需要删除的变量名称，如果是多个变量，则需要将这些变量名称写在一对中括号内（如['var1','var2','var3']）；删除变量一定要设置 axis 参数为 1，因为变量个数发生了变化（所以，借助于 axis 参数也可以删除观测行）；inplace 则表示是否原地修改，即是否直接将原表中的变量进行删除，这里设置为 True，如果设置为 False，则会先输出删除变量的预览效果，而非真正改变原始数据。

```
# 删除观测值，如删除 age 变量中所对应的缺失观测值
data3_new = data3.drop(labels = data3.index[data3['age'].isnull()], axis = 0)
# 查看数据的规模
data3_new.shape
out:
(2900, 5)
```

结果显示，利用 drop 方法实现了数据行的删除，但必须将 axis 参数设置为 0，而此时的 labels 参数则需要指定待删除的行编号。这里的行编号是借助于 index 方法（用于返回原始数据的行编号）和 isnull 方法（用于判断数据是否为缺失状态，如果是缺失则返回 True）实现的，其逻辑就是将 True 对应的行编号取出来，传递给 labels 参数。关于行记录的删除还可以使用其他更简单的方法，这方面内容将会在 5.4.2 节中介绍。

如果变量的缺失比例非常大，或者缺失行的比例非常小时，使用删除法是一个不错的选择，反之，将会丢失大量的数据信息而得不偿失。接下来讲解如何使用替换法处理缺失值，代码如下，处理完成后的结果如表 5-5 所示。

```
# 替换法处理缺失值
data3.fillna(value = {'gender': data3['gender'].mode()[0], # 使用性别的众数替换缺失性别
                      'age':data3['age'].mean() # 使用年龄的平均值替换缺失年龄
                      },
             inplace = True # 原地修改数据
             )
# 再次查看各变量的缺失比例
data3.isnull().sum(axis = 0)
out:
```

表 5-5 数据清洗后的变量缺失情况

变量	id	gender	age	custom_amt	order_date
缺失数量	0	0	0	0	0

结果显示，采用替换法后，原始数据中的变量不再含有缺失值。缺失值的填充使用的是 fillna 方法，其中 value 参数可以通过字典的形式对不同的变量指定不同的值。需要强调的是，如果计算某个变量的众数，一定要使用索引技术，例如代码中的[0]，表示取出众数序列中的第一个（众数是指出现频次最高的值，假设一个变量中有多个值共享最高频次，那么 Python 将会把这些值以序列的形式存储起来，故取出指定的众数值必须使用索引）。

虽然替换法简单高效，但是其替换的值往往不具有很高的准确性，于是出现了插补方法。考虑到该方法需要使用机器学习算法，故不在本节中介绍，在后文的 5.5.6 节中介绍线性回归模型时将会讲解。

5.4.2 数据的引用

数据的引用是指如何基于已有的数据内容进行指定目标的筛选，这部分知识点还是非常重要的，因为在学习或工作中总会碰到特定数据的分析或挖掘，例如仅针对 7 月和 8 月数据做对比分析；对某种支付方式的用户做特征分析；对申请信用卡半年以上的用户做欺诈风险挖掘等。在 pandas 模块中，可以使用 iloc、loc 或 ix 方法方便地实现数据的筛选，接下来详细介绍这三种方法的使用技巧和区别。

这三种方法既可以对数据行做筛选，也可以对变量进行挑选，它们的语法相同，可以表示成[rows_select, cols_select]（一对中括号[]表示索引，rows_select 表示需要筛选的数据行，cols_select 则表示需要选择哪些变量）。

iloc 只能通过行号和列号进行数据的筛选，读者可以将 iloc 中的“i”理解为“integer”，即只能向[rows_select, cols_select]指定整数列表。对于这种方式的索引，第一行或第一列必须用 0 表示，既可以向 rows_select 或 cols_select 指定连续的整数编号（即切片用法，语法为 start:end:step，其中 start 表示开始位置；end 指定结束位置；step 指定步长，默认值为 1；结束位置 end 的值是取不到的），也可以指定间断的整数编号。

loc 要比 iloc 灵活一些，读者可以将 loc 中的“l”理解为“label”，即可以向[rows_select, cols_select]指定具体的行标签（行名称）和列标签（变量名），注意，这里是标签而不再是整数索引。除此之外，loc 方法还可以将索引中的 rows_select 指定为数据的筛选条件，但在 iloc 中是不允许这样使用的。

ix 是 iloc 和 loc 的混合，读者可以将 ix 理解为“mix”，该方法吸收了 iloc 和 loc 的优点，使数据子集的获取更加灵活。

为了使读者理解和掌握这三种方法的使用技巧和差异，接下来通过具体的代码加以说明，具体的结果如图 5-31 所示，其中 df1 为手工创建的测试数据集。

```
# 构造数据框
df1 = pd.DataFrame({'name':['甲','乙','丙','丁','戊'],
                    'gender':['男','女','女','女','男'],
                    'age':[23,26,22,25,27],
                    'edu':['本科','本科','硕士','本科','硕士']
                   }, # 基于 Python 中的字典构造数据
                   columns = ['name','gender','edu','age'] # 给数据的变量起名称
                  )
# 查看数据预览
df1

# 取出数据集的中间三行（即所有女性），并且返回姓名、年龄和受教育水平三列
# iloc 方法
df1.iloc[1:4,[0,3,2]]
```

```
# loc 方法
df1.loc[1:3, ['name','age','edu']]
# ix 方法
df1.ix[1:3,[0,3,2]]
```

	name	gender	edu	age
0	甲	男	本科	23
1	乙	女	本科	26
2	丙	女	硕士	22
3	丁	女	本科	25
4	戊	男	硕士	27

	name	age	edu
1	乙	26	本科
2	丙	22	硕士
3	丁	25	本科

	name	age	edu
1	乙	26	本科
2	丙	22	硕士
3	丁	25	本科

	name	age	edu
1	乙	26	本科
2	丙	22	硕士
3	丁	25	本科

图 5-31　示例数据与数据的引用结果

图 5-31 中，左侧原始数据中的行号与行名称一致，通过前文介绍的三种方法均可以取出目标子集。对于 iloc 方法来说，由于切片的上限无法取到，故中间三行需要使用 1:4 的方式获得；对于 loc 方法来说，并不是通过位置索引，而是名称索引，故中间三行的数据利用 1:3 的方式就可以了；再来看 ix 方法，rows_select 和 cols_select 既可以指定位置索引，也可以指定名称索引，如果数据集的行名称与行号一致，则 ix 对观测行的筛选与 loc 的效果一致。

假设数据集没有数值行号，而是具体的行名称，该如何使用如上的三种方法实现数据子集的获取？实现的代码如下，具体的结果如图 5-32 所示，其中 df2 是基于 df1 数据集的转换数据。

```
# 将员工的姓名用作行标签
df2 = df1.set_index('name')
# 查看数据的预览
df2

# iloc 方法取出数据的中间三行
df2.iloc[1:4,:]
# loc 方法取出数据的中间三行
df2.loc[['乙','丙','丁'],:]
# ix 方法取出数据的中间三行
df2.ix[1:4,:]
```

	gender	edu	age
name			
甲	男	本科	23
乙	女	本科	26
丙	女	硕士	22
丁	女	本科	25
戊	男	硕士	27

	gender	edu	age
name			
乙	女	本科	26
丙	女	硕士	22
丁	女	本科	25

	gender	edu	age
name			
乙	女	本科	26
丙	女	硕士	22
丁	女	本科	25

	gender	edu	age
name			
乙	女	本科	26
丙	女	硕士	22
丁	女	本科	25

图 5-32　变量 name 转换为行标签的演示结果

此时的数据集以员工姓名作为行名称，不再是之前的行号，对于目标子集的返回同样可以使用 iloc、loc 和 ix 三种方法。对于 iloc 来说，不管什么形式的数据集都可以使用，它始终需要指定目标数据所在的位置索引；loc 就不能使用数值表示行标签了，因为此时数据集的行标签是姓名，所以需要写入中间三行所对应的用户姓名；对于 ix 方法来说，既可以使用行索引（如代码中的 1:4），也可以用行名称表示，读者可以根据自己的喜好进行选择。代码中 cols_select 处有另一个特殊的符号“:”，它表示取出数据集的所有变量。

很显然，在实际的学习或工作中，行的筛选很少通过指定具体的行索引或行名称进行，而是基于列的条件表达式获得目标子集。例如对于前面的 df1 数据集，返回所有男性用户的姓名、年龄和受教育水平的代码如下，具体的结果如图 5-33 所示。

```
# 基于 loc 方法做筛选
df1.loc[df1.gender == '男',['name','age','edu']]
# 基于 ix 方法做筛选
df1.ix[df1.gender == '男',[0,3,2]]
```

	name	gender	edu	age
0	甲	男	本科	23
1	乙	女	本科	26
2	丙	女	硕士	22
3	丁	女	本科	25
4	戊	男	硕士	27

	name	age	edu
0	甲	23	本科
4	戊	27	硕士

	name	age	edu
0	甲	23	本科
4	戊	27	硕士

图 5-33　基于 loc 和 ix 方法对数据做筛选

结果显示，根据筛选条件的判断可以方便地将目标数据取出来，但需要注意的是，条件筛选只能使用在 loc 和 ix 两种方法中。对变量的筛选，loc 方法必须指定具体的变量名称，而 ix 方法既可以指定变量名称，也可以指定变量所在的位置索引。

所以，在 5.4.1 节中关于 data3 缺失行记录的删除就可以使用上面的 loc 和 ix 两种方法，具体代码如下。

```
# 删除观测，如删除 age 变量中所对应的缺失观测
data3_new2 = data3.loc[~data3['age'].isnull(),]
# 查看数据的规模
data3_new2.shape
out:
(2900, 5)
```

结果显示，同样可以得到 2900 行 5 列的数据子集。需要注意的是，代码中判断条件 data3['age'].isnull()前面必须加上“～”符号，它表示逻辑非，如果不进行逻辑非操作，得到的将是缺失值所对应的行，即 100 行 5 列的数据子集。

5.4.3　多表合并与连接

在平时的学习或工作中可能会涉及多张表的操作，例如将表结构相同（即变量个数和变量类型均相同）的多张表纵向合并到一张长表中，或者将多张表的变量水平扩展到一张宽表中。如果对数据库 SQL 语法比较熟悉，那表之间的合并和连接就非常简单了。对于多张表

的合并，只需要使用 UNION 或 UNION ALL 关键词；对于多张表之间的连接，只需要使用 INNER JOIN 或者 LEFT JOIN 即可。

表的合并和连接如图 5-34 所示，第一张图为两表之间的纵向合并，第二张图为两表之间的水平扩展，并且为左连接操作。

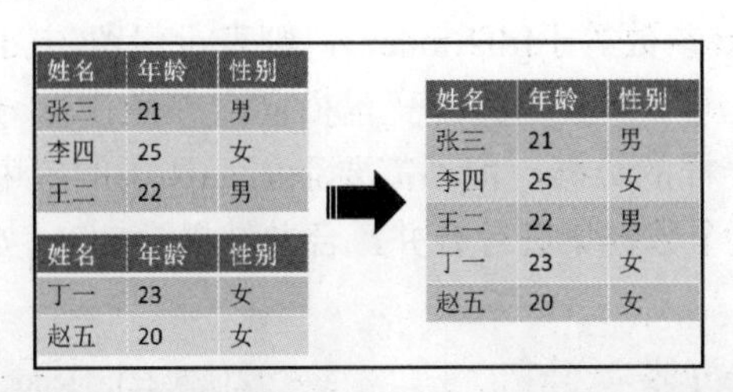

姓名	年龄	性别
张三	21	男
李四	25	女
王二	22	男

姓名	年龄	性别
丁一	23	女
赵五	20	女

姓名	年龄	性别
张三	21	男
李四	25	女
王二	22	男
丁一	23	女
赵五	20	女

ID	年龄
1	21
2	25
3	22
4	23

ID	科目	成绩
1	科目1	86
2	科目1	77
2	科目2	89
4	科目1	81

ID	年龄	科目	成绩
1	21	科目1	86
2	25	科目1	77
2	25	科目2	89
3	22	NaN	NaN
4	23	科目1	81

图 5-34 数据的合并与连接演示

需要注意的是，对于多表之间的纵向合并，则必须确保多表的列数和数据类型一致；对于多表之间的水平扩展，则必须保证多表之间拥有共同的匹配变量（如图 5-34 中的 ID 变量）；在第二张图中，经连接操作后含有缺失值 NaN，它表示 3 号用户没有对应的考试科目和考试成绩。

对于 Python 来说，该如何实现多表之间的合并和连接操作？pandas 模块提供了对应的操作函数，那就是 concat 函数和 merge 函数，首先介绍一下这两个函数的用法和重要参数含义。

1. 合并函数 concat

concat 函数的语法如下。

```
pd.concat(objs, axis=0, join='outer', join_axes=None, ignore_index=False, keys=None)
```

concat 函数的参数说明如下。

- objs：指定需要合并的对象，可以是序列、数据框或面板数据构成的列表。
- axis：指定数据合并的轴，默认为 0，表示合并多个数据的行（行数发生了变化），如果为 1，则表示合并多个数据的列（列数发生了变化）。
- join：指定合并的方式，默认为 outer，表示合并所有数据，如果改为 inner，则表示合并公共部分的数据。
- join_axes：合并数据后，指定保留的数据轴。
- ignore_index：bool 类型的参数，表示是否忽略原数据集的索引，默认为 False，如果设为 True，则表示忽略原索引并生成新索引。

● keys：为合并后的数据添加新索引，用于区分各个数据部分。

对于合并函数 concat 有两点需要强调。一是如果纵向合并多个数据集，即使这些数据集都含有“姓名”变量，但变量名称不一致，如 Name 和 name，通过合并后将会得到错误的结果；另一个是 join_axes 参数的使用，例如纵向合并两个数据集 df1 和 df2，可以写成 pd.concat([df1,df2])，如果该参数等于[df1.index]，则表示保留与 df1 行标签值一样的数据，但需要配合 axis=1 一起使用（即实现的是变量横向合并操作）；如果等于[df1.columns]，则保留与 df1 中所有变量值一样的数据，但不需要添加 axis=1 的约束。concat 函数的使用方法如下所示，将 df1 和 df2 两个数据集进行合并，合并结果为 df3，如图 5-35 所示。

```
# 构造数据集 df1 和 df2
df1 = pd.DataFrame({'name':['张三','李四','王二'], 'age':[21,25,22], 'gender':['男','女','男']})
df2 = pd.DataFrame({'name':['丁一','赵五'], 'age':[23,22], 'gender':['女','女']})

# 数据集的纵向合并
df3 = pd.concat([df1,df2] , # 须将被合并的数据集组合到列表中，否则报错
                keys = ['df1','df2'] # 借助于该参数区分不同的数据源
                )
# 数据预览
df3
```

结果显示，数据表中的数据完成了纵向合并，并且多了一列索引，用于识别哪些数据来自于哪张表。需要注意的是，在数据合并的同时，原始数据中的行号均被保留，如需重新设置自增的行号，可以参考下面的操作（但千万不能直接设置 ignore_index 参数为 True，否则会导致代码式结果错误）。

第一列的索引看着特别别扭，能否将该索引列转换成变量列？当然可以，只需要使用 reset_index 方法即可，具体代码如下，处理结果如图 5-36 所示。

```
# 将第一列索引列转换为变量
df3.reset_index(level = 0, # level 用于指定第几个索引列需要转换，0 表示第一个索引列
                inplace = True)
# 变量重命名
df3.rename(columns = {'level_0':'tab_name'}, inplace = True)
# 重新调整行索引值
df3.index = range(df3.shape[0])
# 数据预览
df3
```

		age	gender	name
df1	0	21	男	张三
	1	25	女	李四
	2	22	男	王二
df2	0	23	女	丁一
	1	22	女	赵五

图 5-35　数据纵向合并的结果

	tab_name	age	gender	name
0	df1	21	男	张三
1	df1	25	女	李四
2	df1	22	男	王二
3	df2	23	女	丁一
4	df2	22	女	赵五

图 5-36　将行标签转换为变量的演示结果

结果显示，原本的索引列成为变量列。需要注意的是，由于原始表中的第一列索引没有名称，故转换成变量后其名称默认为 level_0，可以借助于 rename 方法对其进行重命名。

再举一个例子，用于说明数据表中变量含义相同但名称不同的情况，以及如何使用 join_axes 参数，具体代码如下，合并结果为 df4 和 df5，如图 5-37 所示。

```
# 数据纵向合并
df4 = pd.concat([df1,df2])

# 数据横向合并
df5 = pd.concat([df1, df2],
                join_axes = [df2.index], # 仅保留与 df2 中列索引值一致的数据，类似于交集
                axis = 1)

# 数据预览
df4; df5
```

	Name	age	gender	name
0	NaN	21	男	张三
1	NaN	25	女	李四
2	NaN	22	男	王二
0	丁一	23	女	NaN
1	赵五	22	女	NaN

a)

	age	gender	name	age	gender	Name
0	21	男	张三	23	女	丁一
1	25	女	李四	22	女	赵五

b)

图 5-37　数据合并的结果

a) df4（纵向合并）　b) df5（横向合并）

图 5-37 中表 a)为纵向合并的 df4，但由于两个数据集的变量名称不一致（name 和 Name），进而导致错误的结果；表 b)为横向合并的效果（两表中的所有变量全部合到一张表中，对于 df1 和 df2 很显然不太合适，该方法主要用于两表中不同变量的横向合并），并且仅保留索引值为 0,1 的记录，是因为 df2 数据集中只有这两个索引值。

2．连接函数 merge

Merge 函数的语法如下。

```
pd.merge(left, right, how='inner', on=None, left_on=None, right_on=None,
         left_index=False, right_index=False, sort=False, suffixes=('_x', '_y'))
```

merger 函数的参数说明如下。

- left：指定需要连接的主表。
- right：指定需要连接的辅表。
- how：指定连接方式，默认为 inner 内连，还有其他选项，如左连 left、右连 right 和外连 outer。
- on：指定连接两张表的共同变量。
- left_on：指定主表中需要连接的共同变量。

- right_on：指定辅表中需要连接的共同变量。
- left_index：bool 类型参数，是否将主表中的行索引用作表连接的共同变量，默认为 False。
- right_index：bool 类型参数，是否将辅表中的行索引用作表连接的共同变量，默认为 False。
- sort：bool 类型参数，是否对连接后的数据按照共同变量排序，默认为 False。
- suffixes：如果数据连接的结果中存在重叠的变量名，则使用各自的前缀进行区分。

该函数的最大缺点是，每次只能操作两张数据表的连接，如果有 n 张表需要连接，则必须经过 n-1 次的 merge 函数使用。接下来，为了读者更好地理解 merge 函数的使用，这里举例说明，将数据集 df3、df4 和 df5 进行连接，代码如下所示。

```
# 构造数据集 df3、df4 和 df5
df3 = pd.DataFrame({'id':[1,2,3,4,5],'name':['张三','李四','王二','丁一','赵五'],
                    'age':[27,24,25,23,25],'gender':['男','男','男','女','女']})
df4 = pd.DataFrame({'Id':[1,2,2,4,4,4,5],'score':[83,81,87,75,86,74,88],
                    'kemu':['科目 1','科目 1','科目 2','科目 1','科目 2','科目 3','科目 1']})
df5 = pd.DataFrame({'id':[1,3,5],'name':['张三','王二','赵五'],'income':[13500,18000,15000]})

# 首先将 df3 和 df4 连接
merge1 = pd.merge(left = df3, right = df4, how = 'left', left_on='id', right_on='Id')
merge1

# 再将连接结果 merge1 与 df5 连接
merge2 = pd.merge(left = merge1, right = df5, how = 'left')
merge2
```

如图 5-38 所示，就是构造的三个数据集，虽然 df3 和 df4 都用共同的变量“编号”，但是一个为 id，另一个为 Id，所以在后面的表连接时需要留意共同变量的写法。

	age	gender	id	name
0	27	男	1	张三
1	24	男	2	李四
2	25	男	3	王二
3	23	女	4	丁一
4	25	女	5	赵五

a)

	Id	kemu	score
0	1	科目1	83
1	2	科目1	81
2	2	科目2	87
3	4	科目1	75
4	4	科目2	86
5	4	科目3	74
6	5	科目1	88

b)

	id	income	name
0	1	13500	张三
1	3	18000	王二
2	5	15000	赵五

c)

图 5-38　3 张待连接的数据表

a) df3　b) df4　c) df5

如果需要将这三张表横向扩展到一张宽表中，需要经过两次的 merge 操作。如代码所示，第一次 merge 连接了 df3 和 df4，由于两张表的共同变量不一致，所以需要分别指定 left_on 和 right_on 的参数值；第二次 merge 则连接了 merge1 和 df5，此时并不需要指定 left_on 和

right_on 参数，这是因为第一次的 merge 结果就包含了 id 变量，所以 merge 时会自动挑选完全一致的变量用于表连接。如图 5-39 所示，就是经过两次 merge 之后的结果，结果中的 NaN 为缺失值，表示无法匹配的值。

	age	gender	id	name	Id	kemu	score
0	27	男	1	张三	1.0	科目1	83.0
1	24	男	2	李四	2.0	科目1	81.0
2	24	男	2	李四	2.0	科目2	87.0
3	25	男	3	王二	NaN	NaN	NaN
4	23	女	4	丁一	4.0	科目1	75.0
5	23	女	4	丁一	4.0	科目2	86.0
6	23	女	4	丁一	4.0	科目3	74.0
7	25	女	5	赵五	5.0	科目1	88.0

a)

	age	gender	id	name	Id	kemu	score	income
0	27	男	1	张三	1.0	科目1	83.0	13500.0
1	24	男	2	李四	2.0	科目1	81.0	NaN
2	24	男	2	李四	2.0	科目2	87.0	NaN
3	25	男	3	王二	NaN	NaN	NaN	18000.0
4	23	女	4	丁一	4.0	科目1	75.0	NaN
5	23	女	4	丁一	4.0	科目2	86.0	NaN
6	23	女	4	丁一	4.0	科目3	74.0	NaN
7	25	女	5	赵五	5.0	科目1	88.0	15000.0

b)

图 5-39　表连接后的结果

a) merge1　b) merge2

5.4.4　数据的汇总

数据汇总是指基于已有的明细数据做进一步的统计计算，这是数据分析过程中必备的基础知识，也是学习或工作中经常使用到的知识点，其操作类似于 Excel 中透视表所完成的数据汇总以及数据库中实现的分组聚合。如果读者使用 Python 进行数据汇总，那么 pandas 模块绝对是一把利器，它既提供了 Excel 中的透视表功能，也提供了数据库中的分组聚合功能。接下来通过具体的实例详细讲解这两项功能的使用。

1．透视表功能

该功能的主要目的就是实现数据的汇总统计，例如按照某个分组变量统计商品的平均价格、销售数量、最大利润等，或者按照某两个分组变量构成统计学中的列联表（计数统计），甚至是基于多个分组变量统计各组合下的均值、中位数、总和等。如果使用 Excel，只需要简单的拖拉拽操作就可以迅速的形成一张统计表，如图 5-40 所示（数据是关于珠宝的重量、颜色、纯度、价格、面宽等）。

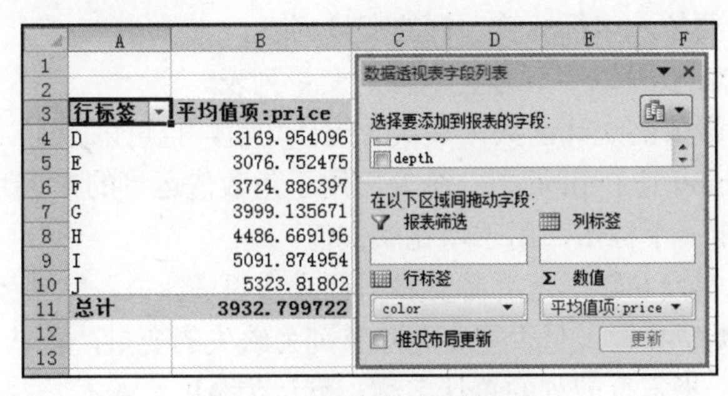

图 5-40　Excel 透视表的操作

图 5-40 所呈现的是基于单个分组变量实现的均值统计，读者只需将分组变量 color 拖入到“行标签”框中，数值变量 price 拖入到“数值”框中，然后再下拉“数值”框中的“求

和项”，并单击“值变量设置”，选择“平均值”的计算类型就可以实现均值的分组统计（因为默认是统计总和）。

如果需要构造列联表（如图 5-41 所示），可以按照下面的步骤实现。

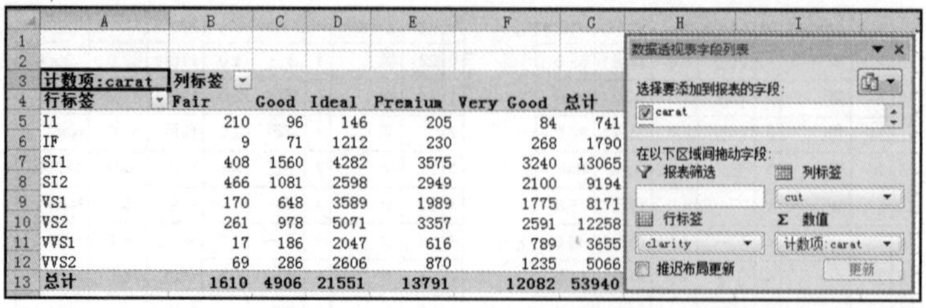

计数项:carat	列标签					
行标签	Fair	Good	Ideal	Premium	Very Good	总计
I1	210	96	146	205	84	741
IF	9	71	1212	230	268	1790
SI1	408	1560	4282	3575	3240	13065
SI2	466	1081	2598	2949	2100	9194
VS1	170	648	3589	1989	1775	8171
VS2	261	978	5071	3357	2591	12258
VVS1	17	186	2047	616	789	3655
VVS2	69	286	2606	870	1235	5066
总计	1610	4906	21551	13791	12082	53940

图 5-41　Excel 透视表的操作

图 5-41 是关于频次的列联表，将分组变量 clarity 和 cut 分别拖至“行标签”框和“列标签”框，然后将其他任意一个变量拖入“数值”框中，接下来在“数据透视表字段列表”的左下角下拉三角形选择“计数”的计算类型。同理，如果需要生成多个分组变量的汇总表，只需将这些分组变量根据实际情况拖到“行标签”和“列标签”框中。

以上对 Excel 生成数据透视表的方法做了一个简要的回顾，接下来介绍 pandas 模块生成数据透视表。

pandas 模块中的 pivot_table 函数就是实现透视表功能的强大函数，该函数简单易用，与 Excel 的操作思想完全一致，该函数的用法及参数含义如下所示。

pivot_table 函数的语法。

```
pd.pivot_table(data, values=None, index=None, columns=None,
               aggfunc='mean', fill_value=None, margins=False,
               dropna=True, margins_name='All')
```

pivot_table 函数的参数说明。

- data：指定需要构造透视表的数据集。
- values：指定需要拉入“数值”框的变量列表。
- index：指定需要拉入“行标签”框的变量列表。
- columns：指定需要拉入“列标签”框的变量列表。
- aggfunc：指定数值的统计函数，默认为统计均值，也可以指定 numpy 模块中的其他统计函数（numpy 是 Python 中一个专门用于角数值运算的模块）。
- fill_value：指定一个标量，用于填充缺失值。
- margins：bool 类型参数，是否需要显示行或列的总计值，默认为 False。
- dropna：bool 类型参数，是否需要删除整列为缺失的变量，默认为 True。
- margins_name：指定行或列的总计名称，默认为 All。

为了说明该函数的灵活功能，这里以前文提到的珠宝数据为例，制作透视表。首先，来尝试一下单个分组变量的均值统计，具体代码如下，运算结果为 diamonds，如图 5-42 所示。

```
# 数据读取
diamonds = pd.read_table(r'C:\Users\Administrator\Desktop\diamonds.csv', sep = ',')
# 单个分组变量的均值统计
pd.pivot_table(data = diamonds, index = 'color', values = 'price', margins = True, margins_name = '总计')
```

```
color
D      3169.954096
E      3076.752475
F      3724.886397
G      3999.135671
H      4486.669196
I      5091.874954
J      5323.818020
总计    3932.799722
Name: price, dtype: float64
```

图 5-42　Python 透视表的操作结果

结果显示，就是基于单个分组变量 color 的汇总统计（price 的均值），返回结果属于 pandas 模块中的序列类型，该结果与 Excel 形成的透视表完全一致。接下来，再来看一下如何构造两个分组变量的列联表，代码如下所示，运算结果如图 5-43 所示。

```
# 两个分组变量的列联表
# 导入 numpy 模块
import numpy as np
pd.pivot_table(data = diamonds, index = 'clarity', columns = 'cut', values = 'carat',
               aggfunc = np.size,margins = True, margins_name = '总计')
```

cut	Fair	Good	Ideal	Premium	Very Good	总计
clarity						
I1	210.0	96.0	146.0	205.0	84.0	741.0
IF	9.0	71.0	1212.0	230.0	268.0	1790.0
SI1	408.0	1560.0	4282.0	3575.0	3240.0	13065.0
SI2	466.0	1081.0	2598.0	2949.0	2100.0	9194.0
VS1	170.0	648.0	3589.0	1989.0	1775.0	8171.0
VS2	261.0	978.0	5071.0	3357.0	2591.0	12258.0
VVS1	17.0	186.0	2047.0	616.0	789.0	3655.0
VVS2	69.0	286.0	2606.0	870.0	1235.0	5066.0
总计	1610.0	4906.0	21551.0	13791.0	12082.0	53940.0

图 5-43　Python 透视表的操作结果

在图 5-43 中，对于列联表来说，行和列都需要指定某个分组变量，所以 index 参数和 columns 参数都需要指定一个分组变量。并且统计的不再是某个变量的均值，而是观测个数，所以 aggfunc 参数需要指定 numpy 模块中的 size 函数。通过这样的参数设置，返回的是一个数据框对象，结果也是与 Excel 透视表完全一样。

2. 分组聚合操作

在数据库中还有一种比较常见的操作就是分组聚合，即根据某些个分组变量，对数值型变量进行分组统计。仍然以珠宝数据为例，统计各颜色和刀工组合下的珠宝数量、最小重量、平均价格和最大面宽。如果读者对 SQL 比较熟悉，可以通过编写如下所示的 SQL 语句，实现数据的统计，统计结果如图 5-44 所示。

```
SELECT color
       ,cut
       ,COUNT(*) AS counts
       ,MIN(carat) AS min_weight
       ,AVG(price) AS avg_price
       ,MAX(face_width) AS max_face_width
FROM diamonds
GROUP BY color,cut;
```

结果　消息

	color	cut	counts	min_weight	avg_price	max_face_width
1	D	Fair	163	0.25	4291.06134969325	73
2	D	Good	662	0.23	3405.38217522659	66
3	D	Ideal	2834	0.2	2629.09456598447	62
4	D	Premium	1603	0.2	3631.29257641921	62
5	D	Very Good	1513	0.23	3470.46728354263	64
6	E	Fair	224	0.22	3682.3125	73
7	E	Good	933	0.23	3423.64415862808	65
8	E	Ideal	3903	0.2	2597.55008967461	62
9	E	Premium	2337	0.2	3538.91442019683	62
10	E	Very Good	2400	0.2	3214.65208333333	65
11	F	Fair	312	0.25	3827.00320512821	95
12	F	Good	909	0.23	3495.7502750275	66
13	F	Ideal	3826	0.23	3374.93936225823	63
14	F	Premium	2331	0.2	4324.89017589018	62
15	F	Very Good	2164	0.23	3778.82024029575	65
16	G	Fair	314	0.23	4239.25477707006	76
17	G	Good	871	0.23	4123.4822043628	66

图 5-44　基于 SQL Server 的聚合结果

上述返回结果，在每一种颜色和刀工的组合下都会对应 4 种统计值。读者如果对 SQL 并不是很熟悉，该如何运用 Python 实现数据的分组统计呢？其实也很简单，只需结合使用 pandas 模块中的 groupby 方法和 aggregate 方法，就可以完美地得到统计结果。详细的 Python 代码如下所示，运算结果如图 5-45 所示。

```
# 通过 groupby 方法，指定分组变量
grouped = diamonds.groupby(by = ['color','cut'])
# 对分组变量进行统计汇总
result = grouped.aggregate({'color':np.size, 'carat':np.min, 'price':np.mean, 'face_width':np.max})
# 返回结果
result
# 调整变量名的顺序
result = pd.DataFrame(result, columns=['color','carat','price','face_width'])
# 返回结果
result
```

		counts	min_weight	avg_price	max_face_width
color	cut				
D	Fair	163	0.25	4291.061350	73.0
	Good	662	0.23	3405.382175	66.0
	Ideal	2834	0.20	2629.094566	62.0
	Premium	1603	0.20	3631.292576	62.0
	Very Good	1513	0.23	3470.467284	64.0
E	Fair	224	0.22	3682.312500	73.0
	Good	933	0.23	3423.644159	65.0
	Ideal	3903	0.20	2597.550090	62.0
	Premium	2337	0.20	3538.914420	62.0
	Very Good	2400	0.20	3214.652083	65.0

图 5-45　基于 Python 的聚合结果

上述结果与 SQL Server 形成的结果完全一致，使用 pandas 实现分组聚合需要分两步走：第一步是指定分组变量，可以通过数据框的 groupby 方法完成；第二步是对不同的数值变量计算各自的统计值，在这一步，必须以字典的形式控制变量名称和统计函数（代码如上所示）。

通过这样的方式可以实现数值变量的聚合统计，但是最终的统计结果（如代码中的第一次返回 result）可能并不是所预期的，例如数据框的变量顺序发生了改动，变量名应该是统计后的别名；为了保证与 SQL Server 的结果一致，需要更改结果的变量名顺序（如代码中的第二次返回 result）和变量名的名称（如代码中的第三次返回 result）。通过修正可以得到如上结果中的第一个聚合表。

细心的读者一定会发现，分组变量 color 和 cut 成了数据框的行索引。如果需要将这两个行索引转换为数据框的变量名，可以使用数据框的 reset_index 方法，具体代码如下所示，这样就可以得到如图 5-46 所呈现的效果。

```
# 数据集重命名
result.rename(columns={'color':'counts','carat':'min_weight','price':'avg_price','face_width':'max_face_width'}, inplace=True)
# 返回结果
result
# 将行索引变换为数据框的变量
result.reset_index(inplace=True)
# 返回结果
result
```

	color	cut	counts	min_weight	avg_price	max_face_width
0	D	Fair	163	0.25	4291.061350	73.0
1	D	Good	662	0.23	3405.382175	66.0
2	D	Ideal	2834	0.20	2629.094566	62.0
3	D	Premium	1603	0.20	3631.292576	62.0
4	D	Very Good	1513	0.23	3470.467284	64.0
5	E	Fair	224	0.22	3682.312500	73.0
6	E	Good	933	0.23	3423.644159	65.0
7	E	Ideal	3903	0.20	2597.550090	62.0
8	E	Premium	2337	0.20	3538.914420	62.0
9	E	Very Good	2400	0.20	3214.652083	65.0

图 5-46　将行标签转换为变量的演示结果

5.5 探索性数据分析

将数据读取、处理之后就需要进一步地通过 Python 进行数据分析了。首先是进行常规的探索性数据分析，该分析方法就是让数据的使用者熟悉数据、认识数据。这个过程将涉及数据的检查（如缺失值、重复值、异常值等）、数据的描述（如集中趋势、分散趋势、分布形状、相关关系等）以及数据的推断（如假设检验、模型的构建、特征选择等）。本节将重点介绍探索性数据分析过程中的数据检查和数据描述，而数据推断部分将在后续章节中做详细讲解。

在数据的探索过程中，经常会使用到数据可视化技术，借助于数据可视化，可以快速地发现数据背后隐藏的规律或价值。例如通过折线趋势图可以发现数据的波动特征，利用散点图可以挖掘数据内在的数学关系，采用直方图则可以发现数据的集中区间和分布形态等。

在 Python 中最为基础和核心的数据可视化工具当属 matplotlib 模块，该模块提供了几十种图形的绘制函数，基本上可以满足数据探索或分析过程中的各项需求。本章中所涉及的数据可视化图形将都来自于 matplotlib 模块中的函数。

5.5.1 异常数据的检测与处理

在 5.4.1 节中已经讲解了有关数据中重复观测值和缺失值的识别与处理，在本节中将介绍异常值的判断和处理方法。异常值也称为离群点，就是那些远离绝大多数样本点的特殊群体，通常这样的数据点在数据集中都表现出不合理的特性。如果忽视这些异常值，在某些建模场景下就会导致结论的错误（如线性回归模型、K 均值聚类等），所以在数据的探索过程中，有必要识别出这些异常值并处理好它们。通常，异常值的识别可以借助于图形法（如箱线图、正态分布图）和建模法（如线性回归、聚类算法、K 近邻算法），本节只介绍图形法，关于建模法，读者可以参考后续章节中有关线性回归部分的内容。

1．基于箱线图识别异常——以识别太阳黑子数据异常点为例

（1）箱线图基本概念

箱线图实际上就是利用数据的分位数识别其中的异常点，该图形属于典型的统计图形，在学术界和工业界都得到广泛的应用。箱线图的形状特征如图 5-47 所示。

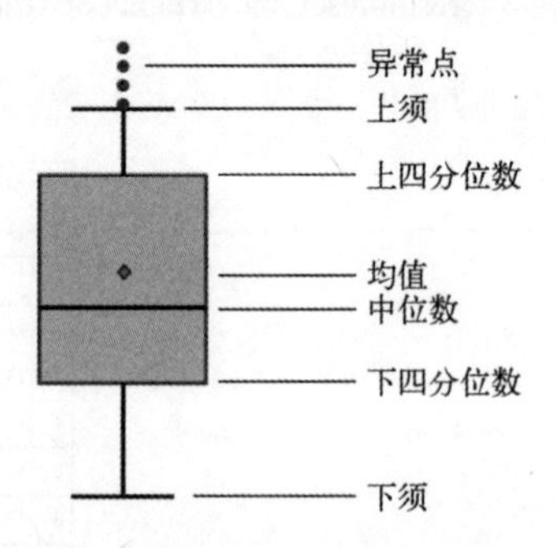

图 5-47 箱线图中各指标的含义

图中的下四分位数指的是数据的 25%分位点所对应的值（Q1）；中位数即为数据的 50%分位点所对应的值（Q2）；上四分位数则为数据的 75%分位点所对应的值（Q3）；上须的计算公式为 Q3+1.5(Q3−Q1)；下须的计算公式为 Q1−1.5(Q3−Q1)。其中，Q3−Q1 表示四分位差。如果采用箱线图识别异常值，其判断标准是，当变量的数据值大于箱线图的上须或者小于箱线图的下须时，就可以认为这样的数据点为异常点。

所以，基于箱线图，可以定义某个数值型变量中的异常点和极端异常点，它们的判断表达式如表 5-6 所示。

表 5-6　基于箱线图的异常值判断标准

判断标准	结论
x> Q3+1.5(Q3-Q1)或者 x< Q1-1.5(Q3-Q1)	异常点
x> Q3+3(Q3-Q1)或者 x< Q1-3(Q3-Q1)	极端异常点

（2）boxplot 函数

在 Python 中可以使用 matplotlib 模块实现数据的可视化，其中 boxplot 函数就是用于绘制箱线图的，有关该函数的用法及参数含义如下。

boxplot 函数的语法。

```
boxplot(x, notch=None, sym=None, vert=None,
        whis=None, positions=None, widths=None,
        patch_artist=None, meanline=None, showmeans=None,
        showcaps=None, showbox=None, showfliers=None,
        boxprops=None, labels=None, flierprops=None,
        medianprops=None, meanprops=None,
        capprops=None, whiskerprops=None)
```

boxplot 函数的参数说明。

- x：指定绘制箱线图的数据。
- notch：是否以凹槽的形式展现箱线图，默认为非凹槽状态。
- sym：指定异常点的形状，默认为+号显示。
- vert：是否需要将箱线图垂直摆放，默认为垂直摆放。
- whis：指定上下须与上下四分位的距离，默认为 1.5 倍的四分位差。
- positions：指定箱线图的位置，默认为[0,1,2…]。
- widths：指定箱线图的宽度，默认为 0.5。
- patch_artist：bool 类型参数，是否填充箱体的颜色；默认为 False。
- meanline：bool 类型参数，是否用线的形式表示均值，默认为 False。
- showmeans：bool 类型参数，是否显示均值，默认为 False。
- showcaps：bool 类型参数，是否显示箱线图顶端和末端的两条线（即上下须），默认为 True。
- showbox：bool 类型参数，是否显示箱线图的箱体，默认为 True。
- showfliers：是否显示异常值，默认为 True。
- boxprops：设置箱体的属性，如边框色、填充色等。
- labels：为箱线图添加标签，类似于图例的作用。
- filerprops：设置异常值的属性，如异常点的形状、大小、填充色等。
- medianprops：设置中位数的属性，如线的类型、粗细等。
- meanprops：设置均值的属性，如点的大小、颜色等。

- capprops：设置箱线图顶端和末端线条的属性，如颜色、粗细等。
- whiskerprops：设置须的属性，如颜色、粗细、线的类型等。

（3）箱线图实例——识别太阳黑子数据异常点

下面以 1700 年至 1988 年太阳黑子数量的数据为例，利用箱线图法识别数据中的异常点和极端异常点。具体的代码如下，代码运行结果如图 5-48 所示。

```
# 导入第三方模块
import matplotlib.pyplot as plt

# 导入数据
sunspots = pd.read_csv(r'C:\Users\Administrator\Desktop\sunspots.csv')
# 绘制箱线图（1.5 倍的四分位差，如需绘制 3 倍的四分位差，只需调整 whis 参数）
plt.boxplot(x = sunspots.counts, # 指定绘制箱线图的数据
            whis = 1.5, # 指定 1.5 倍的四分位差
            widths = 0.7, # 指定箱线图的宽度为 0.8
            patch_artist = True, # 指定需要填充箱体颜色
            showmeans = True, # 指定需要显示均值
            boxprops = {'facecolor':'steelblue'}, # 指定箱体的填充色为铁蓝色
            # 指定异常点的填充色、边框色和大小
            flierprops = {'markerfacecolor':'red', 'markeredgecolor':'red', 'markersize':4},
            # 指定均值点的标记符号（菱形）、填充色和大小
            meanprops = {'marker':'D','markerfacecolor':'black', 'markersize':4},
            medianprops = {'linestyle':'--','color':'orange'}, # 指定中位数的标记符号（虚线）和颜色
            labels = [''] # 去除箱线图的 x 轴刻度值
            )
# 显示图形
plt.show()
```

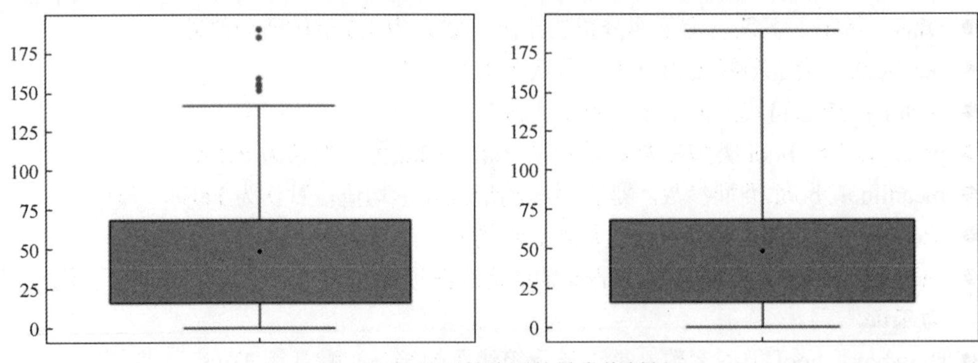

图 5-48 基于箱线图的异常值判断

图 5-48 中，利用 matplotlib 子模块 pyplot 中的 boxplot 函数可以非常方便地绘制箱线图，其中左图的上下须设定为 1.5 倍的四分位差，右图的上下须设定为 3 倍的四分位差。从左图可知，发现数据集中至少存在 5 个异常点，它们均在上须之上；而在右图中并没有显示极端异常点。

通过图 5-48 可以直观地发现数据中是否存在异常点或极端异常点，但无法得知哪些观测为异常点，以及这些异常点的具体数值。为解决该问题，读者可以通过以下的代码实现查

询，异常点的查询结果如表 5-7 所示。

```
# 计算下四分位数和上四分位
Q1 = sunspots.counts.quantile(q = 0.25)
Q3 = sunspots.counts.quantile(q = 0.75)

# 基于 1.5 倍的四分位差计算上下须对应的值
low_whisker = Q1 - 1.5*(Q3 - Q1)
up_whisker = Q3 + 1.5*(Q3 - Q1)

# 寻找异常点
sunspots.counts[(sunspots.counts > up_whisker) | (sunspots.counts < low_whisker)]
```

表 5-7 太阳黑子中的异常点数据

异常点编号	78	247	257	258	259	279	280
异常点的值	154.4	151.6	190.2	184.8	159.0	155.4	154.7

在图绘制过程中，涉及了线条类型（如箱线图中的中位数所对应的虚线）和点的形状（如异常点和均值点），读者可能注意到，代码中关于中位线的类型设置为“--”，其表示虚线，均值点的形状设置为“D”，其表示菱形。对于线条类型和点的形状还有其他表示方法，这里就将常用的线条类型和点的形状进行汇总，如表 5-8 所示。

表 5-8 绘图元素之线条类型与点形状

符号	含义	符号	含义
-（一个减号）	实心线	--（两个减号）	虚线
-.（减句号）	虚线和点构成的线	:（英文冒号）	点构成的线
.（英文句号）	实心点	o（小写字母）	空心点
^	朝上的空心三角形	v（小写字母）	朝下的空心三角形
>（大于号）	朝右的空心三角形	<（小于号）	朝左的空心三角形
s（小写字母）	空心正方形	p（小写字母）	空心五边形
*	空心五角星	h（小写字母）	空心六边形
x（小写字母）	叉号	d（小写字母）	空心的菱形

2．基于正态分布特性识别异常值——以某公司的支付转化率分析为例

（1）正态分布的基本概念

根据正态分布的定义可知，数据点落在偏离均值正负 1 倍标准差（即 σ 值）内的概率为 68.2%；数据点落在偏离均值正负 2 倍标准差内的概率为 95.4%；数据点落在偏离均值正负 3 倍标准差内的概率为 99.6%。标准正态分布的概率密度图，如图 5-49 所示。

也就是说，如果数据点落在偏离均值正负 2 倍标准差之外的概率就不足 5%，它属于小概率事件，即认为这样的数据点为异常点。同理，如果数据点落在偏离均值正负 3 倍标准差之外的概率将会更小，可以认为这些数据点为极端异常点。

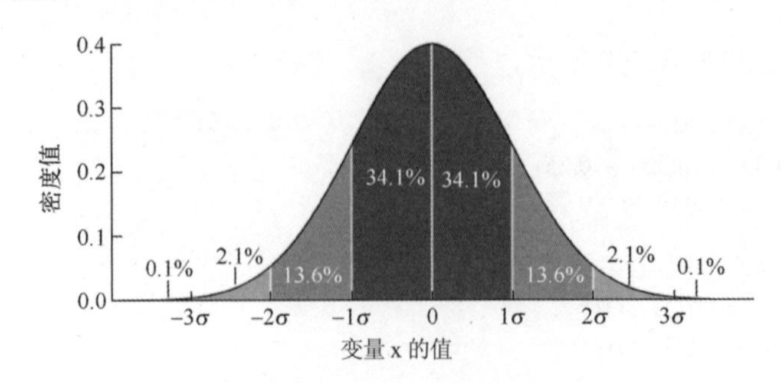

图 5-49　正态分布密度曲线

基于图 5-49 的结论，可以按照表 5-9 中的判断条件，进一步识别出数值型变量的异常点和极端异常点，如表 5-9 所示。

表 5-9　基于σ方法的异常值判断标准

判断标准	结论
$x>\bar{x}+2\sigma$ 或者 $x<\bar{x}-2\sigma$	异常点
$x>\bar{x}+3\sigma$ 或者 $x<\bar{x}-3\sigma$	极端异常点

（2）plot 函数

利用正态分布的知识点，结合 pyplot 子模块中的 plot 函数绘制折线图和散点图，并借助于两条水平参考线可以识别数据集中的异常值或极端异常值，这也就是基于正态分布的参考线法。利用有关 plot 函数的用法和参数含义如下。

plot 函数的语法。

```
plot(x, y, linestyle, linewidth, color, marker,
     markersize, markeredgecolor, markerfactcolor,
     markeredgewidth, label, alpha)
```

- **x**：指定折线图的 x 轴数据。
- **y**：指定折线图的 y 轴数据。
- linestyle：指定折线的类型，可以是实线、虚线、点虚线、点点线等，默认为实线。
- linewidth：指定折线的宽度。
- marker：可以为折线图添加点，该参数是设置点的形状。
- markersize：设置点的大小。
- markeredgecolor：设置点的边框色。
- markerfactcolor：设置点的填充色。
- markeredgewidth：设置点的边框宽度。
- label：为折线图添加标签，类似于图例的作用。

（3）正态分布实例——某公司的支付转化率分析

接下来以某公司的支付转化率数据为例，使用正态分布的特性识别数据集中的异常点和极端异常点，该数据呈现的是某公司 2017 年第三季度每天的支付转化率（转化率的计算逻辑为支付人次/网站登录人次），具体如图 5-50 所示。利用 plot 绘图函数绘制的折线图，识别数据中可能存在的异常点或极端异常点。具体代码如下，代码运行结果如图 5-51 所示。

```
# 读入外部数据
pay_ratio = pd.read_excel(r'C:\Users\Administrator\Desktop\pay_ratio.xlsx')
# 返回数据的前 5 行
pay_ratio.head()
```

	date	login	pay	ratio
0	2019-07-01	2234185	1000860	0.432353
1	2019-07-02	1308983	1175103	0.457038
2	2019-07-03	1395809	959875	0.326523
3	2019-07-04	1655896	1365273	0.315618
4	2019-07-05	1141110	509317	0.514315

图 5-50　数据读入的预览结果

```
#导入可视化包
import matplotlib.pyplot as plt
%matplotlib
# 绘制单条折线图，并在折线图的基础上添加点图
plt.plot(pay_ratio.date, # x 轴数据
        pay_ratio.ratio, # y 轴数据
        linestyle = '-', # 设置折线类型
        linewidth = 2, # 设置线条宽度
        color = 'steelblue', # 设置折线颜色
        marker = 'o', # 往折线图中添加圆点
        markersize = 4, # 设置点的大小
        markeredgecolor='black', # 设置点的边框色
        markerfacecolor='black') # 设置点的填充色
# 显示图形
plt.show()

# 添加上下界的水平参考线（便于判断异常点，如下面判断极端异常点，只需将 2 改为 3）
plt.axhline(y = pay_ratio.ratio.mean() - 2* pay_ratio.ratio.std(), linestyle = '--', color = 'gray')
plt.axhline(y = pay_ratio.ratio.mean() + 2* pay_ratio.ratio.std(), linestyle = '--', color = 'gray')

# 导入模块，用于日期刻度的修改（因为默认格式下的日期刻度标签并不是很友好）
import matplotlib as mpl
# 获取图的坐标信息
ax = plt.gca()
# 设置日期的显示格式
date_format = mpl.dates.DateFormatter("%m-%d")
ax.xaxis.set_major_formatter(date_format)

# 设置 x 轴每个刻度的间隔天数
xlocator = mpl.ticker.MultipleLocator(7)
```

```
ax.xaxis.set_major_locator(xlocator)
# 为了避免 x 轴刻度标签的紧凑，将刻度标签旋转 45°
plt.xticks(rotation=45)
```

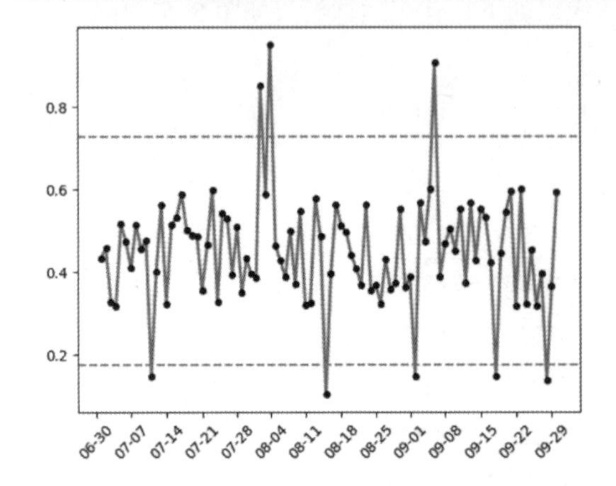

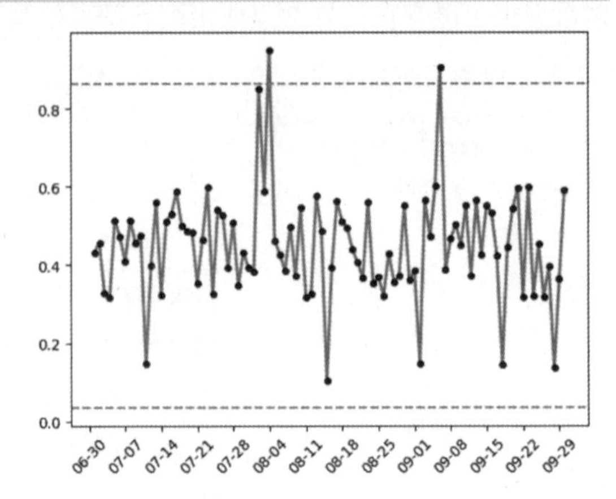

图 5-51　基于正态分布的特性判断异常点

左图中的两条水平线是偏离均值正负 2 倍标准差的参考线，目测有 8 个样本点落在参考线之外，可以判定它们属于异常点；而对于右图中偏离均值正负 3 倍标准差的参考线来说，仅有 2 个样本点落在参考线之外，即说明该样本点就是 2019 年第三季度的极端异常点。

同理，也可以借助于下面的代码，查询出异常点所对应的水流量，异常数据如表 5-10、表 5-11 所示。

```
# 计算判断异常点和极端异常点的临界值
outlier_ll = pay_ratio.ratio.mean() - 2* pay_ratio.ratio.std()
outlier_ul = pay_ratio.ratio.mean() + 2* pay_ratio.ratio.std()

extreme_outlier_ll = pay_ratio.ratio.mean() - 3* pay_ratio.ratio.std()
extreme_outlier_ul = pay_ratio.ratio.mean() + 3* pay_ratio.ratio.std()

# 寻找异常点
pay_ratio.loc[(pay_ratio.ratio > outlier_ul) | (pay_ratio.ratio < outlier_ll), ['date','ratio']]
# 寻找极端异常点
pay_ratio.loc[(pay_ratio.ratio > extreme_outlier_ul) | (pay_ratio.ratio < extreme_outlier_ll), ['date','ratio']]
```

表 5-10　支付转换率的异常点

异常点日期	07-11	07-02	08-04	08-15	09-02	09-06	09-18	09-28
异常点的值	14.7%	84.9%	94.8%	10.3%	56.9%	90.5%	14.5%	13.6%

表 5-11　支付转换率的极端异常点

异常点日期	08-04	09-06
异常点的值	94.8%	90.5%

尽管基于箱线图的分位数法和基于正态分布的参考线法都可以实现异常值和极端异常值的识别，但是在实际应用中需要有针对性地选择。如果待判断的变量近似服从正态分布，建议选择正态分布的参考线法识别异常点，否则使用分位数法识别异常点（关于变量是否服从正态分布的判断可参考第 5.5.3 节）。

3．异常值的处理办法

如果数据集中存在异常点，为避免异常点对后续分析或挖掘的影响，通常需要对异常点做相应的处理，比较常见的处理办法有如下几种：

- 直接从数据集中删除异常点。
- 使用简单数值（均值或中位数）或者距离异常值最近的最大值（最小值）替换异常值，也可以使用判断异常值的临界值替换异常值。
- 将异常值当作缺失值处理，使用插补法估计异常值，或者根据异常值衍生出表示是否异常的哑变量。

5.5.2　数据的描述

数据的描述是为了让数据使用者或开发者更加了解数据，进而做到“心中有数”，其描述过程侧重于统计运算和统计绘图。通过统计运算可以得到具体的数据特征，如反映集中趋势中的均值水平、中位数、分位数和众数等；反映分散趋势的方差、极差、四分位差和变异系数等。通过统计绘图可以得到直观的数据规律和知识，如利用直方图发现数据的分布形态，利用散点图得出变量之间的相关关系以及利用折线图呈现数据在时间维度上的波动趋势等。接下来将以 Python 为工具，通过具体的案例，介绍数据描述过程中的常用方法和技巧。本节仍然主要使用 pandas 模块。

1．数据的集中趋势

数据的集中趋势也称为中心趋势，反应的是数据的中心代表值，最为典型的中心代表值为平均值，因为在一个数据向量中，所有的元素都以平均值为中心做上下波动。当然，除了平均值还有其他常用的代表值，如中位数、分位数和众数等。

（1）平均值

在日常的学习和工作中，最为常用的平均值有算术平均值、加权平均值和几何平均值，其中算术平均值是指向量元素的总和与元素个数的商，加权平均值是指向量元素乘以各自的权重再加和，几何平均值是指向量中 n 个元素的乘积再开 n 次方。

1）算术平均值。

$$X=\frac{x_1+x_2+\cdots+x_n}{n}=\frac{\sum_{i=1}^{n}x_i}{n}$$

算术平均值的思想通俗易懂，不仅在学习或工作中常被用到，在生活中也会经常遇到，如菜场中会听见“这些鲫鱼大概多重？”其实问的就是算术平均值的重量。

如图 5-52 所示，为用户对某汽车各项性能指标的评分值。接下来基于该数据，描述如何利用 Python 计算各指标的算术平均值。对于算术平均值的运算，可以使用序列的 mean 方法，序列是 pandas 模块中的一个核心对象，基于序列对象可以直接调用 pandas 的各种函数。

	A	B	C	D
1	油耗	动力	外观	空间
2	4.5	4.3	4.8	4.7
3	3.1	4.4	4.6	4.8
4	3.7	4.1	4.9	4.8
5	3.3	4.8	4.6	4.6
6	3.3	4.4	5	4.6
7	4.2	4.6	4.9	4.9

图 5-52　待运算的外部数据

数据读取以及计算各指标的平均得分的代码如下所示：

```
# 读取汽车评分数据
cars_score = pd.read_csv(r'C:\Users\Administrator\Desktop\cars_score.csv')

# 计算各指标的平均得分（调用序列的 mean 函数）
cars_score.mean(axis = 0)
out:
```

代码运行结果如表 5-12 所示。

表 5-12　汽车各项性能指标的平均得分

油耗	动力	外观	空间
3.752	4.429	4.763	4.701

mean 方法对应的就是算术平均值，再借助于 5.4.1 节中讲解的“轴”的概念，便可以得到数据表中各变量的算术平均值。从结果来看，该汽车的好口碑主要体现在外观和空间上，而油耗则是主要的扣分对象。

算术平均值的优点在于其简单易用、不易受抽样的影响（即在同一总体中，不同组的样本其平均水平差异并不大）；但缺点是容易受到极端值的影响（即可能被数据集中的某个极大值或极小值拉高或压低）。

所以，当样本量比较小，且数据的分布呈现偏态特征时，不宜选择算术平均值作为数据的代表值；而当样本量非常大时，可以不考虑数据的分布特征，适合选用算术平均值衡量数据的集中趋势。

2）加权平均值。

$$W = \frac{f_1 x_1 + f_2 x_2 + \cdots + f_n x_n}{f_1 + f_2 + \cdots + f_n} = w_1 x_1 + w_2 x_2 + \cdots + w_n x_n$$

加权平均值是相对于算术平均值而言的，因为在算术平均值中设定每个样本的权重均为

1。然而在实际的应用中，有时样本的权重并不相等，此时就需要按照各自的权重计算总体水平的平均值。

如图 5-53 所示，为 RFM 模型中各用户对应的指标得分（RFM 模型主要用于衡量用户价值的高低，其中，R 指用户最后一次活跃时间距离当前时间的时间差；F 指用户在某段时间内的交易次数；M 指用户在某段时间内的交易金额。例如，当 R 值越小，F 和 M 值越大时，用户价值就越高；反之，当 R 值越大，F 和 M 值越小时，用户价值越低）。接下来基于该数据，描述如何利用 Python 计算各用户的加权平均得分（假设 3 个指标的权重分别为 0.2，0.5 和 0.3）。

	A	B	C	D	E	F	G
1	uid	lst_order_date	freq	tot_amt	R_score	F_score	M_score
2	3798258	2017/6/1	5	1469.99998	6	4	6
3	5148652	2016/7/11	2	168	3	2	2
4	8056887	2017/7/2	1	79	6	1	1
5	1713716	2016/6/1	1	109	1	1	2
6	5143049	2017/2/19	3	316	5	3	4
7	7067528	2016/9/13	1	69	4	1	1

图 5-53　待运算的外部数据

数据读取及加权平均得分的计算代码如下所示：

```
# 读取用户的 RFM 数据
RFM = pd.read_excel(r'C:\Users\Administrator\Desktop\RFM.xlsx')

# 计算每个用户在 R、F、M 3 个指标上的加权平均得分
RFM['Weight_Mean'] = 0.2*RFM['R_score'] + 0.5*RFM['F_score'] + 0.3*RFM['M_score']
RFM.head()
```

代码运行结果如图 5-54 所示。

	uid	lst_order_date	freq	tot_amt	R_score	F_score	M_score	Weight_Mean
0	3798258	2017-06-01	5	1469.99998	6	4	6	5.0
1	5148652	2016-07-11	2	168.00000	3	2	2	2.2
2	8056887	2017-07-02	1	79.00000	6	1	1	2.0
3	1713716	2016-06-01	1	109.00000	1	1	2	1.3
4	5143049	2017-02-19	3	316.00000	5	3	4	3.7

图 5-54　加权平均的运算结果

图 5-54 所示的最后一列，即为每个用户的加权平均得分，其计算过程也同样非常简单。该方法的优点是弥补了算术平均值中等权重的缺点，同时一定程度上也避免了极端值的影响；缺点是权重的确定容易受到人们主观意识的影响。

3）几何平均值。

$$G = \sqrt[n]{x_1 \times x_2 \times \cdots \times x_n}$$

不管是算术平均值还是加权平均值，它们在计算绝对数量的平均水平时是不错的选择，如果数据是相对的比例值时（如 GDP 的增长率、某产品在各省的渗透率以及某电商在各支付方式上的占比等），上面介绍的两种平均值就不适合了，此时就应该选择几何平均值，因为几何平均值解决的是比例值的问题。

如图 5-55 所示，为我国 2007—2016 年的 10 年 GDP 增长率。接下来基于该数据，利用 Python 计算这 10 年中 GDP 的平均增长率。对于几何平均值的计算，需要使用序列的 cumprod 函数及幂指数函数 pow。

	A	B	C
1	Year	GDP	Grouth
2	2007年	270232.3	14.2%
3	2008年	319515.5	9.7%
4	2009年	349081.4	9.4%
5	2010年	413030.3	10.6%
6	2011年	489300.6	9.5%
7	2012年	540367.4	7.9%
8	2013年	595244.4	7.8%
9	2014年	643974	7.3%
10	2015年	689052.1	6.9%
11	2016年	743585.5	6.7%

图 5-55　待运算的外部数据

数据读取以及几何平均值的计算代码如下所示。

```
# 读取 GDP 数据
GDP = pd.read_excel(r'C:\Users\Administrator\Desktop\GDP.xls')

# 利用 cumprod 方法实现所有元素的累计乘积
cum_prod = GDP.Grouth.cumprod()
# 基于 cum_prod 结果，利用索引将最后一个累积元素取出来
res = cum_prod[GDP.shape[0]-1]
# 计算几何平均值
pow(res, 1/len(cum_prod))
out:
0.087764439791626514
```

结果显示，基于几何平均值得出 2007—2016 年的 10 年间的 GDP 平均增长率约 8.78%，但如果使用算术平均值计算的话 GDP 的平均增长率为 9%。所以，在计算比例数据的平均值时，用几何平均值作为其中心的代表值最为合适。

（2）中位数和四分位数

中位数也是特别常用的中心代表值，反映了数据的中心位置（即 50%分位点），故可以解决算术平均值易受极端值影响的弊端。所以，在寻找数据的中心代表值之前，可以先探索

数据的分布特征（具体可以查看 5.5.1 节中的内容），如果存在严重的偏态，则选择中位数会更加合理，否则应选择算术平均值（其实选择中位数也没有太大影响，因为数据近似服从正态分布时，均值与中位数大致相等）。

中位数的计算相比于均值的计算会稍微复杂一些，它会考虑样本量 n 是否为偶数，同时也需要将样本从小到大排序，然后再采用不同的公式得到数据的中位数，其计算表达式如下。

$$median=\begin{cases} x_{(n+1)/2} & \text{当}n\text{为奇数时} \\ \dfrac{x_{n/2}+x_{(n+1)/2}}{2} & \text{当}n\text{为偶数时} \end{cases}$$

由公式可知，当样本量 n 为奇数时，中位数就是变量 x 排序后位于中间位置的数据点；当样本量n为偶数时，中位数则是变量 x 排序后位于中间两个位置点的算术平均值。

如图 5-56 所示，为某酒吧服务员的小费收益数据。接下来基于该数据利用 Python 选择具有代表性的中心值衡量小费金额（即表中的 tip 变量）。前文已介绍，数据的中心值既可以使用算数平均也可以使用中位数，那如何选择呢？通常我们会基于 matplotlib 包的 hist 函数绘制直方图，然后根据直方图呈现的分布特征进行选择合适的方法。对于中位数的计算，可以使用序列的 medain 函数。

	A	B	C	D	E	F	G
1	total_bill	tip	sex	smoker	day	time	size
2	16.99	1.01	Female	No	Sun	Dinner	2
3	10.34	1.66	Male	No	Sun	Dinner	3
4	21.01	3.5	Male	No	Sun	Dinner	3
5	23.68	3.31	Male	No	Sun	Dinner	2
6	24.59	3.61	Female	No	Sun	Dinner	4
7	25.29	4.71	Male	No	Sun	Dinner	4

图 5-56 待运算的外部数据

数据读取及直方图绘制的代码如下所示，图形结果如图 5-57 所示。

```
# 导入第三方包
import matplotlib.pyplot as plt

# 读入酒吧服务员的小费数据
tips = pd.read_csv(r'C:\Users\Administrator\Desktop\tips.csv')

# 基于 pandas 模块中的 hist 方法绘制直方图
tips.tip.hist(grid = False, # 去除图框内的网格线
              facecolor='steelblue', # 直方图的填充色为铁蓝色
              edgecolor='black' # 直方图的边框色为黑色
              )
# 显示图形
plt.show()
```

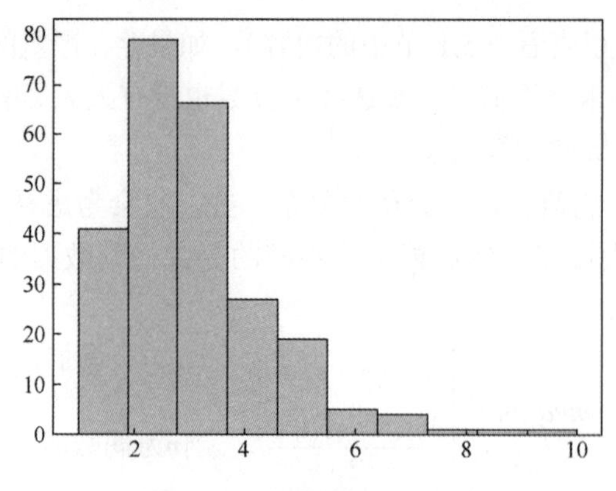

图 5-57　小费数据的直方图

从直方图的形状特征来看，绝大多数的小费金额在 2～4 美元；从直方图的分布特征来看，小费金额数据存在明显的右偏特征（关于右偏的定义可以查看 5.5.1 节）。所以，对于右偏数据来说，应该优先选择中位数作为数据集中趋势的代表。

```
# 计算小费数据的中位数
print('中位数为：',tips.tip.median())
# 计算小费数据的均值
print('均值为：',tips.tip.mean())
out:
中位数为： 2.9
均值为： 2.998
```

结果显示，平均值大于中位数，这是因为均值受到了右偏的影响（即受直方图右侧的大金额的小费影响），尽管两者差异并不是很明显，但相比而言，中位数更具有说服性。

中位数的优点在于其含义直观（即根据数据的位置确定该值）、简单易用、不会受到极端值的影响（即不管变量 x 中是否存在极端值（或异常值），中位数都不会发生变化，因为公式中并没有涉及极端值的计算）；其缺点在于计算前需要对数据排序，当数据量大时，在一定程度上会影响计算的速度。

除了中位数，统计学中还有两个非常重要的分位数，即下四分位数和上四分位数，前者表示变量在 25%的分位点上所对应的数据，后者表示变量在 75%的分位点上所对应的数据。直白的理解就是，25%所对应的数据点实际上是前 50%数据的中位数，而 75%所对应的数据点则是后 50%数据的中位数。通常借助于中位数和四分位数可以得到数据的大致分布特征，不妨继续以如上的数据为例，计算数据的上下四分位点。

```
# 计算小费数据的中位数
print('中位数为：',tips.tip.median())
# 计算小费数据的上下四分位数
print('下四分位数为：',tips.tip.quantile(q = 0.25))
print('上四分位数为：',tips.tip.quantile(q = 0.75))
out:
中位数为： 2.9
```

```
下四分位数为：  2.0
上四分位数为：  3.563
```

结果显示，小费数据的下四分位数为 2.0，上四分位为 3.563。进而可以大致得到数据的分布特征，25%的顾客所支付的小费不超过 2 美元；一半的顾客（即 50%分位点的中位数）所支付的小费不超过 2.9 美元；3/4 的顾客所支付的小费则不超过 3.563 美元。

（3）众数

前文所介绍的平均值或中位数都是数值型变量的中心代表值，如果数据为离散型变量时，就应该选择众数来衡量其集中趋势。众数是指变量中出现频次最高的值，如果最高频次对应了多个值，则这些值都称为众数（或复众数）。当然，众数也可以体现数值型变量的集中趋势，所不同的是，需要对数值型变量做分组变换。关于众数的计算表达式如下。

$$\text{mod}\,e = L + \frac{\Delta_1}{\Delta_1 + \Delta_2} \times d$$

其中，L 表示众数所在组的下限；Δ_1 表示众数所在组的频次与其左邻组的频次之差；Δ_2 表示众数所在组的频次与其右邻组的频次之差；d 表示众数所在组的组距。

如图 5-58 所示，其中左表为 Titanic 乘客的登船地址信息，该变量为离散型变量；右表是通过随机抽样方法，对某行业用户的收入进行的统计调查结果。该如何基于众数的计算公式，计算出离散型变量和分组变量的中心代表值呢？

	A	B	C	D
1	Id	Sex	Age	Embarked
2	1	male	22	S
3	2	female	38	C
4	3	female	26	S
5	4	female	35	S
6	5	male	35	S
7	7	male	54	S
8	8	male	2	S

	A	B
1	Income	Counts
2	(0,5000]	67
3	(5000,10000]	285
4	(10000,15000]	112
5	(15000,20000]	86
6	(20000,25000]	18
7	(25000,30000]	3
8	30000+	1

图 5-58　待运算的外部数据

数据读取以及众数计算的代码如下所示。

```
# 读入 Titanic 数据集
titanic = pd.read_excel(r'C:\Users\Administrator\Desktop\Titanic.xlsx')
# 计算登船地址的众数
titanic.Embarked.mode()
out:
S

# 读入用户收入数据
income = pd.read_excel(r'C:\Users\Administrator\Desktop\Income.xlsx')

# 返回众数所在组的行索引
index = income.Counts.argmax()
# 返回众数所在组的下限
```

```
L = int(income.Income[index].split(',')[0][1:])
# 返回众数所在组的上限
U = int(income.Income[index].split(',')[1][:-1])
# 返回左邻与右邻组所对应的频次
LF = income.Counts[index - 1]
RF = income.Counts[index + 1]

# 计算众数
L + LF/(LF+RF) * (U-L)
out:
6871.508
```

结果显示，对于离散型变量 Embarked 而言，众数就是出现频次最高的值，返回值为“S”；但对于分组型变量 Income 而言，就不能直接看频次了，而需要按照众数公式计算出该类用户的收入水平。需要注意的是，代码中的 split 方法是字符串的分割函数，它可以按照指定的分隔符将字符串分割成多个部分。

众数的优点是可以弥补平均值或中位数的缺陷，因为它们无法衡量离散型和分组型数据的集中趋势；而且众数也可以避免极端值的影响（从其计算公式中便可得知）。其缺点是对于连续的数值型变量，在计算众数之前需要将数值进行分组。

2．数据的分散趋势

数据的分散趋势是用来刻画数值型变量偏离中心的程度，最为常用的分散趋势指标有标准差、极差、四分位差等。通过这些指标可以反映样本之间的差异大小，如果指标值越大，说明样本之间差异越明显，反之差异越小。

（1）方差与标准差

方差的计算体现在两个步骤：一是计算数值型变量的样本值 x_i 与其算术平均值 $\overline{x}$ 的差的平方（体现各样本与中心的偏离）；二是在平方的基础上计算平均水平（体现偏离程度的中心化）。标准差则是方差的二次方根，在实际应用中，往往更偏向于标准差。关于方差与标准差的计算公式如下。

$$Var = \frac{\sum_{i=1}^{N}(x_i - \overline{x})^2}{n-1}$$

$$Std = \sqrt{Var}$$

需要注意的是，计算样本方差时，分母部分是 n-1，从统计学的角度来解释就是保证统计量的无偏性。仍然以服务员的小费收益数据为例，利用 pandas 模块下序列的 var 函数和 std 函数计算小费的方差和标准差。

```
# 计算小费的方差（调用序列的 var 函数）
Var = tips.tip.var()
# 计算小费的标准差（调用序列的 std 函数）
Std = tips.tip.std()

# 返回计算结果
print('小费的方差为', Var)
```

```
print('小费的标准差为', Std)
out:
小费的方差为 1.915
小费的标准差为 1.384
```

结果显示即为小费的方差和标准差。尽管方差或标准差能够很好地刻画数据的分散程度，但是在对比多组样本之间的分散程度时，方差或标准差就不合适了（例如两组样本之间的样本量相差明显，或者两组样本的量纲不一致等）。

（2）极差与四分位差

极差是指数值型变量中最大值与最小值之间的差，体现的是数据范围的跨度，如果该值越大，说明数据越分散，反之越集中；四分位差则是上四分位数与下四分位数之间的差，反映的是中间 50%数据的离散程度，如果该值越大，则说明中间部分的数据越分散，反之越集中。

（3）变异系数

正如前文所说，当需要比较两组数据的分散程度时，如果两组数据的样本量悬殊，或者数据量纲不同，就不能使用方差或标准差。此时，变异系数倒是不错的选择，因为它能够消除样本量或量纲的影响，其计算原理是将数据的标准差与算术平均值作商。计算公式如下。

$$Cv = \frac{\bar{X}}{Std}$$

接下来以服务员的小费数据为例，利用 pandas 模块中序列下的平均值函数 mean 和标准差函数 std，分别计算男性顾客与女性顾客所支付小费的变异系数，进而对比两类人群在支付小费时的分散程度。代码如下。

```
# 筛选出男性顾客与女性顾客的小费数据
tip_man = tips.tip[tips.sex == 'Male']
tip_women = tips.tip[tips.sex == 'Female']
# 统计男性顾客与女性顾客的样本量
print('男性顾客的样本量为：',len(tip_man))
print('女性顾客的样本量为', len(tip_women))
out:
男性顾客的样本量为：157
女性顾客的样本量为：87

# 计算男性顾客与女性顾客所支付小费的变异系数
cv_man = tip_man.mean()/tip_man.std()
cv_women = tip_women.mean()/tip_women.std()
print('男性顾客的变异系数：', cv_man)
print('女性顾客的变异系数：', cv_women)
out:
男性顾客的变异系数：  2.075
女性顾客的变异系数：  2.444
```

结果显示，由于男性顾客与女性顾客的样本量存在一定的差异，所以只能选择变异系数来衡量两者在支付小费上的分散程度。从变异系数的计算结果可知，女性的变异系数比男性大，说明女性所支付的小费更加分散。对于该问题，如果直接使用标准差，将会得到完全相反的结论。

（4）describe 方法

Python 的 pandas 模块中专门提供了有关数据的描述性函数，即 describe 方法，这里以小费数据为例，利用该方法对其进行统计运算，统计结果如图 5-59 所示。

```
# describe 方法默认对所有数值型变量做统计汇总
tips.describe()

# 通过指定 include 参数可以实现离散型变量的统计汇总
tips.describe(include = ['object'])
```

	total_bill	tip	size
count	244.000000	244.000000	244.000000
mean	19.785943	2.998279	2.569672
std	8.902412	1.383638	0.951100
min	3.070000	1.000000	1.000000
25%	13.347500	2.000000	2.000000
50%	17.795000	2.900000	2.000000
75%	24.127500	3.562500	3.000000
max	50.810000	10.000000	6.000000

	sex	smoker	day	time
count	244	244	244	244
unique	2	2	4	2
top	Male	No	Sat	Dinner
freq	157	151	87	176

图 5-59　数值变量与离散变量的描述统计

如结果显示，左表为数值型变量的统计概览，右表为离散型变量的统计概览。在左图中会呈现 8 个统计指标，分别是非缺失样本的个数、算术平均值、标准差、最小值、下四分位数、中位数、上四分位数和最大值。在右图中会呈现 4 个统计指标，即非缺失样本的个数、离散变量的不同水平值个数、频次最高的水平值以及对应的具体频次。

3．数据的分布形态

数据的分布形态反映的是数据的形体特征，如密度曲线表现为高矮胖瘦，非对称等特点。统计学中最典型的数值型分布为正态分布，其密度曲线呈现为中间高两边低，左右对称的倒钟形状。对于数据的分布形态可以通过计算其偏度和峰度指标，进而得到数据是否近似正态分布或者是否存在尖峰厚尾的特征，有关偏度和峰度的计算公式如下。

$$\begin{cases} Skew=\dfrac{\dfrac{1}{n-1}\sum_{i=1}^{n}(x_i-\overline{x})^3}{\left[\dfrac{1}{n-1}\sum_{i=1}^{n}(x_i-\overline{x})^2\right]^{3/2}} \\ Kurt=\dfrac{\dfrac{1}{n-1}\sum_{i=1}^{n}(x_i-\overline{x})^4}{\left[\dfrac{1}{n-1}\sum_{i=1}^{n}(x_i-\overline{x})^2\right]^{2}}-3 \end{cases}$$

其中，*Skew* 计算的是偏度；*Kurt* 计算的是峰度。当*Skew*大于 0 时，则表示数据呈现右偏特征；当*Skew*小于 0 时，则表示数据为左偏；当*Kurt*大于 0 时，则表示数据为尖峰；当*Kurt* 小于 0 时，则表示数据为厚尾。需要注意的是，不管是左偏、右偏还是尖峰厚尾，都是相对于倒钟形的正态分布而言。分布形态的左偏、右偏、尖峰厚尾等特征，如图 5-60、图 5-61 所示。

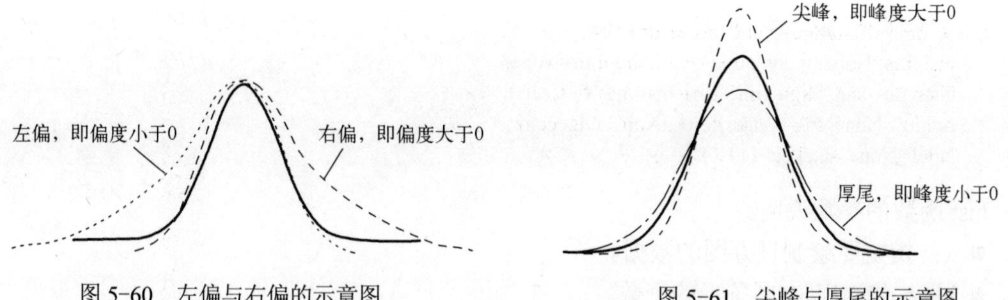

图 5-60　左偏与右偏的示意图　　图 5-61　尖峰与厚尾的示意图

两幅图中黑色的实心线为正态分布密度曲线。其中，在图 5-60 所示曲线，相对于正态分布而言，左偏和右偏均没有呈现对称特征，对于左偏而言，长长的尾巴拖在左侧；而右偏则表现为长尾巴在右侧。图 5-61 所示曲线，相比于正态分布而言，尖峰呈现的特征是顶部高于正态分布；而厚尾呈现的特征是两侧的尾巴高于正态分布。

在 pandas 模块中提供了计算偏度和峰度的方法，它们分别是 skew 和 kurt。如图 5-62 所示，为某地区森林火灾数据。接下来基于该数据，利用 Python 计算受灾面积（area 变量）的偏度和峰度值，从而分析出受灾面积数据的分布特征。

X	Y	month	day	FFMC	DMC	DC	ISI	temp	RH	wind	rain	area
6	3	sep	mon	91.6	108.4	764	6.2	23	34	2.2	0	56.04
7	4	oct	fri	90	41.5	682.6	8.7	11.3	60	5.4	0	0
2	2	sep	fri	92.4	117.9	668	12.2	19.6	33	5.4	0	0
6	5	sep	sat	87.1	291.3	860.6	4	17	67	4.9	0	3.95
7	4	feb	mon	84.7	9.5	58.3	4.1	7.5	71	6.3	0	9.96
3	4	aug	sun	91.8	175.1	700.7	13.8	26.8	38	6.3	0	0.76

图 5-62　某地区森林火灾数据

```
# 读入森林火灾数据
forestfires = pd.read_csv(r'C:\Users\Administrator\Desktop\forestfires.csv')
# 计算受灾面积的偏度
print('偏度为：',forestfires.area.skew())
# 计算受灾面积的峰度
print('峰度为：', forestfires.area.kurt())
out:
偏度为：  12.847
峰度为：  194.141
```

结果显示，受灾面积的偏度为 12.847>0，数据表现为右偏的特征，说明少部分森林面积受灾面积非常大；受灾面积的峰度为 194.141>0，则说明数据具有尖峰的特征，主要的受灾面积集中在某个小范围数值内。偏度和峰度的计算，是从定量的角度判断数据的分布特征，同时，还可以通过绘制直方图直观地反映出数据的体态特征。关于直方图的绘制，读者可以调用 matplotlib 模块中的 hist 函数，有关该函数的具体用法和参数含义如下。

hist 函数的语法。

```
hist(x, bins=10, range=None, normed=False,
    weights=None, cumulative=False, bottom=None,
    histtype='bar', align='mid', orientation='vertical',
    rwidth=None, log=False, color=None, edgecolor,
    label=None, stacked=False)
```

hist 函数的参数说明。

- x：指定要绘制直方图的数据。
- bins：指定直方图条形的个数。
- range：指定直方图数据的上下界，默认包含绘图数据的最大值和最小值。
- normed：是否将直方图的频数转换成频率。
- weights：该参数可为每一个数据点设置权重。
- cumulative：是否需要计算累计频数或频率。
- bottom：可以为直方图的每个条形添加基准线，默认为 0。
- histtype：指定直方图的类型，默认为 bar，除此还有 barstacked、step 和 stepfilled。
- align：设置条形边界值的对齐方式，默认为 mid，除此还有 left 和 right。
- orientation：设置直方图的摆放方向，默认为垂直方向。
- rwidth：设置直方图条形的宽度。
- log：是否需要对绘图数据进行 log 变换。
- color：设置直方图的填充色。
- edgecolor：设置直方图边框色。
- label：设置直方图的标签，可通过 legend 展示其图例。
- stacked：当有多个数据时，是否需要将直方图呈堆叠摆放，默认水平摆放。

接下来基于森林火灾数据，通过 hist 函数对受灾面积绘制直方图，并查看数据的分布特征。代码如下，直方图如图 5-63 所示。

```
# 导入第三方模块
import matplotlib.pyplot as plt
# 绘制直方图
plt.hist(x = forestfires.area, # 指定绘图数据
        bins = 50, # 指定直方图中条形的数量为 50 个
        color = 'steelblue', # 指定直方图的填充色为铁蓝色
        edgecolor = 'black', # 指定直方图的边框色为黑色
        )
# 显示图形
plt.show()
```

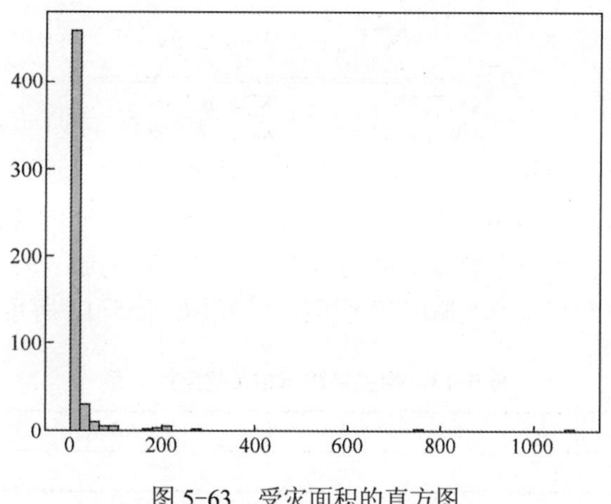

图 5-63　受灾面积的直方图

直方图所呈现的效果为严重右偏，绝大多数的受灾面积为 50 个单位以内。为了更清楚地对比受灾面积的分布特征与正态分布之间的差异，还可以在直方图的基础上绘制受灾面积的实际密度分布曲线和理论的密度分布曲线。关于两条曲线的增加可以查看 5.5.3 节中对于 distplot 函数的使用。

4．数据的相关关系

相关关系从字面上理解就是变量之间是否存在某种相关或依存关系。例如，气温的升高与空调销量之间的关系、广告投入与销售额之间的关系、城市收入水平的提升与犯罪率之间的关系、摩擦系数与刹车距离之间的关系、电商的崛起和发展与交通事故发生量之间的关系，等等。

一般而言，在判断变量之间的相关性时，可以选择最为直观的散点图。图 5-64 所示的几种散点图，就可以反应变量之间的相关关系。

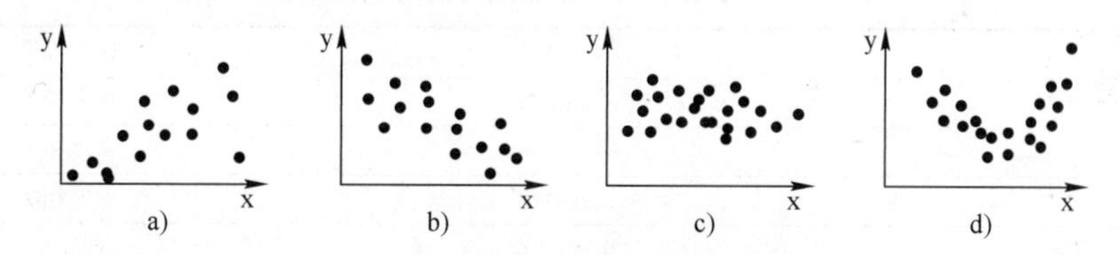

图 5-64　散点图示意图

在 a 图中，随着 x 轴数据的增加，y 轴的数据也呈现增加的趋势，这样的关系我们称之为正相关关系；在 b 图中，正好与 a 图所呈现的相反，即随着 x 的增加，y 在减小，说明它们之间存在负相关关系；在 c 图中，随着 x 轴的增加，y 轴的数据似乎没有明显的趋势，一般我们称之为无相关关系；在 d 图中，y 轴的数据先是下降趋势，后是上升趋势，呈现典型的二次函数关系，对于这样的情况，只能说 x 与 y 之间不存在线性关系。

除了绘图这个方法，还可以通过计算两个变量之间的相关系数来判断变量之间的相关性。通过这种定量的方法，可以得知变量之间相关性的高低。如 Pearson 相关系数的计算公式如下：

$$\rho=\frac{\sum_{i=1}^{n}(x_i-\overline{x})(y_i-\overline{y})}{\sqrt{\sum_{i=1}^{n}(x_i-\overline{x})^2\sum_{i=1}^{n}(y_i-\overline{y})^2}}$$

其中，x_i 表示变量 x 的第 i 个样本，$\overline{x}$ 为该变量的平均值。通过公式得到的相关系数取值范围在-1 到+1，如果绝对值越接近于 1，则说明两个变量之间的线性相关程度越强；如果绝对值越接近于 0，则表示两个变量之间的线性相关程度就越弱。关于相关系数的大小与相关程度高低的关系，这里给一个大概的参考范围，具体如表 5-13 所示。

表 5-13　相关系数与相关程度的关系

相关系数	$\vert\rho\vert\geqslant 0.8$	$0.5\leqslant\vert\rho\vert<0.8$	$0.3\leqslant\vert\rho\vert<0.5$	$\vert\rho\vert<0.3$
相关度	高度相关	中度相关	弱相关	几乎不相关

如图 5-65 所示，为锅炉发电相关的数据集，其中 PE 表示发电量，其余变量是可能影响发电量的因素（AT 表示炉内温度、V 表示炉内压力、AP 表示炉内的相对湿度、RH 表示锅炉的排气量）。接下来通过 Pandas 模块下数据框中 Pearson 相关系数，研究 PE 与其他变量之间的相关程度。具体代码如下，相关系数值如 5-14 所示。

	A	B	C	D	E
1	AT	V	AP	RH	PE
2	14.96	41.76	1024.07	73.17	463.26
3	25.18	62.96	1020.04	59.08	444.37
4	5.11	39.4	1012.16	92.14	488.56
5	20.86	57.32	1010.24	76.64	446.48
6	10.82	37.5	1009.23	96.62	473.9
7	26.27	59.44	1012.23	58.77	443.67

图 5-65　锅炉发电数据集

```
# 读入 CCPP 数据集
ccpp = pd.read_excel(r'C:\Users\Administrator\Desktop\CCPP.xlsx')
# 使用 corrwith 方法计算 PE 变量与其余变量之间的相关系数
ccpp.corrwith(ccpp.PE)
```

表 5-14　各变量与 PE 变量之间的相关系数

变量	相关系数	相关程度
AT	-0.948128	高度相关
V	-0.869780	高度相关
AP	0.518429	中度相关
RH	0.389794	弱相关

如表 5-14 所示，发电量 PE 与炉内温度 AT、炉内压力 V 之间存在高度相关的关系，并且呈负相关；发电量与炉内相对湿度之间存在中度相关的关系（相关系数为 0.518，也可以理解为弱相关的关系）；发电量与锅炉排气量之间则存在弱相关的关系。所以，可以认为炉内温度和炉内压力是影响发电量的重要因素。

接下来再通过散点图的形式，直观呈现变量之间的相关关系。对于散点图的绘制可以调用 matplotlib 模块中的 scatter 函数，该函数的用法及参数含义如下。

scatter 函数的语法

```
scatter(x, y, s=20, c=None, marker='o', cmap=None, norm=None, vmin=None,
        vmax=None, alpha=None, linewidths=None, edgecolors=None)
```

scatter 函数的参数说明

- x：指定散点图的 x 轴数据。
- y：指定散点图的 y 轴数据。
- s：指定散点图点的大小，默认为 20，通过传入其他数值型变量，可以实现气泡图的绘制。
- c：指定散点图点的颜色，默认为蓝色，也可以传递其他数值型变量，通过 cmap 参数的色阶表示数值大小。
- marker：指定散点图点的形状，默认为空心圆。
- cmap：指定某个 Colormap 值，只有当 c 参数是一个浮点型数组时才有效。
- norm：设置数据亮度，标准化到 0～1，使用该参数仍需要参数 c 为浮点型的数组。
- vmin、vmax：亮度设置，与 norm 类似，如果使用 norm 参数，则该参数无效。
- alpha：设置散点的透明度。
- linewidths：设置散点边界线的宽度。
- edgecolors：设置散点边界线的颜色。

不妨以发电量 PE 与炉内温度 AT 为例，绘制反映两者相关性的散点图。绘图代码如下，绘制的散点图如图 5-66 所示。

```
# 绘制PE与AT之间的散点图
plt.scatter(x = ccpp.AT, y = ccpp.PE, # 指定绘图数据
            c = 'steelblue', # 指定散点的填充色为铁蓝色
            alpha = 0.7, # 设定散点图的透明度为 0.7
            edgecolors = 'black' # 指定散点图的边框色为黑色
            )
# 添加 x 轴和 y 轴标签
plt.xlabel('AT')
plt.ylabel('PE')
# 显示图形
plt.show()
```

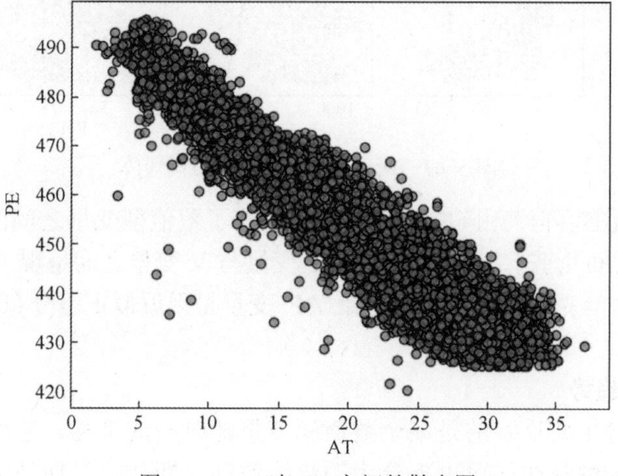

图 5-66　AT 与 PE 之间的散点图

炉内温度 AT 与发电量 PE 之间的散点呈现明显的负相关关系，绝大多数样本点构成了右下方倾斜的趋势线。在实际工作中，可能需要绘制多个数值型变量之间的两两散点图，如果使用 scatter 函数效率就很低了，这里推荐 seaborn 模块中的 pairplot 函数（该模块需要额外下载），它不仅可以绘制两两之间的散点图，还可以绘制单变量的直方图分布。不妨以 CCPP 数据集（该数据集反映的是高炉发电量与其他影响因素的数值关系）为例，通过 pairplot 函数绘制散点图矩阵，绘图代码如下，绘制的散点图矩阵如图 5-67 所示。

```
# 导入第三方模块
import seaborn as sns
# 绘制 ccpp 数据集中两两变量之间的散点图
sns.pairplot(ccpp)
# 显示图形
plt.show()
```

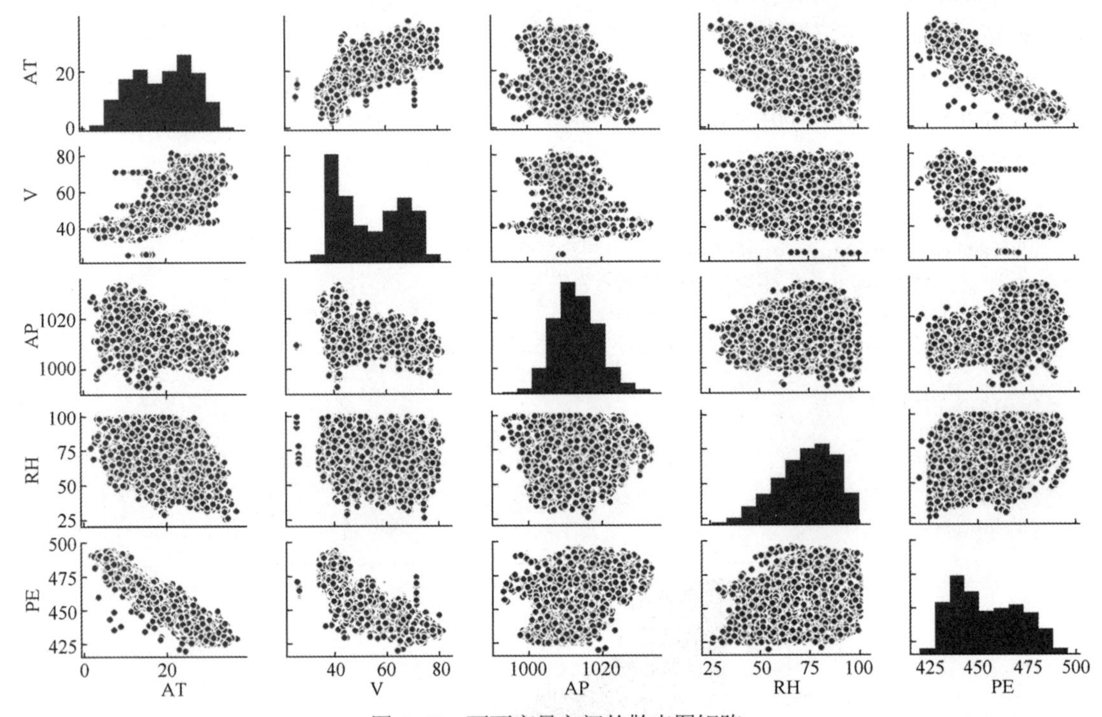

图 5-67　两两变量之间的散点图矩阵

图 5-67 为散点图矩阵，矩阵的下三角部分反映了数值型变量之间的两两散点关系（如 RH 变量与 V 变量之间几乎不存在相关性，AT 变量与 V 变量之间呈现一定的正相关关系），矩阵的对角线上则是单变量的直方图（例如 AP 变量呈现近似正态分布的特征，RH 变量呈现左偏的分布特征）。

5．数据的波动趋势

数据的波动趋势主要反映的是某个数值型变量随时间的推移，它所表现出来的波动特征。对于波动特征的解释往往可以拆分为趋势线波动（即数据呈现波浪式上升或下降的特征）、季节性波动（即数据随着季节性因素呈现有规律的波动特征）和周期性波动（即数据随着人为的周期性因素呈现有规律的波动特征（如各大电商定期搞的促销活动，导致数据的周期性波动））。

对于数据波动趋势的刻画，可以借助于折线图直观地呈现。通过调用 matplotlib 模块中的 plot 函数便可轻松绘制折线图，该函数的相关说明已在前文描述过，这里不再赘述。接下来以某公司的销售数据为例（数据集文件为 trans_amt.xlsx），借助于折线图呈现其波动特征，绘图代码如下，绘制完成的折线图如图 5-68 所示。

```
# 读取销售数据
sales = pd.read_excel(r'C:\Users\Administrator\Desktop\trans_amt.xlsx')
# 将 date 变量转换为日期型变量
sales.month = pd.to_datetime(sales.month, format = '%Y 年%m 月')

# 绘制每月的销售额
plt.plot(sales.month, sales.trans_amt, linestyle = '-', linewidth = 2,
        color = 'steelblue', marker = 'o', markersize = 4,
        markeredgecolor='black', markerfacecolor='black')

# 获取图的坐标信息
ax = plt.gca()
# 设置日期的显示格式
date_format = mpl.dates.DateFormatter("%y/%m")
ax.xaxis.set_major_formatter(date_format)

# 设置 x 轴显示多少个日期刻度
xlocator = mpl.ticker.LinearLocator(18)
ax.xaxis.set_major_locator(xlocator)

# 将刻度标签旋转 45°
plt.xticks(rotation=45)
# 显示图形
plt.show()
```

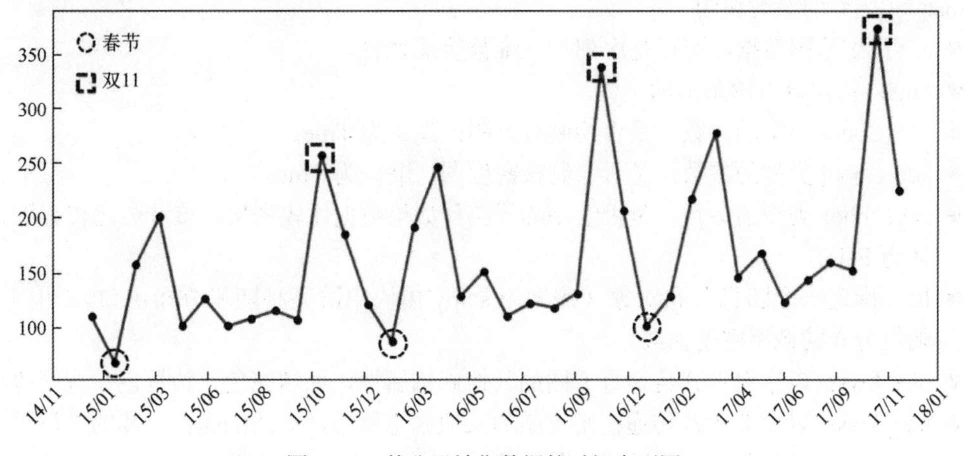

图 5-68　某公司销售数据的时间序列图

从总体趋势来看，该公司的销售额呈上涨趋势，同时也存在一定的周期性波动，例如每到春节期间，销售额都会有比较大的下降，但每到“双十一”期间销售额也会有比较大的提升。

5.5.3 数据的推断

在上一节的数据描述中，重点是对数据的汇总或探索，反映数据的特征或规律。而本节所要介绍的数据推断，则是对数据深层次的探索或挖掘，用于验证数据是否服从某种假设，这部分内容将以数据的正态性检验、卡方检验和 t 检验为例，结合 Python 讲解具体的使用方法。在这一节中，主要使用 Python 的 scipy 模块，这个模块同样是非常重要的数据分析模块，该模块包括了各种统计运算、假设检验、统计模型等方面的函数，功能很强大。

1．正态性检验——以二手房数据分析为例

统计学中的很多模型或检验都需要数据满足正态分布的假设前提，例如线性回归模型中假设残差项服从正态分布（其实质就是要求因变量 y 服从正态分布），两样本之间的 t 检验或多样本之间的方差分析均要求样本服从正态分布。所以，在碰到这些模型或检验时就需要验证样本是否服从正态分布，关于正态分布的检验通常有两类方法，一类是定性的图形法（如直方图、PP 图或 QQ 图）；另一类是定量的统计法（如 Shapiro 检验、K-S 检验等）。接下来将通过具体的案例讲解正态性检验的两类方法。

（1）直方图法

基于直方图既可以得到数据的集中趋势，也可以直观地发现数据的分布特征。本节将在直方图的基础上添加核密度曲线（即数据的实际分布曲线）和理论的正态密度曲线，进一步对比实际分布与理论分布之间的差异。对于图形的绘制，读者可以利用 seaborn 模块中的 distplot 函数。该函数的具体用法和参数含义如下。

distplot 函数的语法

```
distplot(a, bins=None, hist=True, kde=True, rug=False, fit=None,
         hist_kws=None, kde_kws=None, rug_kws=None, fit_kws=None,
         color=None, vertical=False, norm_hist=False, axlabel=None, label=None, ax=None)
```

distplot 函数的参数说明

- a：指定绘图数据，可以是序列、一维数组或列表。
- bins：指定直方图条形的个数。
- hist：bool 类型的参数，是否绘制直方图，默认为 True。
- kde：bool 类型的参数，是否绘制核密度图，默认为 True。
- rug：bool 类型的参数，是否绘制胡须图（如果数据比较密集，该参数比较有用），默认为 False。
- fit：指定一个随机分布对象（需调用 scipy 模块中的某种随机分布函数），用于绘制随机分布的概率密度曲线。
- hist_kws：以字典形式传递直方图的其他修饰属性，如填充色、边框色、宽度等。
- kde_kws：以字典形式传递核密度图的其他修饰属性，如线的颜色、线的类型等。
- rug_kws：以字典形式传递胡须图的其他修饰属性，如线的颜色、线的宽度等。

- fit_kws：以字典形式传递概率密度曲线的其他修饰属性，如线条颜色、形状、宽度等。
- color：指定图形的颜色，除了随机分布曲线的颜色。
- vertical：bool 类型的参数，是否将图形垂直显示，默认为 True。
- norm_hist：bool 类型的参数，是否将频数更改为频率，默认为 False。
- axlabel：用于显示轴标签。
- label：指定图形的图例，需结合 plt.legend()一起使用。
- ax：指定子图的位置。

为了理解和掌握 distplot 函数的用法，以上海二手房数据为例（数据集文件为 sec_building.xlsx，具体数据如图 5-69 所示），通过 distplot 函数绘制总价的直方图，并从中分析得出二手房总价格是否服从正态分布的结论，如图 5-70 所示。

```
# 导入第三方模块
import seaborn as sns
import scipy.stats as stats
import statsmodels.api as sm
# 读入外部数据
sec_buildings  = pd.read_excel(r'C:\Users\Administrator\Desktop\sec_buildings.xlsx')
# 数据的预览
sec_buildings.head()
```

	block	type	size	region	height	direction	price	built_date	price_unit
0	梅园六街坊	2室0厅	47.72	浦东	低区/6层	朝南	500	1992年建	104777
1	碧云新天地（一期）	3室2厅	108.93	浦东	低区/6层	朝南	735	2002年建	67474
2	博山小区	1室1厅	43.79	浦东	中区/6层	朝南	260	1988年建	59374
3	金桥新村四街坊（博兴路986弄）	1室1厅	41.66	浦东	中区/6层	朝南北	280	1997年建	67210
4	博山小区	1室0厅	39.77	浦东	高区/6层	朝南	235	1987年建	59089

图 5-69　上海二手房数据集的前 5 行预览

```
# 中文和负号的正常显示
plt.rcParams['font.sans-serif'] = ['Microsoft YaHei']
plt.rcParams['axes.unicode_minus'] = False
# 基于直方图判断数据是否服从正态分布
sns.distplot(a = sec_buildings.price, # 指定绘图数据
             fit = stats.norm, # 指定绘制理论的正态分布曲线
             norm_hist = True, # 绘制频率直方图
             # 设置直方图的属性（填充色和边框色）
             hist_kws = {'color':'steelblue', 'edgecolor':'black'},
             # 设置核密度曲线的属性（线条颜色、类型和标签）
             kde_kws = {'color':'black', 'linestyle':'--', 'label':'核密度曲线'},
             # 设置理论正态分布曲线的属性（线条颜色、类型和标签）
             fit_kws = {'color':'red', 'linestyle':':', 'label':'正态密度曲线'})
# 显示图例
plt.legend()
# 显示图形
plt.show()
```

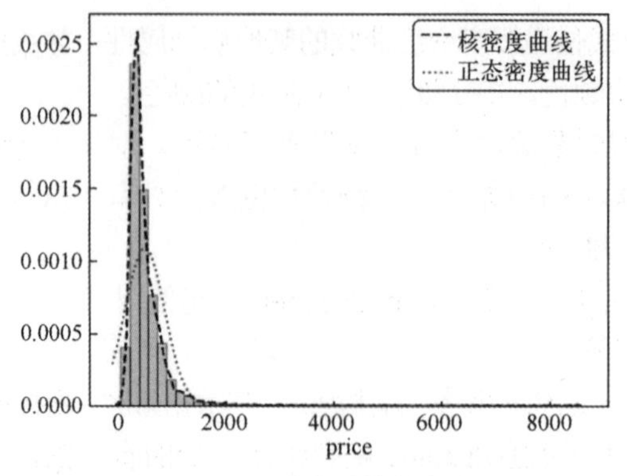

图 5-70　二手房总价的直方图

图 5-70 中的直方图存在明显的右偏特征（即长尾巴拖在右侧），而且实际的核密度曲线与理论的正态密度曲线之间的吻合度也不是很高，故基本可以认定二手房的总价并不服从正态分布。接下来再利用 PP 图和 QQ 图做进一步的验证。

（2）PP 图与 QQ 图

PP 图的思想是比对正态分布的累计概率值和实际分布的累计概率值，而 QQ 图则比对正态分布的分位数和实际分布的分位数。利用它们判断变量是否近似服从正态分布的标准是：如果散点比较均匀地散落在倾斜线上，则说明变量近似服从正态分布，否则就认为数据不服从正态分布。PP 图和 QQ 图，可以通过调用 statsmodels 模块中的 ProbPlot“类”来绘制。以上海二手房数据绘制 PP 图和 QQ 图的代码如下，绘图结果如图 5-71 所示。

```
# 基于 PP 图和 QQ 图判断数据是否服从正态分布
pp_qq_plot = sm.ProbPlot(sec_buildings.price)
# 绘制 PP 图
pp_qq_plot.ppplot(line = '45')
plt.title('P-P 图')
# 绘制 QQ 图
pp_qq_plot.qqplot(line = 'q')
plt.title('Q-Q 图')
# 显示图形
plt.show()
```

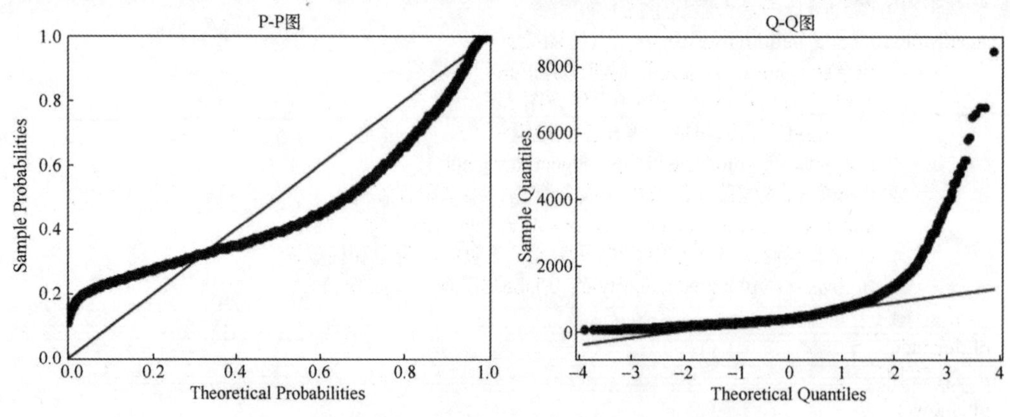

图 5-71　基于 PP 图与 QQ 图验证数据的正态性分布

不论是 PP 图还是 QQ 图，图形中的散点并没有均匀地分布在倾斜线附近。对于 PP 图来说，几乎所有的散点均没有与 45° 斜线产生重叠，说明实际数据的累计概率值与理论之间差异显著；对于 QQ 图而言，右侧的散点与倾斜线之间有较大的偏离，说明数据存在严重的右偏特征。综合所述，二手房总价数据并不服从正态分布。

（3）Shapiro 检验法和 K-S 检验法

尽管图形法非常直观，但图形展现为模棱两可的状态时，便得不出明确的结论，此时便需要使用定量化的统计方法。Shapiro 检验法和 K-S 检验法均属于非参数的统计方法，它们的原假设被设定为变量服从正态分布，两者的最大区别在于适用的样本量不一致，如果样本量低于 5000 时，Shapiro 检验法比较合理，否则应使用 K-S 检验法。不管是 Shapiro 检验法还是 K-S 检验法，它们的原假设都是认为数据服从正态分布。

Python 中 scipy 模块下的子模块 stats 提供了专门的检验函数，分别是 shapiro 函数和 kstest 函数可以用于 Shapiro 检验和 K-S 检验。接下来利用 kstest 函数对上海二手房的总价做定量化的正态性检验（由于二手房数据集的样本量为 20275，超过 5000 个样本，故选择 K-S 检验），具体代码如下。

```
# 基于定量的 K-S 检验法判断数据是否服从正态分布
stats.kstest(rvs = sec_buildings.price, # 指定待检验的数据
             # 利用实际数据的均值和标准差设定理论的正态分布
             args = (sec_buildings.price.mean(), sec_buildings.price.std()),
             cdf = 'norm' # 指定累计分布函数为正态函数
             )


out:
KstestResult(statistic=0.16833808904871411, pvalue=0.0)
```

结果显示，元组中的第一个元素是 K-S 检验的统计量值，第二个元素是对应的概率值 p。由于 p 值近似为 0，其远远小于默认的置信水平 0.05，故需要拒绝二手房总价服从正态分布的原假设，进而从定量的角度得出其不服从正态分布的结论。

假设读者在学习或工作中遇到的样本量低于 5000 时，就需要使用 Shapiro 检验法。为测试 shapiro 函数，这里随机生成正态分布变量 x1 和均匀分布变量 x2，并检验它们是否服从正态分布，具体代码及执行结果如下。

```
# 导入第三方模块
import numpy as np

# 生成正态分布和均匀分布随机数
x1 = np.random.normal(loc = 5, scale=2, size = 3500)
x2 = np.random.uniform(low = 1, high = 100, size = 4000)
# 正态性检验
Shapiro_Test1 = stats.shapiro(x = x1)
Shapiro_Test2 = stats.shapiro(x = x2)

# 打印检验结果
print(Shapiro_Test1)
```

```
print(Shapiro_Test2)

out:
(0.9996340274810791, 0.8025169372558594)
(0.9537432789802551, 7.914789890143663e-34)
```

输出结果显示，括号内的第一个数值为 shapiro 检验的统计量，第二个数值为对应的 p 值。从返回结果可知，由于正态分布随机数 x1 的检验 p 值大于置信水平 0.05，故需接受原假设；而均匀分布随机数 x2 的检验 p 值远远小于 0.05，故需要拒绝原假设。所以，shapiro 函数的检验结果与实际分布特征保持一致。

2．卡方检验——以吸烟与呼吸道疾病关系分析为例

在 5.5.2 节中介绍了数值型变量之间的探索性分析，即运用散点图或相关系数挖掘变量背后的某种关系（即变量间是否具有线性相关，以及相关程度如何等）。然而在实际的学习或工作中，也会碰到关于离散型变量之间的探索性分析，如两个离散变量之间是否相互独立。对于该问题的解答，就需要运用统计学中的卡方检验了。

卡方检验属于非参数的检验方法，其原假设是两个离散变量之间不存在相关性，该检验方法比较理论频数和实际频数之间的吻合程度，两者的吻合度越高，则认为两个离散变量越不相关，其中实际频数是指两个离散变量的组合频数，理论频数则为期望频数。为使读者理解卡方统计量的计算过程，以表 5-15 所示的数据为例进行说明。

表 5-15　吸烟与患病的实际频数统计表

	患病	不患病	合计
吸烟	37	183	220
不吸烟	21	274	295
合计	58	457	515

表 5-15 所示，为某医疗机构在医学方面的抽样统计结果，研究的主题是吸烟是否影响呼吸道疾病发生。此次抽样一共涉及 515 个样本，其中吸烟人群为 220 人，不吸烟人群为 295 人。该如何利用卡方检验方法，判断两者是否存在一定的关系呢？

1）提出原假设和备择假设。

- H_0：两离散变量相互独立。
- H_1：两离散变量不相互独立。

2）构造卡方统计量。

理论频数的计算：T_{ij}=行合计×列合计÷总合计。其中，i 为数据格中的第 i 行（除合计行，如表 5-15 中第一行为吸烟，第二行为不吸烟），j 为数据格中的第 j 列（除合计列，表 5-15 中第一列为患病，第二列为不患病）。

卡方统计量的计算：

$$x^2 = \sum_{i=1}^{m}\sum_{j=1}^{m}\frac{(R_{ij}-T_{ij})^2}{T_{ij}}X_{\alpha}^2((m-1)\times(n-1))$$

其中，R_{ij} 为各单元格中的实际频数，m 为数据格中的总行数（除合计行），n 为数据格中的总列数（除合计列），α 为置信水平（通常为 5%）。该统计量服从自由度为 $(m-1)\times(n-1)$ 的卡方分布。

3）计算卡方统计量。

按照 T_{ij} 的计算公式，可以得到吸烟与患病的理论频数的数据表，如表 5-16 所示。

表 5-16　吸烟与患病的理论频数统计表

	患病	不患病	合计
吸烟	24.78	195.22	220
不吸烟	33.22	261.78	295
合计	58	457	515

然后，基于实际频数表和理论频数表中的数据，进一步计算出卡方统计量的值：

$$x^2 = \frac{(37-24.78)^2}{24.78} + \frac{(183-195.22)^2}{195.22} + \cdots + \frac{(274-261.78)^2}{261.78} = 11.86$$

4）对比结果得出结论。

该步骤中需要对比计算的卡方统计量和理论卡方分布的临界值，如果统计量的值大于临界值，则拒绝原假设（即认为两离散变量之间不是相互独立的），否则接受原假设。对于如上表格而言，由于总行数 m 为 2，总列数 n 也为 2，所以，卡方分布的自由度为 1。参照卡方分布的临界值表，在置信水平为 0.05 的情况下，对应的临界值为 3.84。对比发现，卡方统计量 11.86 大于 3.84，故需要拒绝原假设，即认为吸烟与患病之间存在一定的相关性。

通过上述简单的案例，结合手工方式完成卡方检验的过程。在实际工作中，读者可以借助于 Python 中 scipy 模块轻松地解决问题。以图 5-72 所示的数据为例，通过卡方检验，探究蘑菇的形状 cap_shape 与其是否有毒 type 之间的关系。

首先导入数据集（mushrooms.csv），并构造频次统计表，代码如下，两者的频次关系如表 5-17 所示。

	A	B	C	D	E
1	type	cap_shape	cap_surface	cap_color	bruises
2	poisonous	convex	smooth	brown	yes
3	edible	convex	smooth	yellow	yes
4	edible	bell	smooth	white	yes
5	poisonous	convex	scaly	white	yes
6	edible	convex	smooth	gray	no
7	edible	convex	scaly	yellow	yes

图 5-72　蘑菇数据集

```
# 导入卡方检验的函数
from scipy.stats import chi2_contingency

# 读入外部数据
```

```
mushrooms = pd.read_csv(r'C:\Users\Administrator\Desktop\mushrooms.csv')
# 构造两个离散型变量之间的频次统计表（或列联表）
crosstable = pd.crosstab(mushrooms.cap_shape, mushrooms.type)
# 查看列联表结果
crosstable
out:
```

表 5-17 蘑菇的形状与其是否有毒的实际频数表

	edible	poisonous
bell	404	48
conical	0	4
convex	1948	1708
flat	1596	1556
knobbed	228	600
sunken	32	0

结果显示，蘑菇的形状一共包含 6 种不同的值，接下来要做的就是基于该列联表研究两个离散变量之间是否存在相关性。关于离散变量之间的相关性检验可以使用 chi2_contingency 函数。

```
# 卡方检验
chi2_contingency(crosstable)
out:
(489.91995361895573,
1.196456568593578e-103,
 5,
 array([[ 234.12309207,    217.87690793],
        [2.07188577,        1.92811423],
        [1893.70359429, 1762.29640571],
        [1632.6459872 , 1519.3540128 ],
        [ 428.88035451,    399.11964549],
        [   16.57508616,      15.42491384]]))
```

结果显示，经过卡方检验后，会返回四部分结果，分别是卡方统计量（489.92）、概率 p 值（1.196 e-103）、自由度（5）和理论频数表。在该结果中，最需要关注的就是概率p值，它的值远远小于 0.05，则说明应该拒绝原假设，认为蘑菇的形状与其是否有毒存在一定的相关性。

3．*t* 检验

工商局在检验某厂商生成的矿泉水时，需要验证矿泉水的净含量是否如厂商所说的 550ml；在某次校园体检中，校长很关心初二年级和初三年级学生在视力方面是否存在一定的差异；在医学领域中，可能需要为患者采取不同的医疗手段，例如对比患者在使用某种新型药物前后，对病情的治疗是否有显著的差异；对于如上的 3 个问题该如何解答呢？所使用的统计学知识又是什么呢？

前边所提到的 3 个问题，实际上就是问矿泉水的平均净含量是否为 550ml；两个年级学生的平均视力水平是否存在差异；从平均水平来看，药物对患者病情的治疗是否存在前后差异。解决这类问题，就要用到统计学中非常重要且使用频率很高的t检验方法，该方法主要用于对比两个平均值之间是否存在显著差异。

t 检验，通常会应用于 3 种情况的检验，分别是单样本 t 检验、独立样本 t 检验和配对样本 t 检验。这 3 种检验分别对应了上述所提到的 3 个问题，接下来将结合案例，介绍 3 种 t 检验的相关知识和利用 Python 实现的方法。

（1）单样本 t 检验

单样本 t 检验也称为样本均值（$\bar{X}$）和总体均值（μ）的比较性检验，对于该检验方法而言，要求样本满足两个前提假设，分别是样本服从正态分布假设，以及样本之间满足独立性假设（即样本之间不存在相关性）。下面利用统计学中的四步法完成对某饮料实际净含量数据的单样本 t 检验。

1）提出原假设和备择假设。

- H_0：样本均值（$\bar{X}$）和总体均值（μ）相等。
- H_1：样本均值（$\bar{X}$）和总体均值（μ）不相等。

2）构造 t 统计量。

$$t=\frac{\bar{X}-\mu}{\frac{s}{\sqrt{n}}}\sim t(b-1)$$

其中，s为样本标准差（计算公式可查看 5.5.2 节中的内容）。在原假设满足的情况下，t 统计量服从自由度为 $n-1$ 的 t 分布。

3）计算 t 统计量。

如表 5-18 所示，为某饮料抽样后得到的实际净含量数据（饮料净含量的总体均值为 550ml）。可基于如上介绍的 t 统计量计算公式，得到对应于 t 的统计量值。

表 5-18　某饮料的实际净含量数据

558	551	542	557	552	547	551	549
548	551	553	557	548	550	546	552

根据数据，可计算样本均值 $\bar{X}$ 为 550.75，样本标准差 s 为 4.25，所以 t 统计量的值为 0.706。

4）对比结果下结论。

对比计算的 t 统计量和理论 t 分布的临界值，如果统计量的值大于临界值，则拒绝原假设（即认为样本均值与总体均值之间存在显著的差异），否则接受原假设。参照 t 分布的临界值表，在置信水平为 0.05，自由度为 15 的情况下，对应的临界值为 0.821。对比发现，t 统计量 0.706 是小于临界值 0.821 的，故不能拒绝原假设，即认为饮料净含量的检验结果是合格的。

以上是手工方式完成了 t 检验。使用 Python 完成单样本 t 检验，可以调用 scipy 的子模块 stats 中的 ttest_1samp 函数来实现。接下来利用 ttest_1samp 函数，对如上介绍的饮料净含量数据做单样本 t 检验操作，代码如下。

```
# 导入子模块
from scipy import stats
# 饮料净含量数据
data = [558,551,542,557,552,547,551,549,548,551,553,557,548,550,546,552]
# 单样本 t 检验
stats.ttest_1samp(a = data, # 指定待检验的数据
                  popmean = 550, # 指定总体均值
# 指定缺失值的处理办法（如果数据中存在缺失值，则检验结果返回 nan）
                  nan_policy = 'propagate'
                  )
out:
Ttest_1sampResult(statistic=0.7058009503746899, pvalue=0.49112911593287567)
```

结果显示，ttest_1samp 函数返回两部分的结果，一部分是 t 统计量，另一部分是概率 p 值。其中，t 统计量与上文手工计算的结果一致，从概率 p 值来看，其值大于 0.05，故不能拒绝原假设。

（2）独立样本 t 检验

独立样本 t 检验，是针对两组不相关样本（各样本量可以相等也可以不相等），检验它们在某数值型指标上均值之间的差异。对于该检验方法而言，同样需要满足两个前提假设，即样本服从正态分布，且样本之间不存在相关性。与单样本 t 检验相比，还存在一个非常重要的差异，就是构造 t 统计量时需要考虑两组样本的方差是否满足齐性（即方差相等）。以统计学中的四步法完成独立样本的 t 检验的具体步骤如下所示。

1）提出原假设和备择假设。

- H_0：两独立样本的均值相等。
- H_1：两独立样本的均值不相等。

2）构造 t 统计量。有两种情况。

- 当两组样本的方差相等时：

$$t = \frac{(\overline{X_1} - \overline{X_2}) - (\mu_1 - \mu_2)}{S_{1,2}^2 \sqrt{\dfrac{1}{n_1} + \dfrac{1}{n_2}}} \sim t(n_1 + n_2 - 2)$$

其中，n_1 为样本组 1 的样本量，n_2 为样本组 2 的样本量，$S_{1,2}^2$ 由两组样本的方差和样本量构成，它的计算公式为：

$$S_{1,2}^2 = \frac{(n_1 - 1)S_1^2 + (n_2 - 1)S_2^2}{n_1 + n_2 - 2}$$

在原假设满足的情况下，t 统计量服从自由度为 n_1+n_2-2 的 t 分布。

- 当两组样本的方差不相等时：

$$t = \frac{(\overline{X_1} - \overline{X_2}) - (\mu_1 - \mu_2)}{\sqrt{\dfrac{S_1^2}{n_1} + \dfrac{S_2^2}{n_2}}} \sim t(df)$$

其中，df 为方差不相等时，t 统计量的自由度，其计算公式如下：

$$df=\frac{\left(\frac{S_1^2}{n_1}+\frac{S_2^2}{n_2}\right)^2}{\left(\frac{S_1^2}{n_1}\right)^2\Big/n_1+\left(\frac{S_2^2}{n_2}\right)^2\Big/n_2}$$

3）计算 t 统计量。

根据第 2 步中的计算公式，便可以轻松地得到 t 统计量的值。这里以前文介绍的服务员小费数据为例，以 Python 为工具，通过 t 检验判断男女顾客在支付小费金额上是否存在显著差异。需要注意的是，在计算 t 统计量之前，应该检验两样本之间的方差是否相等。具体为：通过 scipy 子模块 stats 中的 levene 函数实现方差齐性的检验，通过 ttest_ind 函数实现独立样本 t 检验。接下来结合这两个函数，完成小费金额的 t 检验，代码及输出结果如下。

```
# 男性客户支付的小费
male_tips = tips.loc[tips.sex == 'Male', 'tip']
# 男性客户支付的小费
female_tips = tips.loc[tips.sex == 'Female', 'tip']

# 检验两样本之间的方差是否相等
stats.levene(male_tips, female_tips)
out:
LeveneResult(statistic=1.9909710178779405, pvalue=0.1595236359896614)
```

结果显示，经过方差齐性检验后，发现统计量所对应的概率 p 值大于 0.05，说明两组样本之间的方差满足齐性。所以，在计算 t 统计量的值时，应该选择方差相等所对应的公式。

```
# 两独立样本的t检验
stats.ttest_ind(a = male_tips, # 指定男性样本组
                b = female_tips, # 指定女性样本组
                equal_var = True # 指定样本方差相等
                )
out:
Ttest_indResult(statistic=1.3878597054212687, pvalue=0.16645623503456763)
```

4）对比结果下结论。

在第 3 步中，对男女顾客所支付的小费数据做了独立样本的 t 检验，得到两部分结果，前者是 t 统计量的值，后者是概率 p 值。由于概率 p 值大于 0.05，故需要接受原假设，即认为两独立样本的均值不存在显著的差异。

（3）配对样本 t 检验

配对样本 t 检验，是针对同一组样本在不同场景下，某数值型指标均值之间的差异。实际上读者也可以将该检验理解为单样本 t 检验，检验的是两配对样本差值的均值是否等于 0，如果等于 0，则认为配对样本之间的均值没有差异，否则存在差异。所以，该检验也遵循两个前提假设，即正态性分布假设和样本独立性假设。利用统计学中的四步法完成配对样本

的 t 检验的具体步骤如下。

1）提出原假设和备择假设。

- H_0：两配对样本的均值相等。
- H_1：两配对样本的均值不相等。

2）构造 t 统计量。

$$t=\frac{\bar{X}-0}{\frac{s}{\sqrt{n}}}\sim t(n-1)$$

其中，$\bar{X}$ 为配对样本差的均值，s 为配对样本差的标准差。在原假设满足的情况下，t 统计量服从自由度为 $n-1$ 的 t 分布。

3）计算 t 统计量。

根据第 2 步中的计算公式，可以计算得到配对样本 t 检验的统计量值。这里以我国各省 2016 年和 2017 年的人均可支配收入数据为例（数据来源于中国统计局），判断 2016 年和 2017 年该指标是否存在显著差异。既可以选择实现单样本 t 检验的 ttest_1samp 函数，也可以直接选择实现配对样本 t 检验的 ttest_rel 函数。接下来结合这两个函数，完成可支配收入的 t 检验，代码如下。

```
# 读取人均可支配收入数据
ppgnp = pd.read_excel(r'C:\Users\Administrator\Desktop\PPGNP.xlsx')

# 计算两年人均可支配收入之间的差值
diff = ppgnp.PPGNP_2017-ppgnp.PPGNP_2016
# 使用 ttest_1samp 函数计算配对样本的 t 统计量
stats.ttest_1samp(a = diff, popmean = 0)
out:
Ttest_1sampResult(statistic=13.983206457471795, pvalue=1.1154473504425075e-14)

# 使用 ttest_rel 函数计算配对样本的 t 统计量
stats.ttest_rel(a = ppgnp.PPGNP_2017, b = ppgnp.PPGNP_2016)
out:
Ttest_relResult(statistic=13.983206457471795, pvalue=1.1154473504425075e-14)
```

4）对比结果下结论。

在第 2 步中，不论采用单样本的 t 检验方法，还是采用配对样本的 t 检验方法，得到的 t 统计量都是相同的。从结果来看，由于概率 p 值远远小于 0.05，故不能接受原假设，即认为 2016 年和 2017 年我国人均可支配收入是存在显著差异的。

5.6 线性回归模型的应用

线性回归模型属于经典的统计学模型，该模型的应用场景是根据已知的变量（即自变量）来预测某个连续的数值变量（即因变量）。例如餐厅根据每天的营业数据（包括菜谱价格、就餐人数、预定人数、特价菜折扣等）预测就餐规模或营业额；网站根据访问的历史数据（包括新用户的注册量、老用户的活跃度、网页内容的更新频率等）预测用户的支付转化率；医院根据患者的病历数据（如体检指标、药物服用情况、平时的饮食习惯等）预测某种疾病发生的概率。接下来通过具体的案例介绍线性回归模型的应用。

5.6.1　简单线性回归模型——刹车距离的研究

1．简单线性回归模型

（1）简单线性回归模型简介

简单线性回归模型，也被称为一元线性回归模型，是指模型中只含有一个自变量和一个因变量。用来建模的数据集可以表示成$\{(x_1,y_1), (x_2,y_2),\cdots, (x_n,y_n)\}$，其中，$x_i$表示自变量 x 的第 i 个值，y_i表示因变量 y 的第 i 个值，n 表示数据集的样本量。当模型构建好之后，就可以根据自变量 x 的新值，预测其对应的因变量值，该模型的数学公式可以表示成：

$$y = a + bx + \varepsilon$$

其中，a 为模型的截距项，b 为模型的斜率项，ε为模型的误差项。模型中的a和 b，统称为回归系数，误差项ε的存在主要是为了平衡等号两边的值，通常被称为模型无法解释的部分。一般可以通过散点图刻画两个变量之间的关系，并基于散点图绘制简单线性拟合线，进而使变量之间的关系体现地更加直观。

（2）lmplot 函数绘制添加拟合线的散点图

这里以汽车刹车时的速度（自变量，speed）与刹车距离（因变量 dist）的数据为例，通过简单线性回归模型来探究两者之间的关系，仍然使用 Python 为工具首先将速度与距离的数据绘制成散点图，然后再基于散点图添加拟合线，实现该图形的绘制可以直接使用 seaborn 模块中的 lmplot 函数，有关 lmplot 函数的用法及参数含义如下。

lmplot 函数语法如下。

```
lmplot(x, y, data, hue=None, col=None, row=None, palette=None, col_wrap=None,
        size=5, aspect=1, markers='o', sharex=True, sharey=True, hue_order=None,
        col_order=None, row_order=None, legend=True, legend_out=True, scatter=True,
        fit_reg=True, ci=95, n_boot=1000, order=1, logistic=False, lowess=False,
        robust=False, logx=False, x_partial=None, y_partial=None, truncate=False,
        x_jitter=None, y_jitter=None, scatter_kws=None, line_kws=None)
```

lmplot 参数说明如下。

- x,y：指定 x 轴和 y 轴的数据。
- data：指定绘图的数据集。
- hue：指定分组变量。
- col,row：用于绘制分面图形，指定分面图形的列向与行向变量。
- palette：为 hue 参数指定的分组变量设置颜色。
- col_wrap：设置分面图形中，每行子图的数量。
- size：用于设置每个分面图形的高度。
- aspect：用于设置每个分面图形的宽度，宽度等于 size*aspect。

- markers：设置点的形状，用于区分 hue 参数指定的变量水平值。
- sharex,sharey：bool 类型参数，绘制分面图形时，是否共享 x 轴和 y 轴，默认为 True。
- hue_order,col_order,row_order：为 hue 参数、col 参数和 row 参数指定的分组变量设值水平值顺序。
- legend：bool 类型参数，是否显示图例，默认为 True。
- legend_out：bool 类型参数，是否将图例放置在图框外，默认为 True。
- scatter：bool 类型参数，是否绘制散点图，默认为 True。
- fit_reg：bool 类型参数，是否拟合线性回归，默认为 True。
- ci：绘制拟合线的置信区间，默认为 95%的置信区间。
- n_boot：为了估计置信区间，指定自助重抽样的次数，默认为 1000 次。
- order：指定多项式回归，默认指数为 1。
- logistic：bool 类型参数，是否拟合逻辑回归，默认为 False。
- lowess：bool 类型参数，是否拟合局部多项式回归，默认为 False。
- robust：bool 类型参数，是否拟合鲁棒回归，默认为 False。
- logx：bool 类型参数，是否对 x 轴做对数变换，默认为 False。
- x_partial,y_partial：为 x 轴数据和 y 轴数据指定控制变量，即排除 x_partial 和 y_partial 变量的影响下绘制散点图。
- truncate：bool 类型参数，是否根据实际数据的范围，对拟合线做截断操作，默认为 False。
- x_jitter,y_jitter：为 x 轴变量或 y 轴变量添加随机噪声，当 x 轴数据与 y 轴数据比较密集时，可以使用这两个参数。
- scatter_kws：设置点的其他属性，如点的填充色、边框色、大小等。
- line_kws：设置拟合线的其他属性，如线的形状、颜色、粗细等。

虽然该函数的参数比较多，但大多数情况下读者只需使用几个重要的参数即可，如 x、y、hue、data 等。

绘制刹车速度与距离的散点图和拟合线的代码如下所示，绘制完成的散点图如图 5-73 所示。

```
# 读取汽车刹车速度与距离的数据
speed_dist = pd.read_csv(r'C:\Users\Administrator\Desktop\cars.csv')

# 绘制散点图，并添加拟合线
sns.lmplot(x = 'speed', # 指定 x 轴变量
           y = 'dist', # 指定 y 轴变量
           data = speed_dist, # 指定绘图数据集
           legend_out = False, # 将图例呈现在图框内
           truncate=True # 根据实际的数据范围，对拟合线做截断操作
          )
# 显示图形
```

```
plt.show()
```

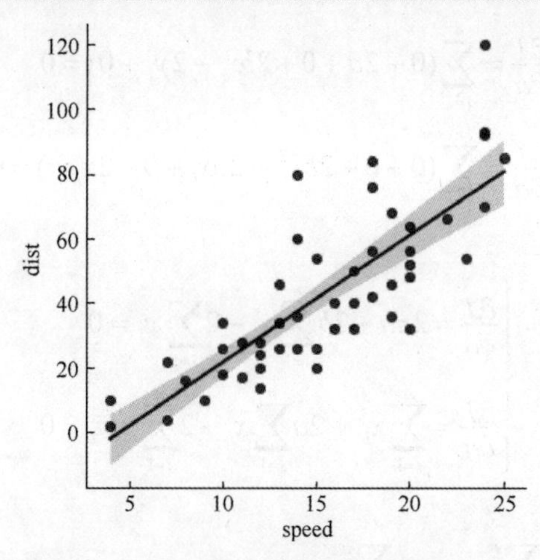

图 5-73　车速与刹车距离之间的散点图

图 5-73 反映的就是自变量 speed（刹车速度）与因变量 dist（刹车距离）之间关系的散点图，从散点图的趋势来看，刹车速度与刹车距离之间存在明显的正相关关系，即刹车速度越大，刹车距离将越长。其中，图内的直线就是关于散点的线性回归拟合线，图内的阴影部分为拟合线 95%的置信区间。从图中可知，每个散点都是尽可能地围绕在拟合线附近。那么这样的拟合线是如何计算出来的呢？具体的数学表达式又是怎样的呢？

2．拟合线的求解

（1）拟合线求解的过程

本节的内容介绍简单线性回归模型的求解，即如何根据自变量 x 和因变量 y，求解回归系数 a 和 b。前面已经提到，误差项 ε 是为了平衡等号两边的值，如果拟合线能够精确地捕捉到每一个点（即所有的散点全部落在拟合线上），那对应的误差项 ε 应该为 0。按照这个思路来看，要想得到理想的拟合线，就必须使误差项 ε 达到最小。由于误差项是 y 与 $a+bx$ 的差，其结果可能为正值也可能为负值，所以，误差项 ε 达到最小的问题需转换为误差平方和最小的问题（即最小二乘法的思路）。误差平方和的公式可以表示为：

$$J(a,b)=\sum_{i=1}^{n}\varepsilon^2=\sum_{i=1}^{n}(y_i-[a+bx_i])^2$$

由于建模时的自变量值和因变量值都是已知的，所以求解误差平方和最小值的问题，就是求解函数 $J(a,b)$ 的最小值，而该函数的参数就是回归系数a和 b。

该目标函数其实就是一个二元二次函数，如需使得目标函数 $J(a,b)$ 达到最小，可以使用偏导数的方法求解出参数 a 和 b，进而得到目标函数的最小值。关于目标函数的求导过程如下。

1）展开平方项。

$$J(a,b)=\sum_{i=1}^{n}(y_i^2+a3+b2x_i^2+2abx_i-2ay_i-2bx_iy_i)$$

2）设偏导数为0。

$$\begin{cases}\dfrac{\partial J}{\partial a}=\sum_{i=1}^{n}(0+2a+0+2bx_i-2y_i+0)=0\\ \dfrac{\partial J}{\partial a}=\sum_{i=1}^{n}(0+0+2bx_i^2-2ax_i+0-2x_iy_i)=0\end{cases}$$

3）求和公式的转换。

$$\begin{cases}\dfrac{\partial J}{\partial a}=2na+2b\sum_{i=1}^{n}x_i-2\sum_{i=1}^{n}y_i=0\\ \dfrac{\partial J}{\partial a}=\sum_{i=1}^{n}x_i^2+2a\sum_{i=1}^{n}x_i-2\sum_{i=1}^{n}x_iy_i=0\end{cases}$$

4）化解。

$$\begin{cases}a=\dfrac{\sum_{i=1}^{n}y_i}{n}-\dfrac{b\sum_{i=1}^{n}x_i}{n}\\ b\sum_{i=1}^{n}x_i^2+\left(\dfrac{\sum_{i=1}^{n}y_i}{n}-\dfrac{b\sum_{i=1}^{n}x_i}{n}\right)\sum_{i=1}^{n}x_i-\sum_{i=1}^{n}x_iy_i=0\end{cases}$$

5）将参数 a 带入，求解 b。

$$\begin{cases}a=\overline{y}-b\overline{x}\dfrac{\sum_{i=1}^{n}y_i}{n}-\dfrac{b\sum_{i=1}^{n}x_i}{n}\\ b=\dfrac{\sum_{i=1}^{n}x_iy_i-\dfrac{1}{n}\sum_{i=1}^{n}x_i\sum_{i=1}^{n}y_i}{\sum_{i=1}^{n}x_i^2-\dfrac{1}{n}\left(\sum_{i=1}^{n}x_i\right)^2}\end{cases}$$

推导的结果显示，参数 a 和 b 的值都可以根据自变量 x 和因变量 y 的数据计算所得，其中，$\overline{x}$ 为自变量 x 的均值，$\overline{y}$ 为因变量 y 的均值。

（2）通过 ols 函数求得回归模型的参数解

上面的内容介绍了有关简单线性回归模型的参数求解过程。在实际工作中并不需要按照如上的计算公式得到具体的参数值，只需通过 Python 调用 statsmodels 模块中的 ols 函数便可以轻松实现回归模型的参数解。有关该函数的具体用法及参数含义如下所示。

ols 函数的语法。

```
ols(formula, data, subset=None, drop_cols=None)
```

ols 函数的参数说明。

formula：以字符串的形式指定线性回归模型的公式，如'y～x'表示简单线性回归模型。

data：指定建模的数据集。

subset：通过 bool 类型的数组对象，获取 data 的子集用于建模。

drop_cols：指定需要从 data 中删除的变量。

接下来，利用 ols 函数求解汽车刹车时的速度与刹车距离之间的函数关系（即构建两者的简单线性回归模型）。

```
# 导入第三方模块
import statsmodels.api as sm
# 利用汽车刹车数据，构建回归模型
fit = sm.formula.ols('dist ~ speed', data = speed_dist).fit()
# 返回模型的参数值
fit.params
out:
Intercept        -17.579095
speed            3.932409
```

结果显示，Intercept 表示截距项对应的参数值，speed 表示自变量刹车速度所对应的参数值（即刹车速度每提升一个单位，将促使刹车距离增加 3.93 个单位）。所以，关于刹车距离的简单线性回归模型可以表示为：

$$\text{dist} = -17.579 + 3.932\text{speed}$$

5.6.2 多元线性回归模型——产品市场销售额的研究

1．多元线性回归模型简介

通过对简单线性回归模型的讲解，相信读者已经对其有了一定的认识。但在实际应用中，简单线性回归模型并不常见，因为影响因变量的自变量往往不止一个，那就需要将一元线性回归模型扩展到多元线性回归模型。

假设待建模的数据集包含 n 个观测，p+1 个变量（其中 p 个自变量和 1 个因变量），那么数据集可以拆分成如下两个部分：

$$y\begin{cases} y_1 \\ y_2 \\ \vdots \\ y_n \end{cases}, \qquad X\begin{cases} 1 & x_{11} & \cdots & x_{1p} \\ 1 & x_{21} & \cdots & x_{2p} \\ \vdots & \vdots & & \vdots \\ 1 & x_{n1} & \cdots & x_{np} \end{cases}$$

其中，y 代表一维的因变量，X 代表多个自变量构成的矩阵和常数列 1，x_{ij} 代表第 i 行的第 j 个变量值。如果按照一元线性回归模型的逻辑，可以将多元线性回归模型扩展为下方的式子：

$$y = \beta_0 + \beta_1 x_1 + \beta_2 x_2 + \cdots + \beta_p x_p + \varepsilon$$

根据线性代数的知识，可以将上式表示成 $y = X\beta + \varepsilon$。其中 β 为 $p\times1$ 的一维向量，代表了多元线性回归模型的偏回归系数；ε 为 $n\times1$ 的一维向量，代表了模型拟合后每一个样本的误差项。

2．多元线性回归模型的参数求解

如上所述，用于构建多元线性回归模型的数据实际上由两部分组成：一个是一维的因变量y；另一个是二维矩阵的自变量 X。相比于简单线性回归模型而言，在求解多元回归模型的偏回归系数时会稍微复杂一些，但求解的思路是完全一致的。以下是多元线性回归模型参数求解过程的详细推导步骤：

1）构建目标函数。

$$J(\beta) = \sum \varepsilon^2 \sum (y - X\beta)^2$$

根据线性代数的知识，可以将向量的平方和公式转换为向量的内积，接下来需要对该式进行平方项的展现。

2）展开平方项。

$$\begin{aligned} J(\beta) &= (y - X\beta)'(y - X\beta) \\ &= (y' - \beta' X')(y - X\beta) \\ &= (y'y - y'X\beta - \beta' X'y + \beta' X'X\beta) \end{aligned}$$

由于式中的 $y'X\beta$ 和 $\beta' X'y$ 均为常数，所以常数的转置就是其本身，进而可知 $y'X\beta$ 和 $\beta' X'y$ 是相等的，接下来，对目标函数求参数 β 的偏导数。

3）求偏导。

$$\frac{\partial J(\beta)}{\partial \beta} = (0 - X'y - X'y + 2X'X\beta = 0$$

根据高等数学的知识可知，欲求目标函数的极值，一般都需要对目标函数求导数，再令导函数为 0，进而根据等式求得导函数中的参数值。

4）计算偏回归系数的值。

$$X'X\beta = X'y$$

$$\beta = (X'X)^{-1} X'y$$

经过上面四步的推导，最终可以得到偏回归系数 β 与自变量 X、因变量 y 的数学关系，这个求解过程，也被成为“最小二乘法”，基于已知的偏回归系数 β，便可以构造多元线性回归模型。

使用 Python 对于多元线性回归模型参数的求解，仍然可以使用 ols 函数。如图 5-74 所示，为某产品的销售额与各渠道广告成本之间的数据（数据集为 Advertising.csv），其中 TV 表示电视渠道，radio 为广播渠道，newspaper 为报纸渠道，sales 为产品销售额。接下来基于该数据等，利用 ols 函数构造销售额与成本之间的多元线性回归模型（名为 fit）。具体代码如下。

	A	B	C	D
1	TV	radio	newspaper	sales
2	230.1	37.8	69.2	22.1
3	44.5	39.3	45.1	10.4
4	17.2	45.9	69.3	9.3
5	151.5	41.3	58.5	18.5
6	180.8	10.8	58.4	12.9
7	8.7	48.9	75	7.2

图 5-74　某产品在各渠道广告上的成本与销售数据

```
# 读取销售额与成本的数据
sales = pd.read_csv(r'C:\Users\Administrator\Desktop\Advertising.csv')
# 构建多元线性回归模型
fit = sm.formula.ols('sales ~ TV+radio+newspaper', data = sales).fit()
# 返回模型的参数值
fit.params
out:
Intercept      2.938889
TV             0.045765
radio          0.188530
newspaper     -0.001037
```

结果显示，有两种广告渠道的回归系数为正值（TV 和 radio），说明这两种渠道的广告可以给销售额带来正向的支撑，而报纸渠道却无法使销售额得到提升（其回归系数为-0.001）。所以，可以得到多元线性回归模型：

$$\text{sales} = 2.939 + 0.046\text{TV} + 0.189\text{radio} - 0.001\text{newspaper}$$

那么问题来了，在实际的应用中，只需要利用 ols 函数将偏回归系数计算出来，并构造一个多元线性回归模型就完事了吗？确定模型就是理想的吗？确定得到的偏回归系数就是靠谱的吗？很显然答案并不是肯定的，而是需要借助于统计学中的 F 检验法和 t 检验法，完成模型的显著性检验和回归系数的显著性检验。接下来，针对这两种检验方法做简单的介绍。

5.6.3　模型的显著性检验——*F* 检验

统计学中，有关假设检验的问题有一套成熟的方法，首先来看一下如何应用 F 检验法完成模型的显著性检验，具体的检验步骤如下。

1）提出问题的原假设和备择假设。

2）在原假设的条件下，构造统计量 F。

3）根据样本信息，计算统计量 F 的值。

4）对比统计量的值和理论值，如果计算的统计量值超过理论的值，则拒绝原假设，否则需要接受原假设。

按照如上的 4 个步骤，对构造的多元线性回归模型进行 F 检验，进一步确定该模型是否可用，详细操作步骤如下。

1）提出假设。

$$\begin{cases} H_0: \beta_0 = \beta_1 = \cdots = \beta_p = 0 \\ H_1: \text{系数}\beta_0, \beta_1, \cdots, \beta_p\text{不全为}0 \end{cases}$$

H_0 为原假设，该假设认为模型的所有偏回归系数全为 0，即认为没有一个自变量可以构成因变量的线性组合；H_1 为备择假设，正好是原假设的对立面，即 p 个自变量中，至少有一个变量可以构成因变量的线性组合。就 F 检验而言，研究者往往更加希望通过数据来推翻原假设 H_0，而接受备择假设 H_1 的结论。

2）构造统计量 F。

为了使读者理解统计量 F 的构造过程，可以先观看图 5-75，然后掌握总的离差平方和、回归离差平方和与误差平方和的概念与差异。

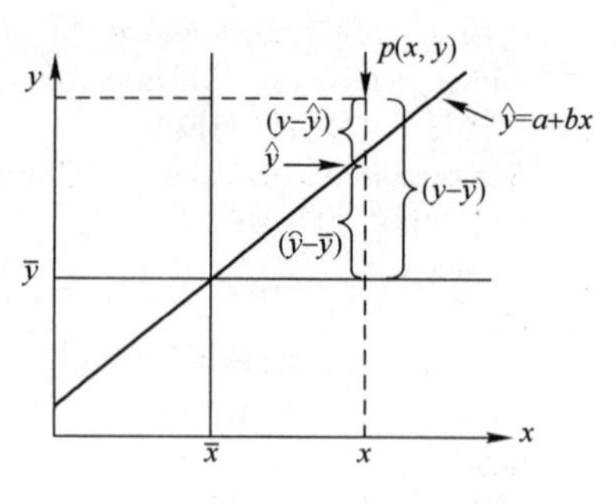

图 5-75　F 检验的理论解析图

假设图中的斜线代表某条线性拟合线，点 $p(x,y)$代表数据集中的某个点，则 $\hat{y}$ 为点 x 处的预测值；$(y-\hat{y})$ 为真实值与预测值之间的差异；$(\hat{y}-\bar{y})$ 为预测值与总体平均值之间的差异；$(y-\bar{y})$ 为真实值与总体平均值之间的差异。如果将这些差异向量做平方和的计算，则会得到：

$$\begin{cases}\sum_{i=1}^{n}(y_i-\hat{y}_i)^2 = ESS \\ \sum_{i=1}^{n}(\hat{y}_i-\bar{y})^2 = RSS \\ \sum_{i=1}^{n}(y_i-\bar{y})^2 = TSS\end{cases}$$

公式中的 ESS 称为误差平方和，衡量的是因变量的实际值与预测值之间的离差平方和，会随着模型的变化而变动（因为模型的变化，会导致预测值 $\hat{y}_i$ 的变动）；RSS 为回归离差平方和，衡量的是因变量的预测值与实际均值之间的离差平方和，同样会随着模型的变化而变动；TSS 为总的离差平方和，衡量的是因变量的值与其均值之间的离差平方和，而其值并不会随模型的变化而变动，即它是一个固定值。

根据统计计算，这 3 个离差平方和之间存在这样的等式关系：$TSS=ESS+RSS$。由于 TSS 的值不会随模型的变化而变动，所以 ESS 与 RSS 之间存在严格的负向关系，即 ESS 的降低会导致 RSS 的增加。正如第 5.6.1 节所介绍的内容，线性回归模型的参数求解是依据误差平方和最小的理论，如果根据线性回归模型得到的 ESS 值达到最小，那么对应的 RSS 值就会达到最大，进而 RSS 与 ESS 的商也会达到最大。

按照这个逻辑，便可以构造 F 统计量，该统计量可以表示为回归离差平方和 RSS 与误差平方和 ESS 的公式：

$$F=\frac{RSS/p}{ESS/(n-p-1)} \sim F(p,n-p-1)$$

其中，p 和 $n-p-1$ 分别为RSS和 ESS 的自由度。如果模型拟合的越好，则 ESS 就会越小，而 RSS 就会越大，得到的 F 统计量也就越大。

3）计算统计量 F。

基于第 2 步中的公式，计算出统计量F所对应的值。

4）对比结果下结论。

最后一步所要做的是对比F统计量的值与理论F分布的值，对比过程可以借助于F分布表，如果 F 统计量大于理论的 F 分布值，则拒绝原假设，否则接受原假设。通常，在实际的应用中将概率值 p 与 0.05 做比较，如果小于 0.05，则拒绝原假设，否则接受原假设。

5.6.4　回归系数的显著性检验——t 检验

模型通过了显著性检验，只能说明模型关于因变量的线性组合是合理的，但并不能说明每个自变量对因变量都具有显著意义，所以还需要对模型的回归系数做显著性检验。只有当回归系数通过了 t 检验，才可以认为模型的系数是显著的。关于回归系数的显著性检验需要使用 t 检验法，构造 t 统计量。接下来按照模型显著性检验的 4 个步骤，对回归系数进行显著性检验 t 检验。

1）提出假设。

$$\begin{cases} H_0: \beta_j = 0, j = 1,2,\cdots,p \\ H_1: \beta_j \neq 0 \end{cases}$$

t 检验的出发点就是验证每一个自变量是否能够成为影响因变量的重要因素。t 检验的原假设是假定第 j 变量的回归系数为 0，即认为该变量不是因变量的影响因素；而备择假设则是相反的假定，认为第 j 变量是影响因变量的重要因素。

2）构造统计量。

$$t = \frac{\hat{\beta}_j - \beta_j}{se(\hat{\beta}_j)} \sim t(n-p-1)$$

其中，$\hat{\beta}_j$ 为线性回归模型的第 j 个系数估计值；β_j 为原假设中的假定值，即 0；$se(\hat{\beta}_j)$ 为回归系数 $\hat{\beta}_j$ 的标准误，对应的计算公式如下：

$$se(\hat{\beta}_j) = \sqrt{c_{jj} \frac{\sum \varepsilon_i^2}{n-p-1}}$$

其中，$\sum \varepsilon_i^2$ 为误差平方和，c_{jj} 为矩阵 $(X'X)^{-1}$ 主对角线上第 j 个元素。

3）计算统计量 t。

基于第 2 步中的公式，计算出统计量 t 所对应的值。

4）对比结果下结论。

最后对比计算好的统计量 t 值与理论的 t 分布值，如果 t 统计量大于理论的 t 分布值，则拒绝原假设，否则接受原假设。同样，也可以根据概率值 p 判断是否需要拒绝原假设。

上面内容看上去比较复杂，但通过 Python 实现起来还是非常简单的，只需要基于构建好的模型（即 5.6.2 节中的多元线性回归模型 fit），使用 summary 方法便可以得到 fit 模型的 F 统计量值和各回归系数的 t 统计量。具体的代码如下。

```
# 基于构建好的 fit 模型，返回模型的概览信息，结果如图 5-76 所示
fit.summary()
```

OLS Regression Results

Dep. Variable:	sales	R-squared:	0.897
Model:	OLS	Adj. R-squared:	0.896
Method:	Least Squares	F-statistic:	570.3
Date:	Thu, 20 Sep 2018	Prob (F-statistic):	1.58e-96
Time:	15:59:51	Log-Likelihood:	-386.18
No. Observations:	200	AIC:	780.4
Df Residuals:	196	BIC:	793.6
Df Model:	3		
Covariance Type:	nonrobust		

	coef	std err	t	P>|t|	[0.025	0.975]
Intercept	2.9389	0.312	9.422	0.000	2.324	3.554
TV	0.0458	0.001	32.809	0.000	0.043	0.049
radio	0.1885	0.009	21.893	0.000	0.172	0.206
newspaper	-0.0010	0.006	-0.177	0.860	-0.013	0.011

Omnibus:	60.414	Durbin-Watson:	2.084
Prob(Omnibus):	0.000	Jarque-Bera (JB):	151.241
Skew:	-1.327	Prob(JB):	1.44e-33
Kurtosis:	6.332	Cond. No.	454.

图 5-76 多元线性回归模型 fit 的概览信息

结果显示，在返回的模型概览中，包含 F 检验和 t 检验的结果，其中 F 统计量值为 570.3，对应的概率值 p 远远小于 0.05，说明应该拒绝原假设，认为模型是显著的；在各自变量的 t 统计量中，唯有 newspaper 变量所对应的概率值 p 大于 0.05，说明不能拒绝原假设，认为该变量是不显著的，无法认定其是影响销售额的重要因素。

对于 F 检验来说，如果无法拒绝原假设，则认为模型是无效的，通常的解决办法是增加数据量、改变自变量或选择其他的模型；对于 t 检验来说，如果无法拒绝原假设，则认为对应的自变量与因变量之间不存在线性关系，通常的解决办法是剔除该变量或修正该变量（如因变量与自变量存在非线性关系时，选择对应的数学转换函数，对其修正处理）。

根据返回的 fit 模型的概览信息，由于 newspaper 变量的 t 检验结果是不显著的，故可以探索其与因变量 sales 之间的散点关系，如果二者确实没有线性关系，可以将 newspaper 从模型中剔除。探索和建模的代码如下，散点图的绘图结果如图 5-77 所示。

```
# 绘制 newspaper 与 sales 之间的散点图
sns.lmplot(x = 'newspaper', y = 'sales',
           data = sales, truncate=True,
           fit_reg = False # 不显示拟合曲线
           )
# 显示图形
plt.show()
```

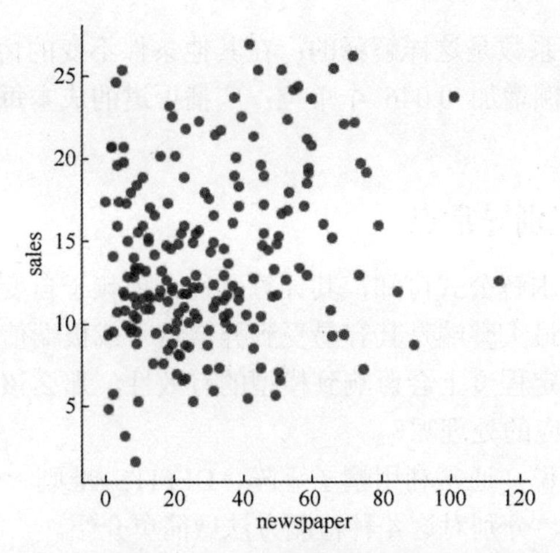

图 5-77　报纸广告与销售额之间的散点关系图

图中自变量 newspaper 与因变量 sales 之间的散点关系并没有呈现明显的线性关系或非线性关系，故可以认为两者不存在互相依赖关系。既然如此，接下来要做的就是将 newspaper 变量从模型中剔除，代码如下所示，剔除后的模型 fit2 的结果如图 5-78 所示。

```
# 剔除 newspaper 变量，重新构造多元线性回归模型
fit2 = sm.formula.ols('sales ~ TV+radio', data = sales).fit()
# 返回模型的参数值
fit2.params
out:
Intercept     2.921100
TV            0.045755
radio         0.187994

# 基于构建好的 fit2 模型，返回模型的概览信息
fit2.summary()
```

Dep. Variable:	sales	R-squared:	0.897
Model:	OLS	Adj. R-squared:	0.896
Method:	Least Squares	F-statistic:	859.6
Date:	Thu, 20 Sep 2018	Prob (F-statistic):	4.83e-98

	coef	std err	t	P>|t|	[0.025	0.975]
Intercept	2.9211	0.294	9.919	0.000	2.340	3.502
TV	0.0458	0.001	32.909	0.000	0.043	0.048
radio	0.1880	0.008	23.382	0.000	0.172	0.204

图 5-78　多元线性回归模型 fit2 的概览信息

对模型 fit 重新调整后，得到的新模型 fit2 仍然通过了显著性检验，而且每个自变量所对应的系数也是通过显著性检验的。故最终得到的模型为：

$$sales=2.921+0.046TV+0.188radio$$

对于该回归模型中的系数是这样解释的：在其他条件不变的情况下，TV 渠道的成本每增加一个单位，将使销售额增加 0.046 个单位；广播渠道的成本每增加一个单位，会使销售额增加 0.188 个单位。

5.6.5 基于回归模型识别异常点

根据回归模型的参数求解公式可知，其计算过程会依赖于自变量的均值，而在 5.5.2 节中已经明确提到，均值的最大弊端是其容易受到异常点（或极端值）的影响。所以，如果建模数据中存在异常点，一定程度上会影响到模型的有效性，那么该如何利用模型来识别样本中的异常点，并对其做相应的处理呢？

对于线性回归模型来说，通常利用帽子矩阵、DFFITS 准则、学生化残差或 Cook 距离进行异常点检测。接下来，分别对这 4 种检测方法做简单介绍。

1．帽子矩阵

帽子矩阵的设计思路就是考察第i个样本对预测值 $\hat{y}$ 的影响大小，根据第 5.6.2 节中推导得到的回归系数求解公式，可以将多元线性回归模型表示成：

$$\hat{y} = X\hat{\beta} = X(X'X) - 1X'y = Hy$$

其中，$H = X(X'X) - 1X'$，H 称为帽子矩阵。判断样本是否为异常点的方法，可以使用如下公式：

$$h_{ii} \geqslant \frac{2(p+1)}{n}$$

其中，h_{ii} 为帽子矩阵 H 的第 i 个主对角线元素，p 为自变量个数，n 为用于建模数据集的样本量。如果对角线元素满足上面的公式，则代表第 i 个样本为异常观测。

2．DFFITS 准则

DFFITS 准则借助于帽子矩阵，构造了另一个判断异常点的统计量，该统计量可以表示成如下公式：

$$D_i(\sigma) = \sqrt{\frac{h_{ii}}{1-h_{ii}}} \frac{\varepsilon_i}{\sigma\sqrt{1-h_{ii}}}$$

其中，h_{ii} 为帽子矩阵 H 的第 i 个主对角线元素，ε_i 为第 i 个样本点的预测误差，σ 为误差项的标准差，判断样本为异常点的方法，可以使用如下规则：

$$|D_i(\sigma)| > \sqrt[2]{\frac{p+1}{n}}$$

3．学生化残差

需要注意的是，在 DFFITS 准则的公式中，乘积的第二项实际上是学生化残差，它也可以用来判定第 i 个样本是否为异常点，判断标准如下：

$$r_i = \frac{\varepsilon_i}{\sigma\sqrt{1-h_{ii}}} > 2$$

4．Cook 距离

Cook 距离是一种相对抽象的判断准则，无法通过某个具体的临界值判断样本是否为异常点，唯一确定的是，Cook 距离的统计量值越大，对应样本成为异常点的可能性就越大。Cook 距离的计算可以使用如下公式：

$$Distance_i = \frac{1}{p+1}\left(\frac{h_{ii}}{1-h_{ii}}\right)r_i^2$$

其中，r_i 学生化残差。

如果使用以上 4 种方法判别数据集的第 i 个样本是否为异常点，前提是已经构造好一个线性回归模型，然后基于由 get_influence 方法获得 4 种统计量的值。这里继续使用 Python 的 sales 数据集所构造的 fit2 模型为例，来识别数据集中是否存在异常点。具体识别过程的代码如下，运算结果如图 5-79 所示。

```
# 异常值检验
outliers = fit2.get_influence()

# 高杠杆值点（帽子矩阵）
leverage = outliers.hat_matrix_diag
# dffits 值
dffits = outliers.dffits[0]
# 学生化残差
resid_stu = outliers.resid_studentized_external
# cook 距离
cook = outliers.cooks_distance[0]

# 合并以上 4 种异常值检验的统计量值
concat_result = pd.concat([pd.Series(leverage, name = 'leverage'),pd.Series(dffits, name = 'dffits'),
                    pd.Series(resid_stu,name = 'resid_stu'),pd.Series(cook, name = 'cook')],axis = 1)
# 将上面的 concat_result 结果与 sales 数据集合并
raw_outliers = pd.concat([sales,concat_result], axis = 1)
# 数据的预览
raw_outliers.head()
```

	TV	radio	newspaper	sales	leverage	dffits	resid_stu	cook
0	230.1	37.8	69.2	22.1	0.014025	0.110298	0.924793	0.004058
1	44.5	39.3	45.1	10.4	0.018783	-0.161756	-1.169125	0.008705
2	17.2	45.9	69.3	9.3	0.029518	-0.321720	-1.844698	0.034086
3	151.5	41.3	58.5	18.5	0.012417	0.059140	0.527423	0.001170
4	180.8	10.8	58.4	12.9	0.009514	-0.018925	-0.193096	0.000120

图 5-79　基于线性回归模型计算得到的异常值指标

如图 5-79 所示，合并了原始 sales 数据集和 4 种统计量的值，接下来要做的就是选择一种或多种判断方法，将异常点识别出来。为了简单起见，这里使用学生化残差，当学生化残差大于 2 时，即认为对应的数据点为异常值。

```
# 计算异常值数量的比例
outliers_ratio = sum(np.where((np.abs(raw_outliers.resid_stu)>2),1,0))/raw_outliers.shape[0]
outliers_ratio
out:
0.035
```

结果显示，通过学生化残差识别出了异常值，并且异常比例为 3.5%。由于异常比例非常小，故可以考虑将其直接从数据集中删除，由此继续建模将会得到更加稳定且合理的模型。具体代码如下，结果如图 5-80 所示。

```
# 通过筛选的方法，将异常点排除
none_outliers = raw_outliers.loc[np.abs(raw_outliers.resid_stu)<=2,]
# 应用无异常值的数据集重新建模
fit3 = sm.formula.ols('sales ～ TV+radio', data = none_outliers).fit()
# 返回模型的概览信息
fit3.summary()
```

OLS Regression Results

Dep. Variable:	sales	R-squared:	0.928
Model:	OLS	Adj. R-squared:	0.927
Method:	Least Squares	F-statistic:	1218.
Date:	Fri, 21 Sep 2018	Prob (F-statistic):	4.50e-109

	coef	std err	t	P>|t|	[0.025	0.975]
Intercept	3.1867	0.245	12.983	0.000	2.703	3.671
TV	0.0445	0.001	36.721	0.000	0.042	0.047
radio	0.1920	0.007	27.897	0.000	0.178	0.206

图 5-80　多元线性回归模型 fit3 的概览信息

如图 5-80 所示，排除异常点之后得到模型 fit3，不管是模型的显著性检验还是系数的显著性检验，各自的概率 p 值均小于 0.05，说明它们均通过显著性检验。故模型 fit3 为：

$$sales=3.187+0.045TV+0.192radio$$

5.6.6　模型的预测

当模型确定后，下一步要做的就是基于模型对新数据做预测，从 fit3 模型来看，广播渠道的广告每增加一个单位的成本，所带来销售量的提升要明显比电视渠道的广告高，所以将更多的成本花费在广播渠道应该是不错的选择。假设该公司给电视渠道和广播渠道的广告预算分别为 45.1 万元和 172.8 万元，则根据 fit3 模型便可以预测出产品的销售额，即：

$$sales=3.187+0.045\times 45.1+0.192\times 172.8=38.394\text{（万元）}$$

在 Python 中可以直接基于 fit3 模型使用 predict 方法，轻松得到预测值。以原始数据（sales）为例，根据 fit3 模型重新预测各成本下的销售额预测值，预测结果如表 5-19 所示。

```
# 基于 fit3 模型，对原始数据做预测
pred = fit3.predict(sales[['TV','radio']])
```

```
# 对于实际值与预测值的比较
pd.concat([pd.Series(sales.sales, name = 'real'),pd.Series(pred, name = 'prediction')], axis = 1)
```

表 5-19　销售额实际值与预测值之间的比较

实际值	22.1	10.4	9.3	18.5	12.9	7.2	11.8	13.2	4.8	10.6
预测值	20.69	12.71	12.76	17.86	13.31	12.96	12.04	12.30	3.97	12.58
误差绝对值	1.41	2.31	3.46	0.64	0.41	5.76	0.24	0.9	0.83	1.98

结果显示，展示了 sales 数据集中前 10 组原始数据与模型预测值之间的差异，从结果上看有的预测值比较接近实际值，有的预测则偏离实际值较远，但总体来说，预测值与实际值之间的差异并不是特别大。

1．含有离散变量的回归模型——Titanic 乘客年龄预测

前两节所介绍的线性模型案例都是基于数值型的自变量，然而在实际的工作中可能会碰到离散型的自变量（尤其是字符型的离散变量）。对于这样的变量，一般是无法直接对其建模的，即使将离散型变量转换为整型的自然数也未必可行，因为离散型变量的值之间并不是直接的倍数关系。例如，以受教育水平作为变量，含有本科、硕士和博士 3 种不同的值，如果将其简单地对应到整数 1 至 3，那就相当于博士的水平是本科的 3 倍，很显然这个结论是无意义的。那么，这种问题该如何解决呢？

2．虚拟变量

虚拟变量也称为哑变量，专门用来解决离散型变量无法量化的问题，其解决思路很简单，就是根据离散变量的值，衍生出多个“0-1”值的新变量。为使读者更好地理解虚拟变量的含义，这里举个简单的例子，如图 5-81 所示，为 8 位用户的婚姻状态。

	A	B	C
1	id	name	marital
2	1	甲	未婚
3	2	乙	离婚
4	3	丙	已婚
5	4	丁	已婚
6	5	戊	离婚
7	6	己	未婚
8	7	庚	已婚
9	8	辛	未婚

图 5-81　构造哑变量的演示数据

婚姻状态为字符型的离散变量，一共包含 3 种不同的值（未婚，离婚，已婚），如果直接将该变量纳入模型中，Python 是无法运算的（字符值不是数值所以无法运算），但如果直接将 3 种婚姻状态映射为整数 1 至 3，又不能解释它们之间的数值关系。如果使用虚拟变量，则可以衍生出 3 个哑变量，因为婚姻状态字段中只包含三个不同的值，如图 5-82 所示。

	A	B	C	D	E	F
1	id	name	marital	marital_未婚	marital_已婚	marital_离婚
2	1	甲	未婚	1	0	0
3	2	乙	离婚	0	0	1
4	3	丙	已婚	0	1	0
5	4	丁	已婚	0	1	0
6	5	戊	离婚	0	0	1
7	6	己	未婚	1	0	0
8	7	庚	已婚	0	1	0
9	8	辛	未婚	1	0	0

图 5-82　哑变量的构造结果

如上图所示，离散变量 marital 衍生出来 3 个亚变量，其值都是由 0 和 1 组成的，其中 0 表示不属于当前状态，1 表示属于当前状态（以哑变量 marital 已婚为例，0 表示该用户非已婚状态，1 表示已婚状态）。在统计学中，对待哑变量是非常严谨的，对于图 5-82 中的 3 个哑变量，它们违背了数据的非多重共线性假设（即哑变量之间存在非常高的相关性）。换句话说，3 个哑变量导致了信息的冗余，完全可以使用两个哑变量就能够说明用户的婚姻状态了，假设删除变量 marital_未婚，对于甲用户来说，他的两个哑变量的值均为 0，说明他非已婚非离婚，那么他只能属于未婚状态了。

所以，在构建哑变量处理离散型的自变量时，哑变量的个数应该为 n-1 个，其中 n 表示离散型自变量的不同值个数。对于线性回归模型来说，从所有哑变量中删除某个哑变量时，被删除的哑变量便成为参照变量（因为可以将参照变量用于对比其他变量对因变量的影响）。接下来以 Titanic 数据集（Titanic.csv）为例，利用 Python，通过构建多元线性回归模型对未知乘客的年龄数据进行预测。哑变量的构造，可以使用 Python 中的 get_dummies 函数实现。具体步骤如下。

1）剔除不重要的变量。Titanic 数据集如图 5-83 所示，各变量的数据类型如表 5-20 所示。

```
# 读取 Titanic 数据集
titanic = pd.read_csv(r'C:\Users\Administrator\Desktop\Titanic.csv')
# 数据预览
titanic.head()
# 查看各变量的数据类型
titanic.dtypes
```

	PassengerId	Survived	Pclass	Name	Sex	Age	SibSp	Parch	Ticket	Fare	Cabin	Embarked
0	1	0	3	Braund, Mr. Owen Harris	male	22.0	1	0	A/5 21171	7.2500	NaN	S
1	2	1	1	Cumings, Mrs. John Bradley (Florence Briggs Th...	female	38.0	1	0	PC 17599	71.2833	C85	C
2	3	1	3	Heikkinen, Miss. Laina	female	26.0	0	0	STON/O2. 3101282	7.9250	NaN	S
3	4	1	1	Futrelle, Mrs. Jacques Heath (Lily May Peel)	female	35.0	1	0	113803	53.1000	C123	S
4	5	0	3	Allen, Mr. William Henry	male	35.0	0	0	373450	8.0500	NaN	S

图 5-83　Titanic 数据集的预览

表 5-20 各变量的数据类型

变量	数据类型	变量	数据类型
PassengerId(乘客编号)	int64	Survived(是否幸存)	int64
Pclass(船舱等级)	int64	Name(乘客姓名)	object
Sex(乘客性别)	object	Age(乘客年龄)	float64
SibSp(兄弟姐妹个数)	int64	Parch(父母孩子个数)	int64
Ticket(票号信息)	object	Fare(票价)	float64
Cabin(座位号信息)	object	Embarked(登船地点)	object

表 5-20 中 12 个变量中涉及 5 个离散型变量和 7 个数值型变量。根据实际情况可知，船舱等级 Pclass 应该为离散型变量（3 等，2 等，1 等，并非数值），但由于该变量的值为整型 1～3，而导致其在数据读入后成为数值型变量。

接下来查看各变量的缺失比例，如表 5-21 所示。

```
# 查看各变量的缺失比例
titanic.isnull().sum(axis = 0)/titanic.shape[0]
```

表 5-21 各变量的缺失比例

变量	数据类型	变量	数据类型
PassengerId	0.00%	Survived	0.00%
Pclass	0.00%	Name	0.00%
Sex	0.00%	Age	19.87%
SibSp	0.00%	Parch	0.00%
Ticket	0.00%	Fare	0.00%
Cabin	77.10%	Embarked	0.22%

如上表所示，该数据集中一共有 3 个变量存在缺失值，其中 Cabin 变量的缺失比例最高，超过 77%（故可以考虑变量删除法）；其次为 Age 变量，缺失比例为 19.87%（本案例将利用年龄的非缺失数据构造多元线性回归模型，进而预测缺失比例为 19.87%的乘客年龄）；Embarked 变量的缺失比例仅为 0.22%（故可以考虑观测删除法，可参考前文缺失值处理部分的内容）。

根据经验可知，如需基于其余的变量来预测年龄变量 Age，至少有 5 个变量与年龄无关（乘客编号、姓名、票号信息、座位号信息和登船地点）。所以，对于这些变量，在建模之前即可以删除，删除无意义变量之后的数据集 titanic 结果如图 5-84 所示。

```
# 剔除无意义的变量
titanic.drop(labels = ['PassengerId','Name','Ticket','Cabin','Embarked'], # 删除指定的变量
             axis = 1, # 需设置 axis 为 1
             inplace = True # 原地修改数据
```

```
                    )
# 新数据的预览
titanic.head()
```

	Survived	Pclass	Sex	Age	SibSp	Parch	Fare
0	0	3	male	22.0	1	0	7.2500
1	1	1	female	38.0	1	0	71.2833
2	1	3	female	26.0	0	0	7.9250
3	1	1	female	35.0	1	0	53.1000
4	0	3	male	35.0	0	0	8.0500

图 5-84　剔除无意义变量之后的数据集预览

2）哑变量转换。

图 5-84 中的 Sex 变量为字符型变量，是不能直接将其参与线性回归模型的运算的，故需要将其做哑变量转换。正如前文介绍，Pclass 变量也应该为离散型变量，所以在建模之前也需要对其做哑变量处理，构造哑变量之后的数据集 titanic_new 的具体结果如图 5-85 所示。

```
# 将 Pclass 变量转换为字符型变量
titanic.Pclass = titanic.Pclass.astype(str)
# 将 Pclass 变量和 Sex 变量作哑变量处理
dummies = pd.get_dummies(data = titanic[['Pclass','Sex']])
# 将 titanic 数据集与 dummies 数据集进行合并
titanic_new = pd.concat([titanic, dummies], axis = 1)
# 数据预览
titanic_new.head()
```

	Survived	Pclass	Sex	Age	SibSp	Parch	Fare	Pclass_1	Pclass_2	Pclass_3	Sex_female	Sex_male
0	0	3	male	22.0	1	0	7.2500	0	0	1	0	1
1	1	1	female	38.0	1	0	71.2833	1	0	0	1	0
2	1	3	female	26.0	0	0	7.9250	0	0	1	1	0
3	1	1	female	35.0	1	0	53.1000	1	0	0	1	0
4	0	3	male	35.0	0	0	8.0500	0	0	1	0	1

图 5-85　构造哑变量之后的数据预览

图 5-85 中由离散型变量 Pclass 和 Sex 衍生出 5 个新的“0 和 1”变量（即哑变量），根据哑变量的原则，需要从新生成的“0 和 1”变量中剔除两个变量作为参照变量（以性别中的男性为参照变量，以船舱等级中的 Pclass_3 为参照变量）。

```
# 删除两个哑变量和原变量
titanic_new.drop(labels = ['Pclass','Sex','Pclass_3','Sex_male'],
                 axis = 1, inplace = True)
```

3）将数据拆分为两部分。

在“清洗”后的数据集 titanic_new 中，仅有 Age 变量存在缺失值。为预测该变量的缺失值，需要将数据集按照年龄值是否为缺失拆分为两个数据子集：一个用于线性回归模型的构造（no_missing）；另一个则基于构造好的数据集对其进行预测（missing）。

```
# 取出年龄为缺失的数据子集
missing = titanic_new.loc[titanic.Age.isnull(),]
# 取出年龄非缺失的数据子集
no_missing = titanic_new.loc[~titanic.Age.isnull(),]
```

4）构建多元线性回归模型。

接下来基于 no_missing 数据集构造预测年龄 Age 的多元线性回归模型 lm_model，并对模型和系数分别做 F 检验和 t 检验，Python 代码如下，运行结果如图 5-86 所示。

```
# 提取出所有的自变量名称
predictors = no_missing.columns[~no_missing.columns.isin(['Age'])]
# 构造多元线性回归模型的“类”
lm_Class = sm.formula.OLS(endog = no_missing.Age, # 指定模型中的因变量
                          exog = no_missing[predictors] # 指定模型中的自变量
                          )
# 基于“类”，对模型进行拟合
lm_model = lm_Class.fit()
# 模型概览
lm_model.summary()
```

OLS Regression Results

Dep. Variable:	Age	R-squared:	0.575
Model:	OLS	Adj. R-squared:	0.571
Method:	Least Squares	F-statistic:	136.7
Date:	Mon, 24 Sep 2018	Prob (F-statistic):	7.04e-127

	coef	std err	t	P>|t|	[0.025	0.975]
Survived	0.5549	2.055	0.270	0.787	-3.479	4.589
SibSp	1.6361	0.920	1.779	0.076	-0.170	3.442
Parch	1.8221	1.071	1.702	0.089	-0.280	3.924
Fare	-0.0036	0.020	-0.179	0.858	-0.043	0.036
Pclass_1	33.3433	2.455	13.582	0.000	28.523	38.163
Pclass_2	25.1066	1.866	13.457	0.000	21.444	28.770
Sex_female	7.3529	2.038	3.609	0.000	3.352	11.353

图 5-86　多元线性回归模型 lm_model 的概览信息

结果显示，根据 F 检验的结果可知模型是显著的，但是从 t 检验的结果来看，仅有船舱等级和性别变量是通过显著性检验的（即认为这些变量能够真正影响到乘客的年龄）。

再绘制并观察其他变量与年龄之间的散点图（如图 5-87 所示），可见唯有 sibSp 变量与

Age 变量之间存在一定的趋势性，而其余均不存在明显的线性趋势，故可以考虑将除 sibsp 之外的其他变量从模型中剔除。

```
# 绘制其余变量与年龄之间的散点图
sns.pairplot(no_missing[['Survived','SibSp','Parch','Fare','Age']])
# 显示图形
plt.show()
```

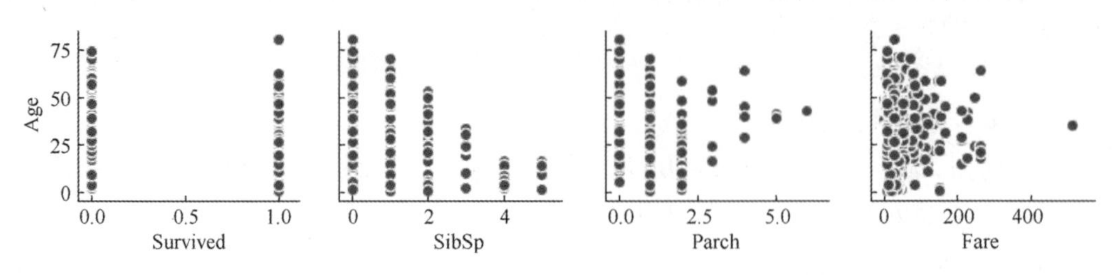

图 5-87　各变量与乘客年龄之间的散点图

通过上边的散点图反映了 Survived、SibSp、Parch 与 Fare 变量与 Age 变量之间的关系，接下来基于散点图的结果重新构造多元线性回归模型，代码如下：

```
# 选定新的自变量
predictors2 = ['SibSp','Pclass_1','Pclass_2','Sex_female']
# 重新构造多元线性回归模型的“类”
lm_Class2 = sm.formula.OLS(endog = no_missing.Age,
                           exog = no_missing[predictors2])
# 基于新“类”，对模型进行拟合
lm_model2 = lm_Class2.fit()
# 模型概览
lm_model2.summary()
```

如图 5-88 所示，在新的模型中，F 检验的统计量和 t 检验的统计量所对应的概率 p 值均小于 0.05，说明它们通过了显著性检验。

Dep. Variable:	Age	R-squared:	0.573
Model:	OLS	Adj. R-squared:	0.571
Method:	Least Squares	F-statistic:	238.5
Date:	Tue, 25 Sep 2018	Prob (F-statistic):	9.95e-130

	coef	std err	t	P>|t|	[0.025	0.975]
SibSp	2.2624	0.827	2.735	0.006	0.638	3.887
Pclass_1	33.3595	1.752	19.046	0.000	29.921	36.798
Pclass_2	25.3042	1.786	14.166	0.000	21.797	28.811
Sex_female	8.4295	1.624	5.189	0.000	5.240	11.619

图 5-88　多元线性回归模型 lm_model2 的概览信息

最后再利用可视化的 PP 图和 QQ 图，验证模型的残差是否服从正态分布的假设，具体的代码如下所示，绘制的 PP 图和 QQ 图如图 5-89 所示。

```
# 基于 PP 图和 QQ 图判断模型残差是否服从正态分布
pp_qq_plot = sm.ProbPlot(lm_model2.resid)
# 绘制 PP 图
pp_qq_plot.ppplot(line = '45')
plt.title('P-P 图')
# 绘制 QQ 图
pp_qq_plot.qqplot(line = 'q')
plt.title('Q-Q 图')
# 显示图形
plt.show()
```

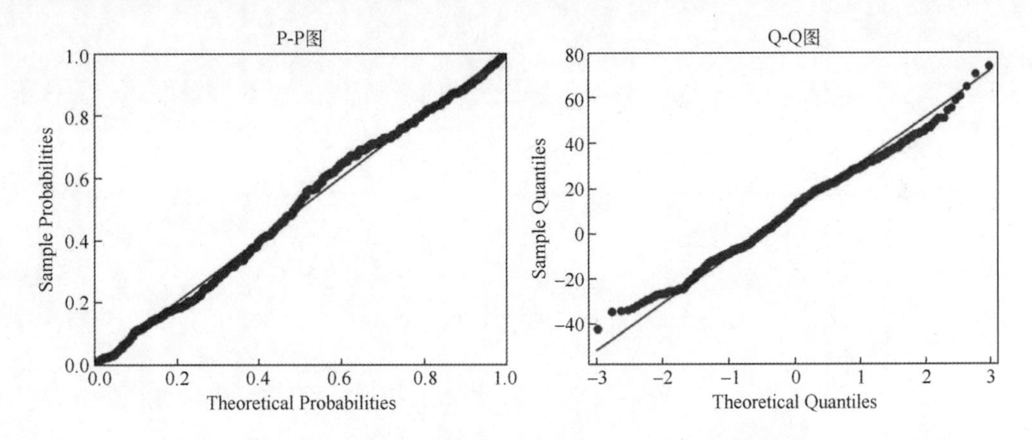

图 5-89　基于 PP 图和 QQ 图对模型残差做正态性检验

图 5-89 中，不管是 PP 图还是 QQ 图，图形中散点基本上都围绕在斜线附近，故可以判断模型 lm_model2 的残差服从正态分布。也就最终证明了 lm_model2 模型是合理的。

5）未知年龄的预测。

最后，通过模型 lm_model2 对 Titanic 号未知乘客的年龄数据进行预测，具体代码如下。

```
# 使用 lm_model2 模型对未知年龄进行预测
pred_Age = lm_model2.predict(exog = missing[predictors2])
# 将年龄的预测值替换 missing 数据集中的 Age 变量
missing.loc[:,'Age'] = pred_Age
# 数据预览
missing.head(5)
```

未知年龄数据集 missing 的预测结果如图 5-90 所示。

	Survived	Age	SibSp	Parch	Fare	Pclass_1	Pclass_2	Sex_female
5	0	0.000000	0	0	8.4583	0	0	0
17	1	25.304195	0	0	13.0000	0	1	0
19	1	8.429538	0	0	7.2250	0	0	1
26	0	0.000000	0	0	7.2250	0	0	0
28	1	8.429538	0	0	7.8792	0	0	1

图 5-90　未知年龄的预测结果

如上图所示，便可以基于线性回归模型的应用，得到 Age 变量的预测值。也可以将预测值重新还原到最原始的 titanic 数据集中，可以参考如下的代码。

```
# 预测结果插补到原始数据中
titanic.loc[:,'Age'] = pd.concat([no_missing.Age,pred_Age], axis = 0)
```

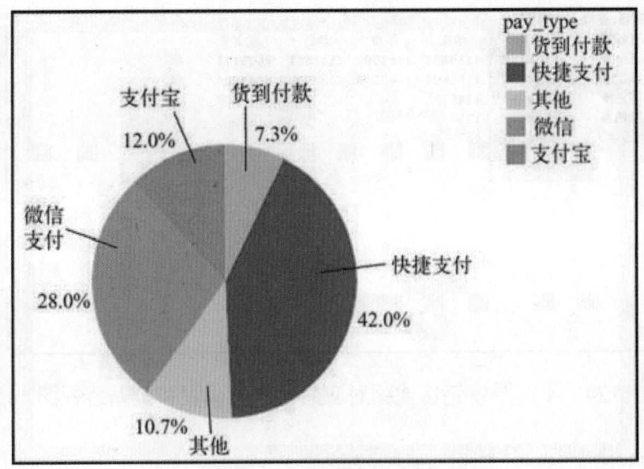

图 1-10　各支付方式的占比

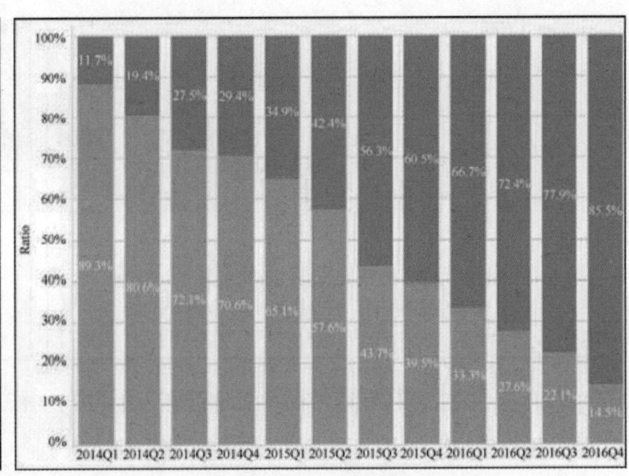

图 1-14　PC 端与移动端的占比趋势

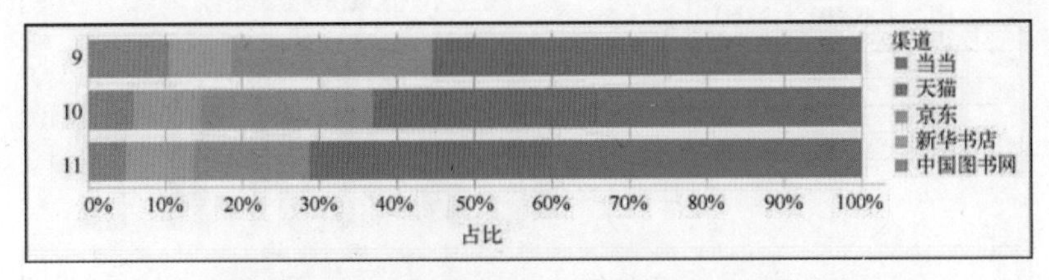

图 1-17　各销售渠道在时间维度上的对比

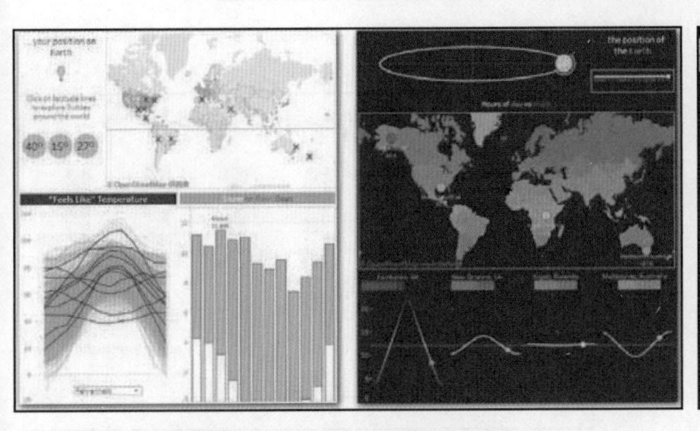

图 1-24　Tableau 可视化效果

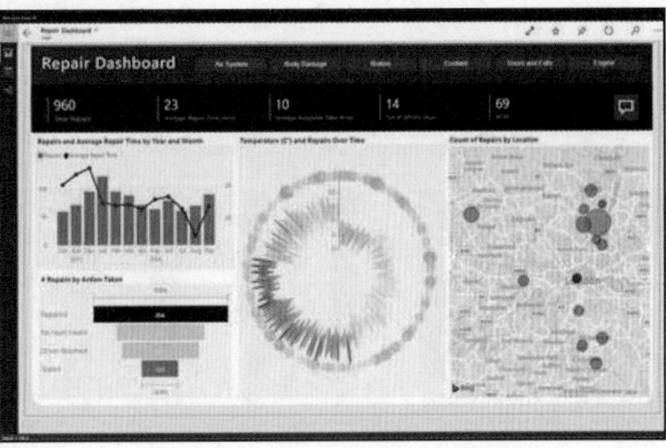

图 1-25　PowerBI 可视化效果

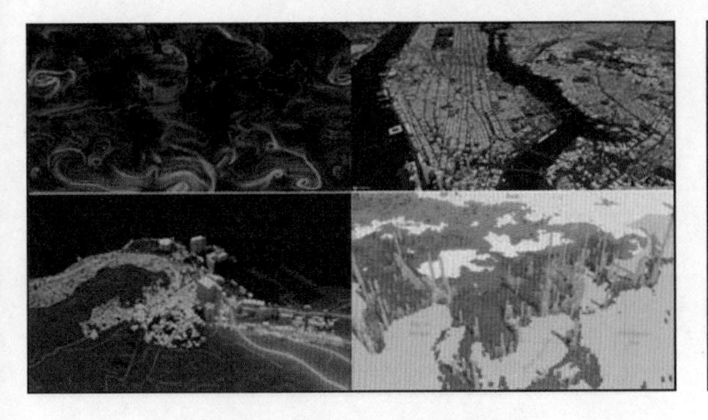

图 1-26　Echarts 可视化效果

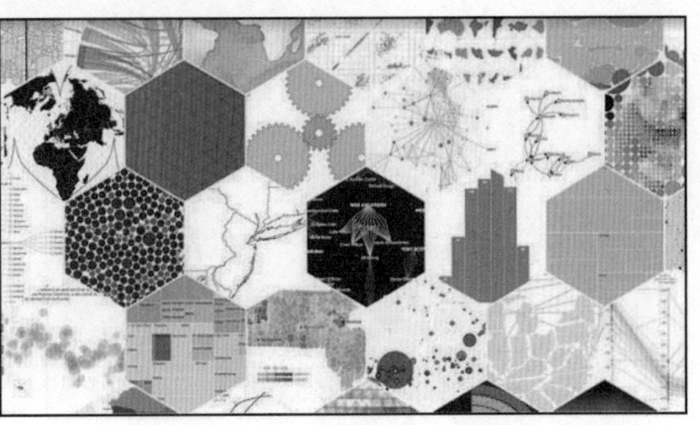

图 1-27　D3 可视化效果

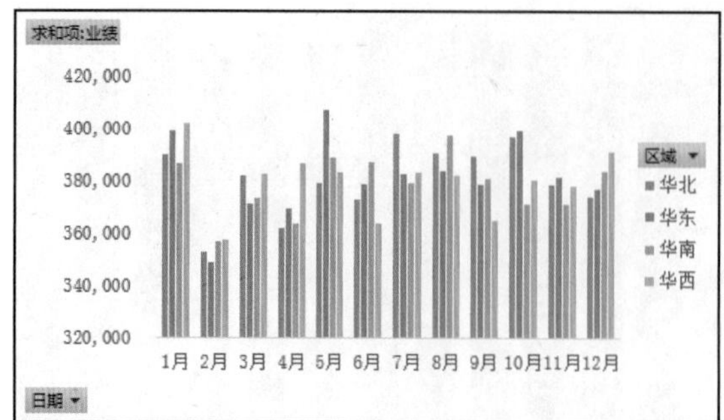

图 2-123　基于某企业区域销售业绩创建的数据透视图

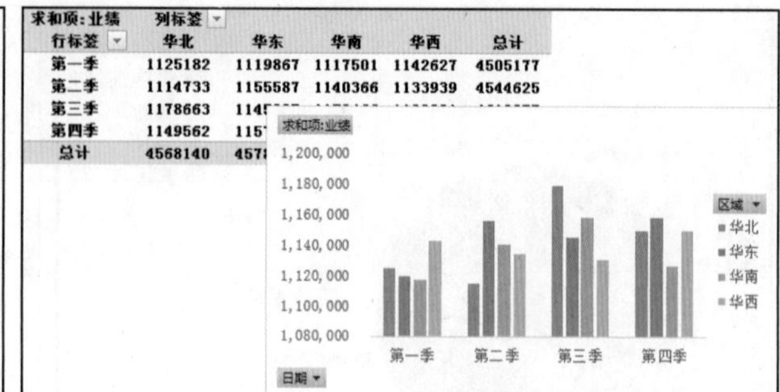

求和项:业绩	列标签				
行标签	华北	华东	华南	华西	总计
第一季	1125182	1119867	1117501	1142627	4505177
第二季	1114733	1155587	1140366	1133939	4544625
第三季	1178663	[illegible]	[illegible]	[illegible]	[illegible]
第四季	1149562	[illegible]	[illegible]	[illegible]	[illegible]
总计	4568140	[illegible]	[illegible]	[illegible]	[illegible]

图 2-124　不同季度销售业绩对应的数据透视表和数据透视图

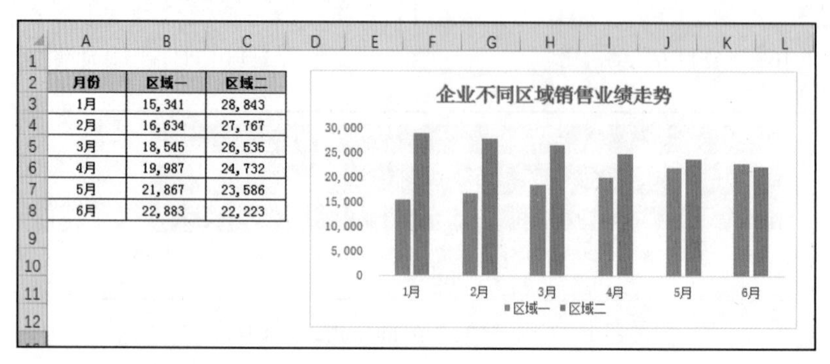

月份	区域一	区域二
1月	15,341	28,843
2月	16,634	27,767
3月	18,545	26,535
4月	19,987	24,732
5月	21,867	23,586
6月	22,883	22,223

图 2-155　企业不同区域销售业绩走势之簇状柱形图

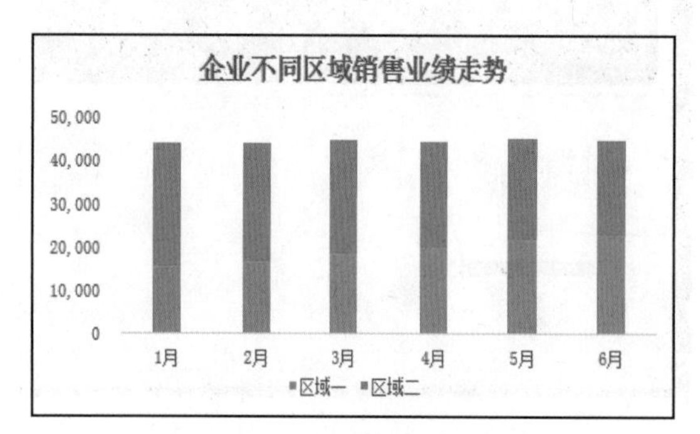

图 2-156　堆积柱形图

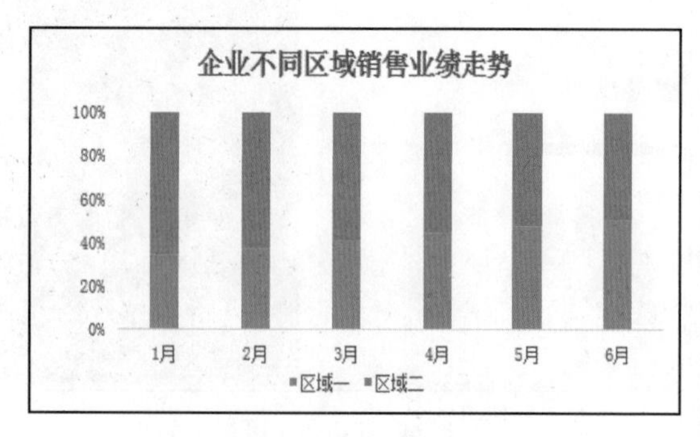

图 2-157　百分比堆积柱形图

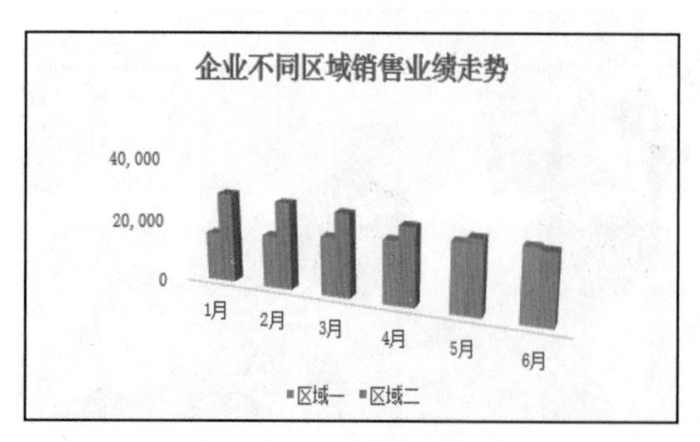

图 2-158　三维簇状柱形图

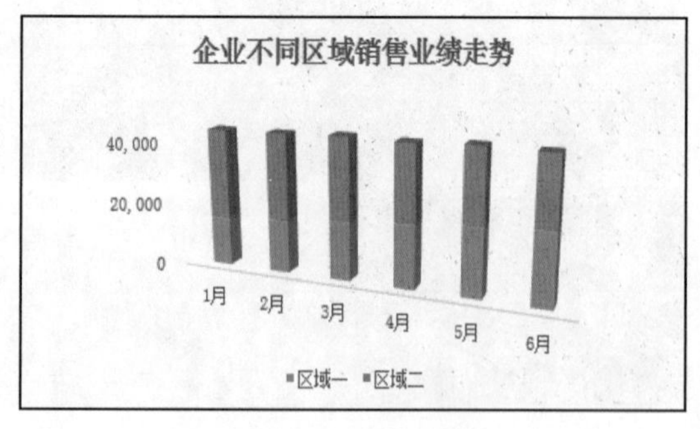

图 2-159　三维堆积柱形图

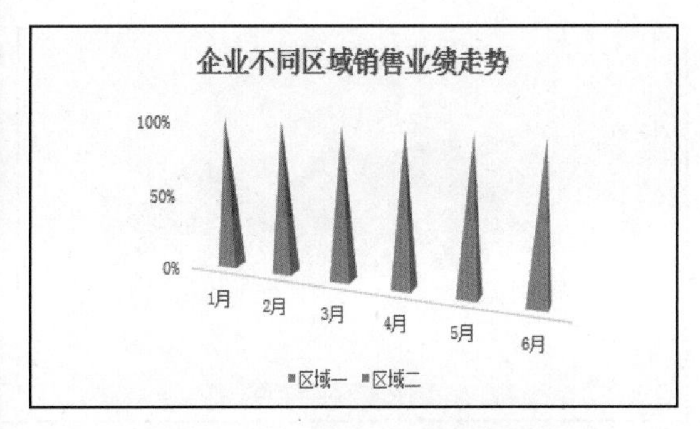

图 2-160　三维百分比堆积柱形图

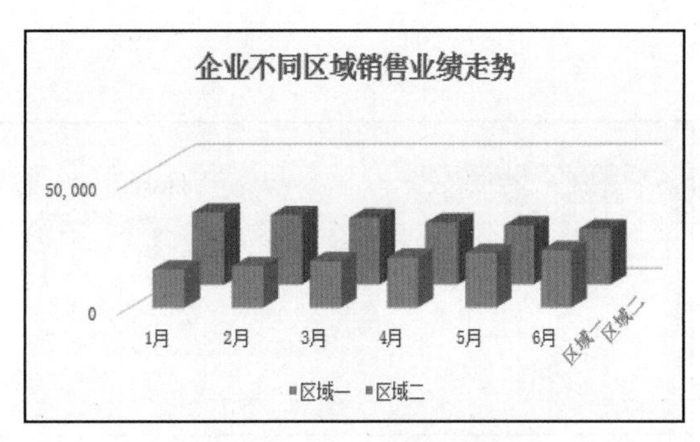

图 2-161　三维柱形图

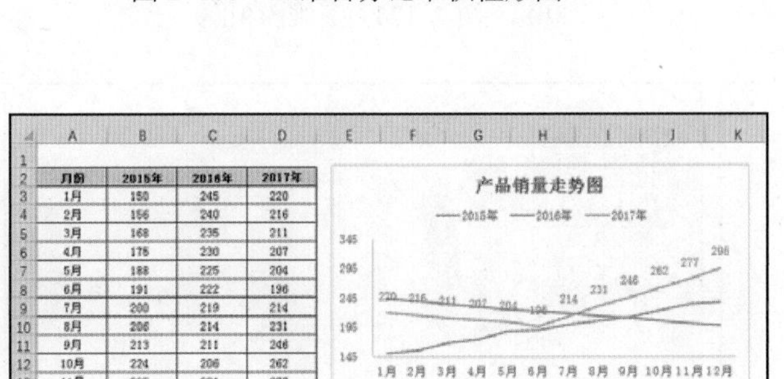

图 2-162　折线图

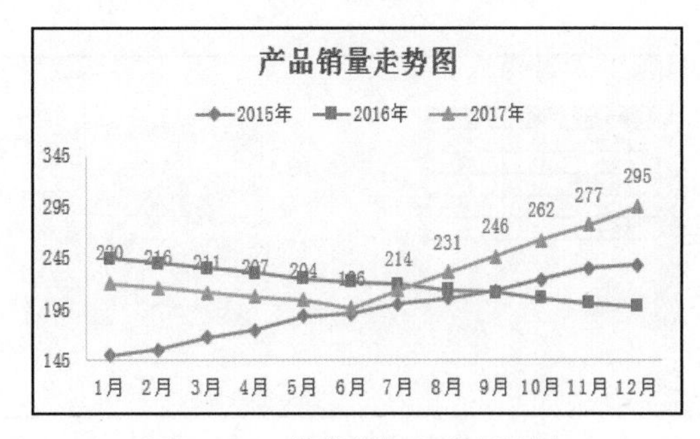

图 2-163　带数据标记的折线图

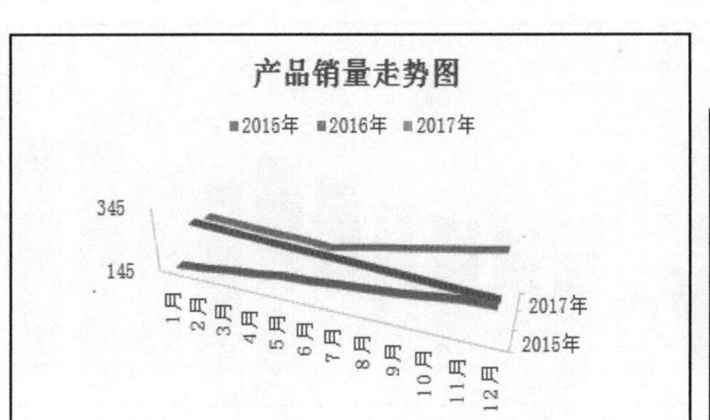

图 2-164　三维折线图

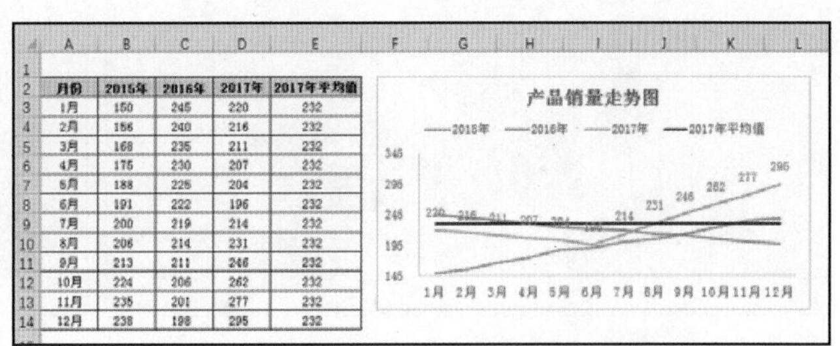

图 2-165　包含 2017 年销售业绩平均值的折线图

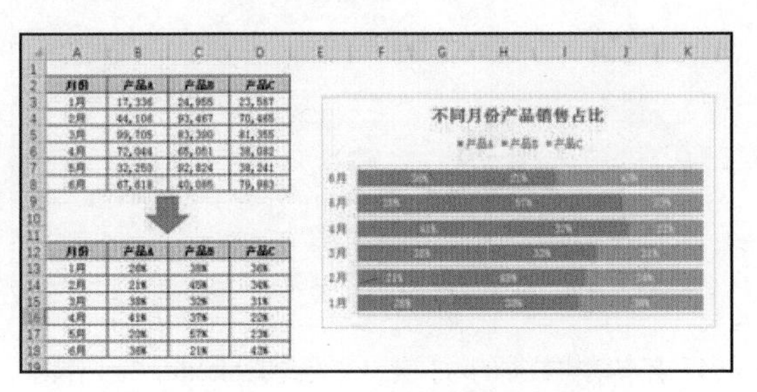

图 2-171　百分比堆积条形图

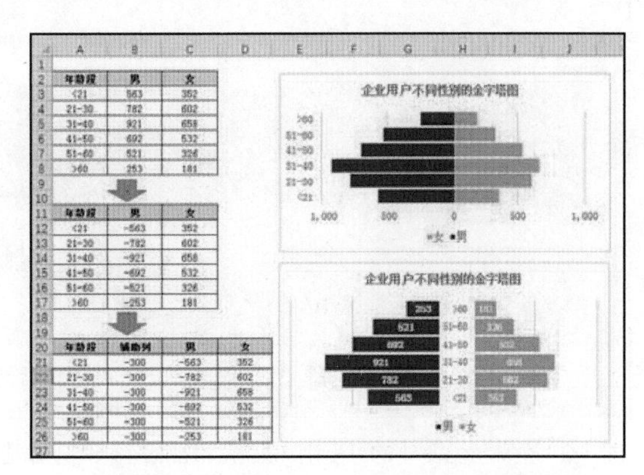

图 2-172　企业用户不同性别的金字塔图

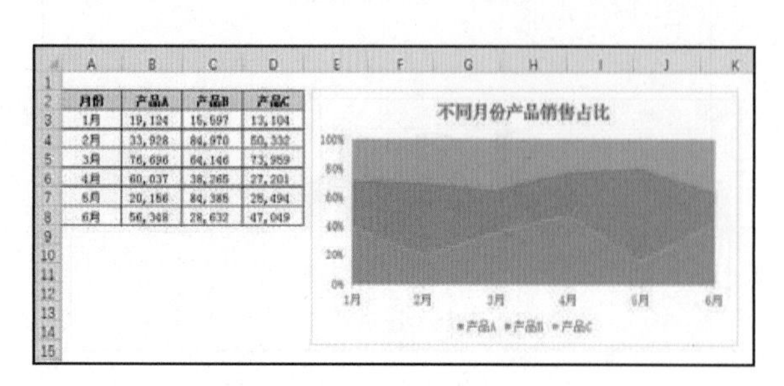

月份	产品A	产品B	产品C
1月	19,124	15,597	13,104
2月	33,928	84,970	50,332
3月	76,696	64,146	73,959
4月	60,037	38,265	27,201
5月	20,156	84,385	25,494
6月	56,348	28,632	47,049

图 2-173　百分比堆积面积图

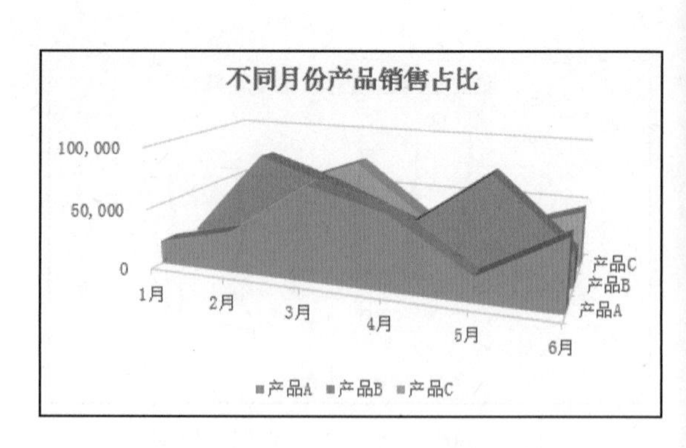

图 2-174　三维面积图

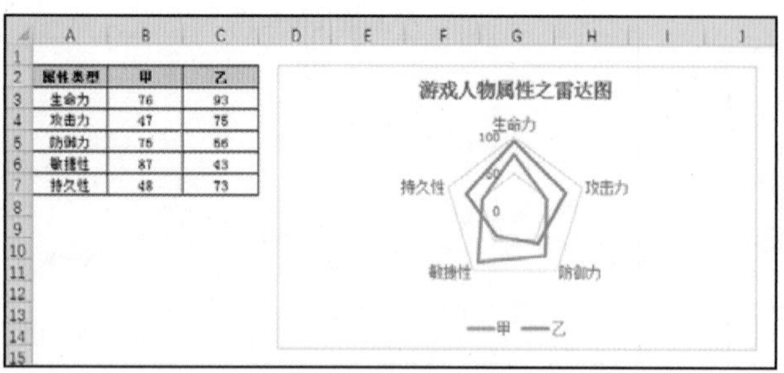

属性类型	甲	乙
生命力	76	93
攻击力	47	75
防御力	75	66
敏捷性	87	43
持久性	48	73

图 2-180　游戏人物属性之雷达图

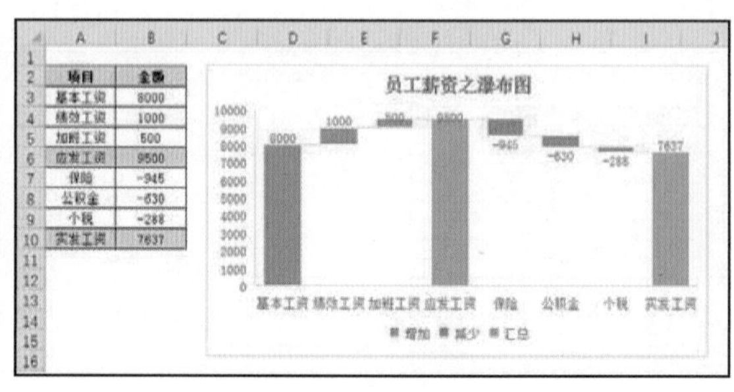

项目	金额
基本工资	8000
绩效工资	1000
加班工资	500
应发工资	9500
保险	-945
公积金	-630
个税	-288
实发工资	7637

图 2-189　员工薪资之瀑布图

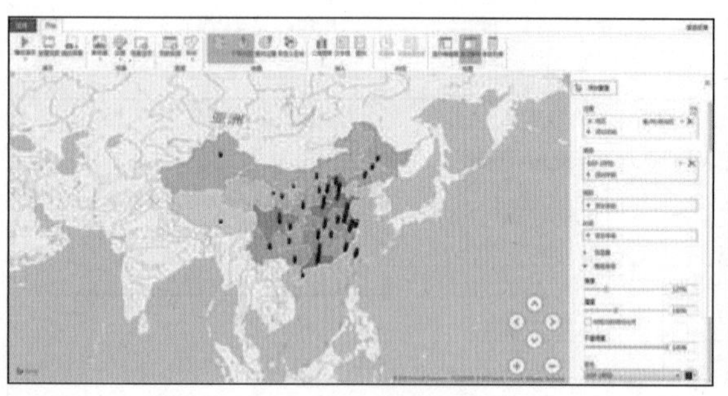

图 2-191　Map 地图

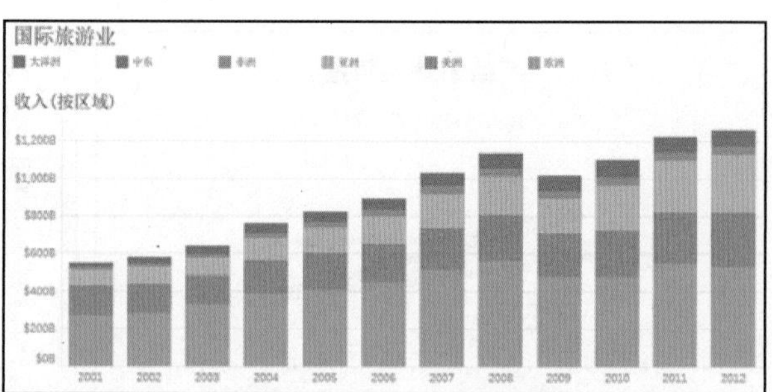

图 4-2　2001—2012 年全球不同地区的旅游收入

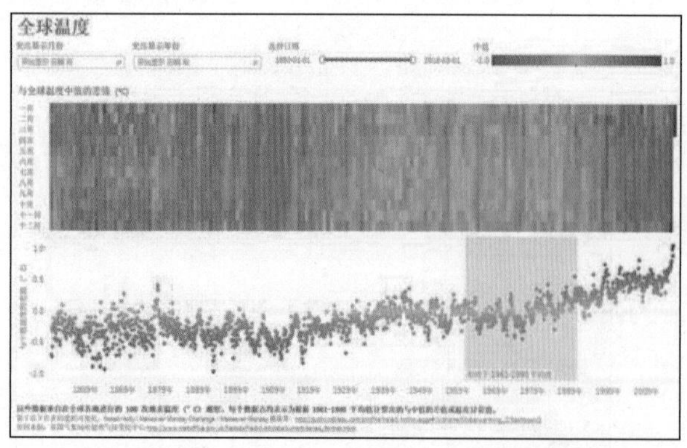

图 4-3　全球气温变化的可视化（来源：Tableau 示例工作簿）

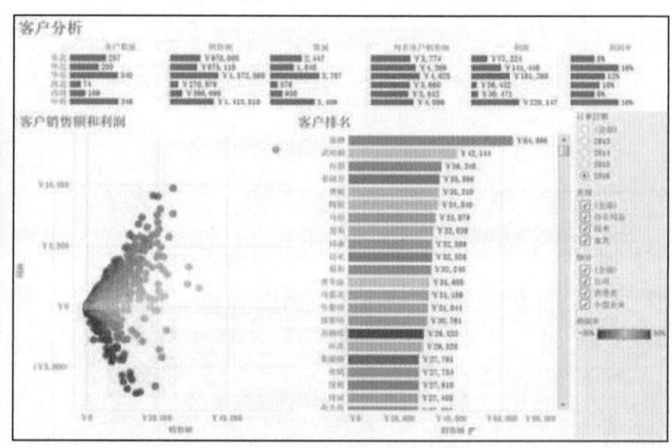

图 4-4　客户销售数据的可视化（来源：Tableau 示例工作簿）

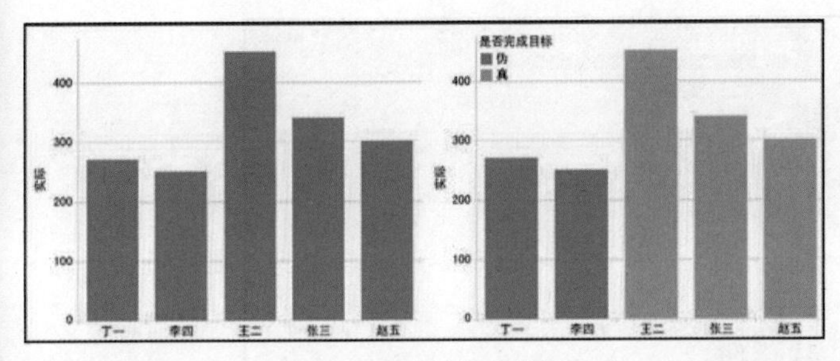

图 4-49　两种销售业绩图对比

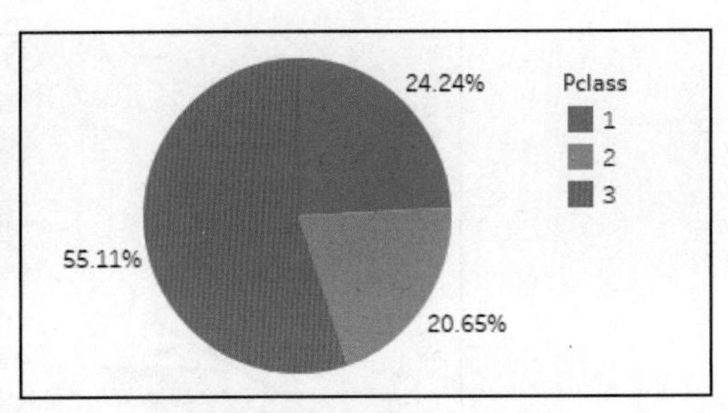

图 4-54　不同船舱乘客比例图

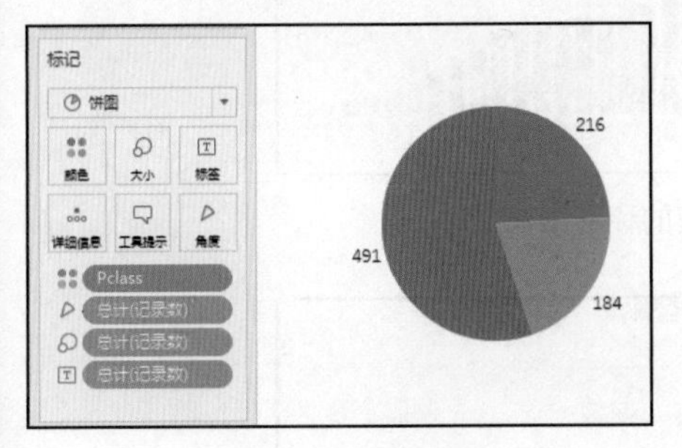

图 4-55　基本饼图

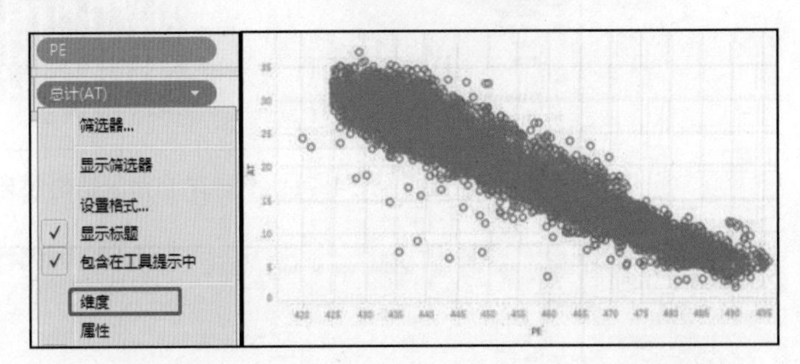

图 4-58　反映炉内温度与发电量之间相关性的散点图

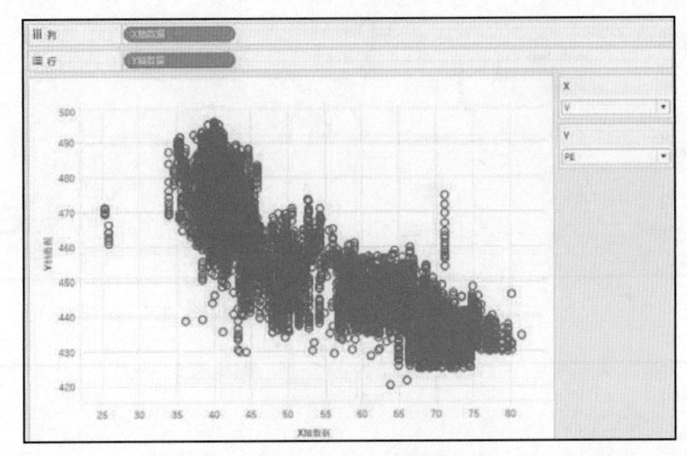

图 4-63　散点图

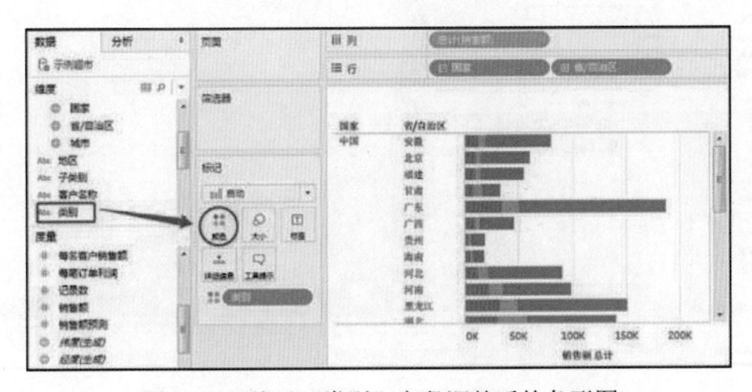

图 4-69　基于“类别”字段调整后的条形图

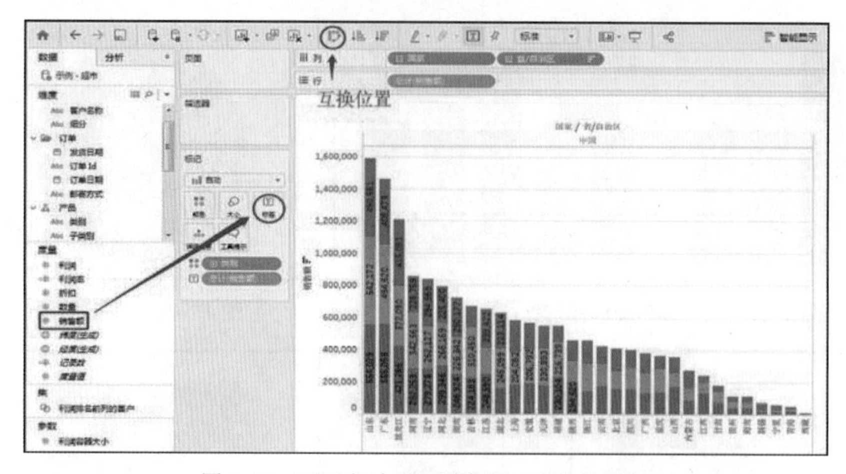

图 4-71　不同省/自治区销售额对应的柱形图

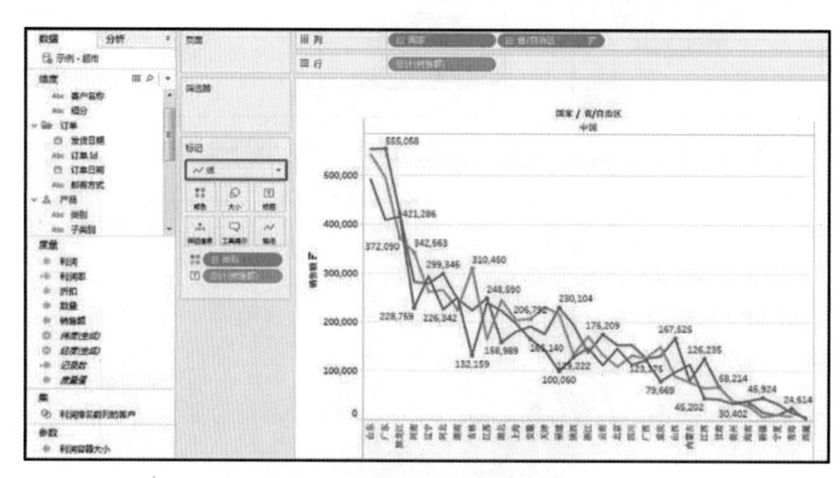

图 4-72　不含时间维度的折线图

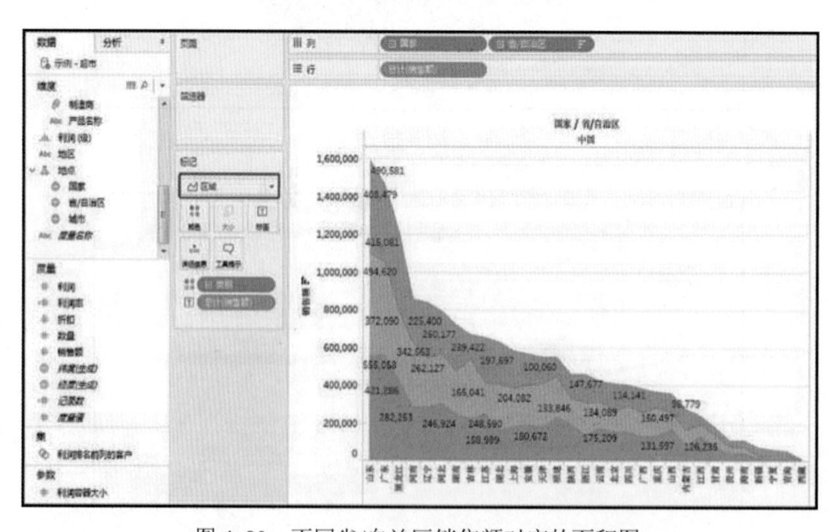

图 4-80　不同省/自治区销售额对应的面积图

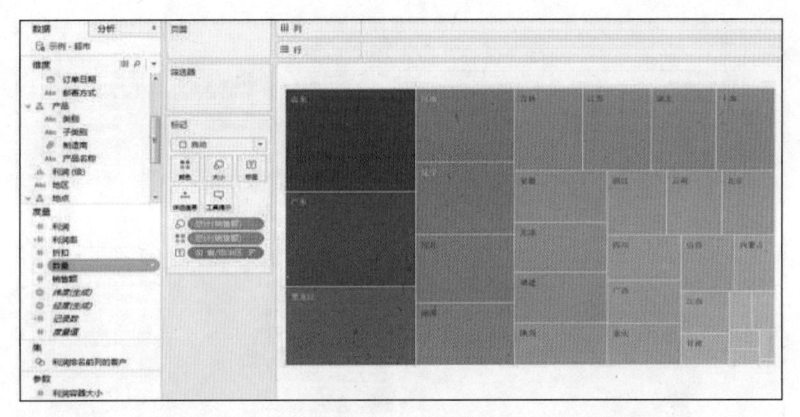

图 4-82　不同省/市/自治区销售额对应的树状图

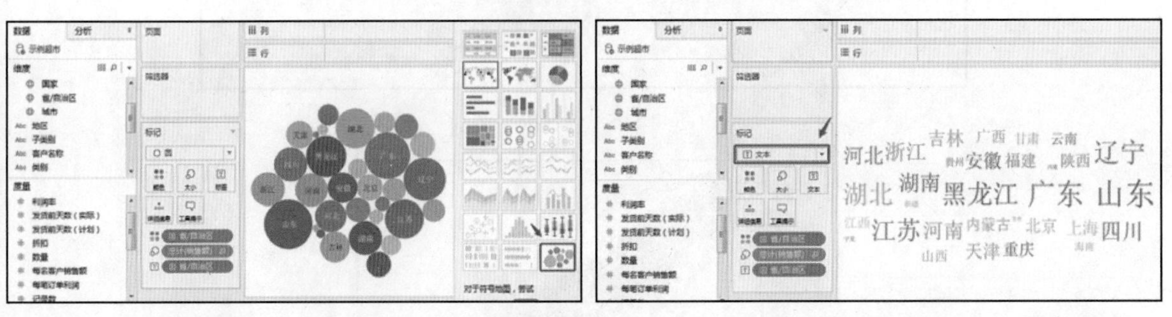

图 4-83　不同省/市/自治区销售额对应的气泡图　　图 4-84　不同省/市/自治区销售额对应的文字云

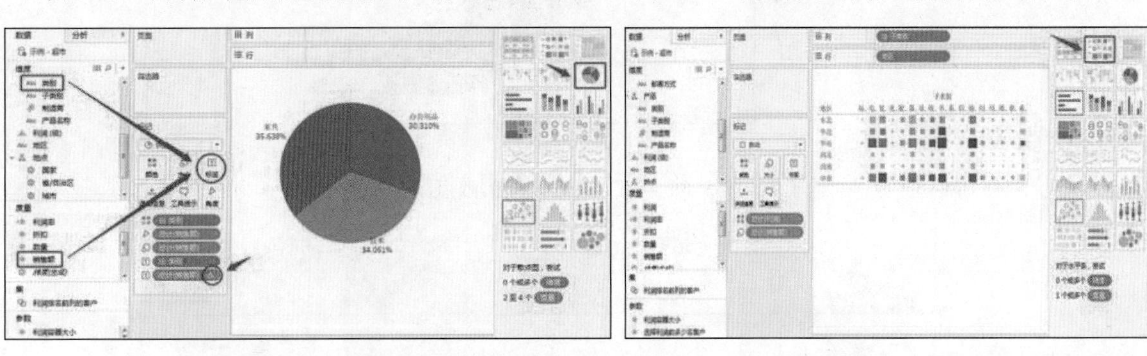

图 4-85　不同类别销售额占比的饼图　　图 4-86　不同地区不同子类别销售额和利润的热图

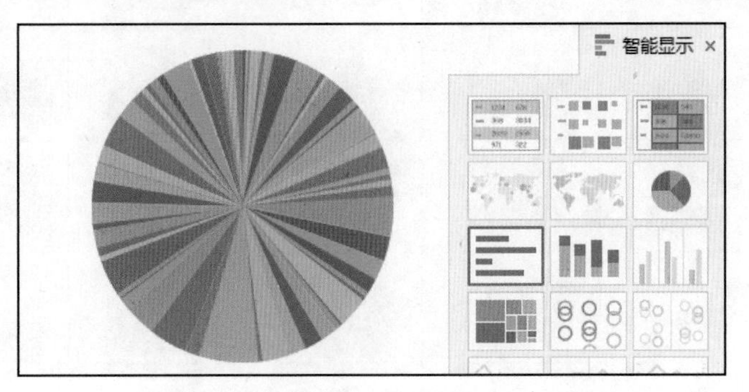

图 4-94　不同制造商的利润占比——饼图

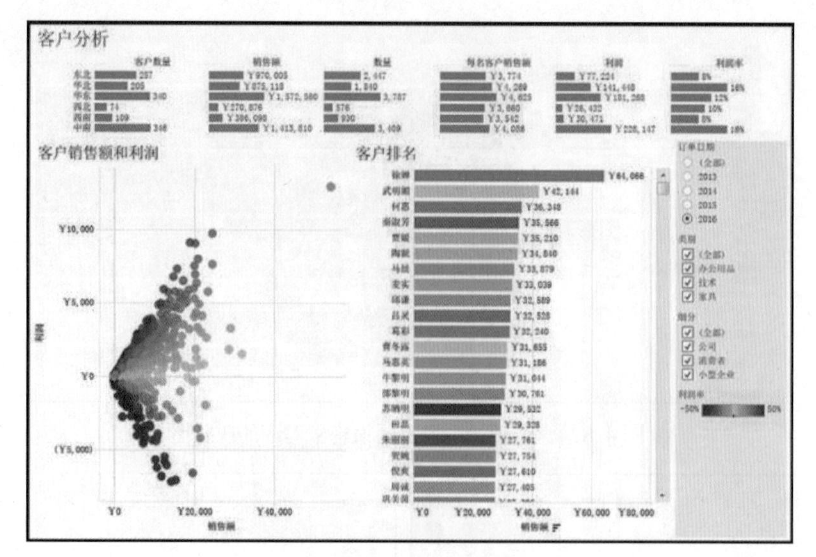

图 4-116　仪表板示例

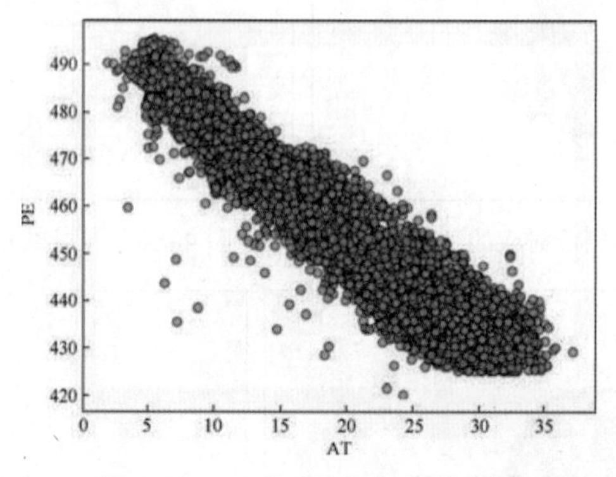

图 5-66　AT 与 PE 之间的散点图

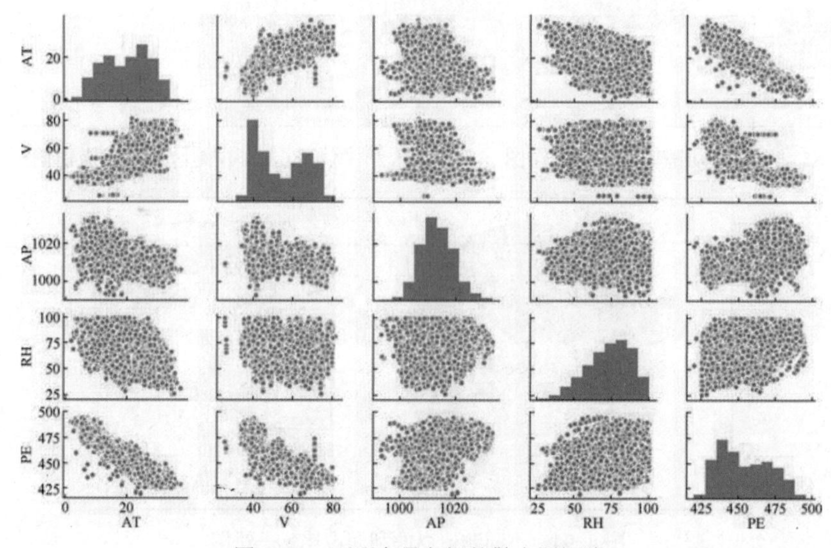

图 5-67　两两变量之间的散点图矩阵